住房城乡建设部土建类学科专业“十三五”规划教材
高等学校城乡规划学科专业指导委员会规划推荐教材

城市生态规划方法与应用

石铁矛　主　编
马　青　付士磊　李殿生　副主编

中国建筑工业出版社

图书在版编目（CIP）数据

城市生态规划方法与应用 / 石铁矛主编 .—北京：中国建筑工业出版社，2015.12（2024.6 重印）
住房城乡建设部土建类学科专业“十三五”规划教材 高等学校城乡规划学科专业指导委员会规划推荐教材
ISBN 978-7-112-19012-6

Ⅰ. ①城… Ⅱ. ①石… Ⅲ. ①城市环境 - 生态环境 - 环境规划 - 高等学校 - 教材 Ⅳ. ① X321

中国版本图书馆CIP数据核字（2016）第010407号

本教材是住房城乡建设部土建类学科专业“十三五”规划教材、高等学校城乡规划学科专业指导委员会规划推荐教材。教材根据我国城市化进程特点和城市生态保护工作的实际需要，以城市生态规划的理论、方法和技术为基础，详细阐述了生态系统健康理论与方法、生态系统承载力理论与方法、城市生态位理论与方法、生态评价技术、地理信息系统技术、流体力学模拟技术等城市生态规划的关键技术与方法，并对城市生态功能区划和城市空间格局生态规划做了详尽叙述，再现了城市生态规划的全过程，并选取了生态工业园、城市生态绿地系统和城市生态水系三个专项规划进行介绍。本教材可以作为全国高等学校城乡规划专业的教学用书，也可供城乡规划行业相关从业人员参考。

为更好地支持本课程的教学，我们向采用本书作为教材的教师提供教学课件，有需要者请与出版社联系，邮箱：jgcabpbeijing@163.com。

责任编辑：杨 虹 尤凯曦
责任校对：王雪竹

住房城乡建设部土建类学科专业“十三五”规划教材
高等学校城乡规划学科专业指导委员会规划推荐教材
城市生态规划方法与应用
石铁矛 主 编
马 青 付士磊 李殿生 副主编
*
中国建筑工业出版社出版、发行（北京海淀三里河路9号）
各地新华书店、建筑书店经销
北京雅盈中佳图文设计公司制版
北京中科印刷有限公司印刷
*
开本：787×1092毫米 1/16 印张：$24^{3}/_{4}$ 字数：580千字
2018年3月第一版 2024年6月第三次印刷
定价：56.00元（赠教师课件）
ISBN 978-7-112-19012-6
（28286）

前 言

—— Preface ——

随着全社会生态保护意识的增强，有关生态城市、生态规划与建设的理论研究和实践活动在我国积极开展，取得了丰硕的成果。然而，当前城市规划中对生态规划分量不够，从业人员对生态规划理论与方法掌握不足。由于生态规划没有和城市规划一样的法定地位，缺乏国家规范，实施主体不明确等原因，其实施推广也就难以开展。如何从城市规划理论建构的角度将生态规划的理论成果导入已有的城市规划体系中，指导生态规划技术方法的实践应用，成为当前教学实践的急迫需求。

城市生态规划是将生态学理论和方法与城乡规划学相结合，以城市生态系统为研究核心，通过对城市人工生态与自然生态进行合理有序的规划组合，协调城市人口与城市环境的关系，以实现城市的和谐、高效、持续发展。生态规划在传统城市规划的研究基础上，赋予城市规划新的空间内容、新的空间地域、新的空间发展目标，使城市规划更具特色性和持续性。现有的城市生态规划教材多为理论指导，而方法、技术应用方面则较为薄弱。教材根据我国城市化进程特点和城市生态保护工作的实际需要，以城市生态规划的理论、方法和技术为基础，详细阐述了生态系统健康理论与方法、生态系统承载力理论与方法、城市生态位理论与方法、生态评价技术、地理信息系统技术、流体力学模拟技术等城市生态规划的关键技术与方法，并对城市生态功能区划和城市空间格局生态规划做了详尽论述。考虑到生态规划的核心内容及实践工作需求，我们选取了生态工业园、城市生态绿地系统和城市生态水系三个专项规划进行专篇介绍。全面阐述了城市生态规划设计的理论、方法，各部分内容后辅以具体的案例，再现了城市生态规划的全过程。

教材由石铁矛教授主编，马青、付士磊、李殿生副主编，由工作在教学、科研一线的多位教师合作完成。第一章由石铁矛教授负责编写，第二、三、八章由付士磊教授负责编写，李绥副教授参与编写，第四、五章由李殿生教授负责编写，第六章由马青教授负责编写，第七章由李绥副教授和马青教授负责编写，第九、十章由汤煜副教授负责编写。

城市生态规划是综合性、时代性很强的工作，涉及领域众多，研究成果多样。本书编者虽然竭尽全力，限于水平、时间等种种因素，仍有不尽如人意之处，敬请专家和读者批评指正。

本书出版过程中得到了中国建筑工业出版社编辑们、沈阳建筑大学高畅副教授和诸多研究生的大力支持和帮助，在此一并致谢。

编者

2017 年 12 月

目　录

Contents

第一章　绪论

【本章提要】

城市生态规划是以城市为研究对象的一门学科，它以城市生态系统为主要研究对象，主要介绍城市生态规划理论、方法与实践应用。本章主要介绍了城市生态规划的基本情况，包括概念、特征、规划原则、内容和意义，进而阐述了城市生态规划与相关规划之间的区别与联系；概述了城市生态规划的发展过程以及国内外城市生态规划的研究进展；最后阐述了城市生态规划的现状问题及发展趋势。

1.1　城市生态规划概述

城市生态规划是一门由多学科参与的应用性学科。与城市生态规划相关的学科很多，主要包括城乡规划学、城市生态学、城市社会学和生态城市等理论，这些学科很多都是交叉学科，相互之间影响很大。

作为一门应用学科理论，城市生态规划是基础理论学科与实践之间的桥梁，其研究的范畴与基础理论学科是不一样的。从性质来看，城市生态规划是关于城市生态系统以及其规划的普遍的、系统化的理性认识，是理解城市生态系统发展和规划过程的知识形态，由于城市生态规划的性质，规划理论可分为两类：一种是实证理论，这类理论与自然科学的理论相似，它依据对现实的观察与提炼，忠实地反映和解释经验世界的现实活动，摆脱价值判断，并能根据仔细观察到的经验来修正自己；另一种是规范理论，这类理论根据不同的价值观，提出并解释在经验世界什么是应该的，什么是不应该的，并将自己的主观愿望融合在理论的要素和结构之中，这类理论不能放在现实社会中进行检验。吴志强认为规划理论应该分为“规划中的理论（Theory in Planning）”以及“规划的理论（Theory of Planning）”，他认为，由于规划涉及的范围日益超越原来的物质形态设计，必须运用和借鉴其他成熟学科的知识，如：经济学、社会学、生态学和政治学的理论，这些理论被称为“规划中的理论”，而“规划的理论”则是规划自身及其过程规律的总结。

1.1.1 城市生态规划基本情况

1.1.1.1 城市生态规划概念及内涵

（1）城市生态规划的概念

城市生态规划是现代城市规划思想发展的一个重要分支，是工业革命以后，“人本主义”思想进一步发展的结果。城市生态规划的思想源远流长，在柏拉图的《理想国》中就已初见端倪。而轰动世界的霍华德的“田园城市”理论则可以说是城市生态规划的雏形。目前比较公认的研究结果表明，近代发展的生态规划观念始自帕特里克·格迪斯（Patrick Geddes）的论著《进化中的城市》。以格迪斯、芒福德、沙里宁为首的一批城市研究学家和规划师们借用达尔文的进化论思想，从人类生态学的角度着手研究城市问题，从而奠定了生态规划的发展基础。此后，随着1972年联合国人类环境会议的召开，在规划工作中对生态学的研究和应用更是得到了广泛的认同。

广义的城市生态规划与区域规划、城市规划在内容上应是相互补充的。它强调生态要素的综合平衡。狭义的城市规划即可认为是城市生态环境规划。所以，普遍意义上城市生态规划可定义为：“城市生态规划是以城市生态学的原理为指导，以实现城市生态系统的动态平衡为目的，调控人与环境的关系，为城市居民创造舒适、优美、清洁、安全的城市环境的一门学科。”

综合以上概念，我们认为城市生态规划是将生态学理论和方法与城乡规划学相结合，以城市生态系统为研究核心，通过对城市人工生态与自然生态进行合理有序的规划组合，协调城市人口与城市环境的关系，以实现城市的和谐、高效、持续发展。

（2）城市生态规划的内涵

城市生态规划具有复杂性、矛盾性和可拓性，城市生态规划应该强调城市生态系统中各种关系之间的协调和平衡，即“使其相互之间的作用达到最大”。城市生态规划以城市生态关系为研究核心，通过对城市生态系统中各子系统的综合布局与安排，调整城市人类与城市环境的关系，以维护城市生态系统的平衡，实现城市的和谐、高效、持续发展。

城市生态规划是生态规划理论和方法在城市这一以人工自然为特征的地域的特殊应用。

从理论指导和方法应用方面来讲，要遵循生态学有关原理和城市规划基本原理，并在方法论实践过程中作好两者之间的衔接和渗透；从规划对象方面来讲，要将城市这一特殊地域作为一个复杂的并且是开放的生态系统来研究；从规划目标方面来讲，通过对人工生态与自然生态在城市中进行合理有序的规划组合，为城市生态系统的各项开发建设作出符合生态发展的决策，从而能动地调控城市人类与城市环境之间的各类关系，并促进城市生态质量的整体提高。

城市生态规划的具体规划目标可阐释为：

1）从人类的角度来说，城市中具有合理的人口规模；人与人、人与社会、人与自然之间关系和谐；城市居民作为生产者和消费者，既能充分发挥其创造力和能动性，又具有高水平的物质、文化生活质量；城市能够提供居民适合的满意度；

2）从土地的角度来说，城市用地结构合理，开发有序，土地资源得到优化配置，城市功能获得适宜的生态区位；广域土地对城市的营养供应能够实现地域上的城乡融合和时间上的代际公平；

3）从空间的角度来说，城市空间与其承载的城市功能相适应，具有高效、低耗的空间分布特征；城市空间的多样性和异质性使得城市既呈现动态发展的态势又保持稳定有序的结构；

4）从环境的角度来说，城市功能的发挥不超过其环境容量的限制；城市环境包括土壤、水、大气、基础设施等经过自我维持和人工调节具有持续自生和循环再生的功能；城市环境的变化有助于城市的健康、持续发展。

1.1.1.2 城市生态规划的规划原则及内容

（1）规划原则

1）社会生态原则：要求生态规划设计要重视社会发展的整体利益，体现尊重、包容和公正，生态规划要着眼于社会发展规划，包括政治、经济、文化等社会生活的各个方面。公平是这一原则的核心价值。

2）经济生态原则：经济活动是城市最主要、最基本的活动之一，经济的发展决定着城市的发展，生态规划在促进经济发展的同时，还要注重经济发展的质量和持续性。这一原则要求规划设计要贯彻节能减排、提高资源利用效率以及优化产业经济结构，促进生态型经济的形成。效率是这一原则的核心价值。

3）自然生态原则：城市是在自然环境的基础上发展起来的，这一原则要求生态规划必须遵循自然演进的基本规律，维护自然环境基本再生能力、自净能力和稳定性、持续性，人类活动保持在自然环境所允许的承载能力范围内。规划设计应结合自然，适应与改造并重，减少对自然环境的消极影响。平衡是这一原则的核心价值。

4）复合生态原则：城市的社会、经济、自然系统是相互关联、相互依存、不可分割的有机整体，规划设计必须将三者有机结合起来，三者兼顾，综合考虑，使整体效益最高。规划设计要利用这三方面的互补性，协调相互之间的冲突和矛盾，努力在三者之间寻求平衡。协调是这一原则的核心价值。

以上这些原则都是普遍性的，但城市是地区性的，地区的特殊性又受自然地理和社会文化两方面的影响。因此，这些原则的具体应用需要与空间、时间和人（社会）相结合，在特定的空间中有不同的应用。

(2) 规划内容

1）合理的空间结构系统：包括城市空间生态敏感性评价、城市生态功能区划、城市生态空间规划等。保证水、土等资源的合理开发利用和适度的人口规模，促进人与自然、人与环境的和谐。

2）高质量的环保系统：对不同的废弃物按照各自的特点及时处理和处置，同时加强对噪声和烟尘排放的管理，使城市生态环境洁净、舒适。

3）高效能的运转系统：包括畅通的交通系统，充足的能流、物流和客流系统，快速有序的信息传递系统，相应配套有保障的物质供应系统和城郊生态支持圈，完善的专业服务系统等。

4）完善的绿地及水系生态系统：不仅应有较高的绿地覆盖率指标，而且还应点、线、面布局合理，与城市水系有机结合，有较高的生物多样性，组成完善的复合绿地水系生态系统。

5）高度的社会文明和生态环境意识：应具有较高的人口素质、优良的社会风气、井然有序的社会秩序、丰富多彩的精神生活和高度的生态环境意识，这是城市生态建设非常重要的基础条件。

1.1.1.3 城市生态规划的意义

随着社会经济的发展和人口的迅速增长，世界城市化的进程，特别是发展中国家的城市化进程不断加快，全世界目前已有一半人口生活在城市中，预计 2025 年将会有 2/3 人口居住在城市，因此城市生态环境将成为人类生态环境的重要组成部分。城市是社会生产力和商品经济发展的产物。在城市中集中了大量社会物质财富、人类智慧和古今文明；同时也集中了当代人类的各种矛盾，产生了所谓的城市病。诸如城市的大气污染、水污染、垃圾污染、地面沉降、噪声污染；城市的基础设施落后、水资源短缺、能源紧张；城市的人口膨胀、交通拥挤、住宅短缺、土地紧张，以及城市的风景旅游资源被污染、名城特色被破坏等。这些都严重阻碍了城市所具有的社会、经济和环境功能的正常发挥，甚至给人们的身心健康带来很大的危害。今后 10 年是我国城市化高速发展的阶段，中国作为世界上人口最多的国家，环境问题是否处理得好是涉及全球环境问题改善的重要方面。因此，如何实现城市经济社会发展与生态环境建设的协调统一，就成为国内外城市建设共同面临的一个重大理论和实际问题。

随着可持续发展思想在世界范围的传播，可持续发展理论也开始由概念走向行动，人们的环境意识正不断得到提高。当今世界一些发达国家，伴随着现代生产力的发展和国民生活水平的提高，尤其是对生活质量提出了更高的要求，其中最重要的是对生态环境质量的要求越来越高，使现代人对生态需求与消费比以往任何时期都看得重要。有关专家认为，21 世纪是生态世纪，即人类社会将从工业化社会逐步迈向生态化社会。从某种意义上讲，下一轮的国际竞争实际上是生态环境的竞争。就一个城市而言，哪个城市生态环境好，就能更好地吸引人才、资金和物资，处于竞争的有利地位。因此，建设生态城市已成为

下一轮城市竞争的焦点，许多城市把建设“生态城市”、“花园城市”、“山水城市”、“绿色城市”作为奋斗目标和发展模式，这是明智之举，更是现实选择。

大力提倡建设生态型城市，这既是顺应城市演变规律的必然要求，也是推进城市持续快速健康发展的需要。

一是，抢占科技制高点和发展绿色生产力的需要。发展建设生态型城市，有利于高起点涉入世界绿色科技先进领域，提升城市的整体素质及国内外的市场竞争力和形象。

二是，推进可持续发展的需要。党中央把“可持续发展”与“科教兴国”并列为两大战略，在城市建设和发展过程中要贯彻实施好这一重大战略。

三是，解决城市发展难题的需要。城市作为区域经济活动的中心，同时也是各种矛盾的焦点。城市的发展往往引发人口拥挤、住房紧张、交通阻塞、环境污染、生态破坏等一系列问题，这些问题都是城市经济发展与城市生态环境之间矛盾的反映，建立一个人与自然关系协调与和谐的生态型城市，可以有效解决这些矛盾。

四是，提高人民生活质量的需要。随着经济的日益增长，城市居民生活水平也逐步提高，城市居民对生活的追求将从数量型转为质量型、从物质型转为精神型、从户内型转为户外型，生态休闲正在成为市民日益增长的生活需求。

1.1.2 城市生态规划与相关规划的关系

1.1.2.1 城市生态规划与城市规划的关系

城市规划的主要任务是综合研究和确定城市性质、规模和空间发展形态，统筹安排城市各项建设用地，合理配置城市各项基础设施，处理好远期发展与近期建设的关系，指导城市合理发展。城市生态规划则是通过对城市各项生态关系的布局与安排，调整城市人类与城市环境的关系，维护城市生态系统的平衡，实现城市的和谐、高效、持续发展。城市生态规划既和城市规划在诸多方面存在着一致性，又具有其自身的特点。

（1）城市生态规划与城市规划的一致性

规划目标。城市生态规划和城市规划都致力于城市中人与自然的和谐共存，致力于城市经济、社会、环境三效益的统一，通过合理规划建设，追求人类的理想栖居，追求城市的可持续发展。

规划对象。“规划不单是人类社会管理的一种手段，而且是直接管理到人类与其生存环境的关系。”城市规划的对象主要是城市的土地和空间系统，即在城市土地使用基础上的各类城市组成要素的相互组成关系。城市生态规划的对象主要是城市中各种生态关系，但这种生态关系集中体现在以土地为基础的人与环境的关系，故有着相当程度的一致性。

规划地域范围。城市规划的区域整体观是规划界人所共知的。而对于城市生态规划来说，城市生态问题的发生、发展和解决都离不开一定的区域，因此，城市生态规划也必须从整体出发，以广域空间背景为依据，在实际规划过程中以区域规划、总体规划和城镇体系（群）规划为指导。

（2）城市生态规划与城市规划的不同点

规划核心。城市生态规划的核心内容是城市生态系统中各种相互关联的生态关系的质量，虽然涉及城市空间结构及政治经济因素、社会文化因素等，但其核心仍是集中反映城市人类与城市环境的关系。即城市生态规划致力于城市各要素之间，尤其是城市人类与城市环境之间的生态关系的改善。

规划原理和方法。城市生态规划以生态学理论和原则为基本指导，并运用生态学有关方法，与城市规划理论与方法相结合，将生态学应用于城市地域范围和规划学科领域。城市规划则有“规划的理论”和“规划中的理论”的多学科融合运用的原理与方法。

规划内容。城市规划不仅仅是针对土地和空间而进行的物质性规划，如今越来越多地与社会经济发展、公共政策与管理等联系在一起，具有规划内容的广泛性。城市生态规划则仍然紧紧围绕“生态”概念，是针对城市生态问题而进行的界定性的研究。

（3）城市生态规划与城市规划的关系

综上所述，城市生态规划与城市规划的关系可以概括如下。

城市生态规划属于城市规划范畴中的专项规划范畴。在区域规划、城市总体规划中，城市生态规划可作为其中的一个子项规划；而由于城市生态关系的关联性和复杂性，相对于其他专项规划而言，城市生态规划更具有综合性质，因此，也可专门针对城市生态问题进行专项研究并制定规划策略。

城市生态规划要以城市规划的理论与方法为指导。城市生态规划在遵循生态学基本原理的同时，也要遵循城市规划的城市性质、城市发展战略、城市建设方针等全局性规划战略与目标，并在规划中综合考虑城市规划对经济、社会、政策、交通、设施等的规划布局。

城市规划要借鉴和利用城市生态规划的思想和成果。城市规划不应局限于传统的城市土地与空间利用规划模式和社会经济模式，也需要借鉴城市生态规划尊重地域生态过程的核心思想，将社会、经济、生态综合考虑，土地、空间利用规划和社会经济规划要根据并体现城市本身的内在生态潜能和生态价值。

1.1.2.2 城市生态规划与城市环境规划的关系分析

（1）对城市环境规划的解释

一般意义上的环境是指“环绕着中心存在物的存在的总和”。在环境科学中，一般认为环境是指“围绕人群的空间，及其中可以直接或间接影响人类生活和发展的各种自然因素的总体”。

环境科学是伴随着对环境问题及其解决途径的研究而发展起来的，其重点研究环境质量的变化。奚旦立（1999）认为，环境规划是经济和社会发展规划或城市总体规划的组成部分，它是应用各种科学技术信息，在预测发展对环境的影响及环境质量变化的趋势的基础上，为达到预期的环境目标，进行综合分析作出的带有指令性的最佳方案。其目的是在发展的同时，保护环境，维护生态平衡。

在城市范畴，环境规划主要是通过分析研究城市自然环境对人产生的影响而作出的规划。城市环境规划可分为两个层次：城市环境宏观规划，通过对城

市未来发展的资源需求分析，预测城市环境的主要问题和主要污染物的总量宏观控制要求，提出城市环境与发展的宏观战略；城市环境专项规划，即包括大气、水、固废等具体的环境综合保护和整治规划。由此可知，城市环境规划主要关注的是对自然环境的保护和整治，以寻求有利于人类生存的良好的环境支撑。

(2) 城市生态规划与城市环境规划的关系

城市生态规划不同于传统的城市环境规划。城市环境规划强调城市中大气、水、噪声、固废等环境质量的监测、评价、控制、整治、管理等；城市生态规划则强调城市内部各种关系质量的提高，以及城市居民与城市环境之间关系的和谐；不仅关注城市自然环境的利用和消耗对城市居民生存状态的影响，而且关注城市功能、结构等城市内在机理的变化和发展对城市生态变化的影响。由于城市生态系统的社会性，相对于城市环境规划而言，城市生态规划不仅考虑自然环境因子，而且还要考虑经济社会因子在城市发展中的作用。因此，城市环境规划在某种程度上可考虑作为城市生态规划内容的组成部分。城市生态规划与城市环境规划的比较分析见表1-1-1。

城市生态规划与城市环境规划的比较分析　　表1-1-1

项目	城市生态规划	城市环境规划
理论指导	生态学、城乡规划学	环境科学、城市规划学
研究内容	调控城市人类与城市环境的关系	预防和控制城市环境对城市人类的负效应
规划要素	不仅包括自然环境，经济的高效循环、社会关系的和谐稳定，也是生态规划的重要内容	以大气、水、土壤、噪声、固废等自然基质环境为主
规划目标	创造高效、和谐的城市环境，实现经济、社会、环境效益的统一，人与自然的共生	为城市发展提供良好的环境支持
对“城市”的概念理解	将城市作为由经济、社会、环境构成的人工—自然复合生态系统	将城市作为与自然环境相互作用和影响的物质个体
对“环境”的概念理解	包括自然环境和社会环境（人工环境）	基本指自然环境

在国家住房和城乡建设部对城市规划编制办法的要求中，在城市总体规划阶段，明确提出要求编制环境卫生设施规划和环境保护规划的专业规划，因此在总体规划阶段，城市生态规划可与城市环境规划呈并列关系。而在城市生态规划的专项规划层次，城市环境规划应当作为其中不可或缺的重要组成部分。

1.1.2.3 城市生态规划与其他规划的区别与联系

生态城市与可持续发展现代城市作为一个多元化、多介质、多层次的人工复合生态系统，各层次、各子系统之间和各生态要素之间的关系错综复杂，城市生态规划坚持以整体优化、协调共生、趋适开拓、区域分异、生态平衡和可持续发展的基本原理为指导，以环境容量、自然资源承载能力和生态适宜度为依据，有助于生态功能合理分区和创造新的生态工程，其目的是改善城市生态环境质量，寻求最佳的城市生态位，不断地开拓和占领空余生态位，充分发挥生态系统的潜力，促进城市生态系统的良性循环，保持人与自然、人与环境的可持续发展和协调共生。

城市生态规划是与可持续发展概念相适应的一种规划方法，它将生态学的原理和城市总体规划、环境规划相结合，同时又将经济学、社会学等多学科知识以及多种技术手段应用其中，对城市生态系统的生态开发和生态建设提出合理的对策，辨识、模拟、设计和调控城市中的各种生态关系及其结构功能，合理配置空间资源、社会文化资源，最终达到正确处理人与自然、人与环境关系的目的。在生态规划中，体现着一种平衡或协调型的规划思想，综合时间、空间、人三大要素，协调经济发展、社会进步和环境保护之间的关系，促进人类生存空间向更有序、稳定的方向发展，实现人和自然的和谐共生。

首先，城市生态规划强调协调性，即强调经济、人口、资源、环境的协调发展，这是规划的核心所在；其次，强调区域性，这是因为生态问题的发生、发展及解决都离不开一定的区域，生态规划是以特定的区域为依据，设计人工化环境在区域内的布局和利用；第三，强调层次性，城市生态系统是个庞大的网状、多级、多层次的大系统，从而决定了其规划有明显的层次性。城市生态规划的目标更强调城市生态平衡与城市生态发展，认为城市现代化与城市可持续发展依赖于城市生态平衡和城市生态发展。

1.2 城市生态规划的发展过程与研究进展

1.2.1 城市生态规划的发展过程

1.2.1.1 城市生态规划的自发阶段

工业革命以前，人类的生产力与技术能力都较低，在自然面前更多的是遵从与顺应，自发而朴素的生态观念使人们在城市布局与空间结构上更多地考虑了与自然的结合与和谐。中国古代的“风水学说”追求“天人合一”，其实质蕴涵了人与自然和谐共处的思想。“风水模式”是我国古代融合对自然、对人性的崇拜，探寻安居乐业之法于一体的理想城市空间结构模式，这一模式支撑着我国几千年城镇发展的生态脉络，影响和支配着我国古代城镇布局模式。另外，中国的“山水园林”建筑风格与西方“园林营造”模式虽然只是在某个局部空间进行的生态环境与景观改善，但都体现了人对回归自然的追求。

1.2.1.2 城市生态规划的萌芽阶段

工业革命后，城市的迅速发展导致布局开始出现混乱，工业污染导致城市环境受到严重破坏，人与自然的关系也逐步转向对立和冲突，同时也唤醒了西方先哲对于城市生态的关注。1858 年美国景观之父奥姆斯特德（F.L.Olmsted）和卡尔弗特·沃克斯（Calvert Vaux）在曼哈顿的核心地区设计了长 2 英里、宽 0.5 英里的城市公园，继而在全美掀起了城市公园运动（The City Park Movement），从生态的角度将自然引入了城市的设计。1898 年英国人埃比尼泽·霍华德（Ebenezer Howard）提出了“田园城市”设想，其主要内容是“为健康生活以及产业而设计的城市，它的规模能足以提供丰富的社会生活，但不应超过这一程度；四周要有永久性农业地带围绕，城市的土地归公众所有，由一委员会受托掌管”。这种建设思想将城市规划与城市经济、城市环境问题相结合，带有浓厚的理想主义色彩。这一时期人们对城市生态问题的认识还停留在表象层面，解决途径也主要以城市的景观美化为主，城市生态规划的思想还处在萌芽阶段。

1.2.1.3 城市生态规划的发展阶段

20 世纪初至 20 世纪 60 年代，城市生态规划进入了发展阶段。20 世纪 20 年代，盛极一时的芝加哥人类生态学派创始人罗伯特 · E · 帕克（Robert Ezra Park）提出了城市生态学。城市生态规划也就在城市生态学理论与生态学思想广泛传播的大氛围中得到了发展。20 世纪初规划实践的要求和规划方法的发展也促进了城市生态规划的发展。

这个时期涌现了一大批对城市生态规划理论发展作出了重要贡献的著名学者，其中帕特里克 · 格迪斯（Patrick Geddes）的生态规划思想影响甚远。Geddes 在他《进化中的城市》（*Cities in Evolution*）一书中将生态学原理应用于城市的环境、市政、卫生等综合规划研究中。他的目标是将自然引入城市，强调在规划过程中，通过充分认识与了解自然环境条件，根据自然的潜力与制约制定与自然和谐的规划方案。此外，伊利尔 · 沙里宁（E.Sarrinen）的"有机疏散理论"和芝加哥人类生态学派关于城市景观、功能、绿地系统方面的生态规划理论都为后来城市生态规划的发展奠定了基础。

20 世纪初，美国芝加哥学派所开创的人类生态学研究促进了生态学思想在城市规划领域的应用与发展。其代表人物 Park 于 1916 年发表了《城市：关于城市环境中人类行为研究的几点意见》的著名论文，将生物群落学的原理和观点用于研究城市社会并取得了可喜的成果，并在后来的社会实践中得到发展。

1923 年美国区域规划协会成立，作为其主要成员的本顿 · 麦凯（Benton Mackaye）和刘易斯 · 芒福德（Lewis Mumford）是以生态学为基础的区域与城市规划的强烈支持者。此外，在 Howard 的"田园城市"理论的基础上，恩温（Unwin）于 1922 年出版了《卫星城市的建设》，正式提出了"卫星城镇"的概念。弗兰克·劳埃德 · 赖特（Frank Lloyd Wright）在 1945 年提出了"广亩城市"的理论。

20 世纪初是城市生态规划发展的第一个高潮。但这个时期的城市规划虽然有生态规划思想的应用，却很少使用生态学的学科语言。此外这一时期的城市生态规划理论也带有很明显的"自然决定论"的色彩。

1.2.1.4 城市生态规划的繁荣阶段

20 世纪 60 年代至今，全球经济快速发展，生产力水平全面提高，而生态环境问题也从局部扩大到世界的各个地区和领域，人们对城市发展与生态环境关系的认识与理解不断深入，城市生态规划研究逐渐系统化，并注重与实践的结合。20 世纪 60 年代，美国景观设计师伊恩 · 伦诺克斯 · 麦克哈格（Ian Lennox McHarg）提出了城市与区域土地利用生态规划方法的基本思路，并通过案例研究，对生态规划的工作流程及应用方法作了较全面的探讨。1971 年联合国教科文组织开展了一项国际性的研究计划——"人和生物圈计划"（MAB），提出了从生态学角度来研究城市的项目，并明确指出应该将城市作为一个生态系统来进行研究。随着计算机技术与地理信息技术的发展和应用，城市生态规划逐步从定性描述向定量分析发展，规划内容的准确性和科学性得到显著提高。

这一时期城市生态规划的研究重点向技术、方法的深入以及生态建设实践的方向发展，城市空间结构研究也开始表现出多元化、生态化特点，生态发展理念在全世界范围内得到重视与推广。中国也正是在这个时期开始引入生态规划理念，逐步加强城市生态规划的研究与实践。

1.2.1.5 城市生态规划的新阶段

20 世纪末至 21 世纪初，城市生态规划进入了新的发展阶段，逐渐由理论走向实践，建设生态城市成为生态规划的重要目标。生态城市的概念是人们在寻求城市的可持续发展的过程中诞生的，它代表了国际城市的发展方向。生态城市规划可以看作是复合生态系统观念在各层次的城市及其区域规划中的体现。20 世纪 80 年代，苏联生态学家亚尼茨基（Yanitsky）第一次提出了生态城（Ecopolis）的思想。他认为生态城是一种理想城市模式，其中技术与自然充分融合，人的创造力和生产力得到最大限度的发挥，居民的身心健康和环境质量得到最大限度的保护，物质、能量、信息高效利用，是生态良性循环的一种理想栖境。

联合国教科文组织的 MAB 报告（1984 年）提出了生态城规划的五项原则：①生态保护策略（包括自然保护，动、植物区系及资源保护和污染防治）；②生态基础设施（自然景观和腹地对城市的持久支持能力）；③居民的生活标准；④文化历史的保护；⑤将自然融入城市。

1975 年，美国生态学家理查德 · 瑞吉斯特（Richard Register）和他的朋友们在 Berkley 成立了"城市生态（Urban Ecology）"组织，这是一个以"重建城市和自然的平衡（Rebuild Cities in Balance with Nature）"为目标的非营利性组织，从那时起，该组织在 Berkley 参与了一系列的生态建设活动[35]。为了进一步促进生态城市规划与建设的理论研究与实践，该组织从 1990 年开始组织召开了四届生态城市国际会议。这四届生态城市国际会议和有关人居环境的各种生态建设会议使得生态城市规划、建设的理念得到更多的普及。Register 认为生态城市即生态健康的城市，是紧凑、充满活力、节能并与自然和谐共存的聚居地，并于 1990 年提出了"生态结构革命"的 10 项计划。此后，生态城市的研究与示范建设逐步成为全球城市研究的热点，目前全球有许多城市正在按生态城市目标进行规划与建设，如印度的班加罗尔、巴西的库里蒂巴和桑托斯市、澳大利亚的怀阿拉市、新西兰的怀塔克尔市、丹麦的哥本哈根、美国的克利夫兰和波特兰都市区等，我国的许多城市也开展了生态城市规划与建设的研究和实践。生态城市规划是生态城市建设的前提与基础，因此对其进行系统的研究也是十分有必要的，国内外在生态城市的理论研究与实践基础上也积累了不少这方面的经验。它主要包括以下几个方面：①建立科学合理的评价指标体系和规划目标；②城市与区域规划相结合，使城市与其影响区域共生、共发展；③城市和区域产业布局的调整规划及生态功能区划及匹配；④分层次规划与复合生态系统综合规划相结合；⑤城市空间利用规划与生态规划、社会经济发展规划结合考虑；⑥生态城市规划管理机制研究。

第二届和第三届生态城市国际会议提出了指导各国建设生态城市的具体行动计划，即国际生态重建计划。该计划得到了各国生态城市建设者的一致赞同，主要内容包括：①重构城市，停止城市的无序蔓延；②改造传统的村庄、小城镇和农村地区；③修复自然环境和具生产能力的生产系统；④根据能源保

护和回收垃圾的要求来设计城市；⑤建立步行、自行车和公共交通为导向的交通体系；⑥停止对小汽车交通的各种补贴政策；⑦为生态重建努力提供强大的经济鼓励措施；⑧为生态开发建立各种层次的政府管理机构。上述几点是生态城市规划建设理念的集中体现。

1.2.2 国内外城市生态规划研究进展

1.2.2.1 国外城市生态规划相关研究进展

国际上正式提出城市生态规划的概念约在20世纪70年代初期，虽然研究的时间不长，但在短期内涌现出大量的研究成果与规划实践。

古罗马建筑师维特鲁威在《建筑十书》中总结了希腊、伊达拉里亚和罗马城市的建设经验，对城市选址、形态与规划布局等提出了精辟的见解，把对健康生活的考虑融合到对自然条件的选择与建筑物的设计中。

文艺复兴时期的建筑师阿尔伯蒂、费拉锐特、斯卡莫齐等人继承维特鲁威的思想，发展了"理想城市"的理论。16世纪英国托马斯·摩尔（T.More）的"乌托邦"，18～19世纪，傅立叶的"法朗基"，罗伯特·欧文的"新协和村"，西班牙索里亚（A.Soria，1882）的"线状城市"等设想中都蕴含一定的城市生态规划哲理。

公认生态学渗入城市规划源于19世纪末叶，以玛希（Marsh）为代表的生态学家和规划工作者的规划实践，标志着生态规划的产生。玛希（1864）首次提出合理地规划人类活动，使之与自然协调而不是破坏自然；鲍威尔（Powell，1879）在规划实践中指出，要制定法律和政策，促进与生态条件相适应的发展；英国霍华德（E.Howard，1898）的"田园城"，法国勒·柯布西耶（Le Corbusier，1930）的"光明城"，英国恩温（M.Unwin，1922）的"卧城"，赖特（F.Wright，1945）的"广亩城"等工作丰富了生态规划的内容。

后来的芝加哥大学人类生态学派在城市和区域规划中均进一步强调了发展要与自然相协调。1969年麦克哈格（McHarg）指出：生态规划是在没有任何有害或在多数无害的情况下，对土地的某种用途进行的规划。他的贡献是将生态学原理具体应用到城市规划中，并提出相应的规划方法。后来直至20世纪80年代，包括日本学者在内的大多数人所认同的生态规划仍大部分倾向于土地的生态利用规划。

弗雷德里克·斯坦纳（Frederick Steiner）在1991年出版的著作《生命的景观——景观规划的生态学途径》（*The Living Landscape An Ecological Approach to Landscape Planning*）中提出一整套指导人们如何通过生态学途径进行景观规划的框架，完善并发展生态规划与设计的理论和方法。该书出版后获得广泛的赞誉，被认为是一部今天和未来的生态规划行动手册。1997年他与乔治·汤普森（George F.Thompson）合著了《生态规划与设计》，1998年与麦克哈格合著了《拯救地球：伊恩·麦克哈格作品集》，他把人类自身引进生态视野之中，并详细介绍人类生态学理论的基本构成元素，从而进一步发展麦克哈格的"人类生态规划"思想。此时生态规划不仅是生态学原理的具体应用，而是进入了集系统分析、生态分析和规划理论于一体的能够为决策者提供系统协调发展对策和建议的生态规划。

近年来，欧美国家对城市生态规划的理论进行了较多的探索。苏联生态学家亚尼茨基（O.Yanitsky，1981）将城市生态规划设计与实施分成三种知识层次（时空层次、社会功能层次、文化历史层次）和五种行动阶段（基础研究、应用研究、设计、规划、建设实施和有机组织结构的形成）。

戈德罗恩（D.Gordon，1990）出版了《绿色城市》一书，探讨了城市空间的生态化建设途径，其中尤以印度学者R.麦由尔博士（Rashmi Mayur）对绿色城市的设想较为突出。包括：①绿色城市是生物材料与文化资源的最和谐关系的体现及两者相互联系的凝聚体；②在自然界中具有完全的生存能力，能量输出平衡，甚至产生剩余价值；③保护自然资源，以最小需求原则消除或减少废物，对不可避免产生的废弃物循环再利用；④拥有广阔的开敞空间和与人类共存的其他物种；⑤强调人类健康，鼓励绿色食品，合理食用；⑥城市各组成要素按美学原则加以规划安排，基于想象力、创造力及自然的关系；⑦提供全面的文化发展；⑧是城市与人类社区科学规划的最终成果。

C.B.契斯佳科娃（1991）总结了俄罗斯城市规划部门对改善城市生态环境的工作，提出城市生态环境建设的方法原理及保护战略：①规划布局与工艺技术在解决城市自然保护问题中所占比重；②城市地质、生态边界、相邻地区的布局联系和功能联系、人口规划；③城市生态分区，以限制每个分区污染影响与人为负荷，降低其影响程度；④解决环境危机时的用地功能及空间组织的基本方针；⑤符合生态要求的城市交通、工程、能源等基础设施；⑥建筑空间与绿色空间的合理比例，并以绿地为“肾架”；⑦生态要求的居住区与工业区改建原则；⑧城市建筑空间组织的生态美学要求。

随着环境规划逐渐向生态学方向发展，苏联、日本、德国、捷克、美国、意大利、瑞典等国开始研究城市生态规划，其特点是不只局限于经济发展过程中的环境治理、污染控制和保护，而是把当地的地球物理系统、生态系统和社会经济系统紧密地结合，进行多功能、多层次、多目标控制的综合研究与规划，据此进行城市结构调整、规模设计、生产布局、资源开发、环境保护的规划建设。

在莫斯科的城市规划建设中就应用了城市生态规划的思想，在发展城市工业时，不在市区内建设耗水、耗能、耗原材料大及运输量大的企业，并将没有发展前途的、污染环境的工厂迁出市区。英国将自然引入到城市公园的工作中，方法一般包括：①观测公园生态特征现状及利用情况；②评估增强生态的潜力，创造全新的动植物环境；③为生态管理制定目标清晰的管理规划。

进入20世纪90年代，城市生态的研究更成为可持续发展及制定21世纪议程的科学基础，国际生态学会专门成立了城市生态专业委员会。进入21世纪，全球正在迅速城市化、工业化和现代化，城市人类生产与生活活动对城市本身，对城郊、区域以及全球生态系统的影响已成为各国政府面临的一项重大政治议题，城市生态规划已成为当今国际生态学研究的热点和紧迫任务。

综上所述，城市生态规划缘起自19世纪末帕特里克·格迪斯（Patrick Geddes）的“先调查—后规划”理论，到了1969年，麦克哈格“设计结合自然”，已经形成了一个以土地适宜性分析为特点的，通过生态因子的层层叠加来确定

土地利用格局的模式（McHarg，1981；Faludi，1987；Steinitz，1976；Steiner 等，1987）。景观生态学的发展为景观生态规划提供了新的理论依据，景观生态学把水平生态过程与景观的空间格局作为研究对象，"城市生态规划"理论在此基础上逐渐发展而来。

1.2.2.2 国内城市生态规划相关研究进展

城市生态规划作为生态学思想有着悠久的历史，至今仍保留与自然和谐的生态节制、天人合一与象天法地的传统文化精髓。但现代生态规划研究与实践在我国起步较晚，二十多年来，我国城市规划和城市生态规划之间关系的研究已逐渐展开。

中国古代风水思想提倡"人之居处，宜以大地山河为主"，主张与自然融合一体，其宗旨是周密地考察了解自然环境的同时，创造良好的生存环境，赢得天时、地利与人和，达到天人合一的至善境界。风水思想较多反映因天时、就地利，借助土地、水等资源进行城市选址、聚落布局等人居环境建设（李翔宇等，1999）。"风水是城市规划与自然生态相结合的最早、最完整的理论，可以称其为中国古代的生态规划与建筑理论。"

现代城市生态规划研究与实践在我国起步较晚，从生态学入手的研究成果有：1984 年马世骏、王如松发表了《社会－经济－自然复合生态系统》，提出城市复合生态系统理论，认为城市生态系统是由社会、经济和环境三个子系统组成的复合生态系统；1988 年王如松在《高效和谐——城市生态调控原则和方法》中提出创建生态城的生态调控原理，强调城市生态规划应是实现生态系统的生态平衡，调控人与环境关系的一种生态规划方法。与之相关的研究还有《城市生态经济研究方法及实例》（周纪纶等，1990），《城市生态调控方法》（王如松等，2000），《生态与环境——城市可持续发展与生态环境调控新论》（王祥荣，2000），《生态城市建设的原理和途径——兼析上海市的现状和发展》（吴人坚等，2000）等。对应的实践有宜春、张家港、扬州、日照、崇明岛、襄阳、马鞍山、四平、温州、十堰等地的生态城市规划或城市生态建设。

城市规划方向的研究有《城市生态规划研究——承德城市生态规划》（薛兆瑞，1993）、《城镇生态空间理论初探》（张宇星，1995）、《生态城市及其规划建设研究》（陈勇，2000）等。1989 年我国地理学界与生态学界从景观生态的角度创立了中国景观生态研究会，提出城市的发展对自然景观的"适应性"应成为规划设计标准的思想，在此基础上建立土地利用与城市空间发展的系统方法，形成具有里程碑意义的"生态规划思想"。

城市规划学者黄光宇在阐述"生态城市理论与规划设计方法"中，从很多方面对城市生态规划与城市规划进行了区别，在此基础上提出："生态整体规划设计方法是在对传统城市规划方法总结反思的基础上，以生态价值观为出发点，综合发展而来的新的规划设计方法理论。"

生态学与城乡规划、景观学的融合——景观生态规划是在"追求秩序"和生态适应性的经典规划和城市生态规划方法论之上的又一次思维革新。这方面有对我国城乡综合机制及其空间模式——安全格局的研究（俞孔坚，1995）等。相关的城市生态规划实践有广州科学城规划、无锡城市自然资源评价与空间发

展研究等。

仝川综述了城市土地利用生态规划和城市生态系统对策规划的状况，分析并提出了城市生态规划的两种类型，即城市生态规划方法和在城市生态系统水平上进行的生态对策规划，并对这两种城市生态规划的发展进行了探讨。

王祥荣（1995，1998）提出，从区域和城市人工复合生态系统的特点、发展趋势和城市生态规划所应解决的问题来看，城市生态规划应不仅限于土地利用规划，而是以生态学原理和城乡规划原理为指导，应用系统科学、环境科学等多学科的手段辨识、模拟、设计人工复合生态系统内的各种生态关系，确定资源开发利用与保护的生态适宜度，促进人与环境关系持续协调发展。

沈清基（2000）论述了城市规划生态学化的涵义、城市生态学化的背景与必要性、城市规划生态学化等若干问题。内容包括:城市发展战略的生态学化、城市规划思维的生态学化以及环境影响评价的生态学化，并以此为基础探讨了城市规划与城市生态规划之间的关系。

沈清基、傅博（2002）认为：生态思维是一种富含先进意识、现代内涵及人文色彩的思维模式。作为协调人类与自然界关系的重要手段之一的城市生态规划，无疑应该提倡和重视生态思维。他们通过分析生态思维的特征和法则，提出了城市生态规划中需要遵循的生态思维的基本内容。

傅博（2002）则在分析城市规划与城市生态规划的异同点之后，把两者的关系总结为三点：①城市生态规划属于城市规划范畴中的专项规划范畴；②城市生态规划要以城市规划的理论与方法为指导；③城市规划要借鉴和利用城市生态规划的思想和成果。

最近，我国的一些城市也开始城市生态规划的实践探索。首例是联合国教科文组织与中国合作的天津市生态规划，但城市生态规划的推广工作缓慢，方法尚需创新。这是由于广义生态学理论研究比较久远，对县城、镇的生态规划具有一定指导意义，而城市是一个复杂的巨系统，城市生态规划不能简单套用生物生态学的理论。城市生态规划作为一门崭新的不断完善的边缘技术科学，亟待科学研究及探讨。

综上所述，城市生态规划作为城市规划范畴内的一种专项规划，已经渗透到与经济、人口、资源、环境相关的多个领域。但各学科之间缺乏对理论、技术方法的横向整合。纵观国内外研究，更多关注城市生态系统本身问题，而未能对城市生态规划中的矛盾问题进行深入研究。

1.3 城市生态规划的现状问题及发展趋势

1.3.1 城市生态规划的紧迫性

1.3.1.1 城市化带来的生态环境问题

（1）城市人口问题

人口问题是城市生态系统中最突出的问题，也是其他问题产生的根源。随着城市化的加剧，城市人口增加迅速，城市人口愈来愈多。随着工业的高速发展，空气中废物不断增加，已超过了大气的自净能力，造成了严重的大气污染。

大气污染主要有二氧化硫、氟化氢、氯气、光化学烟雾、烟尘等。

（2）城市大气污染

我国正在经历城市化加速发展阶段，不但一些大中城市大气污染相当严重，连一些小城市和新兴城市的大气污染问题也相当突出。如山东省的济南市，每年耗煤量达 200 多万吨，大气中二氧化硫、氮氧化物和总悬浮物的浓度已分别超过美国大气污染预报标准的 6.5 倍、129 倍和 4.6 倍，超过了美国的警戒水平。山东省的菏泽市是一个人口只有二十多万的城市，大气污染情况也很严重，仅 1989 年 1 月上旬就出现两次酸雨，第一次 pH 为 4.27，第二次为 4.48。

大气污染对人类的威胁越来越大，各种与污染有关的疾病也有增加的趋势，如呼吸道疾病发病率，大城市比一般城市高 1.5 倍以上，而城市比农村就更高了。我国最大的工业城市上海，空气中含致癌的苯环化合物较多，所以肺癌得病率也很高，且有逐年上升趋势。

（3）城市供水不足与水质污染

随着城市化的推进，带来了供水不足的问题，城市的水污染也相当严重，加剧了供水不足的矛盾。工业污水、生活污水及废物，未经处理而倾入各种水体。由于污水中含有各种有毒物质，不仅毒死了大量水生生物，破坏了水生资源，且严重危及到人类的生存。现在有些城市的人们已经喝不到干净水。

随着城市的不断发展和扩大，供水量也相应增加，水质污染使供水问题更为严重。高质量的供应，可能成为决定城市前途的主要因素。在绝大多数城市供水中，地下水已成为重要水源。但地下水资源也是有限的，尤其深层地下水储量是一定的。目前不少城市由于超量开采地下水，引起地下水位日益下降，地面显著下沉，水质恶化，这些都是城市生态系统中必须解决的问题。

（4）噪声污染

噪声会引起各种疾病，如耳聋、神经官能症、心跳加快、心律不齐、血压升高等。噪声还影响人们的正常生活，妨碍睡眠和交谈，并且引起疲劳，导致工伤事故增加。噪声对人类的危害，虽不及大气污染、水污染那么明显和严重，但它是一种潜在的严重污染，也是城市中的一大公害。

（5）城市绿化面积减少

绿色植物是城市生态系统中不可缺少的重要成分。然而随着城市的发展，城市绿地面积却愈来愈小。像上海这样的特大城市，70% 的土地被建筑物所占据，加上 20% 的土地是大小道路，剩下的空地和绿地就少得可怜了。

中华人民共和国成立以来，我国城市绿化工作虽然取得了较大成绩，但绿化问题一直受不到重视。我国城市人均绿地面积几乎减少了一半。原因一方面是由于城市人口急剧增加，建筑加密，另一方面是原有绿地的破坏。素有花园城市之称的长春市，1950 年市区人均绿地面积为 14.5m^2，到 1990 年只剩下 6.5m^2 了。绿化的好处是众所周知的，为了城市的正常发展，为了城市居民的健康和生存，必须增加绿化面积。

1.3.1.2 城市生态规划的现状问题

1）中国城市生态环境问题虽然在少部分城市、局部地区有所改善，但总体来说，中国的城市生态问题日趋严重，在部分城市威胁到城市生态安全，特

别是：第一，支持城市发展的生态能力受到严重削弱，包括发挥生态服务的自然空间受到蚕食，城市正常的生态过程发生质的改变，生态环境总体恶化，表现为城市森林、城市水体、城市湿地等自然生态空间减少，城市无序扩展、土地失控、浪费严重，污染型缺水加剧，城市地质灾害、生物灾害、洪水灾害加剧，城市生物多样性骤减等。第二，关系城市市民生活质量的生态要素继续受到威胁，表现为：虽然城市总体绿地在扩大，但人均绿地特别是人口密集区的绿地指标仍在下降；可供采集的清洁的地表水源与地下水源水量与水质形势都在恶化；由于近郊土壤污染和水污染的加剧，产自近郊区的居民食用的蔬菜、水果等食物中有毒有害物质含量普遍攀升；由于小汽车交通的发展，城市空气污染中氮氧化物污染物含量出现大幅度上升，汽车尾气污染成为许多城市空气污染的主要来源；垃圾围城现象在中小城市日益明显。

2）城市密集带由于城市间的恶性竞争和缺乏生态环境共同保护的责任与意识，区域生态境缺乏整体性，区域生态质量快速恶化。表现为区域内的生态用地，如区域性湖泊、河流、农田、湿地、森林总面积持续减少，区域性的生态结构遭到破坏；沿江、沿海重复建设港口、码头、化工、钢铁、汽车等污染企业；流域性的水体恶化，大肆采用污染转嫁模式谋求局部地区的发展，大肆侵占其他城市的水源地，沿江城市都在沿江地区分布污染严重的化工企业以方便排污；行政区的边缘部分成为难以治理的污染型工业的选址，进行污染转嫁。

3）欠发达地区城市的生态问题开始趋于严重。欠发达地区由于经济发展的压力，生态问题被忽视，生态建设在绝大部分欠发达城市尚未开展，城市生态用地侵占严重、城市各类灾害加剧，人居环境恶化。

4）伪生态、假生态、破坏生态的规划与建设有泛滥的趋势。表现在：严重缺水地区大搞大面积的湖泊；干旱地区规划大面积的草坪；大规模移植大树，进行生态破坏转移；假借生态名义大搞高档房地产开发；不尊重生态规律大搞名不副实的湿地公园、生态公园、生态住区、生态球场等。

5）生态规划建设缺乏较为严密的科学依据，基础理论部分研究薄弱。表现在城市生态安全格局的基础研究不牢靠；城市生态用地的布局模式、量化指标、结构形态等科学的量化支持体系不完善；城市生态体系的动态过程研究缺乏，许多规划设想难以找到科学数据的支持；设计实施的许多城市生态工程难以奏效。

6）城市规划的各层次，包括区域规划、城镇体系、总体规划、城市设计缺乏生态理论的指导与支持，建设性的破坏时有发生，建设所得的效益难以补偿生态环境的损失。

1.3.2 城市生态规划的发展趋势

1.3.2.1 城市与区域持续发展的生态化

城市发展离不开一定的区域背景，城市活动的影响也决不仅限于城市本身。因此城市生态规划的概念不应仅限于城市这一狭窄的范围，而应扩展到区域甚至更大的范围。从区域整体的观点出发探索使城市与区域持续发展同步化的城市生态规划的理论与方法，维护城市与区域的生态完整性，这样才能真正改善生态环境，达到经济、社会和环境全方位的持续发展。

支持城市发展的生态用地规划纳入许多城市的规划体系之中，将城市规划区域实施了全覆盖的规划，避免了城市规划区域出现的规划管理盲区，如“成都市非建设用地规划”“广州市的生态廊道控制性规划”“温州的山坡地利用规划”等项目。许多大城市开展的都市区域生态区划工作为城市长期空间发展提供了重要的指导体系，奠定了城市空间扩展与自然生态和谐的基础，如广州市的生态区划工作。

生态化成为各层次的规划的基本要求之一，表现在总体规划阶段突破了传统的用地分析，将支持城市发展的生态要素空间特征、结构特征、数量特征的分析纳入总体规划的前期阶段，纳入城市整体发展考虑，从根本上控制生态环境恶化；详细规划阶段更重视空间布局结构的生态化以及生态要素（河流、绿地）的生态化设计，具有标志性的事件是由重庆大学黄光宇先生主持完成“山地城市生态化规划设计理论与实践”获得教育部科技进步一等奖并推荐国家科技进步一等奖，由同济大学陈秉钊先生主持完成的“中国人居环境研究”获得教育部科技进步一等奖。

1.3.2.2 基于城市复合生态系统的生态规划

20 世纪 70 ～ 80 年代的城市生态规划，多数偏重于基于“MacHarg 方法”的土地利用规划。随着城市生态系统理论的完善，融合系统论和控制论的原理方法，借助现代计算机技术，研究城市生态系统的结构与功能，对城市和区域复合生态系统内的各种生态关系进行辨识、模拟、设计，进而对系统的功能和过程进行动态调控的生态对策规划逐步发展起来。王如松（2012）强调，生态规划不仅限于生态学的土地利用规划，于志熙（1987）也认为城市生态规划是实现生态系统的动态平衡，调控人与环境关系的一种规划方法。从区域和城市复合生态系统的特点和城市生态规划应解决的问题来看，这种在规划过程中更加强调公众和决策者参与的规划方法将得到更广泛的应用和发展。

城市自然生态要素的规划建设取得了重大进展，自然生态规律在城市河流及两岸建设规划、城市生态森林建设规划、城市绿地系统规划、城市生态公园建设得到体现，对控制城市无序蔓延、改善城市环境、提高生态支持能力、满足市民休闲体育等需求起到了一定的作用。

1.3.2.3 基于城市生态极限问题的承载力分析

吴良镛认为，“可持续发展的概念隐含着极限”。Register 和 Beatley 等也曾强调了生态城市的极限问题。城市和区域生态系统的生态极限问题，不论人们是否愿意面对它，已经在现实中得到反映。目前对城市的承载能力和各种物质规划的负荷容量问题，虽然研究较多，但由于没有从生态系统服务功能供应极限的高度来制定规划，而且定量分析方法的说明性不够强，也不够系统，往往难以成为城市生态规划的约束前提，其具体方法还有待进一步发展。

1.3.2.4 由定性分析向定量模拟的转变

从单项规划走向综合规划，从定性的描述走向定量的模拟是今后城市生态规划发展的一个趋势。这是由城市及区域生态系统的特点决定的，即结构复杂、因子众多、多层次、多属性、多目标。因此应对城市及区域的物流、能流以及信息反馈进行整体研究，从单项规划走向综合的系统规划，这也就对城市生态规划的定量化提出了要求，并且随着计算机技术的迅速发展和地理信息系统的广泛应用，对系统的生态关系进行定量模拟分析也已成为可能，城市生态规划也在向定量化发展的过程中更加完善。

1.3.2.5 由理论向生态城市规划实践的演进

生态城市已成为国际第四代城市的发展目标。它是城市发展的一个高级阶段，是城市人类与其他生物高度协调的标志，也是城市人居环境与自然环境高度融合的象征。城市生态规划应该将生态城市的规划建设作为其目标，研究和制定为生态城市建设服务的规划理论和对策。目前对于组成生态城市的各要素的研究较多，但还没有形成一个成熟的综合的概念。生态城市规划应在分析考察城市的生态环境现状的基础上，为实现生态城市勾画蓝图。

生态城市建设成为政府关注的重点之一，据不完全统计，全国提出建设生态城市或花园城市、园林城市、森林城市、山水城市、循环经济城市等生态型城市的已有150余座，这些城市都从环境保护、人居体系等角度对生态城市的内涵进行了发掘。虽然这些城市各有不同的出发点，但至少表明社会各阶层认识到了生态环境问题的严重性与改善人居环境的迫切性。

【本章小结】

城市生态规划是一门由多学科参与的应用性学科。与城市生态规划相关的学科很多，主要包括城市规划学、城市生态学、城市社会学和生态城市等理论，具有复杂性、矛盾性和可拓性。随着可持续发展思想在世界范围的传播，人们对生态环境和居住质量的要求日益提高，可持续发展理论也开始由概念走向行动。众所周知，城市生态规划是现代城市规划思想发展的一个重要分支。从某种意义上来说，它广义上与区域规划、城市规划在内容上应是相互补充，但在狭义上又可认为是城市生态环境规划。因此我们需要界定城市生态规划与相关规划的关系，现代城市生态规划研究与实践在我国起步较晚，随着城市化进程的推进带来了一系列的生态环境问题急需要我们推行城市生态规划。

【关键词】

城市生态规划；城市规划；生态规划；城市化

【思考题】

1. 城市生态规划的概念特征。
2. 城市生态规划的主要内容。
3. 城市生态规划与其他规划之间的关系。
4. 城市生态规划未来的发展趋势。
5. 国外城市生态规划有哪些经验教训。

第二章　城市生态系统与生态城市

【本章提要】

本章主要从城市生态系统和生态城市两个方面进行阐述。首先介绍了城市生态规划的重要研究对象——城市生态系统，主要阐述了城市生态系统的概念、主要特征、结构功能及其生态流；在此基础上，详细论述了生态规划的重要目标——生态城市的概念、内涵、特征功能及其规划内容。此外，本章还介绍了国内外生态城市建设的实践案例，以及对中国生态城市建设的经验教训。

2.1　城市生态系统

2.1.1　城市生态系统的概念

早在 1935 年，英国生态学家坦斯利提出“生态系统”这一重要的科学概念时，就有人认为这是生态学发展过程中的转折时期的开始。“生态系统既是生态学的研究中心，也是研究环境以及环境科学的基础”。而“城市生态学”由美国芝加哥学派创始人帕克于 1925 年提出后，得到了迅速的发展，与自然生态系统成为生态学的研究中心一样，城市生态系统也成为城市生态学的研究中心与研究重点。对城市生态系统的理解，因学科重点、研究方向等不同，有着一定差异，以下略举几种。

1）城市生态系统是一个以人为中心的自然、经济与社会复合人工生态系统（马世俊）。

2）城市生态系统是以城市居民为主体，以地域空间和各种设施为环境，通过人类活动在自然生态系统基础上改造和营建的人工生态系统（王发曾）。

3）城市生态系统是城市居民与其周围环境组成的一种特殊的人工生态系统，是人们创造的自然—经济—社会复合体（金岚等）。

4）凡拥有10万以上人口，住房、工商业、行政、文化娱乐等建筑物占50%以上面积，具有发达的交通线网和车辆来往频繁的人类集聚的区域称为城市生态系统（何强等）。

综合以上概念，我们将城市生态系统（Urban Ecosystem）定义为：城市空间范围内由居民、生物和环境（包括自然环境和社会环境）相互联系、相互作用而形成的有机整体。

从严格意义上说，城市是人口集中居住的地方，是当地自然环境的一部分，它本身并不是一个完整、自我稳定的生态系统。但按照现代生态学观点，尽管城市生态系统在生态系统组分的比例和作用方面发生了很大的变化，但城市系统内仍有植物和动物，生态系统的功能基本上得以正常进行，也与周围的自然生态系统发生着各种联系。另外，也应看到城市生态系统确实发生了本质变化，具有不同于自然生态系统的突出特点。

2.1.2　城市生态系统的主要特征

城市中的自然系统包括城市居民赖以生存的基本物质环境，如能源、淡水、土地、动物、植物、微生物、阳光、空气等；经济系统包括生产、分配、流通和消费的各个环节；社会系统主要表现为人与人之间、个体与集体之间以及机体与机体之间的相互关系。这三大系统之间通过高度密集的物质流、能量流和信息流相互联系，其中人类的管理和决策起着决定性的调控作用。因此，与自然系统相比，城市生态系统具有以下的特征。

2.1.2.1　城市生态系统是人类为主体的人工生态系统

城市中的一切设施都是人制造的。人类活动对城市生态系统的发展起着重要的支配作用，具有一定的可塑性和调控性。与自然生态系统相比，城市生态系统的生产者绿色植物的量很少；绿色植物在城市生态系统中不是作为主体的一部分，而是作为环境的一部分，并且是环境的非主要部分。消费者主要是人类，而不是野生动物；分解者微生物的活动受到抑制，分解功能不强。因此，城市生态系统的演化是由自然规律和人类影响叠加形成的。

2.1.2.2　城市生态系统是物质和能量的流通量大、运转快、高度开放的生态系统

城市中人口密集，城市居民所需要的绝大部分食物要从其他生态系统人为地输入；城市中的工业、建筑业、交通等也必须大量从外界输入物质和能量。城市生产和生活产生大量的废弃物，其中有害气体必然会飘散到城市以外的空

间，污水和固体废弃物绝大部分不能靠城市中自然系统的净化能力自然净化和分解，如果不及时进行人工处理，就会造成环境污染。然而，城市生态系统则需要输入大量的粮食、水、燃料、原料，输出大量的产品和废物。在自然生态系统中，生物之间以及生物与环境之间的物质循环和能量转化持续时间较长。在城市生态系统中，物质和能量的转化都很快。城市的输入—转化—输出的运转效率很高。由此可见，城市生态系统不论在能量上还是在物质上，都是一个高度开放的生态系统。这种高度的开放性又导致它对其他生态系统具有高度的依赖性，同时会对其他生态系统产生强烈的干扰。

2.1.2.3　城市生态系统是不完整的生态系统

城市自我稳定性差，自然系统的自动调节能力弱，容易出现环境污染等问题。城市生态系统的营养结构简单，对环境污染的自动净化能力远远不如自然生态系统。城市的环境污染包括大气污染、水污染、固体废弃物污染和噪声污染等。按照现代学观点，城市也具有自然生态系统的某些特征，具有某种相对稳定的生态功能和生态过程。尽管城市生态系统在生态系统组成的比例和作用方面发生了很大的变化，但城市生态系统仍有植物和动物，如果城市生态系统得以正常进行，必须与周围的自然生态系统发生着各种联系。

2.1.2.4　城市生态系统是依赖性强、独立性弱的生态系统

在自然生态系统中，能量的最终来源是太阳能，在物质方面则可以通过生物地球化学循环而达到自给自足，如图 2–1–1 所示。城市生态系统则不同，它所需求的大部分能量和物质，都需要从其他生态系统（如，农田生态系统、森林生态系统、草原生态系统、湖泊生态系统、海洋生态系统）人为地输入。同时，城市中人类在生产活动和日常生活中所产生的大量废弃物，由于不能完全在本系统内分解和再利用，必须输送到其他生态系统中去。人类在必须设法不使自己淹没在自己造成的大量废物中的同时，必须学会调节自己的活动（主要是生产活动）与环境的关系，维持城市生态系统的平衡，使城市人口与城市容量恰到好处，使粮食、副食、燃料、原料的输入与产品、废物的输出都顺当而流畅，使整个城市各个角落不仅生活舒适而且生态宜人，如图 2–1–2 所示。由此可见，城市生态系统也是非常脆弱的生态系统。由于城市生态系统需要从其他生态系统中输入大量的物质和能量，同时又将大量废物排放到其他生态系统中去，它就必然会对其他生态系统造成强大的冲击和干扰，最终影响到城市自身的生存环境和发展。

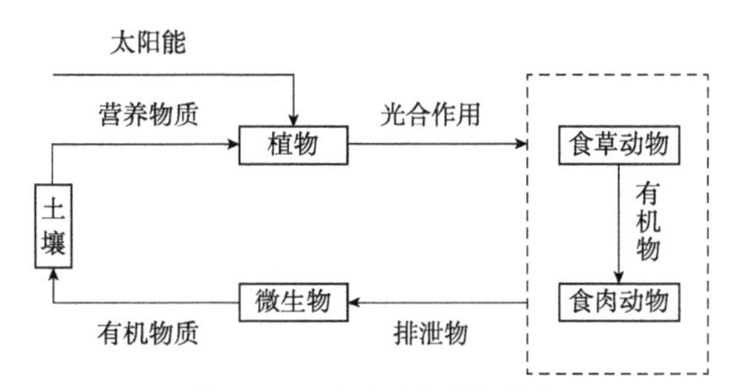

图 2–1–1　自然系统平衡关系

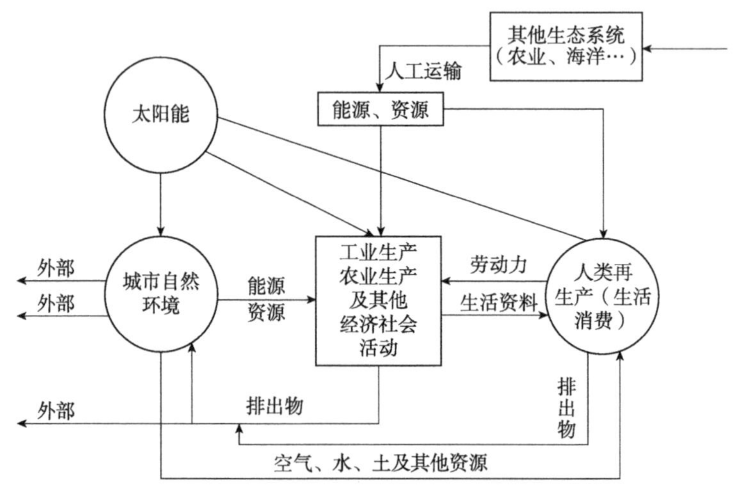

图 2–1–2　城市生态系统平衡关系

2.1.2.5　城市生态系统具有高度的内部协调性

在城市生态系统内部，以人为核心，进行着一系列的生活、生产、交换、管理等复杂的活动。活动过程表现为能量、物质和信息的高速流动和转换。城市生态系统是人工建设的能量利用与转换效率最高的生态系统。能量、物质和信息顺畅地高速流动和转换是城市生态系统正常运行的标志，而能量、物质和信息顺畅地高速流动和转换要求系统具有高度的内部协调性，内部协调性包括人工城市单元的协调及人工城市单元与自然环境的协调两部分。

2.1.3　城市生态系统的结构

城市生态系统的结构在很大程度上不同于自然生态系统，是因为除了自然系统本身的结构外，还有以人类为主体的社会、经济等方面的结构，在对城市生态系统结构研究的过程中，常常根据其系统特色划分不同领域，包括经济结构、社会结构、生物群落结构、物质空间结构等。这些子系统的结构相互作用、相互制约，通过各种复杂的网络联系为一个独特的整体。包括城市经济结构，涉及能源结构、物质循环、经济实体构成等众多方面；城市社会结构，涉及年龄结构、性别结构、职业结构、素质结构、社会关系众多方面；城市自然子系统，涉及物种构成、物种分布、食物链网等方面；城市物质空间系统，涉及空间类型、空间组织结构等。

2.1.3.1　城市生态系统的营养结构

生态系统各组成部分是由营养关系联系起来构成的整体，称为生态系统的营养结构。

（1）自然生态系统

自然生态系统是由生物和非生物两部分组成的。按其能量物质传递次序（以食物链为基础的各种营养关系），生物部分又分为生产者（主要指能进行光合作用制造有机物的绿色植物）、大型消费者和小型消费者（分解者），如图 2–1–3 所示。

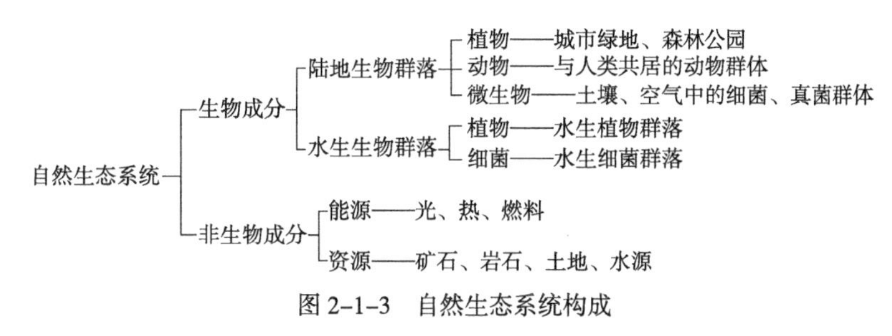

图 2-1-3　自然生态系统构成

一个生态系统中，生产者和分解者是不可缺少的，消费者完全依靠生产者产生的有机物生活，并通过分解者将所产生的废弃物（动植物的尸体、粪便等）分解成简单的化合物，再重新供生产者利用，这也就构成了生态系统的营养结构，如图 2-1-4 所示。

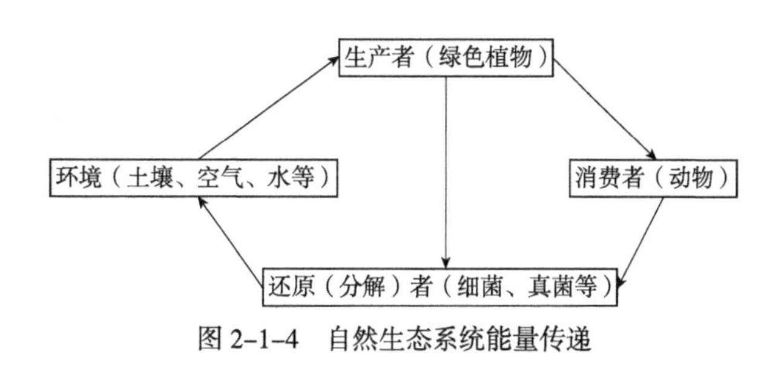

图 2-1-4　自然生态系统能量传递

对自然生态系统来说，在能量物质传递过程中，必然会有损失或转化递减等。因此，在稳定的自然生态系统中，低级营养阶段的有机物总量要大于高级营养阶段的有机物总量，或者说如果消费者有多级的话，其生物量和生物个体逐级递减，形成了金字塔式的食物链营养阶段（层次），即生态系统营养层次的金字塔结构，如图 2-1-5（*a*）所示。

从污染生态学角度来看，对食物链的研究具有十分重要的意义，因为污染物可通过食物链产生逐级富集，即生物放大作用。营养级越高的生物体内所含有的污染物的数量或浓度越大，从而严重地危害较高营养级生物的生长发育或健康。

（2）城市生态系统

城市生态系统是人工复合系统，这是在人类活动支配下，以人为核心的人类社会经济活动与自然生态系统的复合体。对城市生态系统来说，它的生物组成部分是以有思想意识的人为主体，加上野生的和人工培育的动植物等；非生物组成部分除自然环境的物质成分外，还有房屋、道路、生产设施和生活设施等人工环境物质成分。由于该系统中消费者（主要是人）数量大，而作为生产者的绿色植物所占比例小，城市中人类现存量远大于植物现存量，营养层次呈倒金字塔结构，如图 2-1-5（*b*）所示。

由此可见，城市生态系统是个不完全的生态系统。城市生态系统中，消费者生活所需要的大量能量和物质必须依靠其他生态系统（如，农业生态系统、海洋生态系统等），人为地输入到城市生态系统中，同时，城市中人类生活所

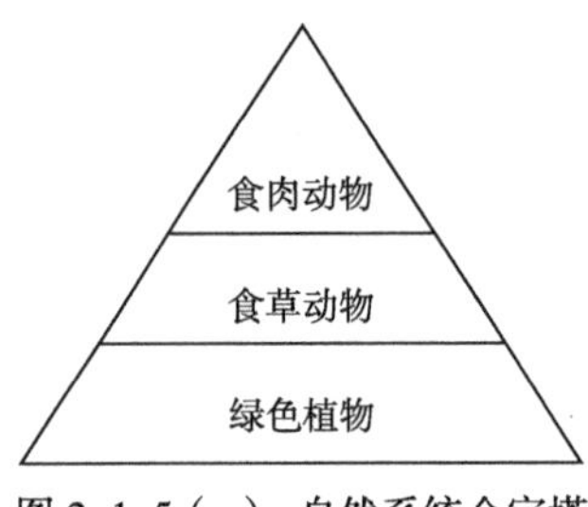

图 2-1-5（*a*） 自然系统金字塔

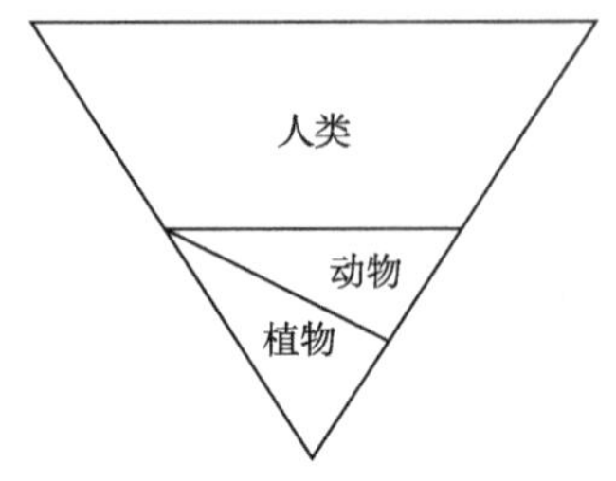

图 2-1-5（*b*） 城市生态系统金字塔

排泄的大量废物，也不能完全在本系统内分解，还需要人为地输送到其他生态系统（如，农田、海洋等），这也就构成了城市生态系统的营养结构。

2.1.3.2 城市生态系统的空间结构

对于自然生态系统来说，它的各组成部分，由空间关系（水平关系、垂直关系）构成的整体，称为自然生态系统的空间结构。如在空间分布上，生物自上而下明显的成层现象就是自然生态系统空间结构的主要特征之一，如地上有乔木、灌木、草本、苔藓，地下有浅根系、深根系及其根际微生物，对应地许多鸟类在树上筑巢，许多兽类在地面筑窝，许多鼠类在地下掘洞。

而对于城市生态系统来说，人、人类活动及相应的环境在空间上的地域分异等构成了城市生态系统的空间结构，如城市用地结构、城市绿化空间结构和城市社会空间结构等，如图 2-1-6 所示。

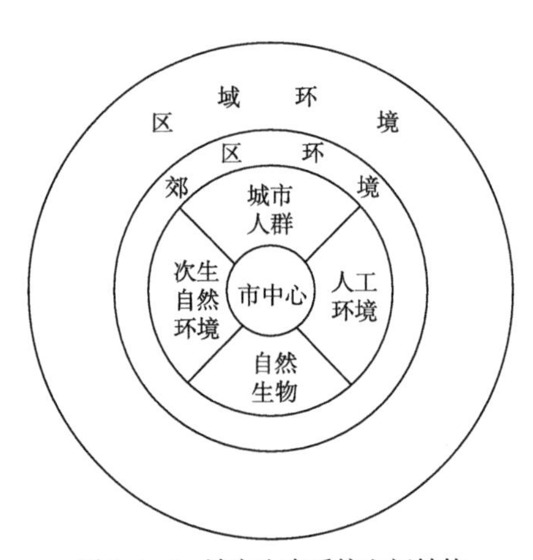

图 2-1-6 城市生态系统空间结构

2.1.3.3 城市生态系统的网络结构

所谓生态系统的网络结构是指生态系统各组成部分被物质流、能量流、信息流等各种关系联系起来的整体。城市生态系统是一个十分复杂的、多层次的网络结构。根据人类活动及能流、物流等特征，城市生态系统又可分为三个层次的子系统，如图 2-1-7 所示。

1）生存——自然环境系统，只考虑人的生物性活动，人与其生存环境的气候、地貌、淡水、动物、植物、生活废物等构成的一个子系统。

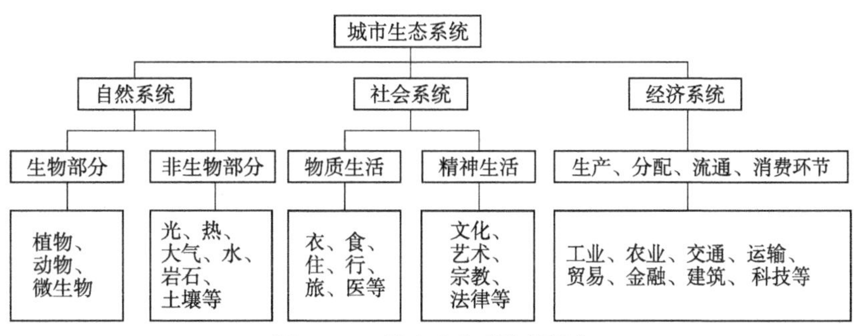

图 2-1-7 城市生态系统的层次

2）生产——经济系统，只考虑人的经济（生产、消费）活动，人与能源、原材料、工业生产、交通运输、商品贸易、工业废物等构成的一个子系统。

3）生活——社会系统，只考虑人的社会活动和文化生活，人与其生活的另一层环境，包括社会组织、政治活动、文化、教育、娱乐、服务等所构成的另一子系统。这三个子系统的内部都有自己的能量流、物质流和信息流等，各层次子系统间又相互联系、相互作用，构成了不可分割的整体。

2.1.4 城市生态系统的功能

城市作为一个生态系统，最基本的功能是生产和生活，具体表现为城市的物质生产、能量流动、信息传递以及人口流动。

2.1.4.1 生产功能

生产是城市生态系统内生物利用营养物质、原材料物质和能量产生新物质与精神并固定能量的能力，即所谓的“同化过程”。人工生态系统的生产分为生物生产和非生物生产两种类型。生物生产是指在该生态系统中的所有生物（包括人、动物、植物、微生物）从体外环境吸收物质、能源，并将其转化为自身内能和体内有机组成部分，以及繁衍后代、增加种群数量的过程。非生物生产是人工生态系统所持有的，只有城市人群才能进行的社会性生产，它指人类利用各种资源生产人类社会所需的各种事物，不仅包括衣食住行所需物质产品的生产，还包括各种艺术、文化、精神财富的创造。城市生态系统具有强大的生产力，并以非生物性生产为主导。

2.1.4.2 能量流动

能量流动又称能量流（Energy Flow），是生态系统中生物与环境之间、生物与生物之间能量传递与转化过程。城市生态系统的能量流动与自然生态系统所不同之处集中在来源和传播机制两方面。在能源来源方面，与自然生态系统绝大部分依赖太阳辐射不同，城市生态系统的能量来源趋于多样化，有太阳能、四热能、原子能、潮汐能等多种类型，如图 2–1–8 所示。在能量传播机制方面，自然生态系统的能量传递是自发地寓于生物体新陈代谢过程之中，而城市生态系统的能量传递大多是通过生物体外的专门渠道完成的，例如，输电线路、输油与供气的管网等。城市中大量的能源流转是非生物性的流动与转化，消耗在人类制造的各种机械运转的过程中，而且主要受人工控制。

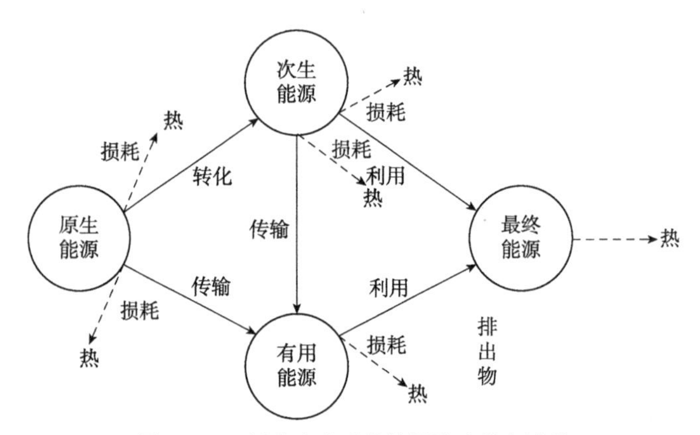

图 2-1-8　城市生态系统能量流动基本过程

2.1.4.3　物质循环

生态系统中各种有机物质（物质）经过分解者分解成可被生产者利用的形式归还到环境中重复利用，周而复始地循环，这个过程叫做物质循环（物质流）。城市生态系统的物质循环主要是指各项资源、产品、货物、人口、资金等在城市各个区域、系统、部门之间以及城市外部之间反复作用的过程，如图 2-1-9 所示。城市生态系统中的物质有两大来源：第一是自然来源，包括各种环境要素，例如空气流、水流、自然的植被等；其次是人工来源，各种人类活动产生或无意排出的，以及从城市之外输入的物质，例如食品、原材料废物等。

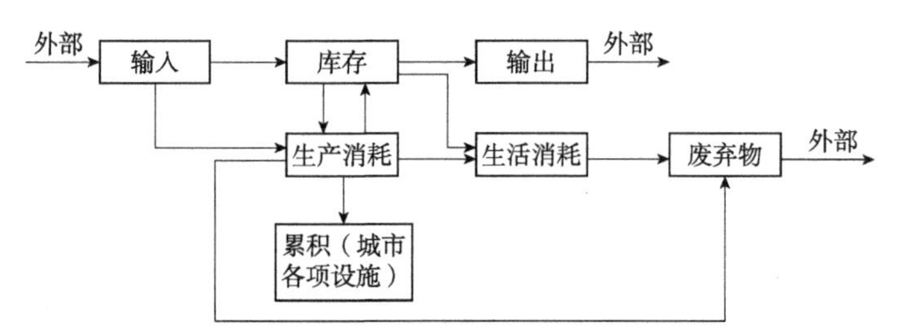

图 2-1-9　城市生态系统中货物流的流程途径

2.1.4.4　信息传播

城市作为以人类为主的生态系统，其最为突出的特点之一就是各类信息汇集的焦点。在认识自然和社会发展规律同时，人类积累和创造着更多信息，这些信息因为城市是人口密集、生产密集、生活集中的场所而汇集和储存于城市。处理各类信息是城市的重要功能之一，城市是信息处理的重要基地，也是高水平信息处理人才汇集的重要场所。城市生态系统信息传播具有总量巨大、信息构成复杂、通过各类传递媒介进行传递并依赖辅助设施进行处理和储存、在信息传递和处理过程中存在大量信息歧义现象等特点。

2.1.5　城市生态系统的生态流

城市作为一个生态系统，最基本的功能是生产和生活，城市生态系统功能的发挥是靠系统中连续不断和密集的物质生产、能量流动、信息传递、人口流

以及资金流等生态流来实现和维持的，正是这些生态流以物质循环、能量流动和信息传递的运动方式和过程，实现了城市的支持、生产、消费和还原功能，因此这些生态流是城市生态系统的功能过程和动态的表现。

2.1.5.1 物质流

城市生态系统的物质流可分为自然物质流、人工产品流和废物流。自然物质流是由自然力推动的生态流，主要指空气、水体的流动。自然流具有数量巨大、状态不稳定的特征，其流动的速度和强度，直接影响到城市的生产、生活和还原作用，从而对城市的生态环境质量形成巨大的影响。人工产品流是为保证城市功能正常发挥所涉及的各种物质资料在城市中的各种状态及作用的集合。城市生态系统物质利用的不彻底导致了物质循环的不彻底，物质循环的不彻底又导致了物质循环过程中产生大量废物，即废物流。

2.1.5.2 能量流

城市生态系统的能量流动是指能源在满足城市生产、生活、游憩、交通功能的过程中，在城市生态系统内外的传递、流通和耗散的过程。能源流动的效率与城市的能源结构、生产结构、消费结构等特征存在密切的关系。

在能量的使用上，自然生态的能量流动类型主要集中于系统内各生物物种间所进行的动态过程，反映在生物的新陈代谢过程之中；城市生态系统由于技术发展，大量的是非生物之间能量的变换和流转，反映在人力所制造的各种机械设备的运行过程中，这种非生物性能量绝非在城市这一相对“狭隘”的自然环境中所能满足的。

在传递方式上，城市生态系统的能量流动方式要比自然生态系统多。自然生态系统主要通过食物链、网传递能量；而城市生态系统可通过农业部门、采掘部门、能源生产部门、运输部门等传递能量。

2.1.5.3 信息流

现代城市特有的信息功能是将无序的、分散的信息经过集中、加工、整理、分析得出方向性、指导性的信息，再发射到其他城市、地区、乡镇、农村中去，这就是城市具有的凝聚力及大的辐射力之功能。经过形象的文字、图形、报纸、图书、信文、邮电和各种电声信号，电报、电话、传真、电视、电台广播以及现代最庞大的信息高速公路计算机网络系统，完成现代化的高科技信息流之功能。信息流在城市生态系统中具有如下作用：信息流是指导完成城市功能方向的概念：因为有了信息流的串结，系统中各种成分和因素才能被组成纵横交错、立体交叉的多维网络体，不断地演替、升级、进化、飞跃。城市是信息的集聚点，城市对周围地区的集聚力体现之一是信息，城市中人口流动、生产、交通、金融、娱乐等活动的集中都需大量信息，吸收各方面信息使城市形成高度集聚场所。城市的重要功能之一就是能进行信息处理，即对输入分散的无序信息进行加工处理，城市拥有处理信息的机构、设施与人才。如城市有新闻传播系统（通讯社、出版社、报社、电台、电视台等），有邮电、电子系统，有科研教育研究系统以及现代的计算机网络系统集中了高水平的信息处理人才，形成一个现代化的信息处理基地。城市是信息的辐射源，又是高度利用信息的区域。当今时代，拥有信息资源的数量及利用信息的能力已经成为衡量一个国家或城市现代化水平的重要标志。

信息流是城市生态系统的重要资源：离开了信息，无法对城市进行管理与控制。在城市规划中正确采集信息，筛选、分析，取得有影响力及代表性的信息进行处理，找出规律，为城市建设、规划管理提供依据。

2.1.5.4 人口流

城市的人口化、人口的城市化是城市化重要标志。城市与农村、乡镇间的人口流动与增长是城市生态系统动态平衡功能之一。城乡规划学科在研究城市人口流中认为：城市化是第一产业为主的农业人口向第二产业工人及第三产业的服务业为主的城市人口转化流动，由分散的乡村居住地向城市或乡镇集中，以及相应的居民生活方式的不断发展变化的客观过程。社会学科在研究城市人口流中认为：农村社区向城市社区转化的过程，包括城市数量的增加，规模扩大，城市人口在总人口中比重的增长，生活方式组织体制、价值观念等方面城市特征的形成和发展都要受到周围农村地区的影响。地理学科在研究城市人口流中认为：城市人口流是由于社会生产力的发展而引起的农业人口向城镇人口、农村居民点向城镇居民点形式转化的全过程。人口学科认为：城市人口流是农业人口向非农业人口转化并集中的过程，表现在城市人口的自然增加，是农村人口大量涌入城市的结果。在人类城市化过程中，应处理好产业之间、城乡之间人口流动关系，以保持产业之间、城乡之间的协调发展。

2.1.5.5 资金流

一种特殊的信息流凝聚了各生产部门间、生产和消费部门之间的物质和能量流动的大量信息，反映了产品的价值和需求程度。货币是城市生产和生活中最活跃的一个因子。总之，城市生态系统是一个远离平衡态的非平衡系统。为了维持系统结构的有序性，就必须从外界不断地输入负熵或排出熵，以维持城市生态系统的稳态。因此城市生态系统的稳定是靠物质流和能量流的输入和输出而得以实现的，而城市生态系统对其他生态系统的根本影响在于对资源的利用和消耗以及“污染输出”。

2.2 生态城市

2.2.1 生态城市的概念

对于生态城市概念的认识，不同时期不同学者历来都有不同的见解。尽管生态城市已经成为社会的热点，世界各国的许多城市都提出了建设生态城市的目标。但到目前为止，世界上还没有一个真正意义上的生态城市，这是因为，各国学者对生态城市有不同的理解，至今仍然没有关于生态城市的一个公认的定义和清晰的概念。

苏联城市生态学家亚尼茨基于1981年首次提出生态城市的概念。他认为生态城市是一种理想城市模式，其中技术与自然充分融合，人的创造力和生产力得到最大限度的发挥，而居民的身心健康和环境质量得到最大限度的保护。该城市发展模式太过理想化，基本不具备现实可行性，因此其社会反响不大。

美国生态学家理查德·瑞吉斯特（Richard Register）在1987年著的《生态城市伯克利》一书中提出一个相对较为概括的概念，他认为“生态城市追求人类和自然的健康与活力”。在他看来，生态城市是紧凑、充满活力、节能并与自然和谐共存的聚居地,即生态健康的城市。与亚尼茨基的概念及论述比较，这种观点的可操作性和现实性都很强，但是这种观点的局限性在于过分注重环境，内涵相对狭隘。

中国生态学专家马世骏、王如松在20世纪80年代提出城市是典型的社会—经济—自然复合生态系统和建设天人合一的中国生态城市思想，并发表了《社会—经济—自然复合生态系统》。

著名科学家钱学森先生于1990年提出“山水城市”的设想，初衷在于强调城市中要有自然山水。到1993年，“山水城市”这一设想逐渐形成了一个比较全面的概念，该设想的重点在于城市绿化与建设，对于城市的社会、经济等方面基本没有涉及。

黄光宇教授在1989年发表的《论城市生态化与生态城市》一文中提出了绿心环型生态城市空间结构，他认为生态城市是根据生态学原理，综合研究城市生态系统中人与“住所”的关系，并应用生态工程、环境工程、系统工程等现代科学与技术手段协调现代城市经济系统与生物的关系，保护与合理利用一切自然资源与能源，提高资源的再生和综合利用水平，提高城市生态系统的自我调节、修复、维持和发展的能力，使人、自然、环境融为一体，互惠共生。这一概念主要侧重于在城市规划中体现生态城市的要求，将人与自然融合在一起，但忽视了社会公平和人与人之间的关系。

黄肇义、杨东援等学者在对国内外生态城市理论进行深入研究之后，提出了一个较为完善的生态城市定义：“生态城市是全球或区域生态系统中分享其公平承载能力份额的可持续子系统，它是基于生态学原理建立的自然和谐、社会公平和经济高效的复合系统，更是具有自身人文特色的自然与人工协调、人与人之间和谐的理想人居环境。”这一概念强调了人与人之间的和谐关系，体现了公平原则。

总结前人经验，本文认为，生态城市是人类社会聚居地发展的最高阶段，是可持续的、符合生态规律的、人与自然和谐的城市。在这样的城市中，拥有良好的生态环境，社会高度文明，资源循环利用。生态城市已经超越了传统意义上的城市的概念，不仅是为保护环境，防治污染，追求自然环境的优美，而且还融合了社会经济和文化生态等方面的内容，强调在人与自然和谐的基础上的，社会、经济和自然复合系统的全面和谐。

2.2.2 生态城市的内涵

从生态城市概念的多样性论述可以发现，不同学者对生态城市内涵的理解也不尽相同，但综合国内多数学者的意见，作者认为，生态城市的概念至少应包括以下几个方面的内涵。

1）从地域范围来看，生态城市不是一个封闭的系统，而是一个与周围市郊及有关区域紧密相连的开放系统。

2）从涉及的领域来看，生态城市不仅涉及城市的自然生态系统，如空气、水体、土地、绿化、森林、动植物、能源和其他矿产资源等，也涉及城市的人工环境系统、经济系统和社会系统，它是一个以人的行为为主导、自然环境系统为依托、资源流动为命脉、社会体制为经络的“社会一经济一自然”的复合系统。

3）从城市经济系统来看，生态城市既要能保证经济的持续增长，更要能保证增长的质量。也就是说，生态城市要有合理的产业结构、能源结构和生产布局，使城市的经济系统和生态系统能协调发展，形成良性循环，实现城市经济社会与生态环境效益的统一。在生态城市的经济子系统中，尤其强调资源和能源的有效利用以及系统过程的高效运行。

4）从社会方面来看，生态城市要满足居民的基本需求，这不仅指足够的粮食，也包括良好的营养状况、住房、供水、卫生、能源消费和舒适方便的生活环境，城市规模还要同城市地域空间的自然生态环境和资源供给条件相适应。

5）从经济、社会与环境相互之间的关系来看，生态城市应是社会、经济和环境的统一体，生态城市要求从自然环境获取的资源不能超过环境再生增殖能力，自然资源的再生能力要大于经济增殖对资源的需求，排入环境的废弃物不能超过环境的容量，尽可能高地利用再生资源，以保证经济、社会发展的永久性和持续性。同时，经济、社会发展从技术、资金和公众意识等方面可以提高对环境的改善和治理能力。所以，经济、社会和自然环境三者是相互促进和相互制约的。

2.2.3 生态城市的特征与功能

2.2.3.1 生态城市的特征

生态城市是一个兼容社会、经济、自然的复合系统，强调各种关系之间的协调和可持续的发展，因此，一个生态城市应具有和谐性、高效性、持续性、整体性、全球性五个特点，如图 2–2–1 所示。

和谐性。生态城市的和谐性，不仅仅反映在人与自然的关系上，人与自然共生共荣，人回归自然，贴近自然，自然融于城市，更重要的体现在人与人的关系上。现在人类活动促进了经济增长，却没能实现人类自身的同步发展。生态城市是营造满足人类自身进化需求的环境，充满人情味，文化气息浓郁，拥有强有力的互帮互助的群体，富有生机与活力。生态城市不是一个用自然绿色

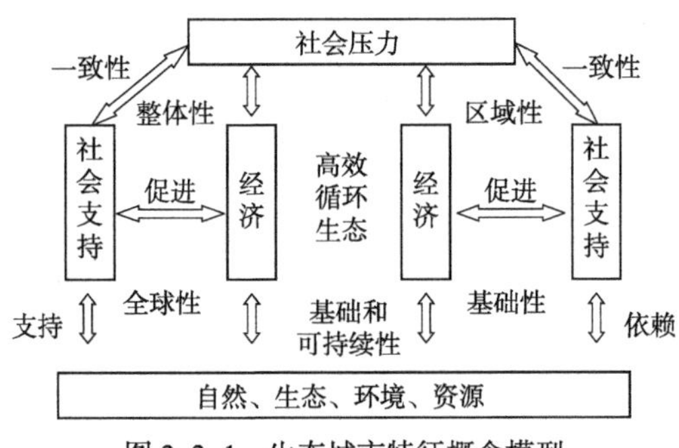

图 2–2–1 生态城市特征概念模型

点缀而僵死的人居环境，而是关心人、陶冶人的“爱的器官”。文化是生态城市重要的功能，文化个性和文化魅力是生态城市的灵魂。这种和谐乃是生态城市的核心内容。

高效性。生态城市一改现代工业城市“高能耗”、“非循环”的运行机制，提高一切资源的利用率，物尽其用，地尽其利，人尽其才，各施其能，各得其所，优化配置，物质、能量得到多层次分级利用，物流畅通有序、住处快流便捷，废弃物循环再生，各行业各部门之间通过共生关系进行协调。

持续性。生态城市是以可持续发展思想为指导，兼顾不同时期、空间，合理配置资源，公平地满足现代人及后代人在发展和环境方面的需要，不因眼前的利益而采用“掠夺”的方式促进城市暂时“繁荣”，保证城市社会经济健康、持续、协调发展。

整体性。生态城市不是单单追求环境优美或自身繁荣，而是兼顾社会、经济和环境三者的效益，不仅仅重视经济发展与生态环境协调，更重视对人类质量的提高，是在整体协调的新秩序下寻求发展。

全球性。生态城市以人与人、人与自然的和谐为价值取向，就广义而言，要实现这一目标，就需要全球全人类的共同合作，因为我们只有一个地球，是“地球村”的主人，为保护人类生活环境及其自身的生存发展，全球人必须加强合作，共享技术与资源。

可以看出，生态城市比霍华德提出的田园城市内涵要丰富、深刻得多。田园城市一般注重的是城市建设的布局、绿化美化等城市外在形象的塑造，只能给人以视觉上的美感和由此引发的心灵上的愉悦。而生态城市不仅包含了田园城市的内容，还从生态文化的普及、居民生态意识的提高，人与人、人与社会、人与自然关系的调整以及产业生态化更深层次上使城市人口、资源、环境和发展之间的矛盾得以根本解决，它不仅给人以视觉上的美感，更能直接给人以心灵上的震撼，让人的身心生活于美的生存环境之中。

2.2.3.2 生态城市的基本功能

城市生态系统有外部功能和内部功能，而城市生态学认为生态城市有三个基本功能，即生产、消费和还原功能。

(1) 生产功能

生态城市的生产功能包括自然生产功能、经济生产功能和社会生产功能。自然生产功能是生态城市最基本的功能，生态城市系统中的植物通过光合作用将最原始的能源——太阳能合成自身发展的能量并通过食物链将其转移给其他生物；生态城市的经济生产功能是城市的各种经济发展过程，包括利用自然功能进行再生产、产品的生产和对废弃物的再生产等；生态城市的社会生产功能包括城市环境政策的制定等以及各种人文资源的产出。

(2) 消费功能

消费是人类为满足自身的需要而进行的各种活动，生态城市系统的消费功能就是围绕着这些功能而进行的。它包括各种商品的消费、对环境与资源的消费、时间与空间的消费、文化信息与各种情感的消费等。并且这种消费是有层次的，这种层次与人的需要层次具有很强的相关性。

(3) 还原功能

生态城市的还原功能是指生态城市系统通过物质和能量的代谢以保证自然资源的永续利用和城市社会系统的持续、稳定和协调发展。它包括城市资源的持续供给能力、环境的持续容纳能力、自然的持续缓冲能力及人类社会的自组织与自调节能力。城市的这种环境功能使得城市自然平衡、经济协调发展、社会健康稳定。

除了生态城市的基本功能以外，生态城市还具有输入与输出的功能，这种功能包括城市的物质、能量、人口和信息的输入与输出，还包括城市废弃物的输入与输出以及城市生态承载力的输入与输出。生态城市的输入与输出功能包含了它的三个基本功能。

2.2.4 生态城市规划目标和内容

2.2.4.1 生态城市规划目标

从生态规划内容可以归纳出一些具体的城市生态规划目标：从人类的角度来说，城市中具有合理的人口规模，人与人、人与社会、人与自然之间关系和谐；从土地的角度来说，城市用地结构合理，开发有序，土地资源得到优化配置，城市功能获得适宜的生态区位；从空间的角度来说，城市空间与其承载的城市功能相适应，具有高效、低耗的空间分布特征，城市空间的多样性和异质性使得城市既呈现动态发展的态势又保持稳定有序的结构;从环境的角度来说，城市功能的发挥不超过其环境容量的限制，促进城市健康、持续发展。

生态城市建设的目的就是为了实现城市的可持续发展，当全世界所有城市都建设成生态城市的时候，整个世界就是个可持续发展的世界。

2.2.4.2 生态城市规划内容

(1) 高质量的环保系统

对不同的废弃物按照各自的特点及时处理和处置，同时加强对噪声和烟尘排放的管理，使城市生态环境洁净、舒适。

(2) 高效能的运转系统

包括畅通的交通系统，充足的能流、物流和客流系统，快速有序的信息传递系统，相应配套有保障的物质供应系统和城郊生态支持圈，完善的专业服务系统等。

(3) 高水平的管理系统

包括人口控制、资源利用、社会服务、医疗保险、劳动就业、治安防火、城市建设、环境整治等。保证水、土等资源的合理开发利用和适度的人口规模，促进人与自然、人与环境的和谐。

(4) 完善的绿地生态系统

不仅应有较高的绿地覆盖率指标，而且还应布局合理，点、线、面有机结合，有较高的生物多样性，组成完善的复层绿地系统。

(5) 高度的社会文明和生态环境意识

应具有较高的人口素质、优良的社会风气、井然有序的社会秩序、丰富多彩的精神生活和高度的生态环境意识，这是城市生态建设非常重要的基础条件。

2.2.5 生态城市建设实践

2.2.5.1 国外生态城市建设实践

自苏联科学家亚尼茨基于 1981 年第一次提出生态城市概念以来，生态城市理论已从最初在城市中运用生态学原理，发展到包括城市自然生态观、城市经济生态观、城市社会生态观和复合生态观等综合的城市生态理论，并从生态学角度提出解决城市弊病的一系列对策。

生态城市概念的提出体现了人类生态文明的觉醒，符合可持续发展的要求，对于解决当今城市中普遍存在的一系列问题提供了一个新的思路。目前，世界各国都在积极开展生态城市的理论研究与建设实践，取得了很多成功经验。在我国，生态城市也迅速成为城市建设的热门话题，许多城市相继提出建设生态城市的目标，并积极付诸实施，取得了一系列成果。然而，由于我国生态城市理论研究存在着起步晚、基础薄弱、缺乏系统性和深度不够等问题，使得我国的生态城市无论是理论抑或是实践与发达国家相比尚存在着较大的差距。

国外的生态城市理论在最近的二三十年时间里经历了一个不断深化的过程，从最初的保护环境即追求城市建设与环境保护协调的层次，发展到对城市社会、文化、历史、经济等因素的综合考察的更加全面的方向，体现了当今生态城市建设追求一种广义的生态观的趋向。

(1) 欧洲生态城市埃朗根

埃朗根（Erlangen）市位于德国南部，总人口 10 万，面积 77km^2，是著名的生态城市，同时也是现代科学研究与工业中心，如图 2-2-2、图 2-2-3 所示。二战后埃朗根市经济快速发展，就业机会和城市人口成倍增长。然而城市发展所带来的生态环境破坏也在加剧，诸如城市绿地、森林与郊区闲置土地的大量失去，以及汽车增长导致越来越多的噪声、空气污染和街道的拥挤等。

来自各方面的压力使埃朗根市在 1972 年开始进行生态城市的规划与建设，主要措施如下。①制定城市整体规划。该规划的基础部分是景观规划，它强调了进一步发展的自然边界，保全了森林、河谷和其他重要的生态地区（占总面积的 40%），并建议城市中拥有更多贯穿和环绕城市的绿色地带。而在相应的分区规划中，则要求尽可能地在这些必要的生态限制内进行经济和社会发

图 2-2-2 埃朗根居住区

图 2-2-3 埃朗根公园绿地

展，在新城区可接受的密度上尽可能地节约使用自然地带。②节约资源。在项目中强化实行节能、节水和节约其他资源的方法，以防止对水、空气和土壤造成污染和破坏，并尽可能地强调反复利用资源。③实行新的交通规划。城市交通规划改变以前以车为主的规划方法，在新的交通政策中不再给行车交通以特权，并开始减少和限制在居住区和市区的汽车使用，同时积极鼓励以环保方式为主的城市内活动，如步行、骑车和公共交通。④广泛的公众参与。政府在努力与市民一起进行规划的同时，也与各种组织（特别是与环境有关的组织）合作。而这些组织保持自由，并可以抨击当局的某些决策。通过调查获得各个年龄段的人以及学校、商界和工业企业人士的意愿，在广泛征求意见的前提下开展工作。

埃朗根市 30 年的生态城市建设硕果累累。①成功实现居住空间的增长与控制。通过对规划的执行，使得城市不仅满足了居民持续增长的对居住空间的需求，同时又没有对城市结构形态造成破坏（目前，埃朗根市的人口为 10 万，而在市郊人口增长了 4 万。如果尝试让这 4 万人加入到城市里人均 $40m^2$ 居住空间的需求者的队伍，那么整个城市将填满高楼）。正因为成功的规划，使得埃朗根成为一座绿色城市（森林覆盖率为 40%），并被区域发展计划所保护。②绿色通道使得埃朗根成为健康之城。市内和城市周边的绿地被绿色通道连接起来，安全且适宜于各种活动，如上学、工作、购物和休闲。不管是步行还是骑车，城市中任一住处通往绿地只需 5 ～ 7min，这也为锻炼身体创造了良好的条件。③家庭废物管理取得成功。在有关机构的协助下，整个城市实现了可利用废物的回收，因此不再需要一个新的、昂贵的和有争议的焚烧炉，从而既节约了资源又保护了环境。④河流变得清澈干净。由于城市下水道系统的完善，以及稳定的现代化的污水处理厂的建成，使得河流不再受到污染。⑤拥有便利的交通和良好的城市氛围。新的交通政策使得各种交通形式平等地享有在城市通行的便利。埃朗根市民的生活水平较高，机动化水平也很高，10 万人拥有 5.4 万辆小汽车。但是，他们也拥有 8 万辆自行车，并经常使用，市区居民自行车使用率达到 30%。通过在所有居住区和城区的限制交通（限速 30km/h），城市实现了更少的危险、噪声和空气污染。在城区规划一个灵活的混合型步行区域，只对步行者、自行车、公共汽车和出租车开放。城区是城市商业、社会和文化中心，各种城市空间为人们相识提供了场所，人们在此停歇，开展各种活动。这一切使得城市拥有活力和良好的氛围。

（2）美国生态城市洛杉矶

洛杉矶是美国第二大城市，位于加利福尼亚州西南部濒临浩瀚的太平洋东侧的圣佩德罗湾和圣莫尼卡湾沿岸，背靠莽莽的圣加布里埃尔山，城市坐落在三面环山、一面临海的开阔盆地中，如图 2–2–4、图 2–2–5 所示。在 1970 年～ 1971 年间，加利福尼亚州把自然资源的保护纳入城市总体规划，旨在保护、发展和利用自然资源，规定各个城市应该以此为原则，根据自身需要和条件编制其总体规划。

洛杉矶生态城市建设的过程中取得效果比较明显的有以下几方面。①历史遗迹保护。洛杉矶市有很多史前考古遗迹。多部联邦政府和地方的法规明确表

图 2-2-4　洛杉矶生态城市建设

图 2-2-5　洛杉矶高速公路

示要保护史前遗迹和考古资源。1979 年通过的《联邦考古资源保护法案》，重点保护印第安地区的考古资源和遗迹，同时还包括了关于联邦土地管理者对考古资源进行开发的许可公告发布的要求；美国《遗产法》为保护美国公民遗产制定了具体方针；加利福尼亚州《环境质量法》规定了对考古遗迹进行鉴定和保护的相关内容，从而对考古遗迹提供保护。②濒危物种保护。在洛杉矶地区生活的至少两百中动物和植物已被列入国家濒危、受威胁或特殊物种名单。一些动物物种由于各种国际条约的存在而受到保护，比如由美国、加拿大、墨西哥和日本联合签署的《迁徙鸟类保护条约》。加州《本土植物保护法》(NPPA)规定，除了法律规定的特殊情况外，禁止任何捕杀、进口、贩卖濒临植物物种的活动。③森林保护规划。洛杉矶市附近仅存的大片针叶树和阔叶林位于城市边界以外的洛杉矶国家森林公园和圣苏珊娜山脉的北坡（山脉大部分位于圣克拉瑞塔森林公园内）。公园以大的锥形云杉而著名，由圣莫尼卡山脉保护机构管理。1908 年这里建立了洛杉矶国家森林公园，它是加州第一个国家森林公园。洛杉矶国家森林公园作为主要分水岭、开敞空间及本地区娱乐资源，逐步发展了与森林邻近或相接的公园用地，从而更好地协调森林作为物种栖息地的保护作用和其他功能。④建筑布局生态化。洛杉矶是一个多核心的城市群城市，每一个核心区域建设高密度住宅，发展商业、工业；非核心区域土地保持低密度，核心与核心之间用大众化的快速便捷运输系统连接，体现了“城市乡村化、乡村城市化”的规划理念。⑤交通枢纽便捷化。洛杉矶市内两千多万辆汽车没有堵车现象，这完全得益于五纵五横的高速公路和纵横交错的市内公路网所构建的洛杉矶便捷的交通格局。在美国，洛杉矶号称“高速公路之都”，发达的高速公路系统为洛杉矶地区带来了极大的交通便利和城市骄傲。洛杉矶还形成了一个相当完善的公交网络，其骨干是红线地铁以及绿线和蓝线两条轻轨，总长 95km，辅以二十多条快速公交通道；洛杉矶还开发应用了智能交通系统，包括公共汽车信号灯优先技术、自动车票卡系统技术以及线路设计优化技术等；洛杉矶建有一个比较先进的自动交通监测和控制中心，同传统的交通信号控制技术相比，该自动车辆监测和控制系统平均减少出行者 12% 的出行时间、32% 的交叉口延误和 30% 的交叉口不必要的停车。⑥基础设施科学化。洛杉矶整个城市功能配套可用齐备、科学、前瞻、人性化几个词来表述。比如路灯立足节能、美观而不眩目；低密度住宅区道路建设考虑自然排水，几乎看不到下水道，而城市核心区下水道建设则规划 100 年不需重建。

(3) 日本生态城市建设

北九州市的面积为 485km²，位于日本九州岛最北部，如图 2–2–6、图 2–2–7 所示。北九州市曾经是日本重型工业最为重要的一个基地，曾经以钢铁和制造业为主。铁钢产业为北九州的发展和繁荣作出了很大的贡献，但是也带来了严重的污染问题。

北九州市生态城镇项目的具体政策是实施 3R 措施，即英文的减排 (Reduce)，再利用 (Reuse) 和循环利用 (Recycle)。具体体现在以下几个方面：①实现建筑低碳化。首先要实现新建建筑物的低碳化。在日本，近年来二氧化碳的排放主要来源于家庭和办公部门，比如相比 20 世纪 90 年代，2007 年日本二氧化碳排放增加了 13%，而来自产业部门的二氧化碳下降了 6%，家庭和办公部门分别增加了 37% 和 45%。因此，如何实现家庭和办公部门的低碳化是日本走向低碳社会的最大课题。②改变城市居民生活方式。日本政府不但要推广低碳生活理念，更注重普及低碳技术并引导人们选择低碳物品。在日本，政府把主要精力投入住宅与家电上。在住宅方面，日本环境省委托东京工业大学的梅干野晁研究室进行了专门的研究。政府用资金支援和减税等方式鼓励房地产开发商展开低碳化住宅开发、鼓励住宅购买者选择低碳化住宅、建立确保住宅低碳性能的强制性基准。在家电方面，政府出台了“绿色点数”政策，即消费者在购买节能型家电时可以获得一定份额的绿色点数，可用来购买其他节能型家电。③号召民众广泛参与。日本政府在进行城市环境规划时积极倡导民众参与设计与维护，听取民众对环境规划的意见，鼓励民众参与自己生活周边公共环境的日常管理。这样做更能让城市规划符合大众的需要，更能培养出民众对生活环境的热爱和主动维护的意识，也能节省大量公共维护管理的费用。④实施绿色支援政策。绿色支援是政府促进生态城市建设的重要举措，即对于注重生态环境营造的设计开发项目给予一定的植物资源援助，比如政府免费提供树木，但施工则由开发部门负责，维护和管理则直接交由项目周边的居民负责。⑤充分发挥各方作用。日本政府在生态城市建设方面扮演的主要角色是引导和支援，低碳设计和技术人员是建筑物能耗削减的核心力量，普通民众则在公共绿化上作出贡献。⑥鼓励民众积极参与。在民众参与方面，现阶段让民众

图 2–2–6　北九州的城市建设（一）

图 2–2–7　北九州的城市建设（二）

参与设计为时尚早，但引导民众参与公共环境管理却是有一定的社会基础的，如"门前三包"制度。

2.2.5.2　国内生态城市建设实践

我国生态城市研究开始于20世纪80年代，近年来随着经济的持续发展，工业化和城市化水平的不断提高，城市环境日益恶化，加上我国在人口、资源问题上所承受的巨大压力，使得国内对于可持续发展给予了越来越多的关注，生态城市理论研究与实践活动随之得以蓬勃开展。但是，生态城市理论具有极强的综合性，需要涉及城市理论研究的各门学科的合作。而国内在这方面却做得不够，规划界、生态学界以及其他学科没有能够联合起来开展影响更大、更加深入的生态城市研究设计。从而使得国内已有的生态城市研究和实践没有能够对城市规划和城市可持续发展产生更加积极的影响。

(1) 上海崇明岛生态城建设

崇明岛地处长江口，是中国第三大岛，被誉为"长江门户、东海瀛洲"，是中国最大的河口冲积岛、中国最大的沙岛，并被称为"上海最后一块真正的生态净土"，如图2-2-8、图2-2-9所示。2004年7月26日至29日，胡锦涛同志在崇明调研时要求上海和崇明政府按照科学发展观，切实规划建设好崇明岛。拉开了崇明岛"大开发"的序幕。崇明岛开始了以下几个方面的建设：①水资源建设。崇明岛营建健康水系和营造环岛水系。以崇明西水闸为起点，形成贯通、环绕全岛的环岛河，并与30条的竖河构成全岛骨干河网水系。保障供水来源，崇明岛将营建大型湖泊，提高区域水量调蓄能力，同时重视河道清淤和治水。②能源建设。崇明前卫村铺了一条南北向长约500m的生态道路，理论上能够降低噪声两分贝。路下一个渗水系统也已经准备就绪，将来雨水可以通过水泥渗漏微孔路面进入人孔处理系统，还可以循环利用绿化灌溉。③废物与再循环。以清洁生产技术、资源回收利用技术为主要载体的循环经济，将以对环境友好的方式发展经济，从根本上改变当前资源利用与环境保护的对立局面。④交通。落后的交通是制约崇明经济发展的关键，改善交通运输条件是开发崇明的重要前提和必要条件。2009年沪崇苏越江通道的建设和中国沿海大通道崇明岛桥的地位的确立，将彻底改变崇明岛与陆地"江水相隔"的状况，并且为其今后的大发展打下基础，对长江三角洲地区乃至全国的交通网络也将起到完善和补充作用。⑤建筑。随着崇明岛与外界交通状况的改善，其功能定

图2-2-8　崇明岛鸟瞰图

图2-2-9　崇明岛自行车主题公园

位也从上海的后花园扩展到成为长江三角洲具有独特休闲、旅游、度假功能的自然湿地中心。建筑上充分考虑本地文化特色，尤其在农村庭院住宅建设中，设计具有当地特色的民居，并恢复和重建有地方特色的生态景观。⑥自然和生物建设。崇明岛的生态绿化以防护林、风景林、经果林建设为主要目标，以营建独特的湿地林为建设的亮点，使区域森林覆盖率增加到20%～50%。同时，还构建了线、面结合的海岛防护林带，营建海岛绿色生态网络，结合区域规划和人居环境营建城镇防护林带。

(2) 中新天津生态城建设

中新天津生态城是中国、新加坡两国政府战略性合作项目，如图2–2–10、图2–2–11所示。生态城市的建设显示了中新两国政府应对全球气候变化、加强环境保护、节约资源和能源的决心，为资源节约型、环境友好型社会的建设提供积极的探讨和典型示范。中新天津生态城指标体系依据选址区域的资源、环境、人居现状，突出以人为本的理念，涵盖了生态环境健康、社会和谐进步、经济蓬勃高效等三个方面，将用于指导生态城总体规划和开发建设，为能复制、能实行、能推广提供技术支撑和建设路径。中新天津生态城主要从以下几个方面来着手建设：①确定城市合理规模。认为城市发展应使城市规模控制在环境的承载能力之内，城市的现代化应追求环境优美，功能完善，经济发达，社会和谐，生活舒适。因此他们提出了“不求规模，但求精美”的城市建设口号。②注重人与自然的和谐，强调城市的自然美。天津市强调在规划建设中对自然环境和自然资源的有效保护，力求城市与水、天有机融合，人造景观与自然景观交相辉映。在城市发展策略上，遵循自然美，避免摊大饼的城市扩张模式。③注意城市设计，形成独特风格。天津市把城市建筑与自然景色相结合，努力塑造“碧海蓝天，红瓦绿树”的城市特色。强调总体协调，而又各具特色；在地形利用上，因地制宜，随坡就势；在建筑色彩上，坚持白墙红瓦，淡色门窗，与海、天有机结合。④注重改善城市的生态环境。其城市绿化强调因地制宜，强化绿化的系统，并创造了“见缝插绿、找缝插绿、造缝插绿”的城市绿化经验。⑤以人为本的城市基础设施建设。重视与市民生活息息相关的基础设施建设，并且强调以人为本的原则。⑥注重规划建设的整体协调，力求功能完善。

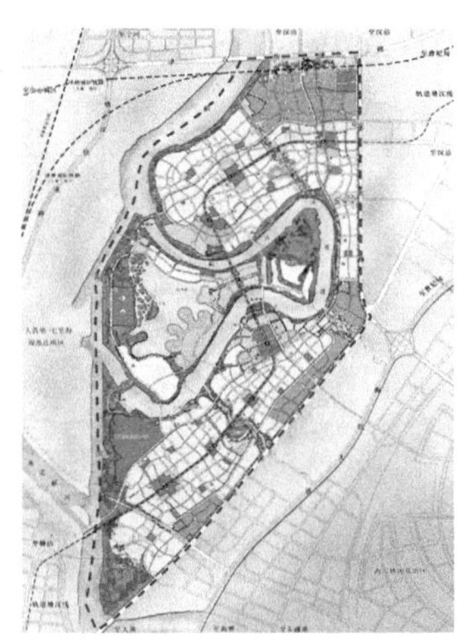

图2-2-10　中新天津生态城规划图（左）
图2-2-11　中新天津生态城鸟瞰图（右）

天津市根据城市生态系统理论制定城市发展规划，调整城市不合理的产业布局，逐步形成了以电子、轻工、食品、医药、医疗器械等高新技术产业为主体的工业格局。

2.2.5.3 中外生态城市建设的比较研究

上述国外生态城市实例既有发达国家的城市，又有发展中国家的城市，能够较好地反映出当前国外生态城市建设的主要方向。因此，将其作为实例与国内生态城市建设良好的上海、天津两市进行比较，可以较清楚地看出国内外生态城市实践中各自所具有的特色，并可进一步审查当前我国生态城市实践中所取得的成就与不足，为我国今后进一步深入开展生态城市建设提供参考价值。

（1）中外生态城市实践的相同点

通过比较不难发现，国内外在生态城市建设的方法与途径上有着许多相同之处。这些相同之处也往往代表了我国生态城市实践所取得的成就，综合这些相同点主要包括以下几方面。

1）科学的城市规划保障。由于城市规划是城市建设的大纲，也是搞好生态城市建设的前提和保障。故而国内外生态城市实践中，首先都是对城市进行科学的规划。而该规划应建立在对城市已有情况进行充分调查的基础之上，并要考虑到城市建设的系统性、宏观性与前瞻性。通过将城市总体规划与各专项规划很好地衔接起来，使得城市生态系统在时间、空间结构与功能上实现最佳组合，最终保证城市在发展过程中始终具有良好的可持续性。

2）良好的城市绿地系统的建设。生态城市理论直接起源于环境保护，而一个良好的城市绿地系统能为城市的生态环境保护提供最基本的保障，因此尽管绿地系统建设并不是建设生态城市的全部内容，但是却成为所有生态城市追求的首要目标。从上述的国内外生态城市实例中都可以清楚地看到，尽管各城市绿化策略不尽相同，但绿地覆盖率普遍较高，城市的生态环境均保持在良好的状态。

3）追求城市社会、经济与自然的协调发展。生态城市是城市社会、经济、自然协调发展，居民满意、经济高效、生态良性循环的人类住区，这个生态城市定义已经成为国内外生态城市理论界的共识。由于城市是社会—经济—自然复合生态系统，而生态城市应追求城市社会、经济、自然三个子系统的均衡、协调发展，任何只注重城市复合生态系统中的一个或两个子系统的发展而忽视其他子系统发展的城市均不应成为我们所提倡的理想的生态城市模式。而上述国内外生态城市均在不同程度上体现了环境容量、社会经济总负荷及可持续发展能力，结合空间规划、生态规划和社会经济规划，合理开发利用土地，保护不可再生资源，使城市开发建设与环境保持协调，保证城市持续健康发展。同时公众要广泛参与生态城市的制订、实施、建设。这不仅普及和提高了公众的生态意识，而且真正能够做到“人民城市人民建，人民城市人民管”，创造一个平等、自由、安全、公正的生活环境。

（2）中外生态城市实践的差别

通过比较可发现国内外生态城市实践上的差别，而这些差别则集中反映了我国生态城市实践与国外相比所存在的差距，对这些差距的认识是进一步推动我国生态城市建设的基础，能为我国生态城市建设指明努力的方向。

1）在交通组织上的差别。瑞吉斯特（Register，1996）指出，应将修改城市中交通建设的优先权作为生态城市建设的原则之一，他认为应把步行、自行车和公共交通出行方式置于比小汽车方式优先的地位。而通过考察国外生态城市建设实践，可以发现其在交通组织上均体现了这一原则，即优先规划城市公共交通，建立方便而快速的公交系统，并把自行车道和步行区作为城市整体道路网络和公共交通系统的有机组成部分之一。这样的交通组织形式抑制了城市的无序蔓延状态，并从根本上缓解了城市的交通问题，保护了城市生态环境，节约了资源，实现了城市社会的和谐与安全。而我国目前由于城市小汽车数量相对较少，小汽车对城市交通的巨大压力并没有完全显现出来，加上小汽车成为我国的支柱产业，出于经济发展的需要，政府难以对小汽车交通实行更加严厉的管制措施，使得国内生态城市仍然实行混合交通发展策略。

预计今后随着我国小汽车数量的增多，迫于交通、能源与环保的压力，城市政府将改变对小汽车的政策，转而把完善城市公共交通系统作为解决城市交通问题的途径。

2）在公众参与上的差别。国外在城市规划、建设与管理中有着成熟的公众参与机制与做法，表现在公众参与具有法律保障、参与方式多样及公众参与面广、程度深等。观察上述国外生态城市实例，也可以发现尽管其城市政府是最终的决策者，但由于决策建立在广大市民、各种组织、专业人员与政府的广泛合作的基础上，从而使得其决策具有科学性、现实性和可行性。有了广泛的公众参与，使国外生态城市实践能得到城市内各利益群体的支持，并能更快地收集到反馈信息，保证了城市发展的可持续性。而我国由于传统的中央集权思想的束缚，使得政府在对待城市规划、建设与管理的问题时，更倾向于采取政府包揽一切的做法，而规划师只是体现政府意志（包括开发商）的工具，广大市民则被排除在这一封闭的系统之外。由于政府的决策缺乏更广泛的基础，使得决策不能真正代表大多数人的意志，势必会损害城市的整体利益。同时，缺乏广泛的公众参与，导致了市民的不合作，决策部门也不能获得必要的反馈信息，也就很难保证决策的可行性与科学性，最终无法实现城市的可持续性发展。因此，转变政府角色，发动广大市民与各种组织积极参与，是当前我国生态城市建设中尚需改进的地方之一。

3）在社会公平上的差别。按照瑞吉斯特的设想，社会公平应是生态城市中的另一个原则。由于当今城市中的诸多问题都根源于社会不公平，因此要实现社会、经济与自然协调发展的生态城市目标，必然要尽量保证城市内部社会公平的实现。国外生态城市实践在为实现城市社会公平性的问题上做了大量工作，比如完善社会保障制度，对妇女、有色民族与残疾人的生活与社会状况的关心，为低收入阶层提供住房，失业人员的再就业等。这些措施的有力实施为生态城市内部实现社会的和谐、稳定与安全打下了坚实的基础。而国内生态城市实践中尽管也在兼顾效率与公平方面作了大量工作，并取得显著成果，但是由于我国尚处于社会主义市场经济的初级阶段，经济基础相对薄弱，经济发展成为首要问题，因而在保障城市社会公平上与国外相比尚有很大差距。相信随

着我国经济实力的不断提高，生态城市实践的深入发展，这方面也会得到进一步的改善。

【本章小结】

城市生态系统是由特定地域内的人口、资源、环境通过各种相生相克的关系建立起来的人类聚居地，是自然、经济、社会的复合体。它是人类生态系统的一种，既具有人类生态系统的某些共性，也有独特的个性，包括：城市生态系统的人为性、不完整性、开放性、脆弱性、协调性等。城市生态系统的功能可以从生产功能、能量流动、物质循环、信息传播四个方面来考虑，在结构方面可以从营养关系、社会构成及空间结构三方面来认识，在城市生态系统的运转过程中，要素之间主要以物质流、能量流、信息流、人口流、资金流来进行循环流动。

生态城市是人类社会聚居地发展的最高阶段，是可持续的、符合生态规律的人与自然和谐的城市，最终想要拥有：高质量的环保系统、高效能的运转系统、高水平的管理系统、完善的绿地生态系统、高度的社会文明和生态环境意识。同时，生态城市具有和谐性、高效性、持续性、整体性、全球性五个特点，目前国内外已有众多可以借鉴的生态城市的成功案例。

【本章关键词】

城市生态系统；生态流；生态城市；物质循环；营养结构

【思考题】

1. 如何理解城市生态系统的构成？
2. 如何认识城市生态系统与自然生态系统的区别与联系？
3. 如何认识城市生态系统的特征？
4. 城市生态系统的基本功能如何发挥各自的作用？
5. 生态城市建设的主要内容有哪些？
6. 你还知道哪些较为成功的生态城市？他们的主要经验是什么？
7. 国内外的生态城市建设有哪些不同点？

第三章　城市生态规划基本理论

【本章提要】

本章主要介绍城市生态规划的理论基础，主要包括城市生态学理论、景观生态学理论、可持续发展理论及人类生态学理论。首先阐述了城市生态学理论中环境承载力原理、多样性导致稳定性原理、食物链原理及生态位原理及其在城市中的应用；介绍景观生态学理论中岛屿生物地理学理论、复合种群理论、等级理论与尺度效应以及景观连接度和渗透理论等内容；阐述了可持续发展的四个理论的基本内容及其三个理论模型；最后介绍人类生态学理论中古典人类学理论和现代人类学理论的主要内容、代表人物和代表思想。

3.1　城市生态学理论

3.1.1　环境承载力原理

环境承载力研究最早可追溯到1758年，法国经济学家奎士纳在他的《经济核算表》一书中讨论了土地生产力与经济财富的关系。随后，托马斯·罗伯特·马尔萨斯在《人口原理》中提出：人口具有迅速繁殖的倾向，这种倾

向受资源环境（主要是土地和粮食）的约束，会限制经济的增长，长期内每一个国家的人均收入将会收敛到其静态的均衡水平，这就是所谓的马尔萨斯陷阱。与承载力有关内容的研究虽然早已开始，但直到 1921 年，人类生态学学者帕克和伯吉斯才确切地提出了承载力这一概念，即某一特定环境条件下（主要指生存空间、营养物质、阳光等生态因子的组合），某种个体存在数量的最高极限。

1953 年，奥德姆（E.P.Odum）在《生态学基础》中，将承载力概念与对数增长方程赋予了承载力概念较精确的数学形式。1972 年，由一批科学家和经济学家组成的罗马俱乐部，发表了关于世界发展趋势的研究报告《增长的极限》。他们认为，人类社会的增长由五种相互影响、相互制约的发展趋势构成，即加速发展的工业化、人口剧增、粮食私有制、不可再生资源枯竭以及生态环境日益恶化，并且它们均以指数形式增长而非线性增长，全球的增长将会因为粮食短缺和环境破坏在某个时段内达到极限。他们的观点使大家认识到，在追求经济增长的同时，必须关注资源环境承载力问题。20 世纪 80 年代，联合国教科文组织提出了“资源承载力”的概念，即：一国或一地区的资源承载力是指在可以预见的时期内，利用该地区的能源及其他自然资源和智力、技术等条件，在保证符合其社会文化准则的物质生活条件下，能维持供养的人口数量。1995 年，肯尼斯·约瑟夫·阿罗（Kenneth J.Arrow）与其他学者发表了《经济增长、承载力和环境》一文，引起了承载力研究的热潮。目前，随着承载力概念在人口、自然资源、生态及其环境领域的广泛应用，同时在经济和社会各个领域进行延伸，很多学者从不同角度对资源环境承载力进行界定和理论探索，取得了丰硕成果，资源环境承载力思想在全球形成了。

3.1.1.1 生态平衡原理

生态平衡是指生态系统的稳定状态。它包括结构上的稳定、功能上的稳定和能量输入输出上的稳定。当然，这种稳定并不意味着死水一潭，而是处于一种动态平衡。它靠自我调节能力来维持，这种调节能力来自系统内部的负反馈机制。在自然生态系统中，这种自我调节机制来自系统的食物链和营养结构，通过它可以实现系统内的物质循环和能量流动；在人工生态系统中，则需要通过人工调控来实现这种稳定。但系统的调节能力是有限度的，如果外来的压力或冲击超出界限，调节就难以奏效。改变了生态系统的食物链和营养结构关系，就会使某些生物数量急剧减少、生产力衰退、抗逆性减弱，最终可能导致整个生态系统的崩溃。

城镇生态系统是由生产者、消费者和分解者三大功能类群以及非生物成分所组成的一个功能系统。一方面生产者通过光合作用不断地把太阳辐射能和无机物质转化为有机物质，另一方面消费者又通过摄食、同化和呼吸把一部分有机物质消耗掉，而分解者把动植物死后的残体分解和转化为无机物质，归还给环境供生产者重新利用。可见，能量和物质每时每刻都在生产者、消费者和分解者之间进行移动和转化。在自然条件下，生态系统都是朝着种类多样化、结构复杂化和功能完善化的方向发展，直到使生态系统达到成熟的最稳定阶段为止。

3.1.1.2 环境容量原理

狭义环境问题的实质，是人类活动的干扰使环境系统结构或功能发生改变，当改变量超出了环境系统所能承受的界限，环境系统发生突变，最终会对人类造成危害。即环境问题的出现都是由于人类活动使环境系统的改变突破了环境容量造成的。环境系统在不发生质变（突变）的前提下，接纳外来物质（污染物）的最大能力或者为外界供应物质或能量（资源）的最大能力定义为环境容量；即环境容量是指在不改变环境质量的前提下，人类活动向环境系统排放外来物质或者从环境中开发某种物质的最大量。环境容量的大小是由该环境系统的组成和结构决定的，是环境系统功能的一个表现形式，环境系统组成和结构越复杂、多样性越大、开放度越大，那么其容量就越大。

环境容量具有有限性、变化性、可调控性等特点。

第一，环境容量是有限的。任何环境系统的容量都是有限的，在这个上限之下，人类活动对环境系统的干扰（向环境排放某种物质或从环境提取某种物质）是不会导致环境系统的质量改变的。环境容量的有限性是我们进行环境立法、环境评价、环境管理的基础。

第二，环境容量是变化的。环境系统的容量在特定条件下是一个定值，但随着时空的变化，环境容量是变化的。环境容量不仅随着环境系统周围条件的变化而变化，而且还随着环境系统内部组成和结构的变化而变化。环境容量的变化性，要求我们进行环境管理工作时，在借鉴别人经验的同时，要有“变化”理念，不能形而上学、死搬硬套，要随着时间和空间的变化而对环境法规和环境评价的标准进行相应的修正，以适应环境容量的变化。

第三，环境容量是可调控的。环境容量的可调控性是人们在研究环境容量的影响因素（环境系统内部结构和功能）、外部条件等变化规律基础上，通过改变某一些环境因素，对环境容量进行调控，让环境系统向着有利于人类的方向转变。例如，水污染控制技术就是在水环境容量研究的基础上，通过改变水温 pH、溶解氧、氧化还原电位、生物量、搅拌程度等影响因素，增加水环境容量，提高水环境质量，达到水污染控制目的。水污染的微生物处理单元（活性污泥处理系统）是通过人工充氧、强化搅拌、加大生物量等工程措施，来实现有机污染物的净化，实质也就是增大了人工环境系统（生物处理单元）的环境容量。

城市生态系统支撑力由自然支撑力和获得性支撑力耦合而成，自然支撑力包括生态弹性、资源供给、环境容量等方面；获得性支撑力包括社会经济发展、居民生活质量等方面。城市生态系统压力是相对于城市系统支撑力存在的，压力的来源是城市人口的增加和经济活动的加强，主要包括人类经济发展、人口增加、环境污染等对城市生态系统产生的压力。

城市生态系统承载力指数（USBCI）则是城市生态系统支撑力指数（USHPI）与城市生态系统压力指数（USPI）的比值，USBCI<1，说明城市生态系统压力超过目标值，超出了城市生态系统的承载能力，该值越小表示超载程度越大；USBCI=1 说明城市生态系统社会经济活动产生的压力与系统的支撑力相等，处于承载能力的范围之内；USBCI>1，说明城市生态系统压力与目标值距离较远，城市处于健康发展状态。

3.1.2 多样性导致稳定性原理

麦克阿瑟（MacArthur）和埃尔顿（Elton）分别在20世纪50年代提出了多样性一稳定性理论。

麦克阿瑟于1955年首次提出了有关一个群落的物种多样性与稳定性之间的相关关系。他在做群落学研究时发现一些群落的物种多度保持恒定，而在另一些群落中则表现出很大的变化，他把前者称为稳定的群落，而把后者称为不稳定的群落。一个自然群落的稳定性可以归结为取决于两个方面的因素，一是物种的多少，二是物种间相互作用的大小。

同时，英国著名动物生态学家埃尔顿根据他对物种侵入的研究，也提出了与麦克阿瑟相类似的假说。埃尔顿认为对于一个相对简单的植物或动物群落，易于受毁灭性的种群波动的影响，因而抵御外来种侵入的能力较弱。为证明他的假说，他提出了六条证据：

第一，描述种群动态的简单的数学模型本身是不稳定的；

第二，在实验条件下，物种组成简单的群落要比组成复杂的群落易于灭绝，同时，为使捕食者和猎物能够共存，需要一定的生境复杂性；

第三，小的岛屿比大陆地区更容易受到外来种的侵入；

第四，在物种组成简单的农田生态系统中（特别是由单一作物构成的群落），外来种的侵入和某一种群爆炸式繁殖更加常见；

第五，与温带和亚极地的群落相比，高度多样的热带群落的稳定性受种群密度摆动的影响更小；

第六，为控制害虫而大量使用的农药大大地简化了群落，由于某些捕食者种群的失去，导致了处于抑制状态种群的过量繁殖。这种情形在农田和果园等人工群落里出现。埃尔顿的这一思想早在他出版的《动物生态学》一书中就有所体现。

稳定性是与复杂性相联系的，系统越复杂，它也就越稳定。因为复杂的生态系统，其食物网是复杂的，也就是说，能量通过多种途径进行流通。如果一个途径出了问题，可以被另外一个途径的调节所抵消，致使整个系统不受到影响。系统的组成和结构越复杂，它的稳定性也就越大，这一规律叫做“多样性导致稳定性规律”。

但是，多样性导致稳定性有一个前提条件——群落中具有健全的负反馈调节机制。在一个系统中，系统本身的工作效果，反过来又作为信息调节该系统的工作，这种调节方式叫做反馈调节，简而言之，A作用于B，B反过来又作用于A。反馈调节可分为正反馈调节与负反馈调节，如果A作用于B，B反过来促进了A，则称为正反馈调节；同理，如果A作用于B，B反过来抑制了A，则称为负反馈调节，正反馈调节会导致系统崩溃，而负反馈调节会促使系统趋向平衡。负反馈调节的机制，可以用兔吃植物的例子来解释：兔食用植物来保证生存，兔数量增加会导致植物数量减少，植物减少后兔的食物来源短缺会导致兔的数量减少，兔数量减少后，植物的数量又会增加，兔的食物又趋于丰富，兔的数量又会增加，这样二者之间互相抑制，形成一个平衡的系统。这是兔与植物单一的负反馈调节，如果再加上兔子的天敌——狼，如图 3-1-1 所示。

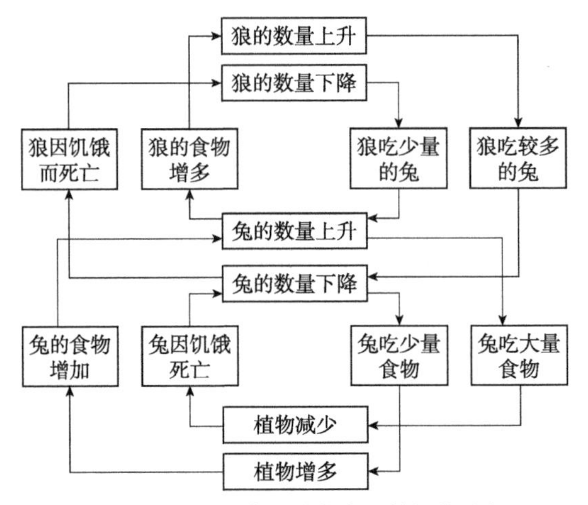

图 3-1-1　狼—兔—植物负反馈调节示意

生物多样性（蒋志刚等，1997）是指一定范围内多种多样活的有机体（动物、植物、微生物）有规律地结合所构成稳定的生态综合体。包括动物、植物、微生物的物种多样性，物种的遗传与变异的多样性及生态系统的多样性。它既体现了生物之间及环境之间的复杂关系，又体现了生物资源的丰富性。高水平的生物多样性可增加具有高生产力的种类出现的机会；其生态系统内营养的相互关系亦有更高多样食物链增多，食物网更为复杂，这就为能量流动提供了多种选择途径，使各营养水平间能量流动趋于更稳定；增加生态系统内某个种不同个体间的距离，从而降低病原体扩散；高水平多样性的生态系统内物种能充分占据已分化的基础生态位，缩小基础生态位与现实生态位间的生态位势，从而极大提高系统对资源的利用效率。

在城市中，各部门行业和产业结构的多样性和复杂性导致了城镇经济的稳定性。这是多样性导致稳定性原理在城镇系统中的体现。

3.1.3　食物链原理

食物链（Food Chain）是英国动物生态学家埃尔顿（C.S.Eiton）于 1927 年首次提出的，是生产者所固定的能量和物质，通过一系列取食和被食的关系在生态系统中传递，各种生物按其食物关系排列的链状顺序，通俗地讲，是各种生物通过一系列吃与被吃的关系（捕食关系）彼此联系起来的序列。按照生物与生物之间的关系可将食物链分为捕食食物链、腐食食物链（碎食食物链）和寄生食物链。各种生物以其独特的方式获得生存、生长、繁殖所需的能量，生产者所固定的能量和物质通过一系列取食的关系在生物间进行传递，如食草动物取食植物，食肉动物捕食食草动物，这种不同生物间通过食物而形成的链锁式单向联系称为食物链。一条完整的食物链是由生产者、消费者、分解者共同构造的，源头开始于生产者光合作用锁定太阳能。

生态系统中的生物种类繁多，并且在生态系统分别扮演着不同的角色，根据它们在能量和物质运动中所起的作用，可以归纳为生产者、消费者和分解者三类，如图3–1–2所示。生产者主要是绿色植物，是能用无机物制造营养物质的自养生物，这种功能就是光合作用，也包括一些化能细菌（如硝化细菌），它们同样也能够以无机物合成有机物，生产者在生态系统中的作用是进行初级生产或称为第一性生产，因此它们就是初级生产者或第一性生产者，其产生的生物量称为初级生产量或第一性生产量。生产者的活动是从环境中得到二氧化碳和水，在太阳光能或化学能的作用下合成碳水化合物（以葡萄糖为主）。因此，太阳辐射能只有通过生产者，才能不断地输入生态系统中转化为化学能力，即生物能，成为消费者和分解者生命活动中唯一的能源。

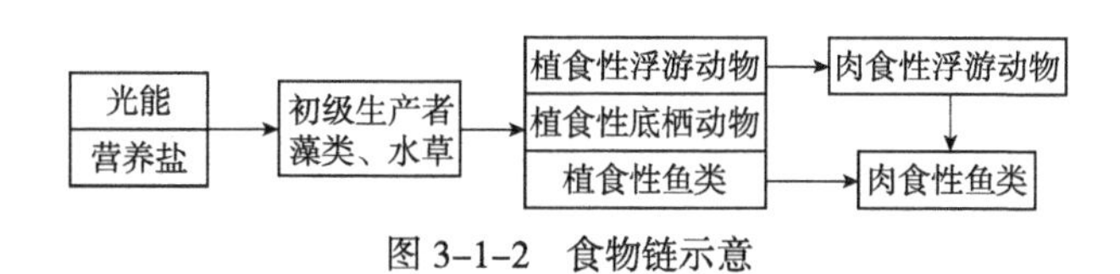

图3–1–2 食物链示意

消费者属于异养生物，指那些以其他生物或有机物为食的动物。根据食性不同，可以区分为食草动物和食肉动物两大类。食草动物称为第一级消费者，它们吞食植物而得到自己需要的食物和能量，这一类动物如一些昆虫、鼠类、野猪一直到象。食草动物又可被食肉动物所捕食，这些食肉动物称为第二级消费者，如瓢虫以蚜虫为食，黄鼠狼吃鼠类等，这样，瓢虫和黄鼠狼等又可称为第一级食肉者。又有一些捕食小型食肉动物的大型食肉动物如狐狸、狼、蛇等，称为第三级消费者或第二级食肉者。又有以第二级食肉动物为食物的如狮、虎、豹、鹰、鹫等猛兽猛禽，就是第四级消费者或第三级食肉者。此外，寄生物是特殊的消费者，根据食性可看作是草食动物或食肉动物。但某些寄生植物如桑寄生、槲寄生等，由于能自己制造食物，所以属于生产者。而杂食类消费者是介于食草性动物和食肉性动物之间的类型，既吃植物，又吃动物，如鲤鱼、熊等。人的食物也属于杂食性。这些不同等级的消费者从不同的生物中得到食物，就形成了“营养级”。

由于动物不只是从一个营养级的生物中得到食物，如第三级食肉者不仅捕食第二级食肉者，同样也捕食第一级食肉者和食草者，所以它属于几个营养级。而最后达到人类是最高级的消费者，他不仅是各级的食肉者，而且又以植物作为食物。所以，各个营养级之间的界限是不明显的。实际在自然界中，每种动物并不是只吃一种食物。因此形成一个复杂的食物链网。

分解者也是异养生物，主要是各种细菌和真菌，也包括某些原生动物及腐食性动物如食枯木的甲虫、白蚁，以及蚯蚓和一些软体动物等。它们把复杂的动植物残体分解为简单的化合物，最后分解成无机物归还到环境中去，被生产者再利用。分解者在物质循环和能量流动中具有重要的意义，因为大约有90%的陆地初级生产量都必须经过分解者的作用而归还给大地，再经过传递作用输送给绿色植物进行光合作用。所以分解者又可称为还原者。

能量传递十分之一定律，是由美国耶鲁大学生态学家林德曼（Lindeman）

于1941年发现的，他对50万平方米的湖泊做了野外调查和研究后用确切的数据说明，生物量从绿色植物向食草动物、食肉动物等按食物链的顺序在不同营养级上转移时，有稳定的数量级比例关系，通常后一级生物量只等于或者小于前一级生物量的1/10。而其余9/10由于呼吸、排泄、消费者采食时的选择性等被消耗掉，如图3-1-3所示。十分之一定律告诉我们，要保证能量传递的效率，就要尽量减少食物链的长度。

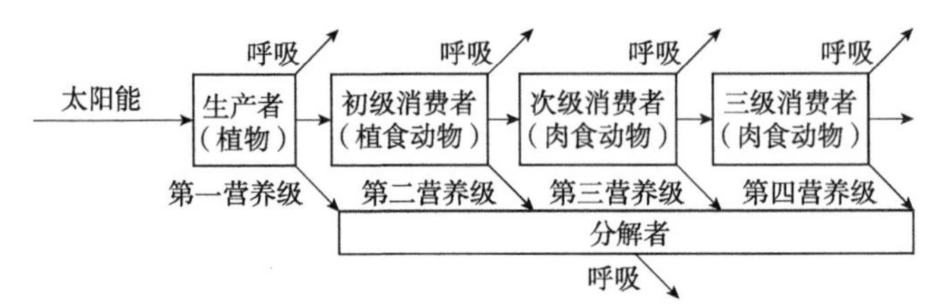

图3-1-3 食物链能量流动示意

食物链及食物网理论指导人们模仿自然生态系统、按照自然规律来优化产业的链结构。从生态系统的角度看，工业群落中的企业存在着上下游关系，它们相互依存、相互作用，根据它们的作用和位置不同将其分为生产者企业、消费者企业和分解者企业，一个企业产生的废物（或副产品）作为下一个企业的"营养物"（原料），形成企业"群落"（工业链），从而可形成类似自然生态系统食物链的生态产业链，如图3-1-4所示。

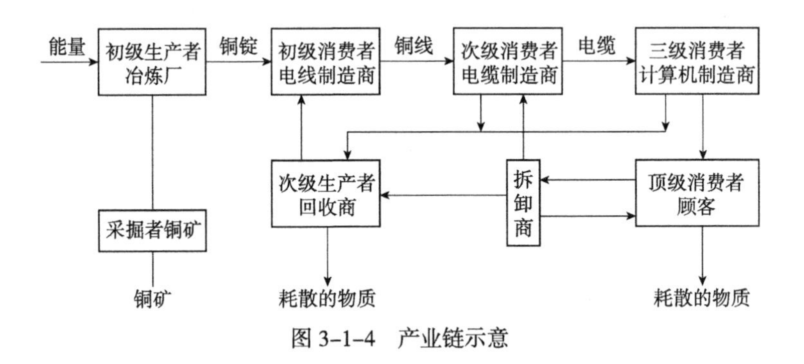

图3-1-4 产业链示意

在规划生态产业链时，依据食物链（网）理论通过对区域内现存企业的物质流、能量流、水流、"废物"流以及信息流进行重新集成，依据物质、能量、信息流动的规律和各成员之间在类别、规模、方位上是否相匹配，在各企业部门之间构筑生态产业链，横向进行产品供应、副产品交换，纵向连接第二、三产业，形成工业"食物网"，实现物质、能量和信息的交换，完善资源利用和物质循环，建立生态工业系统。还可引入高新技术、新产品，延伸各条生态产业链，做大做强，形成新的经济增长点。同时结合能量十分之一法则尽量减少物质流的传递次数，最终可提升整个城市圈的竞争实力。

3.1.4 生态位原理和城市生态位

3.1.4.1 生态位原理

生态位理论是生态学最重要的理论之一。生态位理论已在种间关系、群落结构、种的多样性及种群进化的研究中获得了广泛应用，在竞争机制、生态元对环境的适应性、生态系统的演化、多样性和稳定性、人类生态、城市生态等方面的研究中具有重要的指导意义，它在现代生态学中占有愈来愈重要的地位。生态位理论的基本思想有两点：第一，生态位理论研究生物种群在生态系统中的空间位置、功能和作用；第二，生态位理论反映了生态系统的客观存在，它是生态系统结构中的一种秩序和安排。

生态位是现代生态学中一个重要而又抽象的概念。1910年美国学者R·H·约翰逊（Johnson）最早使用了生态位一词，"同一地区的不同物种可以占据环境中的不同生态位"。但他没有对生态位进行定义，没能将其发展成为一个完整的概念。而最早定义了生态位概念的是美国生态学家约瑟夫·格林内尔（Joseph Grinnell），生态位是"恰好被一个种或一个亚种占据的最后分布单位"，也称为空间生态位。

不同的生物物种在生态系统中占据不同的地位，由于环境的影响，它们的生态位也会出现重叠、分离和移动等现象。随着人们对生态位现象认识的不断深入，生态位理论研究也不断发展，生态位的基本理论主要包括以下几点。

（1）生态位重叠

大自然中，亲缘关系接近、具有同样生活习性或生活方式的物种，不会在同一地方出现。如果在同一地方出现，它们必定利用不同的食物，或在不同的时间活动，或以其他方式占据不同的生态位，利用不同的资源。正是这种在生存竞争中形成的自然选择及由此引起的形态改变，使自然界形形色色的生物避免生态位重叠，达到有序的平衡。

关于生态位重叠，目前有各种不同的定义。艾布拉姆斯（Abrams）和科尔维尔（Colwell）认为生态位重叠是两个种对一定资源位，即n维生态因子空间中的一点或一很小体积的共同利用程度。赫伯特（Hurlbert）认为生态位重叠为同一种在同一资源位上的相遇频率，也就是两个物种生态元共同占用同一资源而出现的情况。如果在资源有限的情况下，随着重叠的维数增加，包括在资源维、时间维、空间维上重叠程度的增大，竞争就越激烈，如果在所有维上都出现了重叠，那么必然会有一方被淘汰或出现生态位的分离。

生态位重叠是竞争的必要条件但并非绝对条件，竞争与否决定于资源状态。资源丰富，供应充足，生态位重叠也不发生种间竞争资源贫乏；供应不足，生态位稍有重叠，就会发生激烈的种间竞争。

（2）生态位分离

在生物进化过程中，两个近缘种有时为两个生态位上接近的种类的激烈竞争，从理论上讲有两个可能的发展方向，一是一个种完全排挤掉另一个种，二是其中一个种占有不同的空间（地理上分隔），捕食不同的食物（食性上的特化），或其他生态习性上的分隔（如活动时间分离），通称为生态位分离，从而使两个种之间形成平衡而共存。

生态位分离是指竞争个体从其部分潜在的生存和发展空间退出，从而消除生态位重叠，实现稳定的共存。生态位分离又称竞争排斥原理或高斯原理，即如果许多物种占据一个特定的环境，他们要共同生活下去，必然要存在某种生态学差别具有不同的生态位，否则它们不能在相同的生态位内永久地共存。

生态位分离实质是对竞争的应对，在一定时间和空间上生存的某一物种，由于种内竞争的加剧，拓展了资源的利用范围，与其他物种的生态位越来越接近，最终出现重叠。如果在资源有限的情况下，随着重叠的维数增加，竞争就越激烈，最终通过竞争排斥作用使某一物种灭绝或通过生态位分离得以共存。

生态位分离是物种共存的基础，亦是物种进化的动力，生态位分离是物种进化的主要策略，包括"特化"和"泛化"两个层面。"泛化"指当资源不足时，捕食者往往形成杂食性或广食性，相反在食物丰富的环境里，劣质食物将被抛弃，生物只追求质量最优的食物，即"特化"。生物通过这两种策略充分有效地利用资源，保证自身的生存。

(3) 生态位移动

生态位移动是指物种对资源谱利用的变动。物种的生态位移动往往是环境压迫或是激烈竞争的结果。例如，在南亚热带森林演替过程中，先锋树种马尾杉在阔叶树种入侵后渐渐衰亡，物种的生态位向群落边缘地带移动。

不同的生物物种在生态系统中占据不同的地位，由于环境的影响，它们的生态位也会出现重叠、分离和移动等现象。生态位理论有两点重要启示：①它强调的是一种趋异性进化。物种在同一生态位争夺有限资源，不如通过改变自身来开拓广泛的资源空间，去利用尚未开发的资源。在生态位分离过程中，各物种在时间、空间、资源的利用以及相互关系方面都倾向于用相互补充来代替直接竞争，从而使由多个物种组成的生物群落更有效地利用环境资源。②生态位理论强调的是个体自身不断进化，通过进化来提高自身生存能力。只有自身的生存能力增强，才能很好地应对外部环境变化。

20 世纪 70 年代中期以来，有生态学家在原生态位理论的基础上提出了"扩展的生态位理论"，该理论进一步将生态位划分为存在生态位（包括实际生态位和潜在生态位）和非存在生态位，这对于研究生态元对变化中的生态因子（包括时间因子和环境因子）占据、利用或适应状况具有重要的理论和实践意义。

3.1.4.2 城市生态位原理

目前，对城市生态位的研究主要是从城市居民出发，从人地关系角度考察城市居民在城市这个空间里所处的生态位，其实质是城市居民的生存条件和生活质量的满足程度。本研究根据生物界的生存和进化规律，以区域系统中所有的城市为研究对象，界定"城市生态位"的概念，以求更好地揭示城市发展的生态规律。

城市生态位具有多维性的特征，主要包括两个方面：一是城市有机体和所处环境条件之间的关系；二是区域系统中的城市之间的关系。因此，城市生态位的内涵至少包括三个层面，自然环境生态位、经济生产生态位、社会生活生态位。如果把区域系统中的城市看成一种广义的城市与环境因子之间的关系，

可以给城市生态位一个广义的定义，即城市生态位指一个城市对资源的利用和对环境适应性的总和。城市生态位是多维因子和条件的系统集合，这些因子和条件统称为生态因子，生态因子的维度和结构不同，形成了不同的“城市生态位”，它们共同成为城市生态位的不同属性。

区域系统中城市之间的动态关系也可以看成一种狭义的城市与发展因子之间的关系，可给城市生态位一个狭义的定义。城市生态位指城市在一定时间和空间上所利用资源的集合，及在区域系统中所处的位置、扮演的功能和角色。狭义城市生态位由城市生态位n维生态因子中直接影响城市发展的m维发展因子构成，城市的发展是以资源为基础的，包括自然资源、社会资源等，它们共同构成一个多维的资源空间，资源空间不同，发展模式也就不同。

城市生态位是城市在区域系统中在时间、空间和功能关系等方面所占据的位置，是一个具有多维度的“超体积空间”，它不仅包括生活条件，也包括生产条件和生态环境。生物只在自己的生态位上取食，组织只在生态位上进行生产活动，城市生态位既是生活和生产的场所，同时还要保护生态环境，维持系统的平衡。城市生态位不仅有物质、能量问题，而且有文化、信息因素；不仅有空间概念，而且有时间概念。它反映了一座城市的性质、功能、地位、作用及其人口、资源、环境的优劣势，从而决定了城市的不同特性和发展模式。

3.2 景观生态学理论

3.2.1 岛屿生物地理学理论

岛屿是一种假设，为了研究物种的分布、数量、存活和迁徙等一系列动态平衡规律，需要有一个相对简化的自然环境，规定在该自然环境中，有比较明确的“边界”；有不受人为干扰的“体系”；有内部相对均一的“介质”；有外部差异显著的“邻域”。此种规定对于由海洋四面围隔的岛屿，对于孤立分布的山峰，或者对于具象征意义的“假岛”，如沙漠中的绿洲、陆地中的水体、开阔地包围的林地和自然保护区等，都相对地符合如上假设的基本条件。其中，以岛屿的条件最为理想，因此，各学者以海岛为对象进行了一系列的研究，也就形成了现在的岛屿生物地理学理论。

岛屿是重要的自然实验室，为我们探求生态学中涉及的空间分布、时间过程、系统演替乃至“时间—空间耦合”的生态系统行为等，提供了极好的研究场所；为发展和检验自然选择、物种形成及演化，以及生物地理学及生态学等领域的理论和假设提供了重要的天然实验室。

岛屿应用广泛：许多自然环境都可看成是大小、形状和隔离程度不同的岛屿。小到一片“树叶”，大到自然保护区，涉及植物、动物、微生物等。

岛屿生物地理学理论：很久以前人们就意识到岛屿的面积与物种数量之间存在着一种对应关系，但是20世纪60年代以前在岛屿生物地理学中基本上没有定量的理论。MacArchur和Wilson的岛屿生物地理学理论定量阐述了岛屿上物种的丰富度与面积的关系，其关系式通常表示为：

$$S=CAZ \tag{3-1}$$

式中：S 代表物种丰富度，A 代表岛屿面积，C 为与生物地理区域有关的拟合参数，Z 为与到达岛屿难易程度有关的拟合参数。

岛屿生物地理学理论首次从动态方面阐述了物种丰富与面积及隔离程度的关系，认为岛屿上物种的丰富度取决于新物种的迁入和原来占据岛屿的物种的灭绝。这两个过程的相互消长导致了岛屿上物种丰富度的动态变化。当迁入率与绝灭率相等时，岛屿物种数达到动态的平衡状态，即物种的数目相对稳定，但物种的组成却不断变化和更新。这种状态下物种的种类更新的速率在数值上等于当时的迁入率或绝灭率，通常称为物种周转率或更替率。换言之，物种周转率是指单位时间内原有种被新来种取代的数目。在理论上，平衡态时的物种周转率在数值上等于种迁入率或种绝灭率。就不同的岛屿而言，种迁入率随其与大陆种库（种迁入源）的距离而下降。这种由于不同种在传播能力方面的差异和岛屿隔离程度相互作用所引起的现象称为“距离效应”。另外，岛屿面积越小，种群则越小，由随机因素引起的物种绝灭率将会增加。该现象称为“面积效应”。这就是岛屿生物地理学理论的核心内容，如图 3–2–1 所示。

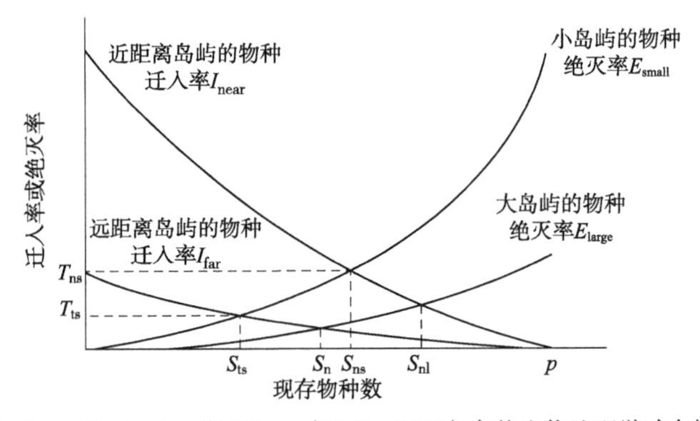

图 3–2–1 MacArchur 和 Wilson（1963，1967）岛屿生物地理学动态模型

该模型表明物种迁入率随距离，绝灭率随面积变化的规律。模型预测了岛屿上物种数目的变化。在迁入率与绝灭率相等时，岛屿物种丰富度达到动态平衡，此时物种周转率在数值上等于当时的迁入率或绝灭率。每一个岛屿面积与隔离程度的组合都将产生一个特定的物种数量与物种周转率的组合。

岛屿上的物种数目由两个过程决定：物种迁入率和绝灭率；离大陆越远的岛屿上的物种迁入率越小（距离效应）；岛屿的面积越小其绝灭率越大（面积效应）。因此，面积较大而距离较近的岛屿比面积较小而距离较远的岛屿的平衡态物种数目要大。面积较小和距离较近的岛屿分别比大而遥远的岛屿的平衡态物种周转率要高。

岛屿生物地理学理论的提出和迅速发展是生物地理学领域的一次革命。大量资料表明，面积和隔离程度确实在许多情况下是决定物种丰富度的最主要因素，而且生物赖以生存的环境，大至海洋中的岛屿、高山、林地，小到森林中的林窗都可以视为大小和隔离程度不同的岛屿。它丰富了生物地理学理论和生态学论，促进了我们对生物种多样性地理分布与动态格局的认识和

理解。如：①对异质环境中种群动态模型的发展；②体现在景观研究中的广泛应用；哈里斯（Harris,1984）系统地将该理论应用到森林景观研究和管理中；弗曼（Forman）和哥德隆（Godron，1986）试图将景观缀块的物种多样性与缀块的结构特征及其他因素联系；岛屿生物地理学理论的简单性及其适用领域的普遍性使这一理论长期成为物种保护和自然保护区设计的理论基础。

3.2.2 复合种群（异质种群）

传统的种群理论以“均质种群”为对象，但实际上，绝大多数种群生存在充满缀块性的或破碎化的景观中。美国生态学家理查德·莱文思（Richard Levins）在1970年创造了“复合种群”一词，用来表示由经常局部性绝灭，但又重新定居而再生的种群所组成的种群。复合种群是由空间上彼此隔离，而在功能上又相互联系的两个或两个以上的亚种群或局部种群组成的种群缀块系统。亚种群出现在生境缀块中，而复合种群的生境则对应于景观缀块镶嵌体。“复合”这个词正是强调这种空间复合体特征。

一般来说，复合种群分为五种类型，如图3-2-2所示。

3.2.2.1 经典型复合种群（或Levins复合种群）

由许多大小或生态特征相似的生境缀块组成。主要特点：每个亚种群具有同样的绝灭概率；整个系统的稳定必须来自缀块间的生物个体或繁殖体交流，并且随生境缀块的数量变大而增加。

3.2.2.2 大陆—岛屿型复合种群（或核心—卫星复合种群）

由少数很大的和许多很小的生境缀块所组成。大缀块起到“大陆库”的作用，基本上不经历局部绝灭现象，小缀块种群频繁消失，来自大缀块的个体或繁殖体不断再定居，使其得以持续（简言之，小的要依赖于大的）。此外，由少数质量很好的和许多质量很差的生境缀块组成的复合体或虽然没有特大缀

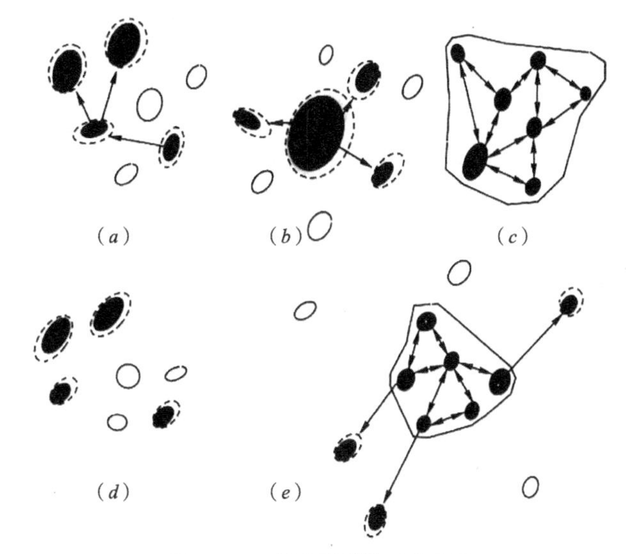

图3-2-2 复合种群的五种分类
(a)经典型复合种群；(b)大陆—岛屿型复合种群；(c)缀块性复合种群；
(d)非平衡态复合种群；(e)中间型或混合型复合种群

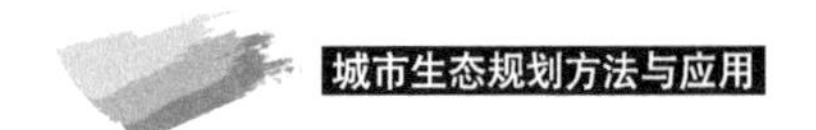

块，但缀块大小的变异程度很大的生境系统。其动态特征："源—汇"动态种群系统。这也提醒我们景观营造时要注意主次之分。生活中"先富带动后富"之理。

3.2.2.3 缀块性复合种群

指由许多相互之间有频繁个体或繁殖体交流的生境缀块组成的种群系统。这种的特点是：空间非连续，缀块间的生物个体或繁殖体交流发生在同一生命周期，功能于一体。

3.2.2.4 非平衡态复合种群

空间结构上非连续，与经典型或缀块性复合种群相似。但是，再定居过程不明显或全然没有，从而使系统处于不稳定状态。该复合种群系统一般是不稳定的，即随着生境总量的减小而趋于绝灭。

3.2.2.5 中间型或混合型复合种群

不同空间范围内这些复合种群表现不同结构特征。

在这 5 种类型中，从生境斑块之间种群交流强度来看：非平衡态型最弱，缀块性最强；从生境斑块大小分布差异或亚种群稳定性差异来说，大陆—岛屿型高于其他类型。

异质种群理论与岛屿生物地理学理论既有联系，也有区别。异质种群理论强调过程研究，从种群水平上研究物种的消亡规律，侧重遗传多样性，对濒危物种的保护更有意义；岛屿生物地理学理论则认为注重格局研究，从群落水平上研究物种的变化规律，对物种多样性的保护更有意义。

3.2.3 等级理论与尺度效应

3.2.3.1 等级理论

等级理论（Hierarchy Theory）是 20 世纪 60 年代以来逐渐发展形成的，关于复杂系统结构、功能和动态的理论。等级是一个由若干层次组成的有序系统，它由相互联系的亚系统组成，亚系统又由各自的亚系统组成，以此类推。属于同一亚系统中的组分之间的相互作用在强度或频率上要大于亚系统之间的相互作用。

等级理论认为，任何系统皆属于一定的等级，并具有一定的时间和空间尺度。1942 年 Egler 就指出：生态系统具有等级结构（指对于任何等级和生物系统，它们都由低一等级水平上的组分组成。每一组分又是在该等级水平上的整体，同样由更低一等级水平的组分所组成）的性质。景观是生态系统组成的空间镶嵌体，同样具有等级特征。等级理论是景观总体构架的基础。

等级理论认为，任何系统皆属于一定的等级，并具有一定的时间和空间尺度。等级结构是一个由若干单元组成的有序系统，对于任何等级的生物系统，他们都是由第一等级的组分（亚系统）组成，同时，本身又是高一等级水平上的组成成分。比如，整个生物圈就是一个多重等级层次系统的有序整体，每一高级层次系统都是由具有自己特征的低级层次系统组成的。生物体由细胞组成，而生物体的聚集组成种群，种群又组成生物群落，生物群落与周围环境一起组成生态系统，生态系统又与景观生态系统一起组成总体人类生态系统。

一般地，在时间尺度相同的情况下，处于等级中高层次的组成要素的行为或者过程常常表现出大尺度、低频率和低速率的特征，如全球植被变化；而处于等级中低层次的组成要素的行为或者过程则常常表现出小尺度、高频率和高速率的特征，如局部植物群落中物种组成的变化。具体作用为：

1）最为突出的贡献在于大大增强了生态学家的尺度感。先确定等级、尺度，然后分析格局和过程，是目前生态学研究的基本范式。将系统中繁多而相互作用的组分按照某一标准进行组合，赋之以层次结构，是等级理论的关键一步。

2）最根本作用在于简化复杂系统，以便对其结构、功能和动态进行理解和预测。

3.2.3.2 尺度效应

在运用中，可以通过小尺度和大尺度来表示研究的目标和范围大小。其中小尺度表示较小的研究面积或较短的时间间隔，因而有较高的分辨率，但概括能力低。而大尺度则用于表示较大的研究面积或较大的时间间隔，分辨率较低，但概括能力高。所有生态系统内的生态过程均与尺度有关。（不同尺度的研究，揭示不同的内在规律。长期的生态研究，尺度往往是数年、数十年或一个世纪，短期的研究不足以揭示其变化发展的规律。）

尺度表达：粒度和幅度

空间粒度是指景观中最小可辨识单元所代表的特征长度、面积或者体积。如，斑块大小、样方大小、遥感影像的像元或者分辨率大小等。

时间粒度是某一现象或者事件发生的频率或者时间间隔，如取样事件间隔，洪涝发生时间等。

幅度是指研究对象在空间或者时间上的持续范围。

在景观尺度上，比较不同景观结构和功能时，会发现景观内的物质运移、有机体的运动和能量的流动有所不同。这些不同的特征影响到物种的多样性、种群的分布，在研究环境变化、污染的迁移转化、土地利用和生物多样性等生态过程时必须要有足够的空间尺度才行。

值得注意的是，由于景观生态系统的复杂性，在研究中，需要利用某一尺度上所获得的知识或信息来推断其尺度上的特征。这种方法称为尺度外推，尺度上推和尺度下推。而基于景观生态系统的复杂性，外推十分困难，往往以计算机模拟和数学模型为工具。尺度外推是景观生态学中最具挑战的研究领域。

景观格局和生态过程在不同尺度上会表现出不同的特征，当尺度发生改变时，景观格局和生态过程都会随之变化。

（1）尺度对空间异质性的影响

假设幅度一定，粒度增大通常会降低空间的差异。假设粒度一定，幅度增大将会包含更多的空间异质性，体现多样化的景观类型或者研究区域内更多的景观要素。

（2）尺度对景观稳定性的影响

一个系统是否平衡依赖于人们所观察的尺度。

小尺度上——生态系统常表现出非平衡特征或者“瞬变特征”，可能会出现激烈波动；大尺度上——生态系统常常可以克服其中局部生物反馈的不稳定性，而体现出较大的稳定性。

等级理论和尺度的重要作用之一是用以简化复杂系统，以便于对其结构、功能和动态进行理解和预测。等级理论对近年来景观生态学的兴起和发展的突出作用在于，它大大增强了生态学的“尺度感”，为深入认识和解译尺度的重要性起到了显著的促进与指导作用。

生物多样性保护涉及所有的生物等级层次，而生物等级层次常常具有一定的空间和时间尺度。因此，在进行生物多样性保护时必须明确所考察的尺度。从生态学的角度来说，尺度（Scale）是指所研究的生态系统的面积大小（即空间尺度），或者指所有研究的生态系统动态的时间间隔（即时间尺度）。在城市生态系统中，生物多样性保护的空间尺度包括从生物个体到整个城市生态系统及其周边地区的各种尺度。时间尺度也是必须考虑的重要问题。城市生态系统中的物种多度（Abundance）和多样性（Diversity）会随着季节的变化而变化。生物多样性随着时间和空间尺度变化而异，离开尺度来讨论生物多样性保护是毫无意义的。

3.2.4 景观连接度和渗透理论

3.2.4.1 景观连接度

景观连接度就是指景观空间结构单元之间的连续性程度。景观连接度依赖于观察尺度和所研究对象的特征尺度。

景观连接度可以从结构连接度和功能连接度两个方面来考虑。前者指景观在空间上表现出来的表观连续性，可根据卫片、航片或各类地图来确定。后者是以所研究的生态学对象或过程的特征来确定的景观连续性。不考虑生态学过程，单纯考虑景观的表观结构连接度是没有什么意义的。

3.2.4.2 渗透理论

渗透理论是研究临界阈现象的。其最突出的要点就是当媒介的密度达到某一临界密度时，渗透物突然能够从媒介材料的一端到达另一端。这是因为存在一种临界阈现象：临界阈现象是指某一事件或过程（因变量）在影响因素或环境条件（自变量）达到一定程度（阈值）时突然地进入另一种状态的情形。也就是一个由量变到质变的过程，从一种状态过渡到另一种截然不同状态的过程。

渗透理论已广泛用于疾病流行、干扰、森林火灾和害虫爆发以及动物运动和资源利用方面的研究。如流动沙丘的固定，入侵生物的风险评估等。

渗透理论对于景观结构特别是景观连接度和功能之间的关系，具有启发性和指导意义。如在当前城市化进展过程中，生物生境破碎化严重，那么在零碎化的景观中，当生境面积增加到多少时，物种的个体可以通过彼此相互连接的斑块，从生境的一端运动到另一端，从而使景观破碎化造成种群孤立隔离的影响大为降低。即，如何形成连通的斑块？在渗透理论中，学者们发现在生境面积达到临界阈值 59.28% 的时候，便可以允许连通斑块出现，即，允许连通斑块出现的最小生境面积百分比理论值为 0.5928，该值称为渗透阈值。

1）依赖于景观结构，实际景观中生境类型多呈聚集型分布；或者景观中存在有促进物种迁移的廊道，因此，实际景观中的渗透阈值通常要比理论值低；

2）取决于物种的行为生态学特征，如大型的哺乳动物。

3.3　可持续发展理论

可持续发展是经济、社会、自然的协调发展。英国伦敦大学环境经济学家皮尔斯（D.W.Pearce）和他的同事定义可持续发展为：随着时间的推移，人类福利持续增长。世界银行负责环境与可持续发展的副行长萨拉杰丁（Serageldin）指出："可持续性就是给予子孙后代和我们一样多的甚至更多的人均财富"。其核心思想是经济发展应当建立在社会公正和生态环境可持续的前提下。经济可持续发展是基础，生态可持续发展是条件，社会可持续发展是最终目的。

总之，可持续发展是人类在不超越资源和环境承载力的条件下，既达到发展经济、推动社会进步的目的，又能保护人类赖以生存的大气、淡水、海洋、土地和森林等自然资源和生态资源，使子孙后代能够永续发展和安居乐业。

3.3.1　资源高效利用理论

20世纪60年代，费利针对资源利用情况提出比较中肯的三个观点：以实体栖息环境为出发点的生态观点；源自人类文化的人种观点；与人类活动密切相关的经济观点。他认为，实现资源的合理利用必须进行生态、人种和经济系统的优化设计。为了进一步验证这一命题的科学性，费利通过详细考察这种假想的优化过程和各类系统的优化范畴，得出如下结论：在资源的合理利用中，生态、人种和经济系统设计的最优化点是不存在的。然而，他指出实现资源利用和做决策的合理方式是寻找三个优化系统的平衡标准。进入20世纪90年代以来，许多学者继承了费利的资源利用理论，但是该理论具有相当的局限性，可持续发展并非只是简单的资源利用概念。

3.3.2　循环经济理论

循环经济理论是美国经济学家波尔丁在20世纪60年代提出生态经济时谈到的。波尔丁受当时发射的宇宙飞船的启发来分析地球经济的发展，他认为飞船是一个孤立无援、与世隔绝的独立系统，靠不断消耗自身资源存在，最终它将因资源耗尽而毁灭。唯一使之延长寿命的方法就是要实现飞船内的资源循环，尽可能少地排出废物。同理，地球经济系统如同一艘宇宙飞船。尽管地球资源系统大得多，地球寿命也长得多，但是也只有实现对资源循环利用的循环经济，地球才能得以长存。

循环经济理论的本质是生态经济理论。循环经济的理论基础应当说是生态经济理论。生态经济学是以生态学原理为基础，经济学原理为主导，以人类经济活动为中心，运用系统工程方法，从最广泛的范围研究生态和经济的结合，从整体上去研究生态系统和生产力系统的相互影响、相互制约和相互作用，揭示自然和社会之间的本质联系和规律，改变生产和消费方式，高效合理利用一切可用资源。简言之，生态经济就是一种尊重生态原理和经济规律的经济。它要求把人类经济社会发展与其依托的生态环境作为一个统一体，经济社会发展一定要遵循生态学理论。生态经济所强调的就是要把经济系统与生态系统的多种组成要素联系起来进行综合考察与实施，要求经济社会与生态发展全面协调，达到生态经济的最优目标。

生态经济与循环经济的主要区别在于：生态经济强调的核心是经济与生态的协调，注重经济系统与生态系统的有机结合，强调宏观经济发展模式的转变；循环经济侧重于整个社会物质循环应用，强调的是循环和生态效率，资源被多次重复利用，并注重生产、流通、消费全过程的资源节约。生态经济与循环经济本质上是相一致的，都是要使经济活动生态化，都是要坚持可持续发展。物质循环不仅是自然作用过程，而且是经济社会过程，实质是人类通过社会生产与自然界进行物质交换。也就是自然过程和经济过程相互作用的生态经济发展过程。确切地说，生态经济原理体现着循环经济的要求，正是构建循环经济的理论基础。

生态经济、循环经济理念的产生和发展，是人类对人与自然关系深刻认识和反思的结果，也是人类在社会经济高速发展中陷入资源危机、环境危机、生存危机深刻反省自身发展模式的产物。由传统的经济向生态经济、循环经济转变，是在全球人口剧增、资源短缺和生态蜕变的严峻形势下的必然选择。客观的物质世界，处在周而复始的循环运动之中，物质循环是推行一种与自然和谐发展、与新型工业化道路要求相适应的一种新的生产方式和生态经济的基本功能。物质循环和能量流动是自然生态系统和经济社会系统的两大基本功能，是处于不断的转换中。循环经济则要求遵循生态规律和经济规律，合理利用自然资源与优化环境，在物质不断循环利用的基础上发展经济，使生态经济原则体现在不同层次的循环经济形式上。

循环经济在发展理念上就是要改变重开发、轻节约，片面追求 GDP 增长，重速度、轻效益，重外延扩张、轻内涵提高的传统的经济发展模式。把传统的依赖资源消耗的线形增长的经济，转变为依靠生态型资源循环来发展的经济。既是一种新的经济增长方式，也是一种新的污染治理模式，同时又是经济发展、资源节约与环境保护的一体化战略。

循环经济本质上是一种生态经济，它要求运用生态学规律而不是机械论规律来指导人类社会的经济活动。与传统经济相比，循环经济的不同之处在于：传统经济是一种由“资源—产品—污染排放”单向流动的线性经济，其特征是高开采、低利用、高排放。在这种经济中，人们高强度地把地球上的物质和能源提取出来，然后又把污染和废物大量地排放到水系、空气和土壤中，对资源的利用是粗放的和一次性的，通过把资源持续不断地变为废物来实现经济的数量型增长。与此不同，循环经济倡导的是一种与环境和谐的经济发展模式。它要求把经济活动组织成一个“资源—产品—再生资源”的反馈式流程，其特征是低开采、高利用、低排放。所有的物质和能源要能在这个不断进行的经济循环中得到合理和持久的利用，以把经济活动对自然环境的影响降低到尽可能小的程度。

20 世纪 80 ~ 90 年代起，发达国家为了提高综合经济效益、避免环境污染，以生态理念为基础，重新规划产业发展，提出了“循环经济”发展思路，形成了新的经济潮流。日本在 2000 年提出了建立循环型社会的理论。美德日还为建立循环经济立法，从制度上保障循环经济的发展。中国十届全国人

大一次会议上温家宝总理工作报告也提出大力发展“循环经济”的设想。循环经济是以资源节约和循环利用为特征的经济形态，是生态经济新的发展潮流和必然趋势。这说明生态文明并非是一个乌托邦，而是由现实经济基础的新的文明建构的实践。

3.3.3 低碳经济理论

“低碳经济”最早见诸于政府文件是在2003年的英国能源白皮书《我们能源的未来：创建低碳经济》。作为第一次工业革命的先驱和资源并不丰富的岛国，英国充分意识到了能源安全和气候变化的威胁，它正从自给自足的能源供应走向主要依靠进口的时代，按目前的消费模式，预计2020年英国80%的能源都必须进口。同时，气候变化的影响已经迫在眉睫。低碳经济是低碳发展、低碳产业、低碳技术、低碳生活等一类经济形态的总称。低碳经济即以低能耗、低排放、低污染为基本特征，以应对碳基能源对于气候变暖为基本要求，以实现经济社会的可持续发展为基本目的。低碳经济的实质在于提升能效技术、节能技术、可再生能源技术和温室气体减排技术，促进产品的低碳开发和维持全球的生态平衡。这是从高能源时代向低碳能源时代演化的一种经济发展模式。

低碳经济的起点是统计碳源和碳足迹。二氧化碳有三个重要的来源，其中，最主要的碳源是火电排放，占二氧化碳排放总量的41%；增长最快的则是汽车尾气排放，占比25%，特别是在我国汽车销量开始超越美国的情况下，这个问题越来越严重；建筑排放占比27%，随着房屋数量的增加而稳定地增加。内涵低碳经济是一种从生产、流通到消费和废物回收这一系列社会活动中实现低碳化发展的经济模式，具体来讲，低碳经济是指可持续发展理念指导下，通过理念创新、技术创新、制度创新、产业结构创新、经营创新、新能源开发利用等多种手段，提高能源生产和使用的效率以及增加低碳或非碳燃料的生产和利用的比例，尽可能地减少对于煤炭、石油等高碳能源的消耗，同时积极探索碳封存技术的研发和利用途径，从而实现减缓大气中二氧化碳浓度增长的目标，最终达到经济社会发展与生态环境保护双赢局面的一种经济发展模式。

3.3.4 系统关系理论

杜思利用环境、经济和社会三项指标作为加拿大不列颠哥伦比亚费雷塞河盆地研究的一部分，其概念模型的变化如图3-3-1所示。在图中，杜思提出在可持续发展中应考虑的两种三元素系统：直接相关的系统和间接相关的系统。在图3-3-1中，杜思讨论了两种系统的包含关系：一种是社会系统和经济系统是环境系统中两个并列的子系统；另一种是社会系统是环境系统的亚系统，而经济系统又是社会系统的子系统。因此，在图中杜思提出一种可持续发展框架，在这个框架中他建立了一个复杂的、综合的巨系统，该系统的最高层是由自然和环境构成的自然生态系统，其亚系统的内容主要包括人类、文化和社会等内容。在亚系统内设计了两级子系统：一级子系统是体制和制度；二级子系统是经济。

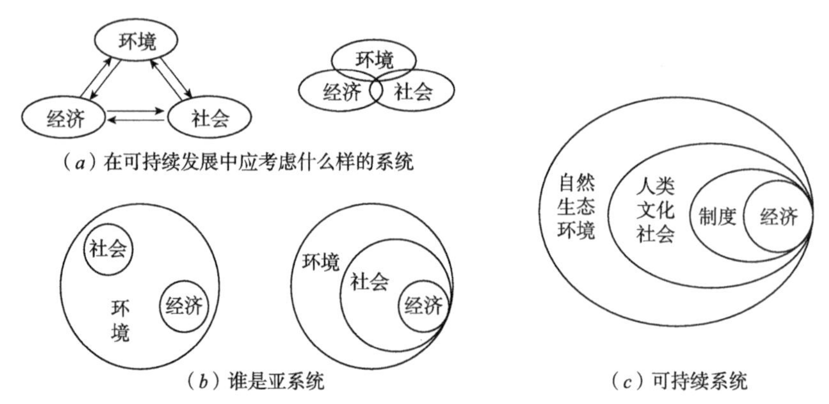

图 3-3-1　杜思对可持续发展的系统分析框架

在上述系统分析的基础上，杜思还发展了"可持续发展分析中的管理系统"的概念框架。该框架是在生态学理论指导下，自发地结合人类生态学理论部分内容的基础上建立的，它将人类放在生态系统之中，生态系统又置于自然系统之中，并进一步在二级子系统中充实了部分交叉的内容，如法律和立法等。

3.3.5　可持续发展理论模型

3.3.5.1　美国大草原农场重建的可持续社会发展模型

美国大草原农场的重建部门将经济、社会和环境作为农村发展战略模型的三个组成部分：经济发展、社会文化发展和自然资源与环境发展。三部分内容的交叉和重叠形成可持续社会的发展核心（PFRA，1992）。该模型进一步指出各组成部分的主要目标，如经济目标为建立在自然资源基础上的土地利用效率、劳动力与人力资源管理，其最终目的是使经济对工业和社会的贡献最大；社会初期的目标是提供一个可能的生活标准，包括健康与教育服务、休闲活动、文化氛围和其他有益于现代生活方式的商品和服务；环境的目标是保护环境，维持其可持续性。为实现各项目标，PFRA 在其提交的报告中提出了监测矛盾的指标（环境、社会系统和经济）和监测是否能够解决问题的指标（价值、决策和行为）。在各项指标基础上，PFRA 完成了实现可持续发展的重要提案，如图 3-3-2 所示。

图中，收集信息是通过探索可持续发展理论，进行可持续的案例研究，通过可以测度或标示的可持续发展状态来实现的；交流信息是通过促进公众的交流，鼓励个人的参与来实现的；决策分析即对决策过程的回顾和评价，综合协调不同决策后果的偏差；执行阶段是对当前行动的安排和对未来的预测。

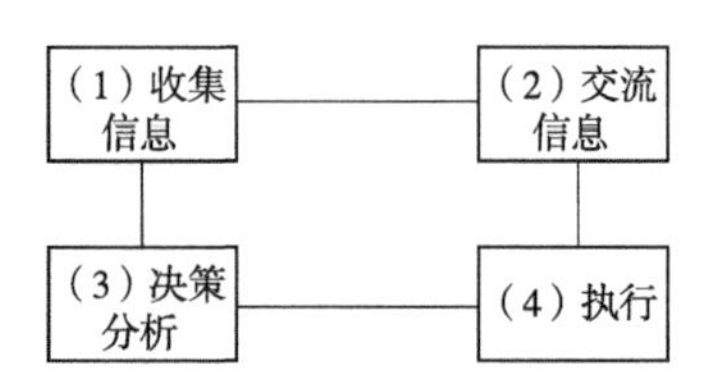

图 3-3-2　PFRA 关于实现可持续发展的提案

3.3.5.2 加拿大国际发展机构的可持续发展框架

加拿大国际发展机构（CIDA）为可持续发展框架建立了五大支柱（CIDA，1991），包括环境可持续性、经济可持续性、政治可持续性、社会可持续性和文化可持续性。各个支柱的主要内容，见表 3–3–1。

加拿大国际发展机构的可持续发展支柱示意　　表 3–3–1

序号	支柱	内容
（1）	环境可持续性	生态系统完整性
		生物多样性
		人口
（2）	经济可持续性	特别经济政策
		有效资源利用
		更公平的获得资源
		穷人日益增长的生产能力
（3）	政治可持续性	人权
		民主发展
		良好的管制
（4）	社会可持续性	有所改善的收入分配
		妇女平等
		基本健康和教育投资
		公众利益的参与
（5）	文化可持续性	对文化因子的敏感性
		有助于发展的价值观再认识

3.3.5.3 汉考克的健康社区模型

当大量的活动发生在人类和生态系统的界面上时，大多数人把眼光投向环境与经济的关系，只有少数人关注人类健康问题，直到 20 世纪 70 年代，有关健康的概念才得到发展。健康论者认为环境、社会生活方式和人类生物学要比药物和医院重要得多。1986 年世界卫生组织在渥太华召开的国际会议上，发表了题为"渥太华促进健康宪章"的论文。该文认为：自然环境对健康至关重要，并指出，维护或者获得健康需要"稳定的生态系统和可持续资源"，所以，保护全世界的资源应该被认为是"全球的责任"（WHO，1986）。在此基础上构筑了健康社区概念框架，如图 3–3–3 所示。该模型实现了从传统的经济、环境和社区相分离的分析方法向综合生态系统分析方法的转变。

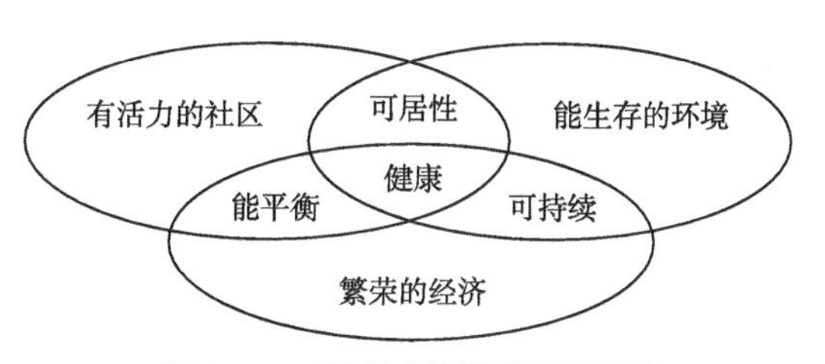

图 3–3–3　汉考克的健康社区模型

综上所述，无论可持续发展的系统观、社会平等观和资源观，还是效益观和价值观，可持续发展理论对以下观点达成了共识：资源保护与社会发展是相辅相成、不可分割的两个方面，自然保护应贯穿于整个社会发展的框架之中，即人口、资源和环境的协调发展。其中，保护是指人类要合理利用资源，既要使目前这一代人得到最大的利益，又要保持其潜力，以满足后代的需要和愿望；而发展是指经济的发展，满足人类需要和改善人们的生活质量。可持续发展的目标是通过动态的、适当的平衡过程，达到联系社会系统、经济系统和自然资源系统的最佳水平，这个水平能支撑人类生命生态系统的延续，社会和经济基础的稳定，以及国民经济系统持续、健康的发展。

人口—资源—环境之间存在着必然联系，资源开发不当会产生严重的环境问题，如资源的不合理开发造成的资源损失，资源的不合理利用造成的经济损失和环境问题等。环境问题又会进一步影响城市生态质量，如环境问题造成的农业减产损失、工业加工成本增加的经济损失、渔业减产损失，更为严重的是由于大气中二氧化硫、硫化氢等化学物质的浓度过高而引起的金属腐蚀、建筑物剥蚀的损失以及对人体的健康和生命的危害（冯向东，1997）。

因此，作为可持续发展理论的重要实践领域，城市可持续发展是全球可持续发展中一个必不可少的部分。在可持续发展理论指导下，城市生态规划通过研究人口流动趋势，确定人口流动的控制方案；城市生态规划通过系统分析资源的优势与劣势，寻找可替代资源，开发可再生资源并限制不可再生资源的利用；城市生态规划通过全面评定城市生态环境质量，制定相应的生态环境保护手段；城市生态规划充分发挥城市生态系统的调节功能，实现城市人口—资源—环境—发展（PREED）系统的协调发展。

3.4 人类生态学理论

人类生态学是城市社会学的一个门派，它试图运用生态学在动、植物世界所归纳出来的规律去分析人类社会。美国社会学家帕克是第一个作出这个尝试的人。20世纪20～30年代中期是人类生态学派的全盛时期，除帕克外，伯吉斯（W.Burgess）及麦肯齐（R.D.McKenzie）等学者都努力将生态学的原理应用到美国的城市社会研究之中。

人类生态学的思想根源来自欧洲。欧洲社会自工业化开展后起了重大变化，原来的乡郊人口被吸引到市区工作，与此同时市区地域亦不断向乡郊拓展。城市的形成对人类生活的影响受到社会思想家们的关注，这些社会思想家包括韦伯、涂尔干、马克思、托尼士、斯密尔及史宝格勒等，他们就城市的起源、发展、分类、社会分工及城市心理等方面展开深入地探究。

3.4.1 古典人类生态学理论

20世纪初芝加哥城市人口急速增加、居住环境拥挤、城市设备不足、新移民融入社会等问题相继涌现，无疑营造了许多进行实验的机会。帕克认为城市布局、职业分类及文化是值得研究的三个方面。

3.4.1.1 城市布局

城市的初步布局受自然地理条件所限，当城市人口不断增加时，由于个人兴趣、职业及经济利益等因素的不同，令人口分布于城市的不同位置，逐渐形成了许多有独特的传统、历史及社区情愫的邻里，它会随各种内外因素而演化和变迁。

3.4.1.2 职业分类

城市化之前，社会及经济制度建立在家庭关系、文化传统、地位等基础上；城市化后，原先的社会及经济制度遭拆毁或修改，其中一个明显的现象是社会的分工将人重新划入各种不同的行业内，于是形成了职业界别利益取代宗族利益的社会机制。

3.4.1.3 文化

文化方面，城市中的人有较大的流动机会，他们无论在居住及工作方面都可以有变化。人与生俱来的本能及情感，由于教化的限制令人压抑了一些野性和本能，各个邻里单元亦兼具"道德地区"（Moral Zone）的功能。所谓"道德地区"，是能让人性中好的或坏的方面都能同时得以表现及发泄的地域，例如多数城市都有一些红灯区，让人释放坏的一面的压抑。

从上述城市布局、职业分类及文化三方面引申出城市人类行为研究的课题有很多，例如人口的流动、社区的组成、罪案的发生、传媒的功能等。

帕克认为，人类生态学主要具有如下基本观点：

（1）人类社会生命网

社会人是在一个地域建立社会而生活，他们一方面互相依靠以求共存，另一方面又互相竞争社会中的稀少资源。尤其在大城市，社会人各司其职，使整个社会机制得以运作，个人的需要得以满足。人与人之间这种互相依靠以求共存的关系，用帕克的说法，是一种共生关系。但由于资源的有限性，存在着人与人的竞争关系，不单是人与人之间竞争，相同背景的个体所组成的团体间也互相竞争。因此，我们可以看到地产发展商、中产阶层及基层团体各自集结力量，去争夺房屋资源。

（2）社会生态平衡

帕克的人类生态学理论，试图把大自然平衡定理用于人类社会。人类社会在互相竞争的过程中引致不断地改变，社会平衡受到影响。在更剧烈地竞争后，新的社会分工又重新建立。总的来说，帕克认为人类社会是由生态及文化两个层次组织起来的，竞争是共生层次的基础，而沟通及共识是文化层次的基础，两个层次是整个社会的两面。而社会秩序是多层式的，由下至上分别有生态、经济、政治及道德层。在生态层，竞争是不受限制的；在道德层，竞争受到最大限制。帕克认为，人类生态学主要研究人口、科技、习俗与信念及自然资源之间如何不断保持生态平衡及社会平衡。

3.4.2 现代人类生态学理论

韦伯从文化层面开拓了现代人类生态学。韦伯认为城市形态是一系列的特性，这些特性组成了不同城市的独特的生活方式。这些特性的形成基于以下三种方式。

3.4.2.1 人口数量

由于大量人口集结于城市，人的背景变得多元化。而有类似背景的人在城市不同地域分隔而居，人与人之间的关系是表面化、无名化、过渡性、世故及理性的。这种分割及功利的人际关系，更进一步地在社会专业化、分工化，以及透过代表去表达利益而制度化起来。

3.4.2.2 居住密度

另一个构成城市形态的因素是密度。当大量人口集中在有限的土地上，其分工化程度便会加大，而社会构成也变得更加复杂。人与人之间的物理距离接近了但关系却变得疏离。也就是说，人们虽然居住及工作在一起，但缺乏了情感的维系。在这种情况下，一种竞争、剥削、扩充权势及财富的气氛便易于成长。总的来说，人变得寂寞及精神紧张。

3.4.2.3 差异性

最后一个构成城市形态的因素是差异性。由于城市人口自由流动，社会位置不断转变，各类社会团体不断增加，导致城市的社会分层成网状及多样化。一个城市人基于其不同兴趣及需要，会成为属于不同组织的成员，每个成员身份代表着他性格的其中一面。城市的社会分层在大量生产模式及市场机制下更加巩固，人在城市中变得非社会人化，人的需要不会再被个别地满足，人被分类，其需要会以其所属大类中一般情况下之需要为标准，再予以满足。

自韦伯以后，现代人类生态学具有团体发展趋向，目的是要超越古典人类生态学家类比人类社会与动物、植物世界的框架，注入经济、文化及社会等因素。现代人类生态学派的发展可归纳为两个支派：一是，新正统学派。该学派认为空间分布只是人类生态学所关注的一个元素，更重要的是人类生态学有兴趣研究城市人类怎样集体地适应环境，这是一个独特的过程，互相信赖、关键功能、分化及支配是分析这些的四项原则。而邓勤更进一步指出，人类生态系统是不断自我变化与调节适应的。要明白这些变化，可以从生态组合的四个元素入手，这四个元素是人口、组织、环境地及科技。二是，社会—文化学派，主要指出社会文化因素对城市土地运用模式的影响。在费利研究波士顿三个地区以及立信（Jonassen）研究纽约挪威人社区后，都指出城市土地运用并非仅受经济竞争因素影响，感情及文化象征的因素也有其重要性。事实证明，波士顿北端的意大利贫民区，一些已发迹的意大利移民不肯搬离该区，主要是因为那里有他们的文化传统、风俗习惯及熟悉的人与事物。

【本章小结】

理论是实践的基础，在编制城市生态规划之前，首先要了解生态规划的基本理论，以理论来指导规划的编制。城市生态学（Urban Ecology）是研究城市居民与城市环境之间相互关系的科学。其中环境承载力原理在城市中体现在城市综合承载力上，城市综合承载力主要包括资源环境承载力、经济承载力和社会承载力；多样性导致稳定性原理则体现在城镇产业结构中，产业结构越复杂，城镇经济就越稳定；食物链及食物网理论指导人们模仿自然生态系统、按照自

然规律来优化产业的链结构；城市生态位则揭示了城市的性质、功能、地位、作用及其人口、资源、环境的优劣势，决定了城市的不同特性和发展模式。景观生态学是研究景观单元的类型组成、空间配置及其与生态学过程相互作用的综合性学科，对于城市来讲更多是起到指导城市中绿地、保护区等景观、生态因子较为密集地区规划的作用。其中岛屿生物地理学理论中的距离效应和面积效应是物种保护和自然保护区设计的理论基础；复合种群理论相较岛屿生物地理学理论更侧重遗传多样性，对濒危物种的保护更有意义；等级理论和尺度的重要作用是用以简化复杂系统，以便于对其结构、功能和动态进行理解和预测。可持续发展是一种注重长远发展的经济增长模式，是科学发展观的基本要求之一。其中循环经济理论以生态学原理为基础，经济学原理为主导，以人类经济活动为中心，运用系统工程方法，从最广泛的范围研究生态和经济的结合，从整体上去研究生态系统和生产力系统的相互影响、相互制约和相互作用，高效合理利用一切可用资源，为城市产业的可持续发展提供理论基础。

人类生态学是研究人类在其对环境的选择力、分配力和调节力的影响下所形成的在空间和时间上的联系的科学。古典人类生态学理论从城市布局、职业分类、文化三个方面进行了研究，认为人类生态学主要研究人口、科技、习俗与信念及自然资源之间如何不断保持生态平衡及社会平衡。现代人类生态学理论则认为城市形态是一系列特性，这些特性由人口数量、居住密度、差异性决定，后来现代人类生态学派发展为两派：一派认为空间分布只是人类生态学所关注的一个元素，更重要的是人类生态学有兴趣研究城市人类怎样集体地适应环境；另一派指出城市土地运用并非仅受经济竞争因素影响，感情及文化象征的因素也有其重要性。

【本章关键词】

城市生态学；岛屿生物地理学；可持续发展；景观生态学；复合种群；循环经济；人类生态学；生物多样性

【思考题】

1. 多样性导致稳定性的原理是什么？
2. 什么是城市生态位？如何应用？
3. 如何利用食物链原理构建城市工业产业链？
4. 可持续发展的理论模型有哪些？

第四章　城市生态规划基本方法

【本章提要】

城市生态规划的对象是自然—社会—经济的复合生态系统，其最终目标是营造一个符合生态学原则，适合人类生活、健康、安全、充满活力并可持续发展的生态城市，这需要引入大量先进的生态学理论与方法作为支撑。本章主要介绍生态系统承载力分析方法、生态敏感性评价方法、生态适宜性评价方法、生态风险评估方法、生态系统健康评价方法、生态系统服务功能评估方法、生态位评价方法等城市生态规划基本方法，并通过案例阐述了上述方法在实践中的具体应用。

4.1　生态系统承载力分析方法

4.1.1　概念及内涵

4.1.1.1　承载力

承载力（Carrying Capacity）概念最早源自生态学，其特定含义是指在一定环境条件下某种生物个体可存活的最大数量。Irmi Seidl 和 Clem A Tisdell

(1999) 认为在人类生态学和生物生态学领域，承载力概念最早可追溯到 1978 年 Malthus 的《人口理论》，Malthus 认为人口是按几何级数增长的，粮食却按算术级数增长，其结果终将导致粮食和基本生活资料下降到低于人类生存所必需的下限（杨志峰等，2004）。1838 年，Pierre F Verhuls 修正了 Malthus 模型，提出逻辑斯蒂增长方程：

$$\frac{\mathrm{d}N}{\mathrm{d}t}=rN\left(\frac{K-N}{K}\right) \tag{4-1}$$

其中，r 为种群在无限制环境下的增长系数，在种群建立稳定不变的年龄组成后，r 值最大，称为生物潜能（Biotic Potential）；K 为种群增长最高水平，即我们所说的承载力，超过该水平，种群不再增长；N 为种群数量，被称为负载量或承载量，即承载力阈值。

随着土地退化，环境污染和人口膨胀等现象的出现，承载力概念逐渐被引用到城市生态学研究中，其内涵也不断丰富、演化和发展。承载力概念从自然生态系统的种群承载力到资源承载力、环境承载力，又发展到生态系统承载力。在每一个概念的使用与发展过程中，都包含了对前一阶段含义的扩展，同时也与生态学的发展及人类社会发展背景存在着极强的相关关系。

(1) 资源承载力

资源承载力是承载力概念在资源科学领域的发展，它是指一个国家或地区，其资源的存量能支撑空间内人口的生存和经济社会的发展能力，资源承载力是一个客观存在量。20 世纪 80 年代，联合国教科文组织对资源承载力进行了定义：资源承载力是在可以预见的期间内，利用该地区的能源及其他自然资源和智力、技术等条件，在保证其社会文化准则的物质生活条件下，能维持供养的人口数量。关于资源承载力的研究主要是自然资源的领域，其中土地资源承载力、水资源承载研究较多，也出现了旅游资源承载力、矿产资源承载力等的研究。

(2) 环境承载力

随着工业的发展，空气污染、垃圾污染的严重性越来越受到人们的关注，人们认识到不能单一地关注环境所能容纳多少，而要进一步研究环境对于人类的发展有多大的支撑力，继而引入承载力概念与环境容量相结合发展为环境承载力，环境承载力概念提出后受到世界各地的广泛关注。

1974 年 Bishop 将环境承载力定义为："在可以接受的生活水平下，区域可以长久地支撑人类活动的强度"。英国学者 Slesse 提出采用 ECCO 模型来研究环境承载力，在分析人口、资源和环境之间的关系的基础上，构建系统动力学模型，该模型提出后得到广泛的认可和应用。

国内较严格的"环境承载力"的概念最早出现在《福建省湄洲湾开发区环境规划综合研究总报告》中，报告中指出，在某一时期、某种状态下，某地区的环境所能承受的人类活动的阈值。我国学者叶文虎、唐剑武将环境承载力定义为："某一时期、某一环境状态下，区域环境所能承受的人类活动的阈值"。彭再德等认为区域环境承载力是在一定的时期和区域内，环境系统不受到严重破坏，环境功能不朝恶性方向发展，区域环境系统所能承受区域社会经济活动

的适宜程度。

(3) 生态系统承载力

生态系统承载力（简称生态承载力）的研究是在资源承载力、环境承载力的研究基础上发展起来的，内容更丰富、全面，研究更综合、复杂，也更接近人类社会系统特点。

但由于生态承载力本身的复杂性、模糊性以及影响因素的多样性，国内外学者从不同角度对其定义进行研究，尚未有统一定义。帕克、伯吉斯等（1921）提出了生态承载力概念，即特定环境条件下，生存空间、营养物质、阳光等因子相互组合，而特定生态系统所能支持的最大种群数。Andrew、Hudak 等（1952）认为生态承载力指在特定时期内植被所能提供的最大种群数量。国内学者则更多地从资源、环境的角度着手，分析社会、经济、自然复合生态系统对人类活动的反应机制。

王家骥（2000）认为生态承载力是自然体系调节能力的客观反映，地球上不同等级自然体系均具有自我维持生态平衡的功能，生物的适应性是其个体、种群和群体在一定环境下的演化过程中逐渐发展起来的，是生物与环境相互作用的结果；高吉喜在研究黑河流域生态承载力时将生态承载力定义为生态系统的自我维持、自我调节能力，资源与环境子系统的供容能力及其可维育的社会经济活动强度和具有一定生活水平的人口数量；并指出资源承载力是生态承载力的基础条件，环境承载力是生态承载力的约束条件，生态弹性力是生态承载力的支持条件。

综上所述，生态系统承载力可以简要定义为：生态系统的自我维持、自我调节能力、资源与环境子系统的供容能力及其可维持的社会经济活动强度和具有一定生活水平的人口数量。

生态系统承载力（简称生态承载力）包括三方面的内容：承载力主体、承载力客体和主客体之间的关系。承载力主体是生态系统；承载力客体是人类及其社会经济活动；主客体关系就是人类与生态系统的关系（或者说人与自然的关系），它应该处于合理承载、良性互动的状态。

4.1.1.2 城市生态系统承载力

城市生态系统是开放的，具耗散结构的自然—社会—经济复合生态系统，在不断演替升级的过程中，整个城市生态系统始终处于动态正负反馈状态，不断地与外界进行着物质、能量交换。城市生态系统的主要功能表现在能量流动、物质流动和人口流动过程中。这就决定着城市生态系统的承载力与传统上的生物承载力、资源承载力、环境承载力、生态承载力等的意义有了很大的差别。传统承载力研究中，往往将研究对象看作是一个封闭系统。只有能量的流动而没有物质的流动。就城市生态系统本身来讲，除了自身的资源、环境条件外，它还能够不断地从外界获得物质、能量、信息与人口的补充，并能不断地将废物进行转移与消化。因此，从这个角度来理解，城市生态系统的资源供给能力和污染消除能力理论上应该是无限大的，仅受经济能力、运输能力与流通机制的限制。然而，城市生态系统是地球生态系统的一个组成部分，而地球生态系统却是一个封闭的生态系统。因此，从全球角度来讲，城市生态系统可获得的

外界物质输入和废物转移仍然是有限的。

对城市生态系统来说，其承载力的承载对象是具有主观能动性的人，其承载基体则是由人工建成的城市生态系统。承载对象有能力改变承载基体的结构，并以最大限度满足自己需求为目标，其行为能够与承载基体的发展变化形成互动。关系更加复杂化，因此从城市生态系统的这种复杂的有机结构及其内部复杂的生物化学作用出发，可将城市生态系统承载力定义为：正常情况下，城市生态系统维系其自身健康、稳定发展的潜在能力；主要表现为城市生态系统对可能影响甚至破坏其健康状态的压力产生的防御能力，在压力消失后的恢复能力及为达到某一适宜目标的发展能力。

上述定义是从城市生态系统的内在承载能力的角度出发的，能够全面地描述城市生态系统承载力的内在特征，但比较抽象且较难量化。在实际工作中，往往使用人口等城市生态系统承载力的外在表征来进行量化。

4.1.2 生态足迹法分析生态承载力

承载力的评价方法多种多样，例如：生态足迹法（Ecological Footprint）、能值分析法（Emergy Analysis）、AHP层次分析法、聚类分析法、DEMATEL方法、信息熵法、基于动态的反应法（Bynamic—based Approach）、灰色妥协规划法、模糊综合评价法、时间序列（Time Series）等，以及在以上方法基础上进行改进和综合使用。

目前，国内外学者普遍使用的生态承载力的量化方法为生态足迹方法。即以可利用的土地面积为单位对城市生态系统承载力进行表征。

4.1.2.1 生态足迹

20世纪90年代，加拿大英属哥伦比亚大学生态经济学家威廉·瑞斯（William Rees）教授和马蒂斯·瓦克尔纳（Mathis Wackernagel）教授共同创造了一套生态足迹（Ecological Footprint）的理论方法来定量表征生态承载力（陶在朴2003），将其定义为：任何已知人口（某个人、某城市或某国家）的生态足迹是生产这些人口所消费的所有资源和吸纳这些人口所产生的所有废弃物所需要的生态生产总面积（包括陆地和水域），其中生态生产也称生物生产，是指生态系统中的生物从外界环境中吸收物质和能量转化为新的物质和能量，从而实现物质和能量的积累。

在这里，把地球上具有生态生产能力的全部面积比喻为足迹，正如William Rees提出的概念那样，当地球所能够提供的土地面积容不下这只“巨脚”时，其上的城市、工厂就会失去平衡；如果“巨脚”始终得不到一块允许其发展的立足之地，那么它所承载的人类文明将最终坠落、崩溃（Wackernagel et al，1999）。

目前有二十多个国家利用“生态足迹”计算各类承载力问题。世界两大非政府机构WWF（World Widife Found）和RP（Redefining Progress）自2000年起每两年公布一次世界各国的生态足迹数据。

这种方法最初是应用于计算全球的生态足迹，发展到现在，被推广和应用于各种区域生态系统，包括城市生态足迹、园区生态足迹甚至个人生态足迹的计算与评价。城市生态系统现状评价中，也往往把生态足迹作为一种重要的方法来应用。

4.1.2.2 生态足迹计算方法

（1）计算思路

生态足迹方法基于一个基本假设，即各类土地在空间上互斥。如一块土地被用来修建楼房，就不可能同时用作耕地或其他用途。这种“空间互斥性”的假设使各类生态生产性土地（Ecologically Productive Land）面积具有可累加性（龙爱华等，2004）。

从生态足迹的概念来看，其计算基于以下两个简单事实：

1）人类可以确定自身消费的绝大多数资源及其产生的大部分废物；

2）能够将这些资源和废物转换成为相应的生态生产面积（Biologically Productive Area）。

所谓生态生产性土地是指具有生态生产能力的土地或水体。将各类土地统一成生态生产性土地面积的一个好处是极大地简化了对自然资本的统计，并且各类土地之间比各种繁杂的自然资本项目之间更容易建立等价关系，从而方便计算自然资本的总量。

根据生产力大小的差异，地球表面的生态生产性土地可分为六大类，化石能源用地、草地、林地、建设用地、农用地、近海生域，在生态足迹计算中，各种资源和能源被折算为这六种基本生态生产性土地。

（2）计算公式

生态足迹的计算步骤如下。

1）计算各类消费所使用的土地的面积 S_i。

$$S_i=\frac{C_i}{Y_i}=\frac{P_i+I_i-E_i}{Y_i}\,(i=1,\ 2,\ \cdots,\ n) \tag{4-2}$$

式中：i 为消费项目；C_i 为 i 项消费总量；Y_i 为 i 项消费的土地生产力；P_i 为 i 项消费的当地生产量；I_i 为 i 项消费的进口量；E_i 为 i 项消费的出口量。

2）计算总土地占用面积

$$S_j=\sum_{j=1}^{6}S_{ij} \tag{4-3}$$

式中：i 为消费项目，i=1，2，…，n；S_1 为建筑用地；S_2 为森林；S_3 为农用地；S_4 为草地；S_5 为近海；S_6 为能源用地。

3）折算为生态足迹 EF

$$EF=\sum_{j=1}^{6}\frac{S_j\times f_j}{P} \tag{4-4}$$

式中：f_j 为 j 类土地的等量因子；P 为人口。

4）生态足迹供给 EC

$$EC=\sum_{j=1}^{6}\frac{a_j\times r_j}{P} \tag{4-5}$$

式中：a_j 为第 j 种土地的生物生产性面积；r_j 为第 j 种土地的产出因子。

(3)生态足迹单位

1)全球性公顷。生态足迹的单位是“gha”(global hectare),即“全球性公顷”,一个单位的“全球性公顷”相当于公顷具有全球平均产量的生产力空间。生态足迹的任务是计算各项消费所使用的以“gha”为单位的土地面积。为了解释全球性公顷,下面举个例子加以说明。

假如世界上只有两个国家,一个叫北国,另一个叫南国,每个国家各有 8 位居民,又假定全世界只有 4ha 农田,生产 4 种作物 a,b,c,d。某年全球共生产 a 作物 40kg,b 作物 30kg,c 作物 20kg,d 作物 10kg,总产量 100kg,则可说全球共有平均产量为 25kg 的 4 个 gha。又假定北国消费 75kg 的农作物,使用 3 个 gha,平均每人使用 1/8=0.375gha。而南国使用 1 个 gha,平均每人使用 1/8=0.125gha。如果南北两国生物性生产面积相同,北国多使用南国 1 个单位的 gha,如果北国的生物性生产面积是南国的 1/3 那么北国多使用了 2 个单位的 gha,见表 4–1–1。

生态足迹意义　　表 4–1–1

项　目	北　国	南　国
消费产品产量 /kg	75	25
消费 /gha	3	1
人数	8	8
人均 /gha	0.375	0.125
提供 /gha 1	2	2
提供 /gha 2	1	3

由此可见,一方面利用生态足迹指标可以判断需求与资源分配的公正性。另一方面,生态足迹指标可以检视供给的可持续性,如果某地的可使用生物性面积小于生态足迹,其差值即为生态赤字。

2)全球性公顷等量因子折算。虽然上述各计算过程看似简单,实际上全球性公顷需要统计全球各种土地利用类型在同一年的生产能力才能够计算。因此,靠个人或某个地方单位的能力,是不可能估算全球性公顷或等量因子的。在实际计算中,一般均参考来自于一些国际性科研机构定期公布的等量因子估算值,见表 4–1–2。但需要注意的是,在引用这些数据时,只能选择与评价现状值同一年的等量因子值,否则不具有可用性。

土地等量因子估算值　　表 4–1–2

土地类型	第 1 种	第 2 种	第 3 种	第 4 种
建筑用地	2.83	3.16	2.11	3.33
海域(渔业)	0.06	0.06	0.35	0.06
农用地	2.83	3.16	2.11	3.33
草(牧)地	0.44	0.39	0.47	0.37
林地	1.17	1.78	1.35	1.66
吸收 CO_2 用林地	1.17	1.78	1.35	1.66

注:第 1 种 Chambers N, et al. 2000. Sharing nature's interest. Earthscan London
第 2 种 World Wide Fund for Nature. 2000. Living Planet Report 2000
第 3 种 World Wide Fund for Nature. 2000. Living Planet Report 2000
第 4 种 EU Ecological Footprint. STOA 2002

3）计算结果分析——生态赤字或生态盈余。城市的生态足迹如果超过了城市所能提供的生态承载力，就出现生态赤字；如果小于城市的生态承载力，则表现为生态盈余，城市的生态赤字或生态盈余，反映了该区域人口对自然资源的利用状况和计算时刻该区域的可持续性。

（4）生态足迹的缺陷及改进。生态足迹方法自问世以来，备受学术界青睐，同时也成为生态承载力量化的热点。但是，生态足迹方法具有局限性（杜斌等，2004）：理论本身假设太多，影响了其合理性，对生态系统的考虑不完整，人类中心制，忽略了其他物种的存在和影响；未考虑生态产品和生态服务功能的消费；模型计算仅反映经济决策对环境的影响，忽略了土地利用中其他的重要影响因素，如由于污染、侵蚀等造成的土地退化的情况；计算结果悲观化，除少部分资源丰富的国家和地区外，均存在生态赤字等。

有学者对生态足迹的理论模型进行了修正，如张芳怡等（2006）提出了基于能值分析理论的生态足迹计算模型。该改进的生态足迹模型将生态经济系统中的各种能量流换算成对应的生物生产性土地面积，并应用于江苏省。与传统的生态足迹方法对比，结果表明两种方法所得结果基本一致，但改进生态足迹模型的计算结果更真实地反映了生态经济系统的环境状况。

4.1.3 重庆市生态系统承载力分析

这里选择重庆市为例，详细介绍生态足迹的计算过程。以下所有关于生态足迹的计算所涉及的数据资料，均来源于以下 1998 ~ 2005 年的《重庆市统计年鉴》以及 1998 ~ 2005 年的《中国统计年鉴》。根据掌握的重庆市数据资料，本文只详细介绍 2004 年该市生态足迹的完整计算过程，包括各土地类型在这一年的产量因子。

重庆市生态足迹的具体计算主要涉及三个部分：①生态承载力，计算该市的生物生态供给；②生物资源消费的生态足迹，包括有关的农产品、林产品、畜产品和水产品消费等；③化石能源消费和建设用地的生态足迹。

根据重庆市的实际情况，在生物生产性土地面积划分类型时增加了园地类型，并将其细分为果园、茶园、桑园三种类型，即共分了 9 种生物生产性土地面积类型，以使计算结果更接近于真实。

因为到目前为止关于生态足迹模型的国内外研究，在将各种消费项目折算成相应的生物生产性土地面积时，均采用 FAO 计算的 1993 年有关生物资源的世界平均产量和世界上单位化石能源土地面积的平均发热量等资料为标准；因此，本书也采用这一折算数据为标准（FAO，2004）。同时产量因子的确定对生态足迹计算结果的准确性起关键作用，为了更贴近实际，没有采用全国的产量因子，而是采用重庆市当地的产量因子，即通过计算各种生物生产性土地类型的生物项目的单产，然后与全球平均单产进行对比得到。

4.1.3.1 生态承载力计算

2004 年，重庆市总人口 3144.23 万人。各生物生产性土地面积及人均面积见表 4–1–3。2004 年各生物生产性土地类型的产量因子计算时，粮食单产数据直接来源于《重庆市统计年鉴》，具体计算结果见表 4–1–4。下面用均衡

因子和产量因子对各生物生产性土地的人均面积进行标准化处理，从而计算出生态承载力，见表 4-1-5。

2004 年重庆市各生物生产性土地面积及人均面积　　表 4-1-3

生物生产性土地类型	土地面积（hm^2）	人均土地面积（hm^2/cap）
耕地	2287400	0.07275
林地	3251300	0.10341
果园	123163.267	0.00392
茶园	36396.11	0.00116
桑园	31552.87	0.00100
牧草地	238100	0.00757
水域	281600	0.00896
建设用地	558900	0.01778
化石能源用地	0	0

注：表中计算后得出的数据为 Excel 自动进行四舍五入的结果，以下同（如无特殊说明）。

2004 年重庆市土地产量因子　　表 4-1-4

土地类型	面积（hm^2）	生物总产量（kg）	单产（kg/hm^2）	世界平均产量（kg/hm^2）	产量因子
耕地	—	—	4511	2744	1.64395
林地	—	—	—	—	2.18
果园	123163.267	1372000000	11139.685	3500	3.182767
茶园	36396.11	16000000	439.60738	566	0.776691
桑园	31552.87	29000000	919.09221	900	1.021214
牧草地	238100	91000000	382.192356	33	11.58159
水域	281600	239255000	849.6271	29	29.2974873
建设用地	—	—	—	—	1.64395
化石能源用地	0	0	0	0	0

2004 年重庆市生态承载力计算账户　　表 4-1-5

生物生产性土地类型	人均面积（hm^2/cap）	均衡因子	产量因子	调整后的人均生态承载力（hm^2/cap）	所占比例（%）
耕地	0.07275	2.83	1.64395	0.33846	42.32671
林地	0.10341	1.14	2.18	0.25698	32.13777
果园	0.00392	1.14	3.182767	0.01421	1.77741
茶园	0.00116	1.14	0.776691	0.00102	0.12818
桑园	0.00100	1.14	1.021214	0.00117	0.14610
牧草地	0.00757	0.54	11.58159	0.04736	5.92269
水域	0.00896	0.22	29.2974873	0.05773	7.21910
建设用地	0.01778	2.83	1.64395	0.08270	10.34205
化石能源用地	—	—	0	0	0
人均生态承载力总量（hm^2/cap）：0.79963					
扣除 12% 面积（用于生物多样性保护）：0.095955					
可用的人均生态承载力总量（hm^2/cap）：0.70367					

4.1.3.2 生物资源项目的生态足迹计算

根据 2005 年的《重庆市统计年鉴》和《中国统计年鉴》数据，生物资源消费主要有农产品、畜产品、水产品和林产品等大类，每一大类可能又包含若干细分消费项目。

人类消费的生物资源，按其不同的特性一般可分别折算为相应的耕地、草地、林地或水域等生物生产性土地面积需求。按前文论述的生态足迹计算公式，即可将 2004 年重庆市的生物量消费分别折算为相应的生物生产性土地面积，具体过程见表 4–1–6。

2004 年重庆市生物资源的生态足迹计算账户　　表 4–1–6

资源类别	全球平均产量（kg/hm^2）	重庆市消费量（万吨）	总生态足迹（hm^2）	人均生态足迹（hm^2）	生产性面积类型
谷物	2744	828.2	3018221.574	0.095992392	耕地
豆类	1856	38.1	205280.1724	0.00652879	耕地
薯类	12607	278.2	220671.0558	0.007018286	耕地
油料	1856	41.8	225215.5172	0.007162819	耕地
麻类	1500	1	6666.666667	0.000212029	耕地
甘蔗	18000	11.8	6555.555556	0.000208495	耕地
烟叶	1548	8.5	54909.56072	0.00174636	耕地
蔬菜	18000	863.57	479761.1111	0.015258461	耕地
猪肉	74	137.1	18527027.03	0.589238924	耕地
禽肉	457	22.1	483588.6214	0.015380192	耕地
禽蛋	400	36.6	915000	0.029100925	耕地
水产品	29	23.9255	8250172.414	0.262390869	水域
蚕茧	900	2.9	32222.22222	0.001024805	桑园
茶叶	566	1.6	28268.55124	0.000899061	茶园
水果	3500	137.2	392000	0.012467281	果园
木材	1.99（m^3/hm^2）	0.27（万立方米）	1356.78392	0.000043151	林地
机制纸及纸板	0.53（t/hm^2）	30.77	580566.0377	0.018547843	林地
松脂	3900	0.103	264.1025641	0.000008399	林地
油桐籽	1600	2.8365	17728.125	0.00056383	林地
油茶籽	3000	0.1679	559.6666667	0.000017799	林地
核桃	3000	0.4083	1361	0.000043285	林地
牛肉	33	5.7	1727272.727	0.054934681	草地
羊肉	33	3.4	1030303.03	0.032768055	草地
奶类	502	8.6	171314.741	0.005448544	草地
绵羊毛	15	0.0004	266.6666667	0.000008481	草地
山羊毛	15	0.0002	133.3333333	0.000004240	草地
蜂蜜	50	0.6	120000	0.003816515	草地

4.1.3.3 能源消费项目和建设用地的生态足迹计算

根据 1998 ~ 2005 年《重庆市统计年鉴》提供的数据，采用邱大熊测算的数据：1 吨标准煤产生 29.31GJ 热量，将重庆市 2004 年的煤炭、天然气、油料及电力消费量折算为相应的化石能源用地面积及建设用地面积；计算结果见表 4–1–7（SCE 为标准煤）。可以看出：2004 年的能源消费以煤炭为主，占化石燃料用地足迹总量的 78.66%；而天然气和油料分别仅占 8.91%、12.43%。

2004 年重庆市能源消费和建设用地的生态足迹计算账户　　表 4–1–7

项目分类	煤炭	天然气	油料	电力
平均能源足迹（GJ/hm^2）	55	93	71	1000
生物生产性土地类型	化石燃料用地	化石燃料用地	化石燃料用地	建设用地
消费量（万 tSCE）	1382.71	351.03	373.73	379.84
总生态足迹（hm^2）	9766678.2	1106310.677	1542820.606	111331.104
人均足迹（hm^2/cap）	0.310622257	0.035185425	0.049068313	0.003540807

4.1.3.4 重庆市生态足迹计算结果汇总与分析

根据以上表格数据，即可换算得到 2004 年重庆市生态足迹与生态承载力的计算结果汇总（表 4–1–8）。如表所示：2004 年重庆市全市生态足迹总量是 86981273hm^2，是全市土地面积的 10.55598 倍；人均生态足迹总量是 2.76638hm^2，可利用人均生态承载力总量是 0.70367hm^2，人均生态赤字高达 2.0627hm^2。

2004 年生态足迹计算结果汇总　　表 4–1–8

生态足迹					生态承载力					
生物生产性土地利用类型	人均生态足迹（hm^2/cap）	均衡因子	调整后的人均生态足迹（hm^2/cap）	构成比例（%）	土地类型	产量因子	人均面积（hm^2/cap）	调整后的人均生态承载力（hm^2/cap）	构成比例（%）	生态盈生态赤
耕地	0.765	2.83	2.164	78.22	耕地	1.64	0.073	0.338	42.327	-1.825
建设用地	0.004	2.83	0.010	0.362	建设用地	1.644	0.018	0.083	10.342	0.073
牧草地	0.097	0.54	0.052	1.893	牧草地	11.582	0.008	0.047	5.923	-0.005
林地	0.0147	1.14	0.017	0.604	林地	2.18	0.103	0.257	32.138	0.240
化石能源用地	0.395	1.14	0.450	16.27	CO_2 吸收	0	0	0	0	-0.450
果园用地	0.012	1.14	0.014	0.514	果园用地	3.183	0.004	0.014	1.778	0
桑园用地	0.001	1.14	0.001	0.042	桑园用地	1.021	0.001	0.001	0.146	0
茶园用地	0.0002	1.14	0.00023	0.008	茶园用地	0.777	0.001	0.001	0.128	0.001
水域	0.262	0.22	0.058	2.087	水域	29.297	0.009	0.058	7.219	0
人均生态足迹总量（hm^2/cap）：2.766					人均生态承载力总量（hm^2/cap）：0.800					-2.063
全市生态足迹总量（hm^2）：86981273					生物多样性保护面积（hm^2），扣除 12%：0.096					
是全市面积的 10.556 倍					可利用的人均生态承载力（hm^2/cap）：0.704					

注：因表格太大，表中小数点后尽量保留了三位数，误差在所难免，以下同。

由此可见，重庆市经济社会活动对其生态经济系统的影响力已远远超过了生态承载力，其当前的发展是不可持续的。

4.2 生态敏感性评价方法

4.2.1 概念及内涵

4.2.1.1 生态敏感性

生态敏感性是指生态系统对区域自然和人类活动干扰的敏感程度，它反映区域生态系统在遇到干扰时，发生生态环境问题的难易程度和可能性的大小，即在同样干扰强度或外力作用下，各类生态系统出现区域生态环境问题可能性的大小。也可以说，生态敏感性是指在不损失或不降低环境质量的情况下，生态因子抗外界压力或外界干扰的能力。

4.2.1.2 生态敏感性分析

生态敏感性分析是指根据城市发展与资源开发可能对城市生态系统的影响，对城市所在区域水土流失评价、敏感集水区的确定、具有特殊价值的亚生态系统及人文景观以及自然灾害等的风险评价。生态敏感性分析强调城市空间设计与自然条件的和谐，坚持城市发展以保持自然为基础，自然环境及其演化过程得到最大限度的保护，从而合理开发利用被称为生命支持系统的一切自然资源。认为任何城市都是与自然生态环境不断进行物质能量交换的开放系统，水、大气、植被、土壤、生物多样性等各种因素都应纳入城市研究的范畴之内。

生态敏感性分析分为如下步骤：

1）确定规划可能发生的生态环境问题类型；

2）建立生态环境敏感性评价指标体系；

3）确定敏感性评价标准并划分敏感性等级后，应用直接叠加法或加权叠加等计算方法得出规划区生态环境敏感性分析图。

4.2.2 加权叠加法评价生态敏感性

4.2.2.1 评价指标体系

（1）生态因子选择的原则

1）科学性原则。在进行生态因子的选择时，要考虑理论上的完备性、科学性和正确性，即指标概念必须明确，且具有一定的科学内涵。

2）主成分性原则。根据一般的复杂巨系统理论，应从众多的因子中依其重要性和对系统行为贡献率的大小排序，筛选出数目足够少的、但却能表征该系统本质行为的最主要成分的因子，这为主成分性原则。

3）定性与定量相结合原则。选择的生态因子要尽可能能够量化，正如马克思所说：“一门科学只有成功地运用数学时，才算达到了真正完善的地步”。任何事物都具有质的规定性和量的规定性，但对于一些在目前认识水平下难以量化且意义重大的指标，可以用定性指标来描述。

4）可操作性原则。这里强调的是因子的可取性（具有一定的现实统计基础）、可比性、可测性（所选的因子必须在现实生活中是可以测量得到的或可

通过科学方法聚合生成的）、可控性（必须是人类能根据城市生态价值、区域可持续发展需要来理性调控的）等。

5）简洁与聚合的原则。简洁与聚合常常被作为因子选择的主要原则。简洁使因子容易使用，聚合有助于全面反映问题。

（2）生态因子的选择

根据生态敏感性分析的涵义，从自然生态方面来选取生态因子。自然生态因子包括地质、地形地貌、坡度、土壤、水文、植被、生物多样性、气候等。

1）地质因子。根据城市规划的原理，地质因子主要包括建筑地基、滑坡与崩塌、冲沟、地震、矿藏等五个方面。由于生态敏感性分析具有一定的区域性，地质因子的五个方面中地震方面往往具有一定的范围性，故在此选择其中的地震作为生态敏感性分析的因子。地震烈度及其等级划分见表 4–2–1。

地震烈度及其等级划分　　**表 4–2–1**

地震烈度（度）	<7	7 ~ 9	>9
要求	工程不特殊设防	工程需特殊设防	不宜作为城市用地

2）地形地貌因子。可以从坡向分布与分级、沟谷分布数量结构等方面来考虑地形地貌因子，它揭示了城市地形地貌的自然特点与分布规律，为城市景观格局形成原因的剖析、景观功能设计和景观空间动态研究提供了基础。

3）坡度因子。坡度的计算公式：

$$坡度=\frac{相邻等高线的海拔差（m）}{相邻等高线水平间距（m）}\times 100\% \qquad (4-6)$$

城市各项建设用地适宜坡度要求见表 4–2–2。

城市各项建设用地适宜坡度要求　　**表 4–2–2**

项目	坡度	项目	坡度
工业	0.5% ~ 2%	铁路站场	0% ~ 0.25%
居住建筑	0.3% ~ 10%	对外主要公路	0.4% ~ 3%
城市主要道路	0.3% ~ 6%	机场用地	0.5% ~ 1%
次要道路	0.3% ~ 8%	绿地	可大可小

4）水文因子。生态敏感性分析中的水文主要从饮用水水源、市域河流和洪涝灾害区三个方面考虑。水文因子等级划分见表 4–2–3。

水文因子等级划分　　**表 4–2–3**

水文方面	区段划分		
饮用水水源	水面区域	集水区	延伸区
市域河流	水中有石、草、鱼等生物丰富的溪流	水体较清洁、生物较少	水体受污染较严重
洪涝灾害	—	洪涝灾害区	—

5）植被因子。植被是生物资源最重要的组成部分之一，它是影响生态敏感性的最重要的生态因子之一。植被因子的等级划分为：前景有保护种或稀有种，有木质藤或高大树多，有沟谷密林，林内层次丰富，林项好，没有人为干扰；林内层次单一，人为干扰痕迹较明显，人工林为优势，为灌木丛；地平坦，种类单一，林貌差或无林，且植被单调。

6）生物多样性因子。因为生物多样性的调查统计是一个工作量浩大的工程，故在进行生态敏感性分析时，往往可以根据经验来划分：原始林地、湿地＞农地、园地、河流等＞城市建设用地。

7）土壤因子。评价土壤等级的指标之一是土壤生产力。土壤生产力等级越高，该地越适合于进行农业生产，所以在选择城市建设用地时，尽量少选或不选生产力高的土地。

4.2.2.2 评价模型

(1）单因子评价

将各评价因子的原始数据进行等级化和数量化，将基础数据输入计算机系统，转为 ArcGIS9.0 能识别的数据信息，每一单因素为一图层，进行单因子敏感度的分级与制图。采用特德尔菲法确定单因子敏感度的评价值，一般分 3 级，用 5、3、1 代表生态敏感性的高低，对于划分等级较多的因子，可采用 4、2 作为中值，见表 4–2–4。各单因子评价图如图 4–2–1 ～图 4–2–6 所示。

旅游地保护规划单因子等级划分　　　　表 4–2–4

生态因子	生态因子等级标准				
	1	2	3	4	5
高程	500m 以下	—	500 ～ 600m	—	600m 以上
坡度	8° 以下	8° ～ 15°	15° ～ 25°	25° ～ 45°	45° 以上
坡向	平地、正南	东南、西南	正东、正西	东北、西北	正北
植被多样性	其他	农作物、草地	果林、灌木林	竹林	自然密林
水体分布	无水体	—	分散小水体	—	集中水体
水体缓冲分析	25m 以内	25 ～ 50m	50 ～ 75m	75 ～ 100m	100m 以外

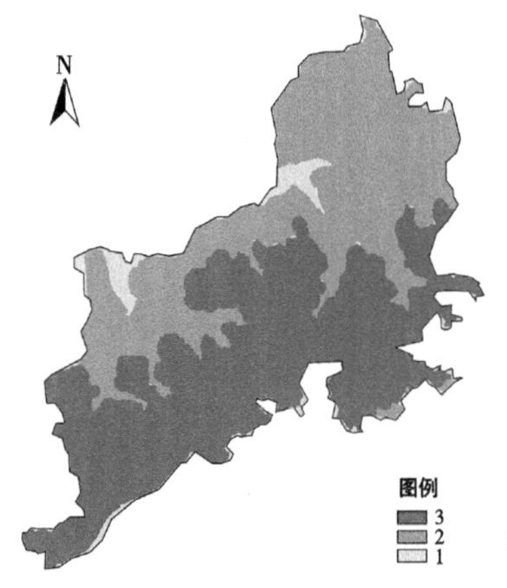

图 4–2–1　高程评价图

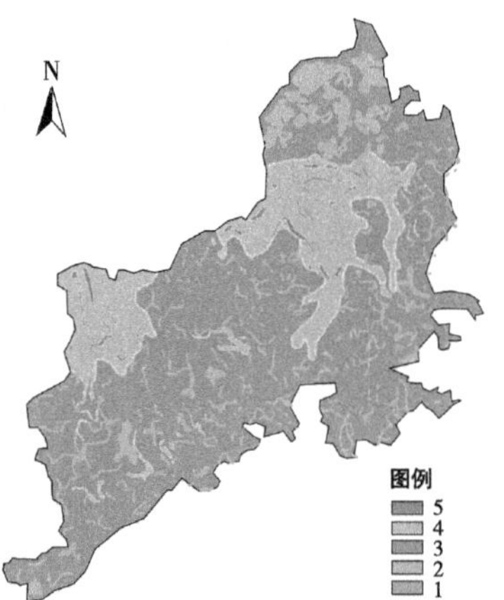

图 4–2–2　坡度评价图

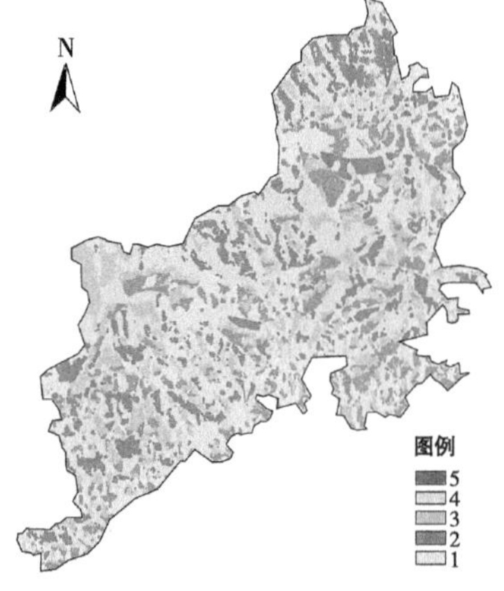

图 4–2–3　坡向评价图

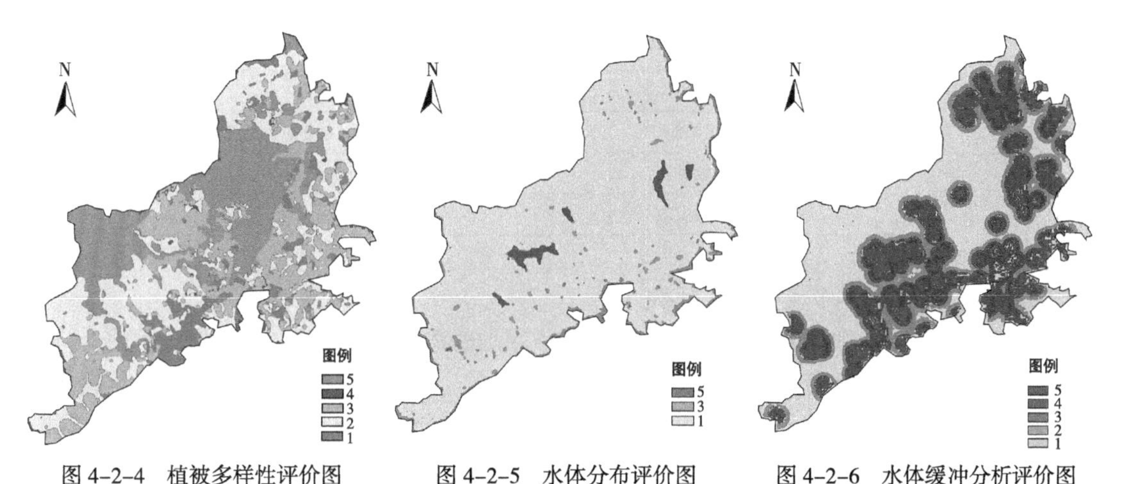

图 4-2-4 植被多样性评价图　图 4-2-5 水体分布评价图　图 4-2-6 水体缓冲分析评价图

(2) 权重确定

根据分析因子在敏感性中的重要性不同，利用成对比较法计算各因子权重值。将高程、坡度等六个单因子列出比较矩阵进行比较。根据权重值的计算方法得出单因子的权重值，见表 4-2-5。

单因子权重分析　**表 4-2-5**

生态因子	高程	坡度	坡向	植被多样性	水体分布	水体缓冲分析	几何平均值	权重值
高程	1	1/3	3	1/7	1/5	1/3	0.3942	0.0374
坡度	3	1	5	1/5	1/3	1	1.0000	0.0948
坡向	1/3	1/5	1	1/9	1/7	1/5	0.1841	0.0175
植被多样性	7	5	9	1	3	5	5.4310	0.5150
水体分布	5	3	7	1/3	1	3	2.5365	0.2405

(3) 综合评价及敏感区划分

运用加权叠加法的计算公式：将各个单因子图层和各自的权重相乘，得到结果图层。这一步可以直接利用 ArcGIS 9.2 中 Spatial analysis 的 Map Calculator 工具进行叠合完成。叠合后即得到生态敏感性评价的灰度图和分级图。

4.2.2.3 评价标准

生态因子是自然生态资源的各单项组成部分，其选取、评价、处理分析等贯穿在生态规划的各层次中。针对不同城市而言，城市自然资源禀赋特点对生态因子选取影响颇大。但针对本次研究，我们将选取地形地貌、坡度因子、水文因子、植被因子、生物多样性等五个因子，用单因子分析法，最终通过单因子图叠加获得综合的生态敏感性图。

(1) 地形地貌因子分析

根据地形地貌因子的敏感级划分，见表 4-2-6。

地形地貌因子敏感级别划分　　表 4-2-6

序号	级别	标准描述
A	敏感级	坡向与主导风向夹角 <30°，沟谷多且分布密集
B	弱敏感级	坡向与主导风向夹角≥ 30°，沟谷较好
C	不敏感级	—

（2）坡度因子分析

根据表 4-2-7 城市各项建设用地的适宜坡度要求，除了绿化用地外，其余城市建设用地的坡度要求在 10° 以下。而我国一般以 25° 作为可开垦的临界坡度，即 25° 以下的坡地为可开垦坡地，而 25° 以上为禁止开垦坡地。因此，坡度因子的敏感级，见表 4-2-7。

坡度因子敏感级别划分　　表 4-2-7

序号	级别	标准描述
A	敏感级	25°< 坡度
B	弱敏感级	10° ≤坡度≤ 25°
C	不敏感级	坡度 <10°

（3）水文因子分析

水文因子分析综合考虑饮用水水源保护地、分析区域的河流水系以及洪涝灾害等几个方面，该因子的敏感级别划分，见表 4-2-8。

水文因子敏感级别划分　　表 4-2-8

序号	级别	标准描述
A	敏感级	水域、集水区域；水中有石、草、鱼等生物丰富的溪流
B	弱敏感级	饮用水水源的延伸区；水体较清洁，生物较少；洪涝灾害区
C	不敏感级	水体受污染较严重

（4）植被因子分析

植被因子敏感级，见表 4-2-9。

植被因子敏感级别划分　　表 4-2-9

序号	级别	标准描述
A	敏感级	前景有保护种或稀有种，有木质藤或高大树多，有沟谷密林，林内层次丰富，林项好，没有人为干扰
B	弱敏感级	林内层次单一，人为干扰痕迹较明显，人工林为优势，为灌木丛
C	不敏感级	地平坦，种类单一，林貌差或无林，且植被单调

（5）生物多样性因子

根据经验，生物多样性因子的敏感级划分，见表 4-2-10。

生物多样性因子敏感级别划分 表 4-2-10

序号	级别	标准描述
A	敏感级	原始林地、湿地
B	弱敏感级	农地、园地、河流等
C	不敏感级	城市建设用地

将地形地貌、坡度因子、水文因子、植被因子、生物多样性等五个因子的单因子分析图叠加获得综合的生态敏感性分析。

4.2.3 黔东南苗族侗族自治州生态敏感性评价

4.2.3.1 黔东南苗族侗族自治州生态环境特征

根据国家环保总局 2008 年 7 月 12 日发布的《全国生态功能区划》，黔东南苗族侗族自治州属于东部湿润、半湿润生态大区中的南亚季风湿润、半湿润常绿阔叶林生态地区，其生态系统服务功能主要是水土保持、林木供给。州境内有多个自然保护区，并且是多民族的聚居地区。结合对该地区概况的分析，黔东南苗族侗族自治州主要的生态环境特征如下。

1）自然保护区众多。自治州境内有多个国家级、省级、州级、县级自然保护区。

2）耕地面积较少，植被丰富。自治州地势西高东低，自西部向北、东、南三面倾斜，海拔最高 2178m，最低 137m，历有“九山半水半分田”之说。境内沟壑纵横，山峦延绵，重崖叠峰，境内有雷公山、云台山、佛顶山、弄相山等原始森林。黔东南苗族侗族自治州耕地面积较小，人均占有耕地低于全国平均水平，但东部、东南部多为山地，土层肥厚，保水条件好，宜于树木生长。

3）原生态民族文化丰富。黔东南苗族侗族自治州居住着苗、侗、汉、水、瑶、壮、布衣、土家、仫佬、畲等民族。黔东南独特的地理和文化环境，使苗、侗各族人民创造了丰富多彩、弥足珍贵的文化遗产，保留和传承了独有的原生态民族文化。

4）土地利用变化速度快。近年经济的快速发展，使得地区农用土地和生态用地向建设用地转变加速。

5）酸雨频度较高。2004 年，黔东南苗族侗族自治州凯里市酸雨频度高达 74%。

6）不合理开发土地资源，水土流失仍较严重。全州 70% 的国土面积为山地，自然生态环境相对脆弱。由于人口和经济的增长，多年来对土地资源的不合理开发、利用等人为因素导致水土流失。

4.2.3.2 指标权重的确定

运用 GD—AHP 法来确定一级指标的权重。选择本领域的多名专家进行协商，判断各一级指标之间的相对重要性。指标重要性的判断，要能反映专家的综合意见。将指标之间两两比较，其相对重要性用比值的形式表示，构成指标判断矩阵。求解判断矩阵的最大特征根及其所对应的特征向量，即可得到各指标的权重。在此过程中，要进行一致性检验，根据 4.2.2 的内容，只有当一致性比例 CR 小于 0.1 时，判断矩阵才具有一致性。

根据权重计算方法，利用群组层次分析法（GD—AHP）构建的综合评价判断矩阵，计算黔东南苗族侗族自治州生态敏感区的指标体系权重值，见表4-2-11～表4-2-17。

大气环境指标判断矩阵 表 4-2-11

大气环境指标	SO_2 的浓度、降雨强度	盆地	山谷	*W*
SO_2 的浓度、降雨强度	1	4	2	0.5348
盆地	1/4	1	1/4	0.1103
山谷	1/2	4	1	0.3460

λ_{max}=3.0686 *CI*=0.03429 *RI*=0.5802 *CR*=0.0591<0.1

水环境指标判断矩阵 表 4-2-12

水环境指标	水域功能区	湖泊、水库面积	海洋功能区	*W*
水域功能区	1	1	5	0.4545
湖泊、水库面积	1	1	5	0.4545
海洋功能区	1/5	1/5	1	0.0909

λ_{max}=3 *CI*=0 *RI*=0 *CR*=0<0.1

土地环境指标判断矩阵 表 4-2-13

土地环境指标	基本农田	坡耕地（坡度大小）	山地	荒地	湿地	沙化土地	防护林带	*W*
基本农田	1	2	2	3	3	3	2	0.2771
坡耕地（坡度大小）	1/2	1	2	2	2	1	1	0.1607
山地	1/2	1/2	1	1	1/2	2	1	0.1121
荒地	1/3	1/2	1	1	1/2	1/2	1/2	0.0754
湿地	1/3	1/2	2	2	1	2	1	0.1397
沙化土地	1/3	1	2	1/2	1	1	1	0.1061
防护林带	1/2	1	1	2	1	1	1	0.1289

λ_{max}=7.3274 *CI*=0.05457 *RI*=1.3213 *CR*=0.0413<0.1

地质地貌指标判断矩阵 表 4-2-14

地质地貌指标	地质断裂构造带	石灰岩山地丘陵	山地陡坡不稳定风化壳	*W*
地质断裂构造带	1	1	1	0.3333
石灰岩山地丘陵	1	1	1	0.3333
山地陡坡不稳定风化壳	1	1	1	0.3333

λ_{max}=3 *CI*=0 *RI*=0 *CR*=0<0.1

生境指标判断矩阵 表 4-2-15

生境指标	自然保护区	珍稀动植物栖息地	生物多样性保护区	森林	动植物种类	*W*
自然保护区	1	3	1	1	2	0.2783
珍稀动植物栖息地	1/3	1	1/2	1	1	0.2200
生物多样性保护区	1	1	1	1	1	0.1379
森林	1	1	1	1	1	0.1950
动植物种类	1/2	1	1	1	1	0.1689

λ_{max}=5.1481 *CI*=0.0370 *RI*=1.1212 *CR*=0.0330<0.1

人文指标判断矩阵 **表 4-2-16**

人文指标	宗教建筑	文化艺术	民族民俗	文物古迹	W
宗教建筑	1	1/2	1/3	1	0.1443
文化艺术	2	1	1	2	0.3199
民族民俗	3	1	1	3	0.3914
文物古迹	1	1/2	1/3	1	0.1443

λ_{max}=4.0243 CI=0.0081 RI=0.9419 CR=0.0086<0.1

黔东南苗族侗族自治州生态敏感区指标体系权重确定 **表 4-2-17**

一级指标	权重	二级指标	权重	总权重
大气环境	0.0729	SO_2 的浓度、降雨强度	0.5348	0.03899
		盆地	0.1103	0.00804
		山谷	0.3460	0.02522
水环境	0.0538	水域功能区	0.4545	0.02445
		湖泊、水库面积	0.4545	0.02445
		海洋功能区	0.0909	0.00489
土地环境	0.1762	基本农田	0.2771	0.04883
		坡耕地（坡度大小）	0.1607	0.02832
		山地	0.1121	0.01975
		荒地	0.0754	0.01329
		湿地	0.1397	0.02462
		沙化土地	0.1061	0.01869
		防护林带	0.1289	0.02271
地质地貌	0.1850	地质断裂构造带	0.3333	0.06166
		石灰岩山地丘陵	0.3333	0.06166
		山地坡度不稳定风化壳	0.3333	0.06166
生境	0.1793	自然保护区	0.2783	0.04987
		珍稀动植物栖息地	0.1379	0.02473
		生物多样性保护区	0.2200	0.03945
		森林	0.1950	0.03496
		动植物种类	0.1689	0.03028
人文	0.3328	宗教建筑	0.1443	0.04802
		文化艺术	0.3199	0.10646
		民族民俗	0.3914	0.12693
		文物古迹	0.1443	0.04802

根据上述计算，表 4-2-11 ～表 4-2-17 的所有判断矩阵均具有一致性，表格最右列的特征向量 W 即为每个指标在单独子系统或指标群中的权重。采用递推法可以求出整个生态敏感区指标体系的整体权重，以一级权重和二级权重分别表示，见表 4-2-17。由表 4-2-17 可以看出，在黔东南苗族侗族自治州内，大气、水、土地、资源生境、地质地貌和人文环境六个子系统中人文环

境占总体的权重最大，为0.3328，其次是地质地貌，为0.1850，其他四个子系统的权重分别为0.1793、0.1762、0.0729和0.0538。在人文环境子系统中，民族民俗的权重为最大，为0.3914；其次是文化艺术，为0.3199，而宗教建筑和文物古迹的权重相等，均为0.1443。为了对黔东南苗族侗族自治州的生态敏感性有一个总体的了解，需结合地区的特点，进行生态敏感性计算，对结果进行评价。具体的计算为将二级指标得分转化为（0.1～0.9），即以0.1、0.3、0.5、0.7和0.9为分界点，分别代表不敏感、轻度敏感、中度敏感、高度敏感和极敏感，中间数值采用插值方法计入。将敏感性分数乘以二级、一级指标权重求和得出一个分数介于0～1之间的数值，同样以0.1、0.3、0.5、0.7和0.9为分界点确定整个地区的生态敏感性。

4.2.3.3 黔东南苗族侗族自治州生态敏感性分析

由于黔东南苗族侗族自治州境内各敏感因子形式多样，因此在对黔东南苗族侗族自治州总体生态敏感性的综合评价中，本书仍采用专家咨询与相关文献相结合的形式，采用百分比率的构成确定各级敏感因子的敏感度，并以此为基础进行分值的确定。在此计算的基础上，最终得出黔东南苗族侗族自治州的生态敏感性得分，见表4—2—18。

黔东南苗族侗族自治州生态敏感性得分　　表4—2—18

一级指标	大气环境	水环境	土地环境	地质地貌环境	生境	人文
得分	0.8	0.7	0.6	0.7	0.6	0.8

根据生态敏感性得分及其分级标准，在黔东南苗族侗族自治州，其大气环境和人文环境的敏感性得分均为0.8，对应为极敏感；而水环境和地质地貌环境的敏感性得分则均为0.7，对应为高度敏感；而土地环境与生境的敏感性得分则均为0.6，其分值对应的敏感度级别为高度敏感与中度敏感之间。但土地环境，由于其二级指标较多，有导致其得分较高的可能。

将一级指标的得分乘以各指标的权重并进行加和，最终得到黔东南苗族侗族自治州的生态敏感性得分，为0.71。由此可知，黔东南苗族侗族自治州地区总体为生态高度敏感区，人类的影响和干扰将对该地区的生态环境带来不可恢复的影响。

结合二级指标与权重的计算结果，在黔东南苗族侗族自治州其大气环境和人文环境的敏感性级别很高，这与地区的整体特点相吻合：黔东南苗族侗族自治州是一个多民族的聚居区，有其特有的民族文化，如侗族大歌，它完全是靠侗族的乐师代代相传，没有文字的记载；岜沙苗族，有其特有的树葬习俗和生活习俗。而这些特有的民族文化极具敏感性，如果不加以保护，在外来文化的影响和冲击下，面临着被改变和不能传承的危险。而黔东南苗族侗族自治州地处山区，受经济条件的限制，该地区的能源结构目前仍以煤炭型能源为主，地区大气污染的主要类型为煤烟型大气污染，造成地区酸雨频度仍很高。

因此，在该州未来的经济、社会发展中，应重点考虑对大气环境的治理，

通过调整能源结构，减少煤烟型大气污染物的排放，以维持区域生态稳定、保障区域生态安全。而对人文环境要实行严格保护，通过积极申报世界级非物质文化遗产，实现对该地区特有的民族文化的保护。对于敏感性级别相对较低的水环境、土地环境、生境和地质地貌环境，可以考虑在生态环境的保护下进行适当的开发，其开发的程度可结合地区生态承载力的分析进行，以实现地区的合理发展、资源的可持续利用。

4.3 生态适宜性评价方法

4.3.1 概念及内涵

4.3.1.1 土地生态适宜性

生态适应性是生物随着环境生态因子变化而改变自身形态、结构和生理生化特性，以便与环境相适应的过程。生态适宜性是在长期自然选择过程中形成的。不同种类的生物长期生活在相同环境条件下时，会形成相同生活类型，它们的外形特征和生理特性具有相似性，这种适应性变化称为趋同适应。

土地生态适宜性的概念最早是由美国景观建筑师 McHarg 提出的，本书引用其在 1969 年出版的《设计遵从自然》一书中提出的定义，即土地生态适宜性指由土地内在自然属性所决定的对特定用途的适宜或限制程度。土地生态适宜性概念一经提出就被广泛应用到诸如农业、林业、牧业、土地规划、自然保护区划、公共基础设施选址、城市规划、环境影响评价、景观规划等领域中。由于研究的土地面积以及土地利用方式有大有小，使得土地生态适宜性评价研究存在从微观到宏观的尺度差异。

4.3.1.2 土地生态适宜性评价

土地生态适宜性评价，又称为土地生态适宜性分析或土地适宜性评价，最早由美国宾夕法尼亚大学麦克哈格（I.L.McHarg）教授提出，将其定义为：由土地具有的水文、地理、地形、地质、生物、人文等特征所决定的，对特定、持续性用途的固有适宜性程度。联合国粮农组织（Food and Agriculture Organization of the United Nations）在 1977 年给出的定义是某一特定地块的土地对于某一特定使用方式的适宜程度。另一种适宜性分析的定义是美国林业局提出的：由经济和环境价值的分析所决定的、针对特定区域土地的资源管理利用实践。

随着研究的进展，不同学者对土地生态适宜性评价的理解有所不同，基于不同的研究尺度，定义也有所区别。从广义上讲，土地生态适宜性评价就是根据某种利用方式的特定要求，确定最适合的土地利用方式。在大尺度上，土地利用表示土地资源的利用；而小尺度上（如某个城市），土地利用意味着为不同的土地利用方式寻找最合适的潜在位置。土地生态适宜性评价被广泛地应用到城市、农业用地评价和生态区划中。

城市土地生态适宜性评价是土地生态适宜性评价的分支，它属于宏观尺度的研究领域，主要应用于城市规划、景观规划和环境影响评价，其目的在于协调城市发展和环境保护之间的关系。从宏观尺度上讲，城市土地的用途分为两类：一是用作城市开发用地，二是用作生态用地。因此，城市土地的生态适宜

性评价就是指为最大限度地减少城市发展对生态环境造成的影响，指出在城市区域内适宜于城市开发用地的面积和范围以及适宜于生态用地的面积和范围，并针对适宜程度的大小进行等级的划分。

4.3.2 工业用地、居住用地生态适宜性评价方法

城市用地性质不同，其生态适宜性评价指标与评价方法有所不同。这里分别介绍工业用地、居住用地生态适宜性分析方法。

4.3.2.1 评价指标体系

(1) 评价指标选择的原则

1) 科学性原则。科学性原则要求权重系数的确定以及数据的选取、计算与合成等要以公认的科学理论为依托，同时又要避免指标间的重叠和简单罗列。

2) 可操作性原则。要求所选择的评价因子的信息能够获得或者容易获得。

3) 代表性原则。要求所选择的评价因子能够代表某一方面或者某一类，避免重复性。

4) 针对性原则。对于不同的人类活动评价，要选择不同的评价因子，即选择的因子要具有针对性。

5) 系统性原则。城市生态系统是一个自然、经济、社会复合的生态系统，城市用地由诸多要素组成，进行城市用地生态适宜性评价应综合考虑自然因子、经济因子和社会因子。

6) 主导因素原则。选取因子不宜过多，应是最能直接影响城市各用地类型的因子，突出主导因素对土地生态环境异化的影响。

7) 因地制宜原则。由于城市土地生态环境具有地域差异性，选取因子应充分考虑城市的实际情况和城市土地利用政策，做到因地制宜。

(2) 评价指标体系

1) 工业用地生态适宜性评价指标与因子分级。评价指标可分为三类，包括生态环境指标、生态限制指标和自然特征指标，每一类指标又由不同的评价因子组成。这些评价因子既包括定性因子，也包括定量因子。工业用地生态适宜性可分为三级，即适宜、基本适宜和不适宜。这里仅针对可定量但未在分级表中定量的五个评价因子进行详细分析。

①大气环境影响度：表示某环境单元大气污染对周围环境单元的影响程度(郑爱榕，2000)，主要用于工业用地适宜性评价。大气环境影响度评价因子分级指标，见表 4—3—1，大气环境影响度分值越大，越适宜用作工业用地。

大气环境影响度评价因子分级指标 **表 4—3—1**

描述	权重 /%	不适宜	基本适宜	适宜
评分值	—	1	2	3
建设密度	25	大	较小	小
污染系数	50	下方位	中间	上方位
地形高度	25	高	较高	低

Ⅰ. 建设密度。就城市自身而言，下垫面多由水泥地面、柏油马路等反射较大的物质组成，因而大气湍流特征主要取决于下垫面性质，建设密度（道路密度、建筑密度）越大，下垫面越容易形成“反气旋”，造成热岛效应，容易导致大气污染物的光化学反应，因此越不宜作工业区。由于城市的发展速度空间分布不均匀，各行政单元的社会经济实力不同，基础设施状况也不同，因此采用生态城市中各行政单位的建筑密度和道路密度与全区平均建筑密度的比值作为分段判断标准。

Ⅱ. 污染系数。气象条件对大气污染的输送扩散有很大的影响。以往在考虑气象条件对于工业布局的影响时，只简单地用城市主导方向的原则，即污染型工业布置在主导风向的下风向，这种布局对于区域全年只有单一风向的情况是适宜的；但对于全年有两个盛行风且方向相反的情况，工业布局应该遵循最小风频原则（陈文颖等 1908；李水红，2000），即污染型工业位于城市最小风频的上风向。某个方向风频和风速对下风地区污染影响的程度一般用污染系数来表示，污染系数越大，其下风方位的污染越严重，越不适宜布置工业区。

$$污染系数=\frac{风频}{平均风速} \tag{4-7}$$

Ⅲ. 地形高度。地形和地势的不同会影响风速，从而导致污染物输送能力的差异。可采用各环境单元地形高度与全区平均地形高度之比作为分级判断的标准。在 GIS 支持下，采用网格叠加空间分析法，综合单指标数值，得出大气环境影响度评价结果。网格叠加分析法采用的公式（指数和法）为：

$$P=a_1x_1+a_2x_2+\cdots+a_nx_n \tag{4-8}$$

式中：P 为指数和；a_1，a_2，…，a_n 分别为各评价指标权重；x_1，x_2，…，x_n 为各评价指标分值。

②废水等标污染负荷强度：指某环境单元单位面积上的废水等标污染负荷。它既能反映环境单元内废水污染物的排放总量，又能反映环境单元内各种主要污染物的超标倍数以及废水对环境的总体影响或潜在威胁程度。废水等标污染负荷计算公式为：

$$W=\sum_{i=1}^{n} w_i \tag{4-9}$$

式中：W 为某环境单元总的废水等标污染负荷；w_i 为某环境单元第 i 类污染物等标污染负荷；n 为废水污染种类数。

废水等标污染负荷强度计算公式为：

$$D=\frac{W}{S} \tag{4-10}$$

式中：D 为某环境单元的废水等标污染负荷强度；W 为某环境单元的废水等标污染负荷；S 为某环境单元的面积。

③废气等标污染负荷强度：指某环境单元单位面积上的废气等标污染负荷。它既能反映环境单元废气污染物的排放总量，又能反映环境单元内各种主

要污染物的超标倍数以及废气对环境的总体影响或潜在威胁程度。计算公式与废水等标污染负荷强度的计算公式一致。

④地基承载力：指地基负荷后弹性区限制在一定范围内，保证不产生剪切破坏而丧失稳定且地基变形不超过容许值时的承载力。

⑤土质：城市发展要占用相当数量的耕地，在进行城市建设时，应先占用质量较差的耕地，因此必须进行农用地的土地质量分级。按照农用地的土地利用要求，选择影响作物生产力的六项土地性状（有机质、土壤类型、地貌、全氮、速效磷、速效钾）作为评价指标（聂庆华等，2000；冷疏影等，1909），农用地质量评价指标的权重，见表4–3–2。

农用地质量评价指标的权重　　表4–3–2

评价指标	土壤类型	有机质	全氮	速效磷	速效钾	地貌
权重/%	20	30	10	10	10	20

在ArcView的ModelBuilder模块下，采用权重叠加（Weight Coverage）模型，根据有机质、土壤类型、地貌、全氮、速效磷、速效钾等级栅格图层所赋予的权重值，可得出生态城市土地质量等级图。等级越小，农用地的土地质量越高。在GIS下，通过网格叠加空间分析法，将以上单因子进行综合，可获得工业用地的生态适宜性分析结果。

2）居住用地生态适宜性评价指标与因子分级。居住用地要求"安静、舒适、健康、优美"，除了包括部分工业用地生态适宜性评价因子外，还增加了居住生态位因子。评价因子分析：

①大气环境敏感度：指描述非工业用地（特别是居住用地及混合区等用地）对大气污染敏感程度的生态环境因子，此值越大，表示越敏感，越不适于用作居住用地。主要因子分级指标，见表4–3–3。

生态城市大气环境敏感度评价因子分级指标　　表4–3–3

描述	权重/%	不适宜	基本适宜	适宜
评分值	—	1	2	3
建设密度	20	大	较小	小
污染系数	40	下方位	中间	下方位
地形高度	20	低	较高	高
绿化覆盖率	20	大	较大	较小

建筑密度、污染系数、地形高度等因子评价方法在工业用地适宜性分析中已经做了介绍，这里只介绍绿化覆盖率评价标准，见表4–3–4。

绿化覆盖率评价标准　　表4–3–4

绿化覆盖率	>50%	40% ~ 50%	<40%
分值	1	2	3

综合以上单因子数值表征在 GIS 下采用网格叠加空间分析法，可得出城市大气环境敏感度评价结果。

②居住生态位：指影响居住条件的一切因素的总和。影响居住条件的因素很多，根据具体情况，可选择人口密度、噪声扰民度、居住生态环境协调性等指标，见表 4–3–5。

生态城市居住生态位评价因子分级指标　　　　**表 4–3–5**

描述	权重 /%	适宜	基本适宜	不适宜
评分值	—	1	2	3
人口密度	40	>860 人 /km^2	300 ~ 860 人 /km^2	<300 人 /km^2
噪声扰民度	30	小	较大	大
居住生态环境协调性	30	好	较好	较差

Ⅰ. 人口密度。是一个城市发展水平的标志，人口密度越大的地方，土地利用程度也越高。

Ⅱ. 噪声扰民度。表示居住用地受噪声干扰的程度，其值由某单元的噪声值确定；分值越小，噪声扰民度越小，越适合用作居住用地。

Ⅲ. 居住生态环境协调性。该因子主要表征居住环境和生活条件（如交通、商场、学校、医院、水电等城镇配套设施）的方便程度以及与周边环境功能的协调性。

在 GIS 下，通过网格叠加空间分析，将以上单因子进行综合，可得出居住用地的生态适宜性分析结果。

4.3.2.2　评价模型

（1）叠加分析法

叠加分析方法就是将不同的评价因子图层进行叠加分析，综合形成一个总的评价图，操作中用得最多的是布尔运算和加权综合法。叠加分析法分为直接叠加法、因子加权评分法和生态因子组合法三种。

1）直接叠加法。可分为地图叠加法和因子等权求和法两种形式。地图叠加法可追溯到 20 世纪初，但直到在麦克哈格等人的努力下，才使这一方法成功地用于土地生态适宜性分析，使得规划能够有效地综合考虑社会和环境因素。这种方法的基本步骤为：

第一，确定规划目标及规划中涉及的因子；

第二，调查每个因子在区域中的状况及分布（即建立生态目标），并对其目标（即某种特定的用地）的适宜性进行分级，然后用不同的深浅颜色将各个因子的适宜性分级分别绘在不同的单要素地图上；

第三，将两张及两张以上的单要素地图进行叠加得到复合地图；

最后，分析复合地图，并由此制定土地利用的规划方案。

地图叠加法是一种形象直观地将社会、自然环境等不同量纲的因素进行综合的土地利用适宜性分析方法。但这种地图叠加实质是一种等权相加方法，而实际上各个因素的作用是不相同的，而且同一因素可能被重复考虑。地图叠加法在土地利用的生态适宜性分析中具有重要的意义，在此后发展的新方法中，许多是以此方法为基本蓝图的。

因子等权求和法实质上是把地图叠加法中的因子分级定量化后，直接相加求和而得到综合评价值的方法，以数量的大小来表示适宜度。这种直接叠加法应用的条件是各生态因子对土地的特定利用方式的影响程度基本相近且彼此独立。计算公式如下：

$$V_{ij}=\sum_{k=1}^{n}B_{kij} \tag{4-11}$$

式中：i 为地块编号（或网格编号）；j 为土地利用方式编号；k 为影响 j 种土地利用方式的生态因子编号；n 为影响 j 种土地利用方式的生态因子总数；B_{kij} 为土地利用方式为 j 的第 i 个地块的第 k 个生态因子适宜性评价值（单因子评价值）；V_{ij} 为土地利用方式为 j 的第 i 个地块的综合评价值（j 种利用方式的生态适宜性）。

2）因子加权评分法。当各种生态因子对土地的特定利用方式的影响程度相差很明显时，用直接叠加法求综合适宜性就不适合，因此引入加权评分法，对影响特定的土地利用方式大的因子赋予较大的权值。然后在各单因子分级评分的基础上，对各个单因子的评价结果进行加权求和，得到相应地块或网格对特定土地利用方式的总评分，一般分数越高表示越适宜。其计算公式为：

$$V_{ij}=\frac{\sum_{k=1}^{n}B_{kij}W_k}{\sum_{k=1}^{n}W_k} \tag{4-12}$$

式中：W_k 是第 k 个因子的权重值，其他符号的含义与公式（4–10）相同。对得到的所有得分进行排序，相应的 V_{ij} 值大小直接反映了评价结果。

对于权重取定的方法主要有主观经验法、秩和比法、回归分析法、相关系数法、专家排序法、德尔菲法、层次分析法（AHP）等，其中较为常用的是德尔菲法和层次分析法。

加权评分法克服了直接叠加法中等权相加的缺点，将图形格网化、等级化、数量化，适宜计算机应用。但是，在进行加权综合分析操作的过程中，很多时候操作者并没有很好地理解那些评价因子以及赋予它们相应权重的意义。而且，各评价因子标准化和归一化的方法在很多情况下并不恰当，同时该方法假定各个评价因子之间没有相关性。而评价工作者并不了解或忽略了这些假设，由此导致了一些不正确的结论。

3）生态因子组合法。地图叠加法和加权评价法都要求各个因子是相互独立的，而事实上许多因子的作用是相互依赖的。因子组合法认为：对于特定的土地利用来说，相互联系的各个因子的不同组合决定了对这种特定土地利用的适宜性。生态因子组合法可分为层次组合法和非层次组合法，层次组合法首先用一组组合因子去判断土地的适宜度等级，然后将这组因子看作一个单独的新因子与其他因子进行组合，是一种按一定层次组合的方法。非层次组合法是将所有的因子一起组合去判断土地的适宜度等级。非层次组合法适用

于判断因子较少的情况，而当因子过多时，采用层次组合法要方便得多。但不管层次组合法还是非层次组合法，首先需要专家建立一套复杂而较完整的组合因子和判断准则，这是运用生态因子组合法关键的一步，也是极为困难的一步。

（2）多指标决策模型法

多指标决策模型法克服了传统的叠加分析方法的不足，GIS 支持下的多指标决策模型可以看作是将空间与非空间数据综合为决策性结论的过程，多指标决策模型定义了输入与输出图层之间的关系，包括地理数据的处理、决策者的喜好以及根据某种决策规则进行的选择等，它将地理数据与决策者的喜好综合为一个一维的对应于多种选择方案的数值。按照决策规则不同，又可分为多目标决策模型和多属性决策模型。

1）多目标决策模型：通过定义多个决策目标的功能变量以及对这些变量施加限制条件的决策模型来确定可选方案，通过一系列的决策变量对决策方案进行详细的定义。它往往采取将这些变量转化为单目标问题，并且运用线性运算的方法予以解决。这种线性运算的方法可以用来优化土地利用，产生不同的规划方案，同时分析决策变量和限制因子的关系。多目标决策模型的优点是它将地租和机遇成本等要素纳入考虑范畴，但是随着问题复杂性的增大，特别是适宜位置选取问题被定义为线性变量，限制了该方法的深入应用。启发式算法一定程度上可以解决这一问题，但并不保证能有一个最优解，很多时候只是近最优解。多目标决策模型面临的根本问题是，它无法将不同土地利用方式的选择看作是一种包含邻接性和整体性的空间模式，并且优化算法软件包与 GIS 软件集成困难，它复杂的数学运算较难在 GIS 环境中实现，由此引入了更容易在 GIS 环境中实现的多属决策性模型。

2）多属性决策模型：20 世纪 90 年代以来，一系列多属性决策模型评价方法在 GIS 环境中得以实现，相对权重值法和布尔逻辑运算是其中最简单和最直接的方法。决策者首先确定每个属性（评价因子）的相对权重，将每种属性的权重值乘以该属性的所得分值，然后相加得到总分值，选择总分值最大的方案。这种方法简单易行，一般的 GIS 都能实现，但也存在一些缺陷。层次分析法（AHP）是应用较多的方法之一，它是将问题元素分解成目标、准则、方案等层次，在此基础上进行定性和定量分析的决策方法。这种方法是在对复杂决策问题的本质、影响因素及其内在关系等进行深入分析的基础上利用较少的定量信息使决策的思维过程数字化，从而为多目标、多准则或无结构特性的复杂决策问题提供简便的决策方法。基于这些优点，层次分析法在土地利用规划协同决策方面得到很好的应用，决策模型部分解决了叠加分析法中权重确定的问题，但也有其自身的局限性。首先，输入 GIS 系统的数据具有不确定性、不精确性和模糊性；其次，它必须将不同量纲的指标进行标准化处理，不同的标准化处理方法可能导致不同的结果。

（3）人工智能法

空间信息技术的发展表明人工智能为土地生态适宜性分析与规划问题的研究提供了新的机遇。从广义上讲，人工智能包括所有能够辅助人们在模拟决策中的计算技术。与其他方法所不同的是，它能较好地容忍不确定性、模糊性以及不准确性等。人工智能方法包括模糊数学法、人工神经网络法、遗传算法、元胞自动机等。

1）模糊数学法：在一个复杂的土地利用适宜性评价系统中，有时很难给出常规评价方法所需的准确数值，在某些时候适宜与不适宜的边界并不太明显，在确定边界时有很大的不确定性，因此引入模糊数学的方法。模糊数学方法面临的最大难题是隶属函数的确定问题。

2）人工神经网络法：人工神经网络模型模拟人脑的功能，具有自组织、自适应的能力。误差反向传播人工神经网络（BP 网络）是应用最广泛的人工神经网络之一。BP 网络方法包括训练学习和应用两个过程。训练学习就是根据输入输出不断调整网络节点值的过程。人工神经网络模型用于土地适宜性评价就如一个自适应的、不断调整的系统，用户可以将更多的精力关注问题本身而不是具体的技术细节，因此被不少研究者所采纳。其缺点是对训练数据的依赖性大，用户并不清楚如何优化网络结构。

3）遗传算法：一种借鉴生物界自然选择和进化机制发展起来的高度并行、随机、自适应搜索的算法。适合于处理传统搜索算法解决不好的、复杂的和非线性的问题，在土地适宜性评价中得到较好的应用。但遗传算法只是一种找到近最优解的方法，并不能保证找到最优解。

4）元胞自动机（Cullular Automata）：把一个长方形平面分成若干个网格，每一个格点表示一个细胞或系统的基元，把它们的状态赋值为 0 或 1，在网格中用空格或实格表示，在事先设定的规则下，细胞或基元的演化就用网格中的空格与实格的变动来描述，该模型就是元胞自动机。元胞自动机可以很好地模拟系统从最初的简单状态通过动态的交互过程演化为一个复杂系统的过程。元胞自动机模型可以与多指标模型等方法结合，在 GIS 系统中实现多种方法的集成。元胞自动机模型与代理技术结合，基于 GIS 的代理模型将为土地适宜性评价提供强有力的工具。

总的来说，以下情况适合采用人工智能方法：①存在大量的不可预料的非线性数据；②隐含着对于解决问题重要的解决模式；③决策情况和人们的意见不能很好地定义。

（4）生态位适宜度评价法

城市发展对资源的要求构成需求生态位，而城市现状资源也可以构成对应的资源空间，两者之间的匹配关系，反映了城市现状资源条件对发展的适宜性程度，其度量可以用生态位适宜度（Niehe Suitability Degree）来估计。生态位适宜度指数的大小反映了城市现状资源条件对发展需求的适宜性程度。在城市土地利用配置或布局过程中，就可以依据生态位适宜值的大小配置不同用途的土地利用类型，实现土地优化配置的目标。

通过生态位适宜度评价模型，可以模拟区域发展对土地、自然环境条件和与土地利用现状的匹配关系，为土地优化配置的定量分析提供基础。与 GIS 技术结合，可以实现运用生态适宜度模型的评价功能。建立统一的量化方法、初步构建生态系统数学模型具有重要意义。Hutchinson 提出生态位的多维超体积

模型，Edward 将模糊理论引入生态系统，研究特种间的竞争，Salski 建立了基于模糊集合的生态位数学模型。这些学者的研究，使生态系统的量化问题研究向前迈进了一步。然而，采用何种模型能全面体现土地利用的适宜程度，目前仍存在争议。

综上所述，基于 GIS 的土地适宜性评价方法从最简单的叠加分析发展到多指标分析、人工智能方法以及多种方法的综合。目前，经典的叠加分析方法仍是运用最广泛的。叠加分析方法的不足在于它没有很好地将 GIS 和决策过程结合起来；多指标决策模型在一定程度上解决了这些问题，但未能很好地解决指标的标准化问题以及评价标准的分级等；这些问题在人工智能方法中部分得到解决。而生态位适宜度评价法是基于生态观点的研究的新领域，正处于探索阶段。

4.3.3　安吉县城市土地生态适宜度评价

以安吉县城市总体规划的城市布局、社会经济发展规划和自然地理条件为依据，同时考虑其现有社会功能、行政区划、城市总体规划目标、土地利用现状及水系的流向、流域，将评价区域分为大小不一、形状各异的 10 个评价单元，如图 4–3–1 所示。

在进行生态适宜度评价时，评价因子的选择比较混乱，经常会和生态敏感性分析的生态因子重复，这样既增加了评价的工作量又影响了评价的科学性。所以在进行生态适宜度评价时，宜采用单功能多因子评价法。

根据安吉城市总体规划，工业、商业、居住是城市主要的用地方式，因此分别对这三类不同用地进行生态适宜度分析，并据此提出合理的用地方案。

4.3.3.1　工业用地生态适宜度评价

影响工业用地的因素很多，根据安吉的具体情况，参考国内有关资料，选择主导风向因子、水源因子、交通要道因子。工业用地生态适宜度评价因子分级标准及权重，见表 4–3–6。各单元对工业用途的生态适宜度评分，见表 4–3–7。工业用地的生态适宜度评价结果，见表 4–3–8。工业用地的生态适宜度评价结果，如图 4–3–2 所示。

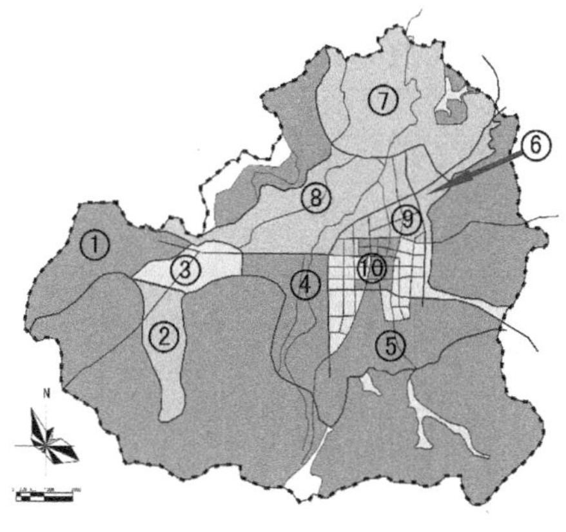

图 4–3–1　生态适宜度评价的单元划分

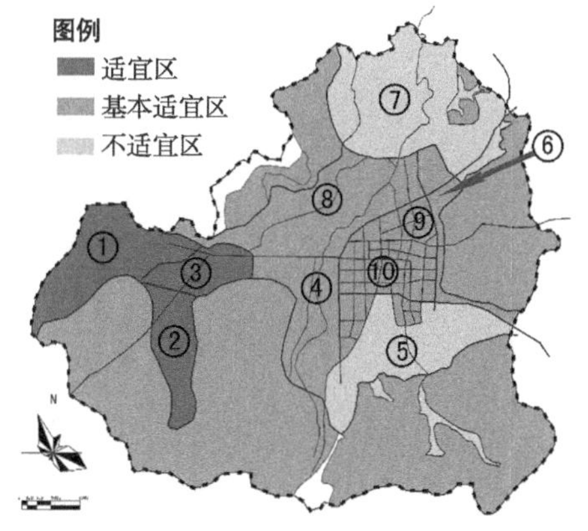

图 4–3–2　工业用地的生态适宜度评价

工业用地生态适宜度评价因子分级标准及权重　　表 4–3–6

生态因子	评价标准	分级	适宜度评价值	权重
主导风向	确保工业用地的风向位于下风向或者在垂直风向上	上风向	1	0.5
		垂直风向	2	
		下风向	3	
水源	使工业用水便利且要位于水流的下方，保证农业灌溉的方便	水源上游	1	0.2
		水源中游	2	
		水源下游	3	
交通要道	要使工业和商业所在地处于交通发达之处	远离交通要道	1	0.3
		交通要道边	2	
		交通结点	3	

各单元对工业用途的生态适宜度评分　　表 4–3–7

单元编号	①	②	③	④	⑤	⑥	⑦	⑧	⑨	⑩
主导风向	3	3	3	2	1	1	—	1	1	1
水源	1	1	1	1	1	1	—	2	2	2
交通要道	3	3	3	3	1	3	—	2	3	3
综合评价 S	2.6	2.6	2.6	2.1	1	1.6	1	1.5	1.8	1.8

工业用地的生态适宜度评价结果　　表 4–3–8

综合评分	单元	适宜等级	备注
$2.5<S$	①②③	适宜区	由于⑦区域地势低洼、易发生洪涝灾害故属于不适宜区
$1.5 \leqslant S \leqslant 2.5$	④⑥⑧⑨⑩	基本适宜区	
$S<15$	⑤⑦	不适宜区	

4.3.3.2　商业用地生态适宜度评价

作为商业用地，除应有足够的空间外，还需要布置在交通便利、人口密度大且污染较少的区域。因此选择道路作用因子、人口作用因子、用地因子。商业用地生态适宜度评价因子分级标准及权重，见表 4–3–9。各单元对商业用途的生态适宜度评分见表 4–3–10。商业用地的生态适宜度评价结果见表 4–3–11。商业用地的生态适宜度评价结果，如图 4–3–3 所示。

商业用地生态适宜度评价因子分级标准及权重　　表 4–3–9

生态因子	评价标准	分级	适宜度评价值	权重
道路作用	路网密度	密	3	0.3
		较密	2	
		稀疏	1	
人口作用	人口密度	高	3	0.4
		一般	2	
		低	1	
用地	土地利用强度	强	3	0.3
		较强	2	
		不强	1	

各单元对商业用途的生态适宜度评分　　　　表 4-3-10

单元编号	①	②	③	④	⑤	⑥	⑦	⑧	⑨	⑩
道路作用	1	1	1	1	1	1	1	1	2	3
人口作用	1	1	1	1	1	1	1	1	2	3
用地	1	1	1	1	1	1	1	1	2	3
综合评价 S	1	1	1	1	1	1	1	1	2	3

商业用地的生态适宜度评价结果　　　　表 4-3-11

综合评分	单元	适宜等级	备注
S=3	⑩	适宜区	—
S=2	⑨	基本适宜区	
S=1	①②③④⑤⑥⑦⑧	不适宜区	

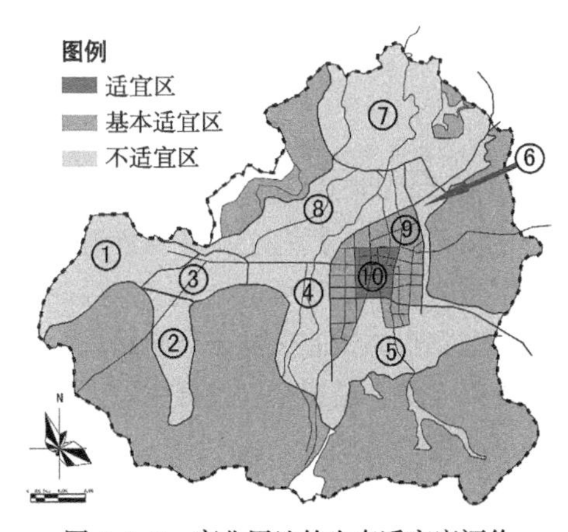

图 4-3-3　商业用地的生态适宜度评价

图 4-3-4　居住用地的生态适宜度评价

4.3.3.3　居住用地生态适宜度评价

随着人们生活水平的提高，人们对住区的要求越来越生态化，对居住用地环境的要求越来越高，往往要求安静、舒适、健康、优美，故选择废气污染密度因子、道路作用因子、噪声扰民程度因子作为评价因子。居住用地生态适宜度评价因子分级标准及权重，见表 4-3-12。各单元对居住用途的生态适宜度评分，见表 4-3-13。居住用地的生态适宜度评价结果，见表 4-3-14。居住用地的生态适宜度评价结果，如图 4-3-4 所示。

居住用地生态适宜度评价因子分级标准及权重　　　　表 4-3-12

生态因子	评价标准	分级	适宜度评价值	权重
废气污染密度	废气排放量和排放源	密	1	0.25
		较密	2	
		稀疏	3	
道路作用	道路方便程度	不方便	1	0.5
		一般	2	
		方便	3	
噪声扰民程度	单元噪声	强	1	0.25
		较强	2	
		不强	3	

各单元对居业用途的生态适宜度评分　　表 4–3–13

单元编号	①	②	③	④	⑤	⑥	⑦	⑧	⑨	⑩
废气污染密度	3	3	3	2	2	2		2	1	1
道路作用	1	1	1	2	2	2		2	3	3
噪声扰民程度	3	3	3	3	3	3		3	1	1
综合评价 S	2	2	2	2.25	2.25	2.25		2.25	2	2

居住用地的生态适宜度评价结果　　表 4–3–14

综合评分	单元	适宜等级	备注
S=2.25	④⑤⑥⑧	适宜区	由于⑦区域地势低洼、易发生洪涝灾害故属于不适宜区
S=2.25	①②③⑨⑩	基本适宜区	
—	—	不适宜区	

4.3.3.4　结论

⑦号单元由于地势比较低洼，地形地貌特殊，地处几条河流的交汇处，容易发生洪涝灾害，不适合于城市商业、居住、工业、旅游用地，可适时地发展都市农业等产业。通过对区域各单元的工业、商业、居住三种不同土地利用方式的生态适宜度进行评价，获得生态适宜度综合评价结果：①②③三个单元最适合于发展工业，④⑤⑥⑧四个单元最适合于发展生态人居，⑨⑩单元是发展商业的首选单元，单元⑦属于特殊区块。

4.4　生态风险评估方法

4.4.1　概念及内涵

4.4.1.1　生态风险

风险是指不幸事件发生的可能性及其发生后造成的损害。生态风险（Ecological Risk，简称 ER），是由环境的自然变化或人类活动引起的生态系统组成、结构的改变而导致系统功能损失的可能性；是指一个种群、生态系统或整个景观的正常功能受到外界胁迫，从而在目前和未来减小该系统健康、生产力、遗传结构、经济价值和美学价值的一种状况。

生态风险具有不确定性、危害性、客观性、内在价值性等特点。

（1）不确定性

生态系统具有哪种风险和造成这种风险的灾害（即风险源）是不确定的。人们事先难以准确预料危害性事件是否会发生以及发生的时间、地点、强度和范围，最多具有这些事件先前发生的概率信息，从而根据这些信息去推断和预测生态系统所具有的风险类型和大小。

（2）危害性

生态风险评价所关注的事件是灾害性事件，危害性是指这些事件发生后的作用效果对风险承受者（即受体，这里指生态系统及其组分）具有的负面影响。虽然某些事件发生以后对生态系统或其组分可能是有利的，如台风带来降水缓

解旱情等，但进行生态风险评价时将不考虑这些正面的影响。

（3）客观性

生态风险存在的客观必然性来源于任何生态系统都是处于开放和不断运动发展的过程中的，它必然会受诸多具有不确定性和危害性因素的影响，也就必然存在风险。在进行生态风险评价时要有科学严谨的态度。

（4）内在价值性

生态风险评价的目的是评价具有危害和不确定性事件对生态系统及其组分可能造成的影响，在分析和表征生态风险时应体现生态系统自身的价值和功能。这一点与通常经济学上的风险评价及自然灾害风险评价不同，针对生态系统所作的生态风险评价是不可以将风险值用简单的物质或经济损失来表示的。生态系统中物质的流失或物种的灭绝固然会给人们造成经济损失，但生态系统更重要的价值在于其本身的健康、安全和完整。

4.4.1.2 城市生态风险

城市生态风险可以认为是城市发展与城市建设导致城市生态环境要素、生态过程、生态格局和系统生态服务发生的可能不利变化，以及对人居环境产生的可能不良影响。

城市生态风险评估具有多风险源、多风险受体、复杂暴露途径等特点，目的是为了明确城市生态风险评估的对象、范围和技术方法，揭示城市生态风险产生的机理与过程，为城市生态学发展提供理论基础。

4.4.1.3 生态风险评估

生态风险评估（Ecological Risk Assessment，简称ERA）是近十几年逐渐兴起并得到发展的一个研究领域。它以化学、生态学、毒理学为理论基础，应用物理学、数学和计算机等科学技术，预测污染物对生态系统的有害影响，评价风险受体在一个或多个胁迫因素影响后，不利的生态后果出现的可能性。生态风险评估的最终受体不仅仅是人类，还包括生命系统的各个水平，如个体、种群、群落、生态系统乃至区域。

生态风险评估将风险的思想和概念引入生态环境影响评价中，而与一般生态影响评价的重要区别在于强调不确定性因素的作用，在整个分析过程中要求对不确定性因素进行定性和定量化研究，并在评价结果中体现风险程度。

4.4.2 模型模拟法评价生态风险

4.4.2.1 评价指标体系

（1）指标选取的原则

1）客观性原则。指标选取主要是评价者的主观判断，难免受到个人经验和观点的局限，为了保证客观性和科学性，应尽量采取主观判断和客观验证相结合的方式构建指标体系。

2）整体性原则。根据生态系统中整体大于部分之和的原理，生态风险评估不能简单加和，所以在选取评价指标时应在优先考虑各生态系统主导评价指标的前提下，对区域尺度的指标体系进行整体衡量。

3）层次性原则。由于生态风险评估的过程较为复杂，在建立指标体系时应在不同层次的水平上各有侧重，如在第二层次上选用反应生态系统结构和功能的抽象指标，在第三层次上对各抽象指标的具体影响指标进行描述，通过逐级细化完成指标体系的构建。

4）可比性原则。评价尺度是决定评价指标的关键要素，在区域范围或多个区域的更大空间范围内，要实现区域生态风险评估结果的可比性，需在充分考虑各生态系统差异性的前提下构建具有可比性、一致性的必选指标。

（2）指标体系

城市生态环境系统本身是一个极其复杂的巨系统，它是由社会—经济一自然环境三个子系统构成的复合系统，每个子系统发挥各自功能的同时又相互制约、相互补充，共同支撑着城市生态系统的协调和持续运行，如图 4–4–1 所示。

城市生态建设不是追求某一系统的单一绩效，而是追求社会—经济—自然环境复合系统的协调，实现经济发展、社会进步和生态保护的相互协调，以及物质、能量、信息的高效利用，使居民在其中幸福而安全地生活，达到人与自然的和谐与持续发展。从总体上来说，生态城市的创建标准应从社会、经济、自然环境三个方面共同来确定，因此，对城市生态风险的评价应从社会、经济、自然环境三方面共同来展开。

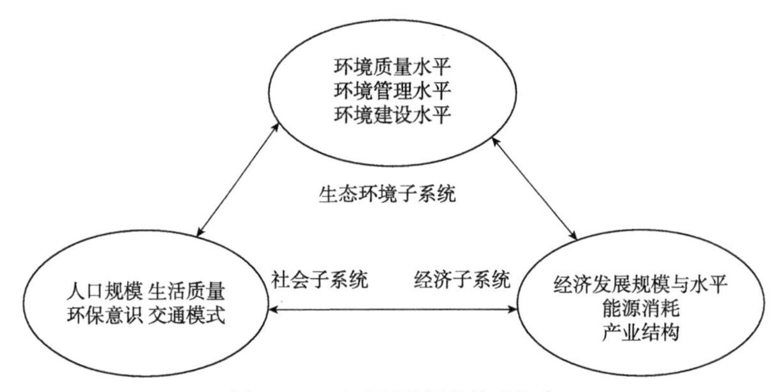

图 4–4–1　生态风险评价体系构建

1）社会生态标准：文明

人口规模（数量）与资源供求之间保持平衡，将人口增长率维持在经济和资源能承受的水平上，即人口再生产控制在当时当地自然资源和环境承载能力允许的范围内，人口密度及其分布合理。人口结构优化，人口素质较高，知识（智力）在整个劳动中的比例越来越大，且占主体。满足人们在物质和精神文化上的各种生理和心理需求，人类自身发展、健康水平与社会进步、经济发展相适应，人性得到充分发展。创建一个保障人人平等、自由、教育、人权和免受暴力的社会环境，人与人及其社会关系和谐发展，形成安全稳定的社会秩序。建立以生态文明为核心的新文化体系，倡导生态价值观、生态道德伦理，生态文明观渗透到政策、制度、生产、生活的一切领域。

2）经济生态标准：高效

经济增长方式由粗放外延型向集约内涵型转变，推广“3R”战略，既 Reduce（减少资源消耗），Reuse（增加资源的重复利用）和 Recycle（资源的循

环再生)，提高效益、节约资源，减少废物，保护和合理利用一切自然资源与能源，从而提高资源的再生和综合利用水平。经济发展不仅重视数量增长，更追求质量的改善，不片面追求经济的指数增长和经济效益，而是强调社会、自然与经济的协调发展，实现社会效益、经济效益和环境效益三者统一的生态经济效益。

3）自然生态标准：和谐

具有良好的区域生态环境，自然山川、郊区林地、农业用地等得到充分保护和合理利用，森林覆盖率高。大气环境、水环境达到清洁标准，噪声得到有效控制，垃圾、废弃物的处理率和回收利用率高，排除任何超标的环境污染，环境卫生、空气新鲜、物理环境良好。合理利用城乡土地，各类用地（聚居建设用地、农业用地、绿化用地、自然保护区等）分布合理，城乡结构、布局形态、功能分区协调，人工环境与自然环境相融合，自然、人文景观各要素间协调，城乡建筑突破传统的经济技术美学观念的局限，更注重社会和生态效果，生态建筑得到广泛应用，建筑机器设施与人、环境协调；不仅要求建筑物舒适美观，而且要求有利于保护环境，实现节能、节地、节材。

按照“环境—经济—社会”概念框架可构建一个由 4 级指标组成的综合的生态风险评价指标体系，该指标体系包括 3 个 1 级指标，7 个 2 级指标，21 个 3 级指标和 62 个 4 级，如图 4—4—2 所示。

4.4.2.2 评价模型

(1) 单生态因子指数计算模型

D_i 为正向质量因子时：

$$Q_i=\begin{cases} 100 \cdots\cdots\cdots\cdots D_i \geqslant E_i \\ \dfrac{D_i}{E_i}\cdot 100 \cdots\cdots\cdots D_i < E_i \end{cases} \tag{4—13}$$

D_i 为反向质量因子时：

$$Q_i=\begin{cases} 100-\dfrac{D_i-E_i}{E_i}\cdot 100 \cdots\cdots\cdots\cdots D_i \geqslant E_i \\ 100 \cdots\cdots\cdots\cdots\cdots\cdots\cdots\cdots\cdots\cdots D_i \leqslant E_i \end{cases} \tag{4—14}$$

式中：Q_i 为第 i 个生态因子的质量／水平指数；D_i 为第 i 个生态因子的实测值；E_i 为第 i 个生态因子的评价标准或目标值。

(2) 复合生态因子指数模型

$$EPQ=\sum_{i=1}^{n} Q_i \times W_i \tag{4—15}$$

式中：EQP 为复合生态因子指数；Q_i 为复合生态因子中的第 i 个生态因子的质量／水平指数；W_i 为复合生态因子中的第 i 个生态因子的权重。

(3) 生态风险值计算模型

城市生态风险值为：

$$E_r=\frac{Y-X}{Y}=\frac{Y-\sum_{1}^{n} x_i \cdot W_i}{Y} \tag{4—16}$$

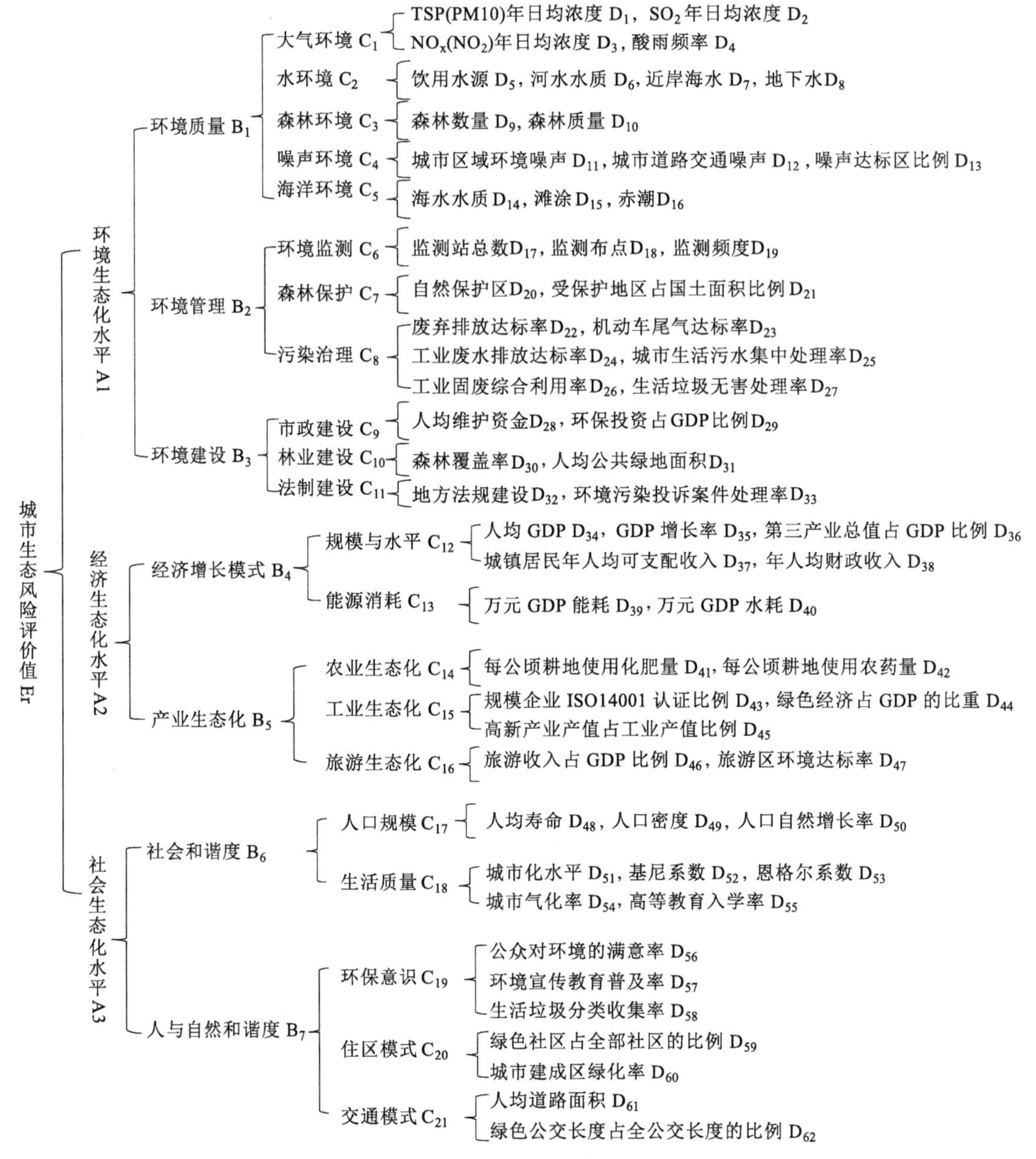

图 4-4-2　城市生态风险评价指标体系

式中：E_r 为生态风险值，取值为 0～1；Y 为生态化水平指标的期望值或理想值，本文 Y 取为 100；X 为生态化水平指标的实际值；X_i 为生态化水平指标的实际评测结果值，i=1，2，3，分别为环境，经济，社会生态化水平；W_i 为生态化水平权重，i=1，2，3，分别为环境，经济，社会生态化水平。

（4）生态风险综合评价模型

设在某风险事件的综合评价中有 n 个样本，x_0（k）为第 k 个样本中的指标变量（标准化值）；x_i（k）为第 k 个样本中第 i 个风险因子的标准化值（k=1，2，…，n；i=1，2，…，m）。若 x_i（k）与 x_0（k）之间呈负相关，即风险变量值的增加引起指标变量减少而产生损失性风险，则有如下评价模型：

$$FR_i=\frac{1}{n-1}\sum_{k=2}^{n}(1-\frac{\$_{\min}+H\$_{\max}}{\$x_{oi}(k)+H\$_{\max}}) \tag{4-17}$$

式中：$\$x_{oi}(k)=\beta x_{oi}(k)-x_i(k)\beta$；$\$_{\min}=\min\min\beta x_o(k)-x_i(k)\beta$；$\$_{\min}=\max\max\beta x_o(k)-x_i(k)\beta$；$H$ 为模型参数（$0\leqslant H\leqslant 1$）。

若 $x_i(k^i)$ 与 $x_i^k(k)$ 之间呈正相关，即风险变量值的增加引起指标变量增加而产生损失性风险，则有如下评价模型：

$$FC_i=\sum_{k=1}^{n}A_k\min\left\{\frac{x_0(k)}{x_i(k)},\frac{x_i(k)}{x_0(k)}\right\} \tag{4-18}$$

式中：A 为权重因子；$\sum_{k=1}^{n}A_k=1$。

4.4.2.3 评价标准

按照上述模型，根据调查和统计资料即可算出各层的评价结果和生态风险值。再进一步对综合指数进行分级，设计 5 级分级标准，即可确定城市生态风险的水平，见表 4–4–1。

生态风险值与风险程度对照 表 4–4–1

生态风险值 E_r	<0.2	[0.2，0.4）	[0.4，0.5）	[0.5，0.7）	>0.7
风险程度	低风险	较低风险	一般风险	风险较高	风险极高

4.4.3 珠海市生态风险评估

珠海市在对经济发展—社会活动—环境保护交互作用的关系深入研究的基础上，运用系统方法，将珠海市作为一个复杂的、动态的人工生态系统进行综合性城市生态研究，充分利用现代遥感技术和计算机技术，对复杂的城市生态系统进行定量的模拟、预测和试验。并结合专家判断方法，采取定性分析与定量分析相结合的方法对各种风险源以及风险事件进行分析，科学地、准确地评价珠海市生态风险，找出制约城市发展的主要环境问题，揭示和评价珠海社会经济系统的结构特征及其在利用区域环境资源方面出现的问题；分析经济社会活动与城市生态环境承载力的关系，寻求调节城市发展与生态环境、区域人口合理规模、经济开发强度及环境效益等关系的途径。从而为保护城市生态系统，改善城市环境质量提出切合客观规律的对策，有效地防止城市恶性膨胀所带来的一系列复杂的城市环境问题，以便从宏观上和根本上预防城市发展可能带来的生态环境问题。对珠海市城市生态系统的评价，为促进珠海市建设的发展，维护城市生态平衡和人口规模以及产业的合理分布等提供决策依据，研究流程如图 4–4–3 所示。

4.4.3.1 珠海市环境生态化水平评估

根据前述对珠海市的环境质量、环境管理和环境建设等方面的评价，对珠海市的生态环境进行了综合评价，见表 4–4–2。在大规模开发建设、经济快速发展、人口不断增加的情况下，珠海市的环境质量仍然保持优良水平，珠海市环境生态化水平指数达 88.27。

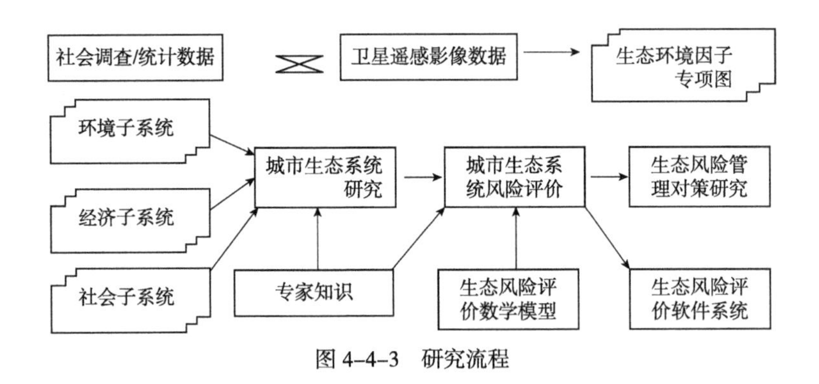

图 4-4-3　研究流程

珠海市环境生态化水平评价　　表 4-4-2

评价指标	评测结果	权重	
环境质量水平指数	88.43	0.43	珠海市环境生态化水平指数为 88.27
环境管理水平指数	89	0.35	
环境建设水平指数	86.92	0.22	

4.4.3.2　珠海市经济生态化水平评估

综合珠海市经济增长规模和水平，能源消耗，农业、工业和旅游业的生态化水平等多方面进行综合评价，得出珠海市经济生态化水平指数为 74.77，见表 4-4-3。可以看出：

1）珠海市的经济发展水平已经进入了工业化后期的水平，2004 年珠海的人均 GDP 达到了 41013 元。大量的人口和资源聚集并作为生产构成要素整合入生产过程，从而产生巨大的经济效益。在产生巨大经济效益的

珠海市经济生态化水平评价　　表 4-4-3

评价指标	现值	评价标准	权重	单项指数	综合指数	权重	综合指数	权重	
人均 GDP（元 / 人）	41.013	≥ 33000	0.26	100	经济规模与水平指数 86.65	0.69	经济增长模式指数 85.33	0.47	珠海市经济生态化水平指数 74.77
GDP 增长率（%）	13.77	≥ 10	0.23	100					
三产占 GDP 比例（%）	39.6	≥ 45	0.21	88					
年人均财政收入（元 / 人）	2.586	≥ 5000	0.15	51.36					
居民年人均可支配收入（元 / 人）	18.347	≥ 24000	0.15	76.45					
万元 GDP 能耗（吨标煤 / 万元）	1.45	≤ 1.2	0.69	79.16	能耗水平指数 85.62	0.31			
万元 GDP 水耗（吨 / 万元）	48.8	≤ 150	0.31	100					
每公顷化肥使用量（kg/hm^2）	237	<250	0.57	100	农业生态化指数 96	0.32	产业生态化指标 70.64	0.53	
每公顷农药使用量（kg/hm^2）	6.1	≤ 6	0.43	98.33					
企业 ISO140001 认证比例（%）	1.8	≥ 20	0.22	9	工业生态化指数 46.24	0.46			
绿色经济占 GDP 比例（%）	22	≥ 50	0.43	44					
高新产业占工业产值比例（%）	36.2	≥ 50	0.35	72.4					
旅游收入占 GDP 比例（%）	25.87	≥ 20	0.53	100	旅游生态化指数 84.96	0.22			
旅游区环境达标率（%）	68	≥ 100	0.47	68					

同时，生产过程和生活都将产生大量的对环境有害的物质，从而增加环境负载。

2）珠海市生态工业发展基础较为薄弱。ISO14001 认证率很低。

3）企业在实行生产生态化过程中，往往会考虑生产的成本与效益的经济合理性，一般不会主动实行清洁生产、建设循环经济型的生产企业，从而阻碍了生态产业的建设与发展。

4）生态工业方面还未形成清洁生产体系，生态环保产业的发展与国家级生态示范区不相适应，从全市范围来看，生态产业还未形成产业点面相结合的网络体系，生态产业的源流不能形成良性代谢循环，因此不能使资源优势转化为产业经济优势。

4.4.3.3　珠海市社会生态化水平评估

综合珠海市的人口规模、居民生活质量、环保意识和住区模式以及交通模式，按照前述设计的指标体系和评价方法，得出珠海市社会生态水平指数为 75.76，见表 4-4-4。从评价结果可知：

1）珠海市的物质文明程度较高，但高教普及率有待进一步提高，社会的公正性、人与人之间的和谐性都比较好。

2）珠海在提高全社会的环保意识、普及公众的生态科学知识、引导消费取向方面较为滞后。居民环保意识比较淡薄，未进行生活垃圾分类处理，大量使用一次性制品，在节约方面未形成良好的风气。这是提高珠海市社会生态化水平的关键点，除了政府的重视和投入，更需要公众积极参与，将环保意识、绿色消费意识融入日常生活行为中，做到人与自然和谐发展，最终成为环保的受益者。

珠海市社会生态化水平评价　　　　表 4-4-4

评价指标	现状值	评价标准	单项指数	权重	综合指数	权重	综合指数	权重	
人均期望寿命（岁）	72	≥ 75	96	0.38	人口规模指数 97.57	0.31	珠海市人与人的社会和谐度指数为 95.34	0.53	珠海市社会生态化水平指数 75.76
人口密度（人/km^2）	12.367	<30000	100	0.33					
自然增长率（%）	7.22	7	96.86	0.29					
城市化水平（%）	100	≥ 55	100	0.24	生活质量指数 94.34	0.69			
基尼系数	0.37	0.3 ~ 0.4	100	0.18					
恩格尔系数	34.6	≤ 40	100	0.18					
汽化率（%）	100	≥ 90	100	0.23					
高等教育入学率（%）	20	≥ 30	66.7	0.17					
环境满意率（%）	85	≥ 95	89.47	0.29	居民环境意识指数 46.74	0.47	珠海市人与自然环境和谐度指数为 53.69	0.47	
环境宣传教育普及率（%）	80	100	80	0.26					
垃圾分类收集率	0	≥ 90	0	0.45					
绿色社区比例（%）	20	≥ 80	25	0.5	住区模式指数 55.8	0.29			
建成区绿化率（%）	43.3	≥ 50	86.6	0.5					
人均道路面积（m^2/人）	11.7	≥ 8	100	0.53	交通模式指数 64.75	0.24			
绿色公交比例（%）	20	≥ 80	25	0.47					

4.4.3.4 珠海市生态风险评估

根据生态风险值计算模型，城市生态风险值为：

$$E_r=\frac{Y-X}{Y}=\frac{Y-\sum_1^n x_i \cdot W_i}{Y} \tag{4-19}$$

按照上述模型，根据调查和统计资料即可算出各层的评价结果和生态风险值。进一步对综合指数进行分级，可以计算出目前珠海市的生态风险值为0.2122，见表4—4—5，属于较低风险范畴。

珠海市生态风险评价　　表4—4—5

生态风险因素	水平指数	权重		
环境生态化	88.27	0.35	珠海市生态化综合水平指数为78.78	珠海市目前生态风险度为0.2122
经济生态化	74.77	0.33		
社会生态化	73.81	0.32		

但是生态风险压力依然存在，这主要表现在：首先，生态工业发展较为缓慢，发展动力不足。珠海生态工业发展十分缓慢，目前实行清洁生产的企业只有一家。尽管通过ISO14000环境管理体系认证的企业近三十家，但相比于全市3616家企业，仍低于全市所有企业的1%。生态工业发展的基础较为薄弱。企业实行清洁生产和通过ISO14000认证的外在动力不足。加上排污收费价格低于清洁生产投入产生的费用，在缺乏市场引导的情况下，企业在实行生产生态化的过程中，往往会考虑到成本与效益的经济合理性而缺乏发展动力，一般不会主动地实行清洁生产、建设循环经济型的生态企业，从而阻碍了生态产业的建设与发展。

其次，产业发展的生态化程度不高，工业重型化将面临更大的生态环境压力。尽管珠海市产业发展生态化的指标（无公害农产品基地建设、绿色食品认证、绿色宾馆认证、清洁生产审计、ISO14000体系认证等）在广东省处于领先地位，部分指标甚至处于全国前列，但这些指标与产业的总体规模相比则比重很小。珠海市总体能耗、物耗和污染物排放水平仍然偏高，整个社会产业的生态化程度普遍低下，生态产业发展基础较差，生态环境压力很大。此外，居民环保意识淡薄，全民参与环保、建立生态文明是一个任重道远的艰巨任务。

4.5 城市生态系统健康评价方法

4.5.1 概念与内涵

4.5.1.1 生态系统健康

健康概念最早是由世界卫生组织（WHO）提出来的，是一个相对的概念，它用来描述事物的状态，当人的一切生理机能正常，没有疾病或缺陷，抑或事物的情况正常时，就可以说这个人或事物是健康的。生态系统健康研究是20世纪90年代出现的一个崭新的研究领域，"健康"用于生态系统是一种比喻用法，它通过借用人体健康的概念和模型，为生态系统评价提供了一个大的、完

整的有机体，学术界普遍认同“健康”是生态系统最佳状态的一种评价方式，因为生态城市要具有健康的生态系统。

生态系统健康是指生态系统所具有的稳定性和可持续性，即具有维持其组织结构、自我调节和对胁迫的恢复能力；生态系统健康可以通过活力、组织结构和恢复力三个特征来定义。

健康的生态系统应具有如下特征：①健康是生态内稳定现象；②健康是没有疾病；③健康是多样性或复杂性；④健康是稳定性或可恢复性；⑤健康是有活力或增长的空间；⑥健康是系统要素间的平衡。

4.5.1.2 城市生态系统健康

世界卫生组织（WHO）提出“健康城市”概念，将其定义为：由健康的人群、健康的环境和健康的社会有机结合发展的一个整体，应该能改善其环境，扩大其资源，使城市居民能互相支持，以发挥最大潜能。

城市生态系统健康应包括自然环境和人工环境组成的生态系统的健康、城市居住者（包括人群和其他生物）的健康和社会的健康。综合起来有两方面的含义：从生态学角度，生态系统是稳定的和可持续的，对外界不利因素具有抵抗力，具有自然生态系统的特征；从社会经济角度，具有持续提供城市居民完善的生态服务功能的能力，具有社会经济生态系统的特征。

城市生态服务功能的正常发挥必须有健康的城市生态系统作支持，因此，保持城市生态系统健康是发挥城市生态系统正常功能的最基本条件。

4.5.2 模糊数学方法评价城市生态系统健康

要使生态系统健康的概念具有现实意义，唯有对生态系统进行有效的、可靠的、可操作的、可广泛推广的，并能为决策者提供指导信息的健康评价来实现。

4.5.2.1 评价指标

（1）指标选取的原则

城市生态系统健康评价涉及多领域、多学科，从不同的角度选择不同的评价因子将会得到不同的结果。为了能使评价结果科学、客观、全面，并能够较准确地反映生态系统健康的实际状况，筛选指标应遵循以下原则。

1）科学性原则。指标要建立在科学分析的基础上，能够客观地反映城市生态系统的最本质特征和复杂性，能够反映城市健康水平。

2）综合性原则。评价指标必须能够全面地反映城市生态系统的各个方面，还要反映系统的动态变化，符合城市生态系统的建设目标，并能体现系统的发展趋势。但要避免指标之间的重叠，各指标应保持相对的独立性。

3）可查性原则。任何指标都应该是相对稳定的，可以通过一定的途径、一定的方法进行调查，且指标概念明确，计算方法简便，获取成本较低廉。

4）可比性原则。指标体系应符合空间上和时间上的可比性原则，尽量采用可比性较强的相对量指标和具有共性特征的可比性指标。同时还应明确各指标的统计口径和范围，确保可比性。

5）定量性原则。评价指标体系的每一条指标都应定量。这是适应建立模式、进行数学处理的需要。

6）前瞻性原则。利用指标体系进行综合评价，不仅要反映城市目前的状况，也要通过表述过去和现状资源、经济社会和环境各要素之间的关系，来指示城市未来的发展方向。

（2）初级指标体系

城市生态系统作为一个具有明显人工特征的以人为核心的复合生态系统，其健康评价除了要考虑自然生态系统健康状态，还需要考虑城市中人群的健康状况以及城市生态系统为人类提供服务功能的水平。因此，选择活力、组织结构、恢复力、生态系统服务功能、人群健康状况作为城市生态系统健康评价的五个要素，针对每个要素的内涵提出相应的指标，构成城市生态系统健康评价指标体系，见表 4–5–1。

活力：即活性、代谢及初级生产力，可用初级生产力和经济系统中单位时间的货币流通率来表示。对城市生态系统来说，可用经济生产力、能流和物流的利用效率来表示。

组织结构：指生态系统组成及途径的多样性，城市生态系统的结构包括经

城市生态系统健康评价初级指标体系 表 4–5–1

要素	指标类别	具体指标	单位	序号
活力（V）	经济水平	年 GDP 增长率	%	1
		人均 GDP	万元	2
		实际利用外资源	亿美元	3
	经济效率	能源消费弹性系数	—	4
		万元 GDP 能耗	吨标煤 / 万元	5
组织结构（O）	经济结构	第三产业比重	%	6
		高新技术产业占工业产值比重	%	7
		财政科技支出	%	8
		财政教育支出	%	9
		R&D 经费占 GDP 比重	%	10
	社会结构	第三产业人口比例	%	11
		建成区人口密度	万人 /km^2	12
		每万名从业人员中科技人员数	%	13
	自然结构	森林覆盖率	%	14
		保护区面积占国土面积比重	%	15
		人均占有公共绿地面积	m^2	16
		建成区绿化覆盖率	%	17
		建成区绿地率	%	18
恢复力（R）	废物处理能力	工业废水达标排放率	%	19
		城市生活污水处理率	%	20
		机动车尾气达标率	%	21
	物质循环利用率	工业固体废物综合利用率	%	22
	环保投资	环保投资占 GDP 比重	%	23
		财政环保支出	%	24

续表

要素	指标类别	具体指标	单位	序号
生态系统服务功能（S）	生活质量	城市居民家庭恩格尔系数	%	25
		登记失业率	%	26
		每万人拥有电话	部	27
		每万人邮电业务总量	万元	28
		因特网用户	户	29
		电视覆盖率	%	30
		每万人拥有公共车辆	标台	31
		城市人均居住面积	m^2	32
		每万人拥有医生人数	人	33
		每万人拥有病床数	张	34
		用水普及率	%	35
		燃气普及率	%	36
		图书总藏量	万册	37
		人均道路面积	m^2	38
生态系统服务功能（S）	环境质量	饮用水水质达标率	%	39
		主城区区域环境噪声平均值	分贝	40
		主城区道路交通噪声	分贝	41
		环境噪声达标区数	个 /km^2	42
		空气综合污染指数	—	43
人群健康状况（P）	人群健康	急性传染病发病率	1/10 万	44
		婴儿死亡率	‰	45
		孕产妇死亡率	1/10 万	46
		人口自然增长率	‰	47
		人均期望寿命	岁	48
	文化水平	学龄儿童入学率	%	49
		每万人拥有在校大学生	人	50

济结构、社会结构和自然结构，可分别用相应的指标来评价其结构是否合理。

恢复力：生态系统维持结构与格局的能力，即胁迫消失时，系统反弹恢复的容量。由于城市生态系统的分解者功能微乎其微，城市发展产生的大量废物得不到分解，几乎全部用人工的废物处理设施来还原，因此城市生态系统的恢复力可理解为城市废物处理能力、物质循环利用率等。

生态系统服务功能：这是评价生态系统健康的一条重要标准，不健康的生态系统服务功能在质和量上均会减少。城市生态系统对人类的服务功能主要表现在它是提供人类生产、生活的载体，城市的环境质量的好坏及人们的生活便利程度直接影响着城市生态系统服务功能的优劣。

人群健康的状况：生态系统的变化可通过多种途径影响人类健康，人类的健康本身可作为生态系统健康的反映。对以人为主体的城市生态系统来说，人类健康状况则更值得关注。可从人群健康和文化水平两方面来反映城市人群的整体健康状况。

4.5.2.2 评价模型

模糊数学方法的基本思想是应用模糊关系合成的原理，根据被评价对象本身存在的性态和隶属度上的彼此性，定量地对其所属成分给予描述。运用模糊数学方法建立的评价模型能更切合实际地描述出现实情况。应用模糊数学方法建立的城市生态系统健康评价模型为：

$$H=W \cdot R \tag{4-20}$$

式中：H 为城市生态系统健康评价结果；W 表示评价要素（活力、组织结构、恢复力、生态系统服务功能、人群健康状况）对总体健康程度的权矩阵，$W=(W_1, W_2, \cdots, W_5)$；$R$ 为各生态系统健康评价要素对各级健康标准的隶属度矩阵。

$R=\begin{bmatrix} R_{11} & R_{12} & R_{13} & R_{14} & R_{15} \\ R_{21} & R_{22} & R_{23} & R_{24} & R_{25} \\ R_{31} & R_{32} & R_{33} & R_{34} & R_{35} \\ R_{41} & R_{42} & R_{43} & R_{44} & R_{45} \\ R_{51} & R_{52} & R_{53} & R_{54} & R_{55} \end{bmatrix}$，$R_{ij}$ 为第 i 个要素对第 j 级标准的隶属度；

$R=(W_{i1}, W_{i2}, \cdots, W_{ik})\begin{bmatrix} r_{1j} \\ r_{2j} \\ \vdots \\ r_{kj} \end{bmatrix}$，其中 k 为各评价要素所包含的指标个数，r_{kj} 为第 k 个指标对第 j 级标准的隶属度。

$W'=(W_{i1}, W_{i2}, \cdots, W_{ik})$，$W_{ik}$ 为第 i 个要素中第 k 个指标对本要素的权重。

目前确定权重的方法大致可分为两类：一类是主观赋权法，如层次分析法、德尔菲法等，多是采用综合咨询评分的定性方法；另一类是客观赋权法，即根据各指标间的相关关系或各项指标的变异程度来确定权重，避免了人为因素带来的偏差，如主成分分析法、因子分析法等。

本评价模型所涉及的权重有两类，即 W 与 W'。W 即各评价要素的权重，采用主观赋权法确定。W' 即具体指标对各要素的权重，采用主成分分析法确定。这样保证权重系数不仅反映了指标本身的变异程度，且能体现指标在系统评估中的实际作用。主观赋权法较为简单，即评价人员根据各评价要素对整个系统贡献值的主观判断来确定权重。主成分分析法则要依据样本数据来进行计算，具体过程为：依照与前述主成分分析相同的方法确定 m 个主成分之后，得到前 m 个主成分对总体方差的贡献矩阵 $A=(\lambda_1, \lambda_2, \cdots, \lambda_m)$，同时得到各原始指标在前 m 个主成分上的贡献矩阵，也称载荷矩阵 $L=(l_1, l_2, \cdots, l_m)$，则各指标对总体方差的贡献率矩阵 F 可由下式求出：$F=A \times L=(f_1, f_2, \cdots, f_m)$，$F$ 中各元素的值即为相应指标的权重。

r_{kj} 为第 k 个指标对第 j 级标准的相对隶属度，相对隶属度的计算是模糊数学方法的关键，其计算公式对正向指标（指标值越大，健康程度越高）和负向指标（指标值越小，健康程度越高）有所不同。对正向指标而言，其计算公式如下（以第 i 项指标 x_i 为例，$s_{i,j}$ 为第 i 项指标的第 j 级健康标准）：

1）当第 i 项指标 x_i 的实际值小于其对应的第 1 级标准值（很不健康）时，

它对“很不健康”的隶属度为 1，而对其他健康级别的隶属度为 0，即：

当 $x_i<s_i$ 时，$r_{i1}=1$，$r_{i2}=r_{i3}=r_{i4}=r_{i5}=0$

2）当第 i 项指标 x_i 的实际值介于其对应的第 j 级和第（j+1）级健康程度标准值之间时，它对第 j+1 级健康程度的隶属度为 $r_{i,\ j+1}=\frac{x_i-s_{i,j}}{s_{i,j+1}-s_{i,j}}$，对第 j 级健康程度的隶属度为$1-\frac{x_i-s_{i,j}}{s_{i,j+1}-s_{i,j}}$，而对其他健康程度的隶属度为 0，即：

当 $s_{i,\ j}\leqslant x_i\leqslant s_{i,\ j+1}$ 时，$r_{i,\ j+1}=\frac{x_i-s_{i,j}}{s_{i,j+1}-s_{i,j}}$，$r_{i,\ j}=1-r_{i,\ j+1}$，（$j$=1，2，3，4）

3）当第 i 项指标 x_i 的实际值大于其对应的第 5 级健康级别标准值（很健康）时，它对“很健康”的隶属度为 1，而对其他健康程度的隶属度为 0，即：

当 $x_i>s_{i,\ 5}$ 时，$r_{i5}=1$，$r_{i1}=r_{i2}=r_{i3}=r_{i4}=0$

对负向指标隶属度的计算方法与此类似，其计算公式如下（以第 i 项指标 x_i 为例，$s_{i,\ j}$ 为第 i 项指标的第 j 级健康级别标准）：

1）当 $x_i>s_{i,\ 1}$ 时，$r_{i1}=1$，$r_{i2}=r_{i3}=r_{i4}=r_{i5}=0$

2）当 $s_{i,\ j}\geqslant x_i\geqslant s_{i,\ j+1}$ 时，$r_{i,\ j+1}=\frac{x_i-s_{i,j}}{s_{i,j+1}-s_{i,j}}$，$r_{i1}=1-r_{i,\ j}$，（$j$=1，2，3，4）

3）当 $x_i<s_{i,\ 5}$ 时，$r_{i5}=1$，$r_{i2}=r_{i2}=r_{i3}=r_{i4}=0$

4.5.2.3 评价标准

目前学术界尚没有统一的城市生态系统健康标准。这里参考北京师范大学环境学院的研究成果，将城市生态系统健康标准划分为五级：病态、不健康、临界状态（亚健康）、健康、很健康等。以相关文献中对生态城市的建议值作为很健康的标准值，以全国最低值作为病态的限定值，在前者基础上向下浮动 20% 作为较健康和一般健康的标准值，在后者基础上向上浮动 20% 作为不健康和一般健康的标准值，前后两次确定的一般健康标准值相互调整得到临界（亚健康）状态值，见表 4–5–2。这里需要说明的一点是，城市生态系统各健康等级划分标准具有一定的阶段性，并非一成不变，在实际工作中需要根据城市发展变化对各级标准进行修正。

城市生态系统健康评价指标体系及分类标准（郭秀锐等，2002）　　表 4–5–2

评价要素	评价指标	具体指标	病态	不健康	临界状态 / 亚健康	健康	很健康
活力	经济生产力	人均 GDP/ 万元	0.7	3	5	10	20
	物耗效率	单位 GDP 物耗 /（m^3 / 万元）	3	2.5	2	1	0.5
	能耗效率	单位 GDP 能耗 /（t/ 万元）	0.5	0.4	0.3	0.2	0.1
组织结构	经济结构	第三产业比例 /%	30	40	50	60	80
		R&D 经费占 GDP 比重 /%	1	1.5	2.5	4	5
		信息产业占 GDP 比重 /%	5	10	15	20	25
	社会结构	市中心区人口密度 /（万人 /km^2）	3	2.5	2	1.5	1.1
		基尼系数（城市）	0.5	0.4	0.3	0.25	0.2
	自然结构	森林覆盖率 /%	30	35	40	45	50
		建成区绿化覆盖率 /%	20	25	30	40	50
		自然保护区覆盖率 /%	3	5	8	10	12

续表

评价要素	评价指标	具体指标	病态	不健康	临界状态 / 亚健康	健康	很健康
恢复力	环境废物处理指数	城市生活污水处理率 /%	30	50	70	95	100
		机动车尾气排放达标率 /%	30	50	70	95	100
		工业固废综合利用率 /%	30	50	70	90	100
	物资循环利用率	工业用水重复利用率 /%	20	30	50	70	80
	城市环保投资指数	环保投入占 GDP 比重 /%	1	1.5	2	3	5
生态系统服务功能	环境质量状况	环境质量综合系数	30	50	70	90	100
	生活便利程度	市区人均公共绿地 /（m^2/ 人）	4	7	10	16	20
		人均住房面积（m^2/ 人）	7	10	15	17	20
		人均道路面积（m^2/ 人）	6	10	15	20	28
人群健康状况	人群健康	恩格尔系数	50	40	35	30	25
		人均期望寿命 / 岁	65	68	73	78	80
		0 ~ 4 岁儿童死亡率 /%	20	15	12	10	8
	文化水平	全市人口平均教育率 / 年	5	7	9	14	16

注：表中 R&D 为研究与发展经费。

4.5.3 重庆市主城区生态系统健康评价

以重庆市主城区为例，对其 1997 ~ 2004 年间生态系统健康状况的变化情况进行评价。原始数据主要来源于重庆市统计年鉴、各行业公报、重庆市环境质量报告书、各政府部门网站公布的统计数据。利用之前的评价方法详细演绎评价城市生态系统健康的过程，下面是计算结果。

4.5.3.1 重庆市主城区各年份总体健康状况评价结果

$$R_{1997}=\begin{bmatrix} 0.2636 & 0.4531 & 0.0330 & 0 & 0.2503 \\ 0.4222 & 0.4418 & 0.1360 & 0 & 0 \\ 0.1174 & 0.5965 & 0.2861 & 0 & 0 \\ 0.5016 & 0.2192 & 0.3080 & 0.0494 & 0 \\ 0.4379 & 0.0588 & 0.0652 & 0.2442 & 0.1939 \end{bmatrix} \quad R_{1998}=\begin{bmatrix} 0.2897 & 0.5549 & 0.1555 & 0 & 0 \\ 0.3287 & 0.4708 & 0.2006 & 0 & 0 \\ 0.1399 & 0.6205 & 0.2396 & 0 & 0 \\ 0.4640 & 0.1700 & 0.2875 & 0.0786 & 0 \\ 0.4611 & 0.0356 & 0.2242 & 0.2106 & 0.0685 \end{bmatrix}$$

$$H_{1997}=\begin{bmatrix} 0.3543 & 0.3599 & 0.2136 & 0.0585 & 0.0137 \end{bmatrix} \quad H_{1998}=\begin{bmatrix} 0.3367 & 0.3704 & 0.2214 & 0.0578 & 0.0137 \end{bmatrix}$$

$$R_{1999}=\begin{bmatrix} 0.4776 & 0.5224 & 0 & 0 & 0 \\ 0.3363 & 0.3800 & 0.2821 & 0.0017 & 0 \\ 0.1643 & 0.5645 & 0.2712 & 0 & 0 \\ 0.4345 & 0.1948 & 0.2951 & 0.0757 & 0 \\ 0.3591 & 0.1376 & 0.2197 & 0.2151 & 0.0685 \end{bmatrix} \quad R_{2000}=\begin{bmatrix} 0.3627 & 0.3870 & 0.1480 & 0.1023 & 0 \\ 0.2715 & 0.3522 & 0.2621 & 0.1143 & 0 \\ 0.1059 & 0.4245 & 0.4261 & 0.0435 & 0 \\ 0.3841 & 0.2452 & 0.3138 & 0.0569 & 0 \\ 0.2830 & 0.2555 & 0.1776 & 0.2155 & 0.0685 \end{bmatrix}$$

$$H_{1999}=\begin{bmatrix} 0.3543 & 0.3599 & 0.2136 & 0.0585 & 0.0137 \end{bmatrix} \quad H_{2000}=\begin{bmatrix} 0.2815 & 0.3329 & 0.2655 & 0.1065 & 0.0137 \end{bmatrix}$$

$$R_{2001}=\begin{bmatrix} 0.2547 & 0.4825 & 0.0125 & 0.1005 & 0.1498 \\ 0.2320 & 0.2671 & 0.3423 & 0.1586 & 0 \\ 0.2328 & 0.2786 & 0.2866 & 0.2020 & 0 \\ 0.2341 & 0.3474 & 0.1881 & 0.2230 & 0.0059 \\ 0.2554 & 0.2230 & 0.0573 & 0.2019 & 0.2624 \end{bmatrix} \quad R_{2002}=\begin{bmatrix} 0.2070 & 0.2922 & 0.1403 & 0.1102 & 0.2503 \\ 0.2056 & 0.2632 & 0.3741 & 0.1571 & 0 \\ 0.2073 & 0.2752 & 0.4208 & 0.0967 & 0 \\ 0.1942 & 0.5820 & 0.7441 & 0.1352 & 0.0547 \\ 0.4062 & 0.2503 & 0.0219 & 0.2190 & 0.2624 \end{bmatrix}$$

$H_{2001}=\left[0.2418\ 0.3197\ 0.1774\ 0.1772\ 0.0836\right]$ $H_{2002}=\left[0.2441\ 0.3326\ 0.3402\ 0.1437\ 0.1135\right]$

$$R_{2003}=\begin{bmatrix}0.1056 & 0.3936 & 0.0952 & 0.1553 & 0.2503\\0.1690 & 0.2518 & 0.3128 & 0.1586 & 0\\0.4007 & 0.0657 & 0.4243 & 0.2020 & 0\\0.1396 & 0.3274 & 0.2800 & 0.2230 & 0.1110\\0.2848 & 0.2119 & 0.0179 & 0.2019 & 0.2967\end{bmatrix}\quad R_{2004}=\begin{bmatrix}0.0338 & 0.4455 & 0.0701 & 0.2004 & 0.2503\\0.1321 & 0.2934 & 0.2933 & 0.2651 & 0.0162\\0.3550 & 0.1019 & 0.3328 & 0.2103 & 0\\0.0528 & 0.3761 & 0.3443 & 0.1708 & 0.0561\\0.2117 & 0.2851 & 0.0136 & 0.1930 & 0.2967\end{bmatrix}$$

$H_{2003}=\left[0.2199\ 0.2501\ 0.2260\ 0.1724\ 0.1316\right]$ $H_{2004}=\left[0.1571\ 0.3004\ 0.2108\ 0.2079\ 0.1239\right]$

按照最大隶属度原则，重庆市主城区的总体健康状况除 2002 年处于亚健康状态外，其余年份均处于不健康状态，图 4–5–1 比较了重庆市主城区 1997 ～ 2004 年间的生态系统健康状况。

从图 4–5–1 中可以看出，重庆市主城区的健康状况均处于不健康状态（2002 年处于亚健康状态）；对病态和不健康两个评价级别的隶属度之和 2004＜2003＜2002＜2001＜2000＜1997＜1998＜1999，说明重庆市主城区的健康状况虽然处于不健康状态，但总体健康状况逐年好转；特别是在 2002 年后，对亚健康、健康、很健康三个评价级别的隶属度之和大于 0.5，表示在实施有效的生态系统管理措施后城市生态系统能够朝着健康、有序的方向发展。值得注意的是，对病态和不健康级别的隶属度较大，说明城市生态系统具有较大的变动性，如果有不合理的人类活动对城市生态系统造成胁迫，将很容易引起城市滑向不健康直至病态的状态。

4.5.3.2 重庆市主城区各年份健康要素评价结果

图 4–5–2 ～图 4–5–6 分别是对重庆市主城区城市生态系统健康要素（活力、组织结构、恢复力、生态系统服务功能、人群健康）评价结果的对比。

从城市生态系统活力来看，重庆市主城区处于不健康状态，主要是因为人均 GDP 较低和利用外资状况不佳；但是由于重庆市近年来经济发展较快，年 GDP 总值一直呈较高速度增长，使城市生态系统活力逐年向健康状态发展。

从城市生态系统组织结构来看，其健康状况逐渐由不健康过渡到亚健康状态，且变化趋势明显，说明重庆市主城区的城市生态系统结构逐渐趋于合理，第三产业比重、人口密度、人均绿地面积等健康发展是影响组织结构的有利因素。

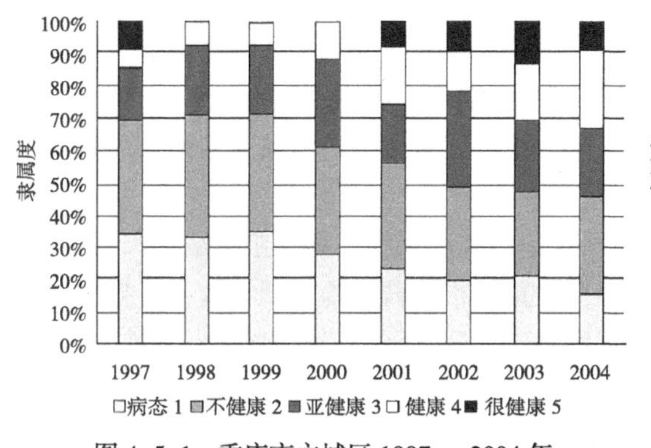

图 4–5–1 重庆市主城区 1997 ~ 2004 年城市生态系统健康评价结果

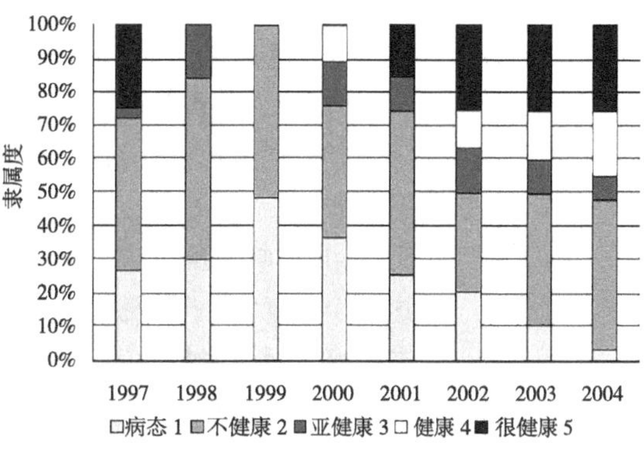

图 4–5–2 活力

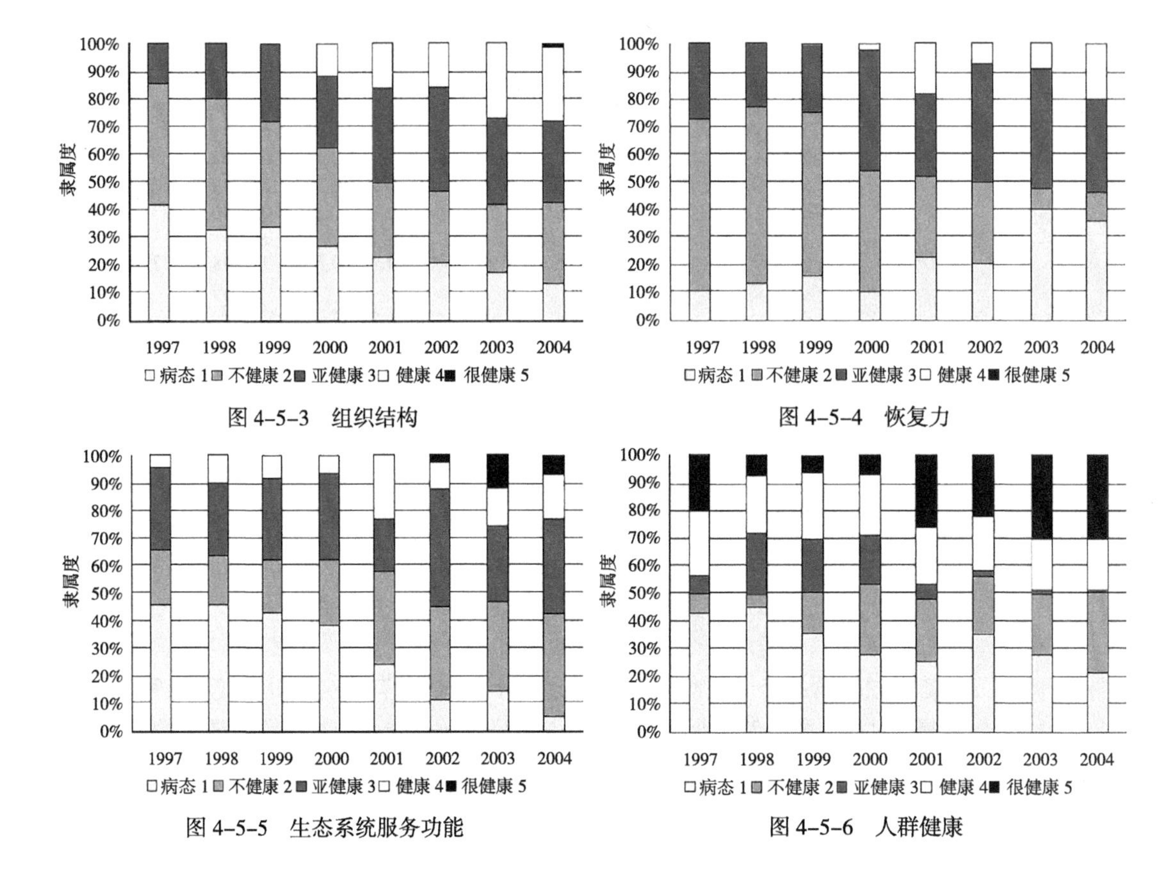

图 4-5-3　组织结构

图 4-5-4　恢复力

图 4-5-5　生态系统服务功能

图 4-5-6　人群健康

从城市生态系统恢复力来看，其健康状况在 2000 年由不健康变为亚健康状态，主要归功于重庆市在发展过程中注重对环境条件的改善，加大了环境治理力度。

从城市生态系统服务功能来看，重庆市主城区的健康状况很差，由病态逐渐过渡到不健康状态，而且对病态和不健康两个级别的隶属度之和较大，说明在未来的发展过程中要改变这种不合理的状况，重庆市在市政设施建设及改善人民生活条件方面还需要作出大量的努力。

从人群健康来看，重庆市主城区的健康状况也是一直处于病态状态，而且对病态和不健康两个级别的隶属度之和占总体的 50% 左右。导致主城区健康状况处于病态的原因主要是人口增长率较高、人群整体文化水平较低。

4.5.3.3　重庆市主城区城市生态系统健康的影响因素

综合以上分析，目前影响重庆市主城区城市生态系统健康的因素主要有以下几方面。

1）影响重庆市生态系统健康水平的较为有利的因素是组织结构和恢复力，这两个要素均处于亚健康水平。主要是重庆市主城区的自然结构、社会结构状态较好，经济发展稳定，能源利用率较高，环境保护工作取得较大成效。

2）影响重庆市生态系统健康水平的不利因素主要是城市生态系统的活力、生态系统服务功能以及人群健康状况。主城区的活力较弱主要因为人均收入偏低、利用外资较少；由于城区各项基础设施建设相对落后，跟不上城市化的快

速发展，因此在生活质量和环境质量方面不能为居民提供较好的服务，过分拥挤的人口不利于城市的健康发展；人群健康状况较差原因在于重庆市主城区人口密度一直居高不下，人口增长率高于全国平均水平，且人群的文化素质水平较低也是重庆市主城区生态系统健康状况提高的一个制约因素。

3）重庆市主城区生态系统健康评价要素中，组织结构、恢复力和生态系统服务功能对亚健康的隶属度均较高，说明只需作适当努力，采取相应的生态系统管理措施，主城区城市生态系统的组织结构、恢复力及生态系统服务功能的健康水平就能得到很大提高，城市生态系统就会朝着健康的方向发展。

4.6 生态系统服务功能评估方法

4.6.1 概念及内涵

4.6.1.1 生态系统服务功能

生态系统服务功能(Ecosystem Service)也被部分研究者称作生态系统服务、生态服务、自然服务、自然系统服务、环境服务等。关于生态系统服务功能的概念，尚无统一的表述，目前最具代表性的是Daily和Costanza等所作出的定义。

Daily在1997年首次提出生态系统服务功能的定义，即自然生态系统和各种物种能够提供的可以满足和维持人类生存所需要的条件及其过程（Daily，1997）。Costanza则认为生态系统服务功能是指生态系统提供的商品或服务，即人类从生态系统功能中获得的收益（Costanza，1997）。

生态系统服务功能的研究在我国起步较晚，自20世纪90年代开始，我国学者在这方面针对概念、研究内容、评估方法等做了大量的研究工作。其中欧阳志云、王如松等对生态系统服务功能概念作了如下的概括：生态系统服务功能是指生态系统与生态过程中形成及维持人类赖以生存的自然环境条件与效用。它不仅为人类提供了食品、医药及其他生活原料，还创造和维持了地球生命支持系统，形成了人类生存所必需的环境条件（欧阳志云等，1999）。

综合上述观点可以发现，尽管对生态系统服务功能的表述有所不同，但其基本实质是一致的。生态系统服务功能是指自然生态系统及其组成物种产生的对人类生存和发展有支持作用的状况和过程，即自然生态系统维持自身的结构和功能过程中产生的对人类生存和发展有支持和效用的产品、服务、资源和环境。

4.6.1.2 生态系统服务功能内容

生态系统提供的服务功能种类众多，并且各种要素之间联系紧密，相互之间的关系也是复杂多样。因而，国内外不同的研究人员和研究机构从不同的关注角度出发，提出了不同的针对生态系统服务功能内容的划分标准。欧阳志云等人研究认为生态系统服务功能的内容主要有：有机质的生产与合成、生物多样性的产生与维持、调节气候、减轻洪涝与干旱灾害、营养物质储存与循环、土壤肥力的更新与维持、环境净化与有害有毒物质的降解、传粉与种子的扩散、有害生物的控制等方面（欧阳志云，1999）。Costanza等从生态系统的生产功能、基本功能、环境效益功能以及娱乐价值功能 4 个方面出发，针对地球上主要的 16 类生态系统进行分析，认为全球生态系统服务功能应包括水调节、食物生产、生物控制、侵蚀控制、沉积物保持和休闲娱乐等 17 类，见表 4–6–1。就目前来看，国际上应用较为广泛的当属 Costanza 提出的分类标准，该分类标准被众多学者认为是在生态系统服务功能研究领域最具有参考价值的研究成果之一，国际上众多相关研究均是参照此分类进行的。

目前关于生态系统服务功能的分类问题，不管是国内还是国外，都没有形成共识。因而，在实际研究过程中应该根据实际问题来确定生态系统服务功能的内容，以便更好地分析问题和解决问题。

综上所述，所有这些服务功能可综合为三大类别，即生活与生产物质的提供、生命支持系统的维持以及精神生活的享受。第一类是生态系统通过第一性生产与第二性生产为人类提供的直接商品或是将来有可能形成商品的部分，如食物、木材等人类所必需的产品；第二类是易被人们忽视的支撑与维持人类生存环境和生命支持系统的功能，如生物多样性、气候调节等；第三类是生态系统为人类提供的娱乐休闲与美学享受，如登山、滑雪等。

生态系统服务功能的内容　　**表 4–6–1**

序号	效益类型	生态系统服务功能	举例
1	调节大气	调节大气的化学成分	CO_2/O_2 平衡、O_3 的紫外线防护、SO_x 的水平
2	调节气候	全球温度、降水和其他生物媒介的全球或区域范围内的气候过程	温室气体调节、影响云形成的颗粒物
3	干扰调节	生物系统的容量、抗干扰性和完整性对各种环境变化的反应	防御风暴、控制洪水、干旱恢复和其他生境对环境变化的反应。主要由植被结构决定
4	调节水分	调节水的流动	农业或工业过程或运输的水供应
5	供应水资源	储存和保持水分	流域、水库和地下含水层的水供应
6	控制侵蚀与沉积物滞留	生态系统中的土壤保持	防止土壤因风、径流和其他移动过程而河流湖泊或湿地中的淤泥储积
7	土壤形成	土壤形成过程	岩石风化和有机物积累
8	养分循环	养分的贮藏、循环及获取	氮的固定，氮、磷及其他一些元素或养分的循环
9	废物处理	流动养分的补充、去除或破坏次生养分和成分	废物处理、污染控制，解毒作用
10	授粉	花配子的运动	为植物繁殖提供花粉
11	生物控制	种群的营养级动态调节	主要捕食者对被捕食物种的控制，顶级捕食者对食草动物的控制
12	避难所	永久居住者和暂时人口的栖息地	育婴室，迁徙物种的停留地，本地丰盛种的区域性栖息地或越冬场所
13	食物生产	总第一生产力中可作为食物提取的部分	通过狩猎、采集、农业生产或捕捞而生产的水产、野味、庄稼、野果和水果
14	原材料	总第一生产力中可作为原材料提取的部分特有生物材料和产品资源	木材、燃料或食料生产
15	基因资源	特有生物材料和产品资源	药品、材料产品、抗植物病原体和庄稼，害虫的基因、宠物及各种园艺植物
16	娱乐	提供娱乐活动的机会	生态旅游、垂钓和其他户外活动
17	文化	提供非商业用途的机会	生态系统的美学、艺术及文教价值

4.6.2 生态系统服务功能价值计算方法

4.6.2.1 价值分类

学者对生态系统服务功能价值的分类问题存在着不同意见。学者徐篙龄从生态系统服务功能的价值与市场联系的角度，将其分为三类：①能以商品形式出现于市场的功能；②虽不能以商品形式出现于市场，但有与某些商品相似的性能或能对市场行为（商品数量、价格等）有明显影响的功能，如大部分调节功能；③既不能形成商品，又不能明显地影响市场行为的功能，如大部分信息功能，它们的机制与现行市场有关，需用特殊途径加以计量。

欧阳志云等研究者将其总结为四类：①直接使用价值，主要指生态系统产品所产生的价值，包括食物、医药、景观娱乐等；②间接使用价值，主要指无法商品化的生态系统服务功能，如保护土壤肥力，净化环境等；③选择价值，指人们为了将来能利用某种生态系统服务功能的支付意愿，如人们为将来能利用生态系统的涵养水源、净化大气以及游憩娱乐等功能的支付意愿；选择价值又可分为自己将来利用、子孙后代利用（遗产价值）、别人将来利用（替代消费）三类；④存在价值，是人们为确保生态系统服务功能继续存在的支付意愿，是生态系统本身具有的价值。

4.6.2.2 价值评估方法

目前较为常用的主要评估方法可分为三类：直接市场法，包括费用支出法、市场价值法、机会成本法、恢复和防护费用法、影子工程法、人力资本法等；替代市场法，包括旅行费用法和享乐价格法等；模拟市场价值法，包括条件价值法等。

生态系统服务功能价值评估的方法众多，但至今尚未形成统一、规范、完善的评估标准，这主要因为：①生态系统的产品和服务不能贮存和移动，如森林的游憩功能；②环境价值的动态性问题，随着科学技术的进步，环境价值不断地发展变化；③公益产品具有公用产品的性质；④与现行的国民经济核算体制有关，目前体制仍受传统经济体制的束缚，没有考虑生态成本，即自然资源和生态系统服务功能的价值。

（1）直接市场法

1）费用支出法：以人们对某种生态服务功能的支出费用来表示其生态价值。

2）市场价值法：先定量地评价某种生态服务功能的效果，再根据这些效果的市场价格来估计其经济价值。在实际评价中，通常有两类评价过程。一是理论效果评价法，它可分为三个步骤：先计算某种生态系统服务功能的定量值，如农作物的增产量；再研究生态服务功能的“影子价格”，如农作物可根据市场价格定价；最后计算其总经济价值。二是环境损失评价法，如评价保护土壤的经济价值时，用生态系统破坏所造成的土壤侵蚀量、土地退化、生产力下降的损失来估计。

3）机会成本法：机会成本是指在其他条件相同时，把一定的资源用于生产某种产品时所放弃的生产另一种产品的价值，或利用一定的资源获得某种收入时所放弃的另一种收入。边际机会成本是由边际生产成本、边际使用成本和边际外部成本组成的。对于稀缺性的自然资源和生态资源而言，其价格不是由其平均机会成本决定的，而是由边际机会成本决定的，它在理论上反映了收获或使用一单位自然和生态资源时全社会付出的代价。

4）恢复和防护费用法：全面评价环境质量改善的效益在很多情况下是很困难的，对环境质量的最低估计可以从为了消除或减少有害环境影响所需要的经济费用中获得，我们把恢复或防护一种资源不受污染所需的费用，作为环境资源破坏带来的最低经济损失，这就是恢复和防护费用法。

5）影子工程法：指当环境受到污染或破坏后，人工建造一个替代工程来代替原来的环境功能，用建造新工程的费用来估计环境污染或破坏所造成的经济损失。

6）人力资本法：通过市场价格和工资多少来确定个人对社会的潜在贡献，并以此来估算环境变化对人体健康影响的损失。环境恶化对人体健康造成的损失主要有三方面：因污染致病、致残或早逝而减少本人和社会的收入；医疗费用的增加；精神和心理上的代价。

(2）替代市场法

1）旅行费用法：利用游憩的费用（常以交通费和门票费作为旅游费用）资料求出"游憩商品"的消费者剩余，并以其作为生态游憩的价值。旅行费用法不仅首次提出了"游憩商品"可以用消费者剩余作为价值的评价指标，而且首次提出计算"游憩商品"的消费者剩余。

2）享乐价格法：享乐价格与很多因素有关，如房产本身数量与质量以及其距中心商业区、公路、公园和森林的远近，当地公共设施的水平，周围环境的特点等。享乐价格理论认为：如果人们是理性的，那么他们在选择时必须考虑上述因素，故房产周围的环境会对其价格产生影响，因周围环境的变化而引起的房产价格可以估算出来，以此作为房产周围环境的价格，称为享乐价格法。西方国家的享乐价格法研究表明：树木可以使房产的价格增加5%～10%；环境污染物每增加一个百分点，房产价格将下降0.5%～1%。

(3）模拟市场价值法——条件价值法：也叫问卷调查法、意愿调查评估法、投标博弈法等，属于模拟市场技术的评估方法，它以支付意愿（WTP）和净支付意愿（NWTP）表达环境商品的经济价值。条件价值法是从消费者的角度出发，在一系列假设前提下，假设某种"公共商品"存在并有市场交换，通过调查、询问、问卷、投标等方式来获得消费者对该"公共商品"的WTP或NWTP，综合所有消费者的WTP和NWTP即可得到环境商品的经济价值。根据获取数据的途径不同，又可细分为投标博弈法、比较博弈法、无费用选择法、优先评价法和德尔菲法等。

4.6.2.3 评估方法比较

生态系统服务功能价值评估方法，因其功能类型不同而异。主要生态系统服务功能价值评估方法的比较，见表4-6-2（刘玉龙等）。

4.6.3 沈阳市生态系统服务功能评估

生态系统服务功能评价主要运用环境经济学方法对生态系统服务功能进行量化，以期说明自然生态系统为人类提供服务的价值量，以及人类为避免自

主要生态系统服务功能价值评估方法的比较 **表 4-6-2**

分类	评估方法	优点	缺点
直接市场法	费用支出法	生态环境价值可以得到较为粗略的量化	费用统计不够全面合理
	市场价值法	评估比较客观，争议较少，可信度较高	数据必须足够全面
	机会成本法	比较客观、全面地体现了资源系统的生态价值，可信度较高	资源必须具有稀缺性
	恢复和防护费用法	可通过生态恢复费用或防护费用量化生态环境的价值	评估结果为最低的生态环境价值
	影子工程法	可以将难以直接估算的生态价值用替代工程表示出来	替代工程非唯一性，替代工程时间、空间性差异较大
	人力资本法	可以对难以直接量化的生命价值进行量化	违背伦理道德，效益归属问题以及理论上存在缺陷
替代市场法	旅行费用法	可以核算生态系统游憩的使用价值，可以评价无市场价格的生态环境价值	不能核算生态系统的非使用价值，可信度低于直接市场法
	享乐价格法	通过侧面的比较分析可以求出生态环境的价值	主观性较强，受其他因素的影响较大，可信度低于直接市场法
模拟市场法	条件价值法	适用于缺乏实际市场和替代市场交换的商品的价值评估，能评价各种生态系统服务功能的经济价值，适用于非实用价值占较大比重的独特景观和文物古迹价值的评价	实际评价结果常出现重大的偏差，调查结果的准确与否很大程度上依赖于调查方案的设计和被调查对象等诸多因素，可信度低于替代市场法

然价值出现负增长而实施污染治理和生态建设等所需要的价值投入量。这里选取沈阳市为例，首先就所选城市进行生态系统分类以及服务功能价值分类，然后针对服务价值分类结果选择相应的评估方法进行评估，最后对评估结果进行分析。

4.6.3.1 沈阳市生态系统分类

依据沈阳市 2004 年土地利用图（1 ：150000），并结合当年的 TM 影像，将沈阳市生态系统分为森林、农田、草地、水域、果园等类型，具体为：

1）森林生态系统，包括针叶林、阔叶林、针阔混交林、灌木林、疏林；

2）农田生态系统，包括旱田、水田、经济作物地、菜地等；

3）草地生态系统，包括草地、城市绿地、牧草场等；

4）水域生态系统，包括水库、河流、湖泊等；

5）果园生态系统。

通过 GIS 技术手段统计出，沈阳市现有林地面积 144341hm^2，农田面积 845269hm^2（其中旱田面积 672375hm^2，水田面积 172894hm^2），草地面积 4736hm^2，果园面积 1277hm^2，水域面积 92066hm^2。

4.6.3.2 生态系统服务功能价值分类及评估方法

城市生态系统服务价值的分类一般包括对调节气候、固碳释氧、保持土壤、涵养水源、净化环境与减弱噪声等生态服务功能。

（1）直接经济价值

主要包括林产品价值、种植业生产价值、草地提供的畜牧产品和药用植物、水域提供的水产品。其经济价值均用市场价值法来估算，这是最常用的估算方法。

(2) 调节气候功能

沈阳市属北温带受季风影响的半湿润大陆性气候，城市植被的微气候效应比较显著，可用替代成本法即减少空调的耗电费来衡量。

(3) 固碳释氧功能

参考前人工作经验，运用造林成本法和碳税法，取两者计算结果的平均值作为沈阳市生态系统固碳的价值；运用造林成本法和工业制氧法，取两者计算结果的平均值作为沈阳市生态系统释氧的价值。

(4) 保持土坡功能

首先获得各生态系统土壤保持量，然后再分别运用机会成本法、影子价格法、替代成本法评价生态系统在减轻表土损失、肥力损失和泥沙淤积三方面的功能价值。

(5) 涵养水源功能

根据水量平衡法评估生态系统涵养水量。涵养水源价值为年涵养水量乘以水价，水价可用影子工程价格替代。

(6) 净化环境功能

运用防护费用法、造林成本法等方法，估算生态系统净化服务功能价值。

(7) 旅游功能

以人们对某种生态服务功能的支出费用来表示旅游功能的经济价值。

4.6.3.3 生态系统服务功能价值评估指标体系

结合本次研究的目的和统计资料、基础数据的可获得性，建立评价指标体系，见表4-6-3。

沈阳市生态系统服务功能及其价值评价指标体系　　表4-6-3

	直接产品	调节气候	固碳释氧		保持土壤			涵养水源	净化环境						旅游	其他
			固碳	释氧	表土	保肥	防淤		滞尘	吸收 SO_2	灭菌	降噪	吸收HF	吸收NOx		
森林	+	+	+	+	+	+	+	+	+	+	+	+	—	—	+	—
农田	+	—	+	+	—	—	—	—	+	+	—	—	+	+	—	—
草地	+	—	+	+	+	+	+	+	+	+	—	—	—	—	—	+
果园	+	+	+	+	+	+	+	+	+	+	+	+	—	—	+	—
水域	+	—	—	—	—	—	—	—	+	+	+	+	+	+	+	+

注："+"表示具备该类生态效益并可以进行价值评估；"—"表示不具备该类生态效益或由于数据原因本研究暂没有进行价值评估。

4.6.3.4 生态系统服务功能价值评估

利用上述评估方法对各种生态系统按其价值评价指标体系进行价值评估，分别得出沈阳市2004年森林、农田、草地、水域以及果园生态系统服务功能价值。

(1) 森林生态系统服务功能价值，见表4-6-4。

(2) 农田生态系统服务功能价值

农田生态系统包括作为主体的人、非生命物质（如太阳能）、田间作物、耕作土壤以及田间杂草等，是一个相互联系、相互作用的复杂系统，本书界定

沈阳市 2004 年森林生态系统服务功能价值　　　　表 4–6–4

功能类型	单位面积价值（10^4RMB/hm^2·a）	总价值（10^4RMB/a）	价值构成（%）
直接产品	0.303	43735.323	1.220
吸收 SO_2	0.021	3031.160	0.080
滞尘	0.854	123267.214	3.430
杀菌	0.891	128607.831	3.580
降噪	0.668	96419.788	2.680
固定 CO_2	1.007	145351.387	4.040
释放 O_2	1.362	196592.442	5.470
涵养水源	0.253	36518.273	1.020
表土	0.008	1140.294	0.030
防淤	0.009	1342.371	0.040
保肥	0.031	4503.439	0.130
调节气候	19.502	2.815×10^6	78.270
旅游	0.006	800	0.020
总计	24.915	3596309.520	100

的农田生态系统包括旱田和水田两大类。旱田生态系统包括粮食作物（小麦、玉米、稻谷、薯类、大豆等）、经济作物（棉花、花生、芝麻等）、蔬菜、瓜类的种植，其中粮食生产是农田生态系统最基本和最主要的直接服务功能，沈阳地区的旱田粮食作物以玉米为主，见表 4–6–5。水田以种植水稻为主，见表 4–6–6，得出结果见表 4–6–7。

沈阳市 2004 年旱田生态系统服务功能价值　　　　表 4–6–5

功能类型	单位面积价值（10^4RMB/hm^2·a）	总价值（10^4RMB/a）
直接产品	0.900	605137.500
固定 CO_2	1.311	881483.625
释放 O_2	1.770	1190103.750
吸收 SO_2	0.006	4034.250
滞尘	3.750×10^{-5}	25.193
吸收 HF	8.000×10^{-5}	53.790
吸收 NOx	0.005	3119.820

沈阳市 2004 年水田生态系统服务功能价值　　　　表 4–6–6

功能类型	单位面积价值（10^4RMB/hm^2·a）	总价值（10^4RMB/a）
直接产品	1.200	207472.800
固定 CO_2	1.07	184996.580
释放 O_2	1.445	249831.830
吸收 SO_2	0.006	1037.364
滞尘	3.630×10^{-5}	6.273
吸收 HF	1.200×10^{-4}	20.747
吸收 NOx	0.005	793.583

沈阳市 2004 年农田生态系统服务功能价值　　表 4–6–7

功能类型	单位面积价值（10^4RMB/hm^2·a）	总价值（10^4RMB/a）	价值构成（%）
直接产品	0.961	812610.300	24.420
固定 CO_2	1.262	1066480.205	32.040
释放 O_2	1.704	1439935.580	43.270
吸收 SO_2	0.006	5071.614	0.150
滞尘	3.720×10^{-5}	31.466	0.001
吸收 HF	8.820×10^{-5}	74.537	0.002
吸收 NOx	0.005	3913.403	0.120
总计	3.938	3328117.105	100

（3）草地生态系统服务功能价值

草地生态系统提供的产品有城市绿地、畜牧产品和药用植物等，主要为牧草资源，其经济价值可用市场价值法来估算，见表 4–6–8。

沈阳市 2004 年草地生态系统服务功能价值　　表 4–6–8

功能类型	单位面积价值（10^4RMB/hm^2·a）	总价值（10^4RMB/a）	价值构成（%）
直接产品	0.100	473.600	10.630
固定 CO_2	0.195	923.520	20.720
释放 O_2	0.262	1240.832	27.840
表土	0.002	10.656	0.240
防淤	0.009	41.677	0.940
保肥	0.014	67.251	1.510
涵养水源	0.154	730.765	16.400
吸收 SO_2	0.039	184.704	4.140
滞尘	4.730×10^{-5}	0.224	0.010
其他	0.165	783.105	17.520
总计	0.940	4456.334	100

（4）水域生态系统服务功能价值

水资源是万物生命之源，是地球上不可替代的宝贵自然资源之一。水生态系统对水分调节、水分供给、养分循环、废弃物处理、保护生物多样性和维护生态平衡都有着不可忽视的作用和价值。随着城市建设的不断发展和人口的增加，水消耗量不断增大，缺水与水污染问题日益严重，现已成为我国乃至全世界面临的重大难题。

沈阳市水生态系统服务功能的资本结构分为自然资本、经济资本和社会资本三部分，其中自然资本包括水分调节、水分供给、污染净化三项；经济资本包括生物生产和旅游两项；社会资本仅医疗一项（此项由于数据难获取，暂时不计）。另外，由于自然资产价值核算技术方法与科学理论还不成熟，所以水

域生态系统的其他服务功能，如提供栖息地、营养循环、小气候调节、遗传资源等的价值，还无法定量并货币化，所以得出的最终结果是一个偏低的估算，还有待今后改进。因此，结合沈阳市水环境特点，把沈阳市的水生态系统服务功能划分为直接产品、污染净化、水循环、旅游四部分，并分别进行测算，估算出水资产价值对全市社会经济价值的贡献，见表 4-6-9。

沈阳市 2004 年水域生态系统服务功能价值 **表 4-6-9**

功能类型	单位面积价值（10^4RMB/hm^2·a）	总价值（10^4RMB/a）	价值构成（%）
直接产品	1.465	134900	54.100
污染净化	0.239	22024.570	8.830
水循环	0.981	90322.500	36.230
旅游	0.023	2100	0.840
总计	2.708	249347.070	100

1）直接产品价值评估。沈阳市的水产养殖主体是渔业，且主要为内陆水域水产品，所以水生环境生物生产功能主要考虑为渔业生产，其价值估算方法采用市场价格法。

$$V_b=\sum(W_i\times P_{bi}) \tag{4-21}$$

式中：V_b 为直接经济价值，W_i 为 i 类水产品生产量，P_{bi} 为 i 类水产品的市场价格。

2004 年沈阳淡水产品产量 14.20 万吨，水产品价格均取自全国内陆河水产品生产大省的淡水产品均价。经计算，生物生产服务价值（V_b）134900 万元。

2）污染净化功能价值评估。水体有巨大的自净功能，能使排入水体的污染物迁移、转化和毒性降解。本书采用防治成本法测算水体的污染净化功能的经济价值（V_W）。

生活污水净化价值：

$$V_{cv}=W\times P\times P_W \tag{4-22}$$

式中：W 为人均产生的生活废水量，P 为总人口，P_W 为生活废水处理价格。则 V_{cv}= 总生活废水量 ×0.50 元 / 吨 =35777 万吨 ×0.50 元 / 吨 =17888.50 万。

工业废水净化价值：

$$V_{tv}=W\times G\times P_W \tag{4-23}$$

式中：W 为万元产值工业废水量，G 为工业总产值，P_W 为工业废水处理价格。则 V_{tv}= 总工业废水量 ×0.80 元 / 吨 =5170.09 万吨 ×0.80 元 / 吨 =4136.07 万元。

则沈阳市 2004 年水体污染净化的服务价值 $V_W=V_{CV}+V_{tv}$=22024.57 万元。

3）水循环功能价值评估。水循环可分为水分调节和水分供给两方面。水分调节是指调节水文循环过程的水生态系统功能，如向农业、工业或交通的

水分供给；而水分供给是指水分的保持与储存，指对集水区、水库和含水层的水分供给。水循环功能价值（V_x）用替代成本分析法分以下几方面计算加和：

农业水循环价值（V_a）：

$$V_a=a\times (W_1-W_2)\times P_W \tag{4-24}$$

式中：W_1 为农业用水总量，W_2 为农业排水总量，P_W 为农田灌溉水水价，a 为调整系数（0.10）。

其中，W_1 为农业用水，包括农田灌溉用水和林牧渔业用水，沈阳地区农田灌溉用水量 14.28 亿吨，林牧渔业用水量 1.37 亿吨，农业排水总量 W_2 为 5.00 亿吨，则 W_1-W_2=10.65 亿吨。

P_W 为农田灌溉水水价，取 0.05 元／吨。

则 $V_a=a\times (W_1-W_2)\times P_W$=0.10×10.65 亿吨 ×0.05/ 吨 =532.50 万元。

工业水循环价值（V_i）：

$$V_i=W\times G\times P_W \tag{4-25}$$

式中：W 为万元产值用水量，G 为工业总值，P_W 为水价。沈阳地区工业用水量为 2.86 亿吨，占用水总量的 10.70%；工业用水水价取 0.55 元／吨。

则 $V_i=W\times G\times P_W$=2.86 亿吨 ×0.55 元／吨 =15730 万元。

生活用水循环价值（V_c）：

$$V_c=W\times P\times P_W \tag{4-26}$$

式中：W 为人均用水量，P 为总人口，P_W 为水价。经统计，居民生活用水量为 2.62 亿吨，占用水总量的 9.80%；城镇公共用水量为 2.67 亿吨，占用水总量的 9.90%；生活用水水价取 1.40 元／吨。

则 $V_c=W\times P\times P_W$=(2.62 亿吨 +2.67 亿吨)×1.40 元／吨 =74060 万元。

综上，得到沈阳市 2004 年水循环服务功能价值 $V_x=V_c+V_i+V_a$=90322.50 万元。

4）旅游功能价值评估。沈阳市一些湖泊旅游景点，每年为沈阳市创造很高的 GDP 收入。采用最常用的支出费用法来测算这些水体的旅游价值。

$$V_t=M\times C_m \tag{4-27}$$

式中：V_t 为旅游功能价值，M 为旅游人数，C_m 为旅游者平均费用。

综上，则沈阳 2004 年水生态系统创造总价值为 $V=V_b+V_w+V_x+V_t$=249347.070 万元。

（5）果园生态系统服务功能价值

考虑到数据获取的可能性，对果园生态系统服务功能价值按照森林生态系统相应服务功能价值的一定比例进行折算，折算系数为 0.60，来估算沈阳市 2004 年果园生态系统服务功能价值，见表 4–6–10。

（6）总结

综合上述结果，得到沈阳市 2004 年各生态系统单位面积服务功能价值（表 4–6–11）和沈阳市 2004 年各生态系统服务功能总价值（表 4–6–12）。

沈阳市 2004 年果园生态系统服务功能价值　　表 4-6-10

功能类型	单位面积价值（10^4RMB/hm^2·a）	总价值（10^4RMB/a）	价值构成（%）
直接产品	0.304	3882.080	2.020
吸收 SO_2	0.013	160.902	0.080
滞尘	0.512	6543.348	3.400
杀菌	0.535	6826.842	3.550
降噪	0.401	5118.216	2.660
固定 CO_2	0.604	7715.634	4.010
释放 O_2	0.817	10435.644	5.420
涵养水源	0.152	1938.486	1.010
表土	0.005	60.530	0.030
防淤	0.005	68.958	0.040
保肥	0.019	239.054	0.120
调节气候	11.701	149424.300	77.640
旅游	0.004	45.972	0.020
总计	15.071	192456.700	100

沈阳市 2004 年各生态系统单位面积服务功能价值（单位：万元 /a）　　表 4-6-11

功能类型	森林	农田	草地	果园	水域
直接产品	0.030	0.961	0.100	0.304	1.465
调节气候	19.502	—	—	11.701	—
固定 CO_2	1.007	1.262	0.195	0.604	—
释放 O_2	1.362	1.704	0.262	0.817	—
保肥	0.031	—	0.014	0.019	—
表土	0.031	—	0.002	0.005	—
防淤	0.009	—	0.009	0.005	—
涵养水源	0.253	—	0.154	0.152	—
滞尘	0.854	3.720×10^{-5}	4.730×10^{-5}	0.512	0.239
吸收 SO_2	0.021	0.006	0.039	0.013	—
吸收 HF	—	8.820×10^{-5}	—	—	—
吸收 NO_x	—	0.005	—	—	—
杀菌	0.891	—	—	0.535	—
降噪	0.668	—	—	0.401	—
旅游	0.006	—	—	0.004	0.023
其他	—	—	0.165	—	0.981
总计	24.915	3.938	0.940	15.071	2.708

沈阳市2004年各生态系统服务功能总价值（单位：万元）　　表4-6-12

功能类型	森林	农田	草地	果园	水域
直接产品	43735.323	812610.300	473.600	3882.080	134900
调节气候	2815000	—	—	149424.300	—
固定 CO_2	145351.387	1066480.205	923.520	7715.634	—
释放 O_2	196592.442	1439935.580	1240.832	10435.644	—
保肥	4503.439	—	67.251	239.054	—
表土	1140.294	—	10.656	60.530	—
防淤	1342.371	—	41.677	68.958	—
涵养水源	36518.273	—	730.765	1938.486	—
滞尘	123267.214	31.466	0.224	6543.348	—
吸收 SO_2	3031.160	5071.614	184.704	160.902	22024.570
吸收 HF	—	74.537	—	—	—
吸收 NO_x	—	3913.403	—	—	—
杀菌	128607.831	—	—	6826.842	—
降噪	96419.788	—	—	5118.216	—
旅游	800	—	—	45.972	2100
其他	—	—	783.105	—	90322.500
总计	3596309.520	3328117.105	4456.334	192456.700	249347.070

4.6.3.5　生态系统服务功能价值评估结果分析

根据沈阳市生态系统服务功能价值评估结果，各种类型的生态系统具有不同的服务功能价值。2004年，沈阳市所有生态系统服务功能总价值为7370687万元，这与同年沈阳地区生产总值（GDP）19007000万元相比，占GDP的近40%。从这一不完全的估计中可以发现，沈阳市生态服务功能具有巨大的生态经济效益。其中森林占总价值的48.80%，农田占总价值45.15%，草地占总价值的0.06%，果园占总价值的2.61%，水域占总价值的3.38%，则沈阳生态系统服务功能总价值关系是森林＞农田＞水域＞果园＞草地。

从直接经济价值方面看，农田高于其他生态系统。间接生态系统服务功能总价值关系为森林＞农田＞果园＞水域＞草地。固碳释氧总价值方面，农田＞森林＞果园＞草地。

由于草地面积大部分被农田占用，导致沈阳草地相对于其他几种生态系统的服务功能总价值最小，但由于草地主要分布于城区和城镇，对调节生态环境有着更直接的作用，因此应扩大草地的种植面积，加强草地生态环境的建设与管理，以提高草地生态系统的服务功能价值。

另外，森林在调节气候、涵养水源、保持土壤、净化环境四项功能方面无论是单位面积价值还是总价值，都是最大的，在调节全市生态环境方面起最重要的作用。因此，沈阳各级政府部门在制定各项规划政策时，应重点考虑森林的各项服务功能，合理利用与经营森林资源，最终达到森林可持续利用的目的，如今沈阳建设“森林城市”的规划无疑会对城市建设起到推动作用。

4.7 生态位评价方法

4.7.1 概念及内涵

4.7.1.1 生态位

生态位（Niche）是现代生态学中一个重要而又抽象的概念，最早源于生态学的研究，后被引入社会科学，在组织研究中得到了广泛的应用。1910 年，Johnson 最早使用了生态位一词，“同一地区的不同物种可以占据环境中的不同生态位”。但他没有对生态位进行定义，没能将其发展成为一个完整的概念。生态学家 Grinnell 最早定义了生态位的概念，生态位是“恰好被一个种或一个亚种占据的最后分布单位”。

我国很多学者从不同的角度对生态位的内涵进行了研究。目前被认为比较科学而且广为接受的是 Whittake 提出的“生态位是指每个物种在群落中的时间和空间的位置及其机能关系，或者说群落内一个种与其他种的相关的位置”。这个定义既考虑到了生态位的时空结构和功能关系，也包含了生态位的相对性。每一种生物在自然界中都有其特定的生态位，这是其生存和发展的资源与环境基础。

生态位概念自提出以来，其内涵得到不断发展和深化，由于生态学家所基于的角度和出发点有所不同，生态位的定义仍尚未统一，但生态位理论的内涵都包括：

1）一个稳定的群落中占据了相同生态位的两个物种，其中一个终究要灭亡。

2）一个稳定的生物群落中，由于各种群在群落中具有各自的生态位，种群间能避免直接的竞争，从而保证了群落的稳定。

3）群落是一个相互作用、生态位分离的种群系统。这些种群在它们对群落的时间、空间和资源利用方面，以及相互作用的可能类型方面，都趋于互相补充而不是直接竞争，大家互相配合共同生活，更有效地利用环境资源，从而保证了群落在一个较长时间内有较高的生长力，具有更大的稳定性。

4）竞争可以导致多样性而不是灭绝，竞争在塑造生物群落的物种构成中发挥着主要作用，竞争排斥在自然开放系统中很可能是例外而不是规律，因为，物种常常能够转换它们的生态位去避免竞争的有害效应。

4.7.1.2 城市生态位

随着生态位理论的拓展和城市发展研究的需要，越来越多的学者将生态位的理论和方法应用到城市的研究中，著名生态学家 Odum 把城市生态位理解为扩展的生态位理论。生态位能够反映城市各组成单元的性质、功能、地位、作用及其资源的优劣势，以及城市在区域系统中的发展态势。

城市生态位是一个城市给人们生存和活动所提供的生态位。具体讲，就是城市中的生态因子（如水、食物、能源、土地、气候、交通、建筑等）和生产关系（如生产力、生活质量、环境质量、与外系统的关系等）的集合。它反映了一个城市的现状对于人类各种经济活动和生活活动的适宜程度，反映了一个城市的性质、功能、地位、作用及其人口、资源、环境的优劣势，从而决定了

它对不同类型的经济以及不同职业、年龄人群的吸引力。

城市生态位表示城市满足人类生存发展所提供的各种条件的完备程度。一个城市既有整体意义上的生态位，如一个城市相对于外部地域的吸引力与辐射力，也有城市空间各组成部分因质量层次不同所体现的生态位的差异。对城市居民个体而言，不断寻找良好的生态位是人们生理和心理的本能。人们向往生态位高的城市和地区的行为，从某种意义上说，是城市发展的动力与客观规律之一。

4.7.2 城市生态位评价方法

4.7.2.1 评价指标体系

对于评价指标的选择，可以采用理论分析法、频度分析法和专家咨询法等多种方法。理论分析法是通过对城乡区域系统的自然、经济、社会特征的分析，选择那些能够反映城乡区域系统特点的指标；频度分析法是对有关城乡发展评价的研究论文中的指标进行频度统计，从中选择使用频率较高的指标；专家咨询法是在初步提出评价指标的基础上，进一步征询专家意见，对指标进行调整。在城市生态位研究框架下，借鉴联合国、世界银行以及经典文献关于城市发展相关评价和生态位评价指标体系，综合运用以上方法，结合数据的操作性和可获取情况构建城市生态位评价指标体系。

(1) 指标构建原则

城市生态位是一个综合性、系统性的概念，必须根据其本质涵义、基本特征、主要内容，构建一个层次分明、结构完整的评价指标体系。因此，城市生态位指标体系的构建要力求遵循科学性、代表性、可操作性、可比性等原则。

1) 科学性。指标选取要符合科学规律，能较好地体现研究的基本原则以及目标实现的程度，指标能综合地反映城市生态发展状况的各种因素。在指标的选择、标准的确定上，均应符合有关的理论和方法，要求所选指标有明确、科学的概念和含义，范围界定清楚。充分考虑到现阶段国内外公认的，具有通用性、权威性特征的评价标准。

2) 代表性。所选指标应该是代表性和综合性极强的核心指标，指标少但信度高、效度好，还要能综合地反映不同发展阶段和发展背景以及未来发展趋势。选择的指标应是最能代表城市生态位内涵的，既相互独立、又相互关联的指标。

3) 可操作性。指标应简单明确、信息量大、综合程度高、具有代表性和典型性。即数据易于收集和整理，计算简便，避免主观臆断造成的误差。尽可能在统计范围、统计口径和推算方法上一致，使指标尽可能做到可操作。

4) 可比性。指标既要便于纵向比较又要便于横向比较，指标概念要科学，内涵要严格，外延要清晰，口径要统一。由于我国城市生态位比较研究起步较晚，在统计指标的信息源上还存在不少空白，因此，既要将国际上有关发展评价的规范指标作为参照系，也要结合我国的实际情况，使指标尽可能做到可比较。

(2) 指标体系框架

任何一种生物的生存环境中都存在着很多生态因子，这些生态因子在其

性质、特性和强度等方面各不相同，它们彼此之间相互制约，相互组合，构成了多种多样的生存环境。“态”是过去发展的积累，包括自然资源、社会资源（物质资源、资本资源、人力资源、科技资源等）等发展因子。“势”主要是效率、影响力和资源增长等生态因子。城市生态“态”包括自然资源、物质资源、人力资源、资本资源、科技资源等。城市生态“势”是城市的发展势头及对环境的现实影响力和支配力，包括城市效率、城市集散能力、资源增长等，见表 4-7-1。

城市生态位评价指标体系 **表 4-7-1**

	目标层	准则层	判别层	指标层
城市生态位指数	城市生态“态”	自然资源	资源优势度指数	土地、水、矿产
			交通指数	公路、铁路、航空 供水能力（立方米）
		物质资源	设施水平指数	道路面积（平方米） 电话用户（万户） 发电能力（亿千瓦时） 固定资产投资总额（亿元） 金融机构存款余额（亿元）
		资本资源	资本推动指数	实际利用外资（亿美元） 预算内财政收入（亿元） 从业人数（万人）
		人力资源	人力资源指数	万人大专以上文化人数（人） 人均公共教育支出（元） 专业技术人员人数（万人）
		科技资源	智力支持指数	科技费用投入（万元） 专利申请数（项） 人均 GDP（元/人）
	城市生态“势”	城市效率	经济效率指数	地均 GDP（万元/平方千米） 城市化率（%） 第三产业比重（%） 进出口总额（美元） 客运总量（万人）
		城市集散能力	城市集散指数	货运总量（万吨） 邮电业务量（万元） 电信业收入（亿元） 社会商品零售总额（亿元） 固定资产投资增长率（%） 存款余额增长率（%）
		资源增长	发展速度指数	财政收入额增长率（%） 利用外资增长率（%） 从业人数增长率（%） 专业技术人员增长率（%）

评价指标都是从不同角度、不同侧面反映城市生态位，为了从整体上动态反映城市生态位，必须采取一定的方法将这些指标进行综合，将多个指标转化为一个能够反映综合情况的指标来进行评价。在综合评价时，目前有多种方法可以选用，如主成分分析法、层次分析法、因子分析法、综合指数法等。其

把从不同角度和不同侧面反映城市生态位的评价指标综合成为一种在整体上对城市生态位的动态反映，都是根据各个因素与城市发展的相互作用关系，借助Eviews、SPSS或者其他统计分析软件对数据进行处理，从而得到影响城市发展的主要因素以及影响的程度。

城市作为城市生态位评价的主体，是一个复杂的社会—经济—自然系统，是由多维资源空间构成的，能对这种受多方面因素影响的事物进行全面有效评价的方法是模糊综合评判法，但是主观的赋值容易给结果造成偏差，从而使评价结果不能很客观和科学地反应城市发展的基本情况。所以，本书选用最普遍使用的主成分分析法对城市生态位进行评价，通过主成分分析法来确定城市生态位的大小以及城市与相关因素之间的相关性和各因子对城市发展的影响程度。

4.7.2.2 数据的标准化处理

城市生态位评价指标体系是一种多指标评价体系，如果直接用原始指标值进行分析，就会因为各指标间的水平相差比较大，削弱数值水平较低指标的作用，相对突出数值较高的指标在综合分析中的作用。因此，需要对原始指标数据进行简单的标准化处理，以保证结果的可靠性。其主要方法是：

如果评价指标与评价目标层正相关，则运用以下公式：

$$S=X_i-X_{\min}/X_{\max}-X_{\min} \tag{4-28}$$

如果评价指标与评价目标层负相关，则运用以下公式：

$$S=X_{\max}-X_i/X_{\max}-X_{\min} \tag{4-29}$$

4.7.2.3 主成分分析法

城市是一个多要素复杂的系统，在对城市发展进行分析时，影响其发展的因素有很多，而这些因素之间是具有一定的相关关系的。因此，采用主成分分析法。主成分分析（Principal Component Analysis），简称PCA，又叫主分量分析，是多元统计分析中的一种重要方法。它是通过原始变量的线性组合，把多个原始指标简化为有代表意义的少数几个指标，以使原始指标能更集中、更典型地表明研究对象特征的一种统计方法。以下简单介绍主成分分析的基本原理和基本运算步骤。

（1）主成分分析的基本原理

主成分分析是通过对数据的降维处理技术，把原来多个变量简化为少数几个能综合表现事物特征的指标的一种数学统计方法。假定有 n 个样本，每个样本共有 m 个变量描述，这样就构成了一个 $n\times m$ 阶的数据矩阵：

$$X=\begin{bmatrix} X_{11} & X_{12} & \cdots & X_{1n} \\ X_{21} & X_{22} & \cdots & X_{2m} \\ P & P & P & P \\ X_{m1} & X_{m2} & \cdots & X_{mn} \end{bmatrix} \tag{4-30}$$

然后在众多的变量中通过指标的线性组合，再调整组合系数，得出指标间相互独立又具有代表性的综合指标，即用综合指标——新变量的指标 Z_1，Z_2，…，Z_p 来表示其所对应的原来的指标 X_1，X_2，…，X_n（$p\leqslant n$）。

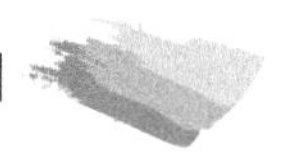

$$\begin{bmatrix} Z_1=I_{11}X_2+I_{12}X_2+\cdots I_{1n}X_n \\ Z_2=I_{21}X_2+I_{22}X_2+\cdots I_{2n}X_n \\ \cdots\cdots\cdots\cdots\cdots\cdots\cdots\cdots\cdots\cdots\cdots \\ Z_p=I_{p1}X_2+I_{p2}X_2+\cdots I_{pn}X_n \end{bmatrix} \tag{4-31}$$

在式（4—31）中，系数 I_{ij} 由下列原则决定：① Z_i 与 Z_j（$i \neq j; i, j=1, 2, \cdots, p$）；② Z_i 是 X_1，X_2，…，X_n 的所有线性组合中方差最大者；Z_2 是与 Z_1 不相关的 X_1，X_2，…，X_p 的所有线性组合中方差最大者；……；Z_m 是与 Z_1，Z_2，…，$Z_{p\text{-}1}$ 都不相关的 X_1，X_2，…，X_n 的所有线性组合中方差最大者。

这样原变量指标 X_1，X_2，…，X_n，就由新变量指标 Z_1，Z_2，…，Z_p 来表示，分别称为第一，第二，…，第 p 主成分。在总方差中占比例为 Z_1，Z_2，Z_3，…，Z_n 的方差依次递减。在实际问题的分析中，为了既能简化变量之间的关系，又能抓住事物的主要矛盾，只需要挑选前几个最大的主成分。

（2）主成分分析的基本运算步骤

步骤一：计算相关系数矩阵

$$R=\begin{bmatrix} r_{11} & r_{12} & \cdots & r_{1n} \\ r_{21} & r_{22} & \cdots & r_{2n} \\ M & M & M & M \\ r_{n1} & r_{n2} & \cdots & r_{nn} \end{bmatrix} \tag{4-32}$$

在公式（4—32）中，r_{ij}（$i, j=1, 2, \cdots, n$）为原来变量 X_i 与 X_j 的相关系数，其计算公式为

$$r_{ij}=\frac{\sum_{k=1}^{n}(x_{kj}-\overline{x}_i)(x_{kj}-\overline{x}_j)}{\sqrt{\sum_{k=1}^{n}(x_{kj}-\overline{x}_i)^2\sum_{k=1}^{n}(x_{kj}-\overline{x}_j)^2}} \tag{4-33}$$

步骤二：计算主成分贡献率及累计贡献率

计算主成分 Z 贡献率公式：

$$r_i/\sum_{k=1}^{n}\gamma_k \ (i=1, 2, \cdots, n) \tag{4-34}$$

累计贡献率计算公式：

$$\sum_{k=1}^{p}\gamma_k / \sum_{k=1}^{n}\gamma_k{}^{\sigma} \tag{4-35}$$

一般取累计贡献率超过 85% 的特征值所对应 γ_1，γ_2，…，γ_m 的第一，第二，…，第 p（$m \leqslant n$）个主成分。

步骤三：计算主成分载荷

$$n(Z_k, X_i) = \sqrt{\gamma_k e_{ki}} \ (i, k=1, 2, \cdots, n) \tag{4-36}$$

步骤四：计算主成分得分

$$Z=\begin{bmatrix} Z_{11} & Z_{12} & \cdots & Z_{1p} \\ Z_{21} & Z_{22} & \cdots & Z_{2p} \\ P & P & P & P \\ Z_{m1} & Z_{m2} & \cdots & Z_{mp} \end{bmatrix} \tag{4—37}$$

4.7.3 聚类分析方法划分城市生态位类型

通常运用主成分分析法对城市生态位进行综合评价后，选取聚类分析方法根据城市生态位对城市进行类型划分。

聚类分析法属于数学与统计学的范畴，是理想的多变量统计技术，又称群分析，它是研究如何将一组样品（对象、指标、属性等）类内相近、类间有别的若干类群进行分类的一种多元统计分析方法。它的基本思想是认为研究的样本或指标（变量）之间存在着不同程度的相似性（亲疏关系），把一些相似程度较大的样本聚合为一类，把另外一些彼此相似程度较大的样品聚合为另一类。

聚类分析的基本原理是选择一批有代表性的样本作为中心（凝聚点），将各个样本按最近距离原则向中心点汇聚，从而得到初始分类。下一步任务是判断初始分类是否合理，如果不合理，就修改分类；如果修改后仍不合理，就再次修改分类，直到合理为止。进行聚类分析一般包括以下几个基本步骤：①选择描述事物对象的变量（指标），要求选取的变量既要能够全面反映对象性质的各个方面，又要使不同变量反映的对象性质有所差别；②形成数据文件，建立样品资料矩阵；③确定数据是否需要标准化，不同变量的单位经常不一样，有时不同变量的数值差别达到几个数量级，这时如果不作数据标准化处理，数值较小的变量在描述对象的距离或相似性时其作用会被严重削弱，从而影响分类的正确性；④确定表示对象距离或相似性程度的统计量；⑤选择适当的事物对象聚类方法，进行聚类。

K 均值聚类法又称为快速聚类法或逐步聚类法，先把聚类对象进行初始分类，然后逐步调整，得到最终分类。K 均值聚类法的具体步骤是：①将数据进行标准化处理，多数情况下由于不同变量的数量级不同，要求进行这样的数据处理；②假设分类数目为 K，确定每一类的初始中心位置，即 K 个凝聚点（一个最简单的方法是选取前 K 个样品作为初始凝聚点）；③按顺序计算各个样品与 K 个凝聚点的距离，根据最近距离准则将所有样品逐个归入 K 个凝聚点，得到初始分类结果；④重新计算类中心，重新计算各类变量的平均值，作为新的凝聚点，当所有样品归类后才计算各类类中心，每个样品一归类，立即计算该类的类中心；⑤所有样品归类后即为一次聚类，产生了新的类中心，如果满足一定的条件，如聚类次数达到制定的迭代次数，或者两次计算的最大类中心的变化小于初始类中心之间最小距离的一定比例，则停止聚类，否则就转到第三步。这样就可把各样本分成最终的 K 类。

4.7.4 湖南省长沙市生态位评价

4.7.4.1 概况

长沙是湖南省省会，是全省的经济、政治、文化、教育、交通、科技和商贸中心。长沙地理位置优越，现已形成发达的交通运输体系。其黄花机场是国

际航空港，以长沙为中心的全省高速公路网也已基本形成，同时长沙又是全国铁路交通枢纽，有京广、石长、武广高铁、杭长高铁等铁路经过。长沙教育科技发达，创新能力突出，在杂交水稻、材料工程、生物工程、信息工程等方面拥有国际领先水平的科研成果。长沙产业支撑强大，发展后劲十足，现已形成电子信息、先进制造、新材料、生物医药和高科技食品等五大高新技术产业群。

4.7.4.2　评价过程

通过对长沙市指标数据进行标准化处理，运用 SPSS Statistics 对数据进行主成分分析，分别得出长沙市在时间轴和空间轴上的特征值与方差贡献率和主成分载荷矩阵，见表 4–7–2、表 4–7–3。

特征值与方差贡献率　　表 4–7–2

		初始特征值			平方加载的提取总和		
	组成	总计	差异百分比	累计百分比	总计	差异百分比	累计百分比
长沙	1	29.109	66.158	66.158	29.109	66.158	66.158
	2	7.072	16.073	82.231	7.072	16.073	82.231
	3	4.348	9.882	92.113	4.348	9.882	92.113

主成分载荷矩阵　　表 4–7–3

	长沙组成部分		
建成区面积	.959	–.242	–.140
水库蓄水能力	.334	.287	.716
粮食作物播种面积	–.784	.568	–.034
从业人数	.989	.019	–.071
每万人科技人员比例	.953	–.268	–.132
人口密度	–.851	.523	–.051
人口增长率	–.178	.807	.329
城乡居民储蓄存款	.991	.020	.125
金融机构存款余额	.984	.139	.107
实际利用外商投资金额	.858	.421	.270
预算内财政收入	.991	.120	–.050
科技活动经费支出总额	.988	.118	–.070
万人专利授权数	.857	.177	.483
高新技术产品总产值	.964	.209	–.063
新产品产值	.975	.194	.072
城市供水能力	–.659	.698	–.094
道路面积	.996	–.047	.037
全社会固定资产投资总额	.998	.054	.016
每万人拥有的公共交通车辆	.229	.087	.297
人均 GDP	.999	–.013	.049
地均 GDP	.726	.680	–.026

续表

	长沙组成部分		
人均财政收入	.994	.064	-.026
第三产业比重	-.844	.452	.273
城市居民人均可支配收入	.997	.022	-.036
进出口总额	.8433	-.053	-.536
客运总量	.793	.239	-.517
邮政业务量	.867	.399	-.193
电信业务收入	-.167	-.340	-.566
社会消费品零售总额	.342	-.894	.288
固定资产投资增长率	-.167	-.340	-.566
存款余额增长率	.342	-.894	.288
财政收入增长率	-.086	.917	-.334
利用外资增长率	.183	.292	.800
从业人数增长率	.807	-.421	.068
城市化水平	-.569	.772	.282
恩格尔系数	-.569	-.013	.816
城市登记失业率	.523	.569	-.583
新增卫生社会保障和社会福利资产	.947	-.118	-.069
城乡居民收入比值	.992	-.037	.100
绿地面积	.936	-.018	.324
污水排放量	-.826	-.551	-.067
建成区绿化覆盖指标	.852	-.289	.216
单位 GDP 能耗指标	.980	-.106	.035
城区空气良好天数	.943	-.332	.108

再通过逐级求值，分别得出长沙市 2006 年至 2010 年二级指标（自然资源、人力资源、资本资源、科技资源、物质资源，城市效率、城市集散能力、资源增长能力、社会进步能力、环境保护能力）、一级指标（生态态和生态势）以及目标层城市生态位的数值，见表 4–7–4。

最后求得长沙城市 2010 年二级指标（自然资源、人力资源、资本资源、科技资源、物质资源，城市效率、城市集散能力、资源增长能力、社会进步能力、环境保护能力）、一级指标（生态态和生态势）以及目标层城市生态位的数值，见表 4–7–5。

通过总体的分析得出各个数值之后，再在时间轴和空间轴上对数据进行具体的分析。

4.7.4.3 评价结果及其分析

根据上述评价过程总结出长沙市 2006 ~ 2010 年城市生态位整体评价，如图 4–7–1 所示。

长沙 2006 ~ 2010 年城市生态位指数　　表 4-7-4

		生态位	生态势	生态态	自然资源	人力资源	资本资源	科技资源	物质资源	城市效率	城市集散能力	资源增长能力	社会进步能力	环境保护能力
长沙	2006	-0.51	-0.30	-0.42	0.00	-0.38	-0.06	0.00	-0.51	-0.38	-0.06	0.04	-0.27	-0.11
	2007	0.51	0.27	0.45	0.15	0.13	0.51	0.20	0.03	0.13	0.51	-0.34	0.61	-0.13
	2008	1.91	1.30	1.39	0.64	0.67	0.72	0.46	0.63	0.67	0.72	0.88	0.63	0.72
	2009	2.83	1.63	2.35	1.12	1.07	0.63	1.32	1.14	1.07	0.63	0.42	0.80	1.40
	2010	4.57	2.80	3.63	1.42	1.81	1.96	1.96	1.02	1.81	1.96	0.08	1.82	1.84

2010 年长沙城市生态位比较指数　　表 4-7-5

	生态位	生态势	生态态	自然资源	人力资源	资本资源	科技资源	物质资源	城市效率	城市集散能力	资源增长能力	社会进步能力	环境保护能力
长沙	5.66	3.54	4.44	1.96	1.98	2.00	2.00	1.93	2.23	2.24	-0.48	1.47	1.42

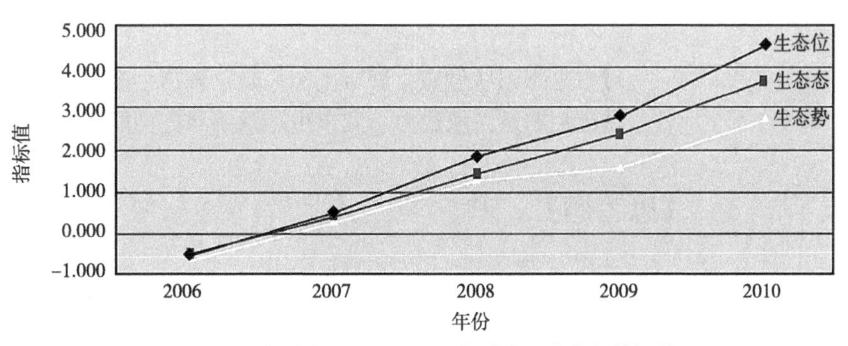

图 4-7-1　长沙市 2006 ~ 2010 年城市生态位整体评价

依图可知，长沙市在 2006 年到 2010 年这五年中整体生态态、生态势和生态位是稳步上升的，这表明长沙市城市发展整体来说是良性的，城市处在一个健康发展的阶段。城市生态态的曲线不管是累积量还是增长速度都高于城市生态势曲线，这表明长沙市已经具有良好的城市资源积累，其生态势的增长也使这种积累在逐年增加。从单独的曲线来看，城市生态态的变化曲线比较平稳，是一条直线上升的曲线，表明长沙市的发展现状比较平稳，资源和资本的累积都是一个逐年稳步上升的过程，有一个好的城市发展保障和基础。城市生态势发展的曲线较城市生态态发展曲线要曲折一些，这表明长沙市的城市生态势虽然同样处在一个上升的过程，但因其影响因素的波动比较大，所以其生态势的变化波动也比较大。从曲线的走势我们可以看出，在 2009 年这一年中，长沙市的城市生态势增长较其余四年的生态势的增长要缓慢一些。而受生态态和生态势共同影响的城市生态位在近五年来也处于一个上升的过程，但从曲线图可以看出，长沙市生态位在 2009 年的增长速度有所放缓，之后又处于一个稳步上升的过程。

【本章小结】

城市生态系统是城市空间范围内居民与其自然环境系统和人工建造的社会环境系统相互作用形成的网络结构，它不仅包含自然生态系统的组成要素，也包括人类及其社会经济等要素。

城市生态系统受人为影响最大，同时也影响着居住在其中的人，因此，健康与安全是城市生态系统建设最重要的两个状态。本章阐述的城市生态系统健康的评价方法主要是选择适宜的、可定量的指标，构建指标体系和综合评价模型来评价城市生态系统健康状况，并使用定量方法分析城市生态安全。

生态系统可以承受人类活动所带来的压力，但这个承受力是有限度的，某些生态环境对人类活动特别敏感，甚至会影响整个人类生态系统的安危，因此在城市生态规划时要综合考虑社会、经济、环境的综合影响作用，将生态风险、生态敏感性、土地生态适宜性、生态系统承载力、生态系统服务功能、生态位等方面的分析、评估与评价方法广泛地应用于城市生态规划中。

【关键词】

城市生态系统健康；城市生态风险；城市生态敏感性；城市土地生态适宜性；城市生态系统承载力；城市生态系统服务功能；城市生态位

【思考题】

1. 模糊数学方法评价城市生态系统健康的评价标准是什么？
2. 简述城市生态安全的内涵及重要意义。
3. 简述工业、居住、商业三类用地的生态适宜性评价的指标体系及标准。
4. 简述生态系统承载力概念的演变过程。
5. 生态系统服务功能评估有哪些方法？简述每种方法的优缺点。
6. 生态位与城市生态位在概念上有什么主要差别？

第五章　城市生态规划应用技术

【本章提要】

本章主要介绍了遥感（RS）、地理信息系统（GIS）、数字高程模型（DEM）、空间句法（Space Syntax）、三维可视化（ArcScene）、计算流体力学（CFD）等城市生态规划应用技术的概念、基本原理、主要功能及上述技术在城市生态规划中的具体应用。

5.1　RS遥感影像获取技术

5.1.1　遥感

遥感（RS）来自英语Remote Sensing，即“遥远的感知”，是指非接触的，远距离的探测技术。具体来说，指运用传感器或遥感器对物体的电磁波的辐射、反射特性的探测，依据不同物体对波谱产生不同响应的性质，利用飞机、卫星等飞行物的遥感器，接收调查目标的数据资料，经记录、传送、分析和判读来识别目标。

长期以来，生态研究的数据源主要依赖于人工统计、实地测量和分析，以及定点的地面观测站记录等，这对小范围高精度要求的研究及环境质量分析可以满足需要。但对中尺度以上甚至全球尺度的区域环境研究，则需要消耗大量的人力物力去获取环境背景数据，并且不能及时予以更新，难以满足生态评价和动态预测的现势性和深刻性。同时，这种手段局限于单要素评价，缺乏区域综合评价的意识，因而缺乏整体性和宏观性，影响生态环境评价的准确性和环境管理决策的正确性。随着遥感技术具备的获取范围面积大、速度快、手段多等特点被广泛应用，现代遥感技术出现并飞速发展，为区域生态环境质量评价特别是中尺度以上的生态评价提供了大量综合、宏观、动态和快速更新的信息，大大改进了生态研究的技术手段。

遥感数据分析从传统的以目视解译定性分析为主，获得观测目标的物理特性，逐渐变成现在的研究成像机理、地物波谱特性、各大气层和气溶胶对电磁波谱的吸收、发射和散射特征等，从影像的几何与物理方程出发开展全定量化反演。遥感正走向定量化、自动化、实时化，将形成自己的科学和技术体系。从影像中提取地物目标，解决其属性和语义是遥感的另一个作用。目标识别从传统的目视到常用的人机交互判读，正在向自动化和智能化方向发展。影像识别和分类不再限于统计分类，基于结构和纹理的分析方法正在被引入。影像融合技术、数据压缩技术继续成熟，大规模影像库的建设带来影像检索技术和无缝影像库的发展，以及空间数据挖掘应用于遥感图像解译。

5.1.2 影像获取原理

5.1.2.1 遥感原理

遥感技术早在 20 世纪 60 年代就开始被用来研究土地利用和土地覆盖变化，随着 RS 和 GIS 技术的发展，开始了在生态规划过程中对遥感技术和 GIS 技术的综合运用。

RS 实质上就是运用地物的光谱反射原理，通过卫星传感器和地面接收系统获取地面坐标、反射值、波段、时间之间的关系函数，从而得到所需不同类别的地物的影像数据。关系函数表示如下：

$$I=f(x, y, z, f, t) \tag{5-1}$$

卫星平台上传感器收到地面各种植物反射的不同的电磁波，通过计算机处理把接收的数据进行分析，就会得到许多增强信息，再利用加大信息差异的技术手段生成图像。通过测量电磁波辐射能量的强度对各种地物进行探测，从图像色调、光泽、质感、几何形状（特征）、结构纹理及地理位置等相关特征识别辨析成遥感影像。

5.1.2.2 遥感图像预处理

（1）几何校正

遥感图像的几何校正分为两阶段。第一，系统校正（几何粗校正）是把遥感传感器的校准数据、传感器位置、卫星姿态等测量值进行几何畸变校正；几何精校正是利用地面控制点 GCP，在遥感图像上确定易于识别，并可精确定位的点，对遥感图像几何畸变进行纠正。

几何校正具体步骤如下。

第一，打开要进行几何校正的、图像和对照图像。

第二，确定校正过图像的地理坐标系。

第三，选择校正过图像和对照图像上没有变化的、可以清楚看到的40个点。

第四，依据几何校正的要求，删除误差大于一个像元的GCP点，剩下误差小于一个像元的20个GCP点。

第五，检验校正结果。在已校正图像上选择若干点进行误差量测，确保校正精度。量测明显地物间的距离，以检验长度误差，即像点间误差。本书中误差在一个像元内。

第六，保存校正结果。

另外，卫星图像的预处理过程还包括采集卫星图像控制点、地形图重采样等。

(2) 大气校正

大气校正无论是从应用还是理论上，一直以来都是大家所关心的问题。到目前为止，遥感图像的大气校正方法很多。这些校正方法按照校正之后的结果分为两种，绝对大气校正方法和相对大气校正方法。绝对大气校正方法是将遥感图像的DN（Digital Number）值转换为地表反射率或地表反射辐亮度的方法。相对大气校正方法校正后得到的图像，相同的DN值表示相同的地物反射率，其结果不考虑地物的实际反射率。按照校正的过程，可以分为直接大气校正和间接大气校正。直接大气校正是指根据大气状况对遥感图像测量值进行调整，以消除大气影响，进行大气校正。大气状况可以是标准的模式大气或地面实测资料，也可以是由图像本身进行反演的结果。间接大气校正指对一些遥感常用函数，形成新的形式，以减少对大气的依赖。

5.1.2.3 图像合成

由于地表物体差异需要在不同的波段上体现出来，为了提高地表物体之间的差异性，从而提高地表物体的识别效果，所以要进行图像合成。

5.1.2.4 图像增强

通过增强处理可以突显图像中对研究有意义的数据信息，提高图像的清晰度，使图像的可编辑性提高，这是遥感图像数字处理的最基本方法之一。

5.1.2.5 遥感图像裁剪

一幅卫星图像所包含的内容很多，地域范围很广，为了能够突显我们的研究地区和确保多幅卫星图像之间具有空间可比性，只保留研究区域内的卫星图像，要对卫星图像进行裁剪来制作专题研究图像。

5.1.3 遥感影像的作用

遥感影像获取技术应用各种传感仪器对远距离目标所辐射和反射的电磁波信息，进行收集、处理，并最后成像，从而对地面各种景物进行探测和识别。遥感能从不同高度、大范围、快速和多谱段地进行感测，获取大量信息。

经过四十多年的发展，遥感在基础理论、观测技术、处理技术应用领域拓展等方面有着巨大的进步，遥感所提供的遥感信息作为自然资源与环境的载体，已经广泛应用于土地、农业、森林、海洋、气象、水、地矿、城市等各个领域，成为资源与环境研究领域中不可缺少的信息来源。利用一切可以利用的遥感技术在电磁波各领域来获取地球表面信息，进而通过信息的处理和分析，定量定性研究地球表面物理、生化和地学的动态和静态过程，从而为调查自然资源、监测人类环境服务，这是遥感应用技术的主要方法和目的。遥感技术的生命力就在于结合国民经济的需要，为社会广泛应用，并能创造巨大的环境与社会经济效益。

航天遥感还能周期性地得到实时地物信息。因此航空和航天遥感技术在国民经济和军事的很多方面获得广泛的应用，如应用于气象观测、资源考察、地图测绘和军事侦察等方面。

遥感技术通常与 GIS 技术结合使用，通过 GIS 对遥感图像进行数字化处理，完成相应的各项操作，实现各类分析。RS 技术与 GIS 技术结合可以进行土地利用及生态安全研究、控件扩展与外部形态演变研究、景观生态综合研究等。

5.1.4 遥感在城市生态规划中的应用

5.1.4.1 土地适用性评价

（1）土地信息的获取

土地评价的内容涉及面广、工程周期性强、业务工作量大，这使得评价基础资料调查的任务复杂艰巨。土地评价基础资料的内容涉及自然条件、环境状况、资源分布、城市建设、经济发展等诸多方面，不仅要提供这些要素在不同空间层次的分布状况与数量构成，而且还要反映出某些要素在各个时期的演进与微观相结合的动态研究。

遥感技术的发展为土地评价提供了十分丰富的数据源。遥感技术按工作平台可分为航空遥感和卫星遥感。航空遥感用于城市综合研究已有不少成功的实例，如北京、天津、广州等大城市均已开展航空遥感综合调查，取得了良好的效果。由于空间分辨率的提高，卫星遥感技术的应用也日益广泛。苏亚芳利用 TM 数据进行了杭州城市扩展的动态监测，国家土地局利用 TM 和 SPOT 数据于 1997 年研究了 100 个城市的扩展，尹占娥等利用航片数据和 SPOT 影像数据，应用遥感和 GIS 技术的集成研究了上海内外环间居住区用地。近年来，新型遥感卫星不断升入太空，提供了更多、更快的遥感信息源。美国的 7 号陆地卫星 LANDSAT7 的 ETM 传感器新增了一个全色波段，其空间分辨率从 TM 的 30m 提高到 15m；法国的 SPOT-1、SPOT-2、SPOT-4 和 SPOT-5 卫星能提供 20m、10m、5m、2.5m 不同级别的空间分辨率；美国相继发射成功了两颗高分辨率商业遥感卫星 IKONOS 和 QUICKBIRD，其最高空间分辨率分别为 1m 和 0.61m。从而使得遥感技术在城市环境和规划中的应用前景更加广阔。

卫星遥感技术在土地评价中的应用可以归纳成三个方面：土地空间布局分析、土地利用变化监测及规划实施情况检查。在土地评价过程中，需要掌握很多基础数据，以往这些基础数据需要通过实地调查来获得，涉及很多人力物力，并且调查周期长。遥感技术所具有的宏观性、实时性及动态性等特点，为基础数据的调查提供了一个新的途径，具有广阔的应用前景。

传统的土地评价一般是由长期从事土地科学和农业科学的工作人员通过实地调查，然后结合经验分析进行的。这种常规的信息获取方法，调查工作量大，标准较难统一，空间定位精度稍差，有一定的主观随意性，不易进行定量研究。虽然 GIS 技术初步引入到土地评价中，但只是孤立地利用了 GIS 技术的部分分析和处理功能，并没有充分发挥 GIS 技术在土地评价中的作用。尤其是在传统的土地评价中，RS 技术没有得到较好地应用，没有充分发挥其在土地信息获取方面的快速、方便、灵活的优势，没有将 RS 技术和 GIS 技术有机结合起来更好地为土地评价服务。所以将 RS 和 GIS 技术充分结合可以快速、准确掌握研究区域的土地质量、数量和生态环境等信息，比传统的土地适宜性评价方法更具科学性和实效性。

(2) 武汉市住宅用地土地适宜性评价

区域住宅用地的生态适宜性评价，是从生态学角度出发，在区域可持续发展框架下，分析区域住宅用地的生态适宜性条件，确定住宅用地环境限制因素，从而寻求区域最佳的住宅用地布局方案。以武汉市都市规划为例，其规划范围为全部区域，对数据进行获取并评价。以栅格数据格式为基准格式，确定武汉市住宅用地生态适宜性评价的评价单元为 100m×100m。通过对评价因子的选择、综合计算后划分不适宜、较不适宜、一般适宜、较适宜和最适宜等 5 个级别。

武汉市住宅用地生态适宜性呈现出由中央向四周递减的趋势。这与武汉市地形地貌、河湖分布有密切关系。武汉市四周地形起伏、河湖密布、生态敏感度高，不适宜作为住宅用地。武汉市住宅用地最适宜的等级主要出现在城市以及建制镇周围，占评价区域面积的 21.84%，该区域交通便利，教育、医疗、娱乐、休闲条件完备；较适宜的等级出现在城市以及建制镇外围，占评价区域面积的 26.85%，是城乡结合部位，也是城市未来发展趋向的地区，基础设施以及居住条件次之；不适宜的等级出现在各大水体、保护区及周边地区，占评价区域面积的 12.84%。由于保护区、水体承担着生物多样性、美化环境、涵养水源等生态功能，生态敏感性最高。由于有生态条件的约束，该区域不适合作为住宅用地，宜定位为限制开发区。

通过对土地适宜性评价结果的分析，对武汉城市用地规划的建议为：主城区内住宅用地鼓励高层、低密度、高绿地率的住宅建设，提高土地利用效率，严格控制零星建房。继续推进居住区的环境和配套设施建设。结合产业布局，在新城组群集中建设大型居住区和中型居住区。结合中小型工业园，就近配套布局一批小型居住区。

5.1.4.2 城市绿地系统生态规划

(1) 城市绿地信息获取

城市绿地是城市生态系统的一个子系统，它作为城市生态系统的重要组成部分，对于改善城市生态环境质量，提高居民生活水平具有重要作用。在遥感技术出现之前，城市绿地的调查主要采用人工调查的方法。这种方法费时费力、不能动态地更新研究成果，适时为城市规划提供城市绿地的实际情况，跟不上城市发展的速度。遥感技术的出现改变了这一现状。因其适时性、多波段性和空间分析能力等特点，可以及时准确地对城市绿地动态变化进行监测，相对于传统的地面观测，有速度快、收效大、效率高的优势，并且有利于实现信息管理的自动化，被广泛应用于城市绿地信息的提取。

近几年，国内外许多城市将遥感技术应用到绿地信息提取中，动态掌握绿地覆盖面积，优化绿地空间结构，提高城市的可持续发展潜能，实现了绿地的整体规划。利用航空遥感影像进行绿地信息提取，与传统方式相比，具有视域范围广、宏观性强、图像清晰逼真、信息量多、重复周期短、资料收集方便等优势，无论在人力、物力、还是财力上都非常经济，而且时间短，效率高。

遥感影像分类的依据是各类样本内在的相似性，即遥感影像中的同类地物在相同的条件下（纹理、地形、光照以及植被覆盖等），应具有相同或相似的光谱信息特征和空间信息特征，从而表现出同类地物的某种内在的相似性，即同类地物像元的特征向量将集群在同一特征空间区域；而不同的地物其光谱信息特征或空间信息特征将不同，它们将集群在不同的特征空间区域。因此，根据遥感影像数据的分布规律，按其自然聚类将其进行分类（其分类的结果只是对不同的类别加以区分，并不能确定其类别属性），在分类结束后通过目视判读或实地调查确定类别属性。遥感技术的发展，遥感数据源的增多，使得人们对遥感数据的分析处理方法和手段也在不断发展，新的分类方法不断涌现。

就影像监督分类法获取绿地信息而言，通过对遥感影像的目视判读及实地调查，可以获知部分区域的地物属性。在分类过程中，首先选择可以识别或借助其他信息可以断定其类型的像元建立模板，然后基于该模板使计算机系统自动识别具有相同特性的像元。对分类结果进行评价后再对模板进行修改，多次反复后建立一个比较准确的模板，并在此基础上进行分类。

（2）上海绿地系统生态规划

1949 年前，上海绿地建设缓慢、无序、分布不均。1949 年前的 100 年间，全市平均每年仅开辟绿地 0.6hm^2，各种公园绿地约为 89hm^2。这些绿地绝大部分集中于租界和上层人士聚居的沪西住宅区一带，而普通群众居住的普陀、杨浦等地区，没有一块公共绿地，城市绿化建设极为落后。

1949 年后，上海市人民政府把园林绿地列为城市建设的重要任务之一。上海的绿地建设也随着城市的发展而逐步展开，绿地得到了快速发展。半个多世纪的城市绿地建设，对提升上海的生态环境质量、缓解市中心热岛效应、改善人民生活环境等起到了重要作用。

在上海绿地系统生态规划中，首先选定要进行分类的遥感影像，选择生成分类模板文件为非监督分类模板（非监督分类是根据图像本身的统计特征及自然点群的分布情况来划分地物类别的分类方法。其原理是聚类过程始于任意聚类平均值或一个已有分类模板的平均值；聚类每重复一次，聚类的平均值就重复一次，新聚类的均值再用于下次聚类循环），采用初始聚类方法，按照图像的统计值产生自由聚类，确定初始类别为 10，定义最大循环数为 24 次，设置循环收敛阈值为 0.95。

得到初始分类结果之后，通过分类叠加的方法来评价分类结果、检查分类精度，以调整分类方案，直到获得效果较好的分类结果。非监督分类后的重要

一步就是分类结果评价。通过目视判读及实地调查，对分类结果图上的地类进行属性标识，得到各地物面积，见表 5-1-1。

非监督分类面积统计（单位：km^2） 表 5-1-1

类别	水体	绿地	城镇	建设用地	耕地	总计
面积	311	1031	1264	1054	1540	5180

在非监督分类结束后，对分类结果的后处理也是很重要的一步。非监督分类利用的只是图像的灰度统计特征，将图像分为不同的聚类域。在评价这类分类后的图像时，可以利用其分类后的图像进行统计，再进行评价。在实验样区（以普陀区为样区）内随机选取 50 个已分类点（取各地类数大致相等，各类地物均取 10 个点），然后通过网上查阅资料及实地调查，获知其实际地物类型，据此统计本次分类的分类精度。获得的分类精度统计，见表 5-1-2。

非监督分类精度统计（单位：km^2） 表 5-1-2

样本点 / 实际点	水体	绿地	城镇	建设用地	耕地
水体	6	0	0	0	0
绿地	0	7	1	1	2
城镇	1	1	7	2	0
建设用地	2	1	2	7	2
耕地	1	1	0	0	6
总计	10	10	10	10	10

通过上述绿地提取分类结果，结合实地调查及资料分析，对上海市目前的绿化状况进行简单分析。经过绿化建设的高速发展期，目前，中心城区内绿化主要以大型公共绿地为主，结合中小型绿化地块，已逐渐形成体系，中心城区每区均有各自的大型公共绿地，这有助于将市郊清新自然的空气引入中心城区，对缓解中心城区热岛效应具有重要作用。城乡结合部主要以呈环状布置的城市功能性绿化带为主，包括环城绿带和郊区环线绿化带。郊区绿化建设主要以生态林和涵养林为主，辅以零星分布于居民区的中小型绿地。

经过半个多世纪以来的绿化建设，尤其是 1999 年以后绿化的飞速发展阶段，目前，上海市人均公共绿地面积已达到 9.16m^2，建设区绿化覆盖率达 35.18%，上海的绿化建设可以说是取得了突破性的进展。但是与国内外绿化先进城市相比，仍存在一定的差距。目前存在的主要问题如下。

1）市区范围内绿化网络体系不够完善，绿化布局不尽合理，各类公园、绿地、林地分布不均。

2）绿地组成缺乏相对独立性。城市绿化在很大程度上局限于按道路、河流或建筑物的间隙来规划绿地，而未从人口密度、空气质量状况及防灾需要等出发点来考虑城市绿地的总体布局。

5.2 GIS 地理信息系统分析技术

5.2.1 地理信息系统

地理信息系统（Geographic Information System 或 Geo-Information System，GIS）又可称为"地学信息系统"，是一种特定的十分重要的空间信息系统，实质上就是对不同类别的信息进行分析、处理和加工。具体来说，它是在计算机硬、软件系统支持下，对整个或部分地球表层（包括大气层）空间中的有关地理分布数据进行采集、储存、管理、运算、分析、显示和描述的技术系统。

GIS 技术作为一种新兴的计算机信息技术，具有强大的空间数据管理、空间信息分析能力，尤其在处理空间—属性一体化数据上具有无可比拟的优势。用 GIS 技术建立空间数据库，把生态规划中所需的自然状况、社会经济发展状况、生态环境状况等基础资料进行分类整理，形成生态规划的信息基础，在规划过程中就可以方便地进行信息动态查询及更新；GIS 强大的空间分析功能如叠加分析(Overiay)、缓冲分析(Buffer)、统计分析(Statisties)、邻域分析(Proxinity)和三维分析（3D）等功能可用来实现土地适宜性分析、敏感度分析、生态功能区划分等许多较为复杂的空间分析，提高了规划方案的科学定量化水平，减少了工作量，提高了生态规划管理水平。

GIS 技术的引入，把生态规划的核心——适宜度分析，从手工方式中解脱出来，使生态规划考虑多重复合性因素成为可能，从而大大推动了适宜度分析技术的应用和发展，使其成为城市绿地系统生态规划中绿化用土地利用规划的极为重要的分析技术。

5.2.2 地理信息分析

空间数据结构是指适合于计算机系统存储、管理和处理的地学图形的逻辑结构，是地理实体的空间排列方式和相互关系的抽象描述。它不仅决定了空间数据操作的效率，而且直接影响系统的分析功能、灵活性和通用性。因此，只有充分理解地理信息系统所采用的特定数据结构，才能正确地使用系统。

GIS 中的数据结构主要有两种类型，即基于矢量（Vector）的数据结构和基于栅格（Raster）的数据结构。现代的一些地理信息系统结合上述两种数据结构，采用混合数据结构或矢量栅格一体化的数据结构。

5.2.2.1 矢量数据

GIS 中的矢量数据结构是通过记录坐标的方式，用点、线、面等实体表示各种地理目标。对于点实体，矢量结构中只记录其在特定坐标系下的坐标和属性代码；对于线实体，就是用一系列足够短的直线首尾相接表示曲线，当曲线被分割成多而短的线段后，这些小线段可以近似地看成直线段，而该曲线也可以足够精确地由这些直线段序列表示，矢量结构中只记录这些小线段的端点坐标，将曲线表示为一个坐标序列，坐标之间认为是由直线段相连，在一定精度范围内可以逼真地表示各种形状的地物；面在地理信息系统中指一个任意形状、边界完全闭合的空间区域。

矢量数据结构的特点是"定位明显、属性隐含"，其定位是根据坐标直接

存储的，而属性则一般存于文件头或数据结构中某些特定的位置上，这种特点使得其在长度、面积、形状和图形编辑、几何变换操作中有很高的效率和精度，而在叠加运算、邻域分析等操作时则比较困难。

5.2.2.2 栅格数据

栅格数据结构是将地表表面划分为均匀紧密相邻的网格阵列，地理实体的位置和状态是用它们占据的栅格的行、列来定义的。即点用一个栅格单元表示；线状地物用沿线走向的一组相邻栅格单元表示；面状区域用记有区域属性的相邻栅格单元的集合表示。

栅格数据结构类型具有“属性明显、位置隐含”的特点，它易于实现，且操作简单，有利于基于栅格的空间信息模型的分析，如在给定区域内计算多边形面积、线密度，栅格结构可以很快算出结果。在栅格表达中，每一个位置点表现为一个单元（Cell），依行列构成的单元矩阵就叫作栅格（Grid），每个单元都以一定数值表示，诸如高程、土地利用类型、土壤状况等地理现象，在规划中对土地进行综合评价时，把不同的网格叠加起来，成为一个新的网格，这在栅格化的数据模型中很容易做到。

矢量数据结构和栅格数据结构是模拟地理信息的截然不同的两种方法。栅格数据结构十分有利于空间分析，但输出的地图既不美观也不够精确；矢量数据结构存储量小，且能输出精美的地图，但进行空间分析不方便。总而言之，这两种结构各有优缺点，但最有效的方法是两种数据结构结合使用，并实现两种数据结构之间的转换。

5.2.3 系统基本功能

GIS 的功能，概括起来可分为以下几个方面。

（1）空间分析功能

这是 GIS 的核心功能，也是它与其他计算机系统的根本区别。

（2）数据采集、检验与编辑功能

这是 GIS 的基本功能之一，主要用于获取数据，保持其数据库中的数据在内容与空间上的完整性、数据值逻辑一致、无错等。

（3）数据操作功能，包括数据格式化、转换和概化

数据的格式化是指不同数据结构的数据间的转换，数据转换包括数据格式转化、数据比例尺的变换等。数据概化包括数据平滑、特征集结等。

（4）数据的存储与组织功能

这是建立 GIS 数据库的关键步骤，包括空间数据和属性数据的组织。在地理数据组织与管理中，最为关键的是如何将空间数据与属性数据融为一体。

（5）分析、查询、检索、统计和计算功能

模型分析是在 GIS 支持下，分析和解决问题的方法体现，是 GIS 应用深化的重要标志，如图形、图像叠合和分离功能、缓冲区功能、数据提炼功能及分析功能等。

（6）空间显示功能

GIS 具有良好的用户界面，二维和三维的动态显示功能，它的需求是多层次和全方位的，因此简便而具有鲜明特点的显示功能很有价值。

而空间分析作为 GIS 的核心功能，是对空间数据的深加工或分析，获取新的信息，从而完成与地理相关的分析、评价、预测和辅助决策的任务。空间分析包括数字地形模型分析、空间特征的几何分析、网络分析、数字影像分析和地理变量的多元分析等。主要应用数字地面模型、空间叠加分析、空间缓冲分析、重分类等基本方法。地理信息系统不仅可以单独完成相应的各项分析，也可以与 RS、GPS、DEM 等软件相结合完成各项操作。

1）数字地面模型（Digital Terrain Model，简称 DTM）是用数字形式表示地表事物空间位置和性质的地理信息模型。利用数字地面模型可以进行多种方式的分析与计算，形成多样的地形表达方式，如地形坡度图、地形坡向图、地面光照图等，这些模型从不同的角度反映地形的特征。

2）空间叠加分析（Space Overlay Analysis）是指在统一空间参照系统条件下，每次将同一地区两个地理对象的图层进行叠加，以产生空间区域的多重属性特征，或建立地理对象之间的空间对应关系，如图 5–2–1 所示。空间叠加分析根据叠加对象图形特征的不同，分为点与多边形的叠加、线与多边形的叠加和多边形的叠加三种类型。

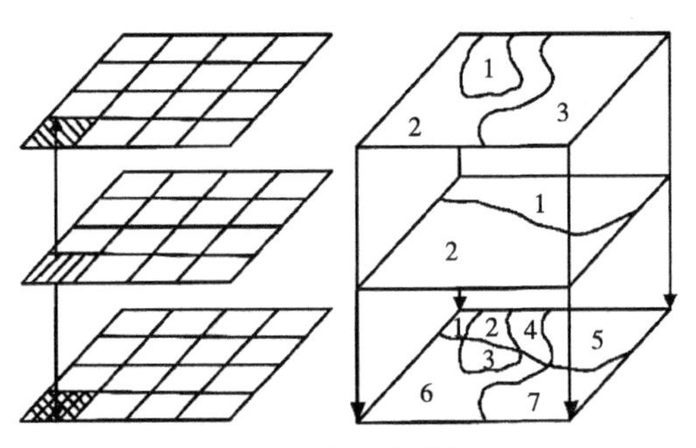

图 5–2–1　空间叠加分析示意

在生态规划中，主要用的是多边形与多边形的叠加。多边形与多边形的叠加是指将两个或多个图层的多边形要素相叠加，产生并输出空间分析层的新多边形要素，以及图幅要素更新、相邻图幅拼接和信息提取等。

3）空间缓冲分析（Spatial Buffer Analysis）是指根据分析对象的点、线、面实体自动建立它们周围一定距离的带状区，用以识别这些实体或主体对邻近对象的辐射范围或影响程度，以便为特定的分析或决策提供依据。如按河流两岸 100m 划出河流影响区域，规划河流洪水防范和河道治理范围。必须在缓冲区分析之前设定地图的单位，即比例尺。

4）重分类（Reclassify）是将现有地理信息按照某种新的标准进行重新划分，形成新的类别。如把土地资源调查图按利用现状重分类形成土地利用现状图。重分类的理论依据是客观事物间某些属性的相同性或相似性。重分类是信息综合的一种方式，通过属性重组进行图形重组，形成某一特征基础上的均质单元。

利用 GIS 的空间分析功能，可以选择各种评价方法进行单要素评价和区域综合评价，自动完成评价因子的分析、计算、评价和评价成果的输出，大大减少了工作量，提高了工作效率。

5.2.4　GIS 在城市生态规划中的应用

在生态规划中，GIS 特有的空间和属性数据的管理及空间分析的应用具有很大的应用价值，尤其对于涉及地图与图表的信息进行分析时，GIS 技术可以将种类繁多、数量较大的空间数据、属性数据及用户信息数据进行统一的管理，

为数据的实时更新和土地生态适宜性等多种评价提供数据支持和技术手段。

作为一种先进的技术手段，GIS 具有强大的空间分析和属性分析能力，是传统手段无法比拟的。在生态规划中，GIS 显示出定量、快速、易更新、动态、能进行模拟分析等特点。例如在景观生态动态变化研究方面，由于 GIS 具有良好的可扩展性和建模能力，可通过若干时间序列的遥感数据及其他资料动态监测、分析、建立一定的相关模型，从而分析景观格局的形成机制，以达到拟合、预估、预警的目的，这些都是传统的方法所达不到的。

5.2.4.1 建设用地生态适宜性评价

(1) 分析方法——土地生态适宜性评价方法

地理信息系统（GIS）作为技术平台，为城镇建设用地生态适宜性评价提供了良好的技术支持，通过多种软件平台的综合应用，能比较高效准确地进行评价。

1) 直接叠加法：详见 4.3.2.2 评价模型。

2) 因子加权评价法：当各种生态因子对土地的特定利用方式的影响程度相差很明显时，就不能直接叠加求综合适宜度，必须采用加权评价法。因子加权评价法可分为等权和不等权加权两种方法。计算公式详见 4.3.2.2 评价模型。

其中，因子等权求和实质是把地图叠加法中的因子分级定量后，直接相加求和而得综合评价值，以数量的大小（地图叠加法以颜色深浅）来表示适宜度，使人一目了然，克服了烦琐的地图叠加和颜色深浅的辨别困难。

因子加权评价法的原理与因子等权求和法的原理相似，不同点是要确定各个因子相对重要性（权重），权重的分析方法可采用层次分析法，对影响特定的土地利用方式大的因子赋予较大的权值。

3) 生态因子组合法：详见 4.3.2.2 评价模型。

生态因子组合法相对于前两种方法来说更接近自然生态环境，但目前相关理论还不是很成熟，评价指标体系也没有建立起来，因此，目前实施起来相对前两种方法，有一定的难度。

(2) 三江侗族自治县生态适宜性分析

在对三江侗族自治县的生态适宜性分析中，在考虑其自然地理条件、社会经济条件以及城镇建设用地现状的基础上，选择影响城镇建设用地的生态因子。运用 GIS 对高程、坡度、坡向、滑坡与泥石流、生态保护区、水域、洪水淹没范围以及城镇建设用地现状进行单因子分级评价。按照各评价因子对区域生态环境的影响，将评价因子划分为多个生态适宜性等级，其中各评价因子的权重通过专家打分和层次分析法确定。综合考虑三江规划区内上述各个因素（图 5-2-2），结合三江城市周边环境，在影响三江建设用地分布的基础因

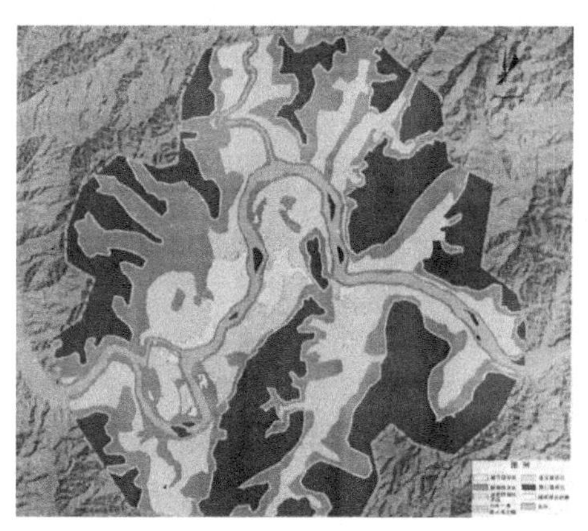

图 5-2-2 用地类型划分

子上进行叠加分析，通过融合临近多边形和破碎多边形，将规划区域用地类型划分为四类。

建成区：县城区已建成的地区、已经平整土地的地区以及已经划出的红线范围区。

适建区：坡度低于10%，高程大于20年一遇洪水位线156.59m，生态敏感性弱，土壤腐蚀低，土地承载力高的河流堆积阶地及山间平地。

限建区：坡度在10%至25%之间，缓坡丘陵地形，高差10～30m，坡度小于25%的坡耕地，泥石流破碎分布区，植被覆盖较好的地区。

禁建区：水体，坡度大于25%的山地，水源地保护区范围及饮用水源区范围，高压走廊防护带，生态系统较为稳定、生物多样性高的地区。

5.2.4.2 生态敏感性分析

(1) 分析理论——加权叠加法

GIS技术的生态敏感性分析以加权叠加法为理论方法。加权叠加法是结合GIS的适宜性模型分析中使用最多的方法。其基本原理是基于叠加的方法，将每个单因子的评价值与权重相乘，再累加求和。加权叠加法最适宜于计算机技术，并且与GIS的叠加技术原理相同，因此加权叠加法与GIS可以很好地契合。

整个地理信息系统就是围绕着空间数据的采集、处理、存储、分析和表现而展开的，因此空间数据来源、采集手段、生成工艺、数据质量都直接影响到地理信息系统应用的潜力、成本和效率。

空间数据的准确、高效的获取是GIS运行的基础。空间数据的来源多种多样，包括地图数据、野外实测数据、空间定位数据、摄影测量与遥感图像、多媒体数据等。不同的数据有不同的采集方法，能够获取的空间数据也不尽相同，这其中涉及：数据源的选择；采集方法的确定；数据的进一步编辑与处理，包括错误消除、数学基础变换、数据结构与格式的重构、图形的拼接、拓扑的生成、数据的压缩、质量的评价与控制等，保证采集的各类数据符合数据入库及空间分析的需求；数据入库，让采集的空间数据统一进入空间数据库。

对于因子具体的选择方法是要通过对具体实例问题的分析而产生的，一般可以通过查阅相关文献、资料，专家咨询等作为选择的辅助手段。在生态敏感性分析中常用的评价因子有：空气质量、植被、坡度、坡向、水文、景源等。

在基于GIS的敏感性分析中，不需要所有的数据都参与敏感性分析评价，要根据规划内容的需要来选择单因子。对于因子的评价包括两个概念：目标和属性。目标就是研究评价因子要达到的状态，例如是为了“保护资源”还是为了“建设开发”；属性则是对因子具体的描述和要达到的指标，例如“植被的覆盖率的多少”或是“水体的分布情况”。对于同一个目标，可以对应多个属性，而不同的目标也可能会对应同一个因子的属性。

(2) 重庆市黄瓜山生态敏感性分析

在重庆市黄瓜山规划中，运用GIS软件处理规划区自然地理条件、社会经济条件以及土地利用结构等相关数据，进行生态敏感性分析。在规划设计过程中，首先对地形地势进行分析研究，对各种不同的用地、空间以及其他因素与地形的内在结构保持一致。而目前由于GIS技术的发展，地形地势的分析也相

应变得比较容易。根据规划区现状资料，将规划区植被分为自然密林、竹林、灌木林、果林、农作物、草地、水体、其他非林地等类型，其中自然密林主要分布在象鼻山和虎头山一带。运用 GIS 对规划区进行可视性分析，选取景观效果最好的区域，在规划建设中使建筑掩映在自然山体中，减少人工雕琢的迹象。由于水源、道路等对建设用地适宜性的影响都和距离有关系，因此对两者进行了缓冲分析。整个区域被分成了 5 部分，25m 为一级，由水源向外产生了三层缓冲区域，越靠近水源敏感性越高。

在对黄瓜山规划区进行生态敏感性分析时，从众多基础资料中选取多个生态因子，通过单因子叠加获得生态敏感性分析评价图，并在此基础上进行旅游地的生态保护规划；在对生态适宜性的分析评价中，选取了生态敏感性、坡度、用地现状、视域分析、水体缓冲分析、道路缓冲分析作为其评价因子，并叠加得出生态适宜性分析评价图，为黄瓜山的产业布局规划、旅游总体规划、基础设施规划、服务设施规划等提供了重要、科学的决策依据。

5.3 DEM 数字高程模型技术

5.3.1 数字高程模型

数字高程模型（Digital Elevation Model），简称 DEM，是一种用 X、Y、Z 坐标描述地表形态的数据模型，即用一组有序数值阵列形式表示地面高程的一种实体地面模型。它主要是描述区域地貌形态的空间分布，是通过等高线或相似立体模型进行数据采集（包括采样和量测），然后进行数据内插而形成的。DEM 具有数据精度高，易于获取和便于分析等一系列优点，被广泛应用在测绘、地质、地理、军事等领域。利用 DEM 数据不但可以让地形场景可视化，还可以配合对应区域的遥感影像进行纹理贴图，从而使得地形场景更为逼真。

DEM 是数字地形模型（Digital Terrain Model，简称 DTM）的一个分支。DTM 是描述包括高程在内的各种地貌因子，如坡度、坡向、坡度变化率等因子在内的线性和非线性组合的空间分布，其中 DEM 是零阶单纯的单项数字地貌模型，其他如坡度、坡向及坡度变化率等地貌特性可在 DEM 的基础上派生。DTM 的另外两个分支是各种非地貌特性的以矩阵形式表示的数字模型，包括自然地理要素以及与地面有关的社会经济及人文要素，如土壤类型、土地利用类型、岩层深度、地价、商业优势区等。实际上 DTM 是栅格数据模型的一种。它与图像的栅格表示形式的区别主要是，图像是用一个点代表整个像元的属性，而在 DTM 中，格网的点只表示点的属性，点与点之间的属性可以通过内插计算获得。

DEM 数据类型一般有三种：栅格型、矢量型（等高线）和不规则三角网 TNI。描述高程空间数据的栅格、矢量和 TNI 三种类型之间可通过 GIS 软件相互转换。其中，栅格数据结构类型具有“属性明显、位置隐含”的特点，它易于实现，且操作简单；但它的数据表达精度不高，工作效率较低。规则格网（GUID）是以规则的正方形网格来表示地形表面。由于格网间距一定，对于复杂的地形地貌，很难确定合适的网格尺寸逼真表示，因此，在平坦地形区域，会产生大量的冗余数据，但对于地形起伏变化明显的区域，又不能准确表示地形特征。GUID 在数据存储时是一个矩阵，存储的是点的高程值，而点的平面坐标，可直接由原点坐标、格网间距及相应矩阵的行列号经过简单计算获得。因此，GUID 数据结构简单，数据存储量小，还可压缩存储，适合于大规模的使用和管理。现在我们常说的 DEM 及大规模的 DEM 数据库建设，主要是指这种形式。

5.3.2 高程数据生成方法

DEM 数据的生成一般有三种方法，具体如下。

5.3.2.1 数字摄影测量

数字摄影测量方法是 DEM 数据采集最常用的方法之一。它是以数字影像为基础，通过计算机进行影像匹配，自动相关运算识别同名像点得其像点坐标，并根据少量的野外像控点进行空三加密，建立各像对的立体模型。在 JX4 或 VirtuoZoNT 等相关数字摄影测量软件的支持下，对各像对进行特征点线（如山脊线、山谷线、地形突变地区线、峰顶、谷底、鞍部及地形突变点）、非相关区（河流、沙滩、房屋群或阴影等相关不好的区域）、水域区（湖泊、水库等无高差的区域）及森林覆盖区的量测，并将格网上的各点通过立体观测编辑到地面上，生成单一像对的 DEM，通过 DEM 的接边镶嵌功能生成测区内总的 DEM。

5.3.2.2 地面测量

利用 GPS、全站仪、PTK 等仪器在野外实地测量，并自动记录测量数据，将这些数据通过串行通信，输入计算机中进行处理，直接获取各测量点的三维坐标。当点数达到一定密度后，即可成一定精度的 DEM。

5.3.2.3 地形图矢量化

利用手扶跟踪数字化仪或扫描数字化仪，对已有地形图上的信息如等高线、高程点进行采集，然后通过内插的方法生成 DEM。DEM 内插方法很多，主要有分块内插、部分内插和单点移面内插三种。目前常用的算法是通过等高线和高程点建立不规则的三角网（简称 TIN）。然后在 TIN 基础上通过线性和双线性内插建立 DEM，如图 5-3-1 所示。

前两种方法虽然效果好，精度高，但是成本太大，对硬件要求也太高，效率却不高。利用地形图生产 DEM 数据具有如下的优点：第一，地形图相对较便宜，也容易得到，地形图上的等高线含有丰富的高程信息，利用这些高程信息生产 DEM 数据，可以极大地发挥地形图的作用，而地表的地形变化一般都比较小；第二，当前国内的数字化软件已相当便宜，对硬件要求较低；第三，地形数据以矢量形式存储、运算，减少了昂贵的内外存开销，可以批量生产。

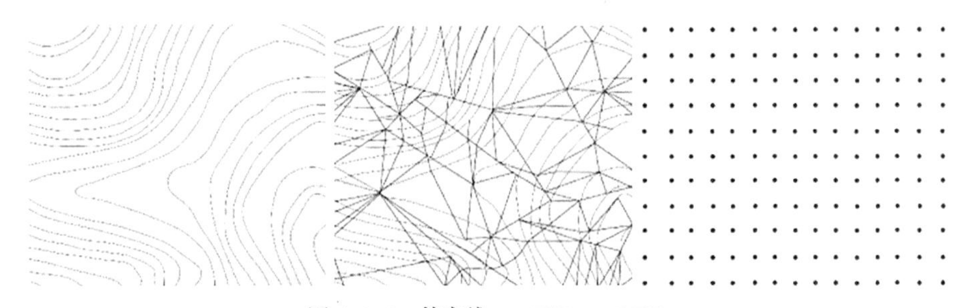

图 5-3-1 等高线——TIN——DEM

因此，用地形图生成 DEM 的方法目前比较流行。

目前数字高程数据主要有以下几个来源：照片立体测绘及数据捕获；等高线的数字化；快速发展的全球定位系统（GPS）；激光扫描测高系统（LIDAR）。用以上不同方法所得到的高程数据，一般可分为三类，即：网格、不规则三角形网（TIN）以及等高线。

受各种因素的影响，采集的数据必须经过处理才能满足应用的需要。数据处理主要是纠正数据采集过程所出现的错误，同时，还要对数据进行内插，这是数据处理的主要内容，并直接与应用研究的目的相联系（图 5–3–2）。

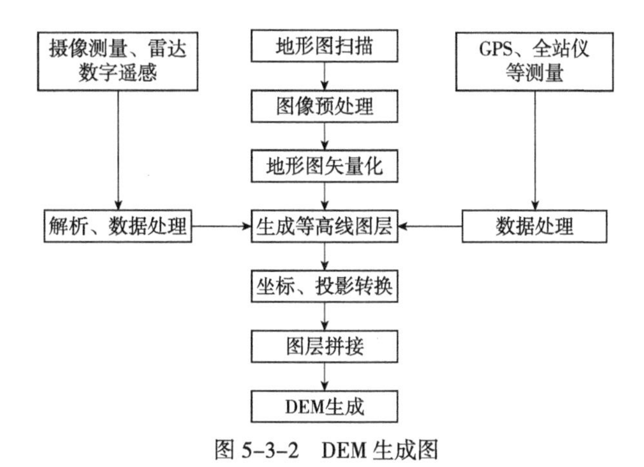

图 5-3-2　DEM 生成图

5.3.3　高程模型的作用

数字高程模型得到了越来越多的重视，发展非常迅速。当然，DEM 的发展是与其应用分不开的。DEM 的主要应用领域在地球科学及其相关学科方面，如摄影测量、遥感、制图、土木工程、地质、矿业工程、地理形态、军事工程、土地规划、通信及地理信息系统等。总之，DEM 完全可以代替传统使用等高线对地形表面的描述进而满足对等高线数据相同的各种需求。从 20 世纪 60 年代中期开始，随着数据库和环境遥感技术的迅速发展，数字高程模型开始作为空间数据库的实体，为地理信息系统进行空间分析和辅助决策提供充实而便于操作的数据基础，同时与地理信息系统的结合也愈来愈紧密。近年来，空间数据基础设施的建设和“数字地球”战略的实施，更加快了 DEM 与地理信息系统、遥感等的一体化进程，为 DEM 的应用开辟了更广阔的天地。

5.3.4　DEM 在城市生态规划中的应用

5.3.4.1　交通线文化景观感知分析

（1）模拟理论——景观感知原理

景观感知的体验主要依赖于视觉感知，而就交通线上的景观感知来说，受距离限制，也主要以视觉感知为主。因此，从视觉感知的视角构建感知度模型。

1）景观感知视域分析及其影响因子。景观感知的视域分析是研究在特定位置上，表现景观形态和文化语义的关键特征点的可见数量和可见质量等，涉及每个特征点的可见状态、景观的最佳观赏距离、观赏方位等。

景观根据其规模大小或文化语义的简单复杂与否可被抽象为一个特征点的单点景观或若干特征点的多点景观。可视域计算结果是一个覆盖整个计算区域的栅格像元集合，其中单点景观的每个栅格像元的取值都是 1 或 0，分别表示该位置对单点景观的可见与不可见状态；多点景观的每个栅格像元取值为 0 到特征点总数间的数值，表示该位置能够看见的特征点数量。多点景观每个特征点的可见状态对完整地感知该景观都有贡献，能够全部或较多地感知特征点的位置属于可视状态较好的位置。

景观感知受景观类型、景观价值等多种影响因子共同作用，因此应参考不同影响因子的影响程度，赋以相应的权重系数，反映景观的特殊内涵。

2）交通线景观感知度模型。

①特定位置的景观感知度：交通线上某单一像元，在不同情况下内涵有所不同，大致可分为单点景观感知度 P_{su}、多点景观感知度 P_{sm} 以及一系列特征点组合下的组景观感知度 P_g，因此每个像元可以有三种计算公式。

单点景观感知度：

$$P_{su}=W\times V \quad (5-2)$$

多点景观感知度：

$$P_{sm}=W_r\times\sum_{i=1}^{n}(W_{vi}\times V_i)\ /\sum_{i=1}^{n}W_{vi}\ (i=1,\ 2,\ 3,\ \cdots,\ n) \quad (5-3)$$

组景观感知度：

$$P_g=\sum_{j=1}^{m}(W_{gj}\times P_s)\ /\sum_{j=1}^{m}W_{gj}\ (i=1,\ 2,\ 3,\ \cdots,\ n) \quad (5-4)$$

式中，P_{su}，P_{sm} 分别代表观察者在交通线特定位置上对某一单特征点或多特征点景观的感知度；P_g 代表特定位置上一系列特征点组成的组景观感知度；P_s 为 P_{su} 或 P_{sm} 的统称。I 为景观特征点编号；j 为景观编号；n，m 分别为多点景观、组景观包括的特征点数量。V 是计算得到的可见状态，若 i 不可见，则 V_i=0，若 I 可见，则 V_i=1。W 代表权重影响因子，包括最佳观赏距离、最佳观赏方位、资源价值和遗存现状等；各个影响因子均根据其对旅游者感知的影响程度在（0，1）间取值，例如观赏距离因子可以划分为 0.2、0.4、0.6、0.8、1.0；各个影响因子均取最高等级权重值时，景观感知度 P_s 计算结果为 1。W_{vi} 表示第 i 个特征点对该景观语义贡献大小，W_r 为不同类型多点景观的其他影响因子的文化语义权重，W_{gi} 为组景观中各单点或多点景观对于组景观整体文化语义的贡献权重。

②交通线景观感知度集合：是由 P_{su}、P_{sm} 和 P_{sg} 这些单像元感知度元素共同汇总而成的一个大集合，由 S 表示。元素 P_{su}、P_{sm} 和 P_{sg} 只是其中的子集，而只有当这些特定位置景观感知度元素汇总到一起，才是一个综合的交通线景观感知度集合表达。

（2）紫荆关长城景观感知

紫荆关是古代军事重要遗存，位于河北易县紫荆岭，主城分东、西两部，

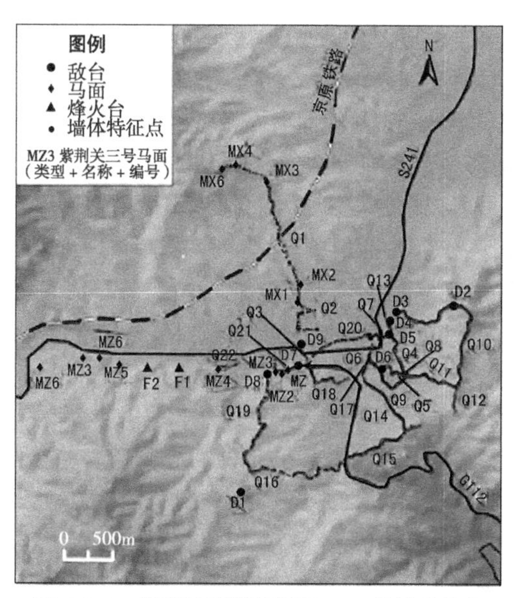

图 5-3-3 紫荆关长城研究区 DEM 及景观分布

东城较小，设有文、武衙门；西城较大，为驻兵之地。拒马河北岸的小金城与西城隔水相望，形成完备的防御体系。利用数字高程模型（DEM）构建紫荆关长城景观模型的方法如下。

1）DEM 生成与景观特征点提取。利用 1 ：10000 国家基础地形图 2.5m 精度的等高线数据，建立研究区的数字高程模型，由于研究景观对象针对规模较大的大型造型地貌、宏伟建筑群等，DEM 分辨率的要求相对较低；利用高分一号遥感卫星数据目视解译方法，结合长城文化景观信息和实地调查，获得了紫荆关长城景观位置和长城要素分类、材质、形制、遗存现状、资源价值等相关专题内容。根据文化景观的形态特征和文化语义进行特征点抽象提取。敌台、烽火台、马面等规模较小的单体景观抽象为一个坐落位置的特征点；规模较大的长城墙体景观属多点景观，采集时依据地图学制图综合原则，沿墙体中心线间隔取点，遇到拐点、地势起伏较大的位置等适当增加特征点。研究区共采集敌台、烽火台、马面等单点景观 24 个，长城墙体景观 22 段，如图 5-3-3 所示。

2）景观感知影响因子分析。景观感知中的可视状态主要通过特征点的可视域计算获取。由于长城单点和多点景观均规模较大，而紫荆关长城各景观都处于较好的观赏距离之内，因此本实例中忽略最佳距离因子。长城景观的最佳方位因子主要影响马面和敌台等；烽火台各方位的形态特征相同，因此感知效果相同。

紫荆关长城属于文化景观，影响观察者景观感知的因素还包括文化资源的遗存现状和价值。根据长城资源保存程度评价标准划分的五大类，较好、一般、较差、差、消失，结合实地调研情况，分别赋予权重 1，0.8，0.6，0.4，0.2；按照世界文化遗产、国家、省、市、县重点文物的等级，赋予资源价值权重。

利用 DEM 进行景观分析，并引入资源价值、遗存现状等权重因子，实现紫荆关附近公路和铁路线的景观感知度定量计算。根据景观感知度的空间格局，准确划分了敌台、烽火台和马面等单点景观、墙体景观及各类组景观和综合景观的最佳感知功能路段和最佳观赏位置。对于提高旅游景观引导设计的精准性、文化传播和增加传播途径等均有理论参考意义和实际应用价值。

5.3.4.2 土地利用空间自相关格局分析

（1）分析原理——地形因子的提取

地形是最基本的自然地理要素，地形因子是对地形及其某一方面特征的具体数字描述。地形特征制约着地表物质与能量的再分配，影响着土壤与植被的形成和发育过程，决定着土地利用与土地质量的优劣。因此，对地形因子进行全面的研究和实现快速、准确地提取，对分析地形信息在实际地学规律研究中的应用以及进行深层地学知识挖掘具有重要的意义。

基于DEM的地形信息提取算法具有以下特点：①地形因子主要反映了地表的地形地貌特征，所以地貌成因学和形态学理论是地形因子提取的最基本出发点；② DEM数据所包含的地形信息具有多集性和多层性的特征，提取地形因子的方法就是基于DEM的这个特点，由基本的高程信息层层递进提取，逐步实现高程的一阶次信息提取（如坡度、坡向等），再到高阶次（如曲率等）地形信息的提取。

1）微观地形因子

坡度因子：地面某点的坡度是过该点的切平面与水平地面的夹角，是高度的变化的最大值比率，表示了地表面在该点的倾斜程度。地面坡度实质是一个微分的概念，地面每一点都有坡度，它是点上的概念，而不是一个面上的概念。

坡向因子：地面任何一点切平面的法线在水平面的投影与过该点的正北方向的夹角称为该点的坡向。按顺时针方向计算，坡向值范围为0° ～ 360°。对于每一个栅格来说，即确定z值改变量为最大变化的方向。

地面曲率因子：是对地表面每一点弯曲变化程度的表征，地面曲率在垂直和水平两个方向上的分量分别为平面曲率和剖面曲率。平面曲率指用过地形表面上任意一点的水平面沿水平方向切地形表面所得的曲线在该点的曲率值，也就是每一点所在的地面等高线的弯曲程度，利用这个数值来量化地说明地表曲面沿水平方向的弯曲、变化情况，从而对地面的复杂程度进行表征。从另一个角度讲，地表曲面的平面曲率也是对垂直于坡向的曲线弯曲程度的度量。

基于DEM对曲率因子的提取算法原理为：在DEM数据的基础上，根据其离散的高程数值，把地表模拟成一个连续的曲面，从微分几何的思想出发，模拟曲面上每一个点所处的垂直于和平行于水平面的曲线，利用曲线曲率的求算方法的推导得出各个曲率因子（包括剖面曲率、平面曲率）的计算公式。

2）宏观地形因子

地形起伏度：也称为地势起伏度或地势能量、局部地势、相对高度，是指在所指定的分析区域内所有栅格中最大高程与最小高程的差。地形起伏度是反映地形起伏的宏观地形因子，在区域性研究中，利用DEM数据提取地形起伏度能够直观地反映地形的起伏特征。

地表粗糙度：能够反映地形的起伏变化和侵蚀程度的宏观地形因子。在区域性研究中，地表粗糙度是衡量地表侵蚀强度的重要量化指标，在研究水土保持及环境检测时研究地表粗糙度也有很重要的意义。

高程变异系数：是反映地表一定距离范围内，高程相对变化的指标，以该区域高程标准差与平均值的比值来表示。在实际的地球表面，几乎每一点的高程都会有所不同。但是在DEM及地形图中，由于制图综合及分辨率的原因，邻近范围内会出现一些高程值相同的点。一般在平原或台地地区，邻近范围内相同高程点的数量多；而在山地或丘陵地区，邻近范围内不同高程点的数量多。因此这种邻近范围内高程不同点的数量也可以作为描述局部地形起伏变化的指标。

（2）重庆市地形地貌信息提取与景观格局分析

重庆市内低海拔区域所占比例大，占整个研究区面积的64.84%，主要分布在重庆市西部以及西北部地区；中海拔区域占整个研究区的35.16%，主要分布在重庆市的城口、巫溪、石柱、武隆地区。可见，研究区主要是低海拔、中海拔地貌形态，并没有出现高海拔与极高海拔，整个地貌形态呈现从东部和东南部向西部和西北部逐渐降低的趋势。

基于数字高程模型（DEM）提取反映研究区地形地貌特征的各个地形因子，并对其空间分布规律和反映的区域特征进行分析，在此基础上分析地形与景观空间格局的关系，得出以下几点结论。

1）对反映地形信息的基本地形因子，从微观和宏观两个层面上划分其结构体系，总结前人的研究结果，认为基于DEM栅格数据对坡度、坡向、曲率等因子进行提取适宜采用单栅格或小窗口的栅格处理方法，其中差分算法是微观栅格单元间相互关系分析的主要方法。

2）高程、坡度的分布特征与研究区地表形态组合的地区差异有明显的相关性，但坡向分布较平均，区域间没有明显区别；地形起伏度的结果表明，微缓起伏和小起伏主要分布在川东平行岭谷区，主要是丘陵和低山，山地起伏和高山起伏主要分布在城口、巫溪等中山地区。

3）对重庆市高程和坡度的分区描述证明，重庆市三大经济圈的划分与地形相关，都市商贸区地势平坦，是城市和工矿发展的集中地，渝西经济走廊地势起伏较小，以丘陵为主，三峡库区生态经济区地表破碎度大，地高坡陡，在一定程度上限制了其经济的发展。

4）基于高程、坡度和坡向三个地形因子分析研究区景观空间格局的特点，结果表明景观格局的分布与海拔高度、坡度和坡向均有一定的相关性，水田、旱地多随高程和坡度的增加，分布的面积逐渐减少，有林地、灌木林地是坡度较大地区的主要景观类型，各景观类型在坡向分布上没有明显差别，由此说明地形对景观的宏观分布有一定的影响。

5）选取平均斑块面积、多样性、均匀度、破碎度四个景观指数，对研究区景观格局不同地形条件、不同地貌区的景观格局与地形的相互关系进行分析，表明受人为干扰较多的低海拔、平缓坡地带景观斑块平均面积较大，破碎度较小，坡度大、海拔高的地区破碎程度也较低。

地形位指数和分布指数对景观地形分布特征进行分析，表明研究区景观组分的分布格局在地形位梯度上表现出显著分化，各景观类型中旱地和其他林地对地形的适宜性较广，而水域和水田的分布对地形有较强的选择性；有林地、灌木林地和草地均占据较高的地势，其他林地则在地势较高的地形位不适合其发展。

5.4 Space Syntax空间句法分析技术

5.4.1 空间句法

空间句法分析是基于空间句法理论，对空间组构的拓扑性分析，忽略空间具体的几何属性，譬如形状、尺度、规模等，只关注空间之间的连接状态。

空间句法分析技术从对拓扑学的大概认知开始，以数理与图论的角度阐述关系图解的生成及代表意义，梳理空间句法中各种度量值的定义、生成公式及意义，之后详细表述广泛应用于城市空间研究的轴线分析技术的绘制法则与生成步骤，使设计者深入理解轴线关系图解，再后是视域分析技术的生成及应用。

空间句法分析技术是空间句法的重要组成部分，技术自身不但支撑空间句法理论，也提升了空间句法的应用广度。

5.4.2 空间分析原理

空间句法分析技术的基础是拓扑学。拓扑学的英文名是 Topology，直译是地志学，也就是和研究地形、地貌相类似的有关学科。拓扑学是几何学的一个分支，但是这种几何学又和通常的平面几何、立体几何不同。通常的平面几何或立体几何研究的对象是点、线、面之间的位置关系以及它们的度量性质。拓扑学与研究对象的长短、大小、面积、体积等度量性质和数量关系都无关。

基于拓扑学的空间句法的创新之处，就是运用“整合度”、“选择度”、“可理解度”等度量值来描述空间的关联，同时对空间拓扑形态的描述中，加入人的感知，譬如轴线技术中的轴线是根据人在线性空间的运行方向或其视线而生成；视域分析技术所生成的图解则是根据人在凸空间的运动状态或视线的分布状态。如此，空间句法的度量值对城市空间形态的描述就具有更深刻的社会意义。除此之外，由于空间句法的分析站在空间整体、系统的层面，其更注重空间的动态可变性，空间之间关系的改变，将导致整个网络关系的变迁。

图论中的图是由若干给定的点及连接两点的边所构成的图形，这种图形可以用来描述某些城市形态要素之间的某种特定关系，用点代表城市形态要素，用连接两点的边表示相应两个要素间具有这种关系。而空间句法中提到的关系图解便是以图论为基础，并基于拓扑学，将空间之间的关联转化为节点及其相互连接，以此描述空间之间的结构关系及特征。

图示表达。空间句法中，一个度量值有其相对应的、唯一的关系图解。但对于现实空间系统描述来说，这种图解方式显然无法运用，故空间句法研究组运用相关的计算机软件通过界定不同的度量值，生成相应的关系图解，对于全局整合度分析而生成的关系图解，当然计算机运算过后，同样可以导出相应的度量数值。在对大尺度的城市空间形态的描述中，各度量值的关系图解应用较多，其中以整合度的关系图解为最佳。

空间句法通过基于可见性的空间知觉分析，形成了多种空间分割方法，从认知角度看，空间可分为大尺度空间与小尺度空间。大尺度空间就是超过个体的定点感知能力，从一个固定点不能完全感知的空间；而小尺度空间则是可从一点感知的。人们通过对很多小尺度空间的感知，才逐渐形成对大尺度空间的理解。复杂的城市和建筑空间可看成大尺度空间，在空间句法中，将其分割为小尺度空间最基本的三种方法，就是凸状、轴线和视区。

5.4.2.1 凸状

凸状本是个数学概念。连接空间中任意两点的直线，皆处于该空间中，则该空间就是凸状。因此，凸状是“不包含凹的部分”的小尺度空间。从认知意

义来说，从凸状空间中的每个点都能看到整个凸状空间。这表明，处于同一凸状空间的所有人都能彼此互视，从而达到充分而稳定的了解和互动，所以凸状空间还表达了人们相对静止地使用和聚集的状态。空间句法规定，用最少且最大的凸状覆盖整个空间系统，然后把每个凸状当作一个节点，根据它们之间的连接关系，便可转化为前述关系图解，并计算和分析各种空间句法变量，然后用深浅不同的颜色表示每个凸状空间句法变量的高低。

5.4.2.2 轴线

轴线即从空间中一点所能看到的最远距离，每条轴线代表沿一维方向展开的一个小尺度空间。同时，沿轴线方向行进也是最经济、便捷的运动方式，所以轴线与凸状一样，也具有视觉感知和运动状态的双重含义。空间句法规定，用最少且最长的轴线覆盖整个空间系统，并且穿越每个凸状空间，然后把每条轴线当作一个节点，根据它们之间的交接关系，便可转化为前述关系图解，并计算和分析各种空间句法变量，最后用深浅不同的颜色表示每条轴线句法变量的高低，如图 5–4–1 所示。

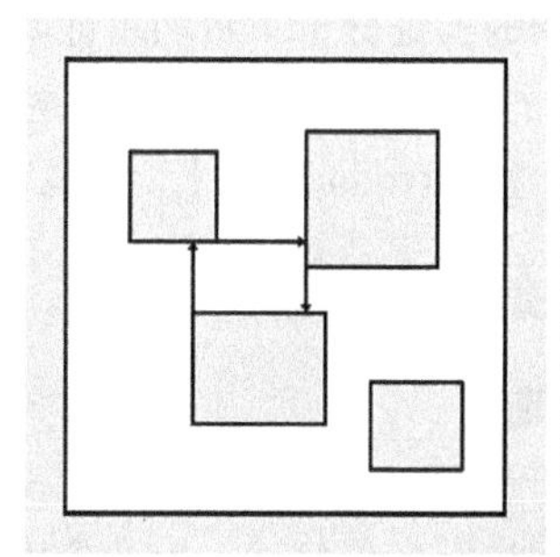

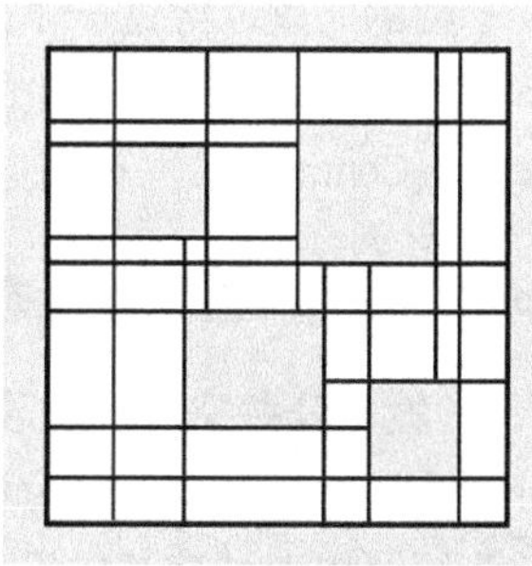

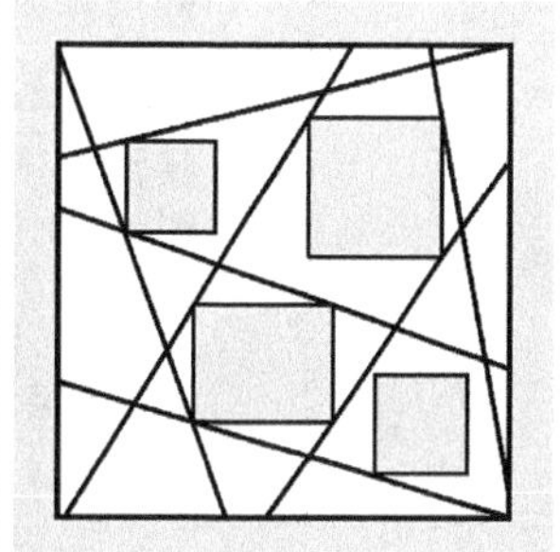

图 5-4-1 轴线的三种绘制方法

5.4.2.3 视区

简单地说，视区就是从空间中某点所能看到的区域。视区本是个三维的概念，而通常所说的视区是二维的，是指视点在其所处水平面上的可见范围。定性的视区分析可探讨不同空间在整个空间结构中的控制力和影响力，并借此挖掘其社会文化意义。例如有人对城市中不同广场，或者建筑中不同房间的“凸状视区”进行比较研究；还有用“钻石形空间视区”分析来研究人们日常活动区域内的可见范围；用“立面视区”来分析重要建筑与城市空间的结合关系。

用视区方法进行空间分割，首先在空间系统中选择一定数量的特征点，一般选取道路交叉口和转折点的中心作为特征点，因为这些地方在空间转换上具有战略性地位；接着求出每个点的视区，然后根据这些视区之间的交接关系，转化为关系图解，并计算每个视区的句法变量。最后的图示可用深浅不同的颜色来表示每个点句法变量的大小，并用等值线描绘出这些点之间的过渡区域。

5.4.3 面向设计的功能

空间句法作为一种研究城市的方法，主要是研究社会和经济因素是如何逐步影响并形成空间的。空间句法理论揭示了城市的空间结构，并且把空间结构与人类的自然运动——移动、停留和交流方式相联系。在此基础上能够预测设计和规划所带来的中长期效果，能够让设计者和规划者在工作中遵循社会和经济发展规律，而不是违背它们。

在城市发展中，空间具有双重潜力，从积极方面讲，空间遵循创造的模式，能够创造出现有社会关系中并不存在的新结构和新模式。从保守方面讲，空间遵循传统的方式，能够复制和保持已有的社会关系和秩序。“空间句法”理论指出建筑物和城市的形式与功能是通过空间模式的构成过程或者空间组构联系起来，通过研究空间组构在物质形式和人类活动之间的媒介作用，研究建筑物和场所是如何反映并影响人类活动的，空间句法形成了一种面向设计的理论。通过诠释自组织原理，空间句法开拓了城市设计的新境界：依照城市自然地自组织过程进行城市设计，而不是违背这种自组织过程。

希利尔指出，由于设计者缺乏用于说明和研究城市空间秩序的技术，对空间的逻辑条理理解不够深入，因此无法对空间设计的社会效果做出明确的认识，而解决这一问题的关键是对城市空间格局的理解，正是空间整体组织的作用，才使城市成为产生、维护和控制人们活动的结构，其影响远远超出了设施位置和居住密度一类的问题。经过一系列的实证分析，希利尔证明了有三个变量涉及城市空间组织对活动和使用模式的影响：空间的可理解性（Intelligibility）、使用的连续性（Continuity）、可预见性（Predictability）。

5.4.4 Space Syntax 在城市生态规划中的应用

5.4.4.1 城市公共空间环境改造

（1）分析方法——公共空间分析原理

空间句法既可以对城市线性空间进行定量描述，也能分析节点空间的改造趋势，它将人们的行为活动和节点空间的构型演化相结合，通过研究人对具有公共属性的节点空间认知程度来引导空间环境改造趋于理性和健康。

（2）伦敦街区空间环境改造应用

如图 5-4-2 所示，对伦敦 Leadenhall Market 街区 250m 高度的小尺度空间影像图进行轴线图分析，得出各要素之间的空间图景，它显示了城市环境的各要素在这种小尺度空间内的组构关系，通过轴线图的分析可以看到道路、边界、区域等要素关联可读性。

道路，空间句法中用轴线模拟城市道路系统构型，它将城市道路看作是市

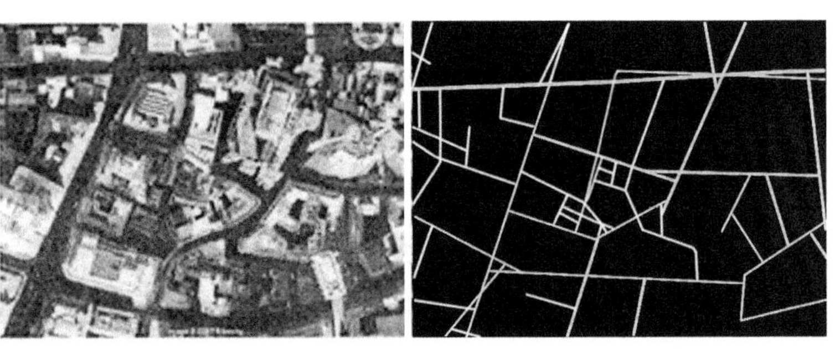

图 5-4-2　伦敦 250m 高度的小尺度空间影像图及轴线图

民运动观察和体验城市空间的主要载体。在城市中很多其他性质的空间都沿着道路布局，把道路作为城市空间环境和人文景观要素的串联有机体，在空间句法数据指标体系中，轴线代表道路集成度的高低，不同的轴线代表不同的道路可达性和人流集聚程度，因此道路是与人们的行为运动息息相关的空间形式，只有在线性空间的基础上才能形成空间句法中的凸空间。

边界，空间句法把边界归为线性空间类别中，边界空间一般具有较高的识别性，因其性质比较单一而缺乏功能复合。在空间改造中往往将整合边界的连续性，虽然它们无法被行人穿越且必须在视觉上达到和谐显著。城市空间环境中往往将边界设置在运动路径的重要节点处，它们既与人的行为活动相关联又具有自身的视觉特征。

区域，空间句法中的区域带有人对空间的心理认知。在描述区域的轴线图绘制完成后，便能完全解释人们从一维空间层面认知空间特征的过程。其中集成度值是从局部空间向整体空间推演的重要依据，只有清楚认知局部空间和整体构型的关系才能评估区域空间的稳定性和完整性，才能更科学地制定区域内节点空间的布局。

节点，空间句法从构型的角度提出节点空间的概念，它代表两种空间形态的转接处。在数据表现上，节点往往具有高集成度的特性，显示出典型的凸多边形特质并具有较好的视区表达，比如城市中的广场和公园等公共空间，节点在城市空间构型中代表节点空间和线性空间的连接关系，使得整个城市空间构型更清晰，它们在区域和城市中不仅具有高集成度值，而且能为人们提供空间定位认知和节点空间布局的依据。

5.4.4.2 城市道路系统规划

(1) 分析方法——道路系统分析原理

经过近些年来国内外城市相关案例的研究，空间句法为城市交通网络评价及建构所提供的基本策略正在日益成熟。利用空间句法建立独特的空间分析模型，显性地作用于城市轴线及交通网络框架的组织，这正是空间分析方法的重要功能之一，又有别于传统的空间分析方法。随着我国城市化进程的加速，城市的科学规划和管理迫切地需要定量化地研究城市交通网络，基于城市对有序发展的需求，空间句法能够充分实现地理学的宏观思想与城市交通、建筑设计、环境设计等微观领域的融合，实现交通网络的定量化研究。

1) 空间句法对道路可达性的分析。道路可达性是评价交通网络便捷程度的主要指标，它是人文地理学的一个基本问题，同时也是城市规划、土地开发、房地产投资、交通管理等领域必须考虑的重要因素。尽管可达性可被简单地理解为在给定的交通系统中，从某一给定的区位到活动地点的便利程度，然而由于交通、城市规划、商业地理学等领域有着不同的研究目的、不同的研究对象和不同的评价需求，从而拓展了如距离法、等值线法、潜力模型法、平衡系数法、机会累积法等十多种可达性评价方法。由于对研究对象属性的确定性、研究手段的信息化等优势，空间句法在道路可达性的分析应用中逐渐成为可取而有效的评价方法。

根据空间句法理论，城市的街道网络系统被分割成较小空间内的组织框架，并形成一系列的空间单元，即“街道段”，然后将这些“街道段”表达为无定向、无权重的图的顶点，这种图就是通过数字化的轴线生成的，而根据前面所述及的空间句法的基本原理，轴线即是由穿过所有街道的最少量的最长直线构成的，也是对开放空间的一种主观与客观相融合的现象，在交通规划和道路网络建构的过程中，空间句法主要用来模拟和预测人流和车流量，进而为道路可达性提供全面准确的现实依据，其原理如图 5–4–3 所示。

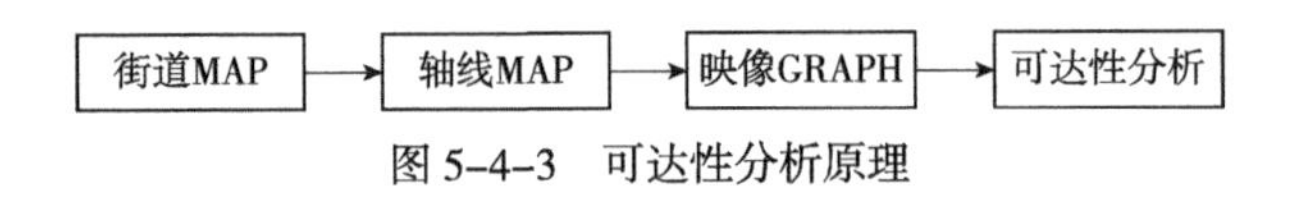

图 5–4–3　可达性分析原理

2）运用空间句法对街道系统结构的分析。对某地区进行句法分析，用轴线图将空间中具有良好可达性的路径抽象出来，得到道路结构轴线图。将道路系统的结构性进一步具体化，得到不同街道的通达性和集成度分析，从中可以看到城市中原有的高集成度街道，且通过分析可以模拟出道路系统状态。

此外，如果高集成度的街道单元空间并没有接近核心区或者连通外部空间，那么一般来说，这类城市的街道系统是相对不稳定的，城市内的道路网很容易被外来的力量重构。当然，城市街道结构的演变是城市生长的客观要求，城市街道系统作为城市的骨架，在城市建设中其结构的稳定性是否延续应当根据城市自身生命力的衍生需求来决定。

3）空间句法在城市步行街区改善中的应用。空间句法通过对城市轴线图的分析，利用地理信息科学和计算机模拟技术，能够对城市空间形态及其与民众公共活动的关系做出准确分析，有效地发现城市街道网络和步行系统中现存的种种问题，从而有针对性地提出解决方法。

空间句法在分析以及改善城市步行街区问题上的优势在于，它能够全面并且合理地掌握研究对象的本质及影响范围，从而掌握问题的真正症结所在，并提出针对性的策略。步行街区本身所带有的场所意义在空间句法的分析中得以显现，空间句法理论对城市空间及活动关系的关注为步行街区恢复和增加活力和适宜度提供了非常有效的途径。

（2）武汉市现状道路网的可达性分析

以武汉中心城区为例，基于现状路网结构的轴线模型做出武汉中心城区所有的主次干道路。研究结果可以显示出具有最大交通流量和最强可达性的几条城市主干道，在找到城市路网核心的基础上针对新版武汉市总体规划进行路网模型重建，对围绕核心路网的支路和快速路系统进行可达性分析，由此得到轴线分析图。

对武汉市现状和规划路网进行可达性分析后提出了规划建议路网，运用空间句法的城市道路可达性分析进行道路网络建议规划的评价，由运算结果分析可得，区域内部的主要道路可达性仍然很大，总体规划中的道路网布局并没有缓解交通压力，路网规划不利于旧城交通状况，而通过空间句法分析得到的建议规划道路网络能够有效地减缓旧城路的交通压力。

5.5 3D Visualization 三维可视化技术

5.5.1 概念

所谓可视化（Visualization），《牛津英语词典》解释为“构成头脑情境的能力或过程，或不可直接觉察的某种东西的视觉”，是指在人脑中形成对某物（某人）的图像，促进对事物的观察力及建立概念等，这是一个心智处理过程。此术语亦指本来不可见的东西成为可见图像的过程。

可视化技术是指运用计算机图形图像处理技术，将复杂的科学现象、自然景观以及十分抽象的概念图形化，以便理解现象、发现规律和传播知识。它自十多年前产生以来以惊人的速度发展，为各种科学研究带来了根本性变革。

三维可视化是用于显示、描述和理解地下及地面诸多地质现象特征的一种工具，广泛应用于地质和地球物理学的所有领域。三维可视是描绘和理解模型的一种手段，是数据体的一种表征形式，并非模拟技术。它能够利用大量数据，检查资料的连续性，辨认资料真伪，发现和提出有用异常，为分析、理解及重复数据提供了有用工具，对多学科的交流协作起到桥梁作用。

5.5.2 基本原理

在计算机软硬件技术支持下的三维可视化技术是目前计算机图形学领域的热点之一，出发点是运用三维立体透视技术和计算机仿真技术，通过将真实世界的三维坐标变换成为计算机坐标，通过光学和电子学处理，模仿真实的世界并显示在屏幕上。它具有可视化程度高、表现灵活多样、动态感和真实感强等优点。

三维可视化技术大体上有四种：几何造型，是构建像树木、建筑物、道路等地物的一种 3D（Three-Dimensional）几何模型化技术，将各种地物目标组合起来则可产生不同视角的树林或景观图；视频影像制作，即借助数字影像的剪切来表示景观变化，通常要利用各种图像软件，它属于手工密集型技术，带有操作者主观的艺术创造特征；几何视频影像制作，是前两种技术的综合技术，其技术难点在于精确建立影视图像与 GIS 生成的三维透视框架之间的地理基准关系；图像覆盖，是一种 GIS 图像处理技术，例如把一幅数字正射影像或卫星影像覆盖到三维透视图上，其技术难点包括解决注视点的可视化、局部影像的像元粗化失真现象等。除此之外，ArcScnene 是 GIS 的三维模块分析可选扩充模块 3D Analyst 的核心应用。它全面整合了数据库、软件工程、人工智能、网络技术及其他方面的主流技术，是一个强大的、统一的、可伸缩的系统。ArcScene 将所有数据投影到当前场景所定义的空间参考中，默认情况下，场景的空间参考由所加入的第一个图层空间参数决定。ArcScene 中场景表现为平面投影，适合小范围内的精细场景。ArcScene 会将所有数据读入场景中完全显示，因此会占用大量显存、物理内存和虚拟内存，这也是 ArcScene 适于小数据量小场景精细展示的原因之一。

5.5.3 基本功能

5.5.3.1 空间量测

对一个三维系统来说，空间量测是必不可少的一个功能，有助于用户了解三维场景中实际的空间参数。由于三维系统的空间量测功能是让用户查询了解三维模型的真实尺寸，有一定的精度要求，因此在数据的制作上严格按照质量控制的要求进行。本系统中设计开发了三个空间量测功能，包括距离量测、面积量测与体积量测。

距离量测：既可以量测折线在投影面上的水平长度，也可以量测在地球表面的实际长度。在本实验中，选取了多处实地距离与系统量测结果进行比对，误差小于 0.1m。

面积量测：包括投影面积量测与表面积量测。投影面积量测属于二维量测，通过至少选取三个点，组成一个面要素，并提取所选点的平面坐标，即可计算面积；表面积量测需要量测指定区域范围内地球表面的曲面面积。

体积量测：指量测某个区域内地球表面至某个平面或参考面之间的空间的体积。

5.5.3.2 场景设置

除了利用三维场景中各种工具对三维场景进行选择、查询、量测外，还可以通过设置三维场景的相关属性进一步改进观察效果。场景设置在三维可视化系统中的可视方面起着非常重要的作用，三维场景设置主要包括太阳方位角、太阳倾斜角、对比度、辐射半径等。

5.5.3.3 剖面分析

剖面分析是三维可视化系统的又一重要的空间分析功能。它主要是用来形象地显示地理位置的高程数据，系统中高程剖面的显示是用二维曲线进行表示的。在三维场景中点击想要查看其高程剖面的水平两点，系统将分析这两点之间的高程点数据，自动生成经过这水平两点的垂直面（Profile.shp 文件），并加载在图层列表中，弹出剖面分析的结果窗口，绘制出剖面图曲线。

5.5.3.4 通视性分析

所谓通视性分析就是分析在三维空间中观察者发现目标的概况。通视性分析功能作为三维 GIS 中一种重要的分析功能，可应用于房地产中的视线遮挡判断，旅游行业中的风景评价分析，以及通信中的信号覆盖等诸多方面，具有计算结果直观等优点。

视线瞄准线是场景表面上两点间的一条直线，用来表示观察者从其所处位置观察表面时，沿直线的表面是可见的还是遮挡的。创建视线瞄准线可以判断某点相对于另外一点是否可见。如果建筑、地形或者树木遮挡了目标点，则可以分析得出这些障碍物，以及视线瞄准线上的可视区域与不可视区域。

在系统中，设置观察点偏移量与目标点偏移量后，选取观察点与目标点，即可得到分析结果。如果这两点连线有障碍物遮挡，则这两点不通视，不通视部分以红色视线瞄准线标识；反之，则两点通视，以绿色视线瞄准线标识。

5.5.3.5 识图制图

用三维符号来代表抽象的点：一般情况下用三维实体符号来代替抽象点对相同地物重新表达的结果示意图。

5.5.4 在城市生态规划中的应用

5.5.4.1 三维地表可视化

（1）模拟理论——三维地表可视化原理

1）三维地表模拟：在 ArcScene 环境下，加载城市区划和居民点图层、城市DEM数据和4种ETM+多波段组合影像数据，设置图层的夸大系数、坐标系统、背景颜色、光照和透明度等参数，调整卫星影像的基准高程、夸张系数、高程分辨率、渲染拉伸效果等，生成不同效果的城市三维地表实景模拟图。

2）三维地表可视化：综合考虑三维地表模拟图像质量和视角评价，选取标准假彩色和近自然彩色合成图像进行城市三维地表实景模拟，如图 5–5–1 所示。

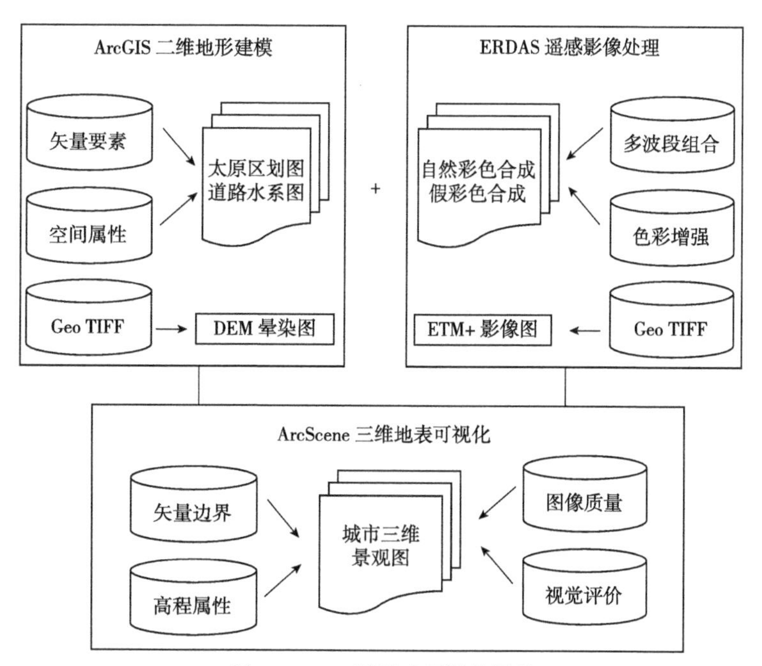

图 5–5–1 三维地表可视化原理

（2）具体实践——太原市三维地表可视化模型

综合考虑三维地表模拟图像质量和视角评价，选取标准假彩色和近自然彩色合成图像进行太原市三维地表实景模拟，如图 5–5–2 所示。可以看出，叠加了地形高度信息的 ETM+ 卫星影像更加形象、直观地反映了太原市辖区域自然地形地貌、水体植被的分布状况。不同时期三维影像实景图像可以清晰地反映出人地关系的激烈化——城市化进程的空间范围和时间效应。对太原市三维地表模拟图的进一步分析，可为城市宏观发展、人口迁移模拟、经济政策制定、区域旅游规划提供决策支持。

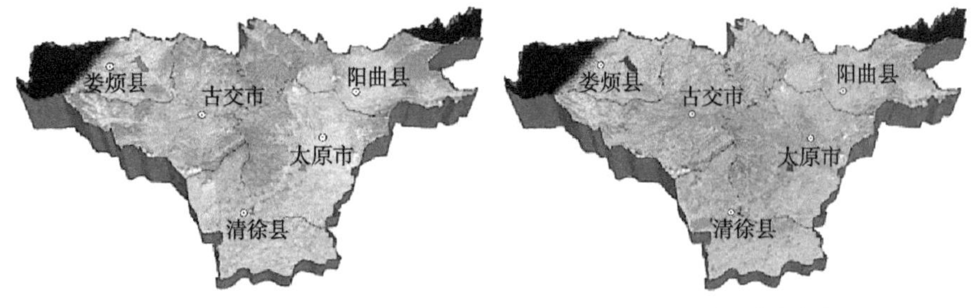

（*a*）标准假彩色合成　　　　（*b*）近自然彩色合成

图 5-5-2　太原市三维地表实景模拟图

5.5.4.2　三维场景建模

（1）模拟理论——三维地表可视化原理

以 SuperMap Objects 6.0 为基础 GIS 开发平台、Visual Studio2008 和 Ruby 为二次开发工具，开发完成了三维选线设计中景观快速自动建模系统。该系统通过矢量化城市建筑物边界、道路以及河道的中心线等景观个体，并在矢量化的过程中添加每个建筑物对象的相应建模属性信息，从而提取其相应的大地坐标和建模属性信息，利用编写的 SketchUp 的脚本程序读取这些属性信息，从而建立并导出景观建筑物的三维模型（3ds），以达到快速自动建模的目的，建立满足城轨线路三维快速设计要求的三维环境。在本章中利用了石家庄中山路的数据对该系统进行了试验验证。

（2）具体实践——石家庄三维场景模型

石家庄地铁一号线规划全长 12km，连接东西开发区，全线共设车站 29 座，其中地下车站 17 座，地上车站 12 座。从起点站到终点站依次为：上庄、西王、法医医院、军医医院、和平医院、烈士陵园、新百广场、大石桥、市招待所、北国商城、省博物馆、河北医大、建百大楼、艺术学校、谈固、白佛口、海世界、卓达星辰、石家庄东、东杜庄、东兆通、西庄、临济、行政中心、罗家庄南、罗家庄、罗家庄北、侯家庄、树路。其中线路有 5km 位于地上，5km 位于地下，另外还有 2km 位于路面。下面以石家庄中山路的数据对该软件进行试验验证。

选择地铁一号线途径的石家庄中山路为例，进行三维建模（图 5-5-3）。

首先利用系统的数据采集模块对欲建模的区域进行数据采集，包括该区域的正射影像图和大地坐标，对提取的图像数据及坐标数据进行处理，将图像进行拼接，拼接之后的效果如图 5-5-4 所示。

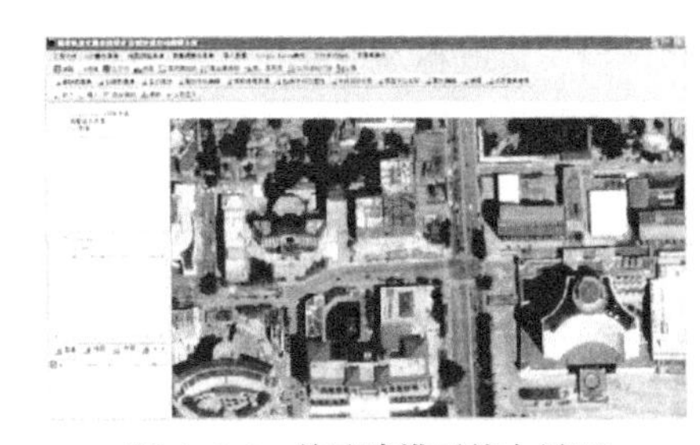

图 5-5-3　快速建模系统主界面

图 5-5-4　拼接后的正射影像图

5.6 CFD 计算流体动力学模拟技术

5.6.1 计算流体动力学

计算流体动力学（Computational Fluid Dynamics），简称 CFD，是近代流体力学、数值数学和计算机科学结合的产物，是一门具有强大生命力的边缘科学。它以电子计算机为工具，应用各种离散化的数学方法，对流体力学的各类问题进行数值实验、计算机模拟和分析研究，以解决各种实际问题。

CFD 技术由三个环节构成：定义对象数学物理模型、数值分析、计算结果可视化处理。由于分析问题的不同，所采用的数学模型也会不同。

5.6.2 模拟原理

计算流体力学和相关的计算传热学、计算燃烧学的原理是用数值方法求解非线性联立的质量、能量、组分、动量和自定义的标量的微分方程组，求解结果能预报流动、传热、传质、燃烧等过程的细节，并成为过程装置优化和放大定量设计的有力工具。计算流体力学的基本特征是数值模拟和计算机实验，它从基本物理定理出发，在很大程度上替代了耗资巨大的流体动力学实验设备，在科学研究和工程技术中产生巨大的影响。

流体流动的数值模拟即在计算机上离散求解空气流动遵循的流体动力学方程组，并将结果用计算机图形学技术形象直观地表示出来，这样的数值模拟技术就是所谓的计算流体动力学技术。该技术从 1974 年以后大量应用于制造业领域。但近年来研究者将 CFD 技术应用于建筑环境的模拟研究工作，到目前为止虽然还没有得到深入和普及的应用，但已经取得了很大的发展。

CFD 模拟的基本理论分为自然通风的基本理论和数值模拟的基本理论。自然通风是指利用风力造成的风压或建筑内外空气密度差引起的热压来促使空气流动进行的通风换气，其基本动力是风压和热压，它是一种比较经济的通风方式。数值模拟的对象湍流是一种混沌现象，看似无规律，若用现代数学方法进行分析，其统计平均值的变化还是有规律的。目前湍流尚无公认的明确定义，其完全的理论描述是现代物理学中尚未解决的问题之一，现行的很多方法有助于对湍流机理的理解，但它们离完全的数学描述还有一定距离。其中重要的方法有：从高能物理学中借用的重整化群方法和以大量振荡系统相互作用为基础的“混沌”理论。在工程实践中湍流按其产生的机理，可分为近壁面湍流和自由湍流。前者是由于流体和固体壁面之间的摩擦作用产生的，后者源于不同速度的流体之间的相互作用。

5.6.3 模拟的功能

CFD 技术是进行传热、传质、动量传递及燃烧、多相流和化学反应研究的核心和重要技术，广泛应用于航天设计、汽车设计、生物医学工业、化工处理工业、涡轮机设计、半导体设计、HAVC&R 等诸多工程领域，板翅式换热器设计是 CFD 技术应用的重要领域之一。

CFD 软件一般都能推出多种优化的物理模型，如定常和非定常流动、层流、紊流、不可压缩和可压缩流动、传热、化学反应等。对每一种物理问题的流动特点，都有适合它的数值解法，用户可对显式或隐式差分格式进行选择，以期在计算速度、稳定性和精度等方面达到最佳。

CFD 软件之间可以方便地进行数值交换，并采用统一的前、后处理工具，这就省却了科研工作者在计算机方法、编程、前后处理等方面投入的重复、低效的劳动，CFD 可以将主要精力和智慧用于物理问题本身的探索上。

CFD 软件的一般结构由前处理、求解器、后处理三部分组成，它们各有其独特的作用，见表 5–6–1。

CFD 软件结构 **表 5–6–1**

	前处理	求解器	后处理
作用	A. 几何模型 B. 划分网络	a. 确定 CFD 方法的控制方程 b. 选择离散方法进行离散 c. 选用数值计算方法 d. 输入相关参数	速度场、温度场、压力场及其他参数的计算机可视化及动画处理

目前比较好的 CFD 软件有：CFX、Fluent、Phoenics、Star–CD、Cfdesign、6SigmaDC，除了 Fluent、Cfdesign 是美国公司的软件外，其他三个都是英国公司的产品。

5.6.4 CFD 在城市生态规划中的应用

5.6.4.1 复杂山地地形风场 CFD 多尺度数值模拟

（1）模拟理论——风场模拟原理

利用 CFD 模拟技术可以得到该场地某一时期风速场的完整分布，对测风站点的观测数据予以补充，进而给出该场地风资源的分布。但以目前计算机的硬件水平，场地网格水平分辨率要达到工程所需的 5m 精度的计算成本相当高，内存和计算时间消耗巨大，所以进行风场的分级模拟研究，以回避目前计算机硬件水平的限制。

（2）具体实践——山地风场多尺度模拟

建设风电场的场地范围很大，对全域划分水平分辨率 5m 的网格是没有必要的，因为我们只关心风能密度较大位置的风速分布。只要把我们关注位置的网格细划到 5m 就能得到该位置精细的风速场，这种风场分级模拟的方法涉及不同分辨率网格之间的连接与数据传递。

1）复杂山地地形的网格模型。先用软件 Surfer 将地理信息系统模型中各点的高程数据转换为对应的三维坐标，然后将各点的三维坐标导入 Fluent 的前处理软件 Gamnit，利用各点生成山地表面，建立起岛屿的地形模型，并在该场地的上下游预留足够的区域以保证计算域中大气的充分发展。

2）山地风场多尺度模拟方案。模拟的步骤为：

建立水平网格分辨率为 40m 的山地模型，计算得到第一级风场；

查看模拟结果，确定风速较大的位置和关注的位置；

建立第二级山地模型，对关心位置的网格加密到 5m，将第一级风场的模

拟结果通过 Fluent 的 Interpolate Data 功能插值到新的山地模型网格，作为第二级风场模拟的初始条件，计算得到第二级风场。

3）风过程选取与对比方案。现场实测的风场数据会受到天气状况、地表植被特征、日照、地球自转引力等因素的影响，这些影响因素无法在 CFD 风场模拟中考虑。为了把这些干扰因素的影响降到最小，将从现场实测的风场数据中选取出一次风向稳定、风速高、持续 24 小时以上且期间无降雨的风过程，作为风场模拟的对比数据。因为风向稳定、风速高说明风抗外界干扰能力较强且所受影响小，无降雨是为了保证测风仪器的精度。

风机的安装位置应该是在同一次风过程中该场地风速较大的地方。为了减少地形对风场的影响，将从外围观测站点的观测记录中选取一次风向稳定的强风过程作为计算模型的入口剖面。

5.6.4.2 居住区风环境分析中的 CFD 技术应用研究

（1）模拟理论——模型简化、湍流分析原理

利用 Gambit 建模工具，建立模型。同时选择距离地 5m、10m、15m 处的平面模拟结果进行分析，主要分析人员在小区休息时主要活动平面的风环境。CFD 模拟简化模型建立考虑分析主要对象为小区内部风环境，模型边界大小为 400m×350m×150m，模型比为 1 ：1，地基位于 0m 处。

湍流模型是 CFD 软件的主要组成部分之一，通用 CFD 软件都配有各种层次的湍流模型，通常包括代数模型、一方程模型、二方程模型、湍应力模型、大涡模拟等。居住区内风的流动一般属于不可压缩、低旋、弱浮力流动湍流。常用的数学模型有标准 $K\text{−}\varepsilon$ 模型和大涡模拟模型（LES）等。相比之下，标准二方程模型 $K\text{−}\varepsilon$ 模型计算成本低，在数值计算中波动小、精度高，在低速湍流中应用较为广泛，易于进行网络自适应，小区建筑体型复杂，宜采用非结构网格（即 Tgird）对其周围流体进行网格划分。因此本书采用标准 $K\text{−}\varepsilon$ 模型。其所有的控制微分方程包括连续性方程、动量方程、K 方程和 ε 方程，公式如下（考虑流体不可压缩，稳态后的简化）：

湍流粘性系数 ε 方程

$$\mu_j = \frac{C_\mu p k^2}{\varepsilon} \tag{5-5}$$

连续性方程

$$\frac{\partial(pu_i)}{\partial x_j} = 0 \tag{5-6}$$

动量方程

$$\frac{\partial(pu_i u_j)}{\partial x_i} = \frac{\partial}{\partial x_j}(\mu \frac{\partial u_i}{\partial x_j}) - \frac{\partial p}{\partial x_j} \tag{5-7}$$

K 方程

$$\frac{\partial(pku_j)}{\partial x_i} = \frac{\partial}{\partial x_i}\left[(\mu + \frac{\mu_j}{\sigma_k})\frac{\partial k}{\partial x_j}\right] + \mu_i(\frac{\partial u_i}{\partial x_j} + \frac{\partial u_j}{\partial x_j}) - \frac{\partial u_i}{\partial x_j} - p\varepsilon \tag{5-8}$$

ε 方程

$$\frac{\partial(p\varepsilon u_i)}{\partial x_i}j=\frac{\partial}{\partial x_j}\left[(\mu+\frac{\mu_i}{\sigma_\varepsilon})\frac{\partial\varepsilon}{\partial x_j}\right]+\frac{C_{1\varepsilon}\varepsilon\mu_j}{\partial x_j}(\frac{\partial u_i}{\partial x_j}+\frac{\partial u_j}{\partial x_j})\frac{\partial u_j}{\partial x_j}-C_{2\varepsilon}p\frac{\varepsilon^2}{k} \tag{5-9}$$

方程（5–8）与（5–9）各项含义：从左到右依次为对流项、扩散项、产生项、耗散项。式中，μ 为流体动力黏度（下标 i 表示湍动流动）；ρ 为流体密度，单位为 m^3/s；c_u 为经验常数；k 为湍流脉动动能；ε 为耗散率；u_i 为时均速度；σ_k 和 σ_ε 分别是与湍流动能 k 和耗散率 ε 对应的 Prandtl 数；i 和 j 为张量指标，取值范围（1，2，3）。根据张量的有关规定，当表达式中的一个指标重复出现两次，则表示要把该项在指标的取值范围内遍历加和。根据 Launder 等的推荐值及后来的实验验证，模型常数 $C_{1\varepsilon}$、$C_{2\varepsilon}$、c_μ、σ_k、σ_ε 的取值分别为：$C_{1\varepsilon}$=1.44、$C_{2\varepsilon}$=1.92、c_μ=0.09、σ_k=1.0、c_μ=1.3。

数学模型和控制方程确定之后，紧接着就必须确定合理的边界条件，让模拟实验接近真实情况，对居住区所处的地理位置的风速和风向进行分析。利用风速风向频率图，确定风向及风速，作为模拟区域的输入条件。在本书计算中定义进口为 Fluent 中的速度进口边界条件（Velocity–inlet），在夏季典型工况（东南风，风速 3m/s）和冬季典型工况（西北风，风速 3m/s）进行计算。计算中定义出口为 Outflow 自由出流边界条件，假定出流面上的流动已充分发展，流动已经恢复为无建筑阻碍时的正常流动，即出口相对压力为零。建筑物表面和地面是固定不动，不发生移动的，故采用无滑移的壁面条件（Wall），Wall 是用于限定 Fluid 和 Solid 区域的一种边界条件。对于粘性流体，采用粘附条件，即认为壁面处流体速度与壁面该处的速度相同，无滑移壁面的速度为零，壁面处流体速度为零。

（2）具体实践——上海同济新村 CFD 技术应用

图 5–6–1 是模拟的同济设计中心 A 楼修建前后夏冬两季 5m 高度风速平面。从图 *a* 中可以看出，由于小区建筑布局朝向及来向风角度等原因，后排建筑都位于前排建筑的风影区（也称小风区）内，风道受阻，整个小区的自然通风不是很顺畅，大部分住宅楼都不能通过自然通风这一生态节能的方式来降温，只能通过空调来保持室内的热舒适性，并且通风不畅还会导致空调排出的热量和污浊空气不能及时排走，必将导致空调能耗的增加和微气候环境的恶化。

图 *b* 为冬季通风状况，北侧的行列式区域风影区基本消失，但南侧的错列式和点式区域依然存在大面积的风影区。图 *c* 和图 *d* 是 A 楼建成后的风速平面，通过与图 *a* 和图 *b* 的对比，可以发现 A 楼背风向的风影区更长，高层建筑对风环境的影响更大，并且对周边的小区风环境也产生了影响，在夏季 A 楼北侧行列式区域由于高层建筑狭管风的影响，靠近 A 楼区域的风影区缩小，但远离 A 楼区域的风影区却变大了，在冬季由于南侧的点式住宅直接位于 A 楼的风影区中，风影区较之以前有扩大的趋势。

通过对夏季和冬季两种工况的条件下模拟分析，可以直观了解小区中风环境的分布情况，及新建的高层建筑对周边风环境造成的影响，明确大气流场的空间变化规律，由此可以得出：

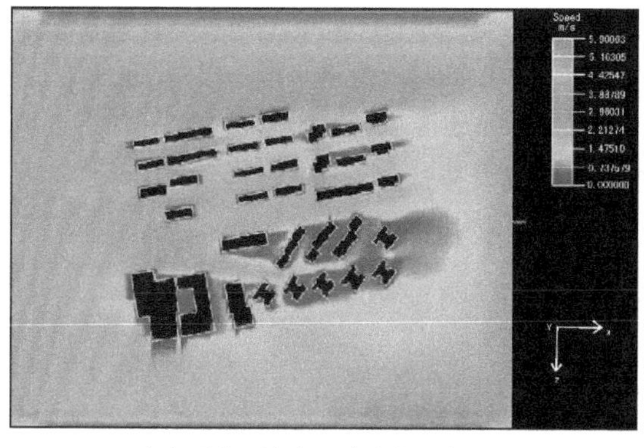

（*a*）夏季工况下 5m 高度的风速平面
（A 楼未建时）

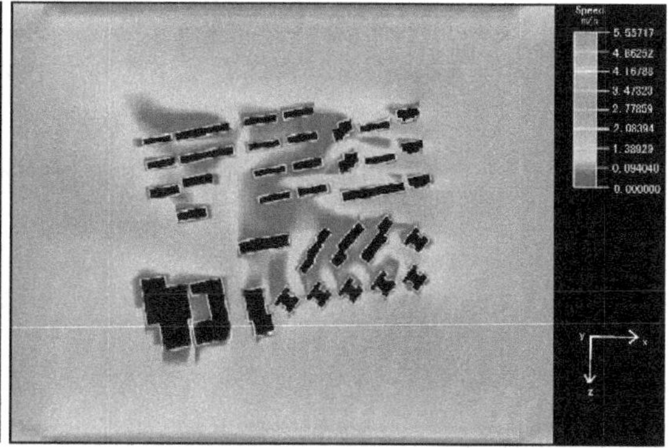

（*b*）冬季工况下 5m 高度的平面速度场
（A 楼未建时）

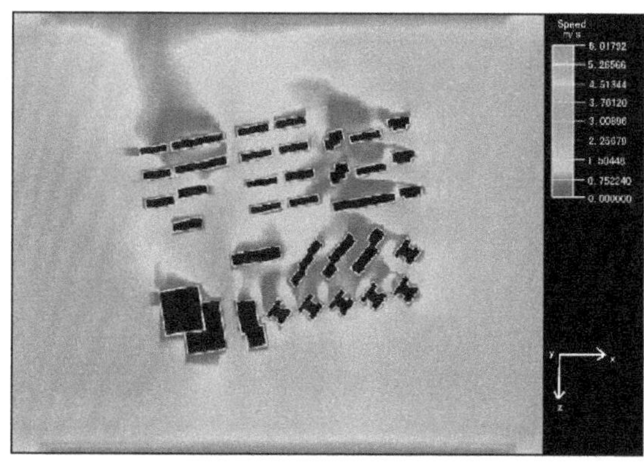

（*c*）夏季工况下 5m 高度的平面速度场
（A 楼建成后）

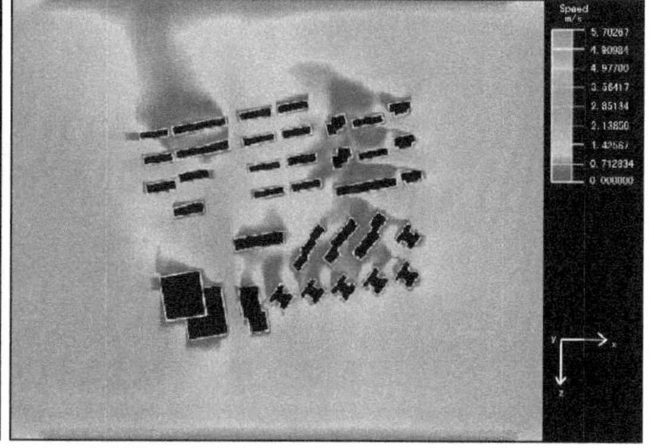

（*d*）冬季工况下 5m 高度的平面速度场
（A 楼建成后）

图 5-6-1　模拟的同济设计中心 A 楼修建前后夏冬两季 5m 高度风速平面

利用 Air-pak 模拟对小区和建筑单体进行合理规划布局将有良好的应用前景。建筑群中的风环境与建筑群的布局朝向有着密切的关系，合理的布局朝向可以形成良好的通风走廊，有利空气流通，污染物扩散，建筑物也可以利用自然通风这一生态节能的手段，改善室内的热舒适性，提高人们的生活质量；反之，不合理的布局朝向会形成恶劣的微气候环境，给人们的正常生活带来诸多不便。

高层建筑的背风面分布着范围不同的风影区，迎风面会形成一些高速气流区，这些区域会对周边环境造成诸多不利影响。

【本章小结】

随着科学技术的发展，地理信息系统（GIS）、遥感（RS）、数字高程模型（DEM）、计算流体力学（CFD）、三维可视化（3D-Visualization）等相关技术逐渐被应用于城市生态规划中。

城市生态规划技术是保障城市生态安全的基础，其影响不仅体现了人与自然、规划与人类建设行为的关系密切，而且直接影响构建生态人居系统理论体系和规划技术系统，城市生态规划技术的研究是一个动态的过程，只有在实践中进一步明确城市生态规划技术与城市规划的对应衔接关系，考察空间规划技术在生态城市运行中的绩效，才能提升城市生态规划技术的时效性，最终形成具有中国特色的城市生态规划技术，努力推动城市向“低碳化”、“生态化”的目标前行，演绎21世纪城市中人与自然的和谐发展方向。

【关键词】

地理信息系统（GIS）；遥感（RS）；数字高程模型（DEM）；计算流体力学（CFD）；空间句法（Space Syntax）；三维可视化（3D—Visualization）

【思考题】

1. 关于城市生态规划的技术有哪些？

2. 数字高程模型（DEM）的基本原理和基本功能是什么？是如何在城市生态规划中应用的？

3. 举例说明遥感（RS）影像获取技术在城市生态规划中的具体应用。

4. 简述基于拓扑学的空间句法的基本原理。

5. 简述模拟技术是如何在三维地表可视化中应用的。

第六章　城市生态功能区划

【本章提要】

本章主要介绍了城市生态功能区、城市生态系统服务功能、城市生态敏感性、生态功能的主导性分区及辅助分区等概念，详细介绍了城市生态功能区划的内涵及其发展趋势。详细介绍了城市生态功能区划的工作程序、技术路线，以及城市生态环境敏感性评价、城市生态适宜性分析、城市生态系统服务功能重要性评价、城市生态功能分区、城市生态区的等级划分及命名等各个环节的工作方法及其成果。并以几个真实案例成果展示了城市生态功能区划的全过程。

6.1　城市生态功能区相关概述

6.1.1　城市生态功能区的概念

6.1.1.1　城市生态功能分区

生态功能分区是根据区域生态环境要素、生态环境敏感性与生态服务功能空间分异规律，确定不同地域单元的主导生态功能，将区域划分成不同生态功能区的过程。其目的是为制定区域生态环境保护与建设规划、维护区域生态安全以及资源合理利用与工农业生产布局、保育区域生态环境提供科学依据，并为环境管理部门和决策部门提供管理信息与管理手段。

6.1.1.2 城市生态系统服务功能

生态系统服务功能繁多，涉及生态调节、产品提供、人居保障等。其中，生态调节功能主要是指水源涵养、土壤保持、防风固沙、生物多样性保护、洪水调蓄等维持生态平衡、保障区域生态安全等方面的功能。产品提供功能主要包括提供农产品、畜产品、水产品、林产品等功能。人居保障功能主要是指满足人类居住需要和城镇建设的功能。生态系统服务功能主要是指生态系统及其生态过程所形成的有利于人类生存与发展的生态环境条件与效用，例如森林生态系统的水源涵养功能、土壤保持功能、气候调节功能、环境净化功能等，强调生态调节功能的重要性。

6.1.1.3 生态环境敏感性

生态环境敏感性指生态系统对人类活动反应的敏感程度，用来反映产生生态失衡与生态环境问题的可能性大小。主要包括土壤侵蚀敏感性、沙漠化敏感性、盐渍化敏感性、石漠化敏感性、酸雨敏感性、重要自然与文化价值敏感性，以及其他因区域特殊环境引起的可能敏感性因素。

6.1.1.4 分区的可继承性

由于区划范围的不同以及行政管理的需要，各类自然区划和专项区划通常具有层次等级，下一级区划往往具有上级区划的某些特征或必须遵循的要求。分区的可继承性是指上级生态功能分区单元方案的某些限制性要求传承给下级分区单元的可能性，继承的特性在分区和管理上具有强制性。

6.1.1.5 主导性分区

生态功能的主导性分区是指以生态服务功能为依据，以辨识和突出生态系统在某一方面的主导功能为目的而进行的分区。主导性分区首先辨析生态系统各种服务功能并明晰各区域主要提供的生态服务功能类型，之后根据主要的生态系统服务功能进行区域划分。

6.1.1.6 辅助性分区

生态功能的辅助性分区是指以生态敏感性为依据，以保护和恢复生态系统某些功能发挥的完整性为目的而进行的分区，是对区域生态服务功能分区的补充和强化。

6.1.2 城市生态功能区的等级与依据

由于生态系统结构、功能和过程的复杂性，分区时应在综合分析各影响因素基础上，依据主导因素，提出操作性强的分区等级体系，分区体系尽量考虑全国生态区划。全国生态区划对自然生态环境进行了区域单元划分，虽然考虑了生态系统结构、过程和功能，但其着眼点在于生态系统区域特征，是以生物或者生态系统为区划的主要标志，而生态功能区划致力于区分生态系统或区域对人类活动的服务功能，以满足人类需求及对区域生态环境安全的重要性为区划标志。本区划的分区系统分三个等级，首先从宏观上参考全国尺度生态区划的三级区，结合省域气候、地理特点，划分省域尺度的生态

区，并作为中国生态功能区划分区单位；然后根据生态系统类型与生态系统服务功能类型划分生态亚区；在生态亚区基础上，根据生态服务功能重要性、生态环境敏感性与生态环境问题划分生态功能区。不同层次的生态功能区划单位，其划分依据不同。

1）一级区　以全国生态区划三级区为基础，结合研究区地貌特点与典型生态系统以及生态环境管理的要求进行调整，并考虑与相邻省份的衔接。

2）二级区　以研究区主要生态系统类型和生态服务功能类型为依据。

3）三级区　以生态服务功能重要性、生态系统敏感性及受胁迫状况等指标为依据。

6.1.3　城市生态功能区划的概念

城市生态功能区划是近年来我国着力建设的新的关于资源与环境管理的地理框架，为做好我国的生态功能区划工作，国家环保部相继出台了《全国生态环境保护纲要》、《生态功能区划暂行规程》等技术规范，确定了我国生态功能区划的技术方法和程序。

6.1.3.1　城市生态功能区划

生态功能：指自然生态系统支持人类社会和经济发展的功能。所谓生态功能区划，就是在分析研究区域生态环境特征与生态环境问题、生态环境敏感性和生态服务功能空间分异规律的基础上，根据生态环境特征、生态环境和生态服务功能在不同地域的差异性和相似性，将区域空间划分为不同生态功能区的研究过程。生态功能区划的本质就是生态系统服务功能区划。通过识别生态系统生态过程的关键因子、空间格局的分布特征以及动态演替的驱动因子，就能揭示生态系统服务功能的区域差异，进而因地制宜地开展生态功能区划，引导区域经济—社会—生态复合系统的可持续发展，提供了一种新的思路和途径。

其目的是辨析区域主要生态环境问题与生态环境脆弱区，确定优先保护生态系统和优先保护地区，为区域产业布局、生态保护和建设规划提供科学依据。生态功能区划是实施区域生态系统分区管理的基础和前提，也是进行区域生态建设与生态保护规划的科学基础。

城市生态功能区划是指根据城市及其周边相关区域生态环境要素、生态环境敏感性与生态服务功能空间分异规律，将城市及其周边相关区域划分成不同生态功能区的过程。其目的是为制定城市区域生态环境保护与建设规划、形成区域生态安全格局以及实现资源合理利用和各项生产合理布局提供科学依据。其关键在于明确各类生态功能区的主导服务内容，并确定不同地域单元的主导生态功能和生态保护目标，最终提出生态功能区划方案。

城市生态功能区划是对城市相关区域内的复合生态特征进行区域划分，具有社会化、技术化和经济化等特点。而传统区划理论是以自然因素或经济因素（气候、土壤、农业等）等单个因子为基础，难以解决如何使自然系统与社会经济系统协同、持续发展的难题。在总结我国生态建设有关经验的基础上，社会—经济—自然复合生态系统理论由我国著名生态学家、环境科学家马世骏教授于1979年首次提出，并于1984年在《生态学报》杂志上正式发表。他指出：当代若干重大社会问题，都直接或间接关系到社会体制、经济发展状况以及人类赖以生存的自然环境。社会、经济和自然是三个不同性质的系统，但其各自的生存和发展都受其他系统结构、功能的制约，必须当成一个复合系统来考虑。王如松作了更进一步的阐述，认为城市是一个以人类活动为纽带，由社会、经济与自然三个亚系统组成的相互作用与制约的复合生态系统。

6.1.3.2 城市生态功能区划的意义

按照区域不同等级生态系统的整体联系性、空间连续性、相似性和相异性，探讨其生态过程的特征和服务功能的重要性，以及人类活动影响强度，并以此为依据进行空间区域的划分。

开展生态功能区划的研究对于确定区域生态系统特征、生态系统服务功能重要性、指出区域生态功能分区的主要生态问题，制定生态环境保护与建设规划、维护区域生态安全、促进社会经济可持续发展都有重大理论指导意义，为决策和管理者提供管理信息和管理手段。其要点是正确认识区域生态环境特征、生态问题性质及产生的根源，以保护和改善区域生态环境为目的，依据区域生态系统功能的不同，人类活动影响程度的不同，分别采取不同的对策，它是研究和编制区域生态保护规划的重要内容，是运用现代生态学的理论，按照分区的原则和方法，将区域划分为不同级别的功能单元，并进行综合分析和评价，揭示其空间分布规律，为区域生态环境综合整治提供科学依据。

生态功能区划有别于基于生态系统的生态区划。生态区划是生态特征区划，是在对生态系统客观认识和充分研究的基础上，根据生态系统类型及其组合特征、环境要素特征的相似性和差异性规律进行整合和分区，划分不同的生态区域单元。目前我国的生态区划也考虑了人类活动与生态环境的相互作用，以人类活动强度和人类开发利用状况作为划分生态区域单元的依据。生态功能区划则是综合性功能区划，它是在生态区划的基础上发展而来的，是在充分考虑区域生态环境特征和面临的生态问题，以生态、社会、经济等因素的综合空间分异为主要依据划分生态功能区，同时根据各功能区的生态环境特征、生态环境问题、主导生态服务功能，提出生态环境保护与建设对策，为区域资源开发利用、工农业生产布局以及生态环境综合整治提供科学依据。

6.1.3.3 城市生态功能区划的必要性

城市是以人为主体，由社会、经济和自然构成的复合生态系统。城市生态系统通过能量流动、物质循环和信息传递实现城市的生产、生活和还原三大功能，其中生产功能为社会提供丰富的物质和信息产品；生活功能为市民提供舒适的栖息环境和便捷的生活条件；还原功能为城乡资源永续利用和社会、经济和环境协调发展提供保证。在城市生态系统中，生产、生活和还原三大功能分别有如下的特点：生产功能——能流物流高强度密集，空间利用率高，系统输入输出量大；生活功能——土地利用率高，人口高密度聚集，高强度消费，环境污染承载负荷大；还原功能——系统开放型非自律，消除

环境污染既需要自然净化，更需要人工调节。生态学原理表明，对于任何一个城市，良好的生态功能作用都必需依靠其相应的城市生态结构，而城市结构是否合理、城市的功能与结构是否相匹配主要体现在城市生态功能区划上，因此城市生态功能区划对于科学合理地利用自然环境资源，维护城市生态稳定，保持城市生态系统良性循环，促进城市社会、经济协调发展具有特别重要的作用。

生态功能区划是通过对各生态要素综合进行评价，获得空间上的分布与分区信息，形成生态功能区划图等一系列图件。其主要作用是为区域生态环境管理和生态资源信息的配置提供地理空间的框架，为管理者、决策者和科学家提供以下服务。

1）对比区域间各生态系统服务功能的相似性和差异性，明确各区域生态环境保护与管理的主要内容。

2）以区域生态环境敏感性评价为基础，建立切合实际的环境评价标准，以反映区域尺度生态环境对人类活动影响的阈值或恢复能力。不同的生态区域因其生态环境的敏感程度有较大的区别，导致其对人类影响所能承受的阈值以及遭到破坏后的恢复能力存在一定的差异，因此，在制定生态环境评价标准和生态环境管理条例时应根据各区域的情况区别对待。

3）预测未来人类活动对区域生态环境影响的演变规律。根据各生态功能区内当前人类活动的规律以及生态环境的演变过程和恢复技术的发展，预测区域内未来生态环境的演变趋势。

4）根据各生态功能区内的资源和环境特点，对工农业的生产布局进行合理规划，既使区域内的资源得到充分的利用，而又不至于对生态环境造成很大的影响，持续地发挥区域生态环境对人类社会发展的服务支持功能。总之，进行生态功能区划是区域可持续发展的需求，是科学认识客观规律的必然结果，是资源管理和自然保护不可缺少的手段。通过生态功能区划过程，明确每一区域的生态环境特点、面临的主要问题和可能的演变趋势，确定重点保护，不仅可协调经济发展与环境保护的矛盾，同时还可以因地制宜，进行产业结构的合理布局，扬长避短，发挥区域的资源、环境优势，在提高经济效益的同时，也可提高生态效益，改善生态系统的服务功能，保护生物多样性，实现人与自然相互协调的可持续发展。

6.1.3.4 城市生态功能区划在区域生态恢复中的基础性作用

一是能确定区域生态保护和建设的关键地区，为区域的生态综合整治提供空间基础。生态功能区划根据生态功能重要性、生态环境敏感性、区域生态环境现状评价及其综合性评价，能够识别区域生态保护和建设的关键区域，即重要生态功能区，从而为相关部门进行明确生态综合治理的重点区域，引导相关部门和相关资源首先投入到这些重点区域中。这能整合多方力量，提高区域生态保护的效率，有利于从生态功能的角度进行生态保护和恢复。生态功能区划在我国整体生态破坏而生态投入偏少的背景下，提高我国区域生态恢复的效率。

二是为制定有差别的生态保护和恢复措施、引导区域产业合理发展提供了科学基础。生态功能区划能根据生态功能区的资源和环境特点以及不同的生态问题，提出有差异的生态保护和建设措施，供决策和管理部门参考。相关部门可对工农业的生产布局进行合理规划，同时明确区域生态建设重点任务，指出区域发展的限制因子和限制方向，以及资源开发产业发展的优势条件与制约因素，确定各主要生态功能区的经济发展方向和产业结构调整规划，提出限制性产业、鼓励性产业和禁止性产业发展方向。同时，生态功能区划为严格建设项目环境管理提供了依据，资源开发利用项目应当符合生态功能区的保护目标，不得造成生态功能的改变，禁止在生态功能区内建设与生态功能区定位不一致的工程和项目等。

三是为制定有差别的分区管理措施提供了政策基础。生态功能区的划分过程考虑区域的生态环境敏感性、生态功能重要性以及区域生态环境的承载能力，在此基础上便于制定出符合区域属性的产业结构调整政策、资源环境价格政策、节能减排和总量控制政策、环境基础设施建设的投入政策以及绩效考评政策等。同时，生态功能区划分也为生态补偿政策的制定，包括补偿主体、补偿标准和补偿方式提供了一个科学的空间框架。在生态补偿机制建立的前提下，不同的区域管理政策将有利于缩小区域差距，促进区域公共服务的均等化，实现区域协调发展的战略目标。

四是促进全要素综合管理，加强相关部门协调的管理基础。我国已广泛建立起了各部门、各级生态环境相关的监督管理机构，但由于部门管理的行政分割，不同的生态要素（水、土、森林、草原、海洋）被分割开来，甚至同一个生态要素又被分解，部门间职能交叉，肢解了对环境问题的整体性认识，从而影响了生态管理的效率。在生态功能区划的基础上，对于重要生态功能区的保护和管理，可以通过建立实体机构统一领导或通过部门联席会议的方式进行统筹协调管理，逐步实现生态系统的全要素保护方式。

6.1.3.5 城市生态功能区划在城市规划及战略环评中的重要性

《中华人民共和国城乡规划法》颁布后，要求城市规划进一步转变观念，编制城乡规划，必须充分认识我国长期面临的资源短缺约束和环境容量压力的基本国情，认真分析城镇发展的资源环境条件，从城市的可持续发展出发，对资源和生态环境承载力、环境保护等要素进行综合分析，研究合理的城市空间布局和规模，“按照坚持经济建设与生态环境相协调和可持续发展的要求，提出加强生态建设，改善城市生态环境的措施，转变城镇发展模式，建设资源节约型、环境友好型社会，增强可持续发展能力”。

战略环境评价是实现区域可持续发展的重要工具，其将生态环境因素置于重大决策的前端，综合分析资源环境的承载能力，对重大开发、生产力布局、资源配置进行更为合理的战略安排，对促进区域生态文明建设和可持续发展具有十分重要的现实意义和重大的战略意义。“规划环评是我国战略环评的切入点和重要组成部分，城市规划环评又作为规划环评的一部分，其在城市规划编制阶段对规划实施可能造成的环境影响进行分析、预测和评价，提出预防或者减轻不良环境影响的对策和措施，并进行跟踪监测和对不合理的规划提出调整建议”。中华人民共和国成立以来，由于我国产业结构布局不合理，资源开发方式粗放，导致我国生态环境状况恶化的趋势没有得到根本的遏制。进行生态

功能区划，从空间上明确不同区域的功能，能加速推进环境保护历史性转变。通过区划，加快调整不合理的经济结构，明确不同功能区域开发强度和经济开发的准入条件，加强具有水源涵养、土壤保持、生物多样性保护、防风固沙和洪水调蓄等重要生态功能区域的管理，可使之逐步纳入国家"十一五"规划纲要确定的限制开发和禁止开发主体功能区管理体系，生态功能区划统筹考虑区域资源、环境状况和经济社会发展水平，明确了不同区域的主导功能。科学合理地进行生态功能区划，为资源有效开发利用制定生态环境保护与建设规划，可为产业合理布局提供科学依据，为环境管理和决策部门提供管理信息和管理手段，对有效开展规划环评，具有重要的借鉴作用。因此，在城市规划战略环评中积极合理地开展生态功能区划，充分考虑区域资源环境承载力，分析区域生态环境现状和存在的问题，针对各功能区的现状特点和生态主导功能，提出各功能区生态保护的主要措施和各功能区发展的方向，并对规划的协调性进行深入的分析，提出规划调整的对策建议，对于促进城市经济和生态文明建设具有十分重要的现实和战略意义。许多区域性生态灾害和环境问题都具有流域特征，并与流域的水源涵养、水土保持和水环境保护都有直接关系，它们通过流域的物质和能量流动传输，可能上升为全局性的问题。因此以流域为物理单元进行生态功能区划，具有重要的意义，大理市范围以上区域位于洱海流域内，考虑到以上特征，在大理城市总规修编环评中以洱海流域为基础进行生态功能区划。

6.1.4 城市生态功能区划的产生及发展趋势

6.1.4.1 城市生态功能区划的产生

生态区划是在自然区划的基础上发展而来的。早在 19 世纪初，德国地理学家洪堡德首创了世界等温线图，把气候与植被的分布有机地结合起来。俄国地理学家道库恰也夫（Dkouchaev）也提出了土壤形成过程和按气候来划分自然土壤带的概念，并建立了土壤地带学说。与此同时，霍迈尔发展了地表自然区划的观念以及在主要单元内部逐级分区的概念，并设想出四级地理单元，即小区、地区、区域、大区域，开创了现代自然区划的研究（傅伯杰等，1999）。1898 年，孟利亚姆对美国的生命带和农作物地带开展区划，这是首次以生物作为自然分区的依据，可以看作是最早的生态区划研究工作。此后俄国地理学家道库恰也夫从自然地带（或称景观地带）的概念出发，指出"气候、植物和动物在地球表面上的分布，皆按一定的严密的顺序，由北向南有规律地排列着，因而可将地球表层分成若干带"。1905 年，英国生态学家赫伯逊对全球各主要区域单元进行了区划和介绍，并指出开展全球生态地域划分的必要性。随之很多生态学家与地学家也日益关注到生态区划的重要性，并投入到生态区划的研究中。但由于人们对生态系统及生态过程认识的局限性，还没有提出一个完整的方案。1935 年，英国生态学家坦斯利提出生态系统的概念，指出生态系统是各个环境因子综合作用的表现。此后各国许多生态学家相继对生态系统展开了大量的研究，对生态系统的形成、演化、结构和功能以及影响生态系统的各种环境因子有了初步的认识。在此基础上，以植被（生态系统）为主体的自然

生态区划研究取得长足的进展，但也出现把植被区划等同于生态分区、忽视系统整体特征的倾向，所采用的区划指标往往较为单一。

直到1976年，美国生态学家贝利才首次提出真正意义上的生态区划方案。他以不同尺度上森林、牧场和有关土地的管理为目标，从生态系统的观点提出了美国生态区域的等级系统，认为区划是按照其空间关系来组分自然单元的过程，并编制了美国生态区域图，按地域、区、省和地段4个等级进行划分。其后在大量实际调查研究的基础上，贝利于1985年编制了北美和美国范围内的陆地生态区域图和海洋生态区域图，并在研究北美和美国生态区域的基础上于1989年编制了世界各大陆的生态区域图。在加拿大，从20世纪80年代开始也进行了一系列的全国和区域尺度的生态区划工作，如Wiken（1982）于1982年提出了第一个加拿大全国生态区划方案，按生态地带、生态省、生态地区和生态区四个等级进行划分。1996年Wiken等人进一步完成了加拿大陆地和海洋的生态区域划分，该方案以生态地带、生态地区、生态区、生态地段、生态地点和生态元素等六个等级进行划分，将加拿大划分为5个海洋生态地带、15个陆地生态地带，并对每一地带的动植物、气候、地形、土壤等进行了详细描述。1992～1995年俄罗斯生态学家与美国生态学家合作，共同对世界生态区域图进行了修订。在此期间，全球在生态系统区划研究方面有了长足进展。生态学家们对生态地域区划的原则、依据以及区划指标、等级和方法等进行了深入的探讨，相继提出了一批以生物群区为单位的全球分类方案。如赫德利奇的生命地带分类系统、马休斯的世界主要生态系统类型、斯托兹等的陆地生物群区系统、帕雷梯斯等的全球生物群区类型、波克斯的全球潜在优势植被类型、斯库兹的世界生态区划，在1996年美国生态学大会上展示了一系列生态分区的研究成果，范围包括大、中、小不同尺度，大至北美大陆，小至一个州或一个县。但是，这些区划工作主要是从自然生态因素出发，对自然生态系统的地域划分，几乎没有考虑到作为主体的人类在生态系统中起的作用。

为了维护区域生态安全，加强城市环境建设，增进城市居民身心健康，提高生态资源对城市发展的支持能力，在更高的水平上实现城市与自然的平衡，对城市生态资源进行综合评价，整合城市发展与生态资源的时空格局，成为实现城市可持续发展的基本途径。1992年联合国环境与发展大会后，许多国家和地区编制的相关规划，如美国编制的南加利福尼亚城市区域土地利用及河流规划、英国编制的伦敦城市发展战略规划中的开敞空间、建筑环境、水环境、日本编制的东京湾都市地区的生态建设规划等都遵循了这一基本思路。我国继2002年在中东部地区开展完生态环境现状调查后，要求各省市、自治区、直辖市在2003年完成生态功能区划草案。国内北京、上海、广州、青岛等地也纷纷开展了不同类型的生态功能区划或生态建设规划。城市生态功能区划的作用在许多城市愈来愈受到重视。

生态功能区划对实施可持续发展战略、协调发展与环境之间的矛盾、保障社会经济发展至关重要。目前，全国已经有许多省份、城市开展了生态功能区划工作，且许多都已经完工。生态功能区划的实施更有助于实现环境分区分类管理，便于环境目标管理和污染物总量控制，为社会发展和经济开发建设活动

提供科学依据，为城乡工业布局、产业结构的调整提供指导意见，为实现经济建设、城乡建设和环境建设同步规划、同步实施、同步发展奠定基础。

6.1.4.2 城市生态功能区划的研究进展

（1）国外研究进展

近年来，由于人口的急剧膨胀和人类经济活动的加剧，引起了一系列严重的生态恶化问题，各国生态学家越来越重视生态环境的区划，并认识到以前各种自然区划的局限性，开始关注人类活动在资源开发和环境保护中的作用和地位。同时随着人们对全球及区域性生态系统类型及其生态过程的认识和深入，生态学家开始了广泛应用生态区划与生态制图的方法和成果，阐明生态系统对全球变化的响应，分析区域生态环境问题形成的原因和机制，并进一步对生态环境进行综合评价，为区域资源的开发利用，生物多样性的保护，以及可持续发展战略的制定等提供科学的理论依据，生态区划和生态制图从而成为宏观生态学研究的热点。

（2）国内研究进展

虽然我国生态功能区划相关研究起步较晚，但从一开始便与城市问题、环境问题及可持续发展战略等紧密连接。自 20 世纪 80 年代以来，我国的学者对生态功能区划的理论、方法和技术等方面进行了深入的研究，部分成果已达到国际领先水平。

自 20 世纪 80 年代开始，我国自然工作者在区划中引进了生态系统的观点，并应用生态学的原理和方法，对生态区划的原则和指标进行了一般性讨论，并把它们应用到区域农业的经营管理和产业结构的调整中，进行区域性的农业生态区划工作。《中国自然生态区划与大农业发展战略》对自然生态区划的原则和依据进行了详细的讨论，并且提出了生态区划的目的是为农、林、牧、副和渔业服务。该书首先依据温度的差异将我国划分为六个温度带，而后，根据生态系统的差异将我国划分为 22 个生态区，并依据各生态区自然资源的特点，提出了各个区域内大农业的发展方向（侯学煌，1988）。

总体来说，目前现有的生态区划方案都缺乏对人类活动在自然生态环境变化中的作用和影响的系统分析，尤其是忽略了对生态资产、生态服务功能以及敏感性等指标的研究。随着我国人口的增长和经济的发展，尤其改革开放以来，很多地区由于片面追求经济效益，忽略对生态系统的保护，造成生态环境的严重破坏，不仅严重地阻碍本地经济的发展，而且危及整个区域的持续发展。由此可见，如何协调日益突出的发展与生态环境保护的矛盾，维护区域经济和资源的可持续发展是我们目前亟待解决的问题。这就要求对区域内各生态因子之间的相互关系，生态系统对人类生存发展的支持服务功能，尤其是对人类活动在资源开发利用与保护中的地位和作用以及区域环境问题的形成机制和规律进行充分的分析研究，提出区域生态环境保护和整治的方法与途径。

针对上述问题，欧阳志云等进行了海南省生态环境敏感性和生态系统服务功能重要性的评价（欧阳志云等，2001 年），并相继完成了中国生态环境敏感性区域差异、中国水土流失敏感性分布规律及区划、中国生态环境胁迫区划等一系列工作（欧阳志云等，2001），初步揭示了中国生态环境敏感特征及人类活动对生态环境的影响规律。中国环境科学研究院在对黑河流域的规划中，提出了生态承载力的观点并以其为指标对黑河流域进行了区划，对黑河流域的生态环境治理工作起到了较好的作用。杨勤业、陈百明等则进行了全国生态地域划分和生态资产划分，明确了全国生态地域的基本分区和生态资产的地域分布特征（杨勤业，2000），傅伯杰等在此基础上进行了生态环境综合区划的研究，将全国划分为三个生态大区，13 个生态地区，54 个生态区（傅伯杰等，2001），该区划充分考虑了生态系统的服务功能和敏感性，人类活动对自然生态系统的影响和改造等因素，为重新正确认识我国生态环境特征提供了依据，也为各区域进一步深入开展区域生态环境区划工作奠定了基础。

20 世纪中后期发展完善了自然生态系统服务价值计算，以及生态足迹量算，确定保持一定生活水平所需自然生态空间，不同生态区域容量的估算方法，以及实现这种生态维持空间和保持有效容量的障碍。这为现代生态区划提供了新的认识和实施途径。中国同期开展了类似的生态区划：以生态要素区划为基础，发展生态环境综合区划，开展生态地域划分（依据自然生态因子特点和人为活动）、生态资产区划（依据生态服务功能和资源价值）。这类区划提出在中国特殊国情下的生态胁迫过程区划（人类活动及对生态环境影响）、生态敏感性区划（人为影响下生态环境脆弱性及可恢复性）、生态环境综合区划（上述因子区划的综合体现及对策性安排）。

6.1.4.3 实施生态功能区划应注意的四大关系

生态功能区划是区域环境综合整治成效的基础工作，但是为了充分发挥生态功能区划在区域生态系统恢复中的指导作用，在组织实施生态功能区划过程中，应重点关注以下四方面的关系。

一是生态功能区划与主体功能区划、综合环境功能区划之间的关系。主体功能区划和综合环境功能区划是我国在区域开发以及环境管理方面重要的依据，正在由我国相关部委组织编制。它们与生态功能区划存在着非常紧密的联系。但是，三者之间还是有非常明显的区别。从生态功能区划的划分程序看，应属于认知区划，基本上是基于区域的自然特点划分的自然区域；而国家主体功能区划和综合环境功能区划属于管理性区划，主要是为部门管理职能服务。因此，在编制主体功能区划和综合环境功能区划时，应将生态功能区划作为二者的编制基础，二者的编制要加强与生态功能区划的衔接。在主体功能区划和综合环境功能区划颁布实施后，生态功能区划应根据部门管理的要求进行适当的调整，以符合管理的需要。

二是不同层次区划之间的关系。从我国生态功能区划的实践看，存在国家、省、市、县四级生态功能区划，并基本上对应于四个层次的生态功能区域的建设要求。四个层次的生态功能区划构成了我国生态功能区划的综合体系，不同层次的区划要有不同的侧重点。国家和省级区划是宏观区划，主要体现区域的不同管理目标，强调政策引导；市、县级区划应是微观的控制性区划，要提出具体的工程措施来实现宏观区划的目标要求。要发挥省级生态功能区划承上启下的关键作用，一方面落实国家生态功能区划在边界、目标和政策等方面的总体要求，同时也要对市、县级生态功能区划分提出更加具体的目标要求。

三是生态功能区划边界与行政边界的关系。在进行生态功能区划分时，按照共轭性原则，区域所划分的对象必须是具有独特性、空间上完整的自然区域，即任何一个生态功能区必须是完整的个体，不存在彼此分离的部分。因此，进行生态功能区划的边界以自然边界为主。然而在管理上，以行政边界更为便利。因此，对于不同层级的生态功能区划边界，应结合不同层次区划的作用，对区划边界的处理采取灵活的策略。如考虑管理和执行的需要，省级生态功能区划应以县级行政单元为基础，同时与国家级生态功能区划自然边界叠加，形成基于行政区的生态功能区划方案。而市、县的生态功能区划，可以直接采用乡镇或行政村的边界进行划分。

四是主导功能与其他功能保护的关系。根据目前我国生态功能区划的有关规定，生态功能区的主导生态功能具有唯一性，其他功能被列为辅助功能。然而，在某些重要生态功能区，可能同时存在两种或两种以上的重要的生态功能，其重要程度不相上下。如某些重要的水源涵养区往往同时也具有非常重要的生物多样性保护功能。因此，即使区域的主导功能确定为水源涵养功能，但是在制定生态保护措施以及产业引导措施时，不能忽视其他生态功能的保护和恢复。这就要求应更大程度地依据单项生态功能重要性评价制定相应的措施和政策。

6.2 城市生态功能区划的内涵

6.2.1 城市生态功能区划的内容

生态功能区划根据其特点考虑其自然地理条件和气候特征，典型的生态系统类型，存在的或潜在的问题，引起生态环境问题的原因。

城市生态功能区划不同于传统的环境要素的功能区划，对城市生态功能起决定作用的是城市的自然资源和环境特征，因此城市生态功能区划首先要对城市区域生态环境进行认真调查，对城市生态系统、资源态势和城市社会、经济和自然复合生态系统进行综合分析评价，在此基础上，遵循城市生态学原理和城市生态功能与城市生态结构相匹配的原则，将城市划分为生态功能不同的区域。

通过区域生态系统构成分析，采用“自下而上”的方法，采用 GIS 等技术，综合运用空间叠置法和定量分析法，将生态资本、生态敏感性、生态服务功能和生态承载力等要素结合起来，进行区域的生态功能分区（图 6–2–1）。

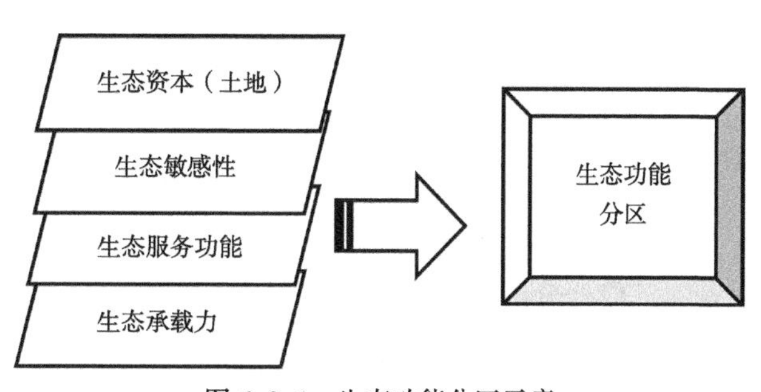

图 6–2–1 生态功能分区示意

生态资本：土地资源是人类赖以生存与发展的基础，以土地利用方式为基础，核算各种土地利用类型的自然资本、经济资本与社会资本，明确区域的生态框架。

生态敏感性：生态敏感性评价是基于生态环境问题形成机制上，对直接影响生态环境问题发生和发展的各自然因素进行评价；根据实例区主要的生态环境问题，选择土壤侵蚀、生物保护和酸雨等自然因素进行评估，分析其在空间上的强度分布。

生态服务功能：生态系统服务功能是指生态系统与生态过程所形成及所维持的人类赖以生存的自然环境条件与效用。根据实例区提供的主要生态服务功能，选择生物多样性保护、水源涵养、土壤保持和营养物质保持等主要生态功能进行评估，分析其在空间上的强度分布。

生态承载力：生态承载力是衡量一个地区发展潜力的重要指标，是指在一定区域内未产生永久性生态生产力破坏的最大生态能力。

6.2.1.1 城市生态环境调查

调查范围主要是市区、城市化外缘和生态相关区。调查内容包括自然系统、社会系统和经济系统。

自然系统：地理地质、水与水资源、植被与动物、气候、土壤、土地资源、矿产资源、海岸海洋、特殊（稀有）资源、区域特殊生态系统、区域生态环境问题、区域自然灾害、区域污染危害、区域生态系统演替等。

社会系统：人口与人口规划、人类聚落、社会供应、医疗卫生、文化教育和行政管理等。

经济系统：产业结构、生产力布局、流通服务、污染物处理、物流能流强度等。

6.2.1.2 城市生态系统分析

城市生态系统分析为进行生态功能分区，建立生态功能区保护目标提供科学依据，生态系统分析主要包括生态结构、生态过程和生态功能分析。

生态结构：生态系统类型、分布以及生态结构特征。

生态过程：生态运行过程（物流与能流），区内生态系统之间联系与作用，区内外生态系统关联与作用。

生态功能：包括生态系统的生产功能和环境功能，主要是分析城市可持续发展的生态功能需求，评价生态系统对这种需求的满足度。

6.2.1.3 城市资源态势分析

城市区域资源态势分析主要内容包括：资源种类、资源优势、资源利用合理性、生物资源生产潜力、土地资源潜力、城市可持续发展供需、特殊和特有资源。

分析基本原则是优先考虑生存资源的保护和可持续利用，保护稀缺资源，保护资源的稀有和特殊用途，可再生资源用养结合、采补平衡。

6.2.1.4 城市社会、经济和自然复合生态系统综合分析

综合分析主要内容有：①生态环境的人口和经济承载力分析；②土地利用适宜度分析；③生态环境与资源的相关性分析；④生态环境与社会经济发展协调性分析；⑤生态环境敏感性分析。

6.2.2　城市生态功能区的体系

城市生态功能区划以土地生态学、城市生态学、景观生态学和可持续发展理论为指导，以 RS 和 GIS 技术为支撑，以城市发展与城市土地生态系统相互作用机制为研究主线，以生态适宜性分析、生态敏感性分析、生态服务功能重要性分析等为重点，参考城市土地利用规划和城市经济发展规划，以实现城市土地可持续利用为目标。生态功能区划的具体程序，如图 6-2-2 所示。

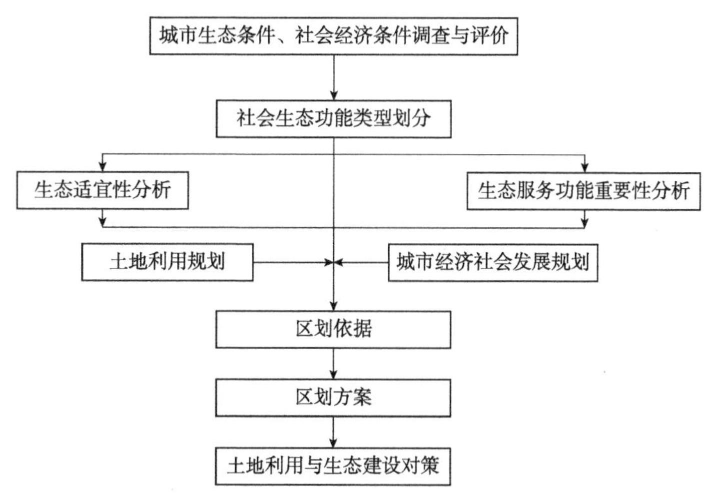

图 6-2-2　生态功能区划程序示意

6.2.3　城市生态功能区划的原则

6.2.3.1　主导功能原则

生态功能的确定以生态系统的主导服务功能为主。在具有多种生态服务功能的地域，以生态调节功能优先；在具有多种生态调节功能的地域，以主导调节功能优先。此原则确定了生态调节功能的首要地位，并确立了以主导调节功能进行分区的基本准则。

6.2.3.2　区域相关性原则

在分区过程中，要综合考虑流域上下游的关系、区域间生态功能的互补作用，根据保障区域、流域与国家生态安全的要求，分析和确定区域的主导生态功能。此原则要求生态功能分区必须从地域上考虑生态功能的关联关系，将分区对象作为一个与周边区域在功能上有内在联系的系统，在主导功能的定位中充分考虑其完整性及其对周边的影响。

6.2.3.3　协调原则

生态功能区的确定要与国家主体功能区规划、重大经济技术政策、社会发展规划、经济发展规划和其他各种专项规划特别是有关生态和环境方面的规划相衔接。此原则要求生态功能分区须综合研究涉及本区域的各种综合规划和专项规划，充分考虑各类影响因素，与各类规划合理衔接，尽量避免区划上不必要的冲突导致的实施上的困难。

6.2.3.4 等级尺度原则

省级生态功能分区应从满足国家经济社会发展和生态保护工作宏观管理的需要出发，进行中等尺度范围划分；地市级和县级生态功能分区应与省级生态功能分区相衔接，在分区尺度上应更能满足市域和县域经济社会发展和生态保护工作微观管理的需要。此原则要求根据管理的需要，对不同的分区对象采用不同的尺度，包括获取数据资料的尺度和功能管控的尺度。省级主要满足宏观管理，市级和县级主要满足微观管理。

6.2.3.5 继承性原则

不同级别的分区具有可继承性，上一级单位分区的结果一般对下一级分区单元的主导功能定位以及生态保护和建设方向具有宏观的指导作用和约束力。此原则要求下级分区单位在主导功能定位上要充分考虑上一级单元的定位，且在功能分区、生态保护和生态建设上，须受上级单位的分区生态保护和建设方向的约束。

6.2.3.6 生态系统完整性原则

系统的完整性是系统发挥其内在功能的前提条件，生态功能分区应遵循景观生态单元、生态学系统或生态地域及其组合，以及维持这种组合的生态过程的完整性。此原则要求生态功能分区结果既要考虑维护生态结构的完整性，更要考虑保证生态系统功能过程的完整性，同时保证所分区的对象必须是具有独特性且空间上完整的自然区域。所以本原则也包含了地理区划中一般遵循的区域共轭性。

6.2.3.7 经济发展与生态保护协调性原则

生态功能分区既要讲求生态效益，又要讲求经济效益。分区必须力求做到经济发展与生态保护的有机统一，使自然资源得以合理并充分地开发利用和保护，维持和提高生态系统生态产品供给能力，最终使得整个生态环境处于良性循环之中，从而保证资源的永续利用和经济的可持续发展，增强区域社会经济发展的生态环境支撑能力，提高生态文明水平。此原则要求生态功能分区须兼顾生态和经济效益的统一，强调维持和提高区域生态产品的供给能力，最终要为提高区域生态文明水平服务。

案例 6-1 城市总体规划战略环评中的生态功能区划原则

（1）相似性和差异性原则

区域生态环境特征、生态过程与生态服务功能以及生态环境敏感性的地域差异性和相似性是客观存在的，生态功能区划正是对其区内相似性和区间差异性加以识别，然后进行区域的划分与合并。在进行区划时，必须注意区划单位内部特征的相似性和划分指标的相对一致性。不同等级的区划单位各有其一致性的标准。例如，生态区的相似性体现在生物气候特征和人类社会经济活动特点的大致相同，生态功能区的相似性体现在主导生态服务功能、生态环境敏感性与主要生态问题大致相同。

（2）主导因素原则

区域生态系统的形成过程及其结构、功能是极其复杂的，它受多种因素的

影响，是各个因素综合作用的结果。但在各个因素之中，必然有一两个因素起主导的、决定性的作用，其他因素只起调节、修正或协同的作用。因此，在进行生态功能区划时，必须综合分析区域生态环境要素的相互作用与生态系统结构、过程、格局的区域分异的关系，以及区域生态环境问题、生态环境敏感性、生态服务功能与生态系统结构、过程、格局的相互关系，找出起主导作用的因素，选取主导因素指标作为分区的依据或在生态环境敏感性和生态服务功能重要性评价中赋予主导因素以较大的权重。

（3）区域共轭性原则

区域共轭性原则要求区划所划分出来的任何一个区划单位，必须是具有个体性的、不重复出现的和空间上完整的区域。根据这一原则，生态功能区划的任何一个生态功能区必须是完整的个体，不能存在彼此分离的部分。例如，尽管可能存在两个具有类似景观生态结构和主导生态过程与生态服务功能但彼此隔离的区域，也不能把它们划为一个生态功能区。

（4）与区域社会经济建设和可持续发展相结合的原则

生态功能区划的目的是促进资源的合理利用与开发，增强区域社会经济发展的生态环境支撑能力，促进区域的可持续发展。因此，在进行生态功能区划时，应考虑区域社会经济建设的需要和可持续发展的要求，主要有三个方面。①应考虑人类社会经济活动在区域生态环境特征、生态过程与生态服务功能的区域分异形成过程中的作用。区域现存生态系统是自然界长期演化发展和人类活动干扰的综合结果，自然环境因素是生态系统形成、演化及其地域分异的物质基础，人类社会经济活动在很大程度上也受这一基础的影响，但又以越来越强的反作用力影响自然环境及自然生态过程，自然环境因素和人类社会经济活动相互作用及其区域分异控制着区域生态过程的区域分异及其发展方向。因此在区划中应把区域自然生态过程与自然—社会经济相互作用的共轭关系作为区域划分的依据。②应重视与人类社会生存发展密切相关的生态过程与生态服务功能。自然生态系统具有多种多样的生态过程，由此产生多种多样的生态服务功能，而与人类社会生存发展密切相关的主要有能量的转换、水循环、物质循环等生态过程以及生物多样性维持、水源涵养、洪水调蓄、土壤保持、环境净化、食物与原材料生产、文化休闲娱乐等服务功能。在生态功能区划中应以上述生态过程与生态服务功能的区域分异特征为主要的划分依据。此外，还应考虑农田、工矿和城镇等人工生态系统的社会生产功能。尤其在经济较发达、工农业生产和城镇密集分布的地带或区域，应把其社会生产主导功能作为划分功能区的依据。③应考虑区域自然资源开发利用与生态环境保护的协调。充分利用自然资源是区域社会经济发展的客观要求，但只有把资源开发利用与生态环境保护有机结合，才能解决资源开发中可能出现的影响可持续发展的问题。在生态功能区划中，必须把划分重要资源开发利用的生态环境保护区作为区划的重点之一，并提出两者协调的意见，使功能区划成为促进资源合理开发利用的决策依据。

（5）便于管理的原则

生态功能区划的主要作用是为制定区域生态环境保护与建设规划、资源合理利用与工农业生产布局、区域生态环境保育提供科学依据，并为环境管理部门和决策部门提供管理信息与管理手段。由于区域环境管理和建设总是要通过一定的行政系统来实施的，因此，省域生态功能区的划分应尽可能保持县或乡镇行政边界的完整性，这样既可满足管理部门宏观决策的需要，也便于综合管理措施的实施。

案例 6-2　城市生态功能区划原则

（1）坚持自然属性为主，兼顾社会属性原则

在城市复合生态系统中经济结构、技术结构、资源利用方式是短时段作用因子，社会文化、价值观念、行为方式、人口资源结构是中时段作用因子，而城市的地理环境、自然资源则是长时段作用因子。在三种作用因子中长时段作用因子是难以改变的，最好是适应它，所以我们采取的一般方式是通过克服中、短时段作用因子来改善城市发展条件，实现城市可持续发展，因此城市功能区划必须以自然属性为主，根据城市自然环境特征，合理安排使用功能，首先应当考虑结构与功能的一致性，然后才考虑尽可能满足现实生产和生活需要，这与现存的环境因素功能区划有明显区别，表现在前者以自然属性划分使用功能，后者则是以使用功能来划分环境功能。

（2）坚持整体性原则

城市生态系统是开放性非自律的，是一个“不独立和不完善的生态系统”，城市正常运行需要从外界输入大量的物流和能流，同时需要向外界输出产品（原料）和排放大量废物。城市生态系统的不独立性，决定了城市功能区划要坚持整体性原则，不仅要考虑市区内自然环境的特征性、相似性和连续性，还要考虑城市与城市外缘的生态系统的联系，建立生态缓冲带和后备生态构架。城市生态功能区划不仅要坚持城市内部生态系统结构使用的合理性，还要坚持城市与城市内外部生态系统连通互补的关系和支撑作用。

（3）坚持保护生态系统多样性，维护生态系统稳定性原则

城市生态系统是经人为改造的人工生态系统。城市的形成和发展不仅使城市中原有的自然生态结构发生剧烈变化，而且大量人工技术的输入改变了原有生态系统的形态结构，使自然生态系统趋于单一化，降低了城市生态系统的自我调节能力，使城市生态系统变得脆弱。因此，城市生态功能区划要坚持保护城市生态系统结构多样性原则，以求提高城市生态功能的稳定性。

（4）坚持注重保护资源，着眼长远利用原则

城市生态环境、生态资产和生态服务功能构成了城市持续发展的机会和风险，生态资产保护、生态服务功能强化是城市建设的一项重要内容，而城市生态功能区划又是合理利用和保护生态资产、强化生态服务功能必不可少的条件。对于新型城市规划建设而言，城市生态功能区划比较容易做到生态结构与生态功能相匹配，做到保护并合理利用城市自然生态结构，强化生态服务功能。而对于已形成或发展中的城市，由于城市原有的自然环境、生态结构已被破坏或已被不合理占用，实现城市生态结构与生态功能相匹配就比较困难了。因此开

展城市生态功能区划，必须从城市可持续动态发展，注重保护资源，着眼长远利用角度出发，以期通过区划工作找出现实存在的城市生态结构与生态功能不相匹配的症结，然后逐步进行恢复调整。调整的一般原则是：对于自然资源使用不当的功能，按照远近结合原则，从实际出发提出逐步改造计划；对于自然资源的潜在利用功能，应给予特别关注；对于自然资源的竞争利用的功能，应保证主功能发挥的需要。

案例 6-3　安徽省生态功能区划原则

生态功能区划要反映生态系统胁迫状况、敏感性和服务功能重要性在空间上的分布，因此生态功能区划的原则取决于生态系统本身特征以及对其认识程度，区划应按以下原则进行。

（1）生态过程地域分异原则

宏观生态系统是由不同生态系统相互组合、在空间上连续分布的整体，其内部次级系统结构、功能和过程具有分异特征，敏感性和服务功能不同，此为区划理论基础。

（2）生态系统等级性原则

生态系统为包容性等级系统，尺度特征明显，低等级组分依赖于高等级组分的存在，高等级组分特征在低等级组分中得以反映，生态过程与格局之间的关系取决于尺度大小，低层次非平衡过程可以被整合到高层次稳定过程中，这是逐级划分或合并的理论基础。

（3）相似性与差异性原则

对生态系统特征、过程和服务的识别划分主要依据其相似性和差异性。

（4）区域共轭性原则

即空间连续性原则，区划单元是个体的、不重复出现的，在空间上是连续的。

（5）重视与人类发展密切相关的生态过程和功能

主要包括能量转换、水循环、物质迁移等生态过程以及水源涵养、土壤保持、物质生产、生物多样性维持、环境净化、文化休闲娱乐等功能，区划以生态过程与功能空间分异规律为主要依据。

（6）可持续发展与前瞻性原则

区划目的是促进区域可持续发展，区划要结合社会经济发展水平与定位，使其成为具有前瞻功能的指导性依据。

案例 6-4　沈阳市城市生态区划原则

（1）要有利于改善城市生态结构

城市生态区划是对城市有限的土地资源进行科学利用的规划。土地的开发和利用决定城市的基本构型包括城市的水平分布和垂直分布。这不仅影响城市生态系统的形态结构，也影响城市生态系统的功能。因此，进行城市生态区划要以改善城市生态结构为基本出发点。

（2）有利于城市建设和发展

城市有自身的自我增长和外部因素引起的机械增长，一直处在运动和发展之中。城市生态区划要给城市建设和发展留有足够的各种使用目的的土地和空间，也要充分利用城市已有的及将要有的各种基础设施条件。

（3）有利于城市经济发展

城市生态区划应符合城市生态规律，科学地布局生产力，合理地利用各种资源，促进城市经济持续发展。

（4）有利于城市环境污染的控制

城市环境污染的一个重要原因就是城市工业布局不合理，污染源密度分布不合理，各功能区混杂或不明确。从而加剧了城市环境污染的危害，另外又使得城市有限的环境容量得不到合理利用，出现了在同一个城市的某些地区环境容量处于超负荷状态，而在其他地区又得不到充分利用的状况。因此，在城市生态区划中应当充分考虑到这一点。

案例6-5　辽宁省生态功能区划原则

生态功能区划需要在一定的理论和方法论准则指导下进行，即通常所称的区划原则。它是选取区划方法，确定依据和指标，建立等级单位体系的基础，制定生态功能区划的原则，就是为了保证区划对象的区域分异规律在区划中能得到真实客观地反映，从而实现生态功能区划的目的。生态功能区划应遵循以下原则。

（1）可持续发展与前瞻性原则

生态功能区划的目的是促进区域自然资源的合理开发与利用，避免资源盲目开发和生态破坏，提升区域经济社会发展的生态环境支撑能力，促进区域的可持续发展。同时，生态功能区划还要结合省域经济社会发展水平与发展多样的服务功能，构成区域生态环境综合体。根据区域生态环境定位，在吸收和消化相应规划与区划优点的基础上，应具有超前性，使其成为具有前瞻功能的生态建设与生态保护的指导性依据。

（2）区域分异原则

在充分研究区域或区域生产要素功能现状、问题及发展趋势的基础上，综合考虑国土规划、城乡规划的要求和现状，搞好生态功能分区，以充分利用环境容量，促进社会经济发展，提高生活质量，实现社会、经济与生态效益的统一。

（3）生态系统等级性原则

等级理论是了解生态系统多尺度空间格局的基础，它包括生态系统结构等级和生态过程等级两方面的内容。主要表现在以下几个方面。一是生态系统是一个包容性的等级系统，具有明显的尺度特征，低等级组分依赖于高等级组分的存在，而高等级组分的特征在低等级组分中能得到反映。二是生态过程与生态格局之间的关系取决于尺度大小，低层次的非平衡过程可以被整合到高层次的稳定过程中。三是随着等级的增大，研究空间和基粒增大，分辨率降低。因此，等级性原则是进行生态功能区逐级划分或合并的理论基础。

(4) 相似性与差异性原则

自然环境是生态系统形成和分布的物质基础，虽然在特定区域内生态环境状况趋于一致，但由于自然因素的差别和人类活动影响，使得区域内生态系统结构、过程和服务功能存在某些相似和差异性。如果区域内区划指标总体特征相对一致，则在高等级区划单位中可划分为同一个大的生态环境区；如果其内部生态过程具有一定的差异性，则可按内部差异进一步划分不同的生态功能区。

(5) 区域空间连续性原则

即任何一个区划单元都必须是个体的、不重复出现的和在空间上连续的。这是区划划分与类型划分的不同之处。生态功能区是一个完整的个体，是不受行政区划等的影响而形成的一个空间完整的自然区域，但从便于管理、有利于生态环境的建设与保护出发，在尽可能保持生态系统完整性的前提下，适当考虑行政界线。

6.2.4 城市生态功能区划的目标

(1) 明确区域生态系统类型的结构与过程及其空间分布特征

(2) 明确区域主要生态环境问题、成因及其空间分布特征

(3) 评价不同生态系统类型的生态服务功能及其对区域社会经济发展的作用

(4) 明确区域生态环境敏感性的分布特点与生态环境高敏感区

(5) 提出生态功能区划，明确各功能区的生态环境与社会经济功能

案例 6-6　河南省生态功能区划研究

生态功能区划总目标：摸清情况、梳理问题；生态功能定位；因地制宜、分类管理。

(1) 摸清情况、梳理问题

摸清不同类型的生态系统结构、过程及其空间分布；梳理各生态区域面临的生态压力和生态环境问题，从生态系统和形成生态格局的生态过程的角度，分析生态环境问题的性质和产生机制，并给出评价，以掌握我国生态环境和生态安全的基础和动态。特别针对水资源安全、水土保持和生物多样性保护等重大生态安全问题进行调查与评价。

(2) 生态功能定位

一个区域的生态系统同时具有多种生态功能。通过生态功能分析和评价，整合区域社会、经济和生态三方面的因素，确定相应尺度上生态系统的主导生态功能，是生态功能区划的根本内容。所谓主导生态功能，是指在维护流域、区域生态安全和生态平衡，促进社会、经济持续健康发展方面发挥主导作用的生态功能。主导生态功能的确定既要充分考虑生态系统的自组织演化特征，又要考虑区域社会、经济、文化的发展需求，要将国家生态安全目标、区域经济发展目标和当地居民的生活需要结合起来。

(3) 因地制宜，分类管理

生态系统及其主导生态功能的空间分异，为进行合理的资源开发和利用提供了基本框架，有利于确定各功能区的经济发展方向和产业结构调整规划，提

出限制性产业、鼓励性产业和禁止性产业发展目录。并可依据区划编制生态保护规划，做到因地制宜和分类管理，取得生态环境效益和社会经济效益的双赢。

6.2.5 城市生态功能区划的依据

目前生态资源的功能以及生态资源价值的估算是人们进一步认识和了解生态系统以及评价生态环境状况的新途径，同时生态资源的丰富度也制约着当地经济的特征、产业结构和发展方向。通过对区域土地利用类型进行自然资本、经济资本和社会资本的核算，即对生态资源实物量化的货币表现形式，进行正确的评估。运用生态经济学的原理，研究生态资产的空间分异特征，进行生态资产的划分。从而为区域经济的结构和发展方向以及环境保护提供合理化的建议，使生态环境得以保护，达到生态资源的持续利用。

6.2.5.1 生态承载力要素

生态承载力是衡量一个地区发展潜力的重要指标。不同的生态区域，由于资源与生产潜力的不同，其生态承载能力也存在着很大的差异。任何生态区域其承载能力都是有一定限度的。因此，在进行生态区划时，就必须对各个区域的生态承载能力进行正确的评估，从而指导区域宏观经济的发展。人口的大量增长，经济的飞速发展，对水资源的需求程度也不断的增加，水资源紧缺问题已经成了当前人类面临的重要挑战之一；就某一特定区域而言，必需保证有维持生态系统良性循环的基本水量。“水资源承载力”即指某一区域在特定历史阶段和社会经济发展水平条件下以维护生态良性循环和可持续发展为前提，当地水资源系统可支撑的社会经济活动规模和具有一定生活水平的人口数量。作为区域合理布局可持续发展研究和社会、经济、人口合理布局的研究，水资源承载力评价是一个重要标准。

6.2.5.2 生态敏感性要素

生态系统脆弱性和敏感性由生态系统的结构和人类对生态环境的胁迫过程所决定。一般来说，生态系统的结构和功能越复杂，其抗干扰能力越强，亦即其自我恢复的功能越强；反之，如果生态系统的结构和功能较为单一，那么就表现出越为脆弱，对人类活动的干扰也越为敏感。因此，进行生态区划，就必须认真研究不同地区人类活动对生态环境的胁迫过程、压力和强度以及区域生态环境对人类活动的敏感程度，从而为生态系统的恢复制订正确的方针政策。

6.2.5.3 生态资产要素

土地是形成区域空间格局的地域要素，也是人类活动及其影响的载体，它的利用方式成为区域生态系统结构的关键环节，同时决定了区域生态系统状态和功能。因此，土地是联系人口、经济、生态环境、资源诸要素的核心。

6.2.5.4 生态服务功能要素

生态系统服务功能一般指自然生态系统及其所属物种与生态过程所形成的维持人类生存的条件和过程。生态系统提供了食物、医药及其他工农业生产原料，是地球上所有生命的支持系统。人类社会的发展及其繁荣依赖于多样性和起调节作用的生态系统，详细而准确地评价生态系统的服务功能，为进行生态分区提供功能性价值，对整个地区的生态环境建设都具有重要的意义。

6.3 城市生态功能区划的工作框架

6.3.1 城市生态功能区划的程序

城市生态功能区划的一般工作程序分为四个阶段。

6.3.1.1 分区前期的资料收集和调查分析阶段的要求

本阶段主要通过资料收集与分析、现场勘察、人员访谈等方式开展调查，收集和分析当地自然环境、社会经济和生态环境状况的资料和信息，开展生态环境现状评价；根据调查分析成果，确定生态功能分区应采取的等级尺度和数据精度。原则上此阶段不涉及分类和分区的具体工作。具体内容又分为五个部分。

（1）自然环境概况资料的收集分析

明确当地区域位置，收集当地地质、地貌、地形、气候、水文、植被、土壤等自然地理信息。

（2）社会经济概况资料的收集与分析

明确当地行政分区及其变化，汇总当地社会、经济、文化发展状况；区域所在地的社会信息和人为活动，如人口密度和分布，敏感目标分布，及土地利用的历史、现状和规划等；区域所在地的经济现状和发展规划等；国家和地方的法规、标准与政策等。

（3）生态环境现状评价

生态环境现状评价必须明确区域主要的生态环境问题，指出其类型、成因、空间分布、发生特点等，突出阐明区域生态环境的主要矛盾和发展趋势。开展生态环境现状评价工作，评价过程应参照《生态环境状况评价技术规范（试行）》HJ/T 192—2006 和相关的环境质量国家标准。

评价指标包括以下几方面。

1）生态状况基本参数：全面评价生物丰度、植被覆盖、水网密度、土地退化、环境质量等指数以及综合的生态环境状况指数等。

2）生态环境问题参数：根据区域情况，综合考虑并选择当地较为突出的生态环境问题进行评价，包括土壤侵蚀、沙漠化、盐渍化、石漠化、水资源、植被与森林资源、生物多样性、酸雨问题、与生态环境保护有关的自然灾害，如泥石流、沙尘暴、洪水、地震等参数。

3）特殊的生态问题参数：评价当地其他较突出的生态敏感性问题，如面源污染、气候变暖、热岛、核辐射等。

（4）确定分区尺度

根据各地区资料的可得性和可行性，尽可能选择较大比例尺和较高分辨率的图形和数据资料。省级生态功能分区原则上选择精度不低于 1 ：500000 比例尺的图形及数据资料，市县级生态功能分区原则上选择精度不低于 1 ：250000 比例尺的图形及数据资料。

对于特殊区域，可根据数据的可得性选择较大或较小分辨率的数据和资料。例如某个具有较高精度数据的东部县可以选取大于 1 ：250000 比例尺数据，而新疆某县具有较单一的景观类型和广泛面积而高精度数据难以获取，可采用 1 ：500000 比例尺数据。

（5）生态系统辨识与分类

生态系统的辨识和分类是生态服务功能评价的基础。收集当地主要生态系统类型及其基本特征信息，并通过已有的土地利用图、土地覆被图或其他相关图形图件进行数字化，或通过获取各类遥感数据进行解译，辅以现场调查验证，辨识区域生态系统的类型、范围、分布等，结合自然环境要素进行生态系统的界定和分类，得到生态系统类型分布的栅格或矢量数据并成图。在此基础上，确定生态服务功能和生态敏感性的评价单元。

生态系统分类成图工作应借助地理信息系统或遥感等现代技术来开展。

6.3.1.2 生态系统服务功能的重要性评价的要求

本阶段主要通过生态系统服务功能重要性评价，确定不同地域单元生态系统的主要服务功能，绘制生态系统服务功能重要性分级图，进行生态功能主导性分区。主要包括以下程序。

（1）数据采集和整理

依据当地的自然、社会、生态环境状况调查结果，确定不同地域单元主要生态系统特征及其服务功能；根据等级尺度原则，确定所研究区域的数据最小尺度单元或分辨率；依据生态系统服务功能重要性评价的要求进行现场采样、数据整理等工作。

（2）数据计算和处理

将所得到的各单元数据进行分类整理后，根据评价方法中所列公式和模型进行各个单项生态系统的服务功能指数的计算；计算中应综合运用遥感、地理信息系统等技术的空间分析功能；并对所得到的计算结果和图形等进行处理，得到当地各单项生态系统服务功能因子分级分布图。以生态系统主导服务功能分级评价为基础进行主导性分区，形成综合的生态系统主导功能分区图。

6.3.1.3 生态敏感性评价的要求

本阶段主要通过生态敏感性评价，确定不同地域单元主要生态敏感性及其分布，绘制生态敏感性分布图，进行生态功能辅助性分区。其基本程序与生态系统服务功能相同。要求得到综合的生态敏感性分区图。

6.3.1.4 生态功能分区和生态敏感性分区结果的要求

本阶段主要是综合分析主导性分区和辅助性分区，形成最终生态功能分区，并为各生态功能区命名。包括两个程序。

（1）图层叠加分析

运用地理信息系统软件中的空间分析功能，将生态系统主导功能分区图和生态敏感性分区分布图进行叠加和处理，依据分区标准进行最终的生态功能分区。

（2）生态功能区命名

根据空间数据分析结果，运用生态功能分区命名方法对各生态功能区进行命名，并对各分区进行描述。

6.3.2 城市生态功能区划方法体系

生态系统是一个综合体系，自然、经济和社会是其重要的组成部分，且相互联系，相互制约。用生态资本评价的方法对三者进行统一的货币化定量，从

而了解区域资源分布与社会经济的发展现状，以三者之间的能量与物质的转换情况，对整个区域生态系统进行一个全面的评价，从而确定其今后的发展框架。生态系统是一个开放的体系，必然存在着外界对其的干扰和影响。在自然状况下，系统中各种生态过程维持着一种相对稳定的动态平衡，而当外界干扰超过一定限度时，这种平衡关系将被打破，某些生态过程会趁机膨胀，导致严重的生态环境问题。生态环境敏感性评价实质就是生态系统在遇到干扰时，生态失衡概率的大小。对区域进行生态敏感性评价，明确其分异规律及其在空间上的分布特征，为区域发展规划和布局提供生态学基础。生态系统为人类的生存与现代文明提供了食物、医药、原料等直接服务功能，以及净化环境、维持生物地化循环与水文循环、保持生物物种与遗传多样性等间接服务功能，是人类生存与文明发展的基础。生态服务功能评价实质就是评价区域各类生态系统的服务功能及其对区域可持续发展的作用和重要性。对区域进行生态服务功能的评价，明确其为整个区域的发展贡献的价值，为区域发展规划、环境管理等提供生态学基础。任何生态区域其承载能力都是有一定限度的，生态承载能力是衡量一个地区发展潜力的重要指标。从沿海经济发达地区社会经济发展的现状来看，水资源已经成了区域经济社会发展的“瓶颈”，因而水资源的承载能力的评价，已经成为社会、经济、人口合理分布和区域合理布局研究的重要指标。

6.3.3 城市生态功能区划的技术路线

首先开展文献调研，通过广泛的文献和资料查询，对国内外生态功能区划及其标准的研究和制定的历史、现状和问题进行详细的综合调研。把握生态功能区划存在的关键问题，明确相关部门对标准的需求。之后通过专家咨询，联系生态学、地理学、国土、环保、城乡规划等方面的专家学者，听取专家意见，并开展实地走访调查，确定生态功能区划的主要影响因子。组织多部门的相关研讨会，讨论生态功能区划的原则、程序和方法的选择与确定。然后开展对比分析，对国外和国内已进行过生态功能区划研究的有代表性的成果进行整理，对比分析其生态区划研究所用方法及选用的指标，明确其指标的必要性、科学性和可行性，研究针对于省、市、县域的生态功能区划的规范化方法，如图 6–3–1 所示。

城市生态功能区划的技术路线为：综合运用“自上而下”和“自下而上”的策略进行区划，对于一、二级区划单位采用“自上而下”的区划策略，三级区划单位的划分则分别采用“自下而上”的区域聚合策略。区划具体过程如下：

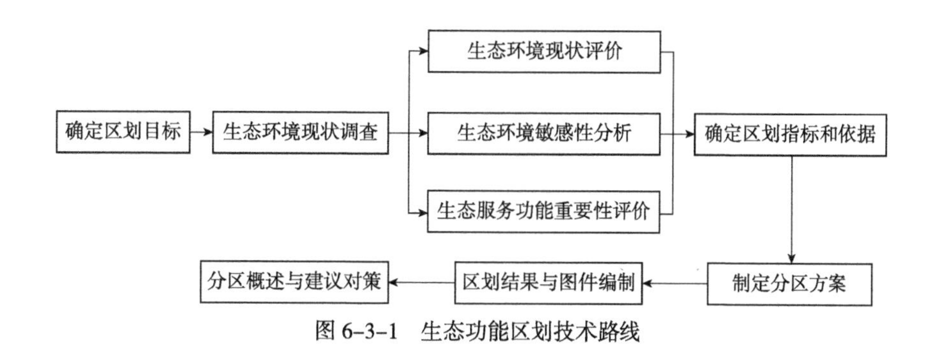

图 6–3–1 生态功能区划技术路线

1）一级分区的主导因子是宏观地形特征和区域发展战略方向，同时兼顾区域规划的相关结果；

2）二级分区的主导因子是生态敏感问题类型及社会经济主导发展方向。

6.4 城市生态功能区划的基本方法

6.4.1 生态环境敏感性评价

6.4.1.1 评价要求

生态环境敏感性评价要求在明确特定区域性生态环境问题的基础上，根据主要生态环境问题的形成机制，分析生态环境敏感性的区域分异规律，然后对多种生态环境问题的敏感性进行综合分析，明确区域生态环境敏感性的分布特征，为生态功能分区和生态保护建设提供依据。以生态敏感性评价为基础进行辅助性分区。

6.4.1.2 评价内容

评价内容既要考虑到特定区域的生态环境问题，又要避免与服务功能重要性评价内容重复计算，造成因子重要性的不必要的双重和多重叠加。生态敏感性主要评价内容包括以下几点。

(1) 土壤侵蚀敏感性

主要是为了识别容易形成土壤侵蚀的区域，评价土壤侵蚀对人类活动的敏感程度，可以运用通用土壤侵蚀方程或直接进行评价。

(2) 沙漠化敏感性

沙漠化敏感性主要受干燥度、大风日数、土壤性质和植被覆盖的影响，可以用湿润指数、土壤质地及起沙风的天数等来评价区域沙漠化敏感性程度。

(3) 盐渍化敏感性

是指旱地灌溉土壤发生盐渍化的可能性，盐渍化敏感性主要受干燥度、地形、地下水水位与矿化度的影响。

(4) 石漠化敏感性

主要分布在石灰岩地区，受石灰岩地层结构、成分和降水量影响，根据其是否为喀斯特地形及其坡度与植被覆盖度来确定。

(5) 酸雨敏感性

是整个生态系统对酸雨的反应程度，是指生态系统对酸雨间接影响的相对敏感性，即酸雨的间接影响使生态系统的结构和功能改变的相对难易程度。

(6) 重要自然与文化价值敏感性

是指有代表性的自然生态系统、珍稀濒危野生动植物的天然集中分布地、有特殊价值的自然遗迹所在地和文化遗址、重要景观与旅游资源分布区等对因人类活动干扰而引起的原有价值损失的敏感程度。

(7) 其他敏感性

其他当地具有明确记录或者虽无记录但很显然可能会发生的生态环境风险，且这种风险是由人类活动引起或加剧的。例如城市热岛效应、旱涝敏感性等。

分别对上述单因子生态敏感性进行评价。

6.4.1.3 评价方法

1）生态敏感性一般分为五级：不敏感（I级），轻度敏感（II级），中度敏感（III级），高度敏感（IV级）和极度敏感（V级）。

2）生态系统各单因子敏感性评价的具体方法，参见附录C。

3）生态敏感性与生态红线的关系。本分区评价得到的高度敏感（IV级）和极度敏感（V级）区域，应作为其他各类分区的生态红线划分的主要参考依据。

案例 6-7 安徽省生态功能区划的生态敏感性评价

生态敏感性是指生态系统对区域自然和人类活动干扰的敏感程度，它反映区域生态系统在遇到干扰时，发生生态环境问题的难易程度和可能性的大小，即在同样干扰强度或外力作用下，各类生态系统出现区域生态环境问题可能性的大小。生态敏感性评价实质就是评价具体生态过程在自然状况下潜在变化能力的大小，用其来表征外界干扰可能造成的后果，并确定特定生态环境问题可能发生的地区范围与可能程度。评价过程首先针对特定生态环境问题进行评价，然后对多种生态环境问题的敏感性进行综合分析，明确区域生态环境敏感性的分布特征。

也可以说，生态敏感性是指在不损失或不降低环境质量的情况下，生态因子抗外界压力或外界干扰的能力。城市中的社会生态、人文生态也是其研究范畴。步骤：①确定规划可能发生的生态环境问题类型；②建立生态环境敏感性评价指标体系；③确定敏感性评价标准并划分敏感性等级后，应用直接叠加或加权叠加等计算方法得出规划区生态环境敏感性分析图。

6.4.2 城市生态适宜性分析

生态区划的方法是落实和贯彻区划原则的手段，因而，生态区划所采用的方法是与区划的原则密不可分的。生态区划的目的不同，所采用的方法上也有很大的差异。归纳起来，生态区划的方法可分为基本方法和一般常用方法两类。按照工作程序特点可分为"顺序划分法"和"合并法"两种。其中前者又称"自上而下"的区划方法，是以空间异质性为基础，按区域内差异最小、区域间差异最大的原则以及区域共轭性划分最高级区划单元，再依次逐级向下划分，一般大范围的划分和一级单元的划分多采用这一方法。后者又称为"自下而上"的区划方法，它是以相似性为基础，按相似性原则和整体性原则依次向上合并，多用于小范围区划和低级单元的划分。目前多采用"自下而上"、"自上而下"综合协调的方法。在具体区划中，常用的基础评价方法包括城市主要用地的生态适宜性分析、生态敏感性分析和生态服务功能价值评估等，并形成相应的图件用于叠加，为最终的分区服务。在形成分区时，则主要基于RS和GIS技术手段，可采用网络叠加空间分析法、模糊聚类分析法和生态综合评价法等。

6.4.2.1 生态适宜性分析的步骤

生态适宜性分析是根据区域自然资源与环境性能，根据发展要求和资源利用要求，划分资源与环境的适宜性等级，从而为制定区域生态发展战略，引导区域空间的合理发展提供科学依据，是协调复合生态系统发展与环境保护关系的需要，也是制订生态规划的基础。通过生态适宜性分析，有助于从生态系统的角度全面认识社会、经济、环境之间的相互关系及其发展变化规律，为科学合理地开发资源、协调系统结构与功能提供依据。

城市土地的生态适宜性的分析步骤：

1）确定城市土地利用类型；

2）建立生态适宜性评价指标体系；

3）确立适宜性评价分级标准及权重，应用直接加权法等计算方法得出规划区不同土地利用类型的生态适宜性分析。

6.4.2.2 城市主要用地的生态适宜性分析

首先按确定的土地利用方式筛选生态因子，摘录生态登记的有关数据；然后确定各生态因子的适宜性分级评分标准并划分等级、评分；最后应用直接叠加法或加权叠加法计算多因子综合适宜性并确定综合适宜性分级标准，再进行各种用地方式的生态适宜性综合评价。

(1) 工业用地生态适宜性分析

1）评价指标因子不分级。生态工业用地评价指标可分为：生态环境指标，生态限制指标和自然特征指标。

2）评价因子分析。①大气环境影响度：表示环境单元大气污染对周围环境单元的影响程度。②建设密度。③污染系数·污染系数＝风频／平均风速。

3）综合分析。采用权重叠加法，根据有机质、土壤类型、地貌、全氮等可得出生态城市土地质量等级图。

(2) 居住用地生态适宜性分析

1）评价指标及因子分级。

2）评价因子分析。①大气环境敏感度：指描述非工业用地对大气污染敏感程度的生态环境因子。②居住生态位：指影响居住条件的一切因素的综合。

(3) 港口用地生态适宜性分析

6.4.3 城市生态系统服务功能重要性评价

6.4.3.1 评价要求

生态系统服务功能评价要求明确生态服务功能类型及其空间分布，根据评价区生态系统服务功能的重要性，分析生态服务功能的区域分异规律，明确生态系统服务功能的重要区域，作为生态功能分区和生态产品提供能力保护的基础。以生态系统服务功能评价为基础进行主导性分区。

6.4.3.2 评价内容

主要评价内容如下。

(1) 生物多样性维持

不同地区保护生物多样性的价值取决于濒危珍稀动植物的分布，以及典型的生态系统分布。

(2) 水源涵养和洪水调蓄

主要是指重要河流上游和重要水源补给区，并考虑具有滞纳洪水、调节洪峰作用的湖泊湿地生态系统。

(3) 土壤保持

主要考虑土壤侵蚀敏感性及其对下游的可能影响。

(4) 防风固沙

主要分析评价区沙漠化直接影响人口数量来评价该区沙漠化控制作用的重要性。

(5) 营养物质保持

主要根据评价地区氮、磷流失可能造成的富营养化后果与严重程度。

(6) 产品提供

主要是评估区域陆地生态系统提供粮食、油料、肉、奶、棉花、木材等农林牧业初级产品生产方面的功能。由于是针对陆域生态系统的评价，此处不涉及水产品和海产品的评价内容。需对水产品等特殊产品提供功能进行评价的地区，可根据实际情况选择评价指标进行评价。

(7) 人居保障

主要是考虑用于城镇和乡村发展建设的区域。人居保障根据各区域的经济发展和城乡建设规划有很大差异和灵活性，并与各级政府政策密切相关，难以进行具体的指标界定。因此不对人居保障进行直接评价，但通过排除重要生态服务功能区和重要敏感性区域的方法，限定了不宜发展人居保障的区域，在保障生态安全的前提下提供人居建设更大的灵活性。

6.4.3.3 评价方法

1）生态系统各项服务功能重要性一般分为四级:不重要（I 级)、较重要（II 级)、中等重要（III 级)、极重要（IV 级)。

2）生态系统各单因子服务功能评价的具体方法，参见附录 B。

3）主导性分区遵循继承性原则。即上级分区的主导服务功能分区评价结果和定位，将对下级生态服务功能分区及其生态保护方向产生约束。

4）人居保障重要性不进行具体评价。

案例 6-8 安徽省生态功能区划研究

生态服务功能是指人类从生态系统中获得的效益，包括生态系统对人类可以产生直接影响的供给功能、调节功能、支持功能和文化功能。服务功能重要性评价主要是根据典型生态系统服务功能的能力和价值进行评估，其目的是要明确区域各类生态系统的生态服务功能及其对区域可持续发展的作用与重要性，并依据其重要性分级，明确其空间分布。重要性评价结果将为生态系统科学管理、生态保护关键区确定、生态保护和建设政策制定提供直接依据，并作为生态功能区划的重要依据。本研究选择生物多样性维持与保护、水资源保护、洪水调蓄、自然与文化遗产保护、水源涵养和生态系统产品提供等服务功能，依据相应分级标准，对每一类生态服务功能重要性的影响因子进行赋值，得出总值，并分为极重要、重要、比较重要和一般地区四个等级，再将各项服务功能分布进行综合，形成全省综合生态服务功能重要性分布图。

6.4.4 城市生态功能分区

生态功能分区是针对各研究地域的直接分区，即分区不分等级，避免与各类分区的重复和冲突。特定地区若为满足本地宏观指导和分级管理的需要，可进行更高级别的生态功能分区的概括综合，但其必须以生态功能直接分区为基础，并充分考虑当地的自然气候、地理特点、生态系统类型等宏观条件差异，突出主导服务功能类型和生态功能的重要性。

一般要求采用先主导性分区后辅助性分区的方法进行综合分区。

6.4.4.1 生态系统服务功能分区，也叫主导性分区

基于各单因子生态系统服务功能重要性的评价，首先进行生态系统服务功能主导性分区，采用直接分区的方法。各单项生态系统服务功能重要性分级均为四级，其中 III、IV 级为中等重要和极重要，这两种级别的生态系统服务功能对人类生活的影响最为显著，所以在分区过程中应被直接划分出来，用以指导管理、规划和决策等部门进行有效的部署决策工作。

技术上，运用地理信息系统空间分析功能将各单项生态系统服务功能重要性评价结果 GIS 图进行叠加，然后将各单项服务功能的 III 级和 IV 级重要区域边界勾画出来，作为重要生态服务功能区边界；各单项服务功能重要性等级交叉的区域，以重要性等级较高的生态服务功能为主导服务功能。

6.4.4.2 生态系统敏感性分区，也叫辅助性分区

基于各单因子生态敏感性的评价，再进行生态系统敏感性辅助分区，其分区方法和过程与生态系统服务功能分区基本相同。在生态系统敏感性分区中，各单项生态系统敏感性分级均为五级，高度敏感（IV 级）和极度敏感（V 级）区域受人类活动影响最为明显，因此在分区过程中应被突出划分出来，用以指导管理、规划和决策等部门进行有效的部署决策工作。

技术上，同样运用地理信息系统空间分析功能将各单因子敏感性评价结果 GIS 图进行叠加，然后将各单因子 IV 级和 V 级敏感区域边界勾画出来，作为重要敏感性区边界；各单因子敏感性存在重叠交叉的区域以生态敏感性较高的因子作为该区域的主要生态敏感性。

6.4.4.3 综合分区处理方法

依据上述生态系统服务功能重要性分区结果和生态敏感性分区结果，运用地理信息系统技术将主导性分区图和辅助性分区图进行再次叠加分析，得到如下三种可能的综合分区结果及其对应的处理方法：

1）生态服务功能级别达到 III 级（即中等重要）和 IV 级（极重要）的地区，以其主导生态服务功能覆盖区域作为边界划分依据；

2）生态服务功能级别为 III 级以下（即不重要（I 级）和较重要（II 级））的地区，若生态敏感性级别达到 IV 级和 V 级区域（即高度敏感区和极度敏感区），以重要生态敏感性覆盖区域作为边界划分的依据；

3）其余地区（即生态系统服务功能重要性评价 III 级以下且生态敏感性 IV 级以下的地区）则结合当地实际自然与经济状况，或按法律法规审批通过的当地的发展主导方向（如作为“人居保障区域”），选择相对最重要的生态系统服

务功能的覆盖区域作为其边界划分。

最后，结合当地的自然地理条件、生态环境状况、生态保护和管理的需要等，对上述综合分区结果图进行合理的调整和完善，形成科学、有效、实用、规范、完整的分区图和分区成果。

6.4.5 城市生态区的等级划分及命名原则

6.4.5.1 分区命名

生态功能区命名采用服务功能命名优先、敏感性命名补充的方式。即首先选择重要生态服务功能进行命名，在缺少重要生态服务功能的地区选择重要生态敏感性进行命名。

(1) 生态功能区名称组成

生态功能区采用不分级命名，每一生态功能区的命名原则上由三部分组成：区位＋主导生态服务功能（或生态敏感性）＋功能管控名称。

(2) 生态功能区区位命名方法

区位名称主要指分区的单元在区域内所处的方位位置，这些区位名称包括：东部、南部、西部、北部、东南部、西南部、东北部、西北部八个方位名称；流域或其他跨区特殊区域可使用其他能明确表征地理区位的名称。

(3) 以主导生态服务功能为主的生态功能区命名方法

命名内容：在评价结果中，若存在某单项或多项生态系统服务功能重要性级别大于或等于 III 级重要性的区域（即中等重要和极重要地区），以该主导生态系统服务功能（可以多项共同）进行命名，其“功能管控”的名称为“功能区”。名称组成：区位＋主导生态服务功能＋“功能区”。如：“东部水源涵养土壤保持功能区”。

(4) 以生态敏感性为主的生态功能区命名方法

命名内容：在评价结果中，若存在某单项或多项敏感性级别大于或等于 IV 级敏感的区域（即高度敏感区和极度敏感区），则该区域以该敏感性（可以多项）进行命名；其“功能管控”的名称可根据区域该敏感性影响的严重程度，由轻到重命名为：①“保护区”，没有生态破坏或较轻微生态破坏；②“恢复区”，生态破坏比较严重；③“重建区”，毁灭性生态破坏。

名称组成：区位＋生态敏感性＋“保护区”/“恢复区”/“重建区”。如：“东部石漠化酸雨敏感性恢复区”。

(5) 以人居保障服务为主的生态功能区命名方法

命名内容：在评价结果中，若既无生态系统服务功能重要性达到 III 级或以上，也无生态敏感性达到 IV 级或以上的少数区域，其生态服务功能和敏感性均不突出，大多属于已有或潜在的自然条件优越的城乡建设区，通常以“人居保障”服务功能加以命名。部分尚不属于城乡建设区域可根据当地该区域实际环境和经济状况，或按法律法规审批通过的当地的发展主导方向，选择相对最重要的生态系统服务功能进行命名，其“功能管控”的名称也为“功能区”。

名称组成：区位＋人居保障（或其他功能）＋“功能区”。如：“东部人居保障功能区”。

6.4.5.2 生态功能分区成果

(1) 生态功能分区结果概述

生态功能分区结果概述应包括对每个分区的区域特征描述，包括以下内容：

1) 区域位置、自然地理条件和气候特征，典型的生态系统类型；

2) 存在的或潜在的主要生态环境问题，引起生态环境问题的驱动力和原因；

3) 生态功能区的生态服务功能类型和重要性，包括单项评价结果和综合评价结果；

4) 生态功能区的生态敏感性及可能发生的主要生态问题，包括单项评价结果和综合评价结果；

5) 生态功能区的生态保护目标，生态保护主要措施，生态建设与发展方向。

(2) 生态功能分区的图件和数据库

生态功能分区的结果必须用图件表示，采用计算机制图编制，形成可灵活分析运用的 GIS 数据并出图。同一地区各种图件的比例尺要保持一致，建议省级 1 ：500000，市、县级 1 ：250000，各地区应根据区域范围大小与生态环境地域复杂情况确定合适的比例尺。所有图件和基础数据要汇编成数据库。

1) 基础图件应包括地形图、气候资源图、植被图、土壤图、土地利用现状图、行政区划图、人口分布图等。

2) 备选图件应包括自然区划图、气候区划图、农业区划图、主体功能区划图等。

3) 成果图件应包括生态环境现状图、生态系统类型图、生态服务功能重要性分布图、生态环境敏感性分布图、生态功能区划图等。

4) 数据库（集）应包括自然环境与社会经济基础数据库、生态环境现状数据库、生态服务功能评价参数数据库、生态敏感性评价参数数据库、分区数据库、评价过程和结果地理空间信息数据库等。

6.5 案例分析

案例 6-9 辽宁省生态功能区划研究

在辽宁省生态功能区划研究中，辽宁省生态系统类型、生态过程及人类活动影响具有空间分异特点。有两个主要的学术结果分别来自于辽宁省环境科学研究院的万忠成和辽宁师范大学的张伟东，在进行生态功能区划时首先按地貌、气候等自然条件划分出一级生态区、二级生态亚区，再根据未来其生态功能划定三级区。

万忠成团队将全省分为四个一级生态区，即辽东山地丘陵生态区、辽河平原生态区、辽西低山丘陵生态区、辽东半岛低山丘陵生态区。在明确生态区的基础上，划分出 15 个生态亚区、47 个生态功能区。具体区划方案，如图 6–5–1 所示。

张伟东团队将全省划分为三个一级生态区，即辽东山地丘陵生态区、辽西低山丘陵生态区、中部平原生态区。在一级生态区划定的基础上，以流域生态系统类型和生态服务功能类型为依据划分 14 个二级生态亚区；以生态服务功

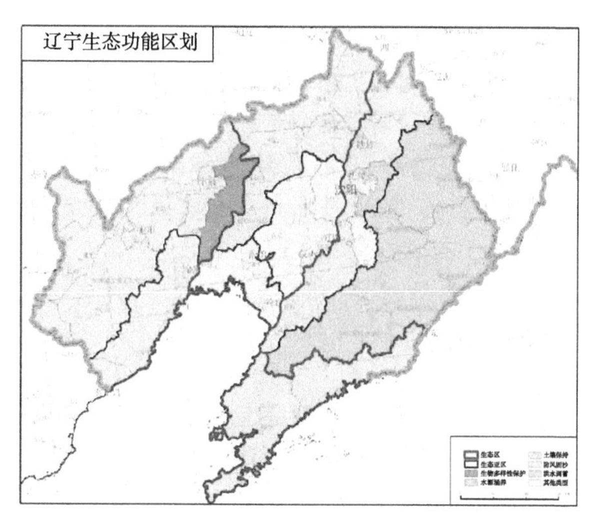

图 6-5-1 辽宁省生态功能区划图（万忠成团队方案）

能的重要性、生态环境敏感性指标为依据，划分 28 个三级生态功能区。

研究在生态功能区划的基础上，针对辽宁省生态主要问题，划定了生物多样性保护、水源涵养、土壤保持、沙漠化控制、营养物质保持等生态服务功能重要区域，并提出各个生态功能区域的生态保护与建设对策。

案例 6-10 天津市生态功能规划研究

在全国范围内的大尺度上，天津市属于东部湿润、半湿润生态大区，暖温带湿润、半湿润落叶阔叶林生态地区，环渤海城镇及城郊农业生态区。

在天津市辖区的小尺度上，依据现有自然条件和生态功能特征，划分为三个一级生态区和 7 个二级生态亚区。首先，一级生态区的划分主要根据地形地貌与行政区划界限指标。根据天津市地形、地貌图以及行政区划图，可将天津市划分为三个生态区，即蓟县北部山地农林结合生态区、中部平原城镇及农业生态区、东部滨海低平原—海域生态区。在此基础上，再根据人类活动和土地利用类型将其划分为 7 个二级生态区——生态亚区。

案例 6-11 云南省生态功能区划研究

云南省是高原山地省区，地形复杂。全省山地面积占总面积的 94%，河谷盆地仅占 6%。最高点为德钦县梅里雪山主峰，海拔 6740m，最低点为河口县红河河谷，海拔 76.4m。处于欧亚板块和印度板块的接合部，形成一系列的大断裂和深大断裂带，地质构造复杂。属于低纬高原季风气候。年温差小，日温差大，干湿季分明，气温随地势高低呈垂直变化异常明显。全省年平均气温 17.2℃，最高气温 19 ～ 22℃，最低气温 6 ～ 8℃，年温差一般 10 ～ 12℃。大部分地区年降水量在 1000mm 以上，因而植被丰富。云南省地处泛北极植物区与古热带植物区的交汇地带，过渡色彩明显，寒、温、热三带植物并存。

因为云南上述自然条件的独特性和复杂性，其省域生态功能区划就比较细致多样。云南省生态功能区共分一级区（生态区）5个，即季风热带北缘热带雨林生态区、高原亚热带南部常绿阔叶林生态区、高原亚热带北部常绿阔叶林生态区、亚热带（东部）湿润常绿阔叶林生态区、青藏高原东南缘寒温性针叶林、草甸生态区。在此基础上，划分二级区（生态亚区）19个，三级区（生态功能区）65个。

【本章小结】

城市生态功能区划是运用生态系统服务功能的理论和方法，在城市生态调查的基础上，分析生态环境的空间分布规律，明确区域生态环境特征、生态系统服务功能的重要性与生态环境敏感性空间分异规律，确定市域生态功能分区，为制定生态环境保护与城市建设规划、维护区域生态安全、促进社会经济可持续发展提供科学依据，为环境管理和决策部门提供管理信息和管理手段。通俗地说，就是要明确哪些区域对城市的生态安全很重要，需要保护，明确可能的主要生态环境问题与生态环境脆弱区，为市域的产业布局、生态环境保护与城市建设规划提供科学依据。

城市生态功能区划就是要从空间上明确不同区域的功能，处理好经济发展和环境保护的关系，从而推动环境保护历史性转变。一是要通过区划，探究不同区域的环境容量和资源禀赋，在充分保护区域主导生态功能的基础上，使资源得到最大限度的利用，产生最佳的经济效益，实现区域可持续发展。二是要通过区划，加快调整不合理的经济结构，彻底转变粗放型的经济增长方式，使经济增长建立在提高人口素质、高效利用资源、减少环境污染、注重质量效益的基础上，努力建设资源节约型、环境友好型社会。三是要通过区划，统筹考虑区域资源、环境状况和经济、社会发展水平，明确不同功能区域开发强度和经济开发的准入条件，科学开展环境影响评价。四是要通过区划，加强具有重要的水源涵养、土壤保持、生物多样性保护、防风固沙和洪水调蓄等功能的重要生态功能区域的管理，使之逐步纳入国家主体功能区划确定的限制开发和禁止开发主体功能区管理体系。

【关键词】

城市生态功能区；城市生态功能区划；城市生态敏感性；城市生态适宜性；城市生态系统服务功能

【思考题】

1. 城市生态功能区划的步骤。
2. 城市生态功能区划的基本方法。
3. 我国生态功能区划对于城市生态功能区划的影响。

第七章　城市生态安全格局构建

【本章提要】

本章主要介绍了生态安全、城市生态安全格局、城市生态风险等概念，回顾了我国城市生态安全格局的发展历程及其未来发展趋势。介绍了指标最优化模型、空间优化模型、综合优化模型和城市生态过程模型等城市生态安全格局构建方法。以某城市为研究对象，系统地介绍了一般城市生态安全格局构建的设计思路和具体操作方法，以城镇化发展的生态风险预警为生态构建的依据，针对城市生态安全格局中两个特征不同的空间尺度进行了详细的描述，以保障生态安全为前提地提出城镇化发展的建设管理措施。案例分析中介绍了在城市热环境空间分布特征分析的基础上，市域范围的森林生态网络构建和湿地生态网络构建、市区范围的多功能绿道网络构建。

7.1 城市生态安全格局相关概述

7.1.1 城市生态安全格局的概念

7.1.1.1 生态安全与城市生态安全格局

生态安全可认为是生态保障的函数，具有一定的先验性、体现人类活动的主动性。区域尺度能够较好地研究诸如沙尘暴、水土流失和洪涝灾害等区域生态问题。一般认为，安全与风险互为反函数；风险是指评价对象偏离期望值的受胁迫程度，或事件发生的确定性，其计算值为概率与可能损失结果的乘积，而安全是指评价对象在期望值状态的保障程度，或防止不确定事件发生的可靠性。生态风险是指特定生态系统中所发生的非期望事件的概率和后果；如干扰或灾害对生态系统结构和功能造成的损害，其特点是具有不确定性、危害性与客观性。因此，生态安全可以认为是：人类在生产、生活和健康等方面不受生态破坏与环境污染等影响的保障程度，包括饮用水与食物安全、空气质量与绿色环境等基本要素（肖笃宁等，2002）。

生态安全研究在选择生态阈值时，要将目标与过程紧密联系，不仅考虑关键性的生态系统要素（如关键物种、景观要素等），还需要从系统整体的结构功能出发，选择那些具有重要生态意义的受胁迫的生态过程（傅伯杰等，2011），如流域中的水文过程、生物迁徙过程等。在人为活动占优势的景观内，不同土地利用方式和强度产生的生态影响具有区域性。城市扩展过程保证城市自身及其所在区域的生态安全，保证区域生态系统服务的安全和健康，成为城市发展所必需考虑的问题。

城市生态安全格局是维护城市生态系统结构和过程健康与完整，维护区域与城市生态安全，城市自然生命支持系统的关键性格局（俞孔坚，2009）。在快速城市化区域构建生态安全格局，在分析城市演变规律与空间格局的基础上（史培军，1999；Carlson，2000；Cook，2002），分析扩展用地的生态约束条件（李月辉，2007），确定城市扩展的模式与方向，辨识关键区域、廊道，建立城市扩展用地的生态安全性等级对于有效地控制城市扩展过程，保障生态安全具有重要意义。

7.1.1.2 生态风险

通常风险（Risk）被定义为不幸事件发生的可能性及其发生后果将会造成的灾害（Anne and Bennett，1999）。风险具有发生（或出现）人们所不期望后果的可能性(即危害性)，也具有不确定性或不肯定性的特征。事件发生的条件、状况不同，其危险或安全的程度也不同。"不幸事件发生的可能性"称为"风险概率"(P，也称风险度)，不幸事件发生后所造成的损害称为"风险后果"(D)。有关专家对风险定义为两者的积。即

$$R=P\cdot D \tag{7-1}$$

生态风险（Ecological Risk）是指一个种群、生态系统或整个景观的正常功能受外界胁迫，从而在目前和将来减少该系统内部某些要素或其本身的健康、生产力、遗传结构、经济价值和美学价值的一种状况。它反映生态灾难和生态

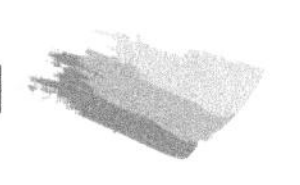

毁坏以及生产系统和项目因受到污染和经济活动过程中的破坏而不能正常运转的概率和规模。

生态风险产生的原因包括自然、社会经济与人们生产实践等三种因素（李自珍，2002）。其中自然因素包括各类自然灾害如洪水、地震等；社会经济因素包括市场因素、资金的投入产出因素、流通与营销、产业结构布局等因素；人类生产实践因素包括传统经营方式和技术产生的生态风险等，如生物入侵、生物工程引发的生态风险、环境污染等。通常区域生态风险是由这三种因素综合引发的。

7.1.1.3 生态风险预警

预警一词英文为Early-Warning，可解释为在灾害或灾难及其他需要提防的危险发生之前，根据以往总结的规律或观测得到的可能性前兆，向相关部门发出紧急信号，报告危险情况，以避免危害在不知情或准备不足的情况下发生，从而最大程度的降低危害所造成的损失的行为。

风险预警是指根据系统外部环境及内部要素的变化，对系统未来的不利事件或风险进行预测和报警。风险预警可以分为生态风险预警、经济风险预警、社会政治风险预警和自然灾害风险预警几类。近年来预警理论得到了广泛应用，随着资源与生态环境的可持续发展受到越来越多的重视，生态风险预警正成为研究的热点。

7.1.1.4 城镇化引发的生态风险

由于城镇化是一个用地扩张、经济增长和人口集聚的过程（周启星，王如松，1999），不可避免地会给自然资源和生态环境带来巨大的压力，使人口与资源环境之间形成矛盾，从而产生了城市生态风险。尤其在自然资源短缺、生态环境脆弱的地区，城镇化过程更容易导致耕地、淡水资源减少，能源相对不足，原生态系统功能与结构破坏等一系列严峻生态环境问题，给城市的生态安全带来了巨大压力，成为社会和经济发展的瓶颈。面对我国城镇化的迅猛发展趋势，急需建立全面、完备的基础信息数据库以及科学的监测预警体系，以保证城乡体系健康发展、生态资源的合理配置与持续供给。否则国家资源管理和空间战略管理体系无法发挥作用，国土安全、资源安全、生态安全和城镇发展将受到严重威胁。

7.1.2 城市生态安全格局的发展历程

7.1.2.1 城市生态安全格局的产生

“生态安全”是Brown在1977年提出的。随着全球气候变化、景观破碎化环境变化问题的出现，生态安全理论和概念都有了较大变化。生态安全有广义和狭义两层含义，广义是从人类本身出发，考虑生态环境对自身的保障，狭义是指自然半自然生态系统的生态完整性与健康水平的整体反映。两者从不同角度考虑了生态安全的概念，而这两种角度最终使用人为建立的评判方法建立自然环境影响人类自身安全的认识，最终目的是指导人类对自然的利用与管理，从而使自然资源能够更好地服务于人类社会。

景观生态学的发展为研究生态系统结构和过程提供了直观视角，20世纪

90 年代末期已有部分生态学开始尝试运用景观生态学的观点理解生态安全，并在此基础上提出“生态安全格局（Ecological Security Pattern）”这一概念。Yu（1996）认为生态安全格局是景观特定构型和少数具有重要生态意义的景观要素，这些结构和景观要素对景观内生态过程具有较好的支持作用，一旦这些位置遭受破坏，生态过程将受到极大影响。生态安全格局的组分对过程来说具有主动、空间联系和高效的优势，因而对生物保护和景观改变具有重要的意义。

7.1.2.2 生态安全格局研究进展

人类活动的持续增加导致全球气候变化和城镇化问题的加剧，进而引起一系列生态安全问题出现，在不同尺度上影响着人类社会的可持续发展能力。通过合理的规划手段减缓和适应这些快速景观变化中出现的问题，提升不同尺度上的可持续发展能力成为广泛共识。

综合看近二十年研究成果，生态安全格局的研究经历了从最初的定性规划、静态格局分析、数量配置调查，到近年逐步发展起来的格局定量分析、动态格局模拟、空间数据演算以及格局趋势分析等发展历程。其研究主要涉及生态敏感性分析、重要性指标体系、景观格局指数等。

生态安全格局研究成果在区域主体功能识别与保护、划定生态红线和城市的增长边界中起着重要的作用。例如，罗怀良（2006）等在生态环境现状、现状敏感性和生态系统重要性等指标的基础上提出重庆市生态功能区划方案；燕乃玲等综合各项生态系统服务将长江源区划分为五个一级生态功能区；张良等基于景观阻力的最小费用距离构建天津滨海新区生态安全格局。

7.1.2.3 生态安全格局的发展趋势

目前生态安全格局研究主要以景观格局优化、土地利用结构优化、生态系统服务价值、生态系统承载力、生态足迹评估、土地资源可持续利用等为切入点，研究区域主要集中在一些生态敏感区，如干旱区（郭明等，2006；王月健等，2011）、快速城市化区域（李月辉等，2007；俞孔坚等，2009；胡道生等，2011）、农牧交错带、湿地景观破碎化地区（刘吉平等，2009）、水土流失区（杨子生等，2003）等。近年来，随着对生态安全全面理解和可持续发展能力的重视，一些学者提出了区域生态安全格局的概念和规划设计方法（马克明等，2004），将人类社会发展需求与生态可持续发展需求相结合，使生态安全格局从单纯的物种生态过程保护层面向生态、环境和人类活动多维度保护转移。

目前的生态格局研究实质均是基于生态敏感性、生态重要性指标体系，对于景观的空间格局考虑不足，研究的重点应逐渐转移到空间格局对于生态的影响。此外，相关的环境保护部门各有不同的区划制度体系，没有构建统一的区域生态安全格局空间管制框架。因此未来的生态安全格局研究工作仍需重点推进：①重要阈值的有效性；②景观空间格局保护的重要性和优先性；③多尺度、跨行政区的协调发展；④生态安全格局评估方法、模型的改进与优化；⑤各类生态安全格局管控措施制度的完善。生态安全格局注定是一个多学科知识交融的规划设计途径，它基于对区域生态变化趋势和内在关系特征的理解，将生态问题诊断、生态功能需求评估和景观格局规划三者紧密结合，通过发挥人的主观能动性促使景观向健康、稳定和可持续的方向发展。

7.1.3 城市生态预警研究的发展历程

7.1.3.1 对自然生态预警的起步研究

风险预警研究可以分为经济风险预警、社会政治风险预警和自然灾害风险预警几类。而我国关于预警的研究是 20 世纪末从自然生态环境预警开始的，生态学者从生态敏感的水质、耕地、河流及其流域起步，以案例研究探讨生态预警系统的基本思路及方法。同时从城市社会学视角对城市社会问题爆发的预警机理进行了探讨，从城市管理学视角对于城市系统运行状态的评估与预警展开了研究。

苏维词（1997）定义生态环境预警为：就流域内的工程建设、资源开发、国土整治等人类活动对生态环境所造成的影响进行预测、分析与评价。阐述生态环境预警评价的原则与标准，建立了生态环境预警评价的指标体系和基于层次分析法的预警模型，并对乌江流域 39 个县（市、区）的生态环境作了应用研究，为流域的开发和治理提供了一些依据。黄贤金（1998）将预警系统应用于耕地保护中，认为开发耕地生态经济系统的动态监测可以使得耕地管理由静态、被动状态走向动态，实现耕地生态经济系统调控的超前性，切实有效地保护耕地，并提出构建我国耕地生态经济预警系统的基本思路及方法。董志颖等（2002）分析了目前水资源短缺和水污染严重的现状后，提出建立水质预警系统的必要性，并构建了借助于 GSI 和 ESI 的水质预警技术路线。颜卫忠（2002）和刘树枫（2001）分别就环境预警指标体系的建立和环境预警系统的层次分析模型进行了深入研究。王益祥（1994）和王玉亮（1995）分别就上海与广州城市土地利用现状进行了可持续发展研究，指出在保持适宜的人口承载量、提高土地的综合效益的基础上，搞好土地功能置换。

阎耀军（2001）从城市社会学视角对城市社会问题爆发的预警机理进行了探讨。雷鸣和阎耀军根据预警的思路，设计了城市社会稳定“监测－预警－预控”管理系统。王慧（2004）通过对城市系统运行状态的分析，将城市系统运行状态的监测、评估、预警、调控等系列环节联系起来，从定性角度讨论了构成城市管理的过程。近年来，资源与生态环境预警方向的研究发展很快，特别是关于区域、流域资源，如水资源、土地资源、矿产资源、生态资源等关系到人类可持续发展的重要基础资源的预警研究显得尤为重要，大量的研究工作正在进行。

7.1.3.2 对生态预警理论的发展研究

进入 21 世纪，风险预警在城市社会单一要素研究的基础上，开展了大量的生态环境预警基本概念、预警方法、指标体系等理论研究。同时有人对复杂的区域可持续发展预警开展研究，这是通过监测社会、经济、生态任何一方或三者的关系出现的非持续发展因素的研究。

王慧敏（2000）认为流域可持续发展预警系统是对流域可持续发展偏离期望状态的警告，它既是流域可持续发展系统的一种分析方法，又是一个对流域可持续发展过程进行监测预警的系统。针对一般预警系统存在的问题，研究了自回归条件异方差预警方法、神经网络预警方法及系统动力学预警方法，具有可操作性，为流域管理机构制定流域发展规划、调节各项政策提供了决策支持。陈国阶和何锦峰（1999）认为生态环境预警应集中研究生态系统和环境退化的过程和规律，作出及时的警告和对策；阐述了与生态环境预警相关的环境影响强度、环境影响累积量、环境质量现状、环境标准、环境容量、环境影响响应、环境影响后果等概念，并给出定量评价的数学表达公式。尹昌斌等（1999）建立了包括生态预警、环境预警、人口预警与社会经济可持续发展预警的指标体系，分析了预警的分析流程为：确定警情、寻找警源、分析警兆、预报警度、决策分析。

对区域可持续发展预警是通过监测社会、经济、生态任何一方或三者的关系上出现的非持续发展因素，并为可持续发展提供警示性信息。朱晔和叶民强（2002）从系统观的角度出发，研究了区域可持续发展预警系统及其结构的设计问题，提出将预警活动引入区域可持续发展的活动中来，并从理论上设计了预警系统的结构及其衡量与评价模型，得出了一套综合评价和测算的方案（常权、递增权、层次分析和变权）。刘耀彬（2002）根据可持续发展能力的内涵及特点，以武汉市为对象，建立了评价指标体系，从人文、自然的角度评价其一段时间内可持续发展的动态变化。邵安兆（2000）从系统观念出发，研究了区域可持续发展预警系统的功能与基本结构问题，并结合洛阳实际，设计了预警系统指标体系、衡量与评价方案，构建了可持续发展预警系统的框架，为可持续发展的定量研究提供一个新的思路。宋文华等（2005）根据社会发展的统计指标体系，结合评价可持续发展的社会指标体系构成，得出社会发展警情、警兆指标体系，然后根据统计数据，采用实证和理论分析相结合的方法，给出社会发展警情预报的警情警限值，并利用其研究 TEDA 的社会发展态势，最终给出 TEDA 警源形成因素及排警对策。俞勇军等（2002）针对目前可持续发展定性描述方面的局限，引用经济学的方法，对可持续发展的预警试作初步探讨。利用层次分析法和主成分分析法的原理，借鉴可持续发展评价指标体系，建立预警模型，并进行了实证分析。

7.1.3.3 对城镇化生态预警的综合研究

国内关于城镇化中的生态风险预警研究开展得较少，已有的研究主要是针对生态环境问题的预警。综合以上国内外的研究进展，总体而言，受生态环境等剧变引起的全球变化给人类生存和发展带来的压力，生态风险评价和预警的研究得到了国内外的高度重视，正在迅速展开。但生态风险评价和预警的理论体系还很不完善。在以往的相关研究中，主要是对研究区域进行生态风险评价，将其与城镇化特点结合起来进行研究较少，因此，将社会经济发展与生态环境与景观过程相联系，在城镇化过程实施动态监测，对可能出现的环境问题提供预先判断的量化依据，是本书在预警研究领域的主要切入点。

7.1.4 城市生态安全格局构建的思路

在深入探讨和理解城镇化生态风险内涵的基础上，在遥感和地理信息系统技术支持下，按照“生态风险现状评价—预测未来生态风险—生态安全格局构建”的研究思路，对城镇化背景下城市生态安全格局进行构建，主要内容包括以下 5 点（图 7–1–1）：

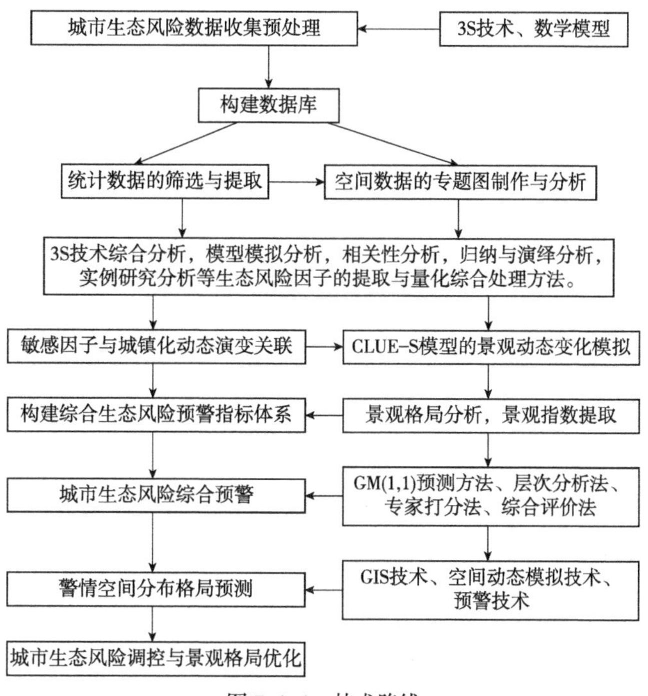

图 7-1-1 技术路线

1）应用遥感影像与 GIS 技术，结合城市特点提取基于土地利用信息的生态风险监测指标，选择相应计算模型完成对空间指标的量化；

2）在“状态—压力—响应”模型框架下，构建涵盖空间信息与非空间信息的预警评估体系，确定风险指标阈值标准，对城市生态风险现状进行评价，划分生态风险警情等级；

3）基于 CLUE-S 模型研究规划年末城市景观格局动态变化模拟预测；

4）应用灰度 GM（1，1）模型结合 CLUE-S 模拟结果，从风险指数与空间格局两个方面预测城市历年的生态风险警情与空间分布；

5）构建风险条件制约下的城市生态安全格局，应用阻力面分析模型识别生态廊道与节点，构建城市生态安全网络，并提出相应的调控措施，从而为该地区的可持续发展探求有效的管理途径。

7.2 城市生态安全格局的构建方法

不同知识背景的研究者从各自对生态安全格局的理解提出了众多景观生态安全格局构建方法，生态安全格局的构建方法主要从三个方面来进行，分别是数量优化方法、空间优化方法与综合优化方法。其中数量优化方法以最优化技术法与系统动力模型为主，虽然可以反映复杂系统结构、功能和动态行为之间的关系，但是数量优化方法的空间可视化不足，并且难以运用在具体的空间布置上；空间优化方法是基于生态学理论的景观格局优化模型与元胞自动机，适用于空间上的动态模拟但是普遍理论基础比较薄弱，选择优化的空间尺度受到较大的局限性；综合优化法主要包括 CLUE-S 模型与集成模型两种，前者在实际操作中由于在数学模型中忽略了各类用地的相互作用，从而客观性与准确性都受到一定的限制，后者虽然可以根据不同的需求选择不同的优化方法综合运用，但是综合几种方法带来的缺点与局限有时很难规避。

7.2.1 指标最优化模型

指标最优化模型利用选择的指标或构建的指标体系，针对区域生态环境发展所面临的各种问题，选取最重要的指标以实现最优，从而制定不同水平的区域景观格局优化预案。主要包括了线性规划、非线性规划、多目标规划、动态规划以及图论与网络流等，广泛应用于土地利用结构优化中，建立了农业土地利用结构优化模型。如 Makowski 以欧共体农用土地资源面临的最主要的污染问题为导向，以氮流失量最小为规划目标，建立农业土地利用结构优化模型。最优化技术方法在应用中存在着不足。首先，对生态效益考量的指标和标准体系还不完善，缺乏生态效益适当的约束条件与约束指标。其次，基于数学规划的格局优化多停留在数量结构的优化上，空间指导性不足。

系统动力模型（SD）是建立在控制论、系统论和信息论基础上的一种动力学模型。其突出特点是能够反映复杂系统结构、功能和动态行为之间的相互作用关系，通过规划目标与规划因素之间的因果关系建立信息反馈机制，能够从宏观上反映土地利用系统的复杂行为，可用来模拟不同情景条件下的土地利用方案。如许联芳（2014）等运用 SD 模型对湖南省土地利用数量结构变化进行了模拟预测。SD 模型的因果反馈机制，多用于模拟土地系统数量结构变化方面，但在实际中原始数据往往理想化（难以界定明确的数据因子），模拟的结果有时会脱离实际。SD 模型缺乏模拟结果的空间表达，在空间可视化表达方面存在不足。

7.2.2 空间优化模型

景观格局优化模型主要运用生态学理论来设计一些关键的点、线、面及其空间组合，保护和恢复生物多样性，维持生态系统结构和过程的完整性，实现对区域生态环境的有效控制和持续改善。如乔富珍等（2014）运用 GIS 技术，采用最小累积阻力模型对景观格局进行优化配置研究；孙立和李俊清在景观格局分析的基础上形成北京市自然保护区分布格局“三区二带”的规划理念。景观格局优化模型存在的不足：首先，景观格局构建的理论基础相对薄弱，目前的认知理论基础不满足对格局优化的指导要求；其次，景观格局的生态目标和评价标准难以确定，重要阈值的有效性难以保证；第三，景观格局优化常在较小尺度上进行，在区域尺度上的调整存在一定的困难。

元胞自动机（CA）是时间、空间和状态都离散的，空间相互作用及因果关系皆局部的网格动力学模型。CA 模型没有明确的方程形式，所有元胞是相互离散的，在某一时刻一个元胞只有一个状态，下一时刻状态是上一时刻其领域状态的函数。近年来多运用 CA 模型探讨土地利用格局优化问题。如杨俊（2015）等利用 CA 模型对大连经济技术开发区进行土地利用优化配置。CA 模型适合用于时空动态过程的模拟，但作为一种自下而上的建模方式，难以反映

区域的宏观因素。其次，定义转化规则的理论基础薄弱，目前常用 CA 模型与其他方法结合起来定义转化规则，提高模拟性能。

7.2.3 综合优化模型

CLUE–S 模型：土地利用的空间分布概率。CLUE–S 模型适于区域尺度的土地利用变化研究，由非空间模块和空间模块两部分组成，基本原理是在综合分析土地利用空间分布概率适宜图、土地利用变化规则和研究初期土地利用分布现状图的基础上，根据总概率大小对土地利用需求进行空间分配。如梁友嘉（2011）等利用 CLUE–S 模型实现了土地利用需求驱动下土地利用变化过程的空间表现。CLUE–S 模型能够从时间和空间上对土地利用变化进行多尺度模拟，但实际操作中客观性与准确性受到限制并且在数学模型中忽略了各类用地类型的相互作用，影响因子中有很多难以量化和遇见的驱动因子。

集成模型：综合运用多种模型可以弥补单一模型在某些环节上的不足，是进行区域生态安全构建的有效途径。如梁友嘉等（2011）集成 SD 模型与 CLUE–S 模型的建模方法，用以弥补已有 LUCC 模型缺陷，用于土地利用情景分析中；邱炳文结合宏观用地总体需求与微观土地利用适宜性，集成灰色预测模型、多目标决策模型、CA 模型、GIS 技术，建立了土地利用变化预测模型。

总之，在城市生态安全格局构建中，不同的模型在解决特定问题上同时具有优势和不足，同时，区域生态安全格局构建要综合考虑社会、经济、生态系统的协调发展，是涉及多学科、多角度、多层次的综合性问题，因此多种模型的集成模式为区域生态安全格局构建提供了高效率、高精度的研究方法。

7.3 城镇化生态风险指标体系构建

7.3.1 城镇化生态风险范畴界定

城镇化生态风险指标的范畴是一个以自然—社会—经济复合生态系统为对象的综合指标要素体系，不仅仅是针对生态系统，而是三者复合体的综合预测评估（图 7–3–1）。并依照此目标体系，制定各个要素的监测、统计与调查计划，在一定区域范围内对城镇复合生态系统变化情况进行连续观测，根据这些数据对生态风险进行评价和生态风险预警，研究的应用最终服务于城市的生态风险管理与调控。

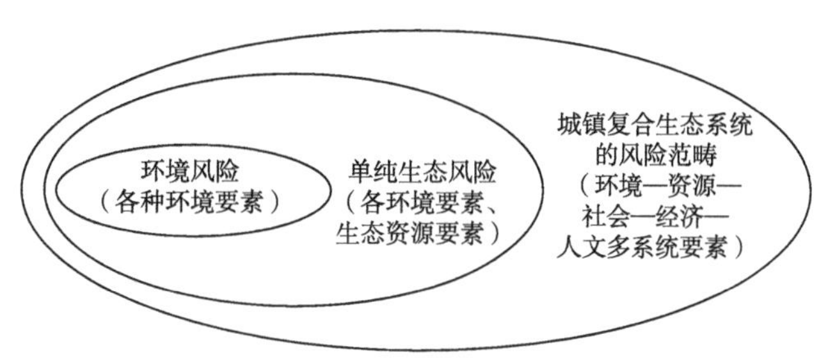

图 7–3–1 城镇化生态风险范畴与单纯的生态风险、环境风险关系

城镇化风险涉及经济、社会、环境和资源各个方面，而这些子系统又是一个庞大而复杂的系统。城镇化的地域差别性和城镇宏观风险的特殊性，决定了城镇化风险识别分析的复杂性，因此，需要从不同侧面、不同角度来对可能影响城镇发展的风险进行比较全面深刻的了解，进行全面的风险识别。主要涉及城镇化的环境、经济、社会、政策、资源等方面，结合我国城镇建设发展的实际情况，城镇化地区面临的主要风险包括以下 5 个方面。

7.3.1.1 环境风险

城市是全球性问题产生的重要根源。作为人类生活的主要空间载体，城市也是全球性问题的主要受害者，其中就包括环境问题。从各类环境问题作用的空间尺度来看，缺乏安全饮用水和卫生设备、室内空气污染、大气污染、水污染、土壤污染、垃圾倾倒、有毒有害物质排放、噪声污染、自然灾害、交通拥堵等环境压力都来自城市内部；而流域污染、生态失衡、酸雨、全球变暖、臭氧层破坏等环境压力则来自城市外部。我国城镇化发展进程的加快，城镇环境恶化、生态平衡遭到破坏，不仅严重影响着居民的生活，也制约着城镇社会经济的可持续发展，因此环境风险是我国城镇化过程中面临的主要风险。

7.3.1.2 资源风险

生态资源是自然生态系统为人类社会提供的基本功能之一，反映了可持续发展前提下区域的自然资源可开采、利用量。资源作为一种日益短缺的经济、社会发展的物质基础，是有重要价值的。但长期以来，由于缺乏市场经济观念和明确的环境权思想，资源未被作为一种特殊的和基本的经济要素来认真对待，这就导致了环境资源的不断破坏和环境质量的下降。自然资源是城镇建设的核心和硬性基础，是人类赖以生存和发展的物质基础，资源的合理利用能够促进经济发展和社会进步。资源的匮乏会制约城镇经济发展进而会影响城镇建设总体水平的提高，但是对资源的过度利用开发也会造成资源枯竭、生态破坏等不良后果。

7.3.1.3 经济风险

城镇化中的经济风险主要有城镇产业空洞化、农业衰退、产业结构不合理、区域经济联动协作水平低、人口迁移成本高等方面。城镇化地域的经济结构状况、经济发展水平影响着未来的可持续发展能力。城镇建设过程中的经济风险是指经济结构的不合理、经济环境的脆弱导致城镇经济发展迟缓甚至停滞的可能性。

7.3.1.4 社会风险

城镇化发展也会引起社会风险扩大。社会生态涉及城镇居民及其物质生活和精神生活的诸多方面。由于历史发展的因素以及资金的缺乏，在城镇化过程中产生的农民失地—失业、劳动力盲目流动、城镇拆迁中群发性事件，都是城镇化过程中的社会风险表现。

7.3.1.5 自然灾害风险

自然灾害风险是由自然地形、气候条件、地理位置等原因造成的城镇面临干旱、洪涝、山体滑坡、泥石流、海啸、地震、沙暴等灾害风险。自然灾害对城镇破坏性大，影响范围广，带来的往往都是人员伤亡和巨大的经济财产损失。我国是世界上灾害频发、受灾面广、灾害损失严重的国家。我国地域广阔，几乎所有城乡地域都面临着种类各异的自然灾害风险，见表 7—3—1。

我国主要自然灾害分布区域和形成原因 **表 7-3-1**

灾害种类	分布区域	形成原因
旱灾	黄淮海平原、东北平原原为多发区	季节降水和年际降水的时空分布不均衡
洪涝	长江中下游平原、黄淮平原为多发区	受夏季风的影响大，受夏威夷高压势力的大小、雨带进退快慢的影响
地震	中国台湾地区、华北、西北、西南为多发区	台湾位于亚欧板块和菲律宾板块交界区；西南地区位于地中海—喜马拉雅地震带上
滑坡、泥石流	西南地区为多发区	西南地区地形崎岖，地质构造复杂，大斜坡多，降水历时长
台风	东南沿海地区为多发区	濒临西北太平洋

资料来源：谢刚，2008

通过对城镇化过程中风险进行比较全面的探讨识别，将发展建设过程中风险空间逐步细化，分解成一系列比较简单，容易被认识、分析的风险因素，这是一个对风险的认识从模糊逐步走向清晰的过程。可以将城镇化过程中风险因素用表的形式直观地表现出来（表 7-3-2）。

城镇化过程中风险因素 **表 7-3-2**

城镇化过程中的生态风险因素	环境风险	污染企业导致城镇环境质量持续恶化
		环境监督管理体制不健全
		突发性环境污染风险
		城镇生态规划不合理
		环境保护观念淡薄
		生态风险
	经济风险	产业结构不合理
		农业衰退风险
		区域经济联动协作水平低
		建设“冒进”超前现象严重
		交通运输闭塞
	社会风险	文化教育水平低
		医疗卫生状况差
		社会保障体系不完善
		贫富差距加大
		社会治安、社会风气
		人文遗产、历史遗迹破坏的风险
	资源风险	城镇能源自给能力
		资源的过度开发
		土地资源的粗放型利用
	自然灾害风险	发生洪涝、泥石流、干旱、地震、台风、海啸等自然灾害风险

资料来源：谢刚，2008

7.3.2 城市生态风险预警指标体系构建原则

7.3.2.1 预警指标优选原则

生态风险预警指标体系内容较多，从经济和技术角度考虑，必须根据预警的主要目标进行优选，优选的主要原则有以下几方面。①代表性原则：优先监测指标应能够反映生态环境本质特征，全面准确反映生态变化规律，且具有相对独立性。②定量性原则：可比性强可以精确定量的指标，对于定性指标应该定量化描述。③可操作性原则：优先监测指标应该从实用的角度出发，从目前能够调动的监测力量、经济实力、技术装备和操作水平考虑，尽可能选择信息量多又比较敏感的指标。

7.3.2.2 生态风险预警指标体系构建原则

由于生态风险来源的复杂性，因此所选指标应尽量完整、系统，能反映城镇化进程中资源、人口、生态环境与社会经济状况，符合城市可持续发展目标内涵，但要避免指标之间的重叠性，使评价目标和评价指标有机地联系起来组成一个层次分明的整体。

综上，信息指标体系的构建应遵循以下原则：①体系的构建必须以可持续发展理论和生态经济理论为指导，体现系统性、动态性、完备性。②指标体系应具有层次性。这是由生态系统的结构性决定的，要素、子系统和评价指标相互联系，共同构成生态承载力指标体系。并且层次化一方面可以满足不同人群所需，另一方面可以使评价结果更明了、准确，更有针对性。③区域性。评价指标体系应能准确反映评价区域生态系统的个性。④定量指标与定性指标结合。定量与定性指标都有各自的优点与不足，应依对事物反映精确程度的不同，有选择地采用。在计算处理上定性指标亦可用分等定级的办法予以量化评分处理。⑤指标精简化。"精"是指标应客观准确，"简"是所选指标并不是越多越好，而应根据目标有重点地筛选一些有关键性的、必要的、可行的指标。

7.3.3 城市生态风险预警指标体系建立

20 世纪 80 年代末，在加拿大政府组织力量研究的基础上，经济合作和发展组织（OECD）与联合国环境规划署（UNEP）共同提出了环境指标的 P–S–R 概念模型（图 7–3–2），即压力（Pressure）—状态（State）—响应（Response）模型。从社会经济与环境有机统一的观点出发，表明了人与自然这个生态系统

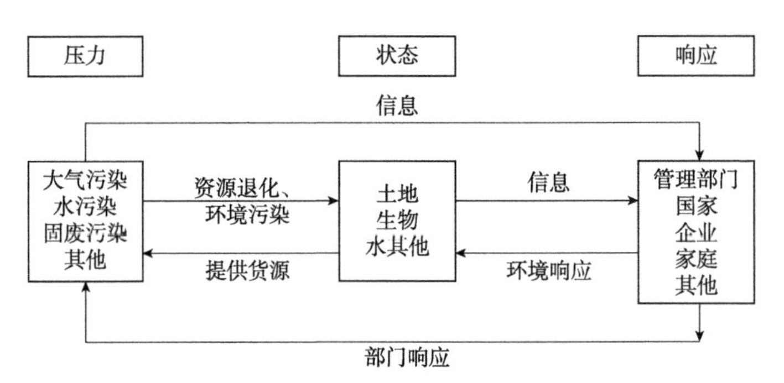

图 7–3–2 压力—状态—响应概念模型

中各种因素间的因果关系，能更精确地反映自然、经济和社会因素之间的关系，为生态风险预警指标体系构建提供了一种逻辑基础。

7.3.3.1 指标体系构成

根据以上框架构建了城市生态风险预警指标体系，为了掌握从城市宏观到局部空间地域范围的风险分布详细状况，分别设计了市域和镇域两个尺度的预警评价指标体系（表 7–3–3）。建制镇是目前能够获取较为完善的统计信息的行政单位，故将镇域作为评价中的地域空间单元最小尺度，结合统计资料数据与遥感监测数据进行综合预警评价。

基于压力—状态—响应模型的城镇化生态风险预警指标体系（市域尺度）　　表 7–3–3

目标层	项目层	因素层	指标层	单位
城镇化综合生态风险（A）	城镇系统压力（B1）8 项	社会压力 C1	人口密度（D1）	人/km^2
			人均 GDP（D2）	万元 / 人
			生态占用指数（D3）	—
			恩格尔系数（D4）	%
		资源压力 C2	人均耕地面积（D5）	hm^2
			人均水资源量（D6）	m^3
			城镇人均公共绿地面积（D7）	m^2
			生态压力指数（D8）	—
	城镇系统状态（B1）15 项	资源质量 C3	森林覆盖率（D9）	%
			土壤污染指数（D10）	kg/ hm^2
			地表水水质达标率（D11）	%
			城镇人均建设用地面积（D12）	m^2
			生物丰度指数（D13）	—
		环境质量 C4	空气质量优良率（D141）	%
			建成区绿化覆盖率（D15）	%
			集中式饮用水源水质达标率（D16）	%
			区域噪声达标区覆盖率（D17）	%
			城镇污水集中处理率（D18）	%
			生活垃圾无害化处理率（D19）	%
		景观格局质量 C5	斑块形状指数（D20）	—
			蔓延度指数（D21）	—
			香农多样性指数（D22）	—
			聚集度指数（D23）	—
	城镇系统响应（B3）11 项	环境响应 C6	清洁能源使用比率（D24）	%
			环保投资比重（D25）	%
			工业固体废物处置利用率（D26）	%
			公众对环境满意度（D27）	%
			工业用水重复利用率（D28）	%
		经济响应 C7	第三产业占 GDP 比重（D29）	%
			经济生态协调度指数（D30）	—
			单位 GDP 能耗（D31）	吨标煤 / 万元
			单位 GDP 水耗（D32）	m^2/ 万元
			单位土地面积 GDP 产出（D33）	万元 / km^2
		人文响应 C8	教育投资比重（D34）	%

7.3.3.2 指标的标准值确定

指标的参照标准值确定依据国家和国际相关标准（表 7–3–4）。

国家标准：《环境空气质量标准》GB 3095–2012，《地面水环境质量标准》GB 3838–2002，《生活饮用水卫生标准》GB 5749–2006，《农田灌溉水质标准》GB 5084–2005，《城市区域环境噪声标准》GB 3096–2008，国务院《城市绿化条例》（1992 年实施，现行 2017），《中华人民共和国城乡规划法》（2008 年实施，现行 2015），《中华人民共和国环境保护法》（2015），生态城市建设标准（试行）。

指标体系标准值及标准值来源 表 7–3–4

指标名称	标准值	单位	标准来源
人口密度（D1）	500	人 /km^2	参照国内领先城市的平均值
人均 GDP（D2）	2.4	万元	全面建设小康社会的基本标准（建设部）
生态占用指数（D3）	2.0	—	参照基于《WWF2004》的相关研究成果
恩格尔系数（D4）	40	%	联合国粮农组织（FA0）标准富裕标准
人均耕地面积（D5）	0.053	hm^2	联合国粮农组织（FA0）警戒线
人均水资源量（D6）	1000	m^3	人类水资源生命底线
城镇人均公共绿地面积（D7）	12	m^2	生态县（含县级市）建设指标（环保部）
生态压力指数（D8）	1.0	—	参照基于《WWF2004》的相关研究成果
森林覆盖率（D9）	40	%	生态县（含县级市）建设指标（环保部）
土壤污染指数（D10）	250	kg/hm^2	生态县（含县级市）建设指标（环保部）
地表水水质达标率（D11）	100	%	生态县（含县级市）建设指标（环保部）
城镇人均建设用地面积（D12）	60 ~ 120	m^2	《城市用地分类与规划建设用地标准》（GB 50137-2011）（住建部）
生物丰度指数（D13）	0.2588	—	《生态环境状况评价技术规范》（HJ 192-2015）（环保部）
空气质量优良率（D141）	85	%	“十一五”国家环境保护模范城市考核（环保部）
建成区绿化覆盖率（D15）	0.35	%	“十一五”国家环境保护模范城市考核（环保部）
集中式饮用水源水质达标率（D16）	100	%	生态县（含县级市）建设指标（环保部）
区域噪声达标区覆盖率（D17）	100	%	生态县（含县级市）建设指标（环保部）
城镇污水集中处理率（D18）	95	%	生态县（含县级市）建设指标（环保部）
生活垃圾无害化处理率（D19）	80	%	生态县（含县级市）建设指标（环保部）
景观形状指数（D20）	35	—	参照《Fragstats3.3》计算方法确定
蔓延度指数（D21）	70	—	参照《Fragstats3.3》计算方法确定
香农多样性指数（D22）	0.6	—	参照《Fragstats3.3》计算方法确定
聚集度指数（D23）	85	—	参照《Fragstats3.3》计算方法确定
清洁能源使用比率（D24）	70	%	国家城市环境综合整治定量考核（环保部）
环保投资比重（D25）	3.5	%	生态县（含县级市）建设指标（环保部）
工业固体废物处置利用率（D26）	90	%	生态县（含县级市）建设指标（环保部）
公众对环境满意度（D27）	90	%	生态市（含地级行政区）建设指标（建设部）
工业用水重复利用率（D28）	80	%	生态县（含县级市）建设指标（环保部）
第三产业占 GDP 比重（D29）	40	%	生态市（含地级行政区）建设指标（建设部）
经济生态协调度指数（D30）	3.0	—	参照基于《WWF2004》的相关研究成果
单位 GDP 能耗（D31）	0.9	吨标煤 / 万元	生态县（含县级市）建设指标（环保部）
单位 GDP 水耗（D32）	396	m^2/ 万元	全国 2000-2008 年平均值
单位土地面积 GDP 产出（D33）	2835	万元 /km^2	长三角 2000-2008 年平均值
教育投资比重（D34）	4.8	%	世界平均水平

国际标准：世界卫生组织饮用水水质标准（日内瓦，1971），欧洲共同体饮用水水质标准（1975），欧洲共同体饮用水水源的地面水标准（1975）。

其中，一些指标在国家标准文件中无相应标准，其标准值确定方法如下。

（1）单位土地面积GDP产出

长江三角洲指长江和钱塘江在入海处冲积成的三角洲，包括上海市，江苏省南部8城市（南京、苏州、无锡、常州、扬州、镇江、南通、泰州）以及浙江省东北地区7城市（杭州、宁波、湖州、嘉兴、绍兴、舟山、台州），共计16座中心城市，土地面积近11万平方千米，是我国目前经济发展速度最快、经济总量规模最大、最具有发展潜力的经济板块。2008年长江三角洲地区平均每平方千米土地产出4921万元，平均产出是全国平均水平的16倍多，其以全国1%的土地创造了近1/5的GDP，其较高的经济承载规模，无疑成为指标体系所设定的体现建设用地经济承载指标——单位土地面积GDP产出标准选取的典范。根据统计相应年鉴数据，计算出其近九年单位土地面积GDP产出值，见表7-3-5，并将其平均值2835万元/km^2作为参考标准。

长三角2000～2008年国民生产总值（单位：亿元）　　表7-3-5

年份	2000	2001	2002	2003	2004	2005	2006	2007	2008	平均值
GDP	985	1616	1919	2188	2624	3409	3605	4256	4921	2835

（2）生物丰富度指数

环保部下发的《生态环境状况评价技术规范》HJ 192—2015中生物丰度指数的计算方法中对各种土地利用类型的权重系数进行了设定（表7-3-6），这些权重的大小在一定程度上反映了土地利用类型生态系统服务的重要性，如果城镇的土地利用类型能够按照该权重系数的比例发展，即当林地：草地：水域湿地：耕地：建设用地：未利用地之间的比值，按照0.35：0.21：0.28：0.11：0.04：0.01的比例发展，那么该地的生物多样性指数将是比较好的，通过计算得知该数值为0.2588。该指标标准即定为0.2588。

生物丰富度指标分权重　　表7-3-6

	权重	结构类型	分权重
林地	0.35	有林地	0.6
		灌木林地	0.25
		疏林地和其他林地	0.15
草地	0.21	高覆盖度草地	0.6
		中覆盖度草地	0.3
		低覆盖度草地	0.1
水域湿地	0.28	河流	0.1
		湖泊（库）	0.3
		滩涂湿地	0.6

续表

	权重	结构类型	分权重
耕地	0.11	水田	0.6
		旱地	0.4
建设用地	0.04	城镇建设用地	0.3
		农村居民点	0.4
		其他建设用地	0.3
未利用地	0.01	沙地	0.2
		盐碱地	0.3
		裸土地	0.3
		裸岩石砾	0.2

（3）万元 GDP 水耗

根据我国水资源公报，收集 2000 ～ 2008 年的万元 GDP 水耗及各行业用水量比例数据，见表 7–3–7，故指标则选取全国 2000 ～ 2008 年近十年的万元 GDP 水耗的平均值 396m³/ 万元作为标准。

全国万元 GDP 水耗及各用水量比例统计（m³/ 万元）　　表 7–3–7

	万元 GDP 水耗 /m³	农业用水量占总用水量百分比 /%	工业用水量占总用水量百分比 /%	生活用水量占总用水量百分比 /%	河湖湿地人工补水及城镇环境用水
2000	610	68.8	20.7	10.5	—
2001	580	68.6	20.6	10.8	—
2002	537	68.0	20.8	11.2	—
2003	448	64.5	22.1	11.9	1.5
2004	399	64.6	22.2	11.7	1.5
2005	304	63.6	22.8	12.0	1.6
2006	272	63.2	23.2	12.0	1.6
2007	229	61.9	24.2	12.1	1.8
2008	193	62.2	23.7	12.3	1.8
平均值	397	64.0	22.0	12.0	2.0

数据来源：国家水资源公报（2000 ～ 2008）

（4）人均 GDP

根据全面建设小康社会的基本标准（建设部），关于人均国内生产总值的标准 3000 美元，按照美元和人民币 1 ： 8 的兑换比例，将该指标标准定为 24000 元。

（5）恩格尔系数

根据联合国粮农组织提出的标准，恩格尔系数在 59% 以上为贫困，50% ～ 59% 为温饱，40% ～ 50% 为小康，30% ～ 40% 为富裕，低于 30% 为最富裕。结合我国全面建设小康社会的基本标准：恩格尔系数低于 40%，将该标准值定为 40%。

(6) 教育投资比重

刘泽云(2006)根据国际横截面数据和中国时间序列数据对未来我国公共教育投资比例的预测结果，在2020年我国公共教育投资比例达到4.4%～4.5%，而根据联合国教科文组织的统计，1980年以来公共教育投资比例的世界平均水平基本保持在4.8%左右，两者比例基本相当，故将标准定为4.8%。

(7) 生态压力指数、生态占用指数和生态经济协调指数

参照相关研究成果(肖玲，2008；赵先贵，2007；张晶，2008)，根据WWF2004中提供的2001年全球147个国家的生态足迹和生态承载力数据，利用以上公式计算了其标准化的生态压力指数、生态占用指数和生态经济协调指数，制定了其等级划分标准(表7-3-8)。

生态压力指数、生态占用指数和生态经济协调指数的等级划分标准　　表7-3-8

等级	生态压力指数	安全等级	生态占用指数	安全等级	生态经济协调指数	安全等级
1	<0.50	很安全	<0.50	很贫穷	<1.00	协调性很差
2	0.51 ~ 0.8	较安全	0.51 ~ 1.00	较贫穷	1.01 ~ 2.00	协调性较差
3	0.81 ~ 1.0	稍不安全	1.01 ~ 2.00	稍富裕	2.01 ~ 3.00	协调性稍好
4	1.01 ~ 1.5	较不安全	2.01 ~ 3.00	较富裕	3.01 ~ 4.00	协调性较好
5	1.51 ~ 2.0	很不安全	3.01 ~ 4.00	很富裕	4.01 ~ 8.00	协调性很好
6	>2.0	极不安全	>4.00	极富裕	>8.00	协调性极好

(8) 景观格局指数

参考《Fragstats3.3》中相应景观指数的计算方法，结合城镇区域景观格局质量现状划分。

7.3.4 城镇化生态指标风险等级划分

参考指标的标准值，根据城镇的自然与社会经济状况划分出指标的风险等级区间(表7-3-9、表7-3-10)。

城市生态指标风险等级划分(市域尺度)　　表7-3-9

指标名称	警线标准				
	低	较低	中度	较高	高
人口密度(D1)	200	200 ~ 500	500 ~ 600	600 ~ 1000	>1000
人均GDP(D2)	>0.9	0.8 ~ 0.9	0.6 ~ 0.7	0.5 ~ 0.6	<0.5
生态占用指数(D3)	>3.0	2.0 ~ 3.0	1.0 ~ 2.0	0.5 ~ 1.0	<0.50
恩格尔系数(D4)	<40.00	40 ~ 42	42 ~ 45	45 ~ 50	>50
人均耕地面积(D5)	>1.5	1.2 ~ 1.5	0.9 ~ 1.2	0.7 ~ 0.9	<0.7
人均水资源量(D6)	>3000	2500 ~ 3000	2000 ~ 2500	1700 ~ 2000	<1700
城镇人均公共绿地面积(D7)	>12	10 ~ 12	7 ~ 9	4 ~ 7	<4
生态压力指数(D8)	<0.50	0.51 ~ 1.0	1.0 ~ 1.5	1.5 ~ 2.0	>2.0
森林覆盖率(D9)	>45	40 ~ 45	30 ~ 40	20 ~ 30	<20
土壤污染指数(D10)	<250	250 ~ 270	270 ~ 290	290 ~ 310	>310

续表

指标名称	警线标准				
	低	较低	中度	较高	高
地表水水质达标率（D11）	>98	80 ～ 98	60 ～ 80	40 ～ 60	<40 <50
城镇人均建设用地面积（D12）	75 ～ 85	85 ～ 90	90 ～ 100	100 ～ 110	>110
生物丰度指数（D13）	>0.22	0.2 ～ 0.22	0.19 ～ 0.2	0.18 ～ 0.19	<0.18
空气质量优良率（D141）	>90	85 ～ 90	80 ～ 90	70 ～ 80	<70
建成区绿化覆盖率（D15）	>45	40 ～ 45	30 ～ 40	20 ～ 30	<20
集中式饮用水源水质达标率（D16）	100	90 ～ 99	80 ～ 90	70 ～ 80	<70
区域噪声达标区覆盖率（D17）	>98	90 ～ 98	80 ～ 90	70 ～ 80	<70
城镇污水集中处理率（D18）	>80	60 ～ 80	40 ～ 60	20 ～ 40	<20
生活垃圾无害化处理率（D19）	>99	90 ～ 99	80 ～ 90	70 ～ 80	<70
景观形状指数（D20）	<30	35 ～ 30	45 ～ 35	55 ～ 45	>55
蔓延度指数（D21）	>75	75 ～ 70	70 ～ 65	65 ～ 60	<60
香农多样性指数（D22）	>0.7	0.7 ～ 0.6	0.6 ～ 0.55	0.55 ～ 0.5	<0.5
聚集度指数（D23）	>90	90 ～ 85	85 ～ 80	80 ～ 75	<75
清洁能源使用比率（D24）	>50	40 ～ 50	30 ～ 40	20 ～ 30	<20
环保投资比重（D25）	>3.5	2.5 ～ 3.5	1.5 ～ 2	1 ～ 1.5	<1
工业固体废物处置利用率（D26）	>99	90 ～ 99	80 ～ 90	70 ～ 80	<70
公众对环境满意度（D27）	>95	90 ～ 95	80 ～ 90	70 ～ 80	<70
工业用水重复利用率（D28）	>40	35 ～ 40	30 ～ 35	25 ～ 30	<25
第三产业占 GDP 比重（D29）	>70%	50% ～ 70%	30% ～ 50%	20% ～ 30%	<20%
经济生态协调度指数（D30）	>4. 00	3. 0 ～ 4. 0	2. 0 ～ 3. 0	1. 0 ～ 2. 0	<1. 00
单位 GDP 能耗（D31）	<0.9	0.9 ～ 1.5	1.5 ～ 2	2 ～ 2.5	>2.5
单位 GDP 水耗（D32）	<150	150 ～ 250	250 ～ 350	350 ～ 450	>450
单位土地面积 GDP 产出（D33）	>1000	500 ～ 1000	300 ～ 500	200 ～ 300	<200
教育投资比重（D34）	>5	4.5 ～ 5	4 ～ 4.5	40241	<3

城市生态指标风险等级划分（镇域尺度） **表 7–3–10**

类别		指标名称	单位	低	较低	中度	较高	高
城镇化综合生态风险 A_2	城镇系统压力 E1	人口密度（F1）	人 /km²	200	200 ～ 500	500 ～ 600	600 ～ 1000	>1000
		人均 GDP（F2）	万元 / 人	>0.7	0.6 ～ 0.7	0.5 ～ 0.6	0.4 ～ 0.5	<0.5
		人均耕地面积（F3）	m²/ 人	>10000	8000 ～ 10000	6000 ～ 8000	5000 ～ 6000	<5000
		人均年供水量（F4）	万立方米 / 人 · 年	>3	2.5 ～ 3	2 ～ 2.5	1.7 ～ 2	<1.7
		土壤侵蚀（F5）	吨 / 平方千米 · 年	<500	500 ～ 2500	2500 ～ 5000	5000 ～ 8000	>8000
	城镇系统状态 E2	森林覆盖率（F6）	%	>45	40 ～ 45	30 ～ 40	20 ～ 30	<20
		人均建设用地面积（F7）	m²/ 人	75 ～ 85	77 ～ 75	60 ～ 70	50 ～ 60	50~110
		生物丰富度指数（F8）	—	>0.22	0.2 ～ 0.22	0.19 ～ 0.2	0.18 ～ 0.19	<0.18
		生态系统服务价值（F9）	元 / m²	>8	6 ～ 8	4 ～ 6	2 ～ 4	<2
		植被覆盖度（F10）	%	>25%	25 ～ 20	20 ～ 15	15 ～ 10	<10%
	城镇系统响应 E3	生活垃圾处理率（F11）	%	>90	70 ～ 90	50 ～ 70	30 ～ 50	<30
		污水处理率（F12）	%	>80	60 ～ 80	40 ～ 60	20 ～ 40	<20

7.4 城镇生态风险预警与分析

7.4.1 城市生态风险指标提取与量化

7.4.1.1 空间信息技术与城镇化研究

在城镇化研究中引入先进的理论和方法，以先进的空间信息技术拓宽城镇生态规划编制手段具有极其重要的意义。RS 技术具有快速、实时、客观的优势，它能提供多波段、多时相、不同分辨率的大范围信息；GIS 技术除了具备机助制图功能，更重要的是它具有对地理空间数据的强大分析、处理功能。利用 GIS 和 RS 等空间信息技术手段完善城镇体系已经成为必然的选择。随着空间信息技术的不断进步和应用的不断深入，在城镇化发展领域研究中逐渐发挥了越来越重要的作用。结合空间信息技术对城镇化过程进行动态监测，不仅能及时准确地提供土地利用现状信息，而且能够根据多个时相的影像叠加处理，从宏观和微观两方面观察土地利用在结构、比例、类型等方面的变化过程。

利用空间信息技术可以对城镇化扩张进行监测和历史变迁分析，从而判断其发展速度及其景观格局的动态变化过程。城镇化扩张在土地利用上表现为将原来用于农业用途的土地或是保持自然特征的土地转变为城镇化用地，包括工业用地、交通用地、居住用地、绿化用地、基础设施用地等。这种土地利用的转变特征，可以在不同时期遥感影像上得以反映。为了能够将这种变化定量化研究，可以将遥感影像进行匹配校正，对其进行数字化解译，获取相应的面积值，从而对其扩张速度进行判断。

7.4.1.2 基于遥感影像的指标提取

基于遥感影像的指标可以分为基础地理信息和专题空间信息两部分。由基础地理信息获取生态分析指标，制作的分析图包括：高程图，土壤类型图，坡度图，坡向图和行政区划等。专题空间信息则是在遥感影像解译的基础上，提取土地利用、水资源、地质条件区划等专题信息，采用不同方法分别采集相应的风险指标。

例如某城市土地利用信息的提取：

分别用同季相的较高空间分辨率影像（2001 年的夏季 TM 影像及 2007 年夏季 SPOT 影像）提取两期土地利用变化监测信息，对两期影像进行解译（图 7-4-1），通过土地利用空间转移矩阵分析期间各种土地类型的面积变化（表 7-4-1）。

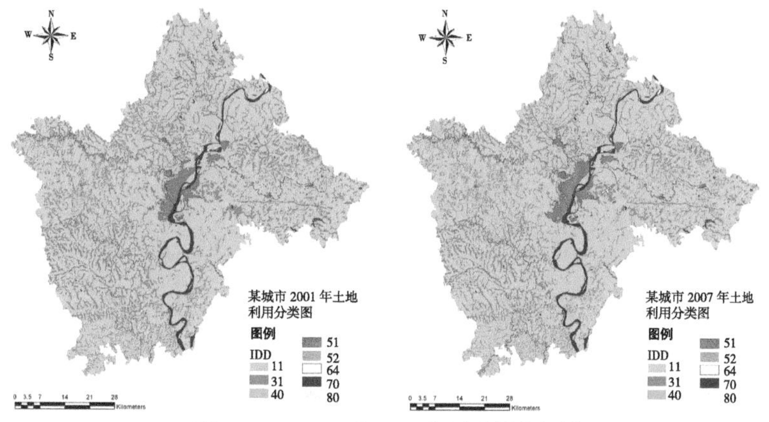

图 7-4-1 2001 和 2007 年遥感影像解译

2001 ~ 2007 年土地利用转移矩阵（单位：hm^2）　表 7–4–1

	耕地	林地	草地	城镇建设用地	农村居民点	机场	水域	裸地	2007 年合计
耕地	207759	530.1	0	53.73	14.85	0	26.91	0.54	208385.46
林地	662.31	24287.85	0	9.09	0.0900	0	0	0	24959.34
草地	1.5300	0	39.87	0	0	0	0	0	414000
城镇建设用地	765.09	2.79	0	4770.54	0	0	0	0.18	5538.60
农村居民点	83.880	0	0	0	259.65	0	0	0	343.53
机场	107.46	3.24	0	0	0	0	0	0	110.70
水域	137.79	68.49	0	0.27	0.63	0	6643.26	0.99	6851.43
裸地	0.9000	0	0	0	0	0	0.6300	272.25	273.78
2001 年合计	209518.29	24892.47	39.87	4833.63	275.22	0	6670.80	273.96	246504.24

7.4.1.3　基于统计资料的指标提取

市域统计数据来源于某城市规划局、发改委、国土局、环保局、建设局、林业局、农业局、园林局等部门，将调研收集到的第一手资料经过系统整理、筛选与编辑，划分为以下 7 类：综合类数据 11 项；人口类数据 64 项；土地类数据 6 项；生态类数据 23 项；经济类数据 21 项；社会保障类 6 项；基础设施类 7 项。以综合类数据为例，见表 7–4–2。

某城市统计资料列表与来源　表 7–4–2

数据类别	编号	数据名称	年份	空间尺度	数据来源（部门）
综合类 1（共 11 项）	1–01	城市总规文本、说明书、专题报告汇编、CAD 图纸	2001 年	市	规划局
	1–02	城市总规文本、说明书、专题报告汇编、CAD 图纸、大纲	2001 年	市	规划局
	1–03	城区规划（实施）新		市	国土局
	1–04	城市 2007 年缩编 10 万成果	2007 年	市	国土局
	1–05	城市 1 ：25000 规划图		市	国土局
	1–06	城市近期建设规划（2005-2010）文本、图纸		市	城市城乡规划设计研究院
	1–07	城市市域城镇体系规划文本、图纸	2003 年	市	四川省城乡规划设计研究院
	1–08	城市“十一五”规划		市	
	1–09	顺庆区潆华工业区控制性详细规划规划文本图纸		工业区	
	1–10	潆溪镇地图		镇	
	1–11	卫片			

镇域统计数据。以镇为地域空间的基本单元划分研究区，充分发挥 GIS 的空间分析优势，统计环境污染和环境治理相关的数据，形成从 2001 到 2007 年人口密度、人均 GDP（图 7–4–2）、森林覆盖率、人均建设用地面积、人均年供水量、人均耕地面积等专题分析图。

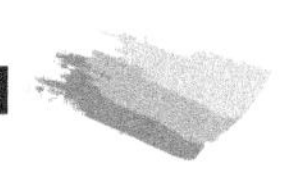

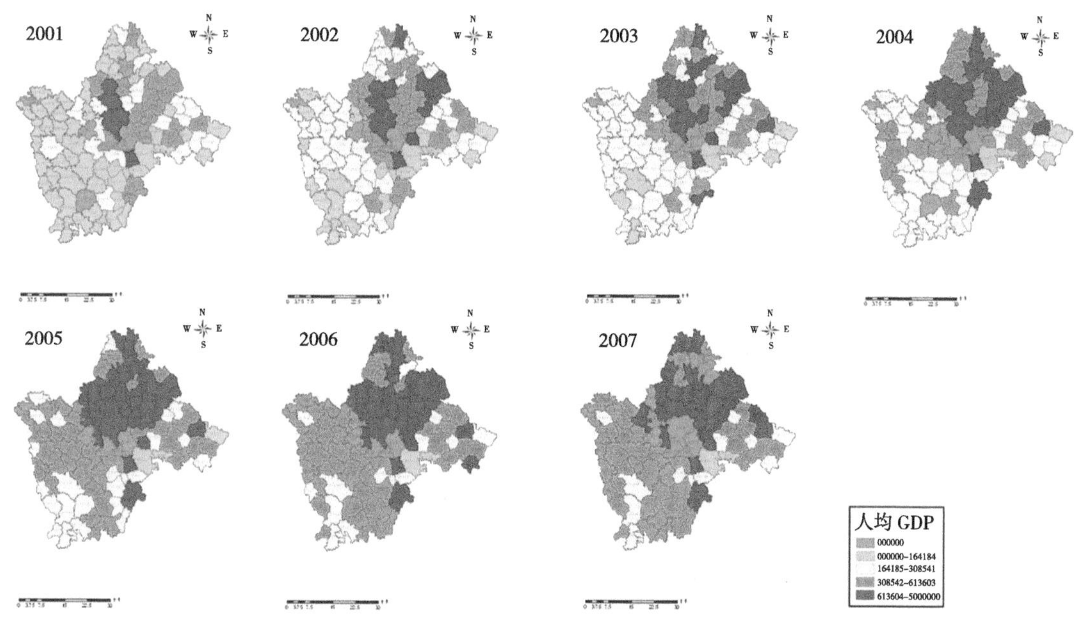

图 7-4-2 某城市镇域人均 GDP 分析

7.4.1.4 综合指标的计算量化

在预警指标体系中，采用了一些综合指标，本身就需要进行较复杂的计算，如生态压力指数、生态占用指数与生态经济协调度指数，是在生态足迹与生态承载力计算结果的基础上得到的；生态系统服务价值、植被覆盖度、土壤侵蚀与生物丰富度等指标需要通过遥感影像提取的空间信息再利用相关计算模型得到；衡量景观格局质量选用的景观形状指数、香农多样性指数、聚集度指数和蔓延度指数是采用了 CLUE-S 模型预测中的"普通城市规划预案"模拟结果（可以通过 FRAGSTATS 3.3 软件计算得到的）。

（1）基于生态足迹的指标量化

运用生态足迹的理论和计算方法，以某城市统计年鉴（2004 ~ 2008）、城市农村经济年鉴（2001 ~ 2007）为主要数据来源，对城市 2004 ~ 2007 年来的生态足迹进行了计算。通过生态足迹、生态承载力的计算，获取生态压力指数、生态占用指数和生态经济协调指数三项指标。

1）生态足迹计算：各种资源和能源消费项目被折算为耕地、牧草地、林地、建筑用地、海洋（水域）和化石能源地 6 种生物生产性土地面积类型，这 6 类土地代表了相互排斥的土地用途（Wackernagel & Rees，1996；顾晓薇等，2004）。由于这 6 类生物生产面积的生态生产力不同，要将这些生物生产面积转化为具有相同生态生产力的面积，进而计算生态足迹和生态承载力（Wackernagel & Rees，1997；Bieknell et al.，1998；Haberl et al.，2001）。

2）生态承载力计算：不同国家或地区同类生物生产面积所代表的局部产量与世界平均产量的差异可用"产量因子"（Yield Factor）表示（Wackernagel et al.，1999）。产量因子是某个国家或地区某种类型土地的平均生产力与世界同类土地平均生产力的比率。

根据世界环境与发展委员会（WCED）的建议，扣除12%的生物多样性保护面积（Wackernagel et al.，1999；顾晓薇等，2004），即得到可利用的人均生态承载力。

由计算结果可以看出：人口集聚规模不断扩展的城市人均生态足迹逐年增加，而人均可利用生态承载力呈先升后降、总体降低的趋势；人均生态足迹明显大于其相应的人均可利用生态承载力。说明研究区的生态负荷已严重超过了其生态容量，现有的区域发展模式是不可持续的。

3）生态压力指数（Ecological Tension Index）：在生态足迹原理的基础上，赵先贵提出了生态压力指数概念（赵先贵等，2007）。生态压力指数为某一国家或地区人均生态足迹与生态承载力的比率，该指数代表了区域生态环境的承压程度。

4）生态占用指数（Ecological Occupancy Index）：为某一国家或地区人均生态足迹与全球人均生态足迹的比率，该指数反映了一个国家或地区占全球生态足迹的份额，代表了社会经济发展的程度和人均消费水平。

5）生态经济协调指数（Ecological Economic Coordination Index）：为生态占用指数与标准化的生态压力指数的比率，该指数代表了区域社会经济发展与生态环境的协调性（表7–4–3）。

某城市2004～2007年生态压力指数、生态占用指数和
生态经济协调指数计算结果　　表7–4–3

指标	评价结果	年份			
		2004	2005	2006	2007
生态压力指数 SETI	指数	5.53	5.85	5.99	6.26
	等级划分	极不安全	极不安全	极不安全	极不安全
生态占用指数 EOI	指数	1.13	1.20	1.22	1.28
	等级划分	稍富裕	稍富裕	稍富裕	稍富裕
生态经济协调指数 EECI	指数	0.2	0.2	0.2	0.2
	等级划分	协调性很差	协调性很差	协调性很差	协调性很差

（2）生态系统服务价值量化

生态系统服务功能是指生态系统与生态过程中所形成及所维持的人类赖以生存的自然环境条件和效用，是自然生态系统及其过程所提供的能够满足和维持人类生存需要的条件和过程（Daily等，1997）。生态系统可提供大气调节、气候调节、干扰调节、水分调节等17项服务功能。

（3）NDVI与植被覆盖度量化

植被对一个区域的气候、地形、地貌、土壤、水文等条件的改变最为敏感，因此研究植被覆盖度的变化对于了解该区域的生态环境变化具有重要的现实意义。采用遥感量测法可以快速地、大范围地提取植被信息。遥感量测法即利用遥感技术提取研究区的植被光谱信息，再将其与植被覆盖度建立相关关系，进而获得植被覆盖度。归一化植被指数（the Nor–malized Difference Vegetation

Index，*NDVI*）是反映研究区生态环境与资源状态的指标。

（4）土壤侵蚀量化

土壤侵蚀是地形、土壤、植被、降雨、土地利用等多因素综合作用的结果，是导致土地退化及其生态环境恶化的重要原因之一。

（5）生物丰富度量化

生物丰富度是物种多样性测度指数之一，它主要是测定一定空间范围内的物种数目以表达生物的丰富程度。

（6）景观格局指数量化

采用景观模型（CLUE-S）可以对城市的空间格局变化趋势进行预测，提取景观指数作为反映空间格局风险的预警指标，从景观水平反映城镇化中的系统风险状态。景观指数能够有效地反映研究区景观的整体格局变化情况，高度浓缩景观格局信息，并反映其结构组成和空间配置等方面的特征。

参照《FRAGSTATS 3.3 操作手册》，各指数的计算方法和生态意义如下。

1）景观形状指数（*LSI*）：为景观单元特征指数，通过计算某一斑块形状与相同面积的圆或正方形之间的偏离程度来测量其形状复杂程度。景观中所有斑块边界的总长度，除以景观面积的平方根，再乘以正方形校正常数 0.25。

2）香农多样性指数（*SHDI*）：能反映景观异质性，是斑块的丰富度和面积分布均匀程度的综合反映。

3）蔓延度指数（*CONTAG*）：包含空间信息，在景观生态学中得到广泛应用，用于描述景观中不同生态系统的团聚程度。

4）聚集度指数（*AI*）：衡量斑块类型的聚集程度，可以反映景观组分的空间配置特征。取值范围为 $0 \leqslant AI \leqslant 100$，相同类型斑块的聚集程度越大，其值越大，当 AI=100 时，表明该斑块聚集成为一个单一而紧密的斑块。

7.4.1.5　城市生态风险指标量化结果

通过以上工作，我们可以取得各指标量化结果，见表 7-4-4。

某城市生态风险指标量化结果（2000 ~ 2007 年）　　表 7-4-4

指标名称	2000	2001	2002	2003	2004	2005	2006	2007
人口密度（D1）	568	570	574	578	581	584	588	594.68
人均 GDP（D2）	2496	2818	3065	3488	4237	4599	5402	6847
生态占用指数（D3）	0.92	0.98	1.04	1.1	1.13	1.2	1.22	1.28
恩格尔系数（D4）	40	40	38.9	40.2	45.2	43.6	38.7	46.6
人均耕地面积（D5）	6	8	10	12	12.44	30	51.5	48.9
人均水资源量（D6）	481	506	396	416	567	605	789	531
城镇人均公共绿地面积（D7）	1	0.91	6	9.04	7.72	8.6	8.54	7.7
生态压力指数（D8）	4.41	4.67	4.94	5.23	5.53	5.85	5.99	6.26
森林覆盖率（D9）	28.5	29.5	30.6	31.6	33.2	33.9	34.4	35.6
土壤污染指数（D10）	231	252	270	248	242	296	311	405
地表水水质达标率（D11）	8	10	8	10	10	9	10	10
城镇人均建设用地面积（D12）	73.6	79.59	80.77	75	74.74	78.45	83.6	88.74

续表

指标名称	2000	2001	2002	2003	2004	2005	2006	2007
生物丰度指数（D13）	0.190	0.192	0.194	0.196	0.198	0.199	0.199	0.200
空气质量优良率（D141）	80	82	84	86	88	90	91.72	96.18
建成区绿化覆盖率（D15）	14.34	14.88	16	32.13	32.81	34.8	38.51	36.92
集中式饮用水源水质达标率（D16）	88	89	88	88	88	90	91.67	92
区域噪声达标区覆盖率（D17）	85	86	87	85	86	87	88	85
城镇污水集中处理率（D18）	6	8	10	12	12.44	30	51.5	48.9
生活垃圾无害化处理率（D19）	70	72	73	75	80	88.5	81.9	86.95
景观形状指数（D20）	36.41	36.58	36.74	36.89	37.19	37.3	37.51	37.764
蔓延度指数（D21）	66.87	66.64	66.48	66.22	66.04	65.95	65.88	65.83
香农多样性指数（D22）	0.54	0.55	0.55	0.55	0.55	0.56	0.56	0.56
聚集度指数（D23）	86.18	86.09	85.88	85.74	85.67	85.59	85.57	85.5
清洁能源使用比率（D24）	50	51	52	53	54	55	57.96	57
环保投资比重（D25）	1.4	1.3	1.1	1	0.95	0.9	0.8	0.8
工业固体废物处置利用率（D26）	97.02	97	98	99	97.86	98.57	99.47	99.53
公众对环境满意度（D27）	75	78	79	80	85	96	84.93	57.76
工业用水重复利用率（D28）	20	22	24	26	27.6	40.23	41.15	41.02
第三产业占 GDP 比重（D29）	36.4	37.1	38.2	38.5	36.4	34.3	33.2	30.1
经济生态协调度指数（D30）	0.2	0.2	0.2	0.2	0.2	0.2	0.2	0.2
单位 GDP 能耗（D31）	2.82	2.6	2.4	2.2	2	1.53	1.14	1.09
单位 GDP 水耗（D32）	503	455	411	367	307	286	246	240
单位土地面积 GDP 产出（D33）	141.67	160.08	175.28	200.35	245.79	268.34	317.32	406.7
教育投资比重（D34）	4.8	4.2	4	3.8	3.25	3.2	3.4	3.34

7.4.2 城市生态（景观）格局动态变化模拟预测

利用 CLUE-S 模型，对城市土地利用变化进行模拟，通过空间预测提取城市景观格局中的风险指标，作为指标预警体系的补充。同时，基于城市不同发展模式的选择，结合城镇用地扩展规模，制定三种发展预案，比较不同预案下的景观格局指数及其对城市综合生态风险的影响，通过多方案比较为城市选择合理的发展模式，并为制定风险调控与城市生态格局优化策略提供依据。

7.4.2.1 CLUE-S 模型介绍

CLUE（The Conversion of Land Use and Its Effects）模型是由荷兰瓦格宁根（Wageningen）大学的 Veldcamp 等于 1996 年提出的，用来经验地定量模拟土地覆被空间分布与其影响因素之间关系的模型（Veldcamp et al., 1996b）。起初该模型主要是用以模拟国家和大洲尺度上的 LUCC，并在中美洲（Kok and Winograd, 2002）、中国（Verburg and Chen, 2000）、印度尼西亚的爪哇（Verburg et al., 1999）等地区得到了成功应用。由于空间尺度上较大，模型的分辨率很粗糙，每个网格内的土地利用类型由其相对比例代表。而在面对较小尺度的 LUCC 研究中，由于分辨率变得更加精细，致使 CLUE 模型不能直接应用。因此在原有模型的基

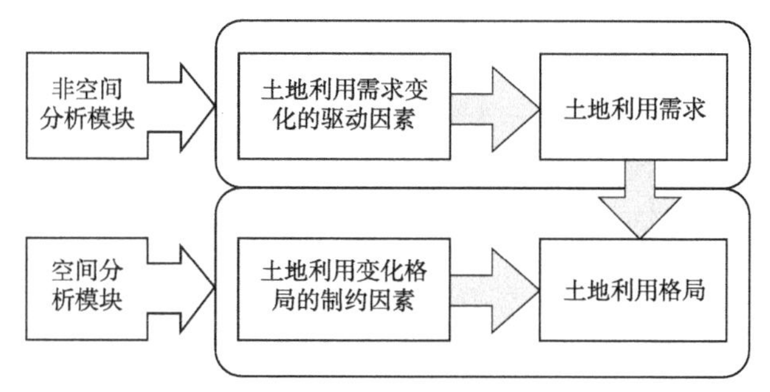

图 7-4-3 CLUE-S 模型流程示意

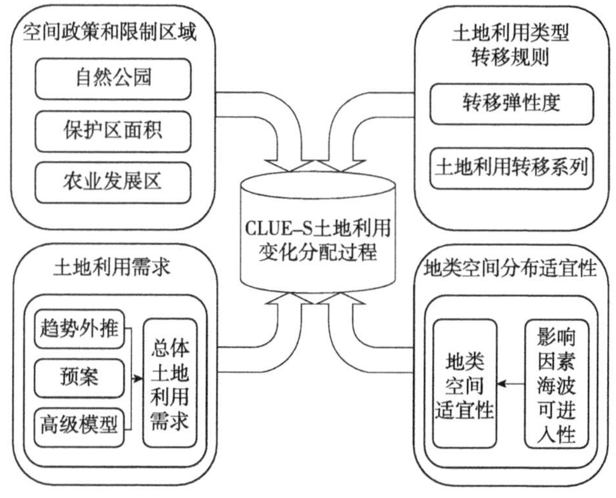

图 7-4-4 CLUE-S 模型信息流示意

础上，Verburg 等于 2002 年对 CLUE 模型进行了改进，提出了适用于区域尺度 LUCC 研究的 CLUE-S（The Conversion of Land Use and Its Effects at Small Regional Extent）模型（Verburg，2002）。2002 年 10 月发布了 CLUE-S 2.1 版，目前最新版本为 2.4。近年来，我国一些学者开始尝试运用这一模型来研究我国一些地区的土地利用／覆被变化（张永民等，2003；段增强等，2004；陈佑启，Verburg P H，2000a，2000b；摆万奇等，2005；刘淼，2007；彭建，蔡运龙，2008）。

CLUE-S 模型分为两个模块（图 7-4-3），即非空间需求模块（或称非空间分析模块）和空间分配过程模块（或称空间分析模块）。非空间需求模块计算研究区每年所有土地利用类型的需求面积变化；空间分配过程模块以非空间需求模块计算结果作为输入数据，基于栅格为基础系统，根据模型规划对每年各种土地利用类型的需求进行空间分配，得到景观变化的空间模型。

模型需要输入的主要参数包括四个方面：空间政策和限制区域、土地利用需求、土地利用类型转移规则和地类空间分布适宜性（图 7-4-4）。

7.4.2.2 模拟方法

（1）数据准备

2001 和 2007 年两期景观类型图的分类系统为：耕地、林地、草地、城区、农村居民点、工矿用地、机场码头、水域、裸地，共 9 种类型。但是由于 CLUE-S 模型面积比例的限制，研究中对分类系统进行了调整，整合为 4 类：耕地、林地、城区（不包括城镇和农村居民点）和其他（包括水域、草地和其他类型）。根据二期景观类型图进行 CLUE-S 模型的校正。

（2）方案设定

某城市 2002 年制定了《城市总体规划（2001—2020）》，对近期与中远期的人口与城市规模做出部署。由于近年城镇化进程加快，于 2008 年提出了“特大城市发展战略”，按照特大城市规模，进一步扩大了城市人口与用地指标，预测参照以上两次规划分别设计了“城市规划预案”与“特大城市预案”，还设计了基于生态保护优先，发展小城镇，限制城区发展的“风险调控预案”。

根据 2001 和 2007 年的土地利用数据对其插值，归纳出城市土地利用的变化规律，据此对上述三个规划预案规划末期土地需求进行逐年测算，得到 2008 到 2020 各个年份土地利用数据（表 7-4-5）。

"城市规划预案"下的土地需求（hm^2）　　表 7–4–5

	耕地	林地	城镇	其他
2008	207190	24623	5982	7100
2009	207511	24169	6085	7130
2010	206896	24642	6190	7167
2011	206774	24623	6296	7202
2012	206687	24576	6405	7227
2013	206556	24567	6515	7257
2014	206409	24569	6627	7290
2015	206293	24562	6741	7299
2016	206179	24552	6857	7307
2017	206055	24543	6975	7321
2018	205930	24542	7096	7327
2019	205807	24543	7218	7327
2020	205681	24536	7342	7336

（3）转化强度设定

土地利用类型转化的稳定性（即 ELAS 参数）是指在一定时期内，研究区内某种土地利用类型可能转化为其他土地利用类型的难易程度，是根据区域土地利用系统中不同土地利用类型变化的历史情况以及未来土地利用规划的实际情况而设置的，其值越大，稳定性越高。需要说明的是，稳定性参数的设置主要依靠对研究区土地利用变化的理解与以往的知识经验，当然也可以在模型检验的过程中进行调试（表 7–4–6）。

ELAS 参数设置　　表 7–4–6

土地利用类型	参数
耕地	0.9
林地	0.9
草地	0.9
建设用地	0.8
水域	0.6

在 CLUE–S 模型中，要求输入各种土地利用类型之间的允许转移矩阵，所有的土地利用类型之间均可以转化。

7.4.2.3　模拟预测结果

应用 2007 年的土地利用图（ASCII 格式），应用上述的面积需求、空间驱动因子和参数、ELAS 参数和转化规划矩阵在三个预案下分别对 2008 到 2020 年的土地利用变化进行模拟（图 7–4–5）。

（1）面积变化分析

从模拟结果可以看出（图 7–4–6），林地面积在"城市规划预案"和"特大城市预案"中下降，在"风险调控预案"中呈上升趋势；其他三种用地的变

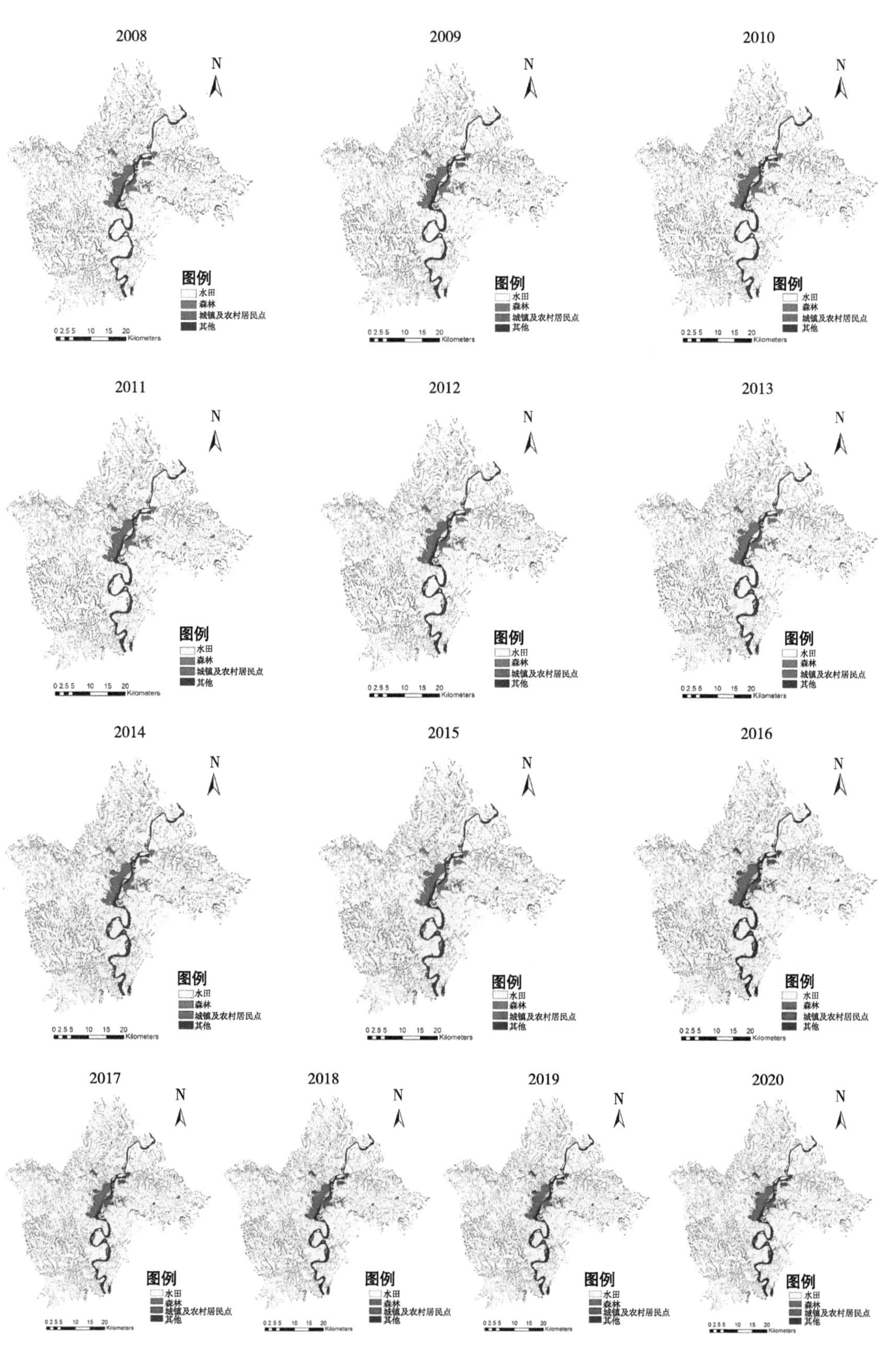

图 7-4-5　“城市规划预案”下 2008 ~ 2020 年的模拟结果

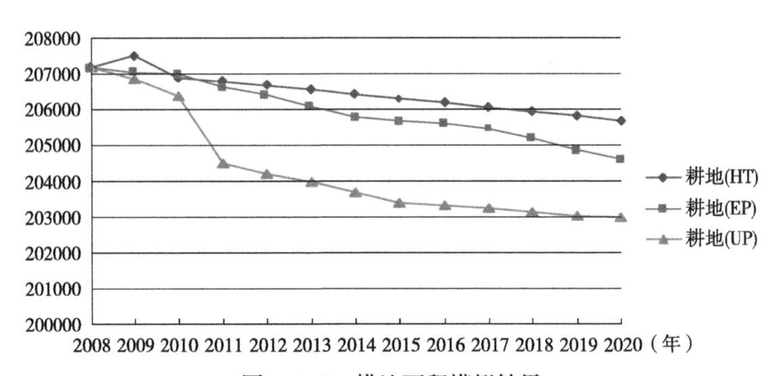

图 7-4-6　耕地面积模拟结果

注：HT 代表城市规划预案；EP 代表生态保护预案；UP 代表特大城市预案（下文同）

化趋势是相似的，只是变化的幅度存在一定的差异。

耕地在三种预案下面积均不断下降，在“城市规划预案”中下降幅度最小，在“风险调控预案”下次之，在“特大城市预案”下下降幅度最大，这是因为《城市总体规划（2001—2020）》中也对耕地提出了一定的保护限制开发措施；城市用地在“特大城市预案”中上升最快，“城市规划预案”下次之，在“风险调控预案”下上升最慢，是因为在该预案下，以发展小城镇模式取代了城市集中扩展，所以城市用地得以控制在一定范围内。

（2）生态景观格局变化

景观指数能够反映研究区的整体变化情况，特别是反映景观的破碎化程度和多样性的变化。根据各景观指数的生态学意义和实用性（邬建国，2000；李秀珍等，2004），选取景观形状指数（*LSI*）、香农多样性指数（*SHDI*）、聚集度指数（*AI*）、蔓延度指数（*CONTAG*），分析结果如图 7-4-7 ～图 7-4-10 所示。

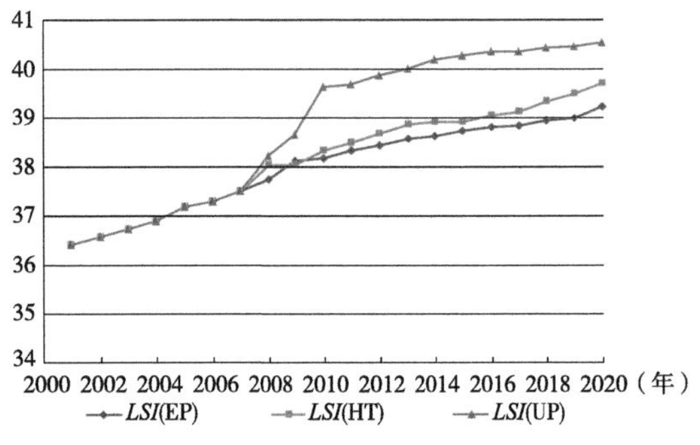

图 7-4-7　景观形状指数计算结果

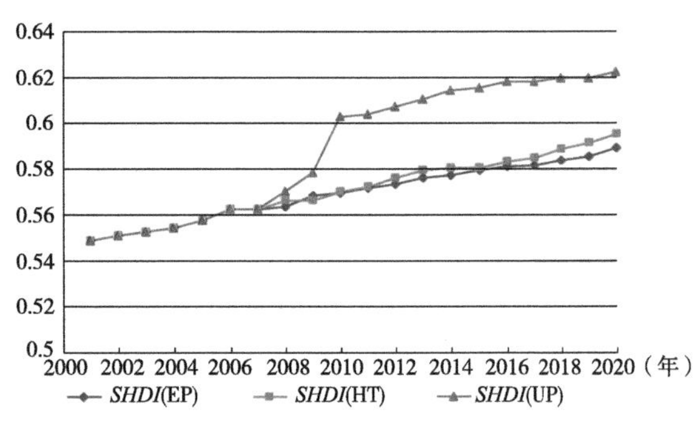

图 7-4-8　香农多样性指数计算结果

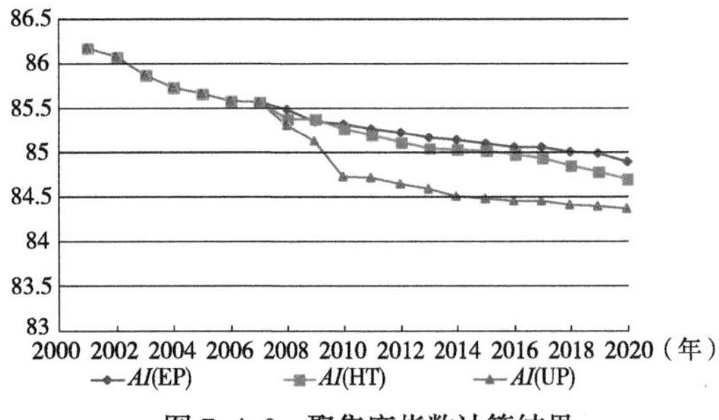

图 7-4-9　聚集度指数计算结果

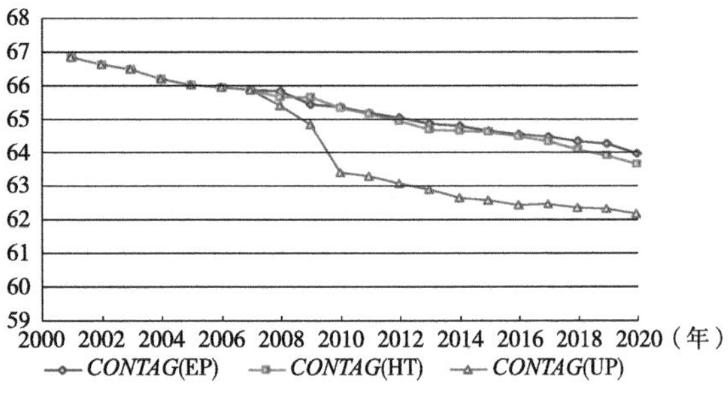

图 7-4-10　蔓延度指数计算结果

三个预案下，该城市景观形状指数均呈上升趋势，且城市开发强度越大其指数上升越明显，说明人类干扰使整体景观形状更加不规则化，增加了景观的破碎化程度。香农多样性指数同样呈上升趋势，表明城市的各种土地利用类型更加丰富，面积有趋于平均的趋势，这是由于建设用地上升导致的，在建设用地规划和审批中应特别注意减少对林地的占用。聚集度指数较高且不断下降，说明在规划土地利用方式中少数景观在整体景观中的优势程度变弱。景观蔓延度指数的变化趋势同聚集度指数一样，说明了该城市景观的连通性在逐年下降，生态网络作用不断弱化。

从景观指数的分析中可以看出，该城市在城镇化发展中，景观破碎化程度加大、景观形状趋于复杂，景观类型更加丰富，连通性呈降低趋势。人为干扰和地形结构是城市景观格局变化的主要原因，由于人口与城市用地激增，人类活动对景观结构影响的强度日益增大，致使研究区景观破碎化程度较高。该城市不合理的景观格局在一定程度上影响了生态安全，是当地生态环境恶化的主要原因之一。

7.4.3 城市生态风险预警方法

7.4.3.1 预警方法选择

当前，用于区域生态安全预警的方法可分为五类：黑色预警方法、红色预警方法、黄色预警方法、绿色预警方法和白色预警方法，每一种预警方法都有一套基本完整的预警程序，只是在具体应用方面有所区别（黄辉，2002；王慧敏，1994）。①黑色预警方法是通过对某一具有代表性指标的时间序列变化规律分析预警。②黄色预警方法是根据警情预报的警度，由因到果逐渐预警的过程，是目前最常用的预警分析方法，操作起来具体可分为指数预警、统计预警和模型预警三种。③红色预警方法是一种环境社会分析方法，特点是重视定性分析，对影响生态环境的有利因素和不利因素进行全面分析，然后进行不同时期的对比研究，最后结合专家学者的经验进行预警。④绿色预警方法通常借助遥感技术测得研究趋于生长、变化的情况，从而进行生长、变化趋势预警。⑤白色预警方法需对产生警情的原因十分了解，对警情指标采用计量技术进行预测，目前采用这种方法比较少，还处于探索阶段。

城镇生态风险预警采用了红色预警与绿色预警相结合的方法，针对城镇生态系统的复合性，借助定量分析方法对社会、经济、人文等因素进行评价，而对于生态自然因素，则尽量采用遥感监测等技术手段。注重将空间信息与数据指标相互结合，以便使预警结果落实于空间，为城市规划与建设提供直观成果，预警方法路线如图 7–4–11 所示。

7.4.3.2 预警过程

（1）指标权重确定

确定权重的方法有多种，运用定性与定量综合集成方法来确定权重，即采用 AHP 法、结合专家咨询，确定项目层、因素层、指标层各指标的权重如下。

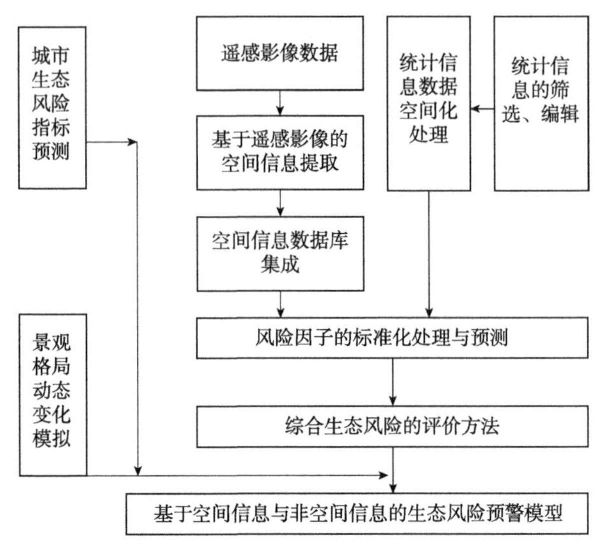

图 7-4-11　城镇生态预警方法技术路线

例如：镇域尺度

目标层：A2

项目层：E1（0.40），E2（0.40），E3（0.20）

指标层：F1（0.2）F2（0.2）F3（0.2）F4（0.2）F5（0.2）F6（0.2）F7（0.2）F8（0.2）F9（0.2）F10（0.2）F11（0.5）F12（0.5）

（2）指标预测方法

灰色 GM（1，1）预测模型

灰色系统预测理论所建立的数学模型主要是 GM（1，1）模型。它是一个近似的差分微分方程模型，具有微分、差分、指数兼容的性质。它将系统看成一个随时间变化而变化的函数，在建模时，不需要大量数据的支持，也不需要数据服从典型的概率分布就能够取得较好的预测效果，达到较高的拟合和预测精度。灰色 GM（1，1）模型法由于具有所需数据少、计算量小的优点而得到了广泛的应用。部分信息已知、部分信息未知的系统称为灰色系统，灰色系统理论广泛地应用于经济、农业、电力等研究领域。

（3）数据标准化处理

由于获取的各个指标的量纲不统一，需先对指标因子进行标准化处理，将所有的指标值都转化为 0 ~ 1 之间，本书用生态风险指数来表示。生态风险指数值表示评价对象的现状与风险状态的符合程度。风险指数越接近 1，城市生态风险越高；该值越接近 0，城市生态安全状况越好。

（4）综合评价计算方法

对风险综合指数采取逐级计算累计加权的方法，最终的生态风险综合指数 Z 计算公式为：

$$Z=\sum_{i=1}^{n} W_i h_i \tag{7-2}$$

在模型中，Z 为生态风险综合指数，其值在 0 ~ 1 之间。W_i 为第 i 项指标

的风险度标准值，h_i 为第 i 个指标的权重，n 为评价指标的个数。

根据生态风险预警的指标风险等级（表 7–3–9）中设定的临界值，将指标数值按归一化公式进行标准化，得到标准化的警线标准见表 7–4–7。将计算得出的综合指数值对照表 7–4–7，即可计算出研究区综合生态风险预警指数。

标准化警线　　表 7–4–7

警线	$0 \leqslant Z \leqslant 0.2$	$0.2<Z \leqslant 0.4$	$0.4<Z \leqslant 0.6$	$0.6<Z \leqslant 0.8$	$0.8<Z \leqslant 1$
警情	无警	轻警	中警	重警	巨警
预警信号	绿色	蓝色	黄色	橙色	红色

7.4.3.3　预警结果

（1）指标预警结果

应用同样方法对生态风险现状进行了评价，分别对 2000 ～ 2007 年以及 2008 ～ 2020 年生态风险综合指数图（图 7–4–12、图 7–4–13），进行分析。

2000 ～ 2007 年城镇化进程中，某城市综合生态风险始终处于较高水平（重警状态），但风险指数有所降低，由 0.7596 降低至 0.6518。系统压力折线总体呈降低趋势，风险指数是各分项中最高的，由 0.8800 降低为 0.8120，均处于巨警状态，这也反映出综合风险较高的原因主要是人类活动给资源环境造成巨大压力的事实；系统响应风险指数降低幅度最大，由 0.7540 降至 0.5300，从 2004 年起降低幅度加大；系统状态折线变化趋势较为平缓，风险指数逐渐降低，由 0.6440 降低至 0.5960。

从 2008 ～ 2020 年的预测情况来看，综合生态风险指数继续降低，由重警降低至中警区间，降低幅度减小，折线趋于平缓；系统压力在 2008 年至 2012 年间有所降低，但在 2012 ～ 2020 年保持不变，指数始终为 0.7280，人工的调节作用在达到阈值后，无法再降低城市给生态系统造成的资源与环境压力；系统状态与系统响应均有所降低，但折线变化规律趋于平缓。

通过风险指数折线的变化规律，分析该城市风险状况与动因。从城市自身的发展条件来讲，大部分自然资源缺乏，如水资源、耕地资源、矿产资源；少量资源存量略丰，但是因人口基数过大而表现出相对稀缺性，如森林资源、生物资源；地势以丘陵为主，地表植被覆盖率低，水土流失严重，土地侵蚀严重。气象灾害较多，对农业影响严重。可见自然资源导向型的城镇化发展模式不适

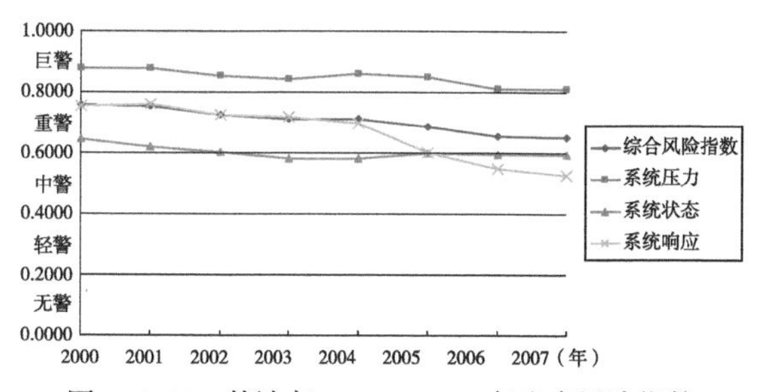

图 7–4–12　某城市 2000 ～ 2007 年生态风险指数

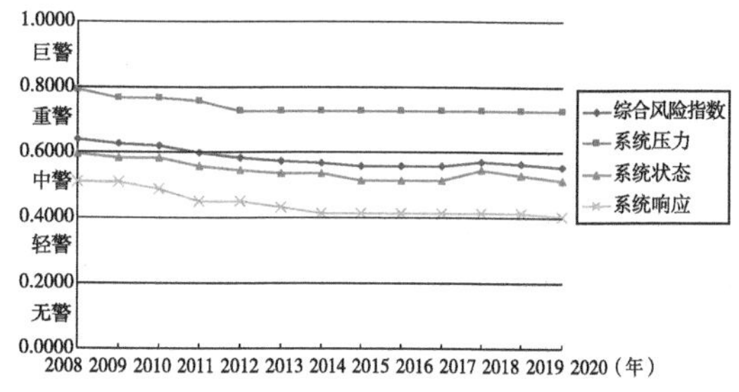

图 7–4–13　某城市 2008 ～ 2020 年生态风险指数

宜于该市的发展。

城市环境问题体现在两方面。一是城镇化土地扩展过程中造成的，大量树木被砍伐，山林被开发，坡地被推平，导致植被严重破坏，空气、水体遭受污染、水土流失，使生态环境受到严重的影响，并进而对农民庄稼造成直接或间接的污染和损害。二是由于旧城镇体系的基础设施不完善以及布局不合理，具有千百年历史的老城区规划相对滞后，其功能布局与街道分布不合理。城市文化娱乐业的快速发展以及机动车数量的增长，城市建筑施工噪声、文化娱乐噪声和交通噪声污染日趋严重；城区较多餐馆开办在居民住宅楼下，餐饮业油烟污染严重，不符合环保要求；城区燃煤现象较多，使城市空气受到严重的污染。

社会经济条件基础较差，从外部条件来看，由于区位不具有优势，使其失去了大规模利用外来资金、技术、信息和物质的能力和机会；从支撑传统发展模式的因素来看，几乎没有一种要素具有优势，所以该城市发展滞后成为多年来困扰人们的难题。依靠资源密集型和劳动密集型的增长模式，技术含量低，主要是提供原料型的生产，更加大了对资源的需求，随之而来的后果是生态环境遭到严重破坏。1998 年长江的特大洪水，与其所处的长江上游的生态环境破坏有直接关系。

（2）空间分布预警结果

以镇为地理空间单元，借助空间信息技术，基于解译的遥感影像提取相应指标，由于乡镇统计数据的限制性，对预警指标进一步进行了筛选，按照镇域尺度的风险指标体系（表 7–3–10）对市辖三区的 92 个镇（包括市内三区）进行预警（图 7–4–14）。

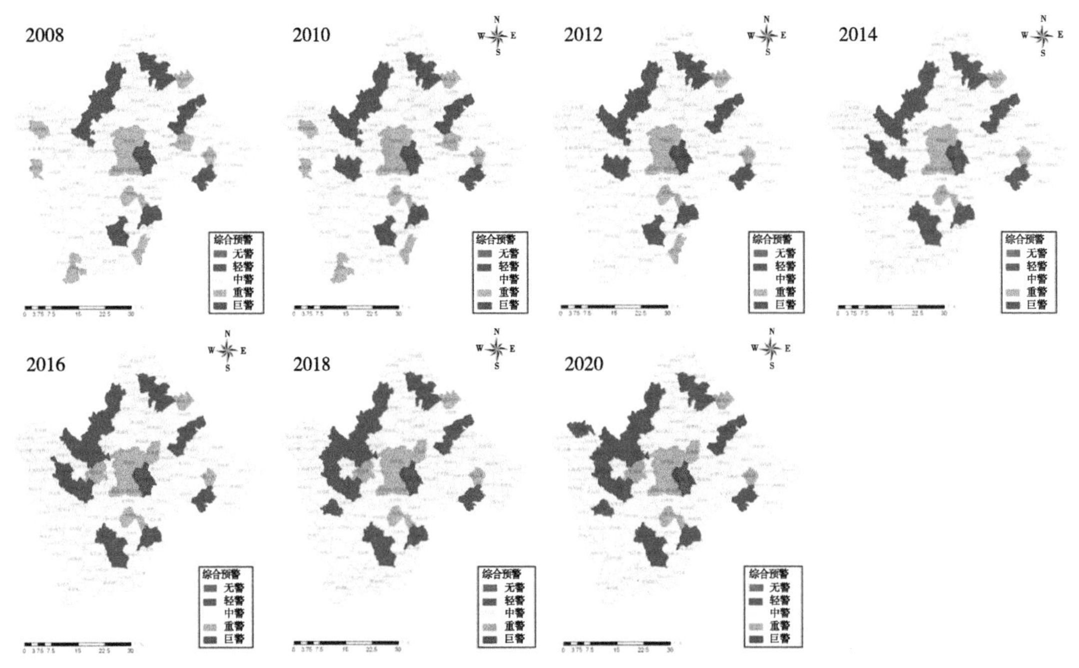

图 7-4-14　某城市镇域尺度生态风险预警（2008 ~ 2020 年）

以空间信息技术为基础的镇域生态风险预警，可以从时间与空间两个维度反映出区域城镇化进程中风险发展趋势与分布格局（表7-4-8）。

市辖三区预警空间分布比例（2008～2020年） 表7-4-8

分区	不同等级预警单元	2008年		2020年	
		在总面积中所占比重（%）	数量	在总面积中所占比重（%）	数量
顺庆区	红色预警单元	0	0	0	0
	橙色预警单元	3.28	2	3.28	2
	黄色预警单元	12.64	13	12.64	13
	蓝色预警单元	5.60	6	5.60	6
高坪区	红色预警单元	1.45	1	1.45	1
	橙色预警单元	3.01	4	2.99	4
	黄色预警单元	23.09	22	23.11	22
	蓝色预警单元	4.25	4	4.25	4
嘉陵区	红色预警单元	0	0	0	0
	橙色预警单元	4.37	5	2.03	2
	黄色预警单元	39.53	36	33.93	31
	蓝色预警单元	2.77	2	10.71	10

从时间进程来看，从2008年至2020年，部分地域空间将会产生三种变化趋势：①从橙色预警转为黄色预警状态②从黄色预警转为蓝色预警状态③从黄色预警转为橙色预警状态。

各种警情等级所占比例为：黄色预警面积所占比例最大，呈减少趋势，由75.26%减少至69.68%；蓝色预警面积次之，呈增加趋势，由12.62%变为20.56%；橙色预警面积呈减少趋势，由10.66%变为8.30%，红色预警面积最小，始终为1.45%，整体风险警情降低。

从空间分布上看，顺庆区地域空间内的生态风险警情等级未发生变化，但是各镇风险指数均有所降低，而且警情较轻的蓝色部分在本区内所占比例是三区中最大的，橙色、黄色、蓝色在本区内所占面积比例分别为15.22%、58.74%、26.04%。

高坪区范围内两个镇的风险警情发生了变化，走马乡由橙色变成黄色，而小龙镇由黄色变为橙色。高坪镇的市区部分呈红色警情，风险较高，占区内面积比例的4.56%，橙色、黄色、蓝色面积比例在2008年分别为9.47%、72.61%、13.36%，2020年略有变化，分别为9.41%、72.67%、13.36%。

嘉陵区的警情分布变化最大，有4个镇由橙色转为黄色，8个镇由黄色转为蓝色，一个镇由黄色转为橙色。2008年橙色、黄色、蓝色区域占区内面积比例为9.36%、84.70%、5.94%。2020年分别为4.35%、72.69%、22.95%。

在市辖三区中，顺庆区是全市经济发展状况最好的，城镇基础设施相对完善，人口与人均GDP居首位，据2007年城市统计年鉴，顺庆区人口城镇化率为63.50%，人口634482，人口密度1166.97人/km^2，人均GDP 13288万元；高坪区在全市处于中等发展水平，人口城镇化率为34.20%，人口580787，人口密度 721.39 人 /km^2，人均 GDP 7275 万元；嘉陵区发展水平较低，人口城镇化率为 22.90%，人口 685240，人口密度 591.02 人 /km^2，人均 GDP 7194 万元。

从镇域预警结果的风险分布以及变化趋势情况来看，顺庆区的综合风险略低，但通过调控可提升空间很小。从产业结构的角度看，顺庆区的产业结构类型呈现“三二一”格局，处于产业发展的高级阶段。如果按照历史趋势预测，风险等级将保持在现有水平，到 2020 年，只有 26.04% 的地域空间警情较轻，其余仍处于黄色、橙色预警状态。

高坪区的农业基础相对优越，但全区经济总量不够大，地方财政收入、人均收入不高。产业结构类型呈现“二三一”格局，处于产业发展的中期阶段。依赖农业的发展特点使高坪区在城镇化进程中发展较为缓慢，城镇基础设施完善、环境治理、生态建设等方面改进较少，人口密度大、人均耕地面积、人均建设用地、森林覆盖率等指标项风险度较高，因而城镇长期处于较高风险状态。

嘉陵区的经济较为落后，产业结构类型呈现“二一三”格局，处于产业发展的中级阶段。嘉陵区的工业基础较好，以工业促进产业结构的优化升级，近年来取得了较快的发展。通过具体指标的空间分布对比可见，影响嘉陵区风险警情减低的主要因素为人均耕地面积、森林覆盖率以及人均供水量的变化，嘉陵区在“水利、环境和公共设施管理”中的建设投入较高，以 2007 年为例，嘉陵区投入为 748 万元，而高坪区仅为 108 万元；嘉陵区用于房地产开发的总额为 40767 万元，高坪区为 10666 万元，基础水平低下与近年改善力度较大是嘉陵区城镇风险降低幅度较大的主要原因。

7.4.4 城市生态风险预警分析与调控

7.4.4.1 生态预警结果分析

以上分析表明：2000 ~ 2020 年，该城市在城镇化过程中，综合生态风险逐步降低，将由橙色预警变为黄色预警状态。影响预警结果的因素有：①生态风险预警指数计算的基础是统计信息，数据的准确性将影响到预警结果；②对城镇化警情的预测建立在历史发展规律的基础上，然而城市的发展受宏观政策调控、人为因素的影响是很大的，预警结果是在历史发展趋势基础上，在数学模型精度范围内对未来警情的预测。

通过比较可以得出结论，使生态风险警情降低的原因主要有两个，一是风险警情的降低是建立在环境问题极度严重，生态基础设施过于薄弱的基础上的。在过去的几十年里，缺乏合理规划的城镇增长使原本不良的生态环境更加脆弱，评价结果显示，2001 年综合警情以及压力、状态、响应各项均表现为较高风险状态，城镇化与生态环境极不协调。二是伴随着城市经济发展，对城市环境污染的整治有一定成效，城市的环境容量与纳污能力加强，自然资源虽然有限，但通过生态修复与生态建设，在一定程度上提高了资源供给的能力，以水资源为例，实际上，该城市水资源利用潜力是很大的，嘉陵江及其支流带来大量径流，过境水总量多年平均值为 259.68 亿 m^3，但是由于水利设施建设差，水资源利用率低，造成城市人均水资源匮乏，通过兴修水利工程，对过境水的拦蓄利用，加强水资源开发，使城市发展的瓶颈问题得以缓解。

该城市由于自然资源相对匮乏，经济水平与城镇基础设施长期处于落后状态，在发展初期，粗放式的增长模式造成的环境污染与生态破坏使城镇生态基础设施已经相当薄弱，人口、资源、环境和经济发展之间处于不和谐状态，人口过多、生态资源的相对匮乏成为制约城镇化发展的瓶颈。此外，自然灾害频繁以及严重的环境污染，也加大了城镇化过程中的风险。

2001 ~ 2010 年是该城市加速发展时期，2001 年该市城镇化率为 17.14%，经济发展水平处于全省后列，2005 年城镇化率为 28.20%，2007 年城镇化率达到 32.0%。随着城镇化进程加快和经济发展，城市基础设施薄弱环节得到加强，对城市的污染进行了治理。全市人口自然增长率控制在 4‰以下；森林覆盖率提高到 38%；空气质量基本达到 II 级标准，城市污水集中处理率和垃圾无害化处理率分别达到 70% 和 80%，单位生产总值能源消耗 2010 年比“十五”末降低 20% 左右，工业固体废弃物综合利用率提高到 90% 以上，农业面源污染得到有效控制，总体水质达到地表水 III 类水质标准。生态与环境问题受到重视并得以适度改善，使社会经济与环境有了较好的协调性，通过加强生态修复和建设，使资源问题在一定程度上有所缓解，但耕地、水、森林等重要资源的不足与污染是制约该城市规模的关键性因素。

虽然城镇化中的生态风险会在 2012 年前逐渐降低，但不容乐观的事实是，通过人类的风险调控与管理并不能保持这种降低趋势，在接近人类所能调节的生态阈值后，风险将会维持在一个相对稳定的状况，系统整体与状态、响应两子项处于中警，系统压力处于重警，生态系统将无法给城镇提供一个可持续的健康的发展模式。

城镇化是一个充满悖论特征的过程，在人类享受城市文明所带来的物质财富的时候，也逐渐面临前所未有的困境和难题，最明显的表现是对自然的过度开发、资源浪费、环境污染等生态平衡遭到破坏所引发的生态危机。城镇化是否一定意味着对生态环境的干扰和破坏，发展经济是否一定要以生态环境为代价，如何协调、平衡工业化、城镇化与生态保护的关系，在城市与环境可持续之间寻求平衡点，一直是众多专家学者力求攻克的一个重要命题。

7.4.4.2 基于预警指标的调控措施

现代化和城镇化的迫切需求不允许我们停留在对现状的评价、批判的水平上，对城镇化预警的目标在于以积极的姿态为城市可持续发展提供坚实的理论基础和建设方案。对城市进行生态建设，实施风险调控，就是要通过风险管理，使城镇化过程中经济得以持续，社会得以稳定，自然得以平衡。城镇生态系统与自然生态系统的重要区别还体现在人类对自身生存环境的调节作用，有针对性、计划性的调控措施可以在预期目标内改善生态环境中的某些薄弱环节，从而起到回避或降低风险的作用。

（1）生态风险调控的规划目标

基于城市生态风险警情的历史发展趋势预测结果，根据自然与社会经济发展现状，制定生态风险调控规划预案，加强生态风险管制力度，加快城市生态建设进程。参考《生态市建设标准》，制定基于具体指标的风险调控规划目标，见表 7-4-9。

某市生态风险调控规划目标 表 7-4-9

	名称	单位	2015 年目标	2020 年目标	标准	能否达标
城镇系统压力	人口密度	人 /km^2	600	500	参考性指标	√
	人均 GDP	万元 / 人	0.7	0.9	参考性指标	√
	生态占用指数	—	2. 0	3. 0	分析性指标	×
	恩格尔系数	%	42	40	参考性指标	√
	人均耕地面积	hm^2	1.2	1.5	参考性指标	×
	人均水资源量	m^3/ 人	2500	3000	参考性指标	×
	城镇人均公共绿地面积	m^2/ 人	11	12	≥ 11 约束性指标	√
	生态压力指数	—	1. 5	1. 0	分析性指标	×
城镇系统状态	森林覆盖率	%	40	40	≥ 40 约束性指标	√
	土壤污染指数	kg/ hm^2	270	250	参考性指标	×
	地表水水质达标率	%	100%	100%	达到功能区标准，且城市无劣 V 类水体约束性指标	√
	城镇人均建设用地面积	m^2/ 人	75	85	参考性指标	√
	生物丰度指数	—	0.2	0.22	分析性指标	√
	空气质量优良率	%	0.9	全部	达到功能区标准约束性指标	√
	建成区绿化覆盖率	%	40	45	参考性指标	√
	集中式饮用水源水质达标率	%	100	100	100 约束性指标	√
	区域噪声达标率	%	100	100	约束性指标	√
	城市污水集中处理率	%	80	90	≥ 85 约束性指标	√
	生活垃圾无害化处理率	%	90	95	≥ 90 无危险废物排放约束性指标	√
	景观形状指数	—	45	35	参考性指标	√
	蔓延度指数	—	65	70	参考性指标	×
	香农多样性指数	—	0.55	0.6	参考性指标	√
	聚集度指数	—	80	85	参考性指标	×
城镇系统响应	清洁能源使用比率	%	50	60	100 约束性指标	×
	环保投资比重	%	2.5	3..5	参考性指标	×
	工业固体废物处置利用率	%	90	95	≥ 90 无危险废物排放约束性指标	√
	公众对环境的满意率	%	92	95	>90 参考性指标	√
	工业用水重复率	%	90	90	≥ 80 约束性指标	√
	第三产业占 GDP 比重	%	35	40	≥ 40 参考性指标	×
	经济生态协调度指数	—	3. 0	4. 0	分析性指标	×
	单位 GDP 能耗	吨标煤 / 万元	1	0.9	≤ 0.9 约束性指标	×
	单位 GDP 水耗	m^3/ 万元	19	18.5	≤ 20 约束性指标	×
	单位土地面积 GDP 产出	元 / km^2	500	1000	参考性指标	×
	教育投资比重	%	4.5	5	参考性指标	×

注："约束性指标"为国家《生态市建设指标》标准，"参考性指标"标准选用预警评价体系中"轻警"与"中警"两个等级的标准。

(2)两种预案下的警情比较

分别对 2015 年和 2020 年风险调控预案下的指标进行预警评价，对于不能达标的项目采用历史发展预案的结果。与历史发展预案的预警结果进行比较，综合风险指数与各子系统均有所减低，见表 7–4–10。

2015、2020 年两种预案的预警结果比较　　表 7–4–10

年份		子系统	综合风险指数	子系统预警	综合风险指数	综合预警
2015	预警结果	系统压力	0.728	重警（橙色）	0.5589	中警（黄色）
		系统状态	0.514	中警（黄色）		
		系统响应	0.414	中警（黄色）		
	调控目标	系统压力	0.728	重警（橙色）	0.5384	中警（黄色）
		系统状态	0.474	中警（黄色）		
		系统响应	0.396	轻警（蓝色）		
2020	预警结果	系统压力	0.728	重警（橙色）	0.5556	中警（黄色）
		系统状态	0.513	中警（黄色）		
		系统响应	0.404	中警（黄色）		
	调控目标	系统压力	0.728	重警（橙色）	0.5145	中警（黄色）
		系统状态	0.397	中警（黄色）		
		系统响应	0.374	轻警（蓝色）		

由于风险调控预案是建立在指标可达性分析的基础上，可见通过风险分析，有针对性地制定风险调控措施，实施生态建设与风险管理，是能够降低城市的生态风险程度的。

(3)指标调控措施与达标难度分析

在研究压力、状态、响应三个子系统各指标项在当前状况以及发展趋势的基础上，制定能够实现预期规划目标的管理措施，评价实现调控目标的可达性。通过分析生态建设预案的警情，探讨通过人类活动对城市生态系统的调节作用。各类指标可达性要逐一进行分析和评价，各类列举两个例子分析如下。

1）系统响应。① D24 清洁能源使用比率：清洁生产是指不断采取改进设计、使用清洁的能源和原料、采用先进的工艺技术与设备、改善管理、综合利用等措施，从源头消减污染，提高资源利用效率，减少或避免生产、服务和产品使用过程中污染物的产生与排放，以减轻或者消除对人类健康和环境的危害。按《生态市建设指标》的要求，实施强制性清洁生产企业通过验收的比例应达到 100%。调控措施：2006 年，该城市实施强制性清洁生产企业通过验收的比例达到 30%。通过实施《中华人民共和国清洁生产促进法》，引导企业开展清洁生产实践，通过制定相关的技术经济政策，并辅之以行政措施，使市域内企业分阶段开展清洁生产。该指标需强度的干预，预计无法达标。② D28 工业用水重复利用率：指工业重复用水量占工业用水总量的比值。调控措施：2006 年，工业用水重复率为 50%。为达到循环经济的良好效果，严格工业计划用水，开展节水改造技术。重点抓好火电、纺织、造纸、冶金、石油化工、食品等行业节水技术应用。根据实际情况，近期要求各企业在技术上可行、经济上合理的情况下改进废水处理工艺，提高出水水质，减少污染物排放量。逐步采用先进的生产工艺替代现有的生产工艺，加强企业的过程管理，减少水的消耗量。建设 10 个废水零排放企业，树立典型示范企业。到规划中期，全市工业用水重复率可达到 70% 以上。随着经济的发展，加强对企业的监管力度，加大投资力度，通过各种管理及技术措施，规划末期工业用水重复率可达到 90% 以上。预计能够达标。

2）系统状态。① D9 森林覆盖率：指森林面积占土地面积的比例。高寒区或草原区林草覆盖率是指区内林地、草地面积之和与总土地面积的百分比。2006 年该城市森林覆盖率为 34.4%，根据《林业发展“十一五”规划和中长期规划》，到 2010 年，力争平均每年增加森林覆盖率 0.9%，全市森林覆盖率将达到 38%，建立起布局与结构比较合理的森林资源体系。还将通过开展天然林保护工程、退耕还林工程、城乡一体化工程等，规划 2015 年城市森林覆盖率达到 40% 是切实可行的。预计能够达标。② D10 土壤污染指数：2006 年该城市 COD 排放强度为 10 千克／万元（GDP）。根据城市“十一五”节能减排方案，到 2010 年 COD 排放量控制在 37000 吨以内。根据城市“十一五”国民经济发展规划，到 2010 年全市 GDP 将达到 670.54 亿元，COD 排放量为 5.5 千克／万元（GDP）。从 2011 到 2020 年，在经济持续稳定增长的同时，推进造纸、制革、食品等行业废水治理，推进规模化畜禽养殖污染治理，降低 COD 排放量；到 2010 年全市 GDP 将达到 670.54 亿元，单位 GDP 二氧化硫排放量为 4.26 克／万元，基本达到生态市建设要求。2011 ～ 2020 年，通过进一步优化产业结构和落实节能减排措施，土壤污染小于 2010 年的水平是完全可行的。但难以达到生态市的建设要求。预计无法达标。

3）系统压力。① D1 人口密度：人口是城镇化给生态环境造成压力的主要来源，距离国内参考的安全值有一定差距。从历史预测值来看，人口密度呈增大趋势，预测值略高于安全值范围，根据《国民经济和社会发展第十一个五年（2006—2010 年）规划纲要》，人口自然增长率控制在 4‰以下，以此为依据，预计能够达标。② D6 人均水资源量：该城市水资源总量丰富，但水利设施建设差，水资源利用率低。城市水资源总量中，过境水比重在 85% 以上，而嘉陵江上缺乏大型水利工程，对过境水的拦蓄利用率很低，实际可利用的水资源总量非常有限。而且水资源在时空分布上差异很大，市辖三区中，嘉陵区西部由于没有大江大河和大型水利设施，因而受干旱威胁较大；顺庆区、高坪区由于有嘉陵江纵贯全境，加上有一些水库等设施，抗旱能力稍强。水资源在时间上的变化很大，由于受气候类型的影响，六月至八月三个月降雨量占全年降雨量的 45% 左右，而整个冬季降雨量只占全年的 5%。且水资源受污染很严重，因此当地人均水资源量较低。调控措施：加强饮用水源保护，保障饮用水安全。建立可靠的水资源供给与高效利用保障体系，合理开发、高效利用和优化配置水资源。加强水利建设，治理水土流失。预计无法达标。

7.5 城镇生态安全格局优化与生态空间管理

城镇化过程中，人为活动对自然景观的干扰打破了原有生态系统间的平衡，景观破碎化日趋明显；用地扩张、经济增长和人口集聚不可避免地会给自然资源和生态环境带来巨大的压力，威胁着城市人居安全。因此，城市扩展过程保证城市自身及其所在区域的生态安全（肖笃宁等，2002），保证区域生态系统服务的安全和健康，成为城市发展所必须考虑的问题。生态安全格局的相关研究和实践正是在这一宏观背景下发展起来的。

安全格局的构建要从生态安全格局理论出发，根据研究区实际状况与相关专题研究成果，选择地形条件、河流水系、土壤侵蚀、植被覆盖、地质灾害和生物保护等 6 个要素作为城市空间扩展的生态约束条件，制作 6 要素的空间分布图，按照其重要程度赋予不同权重值，利用 GIS 的空间运算功能相互叠加，形成自然生态要素的安全格局；再结合最小阻力模型相关理论，建立阻力面并进行空间分析，构建源地、生态廊道和生态节点等景观组，形成具有空间连通性的整体生态网络，最终形成建立在生态安全水平上的城市生态景观安全格局。

7.5.1 自然生态安全格局构建

由生态约束条件形成的关键性空间格局是城市扩张和土地开发利用不可触犯的刚性限制（俞孔坚、李迪华，2001）。通过对案例城市自然景观生态适宜性分析（Malczewski J，2004），选择对城市发展具有制约作用的敏感要素，在对每项要素分级评价的基础上，通过空间信息技术综合构建自然生态要素的安全格局。

7.5.1.1 地形条件

该城市地形以低山和丘陵为主。在地形条件中，坡度对于人类居住和农业耕作、生产用地有很大的影响，一般适宜的坡度为 <15°。将研究区坡度分为 <5°、5° ~ 15°、>15° 共三个等级。根据等级划分在 GIS 中分别赋值为 1、2、3，在综合计算中进行归一化处理。要素权重与等级划分见表 7-5-1，空间分析结果如图 7-5-1 所示（以下各要素同）。

某城市地形条件空间格局安全等级划分　　表 7-5-1

要素权重	地形条件 0.22		
要素类型	15°< 坡度	5°< 坡度 <15°	坡度 <5°
分值	3	2	1

7.5.1.2 河流水系

该城市地表水系发达，嘉陵江流经七个县区，季节性洪水作为当地的重要风险因素，对城镇具有较多威胁。参考《某城市城区洪水防御预案》，城区防洪标准为 20 年一遇（即 273.9m），相应流量 26000m^3/s，重点防洪目标是堤防安全和城区雨污水的外排。顺庆、高坪和嘉陵城区尚未形成防洪堤闭合圈，未达到防洪堤设计防洪能力，防洪重点是城区低洼地带、城区排涝、在建防洪堤避免被洪水冲毁。

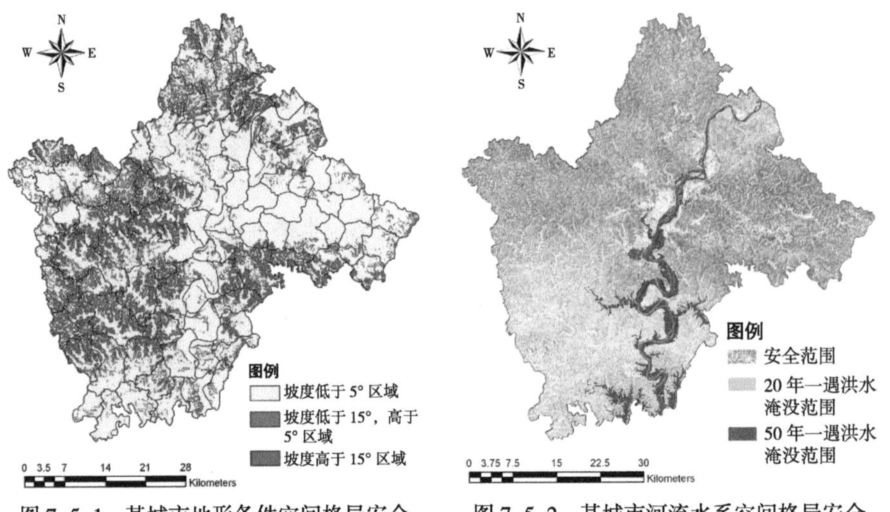

图 7–5–1　某城市地形条件空间格局安全等级划分

图 7–5–2　某城市河流水系空间格局安全等级划分

出现超标准（20 年 <P<100 年）洪水时，防洪标准原则按 50 年一遇洪水位标高 276.32m 设防，城区淹没范围为：嘉陵江上中坝、下中坝，顺庆区长征路、和平路至西河派出所一线以南等街道区域，高坪区江村坝、白塔电影院、和平桥至某职业技术学院（原某工业校）公路一线以西，嘉陵区火花街道办事处驻地至成南高速公路以南城区。结合数字高程 DEM 模型，得到不同洪水风险频率下的淹没范围，对城市水系危害进行空间分析见表 7–5–2、图 7–5–2。

某城市河流水系空间格局安全等级划分　　表 7–5–2

要素权重	河流水系 0.22	
要素类型	50 年一遇洪水淹没范围	20 年一遇洪水淹没范围
分值	3	1

7.5.1.3　土壤侵蚀

土壤侵蚀是地形、土壤、植被、降雨、土地利用等多因素综合作用的结果，土壤侵蚀分析从水土流失的影响因素和分布规律出发，探讨主要自然因素对城市土壤侵蚀敏感性的影响规律。以遥感数据和 GIS 技术为基础，利用土壤流失方程对土壤侵蚀进行量化。

利用修正的通用土壤流失方程（RUSLE）计算土壤侵蚀量：

$$A = R \cdot K \cdot L \cdot S \cdot C \cdot P \qquad (7\text{–}3)$$

式中，A 表示土壤流失量（t/ha · a）；R 表示降雨侵蚀力因子；K 表示土壤可蚀性因子；L 表示坡长因子；S 表示坡度因子；C 表示覆被管理因子；P 表示土壤侵蚀控制措施因子。城市土壤侵蚀空间分析见表 7–5–3、图 7–5–3。

某城市土壤侵蚀空间格局安全等级划分 表 7-5-3

要素权重	土壤侵蚀 0.16		
要素类型	强度侵蚀区，土层基质稳定性差，水土流失严重的区域	中度侵蚀区，土层裸露度高，水土流失较明显	微度、轻度侵蚀区，表现为耕地侵蚀，地表有一定植被覆盖
分值	3	2	1

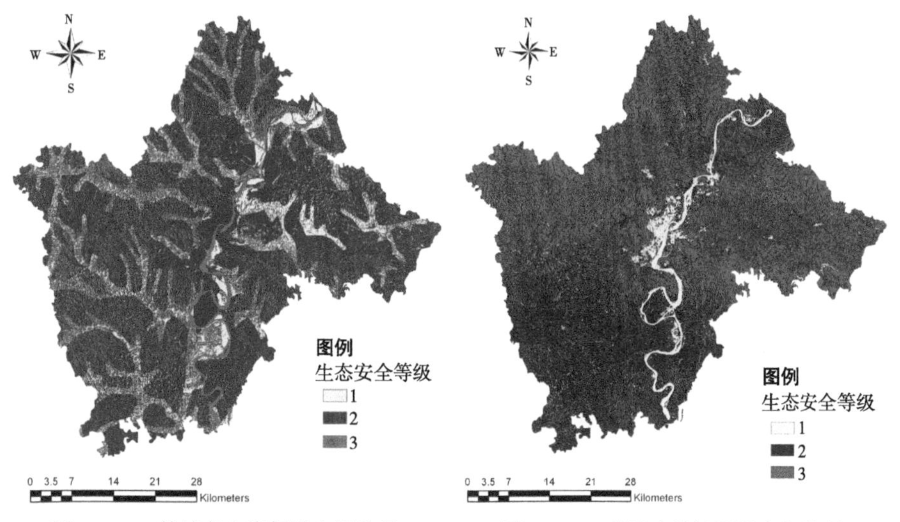

图 7-5-3 某城市土壤侵蚀空间格局安全等级划分

图 7-5-4 某城市植被覆盖空间格局安全等级划分

7.5.1.4 植被覆盖

植被对一个区域的气候、地形、地貌、土壤、水文等条件的改变最为敏感（Dubroeucq et al.，2004），因此研究植被覆盖度的变化对于了解该区域的生态环境变化具有重要的现实意义。利用归一化植被指数（the Nor-malized Difference Vegetation Index，*NDVI*）作为反映研究区生态环境与资源状态的指标，用以下模型计算。

$$NDVI=（NIR-VIS）/（NIR+VIS） \quad (7-4)$$

式中，*NIR* 表示近红外波段的反射率，*VIS* 表示可见光波段的反射率。越健康的植物，红光反射值越小，红外反射值越大，其比值越大。

首先，应用 2007 年城市 SPOT 遥感数据基于 ERDAS 得到 *NDVI* 数据。

其次，基于 ERDAS 计算植被覆盖度，通过提取每景影像直方图中 *NDVI* 最大的 2% 的像元作为覆盖度为 100% 的像元，*NDVI* 最小的 2% 的像元作为覆盖度为 0% 的像元。2% 的范围根据影像的实际情况会有调整。计算公式为：

$$FCOVER=\frac{NDV-NDVI_{\min}}{NDVI_{\max}-NDVI_{\min}} \quad (7-5)$$

该城市植被覆盖空间格局分析见表 7-5-4、图 7-5-4。

某城市植被覆盖空间格局安全等级划分　　表 7–5–4

要素权重	植被覆盖 0.12		
要素类型	植被覆盖率较低，种植层次类型较为单一的区域	植被类型以人工经济林和灌木林为主，植被覆盖一般的地区	植被类型以常绿针叶林为主，植被覆盖率高的区域
分值	3	2	1

7.5.1.5　地质灾害

地质灾害的形成条件包括地形地貌、地层岩性、结构构造；地质灾害的诱发条件包括气象水文、新构造活动、人类工程活动。通过对研究区地质灾害历史资料的调查研究，综合《某城市各区地质灾害调查与区划报告》，基于泥石流、滑坡、滑塌、崩塌、矿山地面塌陷、地面沉降、地裂缝和水土流失等多种地质灾害要素的空间分布，确定地质灾害源。按照上述分区原则及方法，将研究区划分为：地质灾害高易发区、地质灾害中易发区、地质灾害低易发区（表 7–5–5、图 7–5–5）。

某城市地质灾害空间格局安全等级划分　　表 7–5–5

要素权重	地质灾害 0.16		
要素类型	地质灾害高易发区	地质灾害中易发区	地质灾害低易发区
分值	3	2	1

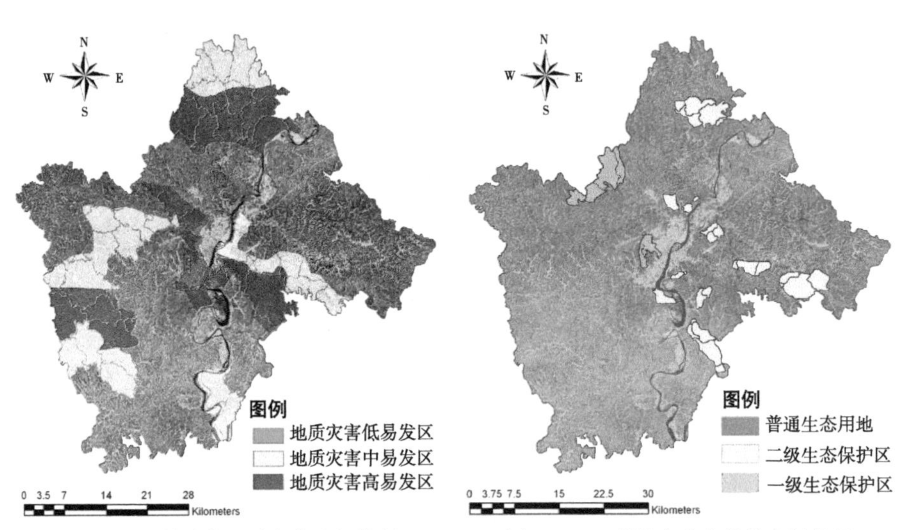

图 7–5–5　某城市地质灾害空间格局安全等级划分

图 7–5–6　某城市生态保护空间格局安全等级划分

7.5.1.6　生物保护

快速城镇化使城市的生物环境保护面临以下问题：城建用地的无序扩张造成生物栖息地面积减少和破碎化；大型工程设施的建设切断了生物迁徙的廊道；自然保护区、风景区、森林公园等良好的生物栖息地之间缺乏有效连接。针对上述问题，研究从区域和景观层次上识别生物多样性保护的关键节点，从而保护区域生物栖息地和生态系统的完整和健康。将研究区内重要自然保护区、风景名胜区、大规模生态绿地、城市氧源确定为城市一级、二级生态保护区，侵占生态保护区产生的风险度指数与保护区等级与侵占面积相关（表 7–5–6、图 7–5–6）。

某城市生物保护空间格局安全等级划分　　表 7-5-6

因素权重	生物保护 0.12		
因素类型	生物（白鹭）保护区、省级重点风景名胜区	城市氧源、大规模生态绿地、景观湿地、普通风景区	普通生物保护用地
分值	3	2	1

7.5.1.7 综合安全格局

根据对以上 6 个要素的分析，利用 GIS 的空间编辑与运算功能，首先将各个因子的评价结果栅格数据输入到 GIS 的系统中，形成独立的栅格图像。然后用 spatial analyst 模块中的 raster calculator 函数，空间单元的综合安全指数采用加权求和的方式，公式如下：

$$E_j = \sum_{i=1}^{m} K_i \times K_y \tag{7-6}$$

式中，E_j 为第 j 个评价单元的综合指数，K_i 为第 i 个要素的定量表达值，K_y 为该要素对于生态安全重要性的加权系数。利用归一化方法对各指标值进行无量纲处理后计算综合指标，形成最终的生态安全等级栅格图像。为了与城市建设用地需求相对应，利用 reclassify 函数对所生成的栅格数据按照设定的条件进行重新分类为高安全水平、中等安全水平、较低安全水平和低安全水平 4 个等级，其分布状况代表了城市生态自身安全的空间格局（图 7-5-7）。

以地形条件、河流水系、土壤侵蚀、植被覆盖、地质灾害和生态保护 6 个要素作为城市空间扩展的生态约束条件，形成多级安全水平的自然生态要素安全格局，该格局显示：市辖三区范围内，占低安全水平（4 级）和较低安全水平（3 级）的栅格面积比重分别为 1.94% 和 14.00%，整体安全状况较好；但是市区范围内，低安全水平与较低安全水平的栅格面积比重分别为 11.15% 和 18.66%，可见目前城区部分的安全水平很低，城市人居环境存在着较大风险隐患。

分析其风险成因，是过快的增长速度和无序的扩张导致了景观结构的破坏，随着城市化进程加快，城市城区面积扩展较为明显，由 2001 年的 48.34km^2，扩展为 2007 年 55.39km^2，是景观类型中面积增加最大的斑块。人工活动的强烈干扰加剧了敏感生态要素的脆弱程度。城区部分大面积处于低安全水平，就是由于人类活动的作用导致了水土流失、植被破坏等后果的潜在表现，多种敏感生态要素的内在联系增加了城区的生态风险。如果城区以这种方式持续扩展，必然会引发更大的生态风险。因此，生态要素将是未来城市扩展的主要制约因素。

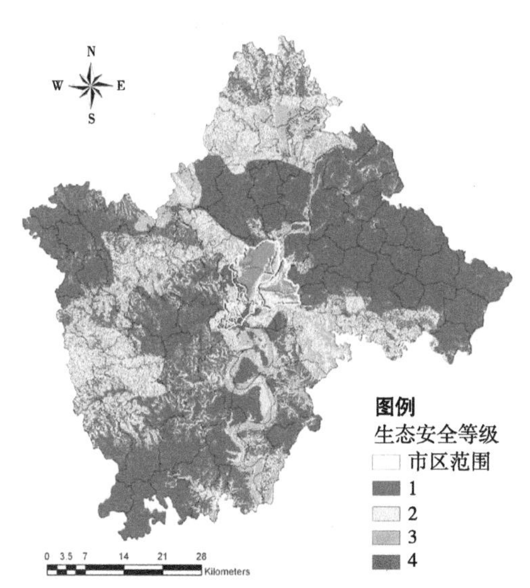

图 7-5-7　某城市自然要素生态安全格局

7.5.2 生态景观格局优化分析

在明确了自然生态要素的安全格局情况下，根据最小阻力模型相关理论，评估各种生态流，如气、水、声在景观中通过的难易程度。建立阻力面并进行空间分析，构建源地、生态廊道和生态节点等景观组。

7.5.2.1 阻力面分析

阻力面分析是生态分析的基础，它反映各种生态流，如气、水、声在景观中通过的难易程度。

(1) 方法：景观累积耗费距离模型

景观是高于生态系统的自然综合体，景观的物质循环和能量交换，即景观流，是控制景观功能稳定的决定因素。在景观尺度上，这种景观流的运行，必须要克服一定的阻力来实现，并表现于一定的景观空间格局中。景观中存在一些能够促进景观过程发展的景观组分，如较大面积的林地核心斑块、水域等，我们称之为“源地”。这种景观组分对维持景观生态功能具有促进作用，同时表现出一定的连续性和空间拓展性。为了反映“源地”景观运行的空间态势，借助 GIS 技术，构建累积阻力模型来表达景观类型的空间跨越特点，该模型主要考虑景观源、距离和地表摩擦阻力等因子，其公式如下：

$$C_i=\sum(D_i\times F_j)\quad (i=1,\ 2,\ 3,\ \cdots,\ n;\ j=1,\ 2,\ 3,\ \cdots,\ m) \tag{7-7}$$

式中，D_i 为从空间某一个景观单元 i 到源的实地距离；F_j 为空间某一景观单元 j 的阻力值；C_i 为第 i 个景观单元到源的累积耗费值；m、n 为基本景观单元总数。

累积阻力模型实质是耗费距离的综合表达。耗费距离，亦称代价距离，它不是空间两个景观单元之间的实际距离，而是强调景观阻力在一定空间距离上的累积效应。

耗费距离的分析必须包括源和一个代价表面，其目的是为每一个基本像元计算其通过一个代价表面到最近源的最低累积耗费距离。借助地理信息系统空间分析工具中的代价距离模块来实现。

基于图论原理即抽象的网格图解法来分析景观空间格局的性质，应用节点／链的像元表示法来表示某一代价表面，把像元的中心称为节点，每个节点被多条链连接，每条链表示一定的抗阻，这种抗阻与该代价表面上各像元所代表的耗费值和运动的方向有关。

因此，基于节点／链的像元表示方法，可以计算通过某一代价表面到最近源的累积耗费距离（Accumulative Cost Distance，简写为 A），计算公式如下：

$$A=\begin{cases}\dfrac{1}{2}\sum\limits_{i=1}^{n}(c_i+c_{i+1})\\[2ex] \dfrac{\sqrt{2}}{2}\sum\limits_{i=1}^{n}(c_i+c_{i+1})\end{cases} \tag{7-8}$$

式中：C_i 表示第 i 个像元的耗费值；C_{i+1} 指沿运动方向上第 $i+1$ 个像元的耗费值；n 为像元总数；A 是指通过某一代价表面到源的累积耗费距离；当通过某一代价表面沿着像元的垂直或者水平方向运动时采用上面公式；当通过某一代价表面沿着像元的对角线方向运动时采用下面公式。

从模型可知空间任一像元到源点的累积耗费就是沿着某一路径方向上所有链的累积抗阻。到每个源像元或者多个像元可能有许多路径，有一条最低耗费的路径，即通过该路径到达源像元具有最小累积耗费距离。

累积耗费距离反映了源像元运动的空间趋势，其景观生态学意义在于：从格局和过程出发，将常规意义上的景观赋予一定的过程含义，通过对景观流的空间运行分析，来探讨有利于调控生态过程的途径和方法，使得生态系统健康、稳定和安全。

（2）研究区实现

根据研究区的数据数字高程图、土地利用图和坡度图生成阻力面。依据景观累积耗费距离模型生态阻力面图，分级为 5 类，数值大小代表阻力从小到大（图 7–5–8）。

7.5.2.2 生态廊道识别

景观中的廊道是斑块的一种特殊形式，指与两边景观要素或基质有显著区别的带状地段。廊道既可以是孤立的，也可以与某种类型斑块相连接；既可以是天然的，也可以是人工的。生态廊道用于物种的扩散及物质和能量的流动，廊道的构建可以增强景观组分之间的联系和防护功能，其连通性是衡量廊道结构的基本指标。根据研究区景观生态格局破碎、景观类型单一等特征，加强生态廊道的建设，增强源地之间的连通程度，是巩固和增强生态安全的有效途径。

采用累积耗费距离模型，基于空间分析技术，综合源景观和生态功能空间强度等级分布两大要素获得景观生态功能累积耗费距离表面，在此基础上，结合研究区景观特征，应用 ARCGIS 的水文分析方法确定景观功能流运行的最小耗费路径，得到生态廊道空间位置（图 7–5–9）。

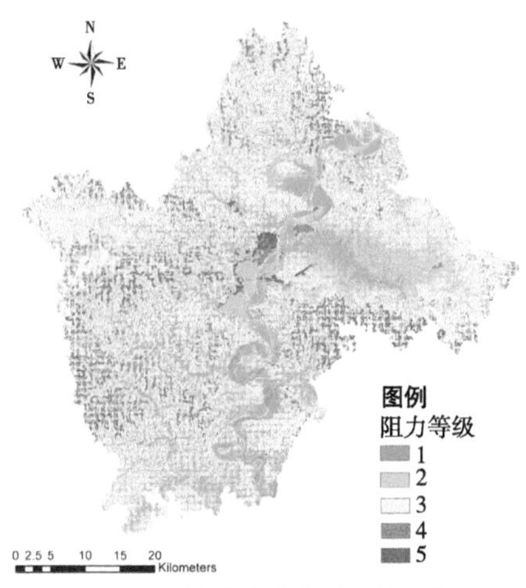

图 7–5–8 某城市建设用地景观格局累积耗费表面

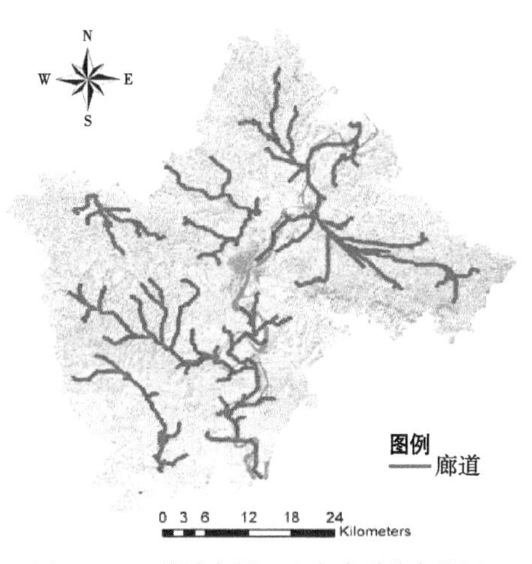

图 7–5–9 某城市景观生态廊道分布格局

生态廊道为源地斑块间的连接，是物种和能量流通的主要通道。通过规划区的生态廊道有三条，其走向基本与路网相符，可以通过建设绿道实现保护。绿道是以自然植被和人工植被为主要存在形态的线状绿地。绿道包括三种，一种是道路绿地，是指道路两旁的道路绿化；第二种是游憩绿带，指非滨水的带状公园绿地；第三种为非滨水的防护绿带，这类绿带有的较窄，如高压走廊防护绿带一般为几十米宽，有的则较宽，从数百米到几十千米不等。上述这些廊道体系，一方面起到交通联系的作用，另一方面起着联系大、中、小斑块的作用，使城市绿地具有良好的连接度、形成连续的体系和网络结构，从而使整个城市具有多种使用功能，促进物流、能流、信息流的运输，为城市提供真正的氧气库和舒适的外部游憩空间。

7.5.2.3 生态节点确定

在一定景观介质表面上，生态节点为景观流运行最低耗费路径和最大耗费路径的交点。生态节点的建设将有效地提高区域景观整体的连通程度，促进生态功能的健康循环。生态节点是指在景观空间中，连接相邻生态源，并对生态流运行起关键作用的点，一般分布于生态廊道上生态功能最薄弱处。该处在空间距离上由于跨度较大，致使物种难以扩散，能量、物质无法流通；从景观生态功能上看，该处受外界的干扰和冲击比较敏感，对景观功能稳定性影响较大。因此，生态节点的构建，有助于增加景观生态网络的连通性，对维持景观生态功能健康发展有重要的意义。

确定生态节点空间位置上，借鉴水文分析方法，利用 GIS 技术通过反复设定阈值，提取源斑块间生态流运行最小耗费路径与最大耗费路径的交汇点，充分结合研究区景观格局特征，获得景观生态节点的空间分布。

研究区内的生态节点应进行保护，面积至少 40000m^2。生态节点构建在一定景观介质表面上，生态节点为景观流运行最低耗费路径和最大耗费路径的交点。把各源地之间的生态廊道紧密联系起来，构成点、线、面相互交织，山地生态系统和平原区生态系统有机结合的生态网络格局，从而有力改善景观格局和景观功能（图 7–5–10）。

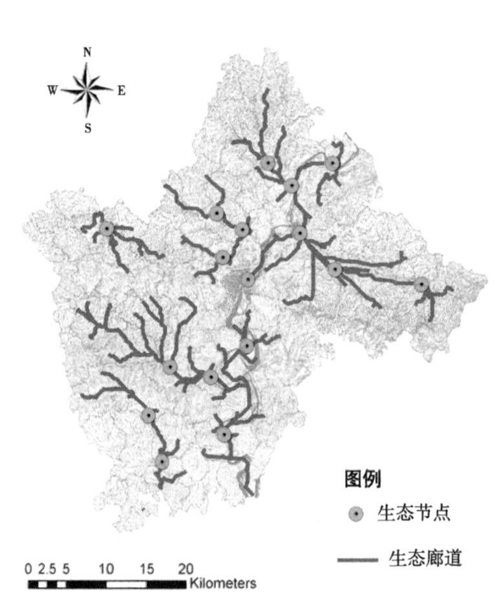

图 7-5-10　某城市景观生态节点及廊道分布格局

7.5.3 基于生态安全的城镇空间发展格局

7.5.3.1 城镇空间发展方向与模式

近年来，该城市人口激增，建设用地需要量随之增加，2001 年城区居住人口为 49 万人，建设用地 39.0km^2；根据《城市总体规划（2001—2020）》，2020 年人口将达到 85 万人，建设用地 72.3km^2；2050 年将达到 100 万

人，建设用地 100km²。根据 2009 年最新制定的"某城市建设特大城市的目标"：至 2020 年，城市人口规模 120 万人，用地规模 120km²；远期为 2021 年至 2030 年，城市人口规模 155 万人，用地规模 165km²；远景为 2030 年至 2050 年，城市人口规模 200 万人，用地规模 200km²。

从生态安全格局与景观阻力面分析可见，城市西部与南部受自然生态因素制约阻力值较大，生态风险隐患较大，扩展空间很小。作为城市生态敏感区，应尽量减少生态环境的影响，作为生态保护与涵养区域。

综合生态因素的制约阻力与景观的空间结构，可以确定城区北部和东部为城市的主要发展方向，在此区域发展城市空间扩展阻力最小，这部分区域可作为研究区的最先发展区域。

从城市生态风险指标预警结果可见，在现有规模下，城市的综合生态风险较高，人为调节无法使风险程度降低到黄色预警状态以下。从景观格局来看，城区部分持续外扩是景观结构性破坏的主要原因。因此，结论是"建设特大城市的目标"不适合于当地生态资源承载能力下的城镇化发展模式，城区以"摊大饼"的方式扩张会使景观格局的风险增大。发展东部和北部现有的小城镇，建设相对独立的卫星城镇，形成沿江组团式的城市布局是基于景观生态安全格局的合理的发展模式。

7.5.3.2 城市扩展区的生态安全管理

随着城市的快速发展，市区边界不断外扩，城市扩展区域是整个市域范围内景观结构变化最明显的区域。根据城乡结合部的生态安全格局，参考城市规划预案划定了城市扩展缓冲区。在缓冲区内首先确定生态风险敏感、生态环境脆弱的区域，以及重要的水源涵养、生态保护用地，在适宜建设区域规划城市发展建设用地。

在景观生态安全的基础上对该地域进行生态安全管理空间划分，四种类型分别为：核心保护区、缓冲保护区、限制建设区和适宜建设区。根据不同分区的生态安全分布状况，得到城市扩展区域的生态安全管理分区（表 7-5-7、图 7-5-11）。

城市扩展区域生态安全管理分区　　表 7-5-7

生态安全水平	生态安全管理分区		管理定位
	分区名称	区域特点	
低安全水平	核心保护区	自然生态环境脆弱，存在较大的灾害隐患；森林和种群资源丰富，重要的水源保护地；对地区生态安全的平衡起主要作用的区域	生态保育
较低安全水平	缓冲保护区	生态环境基础条件较差；主要的水源涵养和补给区，对减少自然灾害的发生和地区生态安全的维护起重要作用的区域	生态补偿
中等安全水平	限制建设区	生态环境基础条件较好，在管理措施指导下可以进行局部建设开发的区域，但是开发中需要注重生态建设	生态提升
高安全水平	适宜建设区	生态敏度性不强，开发建设难度小，经济基础和区位条件良好，对地区生态安全影响较小的区域	开发建设

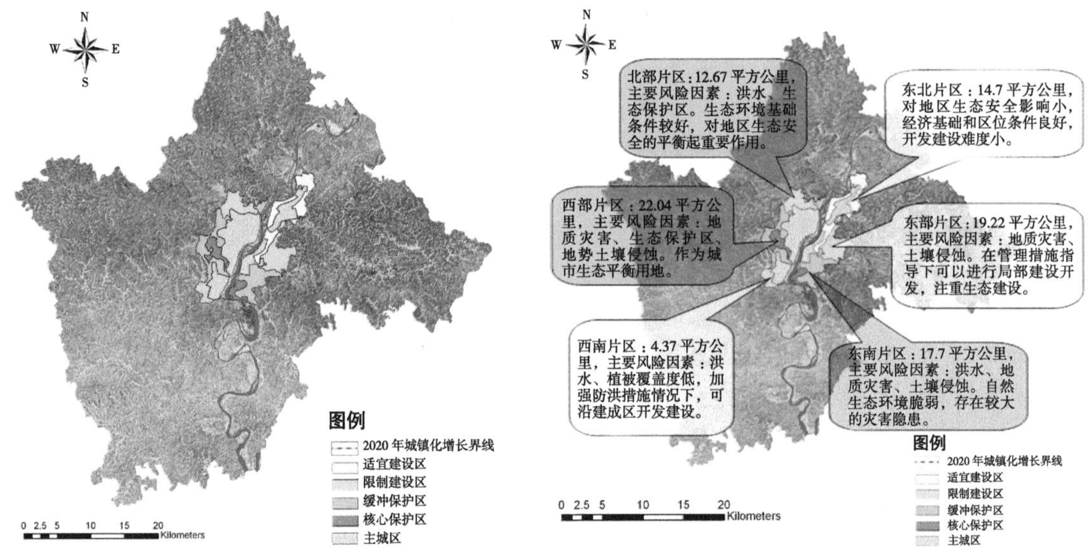

图 7-5-11　某城市扩展区域生态安全管理分区

图 7-5-12　某城市扩展区域生态风险分布

图 7-5-11 中划定的缓冲区总面积为 142.56km²，其中现有城区面积为 53.88km²（以 2007 年影像为准），适宜建设区面积为 19.06km²，限制建设区面积为 29.88km²，缓冲保护区面积为 30.59km²，核心保护区面积为 9.15km²。按照这样的生态安全管理分区进行城市开发建设，能够满足 2020 年城市规划中 72.3km² 的城区面积。

在城市扩展缓冲区范围内，分别对不同片区的生态风险因素进行了分析（图 7-5-12），为城市规划提供了直观的参考依据。与传统城市规划相比，该方法是在保证自然环境本底生态安全的基础上，对城市空间扩展进行合理规划的有效措施，对于城镇空间的生态安全管治具有重要的意义。

7.5.3.3　城镇整体生态网络建设

（1）城市生态网络空间结构

以嘉陵江作为城市生态的绿轴，其鱼骨状支流作为该绿轴支撑的廊道，沿水系布置绿化带，并对江心洲、滩涂及河堤进行全面绿化或划为湿地加以保护，构建以保护水源为主题的合乎本地生态安全基本要求的绿地系统主线。

以嘉陵江中坝作为城市绿心，通过水网与道路绿化串联城区各公园绿地构成完善的绿地系统。城市四周的山丘，建立起城市外围的绿色屏障，形成城市斑块外的绿色基质，城市环线的主要交通干道要形成十字形绿带，联系被分开的绿色基质（图 7-5-13）。

（2）生态网络建设规划

根据市域自然资源及生态环境的空间分异特征、社会经济发展现状及顺应未来的环境和经济发展需求，进一步提出了区域生态网络建设规划。

1）中心城区的生态建设规划：重点构建以顺庆区、嘉陵区和高坪区为主的中心城区生态建设控制区规划，以营建人与自然和谐，促进自然资源可持续利用为目标。

城市建成区，尤其是市区，应合理安排产业结构和布局，尽可能改变城市工

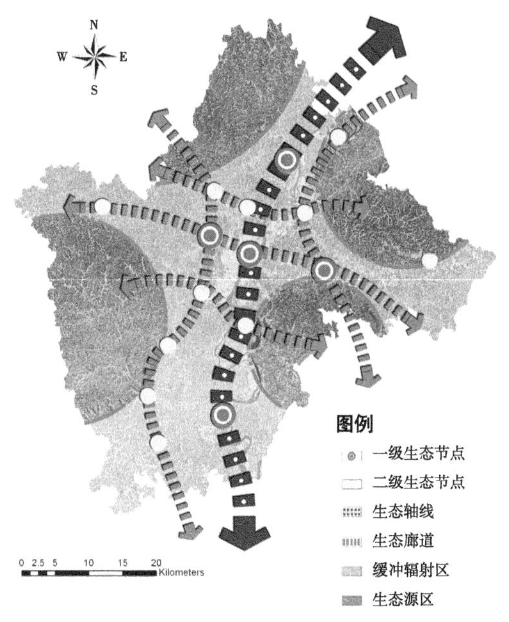

图 7-5-13 城市生态网络系统建设

业用地与商住用地相混杂的局面；加强城市环境综合整治与生态恢复工程，在城市外围则以猪山风景区、青松风景区、西山风景区及清泉山风景区等植被保存较好的大型绿地为关键性节点，重点建设以北湖公园—白塔公园为核心的大型绿地组团，以嘉陵江两岸及各支流沿岸绿带为生态脉络，构成城市外围蓝绿交织的生态敏感区带；加强城郊周围山地植被的保护与恢复工作，构筑层峦叠翠的外部生态空间，以围隔和连接城市的不同功能组团。嘉陵江、城市内河及其沿岸的绿带组成的蓝绿空间与居住区绿地、文教区绿地、公共绿地以及大型森林公园与周围的农田、山地植被从整体上形成“蓝水穿城、绿被拥城、内外呼应、相汇相融”的城市生态空间网络体系，改善城市人居环境和增强城市风貌。

2）生态脆弱区及重点恢复建设廊道：此类区域的植被覆盖率低，水源涵养能力差，自我维持机能已部分或完全丧失，遭受破坏后生态恢复能力弱，易造成更大的生态灾害。在空间分布上又分为西北片和东片两个重点恢复建设走廊，应加强区域植被重建、引导不适于农耕地区的人口向规模化的城镇适度集中，减轻人类对脆弱环境的生态压力。

3）生态敏感区及重点控制建设廊道：此类功能区对维持区域自然景观、维护自然生态系统的多样性、连续性和功能性均具有重要意义，其状态稳定与否不但对局地或区域人民生活、生产均会产生巨大影响，同时也是社会关注的焦点区域之一，在空间分布上又分为西片、南片和东北片三个重点控制走廊。应重点保护嘉陵江上游城市和城镇的水源保护地和备用水源保护地；重点加强对猪山风景区、青松风景区、西山风景区、清泉山风景区、北湖公园景区、白塔公园景区等区域自然景观和历史文化遗存的保护。

（3）生态恢复与建设发展策略

1）区域植被保护与建设。由于历史原因，现存森林植被多属砍伐后重建的次生林，自然植被类型中常绿阔叶林型的比例仍偏低，林型仍较单一。当地林业部门近年来主要推广多种速生性材用林，以迅速绿化荒山，此基础上还应进一步加强以间种和套种方式为主的农林复合经营力度，防止速生林到达衰老期导致的土壤养分条件的退化，从而提高林业综合产出效益。在营林投资方面，除实施营林补贴外，还应积极争取外部补偿性生态建设投资，允许独占性的经济林经营管理，大力开展城市水源涵养林、嘉陵江流域上游防护林、农田防护林等生态公益林建设。

2）建成区用地扩张与生态控制。历史上由于社会经济和交通条件的限制，该城市市区主要集中于水运较发达的嘉陵江中段西岸滨江地带，城市形态具有显著的临水型轴向发展特征；20世纪50年代至今，经过长期建设和发展，城市发展形态已由初期的临水型轴向发展特征逐渐转变为沿铁路和公路为主的交通干道轴向及临水型轴向并重的发展特征，近年来快速环道及跨江大桥等一系列重大交通工程的完工及嘉陵江水运的逐渐衰落则加速了城市的轴向发展形势。随着市区范围逐年扩大，城市建设用地扩张面临的生态限制日益突出，虽然东向有较大面积的适宜建设用地，然而城市沿此方向扩张则会使嘉陵江中上游水质受到潜在的污染风险；目前该市建设呈明显的“南扩”趋势，包括市政中心等都位于市区偏南部，这将进一步带动其他城市功能区沿着主要的交通干道向南逐渐扩张，而此方向地段地貌类型以侵蚀较严重的阶地为主，易发生滑坡，从城市防灾和自然环境保护的角度来看，需较大处理才可辟为城市建设用地，综合比较发现市区范围内唯有沿公路北向轴向和从市区广元的北向轴向发展所面临的生态限制因素的影响相对较小，未来的城市发展应加强南北轴向的开发建设，形成多轴向、多中心的城市结构布局，必须避免城市外延的拓展可能形成“摊大饼”的不利趋势。

3）水土流失治理。区域发展建设要与工程治理工作紧密衔接，市郊内、外环线附近应通过种植速生桉和马占相思等先锋树种来实行坡面绿化工程；在水土流失发生严重的地区除实施退耕还林和退耕还草政策外，宜重点考虑通过坡改耕工程发展经济林，还应以封山育林为主，加大人工造林、节水农业、沃土工程等措施推动生态恢复的工作，防止脆弱生境的进一步退化。此外，由于嘉陵江上游地区为生态脆弱的地区，水土流失情况较严重，汛期对该市水环境影响较大，该市应扶持上游地区的水土流失治理工作，降低区域水土流失灾害。

4）发展生态农业。该城市土壤特点不太适宜传统的粮食种植，但该地区的气候条件优越，植物生长季长，适宜种植热带、亚热带特有的经济作物和果树，发展绿色农业和有机农业，把种植业与养殖业、林果业、工业、能源、环境治理等紧密结合起来，重视资源的高效利用，建立经济循环、生态循环的综合体系，以调整农业形态布局与生产结构为契机，促进农村经济增长和农业生产方式的转变。

7.6 案例分析

城市生态安全格局的构建秉承“格局动态—生态环境响应—生态安全格局构建”的规划思路。滕明君博士据此对于武汉市进行了深入的研究和探讨，总结出城市热环境空间分布特征为：热环境空间分布不均衡，呈明显的梯度分布特征，城市中心地区的温度明显高于城市外围地区。其中，高温地区主要分布在城市化较早、人口和建筑密集的城市建设区和工业区，并呈现组团式分布特征。城市低温区域主要分布在市域内的大型湿地和森林地区，其分布组团特征明显，城市外围地区的低温区数量明显高于城市建筑密集区。据此提出构建城市生态安全格局的三个方面：城市生态绿道系统格局、市域森林生态系统网络和市域湿地生态网络。

案例 7-1 武汉市城市生态绿道体系格局

在城市多功能绿道网络构建中，将建设成本纳入最小费用路径分析，使其模拟成果综合反映使用者和建设维护者需求，有助于促进城市绿道可持续性。在辨析为野生动物服务的多样性保育绿道、为人类服务的游憩绿道和养护水系的水体保护绿道的基础上，形成综合绿道网络。运用这一方法提出了一个多目标优先性绿道网络体系改善城市景观破碎化状况，绿道建设中应据其生态安全等级进行分批建设、分级管理，提出城市生态绿道网络规划建设方案，以期提高绿道规划的空间连续性和功能完整性（表 7–6–1）。

优先绿道系统 **表 7–6–1**

绿道网络类型	生态安全等级	生态安全等级	管理机构	时间表
理想道路网络	反映了特定目标所有潜在需求，最低优先性	高	专业部门	远期
骨干绿道网络	反映了单目标功能的基础需求，中度优先性	中	专业政府机构	中期
综合绿道网络	反映了多目标功能的必要需求，最高优先性	低	专门委员会	近期

案例 7-2 武汉市城市森林生态网络构建

城市热岛效应伴随着城市化进程逐渐加强，成为威胁城市居民身体健康和影响城市可持续发展的重要环境问题。提出了构建城市“森林—湿地”降温网络以改善城市热岛效应的思路和规划框架，并通过武汉市实例研究展示了如何有效规划城市绿地空间以减缓城市热岛效应。这一规划框架借鉴城市绿地生态网络规划中景观连接度的理论，运用源汇模型、最小费用路径模型和核密度分析模型识别了潜在的降温网络。

武汉市森林生态网络规划的研究，集成多标准评价模型、最小费用路径模型、核密度分析法和优先性原则，构建了一个系统的规划框架，用于多物种森林网络规划。基本有 4 个步骤：建立焦点物种组、识别核心生境斑块、利用最小费用路径模型识别潜在的连接，以及网络构建与优化。研究分别生成了鸟类理想网络、雉类理想网络和哺乳动物理想网络。这些网络由最小费用廊道与核心生境斑块直接相连，反映了物种最高的景观连通性需求，因此，理想网络代表着当地森林保育管理的理想状态。这样的综合性网络系统为规划者和利益相关者提供了一个深入和直观的视角来理解生态过程的保护需求，有助于提升区域生态系统可持续性。

案例 7-3 武汉市城市湿地生态网络构建

在城市市域湿地生态网络构建中，可以运用最小费用距离模型和焦点物种代理法识别城市潜在的湖泊湿地生态网络，在此基础上运用中心度方法重点评价城市湖泊湿地网络要素的重要性。一些重要的生境斑块和廊道分布在中环线周围地区，这些地区正是今后城市扩张的主要位置，这反映出城市湿地生物多样性保护与城市发展之间的矛盾将进一步加剧。为进一步保护优先的湿地资源和重要的湿地鸟类生境，应将湿地资源重要性评价结果纳入城市总体发展规划中，予以优先保护和恢复。本案例强调了湿地生态网络中各种景观要素的重要性评价，并展示了景观中心度在评价景观要素重要性评价中的有效性。上述研究方法能够较好地应用于市域湿地生态网络结构评估和其他类型生态网络构建评估。此外，一些处于远郊的湖泊湿地网络重要值较低，如沉湖湿地仅处于中度重要性组内，这可能与研究范围限制有关，也表明生态网络的研究需要跨越不同尺度和行政区界限。因此，今后生态网络评价与规划研究应重点加强对网络尺度效应的关注。

【本章小结】

城市生态安全格局的构建秉承“生态风险现状评价—预测未来生态风险—生态安全格局构建”的规划思路，对城镇化背景下城市生态安全格局进行构建：基于遥感影像与GIS技术，首先结合城市特点提取基于土地利用信息的生态风险监测指标并完成对空间指标的量化；在“状态—压力—响应”模型框架下，构建涵盖空间信息与非空间信息的预警评估体系，对城市生态风险现状进行评价；多方案比较研究规划年末城市景观格局动态变化模拟预测，从风险指数与空间格局两个方面预测城市历年的生态风险警情与空间分布；构建风险条件制约下的城市生态安全格局，并提出相应的调控措施，从而为该地区的可持续发展探求有效的管理途径。

在城镇化发展中，景观破碎化程度加大、景观形状趋于复杂、景观蔓延度指数逐年下降、景观连通性逐年下降，生态网络作用不断弱化等，是一般城市普遍存在的情况。生态要素是城镇空间扩展的重要制约条件，限制了城区面积以“摊大饼”的模式增长，促进该区域以卫星城镇模式增长是基于景观格局分析的理性选择。通过景观阻力空间分析确定生态节点与廊道，形成城市生态网络，采用该发展格局将能够最大程度降低城市的生态风险，有利于城市未来的可持续发展。

未来与城市生态安全格局相关的工作，还要在基于遥感的城镇扩张监测、生态风险内在机制与多要素耦合效应研究和跨学科多尺度的人居环境评价技术等方面加大投入，以期实现城市可持续发展。

【关键词】

生态安全；城市生态安全格局；城市生态预警；城市生态风险指标；城市多功能绿道；城市森林生态网络；城市湿地生态网络

【思考题】

1. 城市生态安全格局构建的思路。
2. 城市生态安全格局的构建方法。
3. 城市市域生态网络的构建对于城市生态安全格局的影响。
4. 城市市区生态安全格局构建的重点。

第八章 城市生态工业园规划

【本章提要】

城市生态工业园规划是城市生态规划的一项重要内容，是城市生态规划的核心组成部分。建设生态工业园区，不但有利于园区内各企业自身的发展壮大，而且可以在区域、行业范围内促进资源综合利用、高效利用，引导绿色工业导向和可持续发展，推进生态工业园区的建设和循环经济的发展。本章主要介绍城市生态工业园的规划方法及实践。首先介绍了生态工业园的相关概念、特征、类型以及未来的发展趋势，进而介绍了生态工业园的指标体系、产业链网规划以及资源高效利用和污染物的控制，最后阐述了生态工业园的布局模式以及实践建设。

8.1 生态工业园相关概述

进入 21 世纪以来，世界城市进程不断加快，全球经济以惊人的加速度向前发展。在 GDP 增长的同时，四通八达的交通、高耸入云的建筑、如雨后春笋般出现的工业区等，都为人类的工作和生活大大提高了效率，也增加了人类生活的舒适度。在人类征服自然、改造自然的过程中，我们向自然索取得越来越多，对自然资源的开发和索取大大超过了自然资源的负荷能力和承载能力。原有生态环境被人类肆意破坏，使得环境问题、气候问题、生态问题日益严重，洪涝、干旱、沙尘暴、水资源稀缺、物种多样性降低、气候变化失常等问题屡见不鲜，资源和环境已经成为当今人类发展的限制因素。

从社会发展过程看，在过去的200年间，由于工业革命导致大规模的化石燃料的燃烧，全球CO_2排放量和城市化水平一直在同步稳定增长，目前均有加快的趋势。我国是世界最大的煤炭消费国，一次能源消费中煤炭的比例达到95.3%。在能源消费的各个部门中，工业能源消费所占比例最高，2007年全国工业能源消费量占能源消费总量的比例达到71.6%，工业CO_2排放比例最高，占全国的82.57%。可见，在人类活动中对环境和生态影响最大的活动即为工业活动。

自20世纪70年代起，人们已经认识到环境问题的重要性，并开始治理环境。迄今为止，人类对环境的治理主要经历了三个不同的阶段，即末端治理、清洁生产和生态工业。

8.1.1 生态工业园的概念

自然界中存在着各种形态的自然生态系统，也存在着各种形态的人工生态系统。处于动态平衡的生态系统物质循环和能量流动比较顺畅，因此对环境的危害很少。在工业生产的实践中，人们逐渐寻找用于工业的人工生态系统——工业生态系统，工业生态学的研究已经进入实践阶段，生态工业园区是目前工业生态学理论实践的主要载体。

生态工业园的概念有很多种提法。美国康奈尔大学首先提出了生态工业园区的概念。1995年Cote和Hall提出了生态工业园的定义，即一个工业系统，涵盖自然资源和经济资源，并减少生产、物质、能量、风险和处理成本与责任，改善运作效率、质量、工人的健康和公共形象，而且还提供由废物的利用和销售所能够获利的机会。

有关生态工业园区的不同定义达20种之多，尽管这些定义有不同之处，但共同的实质均强调环境成本的消减和内部成员的合作，强调经济、环境和社会功能的协调和共进，且后者是生态工业园区成员合作的动力源。目前对生态工业园区比较完善的定义为：生态工业园区是依据循环经济理论和工业生态学原理而设计成的一种新型工业组织形态；通过正确模拟自然生态系统来设计工业园区的物流和能流，是基于生态系统承载能力、具有高效经济过程及和谐生态功能的网络进化型工农业；是生态工业的聚集场所，由若干企业、自然生态和居民区共同构成，是彼此合作并与地方社区协调发展的一个区域性系统。其目标是通过两个或两个以上的生产体系或缓解之间的系统耦合使物质和能量多级利用、高效产出或持续利用；通过废物交换、循环利用、清洁生产等手段最终实现园区的污染“零排放”。

目前就我国而言，环境保护部在《综合类生态工业园区标准》HJ 274—2009中给出了生态工业园的定义：生态工业园区是依据循环经济理念、工业

生态学原理和清洁生产要求而建设的一种新兴工业园区。它通过理念革新、体制创新、机制创新，把不同工厂、企业、产业联系起来，提供可持续的服务体系，形成共享资源和互换副产品的产业共生组合，建立"生产者—消费者—分解者"的循环方式，寻求物质闭路循环、能量多级利用、信息反馈，实现园区经济的协调健康发展。

8.1.2 生态工业园特征

从生态工业园的定义可以看出，生态工业园综合地运用了工业生态学和循环经济理论，把经济增长建立在环境保护的基础上，体现了人与自然和谐相处的思想，是未来经济可持续发展的一种重要模式。生态工业园具备以下一些具体特征。

1）生态工业园的学科基础是生态学，核心是循环经济、清洁生产和节能低碳。

2）生态工业园的定位是以产品、副产品、废物、服务或信息供求关系形成产业共生网络，追求经济、环境和社会效益的最大化。

3）通过资源回用、再生、梯级利用等形式，实现经济、环境的可持续发展。

4）有明确的核心企业，整个园区围绕一个或者几个核心企业运行。

5）拥有清洁高效的环境基础设施，为园内企业提供高效便捷的能源、水源供应及污染处理方案，具备高水平环境质量。

6）拥有科学的生态管理体系，完善的生态工业管理信息网络。

7）注重与周边社区、工业园区、环境的协调发展。

8.1.3 生态工业园类型

纵观国内外各生态工业园，由于产生或构建环境、条件、功能等的不同，其模式并不统一，因地制宜，各自具有自己的特点。可以从原始基地、产业结构、区域位置等不同的角度对生态工业园区进行分类。

1）从原始基础角度，可以将生态工业园区划分为现有改造型和全新规划型。

2）从产业结构角度，分为行业型、综合园区型和静脉产业型。

3）从区域位置，分为实体性与虚拟型。

8.1.4 生态工业园未来的发展趋势

全球变暖已经是一个不争的事实，近百年来全球地表温度上升了0.74℃。冰川消融加速，北半球的积雪面积在急剧减少，海平面也在上升。气候变化的主要原因除了自然因素外，同人类的活动，特别是工业生产中大量使用化石燃料以及土地利用结构而改变释放 CO_2 的程度密切相关。

气候变化已严重威胁到人类的可持续发展，成为国际社会普遍关注的重大全球性问题。为应对全球气候变化的重大挑战，避免灾难性的气候变化，人们对低碳经济和低碳城市的关注与行动也日趋强烈，联合国环境规划署2008年世界环境日的主题确定为"转变传统观念，推行低碳经济"。

应对气候变化成为全球当前和未来40年的重要任务。因此生态工业园在未来的发展中也会体现出以下发展趋势。

1）转变产业结构，选择低碳产业。

2）发展循环经济，构建产业共生网络。

3）降低能源消耗，提高新能源使用率。

4）健全管理体制，实现绿色信息化。

8.2 生态工业园建设指标体系

8.2.1 生态工业园的指导性指标体系

8.2.1.1 生态工业园现有的指标体系

（1）标准类生态工业园的指标体系

目前生态工业园建设已经成为解决结构性污染和区域性污染、调整产业结构和工业布局、实现新型工业化的一种新的发展模式。2007 年，原国家环保总局先后公布了三个不同类型的生态工业园标准，即《综合类生态工业园区标准（试行）》HJ/T 274—2006、《行业类生态工业园区标准（试行）》HJ/T 273—2006 和《静脉产业类生态工业园区标准（试行）》HJ/T 275—2006，用于指导各类生态工业园区的规划、建设和管理。各个类型生态工业园区标准均规定了本类型生态工业园区验收的基本条件和指标，并根据生态工业园的特征和生态工业园区建设的关键环节，制定了适合本类型生态工业园区发展的指标体系。试行一段时间之后，发现部分该标准难以全面反映综合类生态工业园的特点与要求，因此对之进行修订。2009 年 6 月，环保部门正式公布了修订后的《综合类生态工业园区标准（发布稿）》HJ 274—2009，对原有试行标准进行了修订和进一步完善。

（2）学术类生态工业园的指标体系

目前国外在生态工业园指标体系构建方面的研究很少，几乎没有。而国内在这方面的研究较多。生态工业园评价体系的建设已成为当前学术界关注的焦点之一。研究者黄鹍、陈森发等人根据生态工业园区的基本内涵和设计原则，构建了由发展水平、发展能力、发展协调三大部分组成的评价指标体系。

王灵梅和张金屯两位学者以朔州火电厂生态工业园为实例，建立了园区生态管理方案和评价指标体系，为园区经营者和政府管理部门提供了决策指导和管理依据。

除了以可持续发展为主题的指标体系构建外，还有研究者针对生态工业园的柔性、生态效率、生态承载力等不同侧重点的指标体系进行了研究。王艳丽等在首次提出了生态工业园的柔性概念后，给出了具体的生态工业园柔性评价指标体系。有人以生态效率理论为基础，建立生态工业园的生态效率指标，通过案例进行生态工业园生态效率的测算与分析。商华等以无锡新区生态工业示范园区、苏州工业园区生态工业园和苏州高新区三个园区为例，构建了包括以经济效益、资源能源效率、生态环境效益和循环经济四个准则层在内的生态效率指标体系，指标体系包括生态弹性度、资源环境承载力和承载压力度三个部

分。研究从生态承载力角度揭示了该工业园区可持续发展面临的主要问题并提出了对策、建议。

8.2.1.2 生态工业园的评价方法

在构建好指标体系的基础上，评价方法的选择也十分重要，许多学者进行了评价方法的应用和改进研究。

Anna Wolf、Benedetti、Nisson、Jim Altham和Ren Van Berkel、Diwekar等国外学者对生态工业园区评价方法展开了深入、系统的研究。生态工业园区评价从工业生态系统评价、环境评价以及可持续发展评价中吸取了许多有益的方法和模型，涵盖了经济、环境、社会等领域，涌现出一批新的评价方法和评价模型，例如三底线计算法、模糊地图法等，推动了生态工业园区的发展。国内学者对生态工业区评价方法的研究主要有两个方面：一是确定指标权重系数方法研究；二是进行指标量化并计算总分值，构建评价模型方法。商华和武春友、乔琦等在这方面均进行了研究。目前，常用的评价方法有层次分析法、模糊综合评价法、灰色聚类法和人工神经网络法等。

8.2.1.3 生态工业园评价体系存在的问题

生态工业园的评价体系为把握和预测园区的发展水平和趋势提供了良好的理论依据。但是，现有研究仍存在着一定的不足。在指标体系构建方面，有的指标体系缺少生态环境类的指标；有的定性指标较多；有的准则层次划分过细；还有的指标分类混乱。在评价方法方面，现有方法能较好地评价某一园区在某年的发展水平或者是几个园区之间的发展比较，但是目前评价方法的研究还缺乏简便易行的动态评价方法，这是生态工业园评价上的一个欠缺。

总之，我国的生态工业园评价研究正处于起步阶段，仍需要继续深入研究。

8.2.2 生态工业园的指导性指标体系的选取

8.2.2.1 构建原则

循环经济原则，清洁生产原则，高科技高效益原则。

8.2.2.2 低碳发展指标

要构建适应低碳发展要求的生态工业园指导性指标体系，首先要筛选出影响生态工业园低碳发展的指标。

（1）指标选取

由于低碳经济提出时间较短，一些理论尚不成熟，低碳方面的实践也相对较少，故在此提出生态工业园低碳发展指导性指标。

2006年6月，国家环境保护总局发布《静脉产业类生态工业园区标准（试行）》HJ/T 275—2006及《行业类生态工业园区标准（试行）》HJ/T 273—2006。2009年6月，环境保护部发布并实施了《综合类生态工业园区标准》HJ 274—2009。生态工业园低碳发展指导性指标是在生态工业园的要求基础上添加的低碳发展指标，因此，本书以《综合类生态工业园区标准》HJ 274—2009的指标体系为基础，依据循环经济原则、清洁生产原则和高科技高效益原则，综合考虑生态工业园各个耗能环节的排碳途径、减碳途径和碳汇途径，考虑生态工业园的发展现状、趋势，以及应对气候变化和低碳发展的发展重点，提出生态工业园低碳发展指标，并征求能源、环保、生态、经济、规划等领域专家的意见，最终确定了生态工业园低碳发展指导性指标体系。

（2）指标设置

生态工业园低碳发展指标体系共分为三层，第一层为目标层，即生态工业园低碳发展；第二层为准则层，分别对应低碳发展的几个发展重点，即低碳能源、碳汇建设、低碳技术、低碳建筑、低碳交通、低碳管理；第三层为指标层，即各项单项指标。

依据生态工业园中碳流的构成要素，园中碳排放量主要与能源消耗量有关，园区能耗主要体现在工业生产中对一次能源的消耗、建筑能耗和交通能耗上，因此设定低碳能源、低碳建筑、低碳交通以及碳汇建设 4 大方面的准则。同时考虑到低碳技术在一定程度上可以决定低碳发展的前途，效率高、效果强的管理与控制是低碳发展稳定运行的保障，因此在指标体系中增加低碳技术与低碳管理两大准则。

（3）指标构建

在进行指标选取和指标设置后，构建生态工业园低碳发展指标体系，见表 8–2–1。

生态工业园低碳发展指标　　表 8–2–1

目标层	准则层	指标层	单位
生态工业园低碳发展	低碳能源	单位工业增加值综合能耗	t 标煤 / 万元
		单位工业增加值碳排放量	t/ 万元
		单位能源用量碳排放系数	—
		可再生能源利用率	%
		化石能源在一次能源消费结构中的比例	%
	碳汇建设	林木覆盖率	%
	低碳技术	高新技术产业占工业增加值比例	%
		低碳技术的研发经费占 GDP 比例	%
	低碳建筑	节能建筑覆盖率	%
	低碳交通	绿色交通分担率	%
		低道路基础设施完善程度	%
	低碳管理	企业参与度	—

注：本指标体系是在生态工业园的建设指标体系的基础上为了响应低碳发展而设置的一系列指标。

8.2.2.3　体系构建

（1）指标选取

评价指标选取的具体操作过程为：

以《综合类生态工业园区标准》HJ 274—2009 的指标体系为基础，综合考虑生态工业园的发展现状、趋势，以及应对气候变化和低碳发展，增加、修改、

删减部分指标，并征求环保、生态、经济、规划等领域专家的意见，最终确定生态工业园指导性指标体系。

（2）指标设置

指标体系共分为三层，第一层为目标层，即生态工业园可持续发展；第二层为准则层，分别对应生态工业园发展的几个重要方面，即经济发展、物质减量与循环、污染控制和园区管理；第三层为指标层，共 28 项单项指标。

（3）指标构建

适应低碳发展要求的生态工业园指导性指标体系见表 8–2–2。

适应低碳发展要求的生态工业园指导性指标体系　　表 8–2–2

目标	准则	序号	指标	单位
生态工业园可持续发展	B_1 经济发展	C_1	人均工业增加值	万元 / 人
		C_2	工业增加值年平均增长率	%
		C_3	高新技术产业增加值占 GDP 比重	%
		C_4	低碳技术的研发经费占 GDP 的比例	%
	B_2 物质减量与循环	C_5	单位工业用地工业增加值	亿元 /km^3
		C_6	单位工业增加值综合能耗	t 标煤 / 万元
		C_7	综合能耗弹性系数	—
		C_8	单位工业增加值新鲜水耗	m^3/ 万元
		C_9	新鲜水耗弹性系数	—
		C_{10}	单位工业增加值废水产生量	t/ 万元
		C_{11}	单位工业增加值固废产生量	t/ 万元
		C_{12}	工业用水重复利用率	%
		C_{13}	工业固体废物综合利用率	%
		C_{14}	非传统水源利用率	%
		C_{15}	可再生能源所占比例	%
		C_{16}	节能建筑比例	%
		C_{17}	园区绿化覆盖率	%
	B_3 污染控制	C_{18}	单位工业增加值 COD 排放量	kg/ 万元
		C_{19}	COD 排放弹性系数	—
		C_{20}	单位工业增加值 SO_2 排放量	kg/ 万元
		C_{21}	SO_2 排放弹性系数	—
		C_{22}	危险废物处理处置率	%
		C_{23}	生活垃圾无害化处理率	%
		C_{24}	污水达标排放率	%
		C_{25}	单位 GDP 碳排放强度	t/ 万元
	B_4 园区管理	C_{26}	生态工业园信息平台完善度	%
		C_{27}	重点企业清洁生产审核实施率	%
		C_{28}	企业参与度	%

8.3 生态工业园产业链规划

8.3.1 生态工业园的产业链设计方法

8.3.1.1 主导产业链优选

丹麦卡隆堡工业共生体是以火电厂、炼油厂为核心企业，不断派生其他产业链，构成稳定的生态工业共生体。贵港国家生态工业示范园区是以制糖业为核心产业，由三条主导产业链（甘蔗—制糖—蔗渣—造纸；制糖—糖蜜—制酒精—酒精废液—制复合肥；制糖—低聚果糖）支撑整个园区。鲁北生态工业园区以磷铵－硫酸－水泥联产纵向主链、海水"一水多用"纵向主链、盐－碱－电－铝联产横向主链构成了资源共享、产业共生、结构紧密的工业生态系统。可见生态工业园区的稳定发展离不开园区主导生态产业链的核心作用。主导产业链是工业区或企业的核心链条，维系着工业区或企业生态产业链的稳定和发展。

因地制宜，优选出突出地方产业优势或反映出园区产业建设主题的主导产业链。根据关键种原理，优选出关键种企业，关键种企业就是能源、资源和水消耗较大，废物和副产品排放量大，对环境影响较大且带动和牵制着其他企业、行业发展的重点企业。优选出关键种企业后，分析其工业代谢及补链，对其进行生态产业链的设计。

8.3.1.2 引入补链企业

分析以关键种企业为核心的主导产业链，以其副产品和废物为突破点，有针对性地引入补链企业或工厂，把主导产业链产生的副产品和废物作为补链企业的原材料，延伸主导产业链，构建生态产业链。

引入的补链企业作为生态产业链的一个重要节点，其生产规模应匹配与其产业对接的企业，并建立长期合作伙伴关系，同时补链企业在满足其对接企业需求的前提下，应建立原材料多方供应渠道，满足生产，从而稳定生态产业链。

通过发展关键补链项目和创建资源回收型企业来丰富工业系统的多样性，以增强工业生态系统的稳定性，提高区域产业整体竞争能力与实力。

8.3.1.3 横向共生、纵向耦合

依据生态系统中的结构原理，注重工业园区分解者和再生者的地位，在规划设计中体现如下几点：鼓励各企业从产品、企业合作、区域协调等多层次上进行物质、信息、能量的交换，降低系统内物质、能量流动的比率，减少物质、能量流动的规模，建设并持续运行工业共生的生态链（网）的各种政策，强化对园区生态系统的人工调控，为园区的物质流、能量流、信息流等形成网状运动创造必要的条件。也就是说，生态产业链设计要本着促进企业内部或企业间形成横向共生、纵向耦合的原则，利用不同企业之间的共生与耦合以及与自然生态系统之间的协调来实现资源的共享，物质、能量的多级利用以及整个园区的高效产出与可持续发展。只有如此才能达到包括自然生态系统、工业生态系统、人工生态系统在内的区域生态系统整体的优化和区域社会、经济、环境效益的最大化。

8.3.1.4 设计操作步骤

在某一特定的区域内构建生态产业链的具体目标、要求和侧重点会有所不

同。这里讨论一般情况下的主要工作步骤和应遵循的指导方针，以下步骤和指导方针只是一个工作框架，并不是一成不变的，需要在实践中根据具体情况进行选择和分析。

（1）动员和组织

生态产业链的建设需要各个部门、各个企业和公众的支持，因此必须由地方政府带头组织工作，向各企业和公众宣传我国发展循环经济的战略，开展生态工业园区及其生态产业链的建设所带来的好处：企业创效益，增加地方就业，改善区域环境，协调社会发展。动员地方政府各部门、企业和公众积极支持所在地的生态产业链规划与建设。工作初期很重要的任务是动员园区的关键种企业来牵头组织生态产业链构建工作。建立生态产业链规划设计工作小组，包括领导小组和技术小组。领导小组由地方政府的领导、规划项目负责人和关键种企业领导组成，并指导规划设计，协调和组织各企业加入生态产业链建设。技术小组主要由承担生态产业链规划设计人员组成，包括部分企业的管理和技术专家，为生态产业链的规划设计提供市场风险评价和技术支持。

（2）调查与诊断

对项目规划范围内进行现状调查，主要调查和分析园区以及周围区域内当前的自然条件、社会经济背景，现有行业和企业状况，物流、水流和能流，副产品和废物产生与处置，现有生态工业雏形，环境容量和环境标准，可能的副产品和废物利用渠道，可能形成的产业链等。并重点调查能源、资源和水消耗较大，废物和副产品排放量大，对环境影响较大且带动和牵制着其他企业、行业发展的“关键种企业”。

优选出突出地方产业优势或反映园区产业建设主题的主导产业链，在分析其工艺流程及其工业代谢基础上，对其进行产业链诊断。

（3）规划设计

根据现状调查资料，产业链的工业代谢分析和诊断，确立产业发展定位和规划目标。对以关键种企业为核心的主导产业链进行规划设计，以副产品和废物为突破口，有针对性引进补链项目，对于园区普遍产生的垃圾，引入分解者进行回收利用与处置，构建园区的生态产业链。

由于生态工业本身的特点，规划中应纳入清洁生产、工业代谢、生态效率、副产品和废物交换、为环境而设计、系统集成、公众参与等思想和相应的方法。

8.3.2 生态工业园产业链设计

在生态工业园内，模仿自然生态系统的运作模式，各种在业务上具有关联关系的企业聚集在一起，形成生态产业链，其中一家企业产生的废物可能成为另一家企业的生产原料。生态产业链的结构是决定园区整个工业生态系统的稳定性和可持续性的关键因素。

8.3.2.1 生态工业园中的企业生态产业链结构模型

（1）自然生态系统中的生物链结构

经过大约数十亿年的演化，自然生态系统是生物圈中发展最为完善的生态系统。各种生物通过一定的结构在生态系统内相互联系、相互影响、相互作用，使整个生态系统稳定、平衡发展。多种多样的生物种群在生态系统中扮演着重要的角色，根据它们所发挥的作用和地位可以划分为生产者、消费者和分解者。其中，生产者（Producer）是能用简单的无机物制造有机物的自养生物（Autotroph），包括所有的绿色植物和某些细菌，是生态系统中最基础的成分；消费者（Consumer）是不能用无机物制造有机物的生物，他们直接或间接地依赖于生产者所制造的有机物，这些是异养生物（Heterotroph）；分解者（Decomposer）又称为还原者（Reducer），是生态系统的清道夫，在生态系统中连续地进行分解作用，把复杂的有机物逐步分解为简单的无机物，最终以无机物的形式回归到自然环境中。

自然生态系统中各生物群之间最本质的联系是通过生物链来实现的，生物链是生态系统内部的联系纽带。生物链把生物与非生物，生产者与消费者，消费者与消费者联结成了一个整体，能量和物质就是沿着生物链从一个生物体转移到另一个生物体的，生物链上的每个环节都可以作为一个营养级。无论哪种生物链，它的能量和物质转移过程总是处于运动变化之中。生产者提供的能量和生物量，除去生命活动本身所消耗的以外，各级消费者所获得的数量总是依次递减，为形象直观地说明它们之间的营养关系常用生态金字塔图形表示。生态系统通过生物链实现了对各个种群的自我协调机制和反馈机制。

（2）生态工业园中的生态产业链结构模型

自然生态系统的某些特性对于指导人类的实践活动起到了非常重要的作用，因此模仿自然生态系统、按照自然规律来规划传统的工业园具有非常深远的现实意义。从生态系统的角度看，生态工业园实际上是一个生物群落，可能是由初级材料加工厂、深加工厂或转化厂、制造厂、各种供应商、废物加工厂、次级材料加工厂等组合而成的一个企业群。或者，也可能是由燃料加工厂或废物再循环厂组合而成的一个企业群。在其中存在着资源、企业、环境之间的上下游关系与相互依存、相互作用关系，根据它们在园区中的作用和位置不同也可以分为生产者企业、消费者企业和分解者企业。另外，在该企业群落中还伴随着资金、信息、政策、人才和价值的流动，从而形成一种类似自然生态系统生物链的生态产业链。因此，所谓生态产业链是指某一区域范围内的企业模仿自然生态系统中的生产者、消费者和分解者，以资源（原料、副产品、信息、资金、人才）为纽带形成的具有产业衔接关系的企业联盟，实现资源在区域范围内的循环流动。为了充分说明与研究生态工业园中的生态产业链结构关系，特建立了其结构模型，如图 8-3-1 所示。

（3）生态工业园中的生态产业链模型分析

生态工业园生物群落体 A—B—C 在整个生态工业园中，存在着各种要素与元素，这些要素与元素之间存在着十分复杂的关系，这些关系既有上下游企业之间的副产品交换、信息和资金的流动关系，也存在当地政府、园区管理者的政策和管理活动以及市场的竞争与合作关系。按照生物链的分析方法，本书将生态工业园的各种要素、元素分成三大类：一类是公共设施类（A），即支持生态工业园中企业发展的一些公共设施，包括信息中心、技术中心、环境中心，道路交通、垃圾填埋厂、能源中心（电、热、气）等；第二类是生态产业链（B），

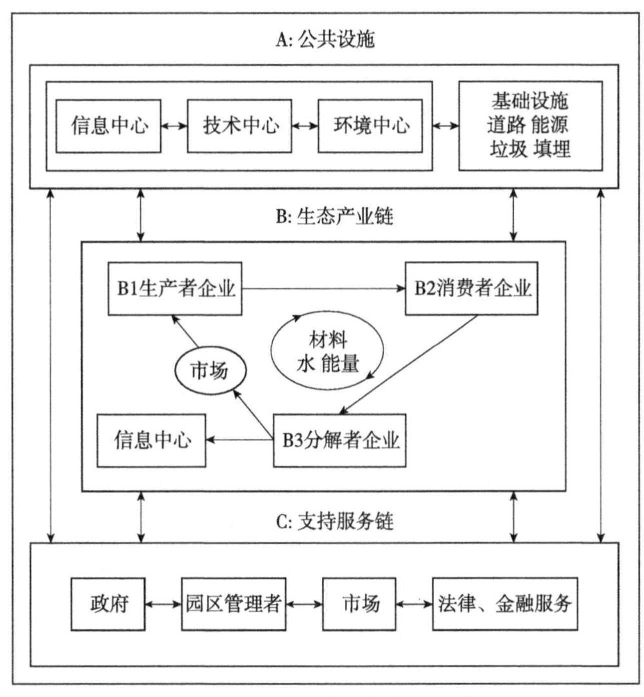

图 8-3-1 生态产业链模型示意

是指生态工业园中的各企业，这是园中的主体，它们按照生产者、消费者和分解者的关系分别处于产业链条的不同节点上，并按照生物链的运作规律进行着资源（材料、能源、水）、信息、资金和人才的流动；第三类是支持服务链（C），包括政府、园区管理者、市场和法律、金融等，这些因素将从政策、资金和市场的角度来影响园区内的企业。

A、B、C 三类要素除了其内部具有十分密切的关系外，其三者之间的关系也具有很强的依存性。公共设施类因素是为了提高生态工业园内企业的资源和生态效率而建立的一些基础设施，由于这些设施的存在，节省了企业大量的本来由自己去投资建设的开支，成为吸引企业进驻生态工业园的一个重要因素，同时也是构成企业生物群落的基础；生态产业链是生态工业园中的主体因素，相当于企业生物群落中的生物种群；支持服务链构成了生态工业园区企业生物群落生存与发展的大的环境与条件，对于生态工业园内的各要素都将产生影响。

8.3.2.2 生态产业链的平衡、稳定与发展

生态工业园中的生态产业链也存在着平衡、稳定与发展的问题。若工业共生网络中的每条生物链上的各个环节都与其他环节相协调，就会促进生物链的平衡发展，这样的生物链就会是稳定的；相反若生态产业链中某些环节缺少相关企业的支撑或者非常薄弱，又没有外部资源的补充，这种生态产业链就是不稳定的，进而会影响生态工业园的健康发展。

（1）内部平衡与外部平衡的关系

生态工业园作为一个开放的系统，其生物链的平衡是开放的平衡，若是内部不能实现平衡，但在与外部的交互作用中能够获得平衡也是可以的。但无论如何，生态工业园区中的生态产业链必须是连续、平衡的，否则生物链就不能

自我发展，就始终需要外部力量干预才能运行。生态工业园想要获得自我驱动的内涵式发展，就必须建立有序、平衡的生态产业链，使生产者企业群、消费者企业群和分解者企业群在规模、数量和产品质量方面形成耦合关系，获得工业共生网络自我协调发展的活力。

(2) 生态工业园生态产业链平衡与不平衡的循环

生态工业园中生态产业链的平衡是动态的、发展的，原有平衡的打破，既可能意味着生物链的失衡，也可能意味着一次发展的飞跃。生态工业园工业共生网络的发展需要外部力量的干预，旧的平衡被打破，意味着新的平衡将确立，这本身就是一个自和谐、自组织和自我发展的过程。在生态工业园中的生态产业链的平衡、稳定与发展的关系上，平衡与稳定是条件，发展是最高目标。只有维持生态产业链和园内工业共生网络的平衡与稳定，生态工业园中的工业共生网络才能获得可持续的发展。

8.4 生态工业园资源高效利用及污染物的控制

8.4.1 生态工业园资源高效利用

生态工业园应有现代化的基础设施作为支持系统，为生态工业园的物质流、能量流、信息流、价值流和人力资源流创造必要的条件，从而使工业园在运行过程中，减少经济损耗和对生态环境的污染。工业园支持系统应包括：道路交通系统，信息传输系统，物资和能源的供给系统，商业、金融、生活等服务系统，各类废弃物处理系统，各类防灾系统等。

对生态工业园生产和生活中产生的各种污染和废弃物，都能按照各自的特点予以充分的处理和处置，使各项环境要素质量指标达到较高的水平。特别是为废物的利用和销售提供了机会。

8.4.1.1 能源高效利用

能源是整个世界发展和经济增长的最基本的驱动力，是人类赖以生存的基础。在某种意义上讲，人类社会的发展离不开优质能源的出现和先进能源技术的使用。但是，由于社会的不断发展和工业化进程的不断加快，人类在享受能源带来的经济发展、科技进步等利益的同时，也遇到了一系列无法避免的能源安全挑战、能源短缺、资源争夺以及过度使用能源造成的环境污染等问题，威胁着人类的生存与发展。在全球经济高速发展的今天，能源安全已上升到了国家的高度，各国都制定了以能源供应安全为核心的能源政策。

同时，大量碳素能源消费所排放的温室气体造成全球气候变暖，由此带来的灾害性天气增多、生态系统面临失衡等问题，也已成为当今社会普遍关注的全球性问题。有数据显示，与能源相关的二氧化碳排放量占到全球温室气体排放量的 61%。IPCC 报告认为，如果不采取有效行动，全球平均温度在未来 100 年最高可能增加 5.8℃，并对全球的可持续发展造成重大威胁。控制温室气体排放已经成为世界能源发展中一个新的制约因素，依赖传统化石能源既不可持续也不利于污染减排，人类必须及时建立其可持续的低碳能源体系，在保障能源安全的同时消减碳排放量，改善环境问题。

中国作为世界上最大的发展中国家，也是一个能源生产和消费大国。能源生产量仅次于美国和俄罗斯，居世界第三位，基本能源消费占世界总消费量的1/10，仅次于美国，居世界第二位。同时，我国又是一个以煤炭为主要能源的国家，发展经济与资源消耗、环境污染之间的矛盾更为突出。积极实践、探索一条既能保证能源长期稳定供给又不会造成环境污染的可持续的低碳经济发展途径，成为我国可持续发展的重要课题之一。

生态工业园区的各项活动在“自然物质—经济物质—废弃物”的转换过程中，应是自然物质投入少，经济物质产出多，废弃物排泄少。通过发展高新技术使工业生产尽可能少地消耗能源和资源，提高物质的转换与再生，以及能量的多层次分级利用，在满足经济发展的前提下，使生态环境得到保护。

低碳能源发展战略：提高能效，节约用能，控制总量；高效洁净化地利用化石能源；提高可再生能源和核能利用率。

提高能效，节约用能：建筑节能——节能建筑，节能厂房，节能照明系统；工业节能——工业余热利用，电厂余热利用，循环冷却水余热利用，提高生产能效；管理节能——能源审计，合同能源管理。

推广化石能源的洁净利用技术：清洁煤技术——煤气化技术，煤液化技术，煤制天然气技术，煤制氢技术；CCS 技术——CO_2 捕获技术，CO_2 封存技术。

充分利用可再生能源：太阳能——太阳能照明，太阳能热泵，太阳能光伏发电；浅层地热能；污水源热泵；地热井。

8.4.1.2 水资源高效利用

水是人类生存和发展不可替代的资源，是经济和社会可持续发展的基础。在全球资源环境问题日益突出的21世纪，水资源短缺已成为首要问题，将直接威胁人类的生存和发展。我国是世界上缺水较为严重的国家，淡水资源极其紧缺，加之自然水体污染日益严重，水已不再是一种“取之不尽，用之不竭”的自然资源。水资源已成为“社会—资源—环境”复杂系统中资源子系统的一部分，其供给、利用、再生和循环，受系统中其他要素的影响，同时也影响着其他要素和系统整体的存在状态和发展趋势。

水系统优化可采取节约用水、分质供水和充分利用非传统水源等措施，以实现水资源的高效利用。节约用水是水资源高效利用的首要途径，即在保证生活质量和产品质量的前提下，提高水的利用效率，减少新鲜水耗，进而减少末端治理负荷。分质供水是相对于混同供水而言，简单地说，就是按不同水质供给不同用途的供水方式。非传统水源主要包括再生水、海水淡化水、雨水等。

8.4.1.3 土地及岸线资源的高效利用

(1) 土地的集约节约利用

生态工业园区作为区域工业的重要发展载体和经济增长极，在土地利用上应体现出一定程度的集聚效应，资金集聚程度、地均投资强度和产出率应远高于一般地区。因此，生态工业园区应增加对土地的投入，改善经营管理，挖掘土地利用潜力，不断提高工业园区土地利用强度和经济效益。具体可以通过以下措施实现：合理规划园区、企业布局；积极探索“零土地技改”；严格执行项目准入制度；严格用地监管和项目验收；充分发挥地价杠杆作用；推广建设多层标准厂房。

(2) 岸线集约利用

海岸带和内河带均是稀缺宝贵的国土资源，具有港口、渔业、旅游等多种开发利用功能，而岸线又是海岸带和内河岸带的精华之地，尤其是带有港湾的曲折岸线更为宝贵。因此，科学合理地开发利用岸线资源对临港工业园区具有重要的意义。可采取以下措施：①按实际需求出让，避免资源浪费；②合理规划布局，注重功能协调；③预留发展空间，满足远景需求；④加强岸线资源生态环境保护。

8.4.2 生态工业园的污染物控制

8.4.2.1 水污染控制

生态工业园中的水污染控制可分为园区和企业两个层面。企业层面控制的重点是控制重点污染源的污染物排放，园区层面控制的重点是建设集中污水处理厂和再生水厂。

企业层面水污染控制可采取以下措施：①严格执行环境影响评价和“三同时”制度；②严格实施总量控制和排污许可制度；③对于重点排污企业实施有效监管；④开展清洁生产审核。

8.4.2.2 大气污染控制

生态工业园区的大气污染控制主要包括生产工艺大气污染控制、市政设施大气污染控制、道路交通大气污染控制三方面内容。生产工艺大气污染控制主要针对有毒有害气体及特征污染物;市政设施大气污染控制主要针对二氧化硫、氮氧化物、恶臭等；道路交通大气污染控制主要针对氮氧化物、扬尘等。

8.4.2.3 固体废弃物污染控制

(1) 工业固体废物

工业固体废物是指在工业生产活动中产生的固体废物。不同的工业类型和工艺所产生的固体废弃物的种类和性质也迥然不同。从成本、社会环境效益等角度考虑，工业固体废弃物根据综合利用方式可分为三类。①可回收利用的固体废弃物，可以送到相关企业继续利用。②焚烧后没有或基本没有二次污染的固体废物，可以送至热电厂、冶金企业等替代部分燃料进行焚烧，减少固体废物量的同时又做到了热量回收。③本企业不能处置，也不能循环利用、不能回收能量的固体废物,需将其送到相应的一般工业固体废物处理厂进行集中处理。

(2) 生活、办公垃圾

一般工业园区中没有大型的集中居住区，生活垃圾的产生量相对较小，以办公垃圾和人员日常生活垃圾为主。办公垃圾主要来源于各类商业企业及专业性服务网点和各种事业单位工作中产生的垃圾。控制生态工业园生活、办公垃圾污染的基本思路可以归纳为：源头减量→分类回收→废物转换→最终处置。

(3) 危险废物

生态工业园区中危险废物的处置遵循“减量化、资源化、无害化”的原则。

1) 严格执行危险废物申报登记、转移报告单制度和全过程管理。建立危险废物管理数据信息库、网上申报和危险废物转移流程管理系统，对危险废物

的贮存、运输和处理、处置等实施许可制度，提高对危险废物从源头减量、收集、运输、贮存、循环、利用到最终无害化处置的全过程管理水平。

2）大力推行清洁生产，尽量减少有毒有害物质、原料的使用，能循环使用的有毒有害物质尽量实行回收利用，从源头消减危险废物的产生；妥善处理处置生产中产生的有毒有害废弃物，避免二次污染的产生；加强技术工业研发，设计开发出耐用的、能重复使用的、环境友好的化学产品，预防和有效控制化工产品生命周期各个阶段对人体健康和环境的危害。

3）最终安全处置遵循就近原则。

8.5 生态工业园空间布局

根据形成原因和企业类型数目的差异，生态工业园区可分为行业类生态工业园和综合类生态工业园两大类，这两类园区在产业链构成和企业链接方式上都有很大差异，对空间规模和组织形式的要求也不同，应分别进行讨论。

8.5.1 区带式布局结构

8.5.1.1 区带式布局结构模式

根据马塔的带形城市理论，城市宽度应有限制，但城市长度可以无限，可以一道最宽阔的道路为脊椎，布置一条或多条电气铁路运输线，铺设供水、供电等各种地下工程管线。基于对此理论的理解，并根据物质和能量的循环利用特点，提出生态工业园企业布置的区带式布局模式（图 8–5–1）。该模式可以概括为以下四个要点。

一串接——以生产型企业或企业群为主干，串结能够消费其上副产品的消费企业或分解型企业。

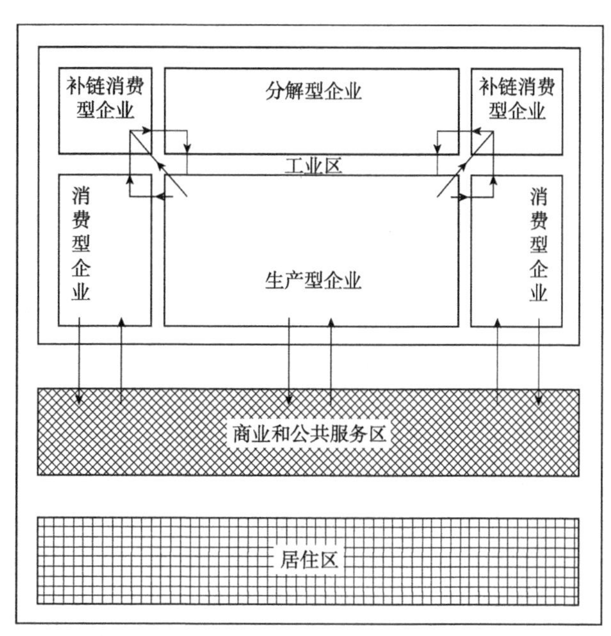

图 8–5–1 生态工业园的区带式布局模式

一垂直——区带之间垂直相通。

二相邻——产品类型相似的产业带紧邻布置；污染较小的食品、服装或高科技企业临近居住或商业服务区。

三平行——工业生产区和配套服务区平行于纵向轴线布置；居住设施平行于产业带；多个产业集群互相平行。

该模式的优点包括：平行发展、主次分明，具有良好的发展方向性，有利于组织复杂的交换关系。在产业带之间的垂直联系方便，有利于交换行为的实现，并易于形成特色空间。当公共服务设施或绿化景观带位于产业带中部平行布局时，可增大绿地的接触面积和服务价值。

缺点则在于当产业带发展过长时，容易导致纵向产业带内部企业之间的距离过长，不利于交换副产品和废弃物，而且居住用地与产业带平行布置会导致接触面的增大，如果工业企业污染较严重，位于接触面上的居住用地环境很容易受到影响。此外，这种布局模式对地形的要求比较特殊，场地必须平坦、开敞或者呈台地状，有满足基本工业生产的足够进深。

因此，区带式布局模式比较适合产业链数量较少、但交换关系复杂的园区（行业类生态工业园正好符合这一特点），在一定坡度的带形地面进行区带式布局尤为合适。

8.5.1.2 区带式工业园的产业链接关系

区带式生态工业园大多以某一种或几种特色资源综合加工体系为核心，为最终产品提供原材料，它们的形成往往是因为园区中存在着为数不多的大型核心企业，许多中小型企业分别围绕这些核心企业进行运作，充分利用各种原材料和废弃物，从而形成生态工业链网。如丹麦卡伦堡工业共生体系、荷兰鹿特丹港石化生态工业园项目、切克托生态工业园等，我国起步较早的大多是这类园区，如贵港制糖、南海环保科技、包头铝业、鲁北化工等。这类园区都有关键性的特色资源，如贵港的甘蔗、包头的铝和电，核心企业大多是特大型企业，从事石化、冶炼、机械或者能源生产等行业，被视为链网结构的缔造者，具有不可替代的作用，而且核心企业对生产材料的需求量或为其他企业提供废弃物的供应量基本上丰富而稳定，具有规模优势。

行业类生态工业园由于核心企业占主导地位，又具有一定的产业优势，因此构建的产业链一般都清晰简明，主要是配套的中小型企业为核心企业提供生产材料从而形成产品代谢链，或者是利用其廉价的废弃物而形成废物代谢链。如切克托生态工业园（Choctaw Eco-Industrial Park）以轮胎制造厂为核心企业，配套企业包括塑料生产、墨盒生产及其他处理公司（图 8-5-2）。轮胎厂回收的废旧轮胎，先抽去其中的钢丝，然后粉碎成橡胶颗粒；钢丝集中处理后作为钢材再利用；橡胶颗粒通过传动带输送到联邦循环技术公司，进行高温热分解，得到塑化油和碳黑，直接运送至硬橡胶轮胎制造厂，生产用于割草机、三轮车和军车的小型轮胎；塑化油也可以输送到塑料制造公司加工处理，用于生产塑料标牌和彩色胶片；碳黑以浆的形式送到碳处理装置，生产用于激光复印机和传真机的墨粉；回收的废旧塑料品作为原料，直接供给塑料制造公司。装墨盒的空颜料盒回收处理后再利用。此外，轮胎公司释放的热输送到无

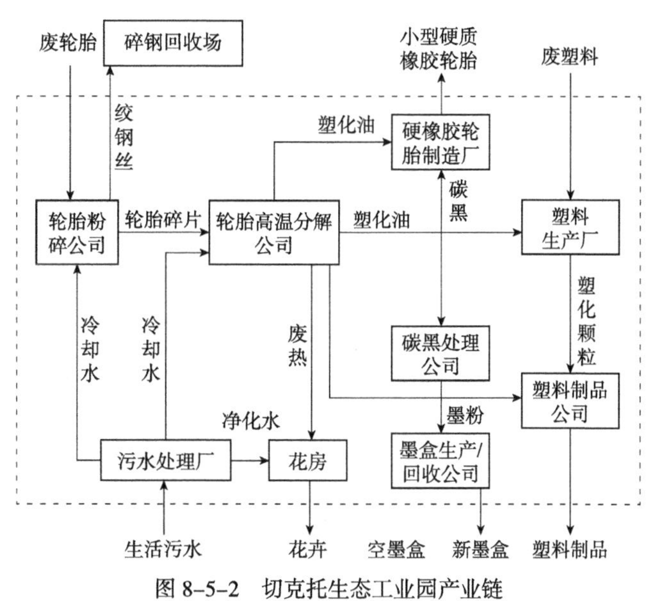

图 8-5-2 切克托生态工业园产业链

土栽培植物大棚作暖气；城镇废水处理后，部分供给轮胎粉碎公司、塑料制造公司作冷却水，还可以制造喷泉、瀑布等人工景点，同时储存作其他用途的备用水（如消防用水），剩余部分调配成植物生长营养液供给无土栽培植物大棚，或者作为园区土地灌溉用水。

8.5.2 组团式布局结构

8.5.2.1 组团式布局结构模式

综合类生态工业园的产业链网结构复杂，而且主导产业的数目一般比较多，在空间布局时往往考虑同一产业类型的多个工业企业组成具产业特色的组团，除了在组团内部实现工业共生和循环利用关系，整个园区还围绕一个公共服务核心，如研发、管理、商业文化服务、设施共享、公共景观等，即组团式布局模式，如图 8-5-3 所示。该模式可以概括为三个要点。

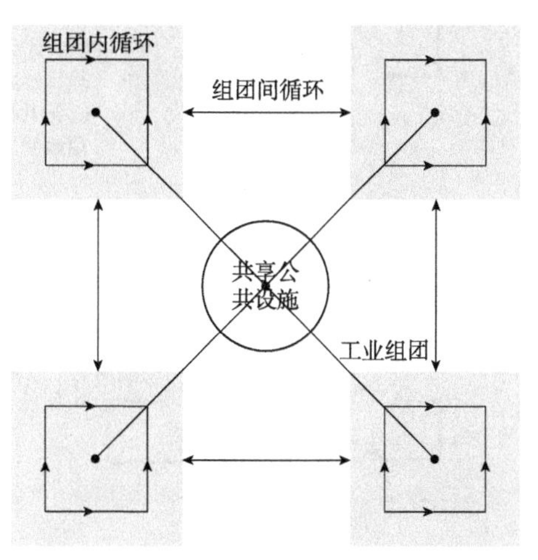

图 8-5-3 生态工业园的组团布局模式

多组团社区——组团内部围绕主导行业形成产业生态链，工业企业组成各具产业特色的组团，内部设配套居住、休闲娱乐等设施，服务一定范围内的组团居民。

一中心——整个园区围绕一个公共服务核心，如研发、管理、设施共享、公共景观、商业文化服务等。

多次中心——公共核心的服务半径无法满足规模较大的园区需求时，可在各组团内部增设一些专属于本组团的共享公共设施，成为次一级的服务中心。

这种组团式布局结构各组团能相对独立运作，灵活经营；组团内部交通运输路线短、联系快捷，有利于组织生产和铺设管线；由于公共设施共享，能节约建设多套服务设施的投入费用；还可以设置一定面积的弹性区域，随园区不同时期的发展要求，增加或减少土地的使用，变更土地的使用性质，有利于分期建设和滚动开发的实现，如图 8–5–4 所示。

缺点在于，组团与组团之间距离相对较远，不利于副产品和废弃物的交换利用；而且受地形条件和场地形状制约，对起伏不平的场地强求分区，可能造成大量土石方工程和浪费，提高开发成本和经营费用。

因此，组团式布局模式较适合企业数量和形成产业链较多的园区，尤其地形平坦、形状规则的场地条件更适合。

8.5.2.2 组团式工业园的产业链接关系

组团式生态工业园则一般具有地域性产业集群的特征，直接向社会提供产品，大多是对现有经济技术开发区、高新技术开发区进行生态化改造，或者新规划建设。这类园区起步较晚，但由于园区企业数目众多且类型多样，加上公共回收体系与企业化回收体系并存的模式，使得不同企业、产业之间的产品代谢链和废物代谢链交织在一起形成错综复杂的链网结构，影响巨大。首先，由多家大型企业通过产品、副产品、信息、资金和人才等资源的交流建立联系，形成主体链网；同时，每家大型企业又吸附大量的中小企

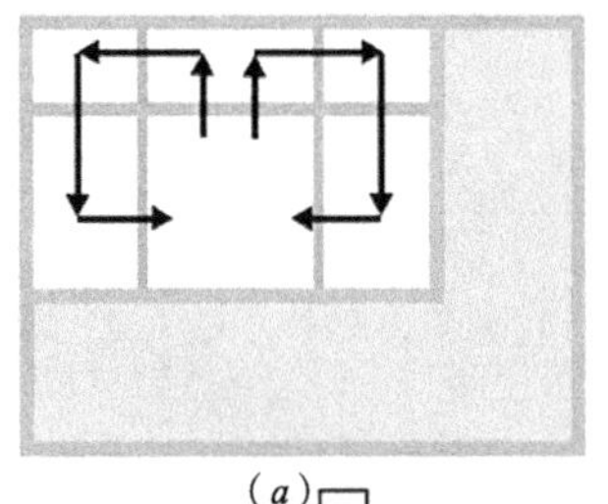

(a)

(a)园区建设初期，规模较小，只有简单产业链，工业区周边有大量空余地段作为弹性用地。
(b)园区规模扩大，向周边拓展，新征工业用地，形成多条产业链。
(c)工业占地面积减少，生产规模缩小，工业用地变为居住或商业服务用地。

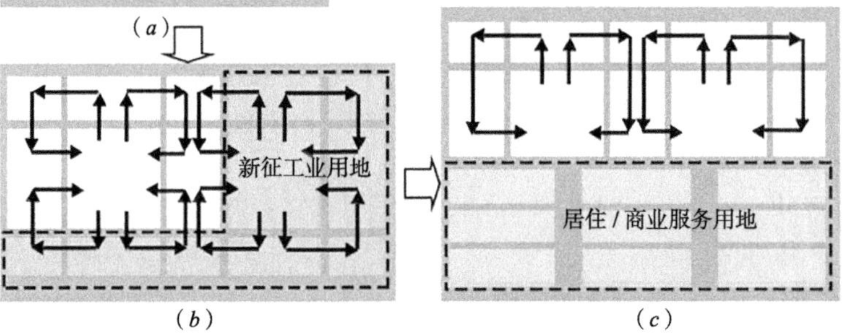

(b) (c)

图 8–5–4　弹性区域的设置和利用

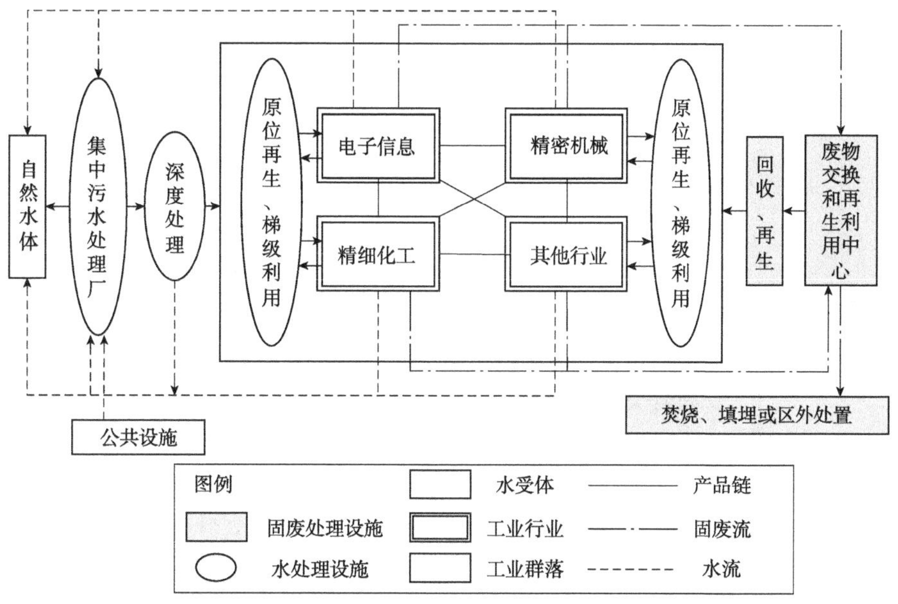

图 8-5-5 苏州高新区系统组成

业，以该大型企业为中心、以产品流为主线形成产品代谢子链网；另外，围绕在各大型企业周围的这些中小企业之间也存在一定的产品链关系，并通过各级链网交织在一起。如菲律宾的 PRIME 项目、美国的柏林顿河滨农业工业园（Riverside Eco-Park，Burlington）等，我国的天津经济技术开发区、苏州高新区、苏州工业园区、大连经济技术开发区、烟台经济技术开发区和潍坊海洋化工高新技术产业开发区 6 个国家生态工业示范园区也属于这一类型。

如苏州高新区建立以高新技术产业为先导、先进技术型支柱工业为主体、高水平服务业为支撑的现代产业体系，形成产业结构优势；推动电子信息、精密机械、精细化工等支柱产业和大型企业的规模化发展，形成产业规模优势；积极扶持中小企业良性经营，加强与大型企业的配套协作，构建与完善产品代谢链和废物代谢链（图 8-5-5）。

8.6 案例分析

8.6.1 大连长兴岛临港工业区

8.6.1.1 园区概述

长兴岛临港工业区位于东经 121°32′ ~ 121°13′，北纬 39°23′ ~ 39°31′，三面环海。位于辽东半岛中部的西侧，大连市瓦房店渤海沿岸，北濒复州湾，东侧有狭窄水道。长兴岛临港工业区包括长兴岛和交流岛两个街道办事处，总面积 502km^2（包括填海面积）。现状人口约 10 万人。2007 年，长兴岛街道经济发展建设得到快速发展。固定资产投资完成额 46 亿元。工业总产值 10 亿元。由于大型企业尚未投产，规模以上工业总产值仅为 1.67 亿元。交流岛街道主要以农、渔业为主。

2005 年之前，长兴岛仅为大连北部普通的乡镇，主要产业为盐业和养殖业。2005 年，辽宁省提出“五点一线”发展战略，大力发展沿海经济，成立长兴岛临港工业区，享受省级开发区政策。2007 年 5 月，根据长兴岛临港工业区开发建设的需要，将交流岛乡成建制划归长兴岛临港工业区管委会管理。同年 12 月 26 号，交流岛乡正式撤乡建立街道办事处。辖 11 个村民委，68 个居民组。

长兴岛除建设用地外，主要以耕地、林地、草地为主。

西中岛、凤鸣岛、交流岛、骆驼岛，以林地、草地为主，这要求在规划中应适当保留现状的自然山体，为城镇居民提供自然的绿色空间；在岛的周边分布着大量的盐田、滩涂，可为城镇建设提供大量的开发用地。

城镇建设用地主要位于长兴岛上，西中岛、凤鸣岛、骆驼岛、交流岛上建设用地较少。建设用地总规模约 78km^2（包括部分已批在建、待建用地，不包括村庄建设用地）。长兴岛的用地可大致划分为四大片区。石化及专业港口区：长兴岛的西北侧，有恒力、福佳、大连港等大型企业。修造船及公共港口区：主要有 STX、万邦等，用地规模均较大。产业综合区：主要有韩国企业园、中小企业园等。生活区：长兴岛的东侧。

工业用地主要分布在长兴岛的中部和西部。其中：石化区以三类工业用地为主；修造船区以二类、三类工业用地为主；综合区主要是一类、二类工业用地。

8.6.1.2 规划设计方法

(1) 城市总体定位

城市性质：环渤海地区以现代临港产业和港航物流业为主的新型产业基地，辽宁“沿海经济带”的重要城市。

城市总体定位：辽宁省沿海开放先导区；东北新兴的现代港口城市；国内具有明显竞争优势的临港产业集聚区、科技研发创业基地和生态示范产业园区；海岛型生态宜居城市；滨海旅游胜地，最终发展成为大连市第二增长极。

城市用地布局结构：形成“二轴二廊，三区多点”的城市空间结构。双轴：指长兴岛现代装备制造业发展轴和交流岛现代服务业发展轴。二廊：两条纵向绿化生态廊道，即形成皇城山—交流岛—凤鸣岛的生态廊道及横山至西中岛的生态廊道。三区：即港区—园区—城区，三大功能区。多点：指在区域内设置多个城市职能中心。复州湾盐场八分厂两岸为未来规划城市主中心，长兴岛北部副中心、交流岛南部副中心以及其他分布于各港区园区的专业中心。

产业规划：重大装备制造业及其配套产业；船舶制造、海洋工程及其配套产业；石油炼化及其下游精细化工产业，配套建设超大型原油码头；超大型矿石码头；以生物医药产业为主的生物科技产业；建设面向东北地区的铁路、港口集疏运物流体系。

(2) 指导原则

坚持科学发展观，贯彻循环经济理念，按照新体制、新机制、新思路、新方式，建设开放性的、生态良好的港口工业区和居住区。

综合考虑资源优势、产业布局与港口布局，按照“深水深用，浅水浅用”，

节约使用土地资源，合理利用和保护好深水岸线和港口资源。

依托港口优势，发挥区位、资源优势，发展临港产业，协调好与大连及周边地区产业发展关系，防止结构趋同，确定有发展前景的优势主导产业，发挥产业集聚效应。

统筹搞好基础设施建设，一次规划，分期分片开发，远近结合，滚动发展。开发规模适度，加强用地规模管理，基础设施建设与项目引进同步进行，避免土地资源和公用工程设施的浪费。

产业布局要相对集中，有利于各园区之间的生态耦合、协调及公共设施共享。布局规划具有超前性，既具有一段时期内的控制性，又适应发展趋势。

加强环境保护，根据长兴岛优越的自然环境优势，严格保护沿海海洋资源、旅游资源和生态环境，积极发展旅游业和生态农业。

（3）规划结构——二级结构模式

第一级为躯干级结构。由“港、区、城”三大功能单元组成的新城主体。总体上呈现出“一带，两组团”的组合型城市形态。三大功能单元为港口单元、产业单元（产业集群）、城市单元。具体概括为：以三大功能单元为主体，以交通集、疏、运体系为联系，以绿化生态系统为保障的新城内部结构。

第二级为经络级结构。可细化为三大功能单元。一是港口单元，合理分配利用岸线资源，深水深用、浅水浅用，港口结合产业。二是产业单元，系统内部采用生态化、集约化的绿色生态网络布局方式。各产业分区间以城市主交通网络为支撑，各区内部按照生产工艺要求设置内部交通微循环网络，体现循环经济的发展原则。三是城市单元，总体结构概括为“一心两翼，一主一辅”。一心为生态核心区，由横亘长兴岛东部的东大山、二龙山、凤凰山、大望山等山体绵延带组成。两翼为主城区和综合区。主城区位于长兴岛东南端，功能完善，主体居住区与公建区“一收一放”，相辅相成，呈环形放射状自然向外生长。综合区位于长兴岛东北端，充分结合地形，与山、海呼应，以现代化的方格网络结构为基本单位，形成棋盘状展开肌理。

（4）功能布局

港口功能单元：形成工业港与公用港相结合、工业与物流并举的多功能、现代化的大型综合性国际深水港区。

产业功能单元：大量聚集国际和东北老工业基地的重大装备制造业及其相关产业链链接下的大型产业集聚区。

城市功能单元：承担金融服务、生活、旅游、教育等功能的综合型生态新城市。主城区按照现代化生态城市标准建设，功能完善，集金融、行政、文化、医疗、体育等功能为一体。综合区以大学城带动，产、学、研相结合，建设知识型社区，为岛内的高新技术产业发展储备能量。同时，利用岛上优美的自然风光、丰富的人文景观、悠久的历史传说等独特的旅游资源，围绕海岛特色，以滨海观光、休闲、度假、运动为主体，充分挖掘海岛风情，大力发展旅游服务业，吸引国内外游客休闲度假，建设渤海旅游第一岛。

产业配套生活区（可弹性控制发展区），考虑到现代化装备制造业基地属于劳动密集型产业，根据产业发展需要，可结合周边生态环境良好的地段布置一定的生活配套区作为新型职工公寓，以减少新城内部钟摆式交通的压力。

(5) 城市规模及公共设施

按照建设中等生态城市的目标，规划 40 万～ 50 万的城市人口规模。

按照建设新型综合城市中心区的标准，公建集中布置在主城区与综合区，形成主城区与综合区两个市级公共中心。其中，主城区的沿海岸线地带规划为滨海 CBD 中心。初级配套服务区只布置少部分基本生活服务设施。结合长兴岛旅游开发建设，整合现有人文历史资源和生态资源，形成独具特色的商贸服务业格局。

(6) 绿地生态系统布局

充分发挥生态绿地的隔离作用，将产业单元和城市单元有机链接。初步规划于城市单元内部设置三个城市级森林公园，架构城市单元"镶山嵌海"的结构骨架。

(7) 分区容量控制

对于港口区和产业区，只控制建设容量。城市区则从人口容量及建设容量两方面进行控制。港口区、产业区的建设容量参照国内的最新研究标准，加工型工业区的建设密度不应该超过 0.7。根据城市现状和山、海景观资源的分布，预留"一横两纵"景观视廊。各个单元的群体建筑高度及制高建筑应以协调山体景观为限制条件。城市地下空间开发利用兼顾城市防空要求。

8.6.2 北海循环经济产业园规划

8.6.2.1 项目概述

滨州市北海经济开发区位于山东省最北部，环渤海南翼，于 2010 年 4 月成立，同年 9 月升级为省级经济开发区。北海循环经济产业园是北海经济开发区的南部产业组团，面积约 $97km^2$，是滨州北部产业的重要增长极，肩负着黄河三角洲、东半岛蓝色经济区两大战略中发展循环经济、生态友好型产业的示范重任。借助套尔河港、滨州港及疏港铁路的便捷集疏运条件，园区现状依托魏桥集团等龙头企业，已形成铝新材料产业集群。园区定位为环渤海区域高新制造业集聚区，滨州市重要的港城产业基地以及国家级的循环经济产业园。目前园区面临两大挑战，其一是距离滨州贝壳堤岛与湿地国家级自然保护区仅为 2 ～ 3km，区域生态环境较为敏感；其二是在新常态影响下，园区面临产业转型提升的要求。规划从循环产业链设计、空间组织以及支撑配套体系等方面提出相应的策略。

8.6.2.2 发展条件与建设意义

经济发展新常态下，促进产业园区的绿色发展新常态，产业园区推进循环经济建设，主动适应新常态，实现资源环境的可持续，既是增强自身绿色竞争力的体现，也将为国家经济转型发展发挥重要的作用。应对当前产业园区发展循环经济的趋势，以北海循环经济产业园为对象，从城市规划的专业视角，运用循环经济、生态产业链相关理论，探讨循环经济、环境保护与产城融合的生态工业园区规划方法。

循环经济是在经济发展中，以减量、再用、循环（3R）为实际操作原则，

以低消耗、低排放、高效率为基本特征，符合可持续发展理念的经济增长模式。而生态工业园则是循环经济理念实现的重要空间载体。当前，中国经济已经进入新常态，经济增长方式从要素驱动、投资驱动向创新驱动和消费驱动转变，产业结构向高附加值产业、绿色低碳产业、高新技术产业调整，这些特征符合循环经济发展理念和内在规律，同时，新常态为循环经济提供产业技术创新，拓宽了循环经济的产品市场；循环经济与资源消耗型产业结合，能更好地推动产业转型升级。因此，产业园通过全方位推进循环经济，建设生态工业园区，主动适应新常态，既能增强自身绿色竞争力，推进产业转型提质，还能有效引领新常态朝着正确的方向前进。在此背景下，规划师除了以常规的城市规划技术视角，还应综合循环经济、生态产业链的相关理论，系统地用于生态工业园区的规划建设。

8.6.2.3 规划结构与功能分区

(1) 立足于港产城联动的总体空间结构

立足于港产城联动发展，充分考虑园区与北海经开区及滨州港的产业关联互动、生态、城市生活的功能协调等要求，依托区域干道拉开框架，形成“两轴两核、七心多组团”的总体空间结构。其中“两轴”为沿疏港路形成的现代装备制造轴，沿套尔河港岸线形成的滨港产业发展轴；“两核”为承担园区配套服务功能的公共服务核，以及结合铁路站和码头形成的物流服务核；“七心”为结合公共开放空间布局的七个产业邻里服务中心；并按产业关联程度与产业门类分圈层组织多个产业组团。

(2) 立足循环经济与产业特性的产业空间布局

遵循循环经济3R原则，具有循环关联的产业及企业按照物质和能量循环需求临近集中布局，以尽可能减小资源消耗和环境成本；对于那些原料和产品大进大出的行业，尽量临近套尔河港布点，以降低运输成本；最终形成高端装备制造、新材料以及临港化工三大板块，多个专业园区的产业布局。

(3) 立足于可持续发展的环境保护及海绵城市规划

妥善处理园区建设与生态环境保护的关系，最大化减轻开发对原有自然湿地格局的负面影响，积极进行绿化隔离、景观生态廊道、公共绿地建设；严格执行环境排放标准，努力实现良好的环境质量；同时优化能源结构，推广清洁能源利用，实现绿色生产、生态园区的建设目标。应对北海循环经济产业园低洼易受洪涝灾害的问题，规划则采用海绵城市和低冲击开发理念，构建以“河—湖”链状水系为核心的城市海绵和绿地系统，并设置中水系统，最大限度地实现雨水在建设区域的积存、渗透和净化。

(4) 支撑配套体系

园区的支撑配套体系包括指标体系制定、产业经济、运营管理等方面的内容。

首先是制定了覆盖面广、针对性强的高标准指标体系。全面对接《国家生态工业示范园区标准》，从生态工业链网结构与运行稳定性、资源环境绩效及环境保护工作基本要求等三大方面构建生态指标，保证园区的高起点发展。

在产业经济方面，列出了可以积极争取的国家及地方相关环境资金支持政策；制定重点招商企业指引，明确企业的入园标准；重点引入各类再生资源科技研发平台。

在运营管理方面，结合现有公司架构，规划建议以土地运营为基础，以产业运作为保障，以资本运作为核心，引入PPP运作模式，合作项目领域涵盖污水处理、行业类生态工业园、道路基础设施建设等。

8.6.2.4 关键问题与解决方案

(1) 循环经济规划框架与指标体系

在规划之初，我们首先进行循环经济框架研究，建立工业—农业（林下经济）—居住科研三者之间的大循环关系，从能量流和物质流两个方向研究能源、水资源等在三个区域之间的流动。在比较分析国内外同类产业区案例基础上，构建覆盖面广和针对性强的高标准指标体系，相关指标实现国内领先，保证产业区高起点发展。工业区指标体系结合拆解业特点，以可观、可测、简洁、可比性为特征，从经济发展、资源循环与利用、污染控制、园区管理等四方面，确定了32项发展指标；整体产业区从大循环角度，制定了经济、自然资源、环境和社会四大方面，包含经济高效、能源节约、用水循环、本地植物、物质循环、绿色居住、绿化、社会保障、可达性9个分项共29项控制指标。共同保证产业区向“国际一流循环经济产业示范区”的方向发展。

规划根据上述循环经济规划框架和指标体系提出能源战略、水战略和固体废弃物战略，分别计算能源、水等的总量、结构并进行空间布局。

(2) 产业发展与产业链条形成

1) 主导产业选择：依据园区“静脉产业”的发展优势，根据比较优势原则、产业关联原则、区域分工和协作原则、生态化原则，选择废旧电子信息产品拆解加工（重点是白色家电和无线通信设备）、报废汽车拆解加工业、废旧轮胎及塑料再生利用业、废旧机电产品拆解加工业、精深加工与再制造业五大产业作为主导产业，同时延伸产业链条，发展电子零件，机电零部件的修复业，新能源、环保、绿色物流服务业等。

2) 产业链分析与设计：在现状基础之上，以推动产业之间的资源交互利用、能源梯级利用为目标，使北海循环经济产业园区产业生态化整体水平得到较大提高。此外，针对每个主导产业设计相关产业链条，并对产业规模进行预测。

(3) 支撑配套体系：包括园区产业经济发展政策、园区技术发展政策、园区管理政策等几个方面。在园区产业经济发展政策方面，积极争取国家及地方相关环境资金支持，并建立健全有利于再生资源产业发展的区内投融资机制，促进再生资源综合利用技术与金融资本的有机结合，特别是要进一步完善加快再生资源产业化发展的风险投资机制。

在园区技术发展政策方面，建立以企业为主体、产学研紧密结合的技术创新机制，创建再生资源科技研发中心，建设科技成果展示和孵化平台。

在园区管理政策方面，管理保障措施主要包括：完善园区管理办法，制定各个产业的管理实施细则；健全海关、商检、环保、税收“四位一体”的监管体系；坚持入园标准，严格审批程序；严格环境管理，保护园区环境。

8.6.3 沈阳铁西现代建筑产业园区

8.6.3.1 产业园发展概况

(1) 现状概述

沈阳现代建筑产业园位于沈阳铁西新城中部，处于北部装备制造产业带和南部生活区之间，呈折线带状，规划面积为 $50km^2$。

2008 年沈阳市现代建筑产业实现规模以上工业总产值 1031 亿元、工业增加值 255 亿元，规模以上企业有 887 家，从业人员有 10.7 万人。规模以上工业增加值分别占沈阳市规模以上工业的 14.9% 和沈阳市地区生产总值的 6.6%，仅次于机械装备和农副产品加工业，为沈阳市第三大优势产业。产业园目前基本形成以集成式多功能墙体（幕墙）业、电梯制造业、建筑工程机械和建材装备制造业为支撑的现代建筑产业体系，产业体系不断完善。园区规模以上企业有 72 家，销售收入超亿元企业有 14 家，拥有沈阳远大、北方重工、北方交通等优势企业，产业呈集聚发展趋势。

2009 年 4 月，沈阳现代建筑产业园正式挂牌，由此拉开了沈阳市现代建筑产业发展的序幕。沈阳市作为全国第一个“国家现代建筑产业化试点城市”，其现代建筑产业园将迎来辐射周边城市、占领全国建筑市场更大份额的良好机遇，现代建筑产业产值占建筑业产值的比重将快速增长。

(2) 存在问题

目前，沈阳现代建筑产业园存在规模总量不够大，总体实力不够强的问题。优势企业和强势品牌仍较少；总体技术水平有待提高，自主创新少，模仿跟进多，科技支撑力不足，研发投入不足；产业链不完善，生产企业内部、服务业与制造业之间缺乏配套联动机制；产业开放度不够，外源性发展动力仍显不足，“强势企业、强势产品、强势技术”引入有限，引进项目关联度不高。

8.6.3.2 产业园循环系统规划设计

(1) 发展目标

产业园循环系统规划设计以面向国内、国际两个市场，以建筑制品、建筑工程机械和建材装备制造为主体，注重商贸、物流、科研等现代建筑服务业配套协调发展为指导思想。充分发挥市场配置资源的基础作用，发展各具特色的产业集群，形成专业化分工协作、上下配套的产业链条，走循环经济发展道路。沈阳铁西现代建筑产业园的目标是把沈阳打造成为国内一流、世界知名的现代建筑产业之都，到 2015 年实现工业总产值 3450 亿元；到 2020 年实现工业总产值 6000 亿元，实现增加值 1800 亿元。实施清洁生产，污染物排放达到国家环保标准。

(2) 功能结构布局

循环经济模式主要是在产品的绿色设计中贯穿“减量化、再利用、再循环”的理念，物质资源在其开发、利用的整个生命周期内贯穿“减量化、再利用、再循环”的理念，实现生态环境资源的再开发利用和循环利用。沈阳铁西现代建筑产业将由三大产业板块构成，即：现代建材产品／建筑部品制造业板块、现代建筑工程机械和建材装备制造业板块、产业配套服务业板块。产业布局在

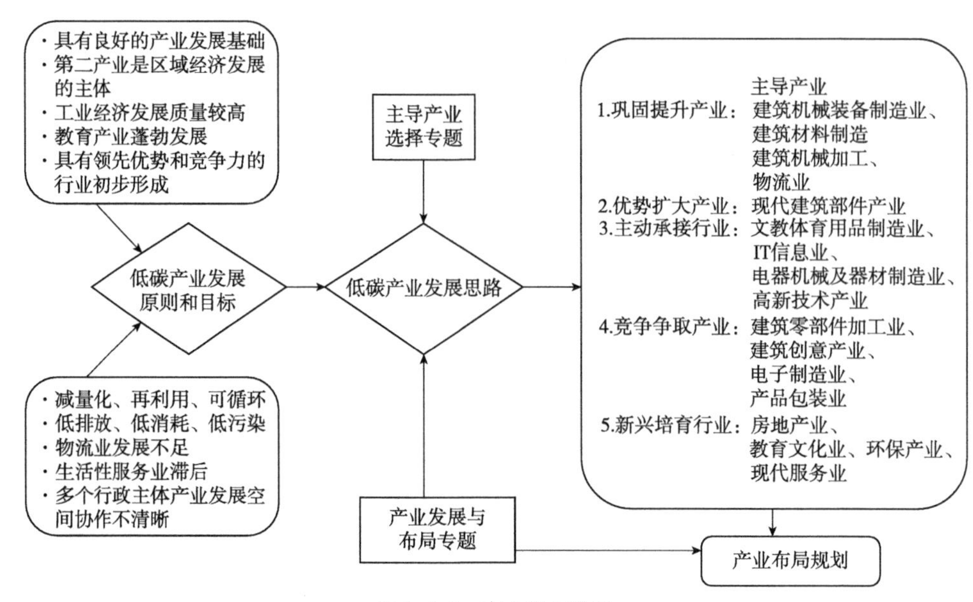

图 8-6-1　产业发展关系

综合考虑三个层面循环的基础上，按照产业园的物质能源与生态系统循环要求配置用地空间（图 8-6-1）。产业园整体形成“一核两片七组团”的空间格局，即：“一核”为仓储物流核心，“两片”是指分布于物流中心两侧的产业集聚片区，“七组团”由核心企业和配套企业所形成。

（3）物质循环系统规划设计

物质循环可从三个层次来实现：①企业内部，通过清洁生产，达到物质和能量的梯次利用；②园区工业生态系统的成员之间通过物质、能量和信息交换所构成的生态链，实现物质和能量的充分利用；③园区外，依据系统对物质的需求和市场供应信息，利用构建的虚拟生态园区，拓展物质循环的空间。

1）企业内部的循环。企业内部的物质集成，其实质就是依据工业生态学的思想理论，通过绿色设计和绿色制造技术，使产品的整个生命周期具有可拆卸性、可回收性、易维护性和可重复利用性等环境属性，从而减少对原材料资源和能源的需求及对生态与环境进行保护。很明显，企业需要加强环境管理，需要进行产品的生命周期评价和清洁生产审计，在企业内部尽量减少消耗，最大限度地提高物质和能量的利用率。具体做法是：首先将流失的物料回收作为原料返回到原工序中；其次将生产过程中产生的废料经适当处理后作为原料或原料替代品返回到原工序中；最后将生产过程中产生的废料经处理后作为原辅料用于其他过程中。

2）园区内企业之间的物质循环。严格地说，这个层面才是真正意义上的物质集成。企业间所构成的工业生态链，其基础就是系统内企业之间废物的交换和能量的梯次利用，它也是生态工业园区整体性的体现。

3）园区外的循环，其实质是虚拟园区内的物质集成。园区内部企业之间构成生态产业链要发挥高的效益，除通过园区招商时有意识引入“补链”企业外，还有一个有效措施就是与园外的相关企业构成虚拟生态工业链，在更大的

空间尺度上进行物质循环。

（4）生态系统循环规划设计

生态系统循环主要通过废水集成、水体修复、水生态修复、植被修复，减少人类社会经济活动对园区生态环境的影响，实现可持续发展。废水集成包括减少用水量和废水产生量两方面，主要措施为提高工业用水的循环利用率、改革生产工艺、减少工业用水量、中水回用、建立分散式与集中式处理系统。加强对细河流域废水排放的控制，结合现状水系和人工河道，完成自然强化循环、人工强化循环的水生态修复。在产业园区建设湿地公园，将园区污水和自然水体有机结合起来，以完成雨污分离、湿地净化和水体修复。通过规划建设绿地系统，完成植被修复，保持生态系统的可持续性。产业园规划形成“一廊三心网状”的生态系统。“一廊”即保留东侧水系及高压走廊下的大面积生态湿地，通过改造两侧绿地，种植东北顶级群落植被，形成水陆交错的复合式水生态系统和区域内的生物廊道；“三心”是指在产业园内部，沿河道、湿地建设三处大型湿地公园，形成与区域联系的生态修复中心及城市绿心；“网状”指在产业园内的开发大道、沈辽路等河道和对外通道两侧设置防护绿带，充分发挥植物的净化空间、吸尘减噪的生态作用。

8.6.3.3 实施对策

（1）加强新技术研究和推广

研究和开发与建筑产业相关的减物质化技术、绿色规划技术、最优化设计技术、资源和能源高利用率技术、废弃物（建筑垃圾等）回收再利用技术、污染治理技术、污染物监测技术、环境工程技术、清洁生产与施工技术等，通过采用和推广节能建筑、绿色建筑新工艺、新技术、新材料，形成建筑业循环经济技术支撑体系，并大力宣传，快速推广这些技术。

（2）健全产业运作体系

现代建筑产业园是一个开放的产业园，与内部企业、周边企业、城市施工单位、建筑垃圾收集与资源化公司等都存在密切关系。应当从设计、施工、拆除等阶段密切配合，才能达到节约资源、保护环境的目的。

（3）加强机制和政策的引导

充分利用建筑市场机制的激励和约束功能，使建筑经济活动当事人基于自身收益的最大化，按照循环经济的要求采取理性的决策行为，调整自己的生产经营活动。根据现代建筑业的特点和发展趋势，完善和实施积极的建筑业产业政策，鼓励企业节约和合理利用、再利用资源，创造与自然环境和人文环境相融合的建筑产品，营造健康舒适的人居环境。

【本章小结】

工业是城市建设中对环境和生态影响最大的活动，生态工业园是建立“生产者—消费者—分解者”的循环方式，寻求物质闭路循环、能量多级利用、信息反馈，实现园区经济的协调健康发展。生态工业园综合地运用了工业生态学和循环经济理论，把经济增长建立在环境保护的基础上，体现了人与自然和谐相处的思想，是未来经济可持续发展的一种重要模式。气候变化已严重威胁到人类的可持续发展，人们对低碳经济和低碳城市的关注与行动也日趋强烈，因此生态工业园在未来的发展中将会选择低碳产业，发展循环经济，构建产业共生网络。城市生态工业园建设主要运用区带式、组团式等模式，通过对园区资源的高效运用、污染的控制、景观的建设和管理保障体系的建设，以及通过优选主导产业链、引入补产业链等方法来构建生态产业园的规划。

【关键词】

生态工业园；指标体系；生态产业链；补链设计；布局模式；污染控制；资源高效利用

【思考题】

1. 阐述生态工业园的概念及特征。
2. 生态工业园的产业链理论。
3. 生态工业园的空间布局模式。
4. 生态工业园的主要规划内容。
5. 生态工业园的规划实践有哪些经验教训。

第九章　城市绿地系统生态规划

【本章提要】

绿地系统是城市生态环境系统中的重要组成部分。本章主要介绍城市绿地系统的生态规划。首先介绍了城市绿地系统的概念及生态功能，概述了绿地系统规划与生态规划之间的联系与区别，并对绿地系统的生态规划技术作以简单介绍。初步构建了绿地系统生态规划的指标体系。在此基础上从绿地系统的结构构建与功能规划两方面讲述城市绿地系统的生态规划，从而构成了完整的绿地系统生态规划设计。

9.1　城市绿地系统生态规划概述

9.1.1　城市生态绿地系统的基本概念

城市规划中对城市绿地系统的定义为：泛指城市区域内一切人工或自然的植物群体、水体及具有绿色潜能的空间；是由相互作用的具有一定数量和质量的各类绿地所组成的并具有生态效益、社会效益和相应经济效益的有机整体。

城市生态绿地系统是城市环境中发挥生态平衡功能、与人类活动密切相关的绿色空间，着重表述了人类生存与维系生态平衡的绿地之间的密切关系，同时也强调了绿地影响城市环境的主要是生态功能。城市生态绿地系统是城市生态系统的子系统之一，城市生态绿地系统规划是构成城市生态规划的主要研究内容之一。

城市生态绿地系统包括城市范畴内所有绿地的形式，林地、公共绿地、园地、部分水域等，以及所有绿地单元的连接通道。目前城市内及城市周边的绿地可以有着多个专业名词，如绿地、绿地带、绿带、绿色开放空间等，统一按生态绿地系统称呼。绿地虽然形式不同，但它们的本质功能是相同的，在规划过程中都属于生态绿色基础设施，是规划设计必须考虑的范围。

9.1.2 城市生态绿地系统的生态功能

城市生态绿地在城市生态系统中是能够执行“吐故纳新”负反馈调节机制的子系统。这个系统一方面能为城市居民提供良好的生活环境，另一方面能够增强城市景观的自然性，促进城市居民与自然的和谐共生。它具有城市其他系统不能替代的特殊功能，并为其他系统服务。城市绿地系统有以下生态功能。

9.1.2.1 固碳释氧

空气是人类赖以生存和生活的不可缺少的物质。绿色植物可以吸收空气中的二氧化碳，向空气中释放氧气。据研究，在白天 $25m^2$ 的草坪可以把一个人呼出的二氧化碳吸收，而 $10m^2$ 林地产生的氧气可以解决一个成年人一天的需要。

9.1.2.2 涵养水源

绿地植物还有一定的涵养水源的能力，许多水生植物和沼生植物对净化城市污水有明显作用。如芦苇能吸收水体中的酚及其他二十多种化合物；水葱、水生薄荷能杀死水中细菌；树木的根系可以吸收水中的溶解质，减少水中细菌含量等。

9.1.2.3 保持水土

有致密的地表覆盖层和地下树、草根层的城市绿地有良好的固土作用。保持水土对保护自然景观，防止山塌岸毁、水道淤浅、泥石流等有着极大的意义。据报道，仅草类覆盖区的泥土流失量只有裸露地区的 1/4。据有关部门测算，每亩绿地平均可比裸露土地多蓄水 $20m^3$ 左右，城市绿地对维持地下水的稳定有重要的作用。

9.1.2.4 缓解温室效应

植物对阳光直射的阻挡和蒸腾散热等作用使周围温度降低。当太阳照射到树冠上时，有 30% ~ 60% 太阳辐射热被吸收，树木的蒸腾作用也需要吸收大量热能。同时，植物的蒸腾作用，能不断地向空气中输送水蒸气，增加空气的湿度。据研究，一般森林区的湿度比城市市区高 36%，城市公园中的湿度比城市其他地区高 27%。

9.1.2.5 吸纳噪声

植物对噪声具有吸收和消减的作用，可以减弱噪声的强度。40m 宽的林带可以减少噪声 10 ~ 15 分贝，城市公园里成片树林可使噪声降低 26 ~ 43 分贝。比较好的隔声树种有：雪松、桧柏、龙柏、水杉、悬铃木、梧桐、垂柳、云杉、

山核桃、柏木、臭椿、樟树、榕树、柳杉、桂花、女贞等。配置林带时乔木、灌木和草地相结合，形成一个连续、密集的障碍带，降声效果会更好。

9.1.2.6　降尘

城市绿地通过对粉尘、烟尘的阻滞、过滤和吸附作用，减轻大气污染。空气中的烟尘和工厂中排放出来的粉尘，是污染环境的主要有害物质。城市绿地中的植被，由于具有大量的枝叶，其表面常凹凸不平，形成庞大的吸附面，能够阻截和吸附大量的尘埃，起到了阻挡、过滤和吸收飘尘的作用，所以绿地中的空气含尘量较城市街道少 1/3 ~ 1/2。而这些枝叶经过雨水的冲洗后，又恢复其吸附作用。据江苏省植物研究所、南京林业大学等单位在水泥厂测定树木吸滞水泥粉尘的效应，结果表明城市绿地减少飘尘量达 37% ~ 60%（表 9-1-1）。而通过乔木、灌木和草本组成的复层绿化结构，会起到更好的滞尘作用。

空旷地与绿化地的飘尘量比较　　表 9-1-1

距污染源方向及距离	绿化情况	飘尘量（mg/m^2）	减尘（%）
东南，360m（测定时未处于下风向）	空旷地	1.5	53.3
	悬铃木（郁闭度 0.9）林下	0.7	
西南，30 ~ 35m（测定时正处于下风向）	空旷地	2.7	37.1
	刺楸树丛（郁闭度 0.7）背后	1.7	
东，250m（测定时未处于下风向）	空旷地	0.5	60.0
	悬铃木林带（高 15m，宽 20m，郁闭度 0.9）背后	0.2	

资料来源：杨赉丽. 城市园林绿地规划 [M]. 北京：中国林业出版社，2013.

9.1.2.7　降解有毒物质

植物还可以吸附空气中的某些有害气体，如对二氧化硫、氟化氢、氯气等有害气体有很好的吸收作用；一些植物还能吸收空气中的汞、铅、镉等重金属气体与放射性物质。植物的地下根系能吸收大量有害物质而具有净化土壤的能力，如有的植物根系分泌物能使进入土壤的大肠杆菌死亡。

9.1.2.8　提供野生生物栖息地和迁徙廊道

城市绿地系统是由基质、廊道、斑块结构要素构成的景观，人工的绿色环境能够为野生生物提供栖息地；绿带能够连接斑块，使得特定的物种能够在斑块间迁移，将小种群连接，增加种群间的基因交流。

9.1.2.9　保护生物多样性

生物多样性是某一地区或全球所有生态系统、物种和基因的总称。城市绿地系统不仅保护了大量的植物种类及其基因，而且还增加了城市生境的多样性，为野生动物提供了必要的生存条件，保护了生物的多样性。

9.1.3　城市绿地系统生态规划与绿地系统规划

城市绿地系统规划是风景园林规划设计的分支学科，也是城市规划研究内容的一部分。它的工作对象是在城市尺度中的人居空间，是对城市空间的绿地做出位置、面积、总体风格等方面的规划。城市绿地系统生态规划是从生态学视野出发，以区域自然循环畅通、生态程度最大化为目标，依据区域自然特征的本身属性，对各类城市绿地进行定性、定位、定量的统筹安排，形成具有合理结构的城市生态绿地系统，以实现绿地所具有的生态保护、游憩休闲和社会文化等功能。

城市绿地系统生态规划是生态规划的重要组成部分。它从传统的城市规划学科走向与景观生态学的结合。它的研究层面从注重已有城市建成区园林绿地的布局走向城市整体包括市域范围的绿地系统规划，更大层次的结合景观生态区域格局的绿色生态规划体系。对城市绿地系统的生态机理进行研究，使得城市绿地系统生态规划进一步加强绿地植物群落的生态服务性功能的形成，以及绿地系统生物多样性的规划。它作为城市生态系统的子系统，具有自然生态与人工自然结合的过渡性空间的结构关系，是开放的人工自然环境。

同时，城市绿地系统生态规划是城市规划、建筑、园林、生态、地理、环保等学科相互渗透、融贯发展的耦合空间，是可持续发展战略在城市建设实践中的重要应用领域，也是城市环境生态危机的有效解决途径。

9.1.4 城市绿地系统生态规划工作

城市绿地系统生态规划的主要任务，是在深入调查研究的基础上，根据城市总体规划中的城市性质、发展目标、用地布局等规定，科学制定各类城市绿地的发展指标，合理安排城市各类绿地建设和市域大环境绿化的空间布局，达到保护和改善城市生态环境、优化城市人居环境、促进城市可持续发展的目的。

9.1.4.1 规划技术路线

城市绿地系统生态规划应在充分研究城市生态地理与资源空间分异的基础上，合理确定城市绿地系统生态规划的思路与流程。城市绿地系统生态规划是为了实现城市生态环境优化与区域可持续发展。基于不同时间与空间尺度，分析城市的状况与资源利用产生的空间效应，城市生态经济发展模式的空间布局、生态社会稳定等问题，在生态功能分区的基础上确定城市绿地系统的空间布局与可持续发展模式。

城市绿地系统的生态规划具体的技术路线是：完成基础资料的收集，并将基础数据进行整理和数字化处理。以生态学基本原理为指导，分析城市绿地景观系统现状中存在的主要问题。在具体的景观规划与设计项目中，强调城市区域自然生态系统保护和引入，强调城市绿地生态功能的整体优化，强调城市景观的异质性和生物多样性。其核心内容是中间的分析环节上，运用景观格局和景观功能间相互依存关系，通过斑块、廊道、基质模式中各单元对生态过程的影响原理以及定量运算来研究绿地规划不同方案对城市生态过程的不同作用，结合社会、经济、美学各方面的因素做出合理的规划方案。城市绿地生态规划，其设计对象趋向于多元化。其重点是生态过程的恢复，其目标是城市整体生态系统的和谐运转。

9.1.4.2　规划内容

在生态分析与评价基础上提出规划方案。规划方案解决自然与城市之间的矛盾，明确土地和环境的安排。规划内容包括：

1）城市绿地系统现状分析；

2）拟定城市绿地系统的各项生态指标；

3）城市绿地系统生态空间格局规划与绿色空间生态保护规划；

4）城市绿地系统生物多样性规划；

5）城市绿地系统生态空间格局规划；

6）城市绿地系统种植规划；

7）城市绿地系统生态功能规划及各类生态绿地规划。

9.1.4.3　方案评价

根据发展的目标和要求，以及资源环境的适宜性，制定具体的生态规划方案。生态规划以促进社会经济发展、生态环境条件改善及区域持续发展能力的增强为目的。因此，必须对各项规划方案进行三方面的评价。

第一，方案与目标评价。分析各规划方案所提供的发展潜力能否满足规划目标的要求。第二，成本—效益分析。对方案中资源与资本投入及其实施结果所带来的效益进行分析、比较，进行经济上的可行性评价，以筛选出投入低、效益高的方案。第三，对持续发展能力的影响。发展必须考虑生态环境，有些规划可带来有益的影响，促进生态环境的改善，有的则相反。可持续发展能力的评价内容，主要包括对自然资源潜力的利用程度、对区域环境质量的影响、对景观格局的影响、自然生态系统不可逆分析、对区域持续发展能力的综合效应等方面。

9.1.4.4　规划成果

城市绿地系统生态规划成果应包括：规划文本、规划说明书、规划图则和规划基础资料四个部分。

规划文本：①总则，包括规划范围、规划依据、规划指导思想与原则、规划期限与规模等；②规划目标与指标；③城市绿地系统生态规划；④城市绿地系统生态规划结构、布局与分区；⑤城市绿地生态分类规划，简述各类绿地的生态规划原则、规划要点和规划指标；⑥种植规划，规划绿化植物数量与技术经济指标；⑦生物多样性保护与建设规划，包括规划目标与指标、保护措施与对策；⑧分期建设规划，分近、中、远三期规划，重点阐明近期建设项目、投资与效益估算；⑨规划实施措施，包括法规性、行政性、技术性、经济性和政策性等措施；⑩附录。

城市绿地系统生态规划的主要图纸为：城市区位关系图；现状图，包括城市综合现状图、规划区现状图和各类绿地现状图等；城市绿地现状分析图；规划总图；市域大环境绿化生态规划图；绿地生态分类规划图，包括维持碳氧平衡的绿地规划、调节微气候绿地规划、抗大气污染绿地规划、防风绿地规划、滞尘绿地规划、减噪绿地规划、减菌绿地规划图等；近期绿地建设规划图。

9.2 城市绿地系统生态规划技术方法

9.2.1 微气候环境分析模拟技术

微气候是指生产、生活过程中现场所处的局部环境中的气候状况，包括以下四个最重要的参数：空气气温，空气湿度，气流速度（风速），热辐射条件状况。微气候环境分析模拟技术主要是建立模型，应用计算机软件 CFD、Airpark、Streem 等对城市微气候环境进行模拟。

美国普渡大学早在 1979 年就运用计算机对城市微气候进行了模拟研究；美国麻省理工学院运用 CFD 技术进行室外风环境模拟研究；以色列学者提出的 CTTC 模型在热平衡的基础上，使用建筑群热时间常数的方法计算局部建筑环境的空气温度随外界热量扰动变化的情况；德国鲁尔大学学者 Michael Bruse 建立了 ENVI–met 模型，适用于中到大尺度城市问题的分析；香港中文大学建筑学院吴恩融教授利用 CFD 技术以及日照物理模型模拟分析高密度城市中对于全天日照、自然通风之间的作用和影响以及高密度城市中建筑相互尺度关系对于空气质量的影响；华中科技大学余庄教授、张辉、陈丽等将 CFD 模拟技术应用于城市规划与城市气候关系，进行大尺度城市地域模式相关研究；华中科技大学陈宏博士利用 CFD 耦合技术对小区室外热气候进行分析，并使用 SET* 评价室外热环境对行人的热舒适性的影响。

现在微气候环境分析模拟技术研究主要集中在城市选址、布局结构、建筑体量等对城市空气流动方式、城市空气质量、城市热导效益、城市日照的影响等方面。

9.2.2 绿地生态效益评价技术

生态效益是利用生态系统的自我调节能力和生态系统之间的补偿作用，提高物种的再生能力，维持和改善人类赖以生存、生活和生产的自然环境以及生态系统的稳定性，使人们从中得到环境整体性的效益。绿地生态效益分析可确切地估价植被对环境改善的作用和程度，为政府制定合理的生态补偿制度和补偿额提供参考依据，并有利于发展和保护生态系统。绿地生态效益评价包括改善小气候方面的效益，净化空气方面的效益以及固碳增氧效益。

从目前城市绿地生态效益研究方法来说，主要是通过植被生态功能的再生产费用以及植被带来的效益等途径进行评估。中国采用的主要方法有费用支出法、机会成本法、影子价格法、旅行费用法、模拟市场法、效益替代法以及能值分析法等。国外有美国的 CTLA 法（Councial of Tree and Landscape Appraisers），英国的 AVTW 法（Amenity Valuation of Trees and Woodlands），澳大利亚的 Burnley 法，新西兰的 STEM 法（Standard Tree Evaluation Method），西班牙的 Norman Granda 方法等。由于生态效益具有多样性，所以有关生态效益的评价体系也没有统一。生态效益评价及指标体系建立的方法一般是分析数据，计算生态效益价值，建立三层次的指标体系，根据层次分析法建立判断矩阵，计算出各指标的权重，最终计算出生态效益总价值。

目前遥感（RS）、地理信息系统（GIS）、地理定位（GPS）技术为目前应

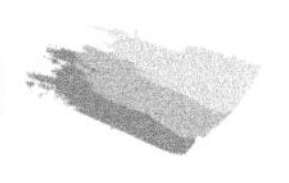

用最为广泛的评价技术手段。利用 RS 和 GIS 可以实现城市绿地资料的收集与数据共享，进行空间分析、信息提取、动态的监测和管理。

9.2.3 “近自然林”法

“近自然林”法是以生态学原理为基础，遵循自然发展规律，运用现代林业技术，充分利用自然力，通过人工多途径组建、维护和调控一种近似于自然生态模式林的造林学方法。近似自然生态模式林能够体现当地天然森林植被(包括不同演替阶段）模式的特点。它具有提高森林效益和改善环境质量的双重作用。国际著名植被生态学家、日本横滨国立大学教授宫胁昭根据所掌握的植被生态学理论，运用大量的植被基础研究资料，提出了用乡土树种在当地重建森林，并在多地实验成功。因此也称宫胁造林法，有关理论称为新演替理论。

“近自然林”法的特点有以下几方面：

1）用该方法营造的森林是环境保护林，而不是用材林和风景林。

2）强调造林用的树种为乡土树种，主要是建群树种和优势树种，且强调多种类、多层次、密植、混交。

3）成林时间短。根据演替理论和自然条件，一般的森林演替从荒山或没有树木的土地上开始，到最后森林的形成，至少需要 200 ～ 500 年，或上千年，而宫胁法通常只要 20 ～ 50 年，时间缩短了 3/5 ～ 4/5。在目前世界环境仍在继续恶化，森林仍在遭受破坏的情况下，缩短时间就是加速环境改善，就是节约费用。

4）管理简单。用宫胁法造林,一般在开始 1 ～ 3 年进行除草、浇水等管理，以后就任其自然生长，优胜劣汰，适者生存。由于多种乡土树种组合，抗病虫害和自然灾害的能力强，群落相对稳定，不会出现种植单一树种而引发大面积的病虫害；完全遵循自然生长规律，无需长期的人工管理。

5）成本低、造林成活率高。应用宫胁造林法苗木及种植等费用只为现行绿化单价的几分之一或十几分之一。

6）树种丰富、结构完整、生物量高。多种乡土树种的组合和植物的自然侵入使物种多样性高，乔、灌、草层次结构完整，生物量高。

9.3 城市绿地系统生态规划指标体系

9.3.1 绿地系统指标分析方法

城市绿地系统的指标分析方法有：游憩空间定额法，规范指标分析法，以及生态要素阈值法。其中游憩空间定额法是我国园林绿地规划工作中常用的传统方法，其基本依据来源于 20 世纪 50 年代的苏联；规范指标分析法是根据国家各类规范条例对城市绿地指标的规定而对城市绿地规划指标进行分析的方法；生态要素阈值法主要是从生态的角度出发，对绿地系统指标进行分析。

生态要素阈值法是生态绿地系统规划总量控制的一种方法。

在任何一个正常的生态系统中，各个生态要素相互作用，产生一种动态的平衡状态。生态要素的作用有一定的阈值范围，在阈值范围内，系统能够通过负反馈作用，校正和调节人类和自然引起的许多不平衡现象。若环境条件改变或超出阈值范围，生态负反馈调节就不能再起作用了，系统因而遭到破坏。生态阈值法就是根据生态系统维持平衡的阈值原理，选择若干对城市生态环境系统影响较大的生态要素，运用能量守恒与物质循环的原理，分别求出它们在系统平衡时的阈值，作为规划指标的最小或最大极限值。其基本工作思路如下：

1）确定单位面积、单位时间城市绿地吸收、排放或截留某类物质（如吸收二氧化碳、二氧化硫、排放氧气等）的数量，即单个生态因素的定额指标。

2）综合考虑该物质循环的各类途径，确定城市绿地对物质循环的贡献率，从而计算出在保持系统平衡时，需要城市绿地吸收、排放或截留的该物质的总量。

3）根据定额指标与需要城市绿地吸收、排放或截留的该物质的总量，计算所需的城市绿地的最小极限值。这也是针对单个生态因素的需求阈值。

4）将各个单生态因素的需求阈值，进行相互间的生态相关因素分析，求出在多个生态因素影响下的城市绿地规划总量最低值，这个值作为城市绿地规划时总量控制指标的计算依据。

5）将算出的城市绿地规划总量最低值，按照不同植物群落的绿地类型进行分配，依次求出各类绿地在规划区内所需占用的土地面积。

目前常用的方法是通过城市生态环境保持自身碳氧平衡以期达到保持区域整体生态平衡的碳氧平衡法。具体计算过程为：

1）规划区所需制氧阔叶林面积理论值：

$$M=dK/abc \ (\mathrm{hm^2}) \tag{9-1}$$

式中：M 为规划区内所需制氧阔叶林面积理论值；K 为市域各项人类活动的总耗氧量；d 为年日数（365）；a 为年无霜期天数；b 为年日照小时数；c 为阔叶林制氧参数（$0.07\mathrm{t/hm^2 \cdot h}$）。

2）规划区所需农田绿地面积理论值：

$$R=GI/15f \ (\mathrm{hm^2}) \tag{9-2}$$

式中：R 为规划区内所需农田绿地面积理论值；G 为规划区当年总人口（人）；I 为区域粮食自给率；f 为土地承载力系数（人／亩）。

3）区域制氧绿地面积规划值：

$$N=R1J1+R2J2+R3J3+\cdots \tag{9-3}$$

式中：N 为区域制氧绿地面积规划值；$R1$ 为农田面积；$R2$ 为林地与园地面积；$R3$ 为园林绿地面积……$J1$ 为农田等效阔叶林换算系数（0.2）；$J2$ 为林地等效换算系数（0.1）；$J3$ 为换算系数（1.0）……

4）规划区生态绿地空间的大气氧平衡贡献率：

$$Q=N/M\times 100\% \tag{9-4}$$

式中：Q 为规划区生态绿地空间的大气氧平衡贡献率，应控制和保持在60%以上；N 为区域制氧绿地面积规划值；M 为规划区内所需制氧阔叶林面积理论值。

生态要素阈值法中除了碳氧平衡法之外，还有污染荷载量法、综合确定法

以及其他方法。

污染荷载量法：经济发展、人口、机动车辆增加，城市的污染日趋严重。二氧化硫、氮氧化合物、粉尘、噪声以及铅等重金属污染对城市环境的影响日趋严重，绿色植物对污染物的吸收作用使其成为净化城市环境的重要载体。相关研究者开始探讨根据城市绿草地的净化能力及污染物产生量来确定城市绿化相关指标。如符气浩等对海口市绿地面积定额时，主要考虑植物对二氧化硫的净化作用，把大气看作封闭系统和开放系统两种情况分别计算绿地面积；姜东涛运用大量资料论述每公顷森林的生态功能，并以此提出计算城市森林面积和覆盖率的依据。

综合确定法：即综合运用以上方法，全面考虑城市生态环境的需要，确定适宜于规划城市的绿地面积。

其他方法：刘梦飞（1988）根据北京绿化覆盖率和气温之间的负相关关系，从消除城市热岛的角度考虑，认为北京市的绿化覆盖率应达到50%；叶文虎等（1998）从生态补偿的角度，运用绿当量的概念，探讨了对二氧化碳、降尘和二氧化硫的生态补偿方法。

总之，确定城市的绿化指标是一项复杂的工作，它需要对城市自然条件、人口数量及分布、环境质量、绿化现状综合分析的情况下，通过定性、定量相结合的方法进行深入研究后方可确定。

9.3.2 城市绿地系统生态规划指标

规划指标一直是城市绿地系统规划实际工作中存在的难题，也是绿地生态规划的重点。我国住建部对于绿地指标的规定目前包括人均绿地面积指标和绿地占城市用地的百分比两类，分为人均绿地面积、人均公共绿地面积、绿地率、绿化覆盖率四项。这些是常规的城市绿地系统规划指标。在进行一座城市绿化系统的生态规划时，则需要根据生态规划的内容建立起一套规划指标（图9–3–1）。

另外城市绿地系统的生态规划是涉及生态景观的演替规划。一个生物群落的生态功能的完善、生态过程趋于稳定平衡，非短期完成：生态景观生长的时间尺度要大于城市发展的时间尺度。因而，与城市总体规划的分期时限相比，作为衡量规划指标的时间尺度，城市绿地系统规划的期限一般应更加长远。在兼顾城市总体规划的前提下，城市绿地系统规划的时限可考虑自身体系。

9.3.2.1 城市绿地系统的多样性与异质性

（1）绿地空间景观多样性（景观粒度与景观对比度）

景观生态学中的空间粒度是指空间中最小可辨识单元所代表的特征长度、面积或体积。绿地系统的景观粒度可以用现存所有斑块的平均直径来度量(Forman and Fodron，1986；Angelstam，1992；Wiens et al.，1993；Forman，1995)。一般的有粗粒和细粒景观之分。含有细粒区域的粗粒景观最有利于获得大型斑块带来的生态效益，也有利于包括人类在内的多生境物种生存，并能提供比较全面的环境资源和条件（Forman 1995）。粗粒结构景观多样性高（农田要比城市多样），但局部地点的多样性却低（从一点移动到另一点，土地利用方式几乎

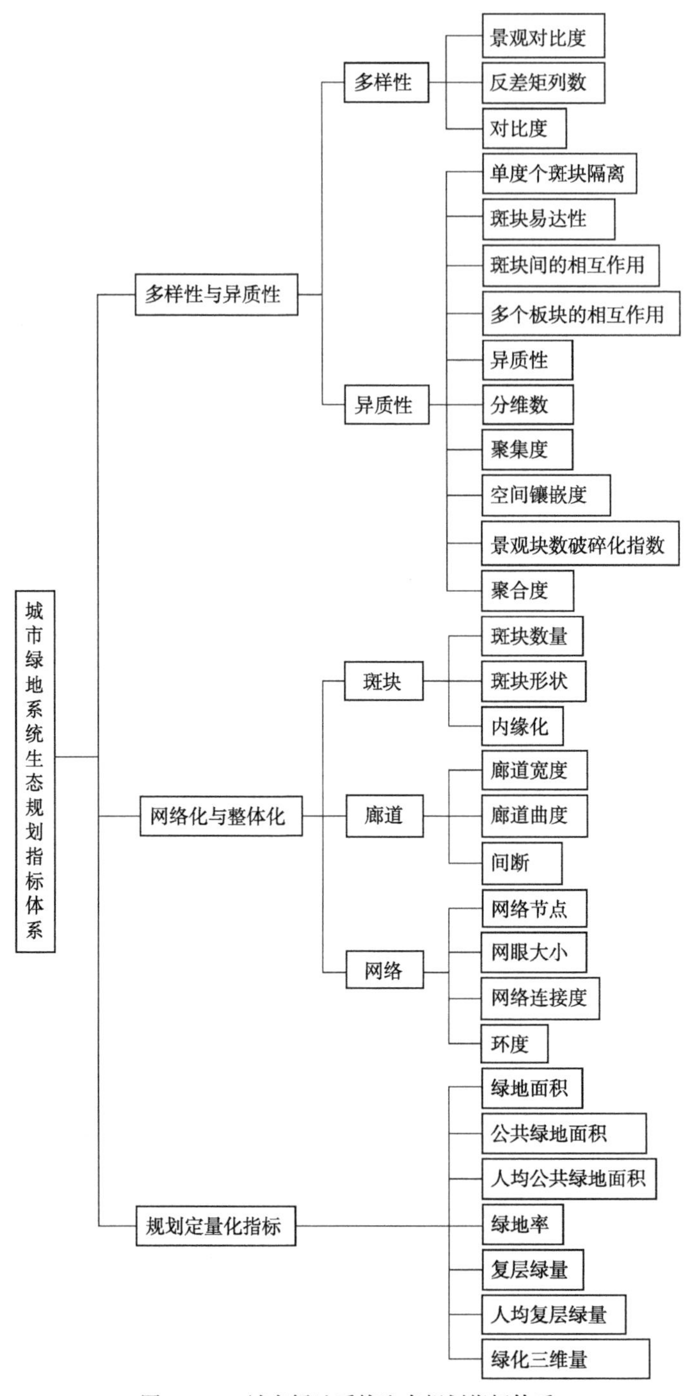

图 9-3-1　城市绿地系统生态规划指标体系

没有多大变化）。这样的景观结构可以为保护水源或内部特有物种提供大型植物斑块，或者为工业区提供大面积的建筑场地，却不利于多生境物种的生存，因为需要移动很长的距离才能实现从一种生境到另一种生境的转移。相比之下，细粒景观更有利于多生境物种生存，却不利于要求大斑块的内部特有物种生存。细粒景观整体单调（景观的每一部分都大致相同），但局部多样性高（相邻点

的异质性高)。

景观对比度是指(邻近的)不同景观单元之间的相异程度。如果相邻景观要素间差异甚大，过渡带窄而清晰，就可以认为是高对比度的景观，反之，则为低对比度的景观。景观对比度只是描述景观外貌特征的一个指标。其高低大小无绝对的优劣之分。低对比度景观往往出现在大面积自然条件相对单一的地带，如热带雨林地区、温带草原地区等。受水盐条件控制的类群往往相对集中成片分布。大部分的人为活动会引起景观对比度的增加。

有些三角洲景观就是一种高对比景观，如滩涂裸地、刚草、碱蓬、芦苇、蒲草、柽柳等。不同的种群选择栖息地时，往往对景观对比度的高低有一定的喜好，因此在进行绿地系统生态规划设计时，不要轻易地人为改变其景观的对比度。

用于度量景观对比度的指标有反差矩倒数(Inverse Different Moment, IDM)和对比度(Contrast, CON)。

反差矩倒数主要用于描述局部梯度大小，如浓度、强度、绿量等。它是一个加权概率和，所对比的量 i 与 j 之差越小，权重值越低，其表达式为：

$$IDM=\sum_{i=1}^{m}\sum_{j=1}^{m}\frac{1}{1+(i+j)^2}p_{ij} \tag{9-5}$$

式中：p_{ij} 取值为 i 和 j 的像素相邻的概率。IDM 值越高，局部对比度越低。

对比度也是用来描述景观中局部地段的差异，与反差矩倒数的使用条件类似，但表达式不同：

$$CON=\sum_{i=1}^{m}\sum_{j=1}^{m}[(i-j)^2]\cdot p_{ij} \tag{9-6}$$

式中：p_{ij} 取值为 i 和 j 的像素相邻的概率。对比度值越高，所测度空间的实际对比度也就越高。

(2) 绿地景观异质性

绿地景观的异质性可以从斑块入手，对绿地系统中的各类斑块及其总体进行统计分析。主要是应用一些景观生态学指数，从不同的侧面来描述绿地的异质性程度。常见的有单个斑块的隔离度(Isolation)，易达性(Accessibility)，相互作用(Interaction)，分散度(Dispersion)(Forman and Godron 1986)；整体景观的异质性(Heterogeneity)，多样性(Diversity)，分维数(Fractal)，聚集度(Contagion)，破碎度(Fragmentation)(李哈滨和伍业刚 1992)以及相似度(Affinity)(He et al. 2000)等。

单个斑块隔离度

$$r_i=\frac{1}{n}\sum_{j=1}^{n}d_{ij} \tag{9-7}$$

式中：r_i 为斑块 i 的隔离度；n 为所研究的邻近斑块数目；d_{ij} 为斑块 i 与任意相邻斑块 j 间的距离。

斑块间的易达性

$$a_i = \sum_{j=1}^{n} d_{ij} \tag{9-8}$$

式中：a_i 为斑块 i 的易达性指标；d_{ij} 为斑块 i 和 n 个相邻斑块中任一斑块 j 之间沿连接线的（如树篱）距离。

斑块间的相互作用

$$I_i = \sum_{j=1}^{n} \frac{A_j}{d_{ij}^2} \tag{9-9}$$

式中：I_i 为斑块 i 与相邻 n 个斑块间的作用度；A_j 为任一相邻斑块 j 的面积；d_{ij} 为斑块 i 与任一斑块 j 边缘间的距离。

多个斑块的分散度

$$R_c = 2d_c\left(\frac{\lambda}{\pi}\right) \tag{9-10}$$

式中：R_c 为分散度指标；d_c 为从一个斑块中心到其最近的斑块间的平均距离；λ 为斑块平均密度。

当 R_c=1 时，斑块随机分布；当 R_c<1 时，斑块呈聚集性分布；当 R_c>1（最大值为 2.149）时，斑块呈规则分布。

异质性

$$HT = -\sum p_i \ln p_i \tag{9-11}$$

式中：p_i 为某一绿地景观单元类型占绿地总面积的比值（值域 0 ~ 1）。

多样性：景观多样性指标通过引入异质性指标的最大值，将其进行了标准化，可以看做是对前者的一种修正：

$$D_m = \ln(n) - HT \tag{9-12}$$

式中：n 为景观单元的类型数，ln(n) 为 HT 的最大值。当景观单元的类型数为 7 时，该指标的取值范围在 0.0 ~ 1.94 之间。

需要注意的是，异质性指数和多样性指数只是对景观中不同类型单元按其占总面积的比例进行统计的，他们不能区分各类型面积比例一定时不同分布格局所造成的异质性，这样就还需要其他的定量指标来描述景观要素的不同分布格局。

分维数（D）

$$D = 2-k \tag{9-13}$$

式中：D 为分维数；k 为斑块面积与周长之间的回归系数。

$$\log_2(l/4) = k \cdot \log_2(s) + c \tag{9-14}$$

式中：l 为斑块的周长；s 为同一斑块的面积；c 为常数。

聚集度原是描述景观里不同生态系统的团聚程度，由 O' Neil 首先提出来，后经 Li 等（1993）修正，得到下列计算式：

$$C=1-\frac{-\sum_{i=1}^{m}\sum_{j=1}^{m}p_{ij}\ln p_{ij}}{2\ln(m)} \tag{9-15}$$

式中：m 为景观中的斑块类型数；p_{ij} 为面积加权的概率值，Li 等（1993）将其定义为 i 类与 j 类像元相邻的条件概率与 i 类像元在景观中所占面积的比例之积。即：

$$p_{ij}=\frac{N_{ij}}{N_i}\cdot\frac{A_i}{A} \tag{9-16}$$

式中：N_{ij} 为格栅景观图中类型 i 的像元与类型 j 的像元相邻的次数；N_i 为 i 类像元与所有像元相邻的总次数（包括 i 类像元本身）；A_i 为 i 类像元的总面积，A 是所研究景观区域的总面积。

C 的取值范围在 0 ~ 1 之间，当 C 接近于 1 时，代表景观由少数团聚的大斑块组成，C 值小则代表景观由许多小斑块组成。

空间镶嵌度（Mosaic's Spatial Diversity）。该指数（源于 Pielou 1975）用于描述景观中不同要素的空间镶嵌程度。

$$Mosaic=-\sum_{i=1}^{m}\sum_{j=1}^{m}P_i p_{ij}\ln p_{ij} \tag{9-17}$$

式中：P_i 为 i 类斑块的总面积占景观总面积的比例；p_{ij} 为类型 i 与类型 j 相邻的概率。

景观块数破碎化指数。该指数的计算公式有两种：

$$FN_1=(Np-1)/Nc \tag{9-18}$$

$$FN_2=MPS(Nf-1)/Nc \tag{9-19}$$

式中：FN_1 和 FN_2 为某一景观类型的斑块破碎化指数；Nc 为格栅格式的景观图中网格的总数；Np 为景观中各类斑块的总数；MPS 为景观中各类斑块的平均斑块面积（以网格数为单位）；Nf 为景观中某一景观类型的总数（李哈滨等，1992；王宪礼等，1997）。

聚合度（Aggregation Index，AI）（He et al．2000）。该指标是基于格栅数据的。计算公式为：

$$AI_i=e_{ij}/\max\_e_{ij} \tag{9-20}$$

其中：

$$\max\_e_{ij}=2n(n-1)(m=0)$$
$$\max\_e_{ij}=2n(n-1)+2m-1(m<0)$$
$$\max\_e_{ij}=2n(n-1)+2m-2(m\geqslant 0)$$
$$m=A_i-n^2$$

式中：AI_i 为景观中某一类型的聚合度；e_{ij} 为类型为 i 的网各自相邻的公共边缘数；$\max\_e_{ij}$ 为类型为 i 的网格间最大可能公共边数；A_i 为类型为 i 的网

格总面积；n 为面积比 A_i 小的最大正方形边长。

9.3.2.2 城市绿地系统结构网络化与整体化

(1) 斑块

斑块数量：景观中同类斑块的数量和面积往往决定着景观中的物种动态和分布。研究表明，单一的大斑块所含的物种数量往往比总面积相同的几个斑块要多得多（Higgs and Usher 1980），但如果斑块散布范围较广，则会发现几块斑块的物种较多。这是因为所有斑块都含有类似的边缘物种，而大斑块通常还含有敏感的内部物种，广泛分布的斑块可分布于不同的动植物区系内。Forman 等人（1976）认为，在景观附近局部地区至少需要三个以上的大斑块才能使景观中的物种多样性达到最大。

景观中斑块的数目可以根据以下 4 个方面的标准来分别确定：①每种群落类型的斑块数目；②斑块的起源和成因；③斑块的大小；④斑块的形状。

斑块面积：通常以平方米或公顷为单位来度量。最小和最适斑块面积往往是设计中的重点问题。一般来说，斑块内的物质、能量与斑块面积大小呈正相关，大致的规律是面积增加 10 倍，物种增加 2 倍，面积增加 100 倍，物种增加 4 倍。即面积每增加 10 倍，所含的物种数量以 2 的幂函数增加，2 为平均值，其数值通常在 1.4 ～ 3 之间。在陆地景观中，斑块中物种多样性与下列斑块特征相关，其顺序如下（Forman 等，1986）：

$$S = f[\text{生境多样性} \pm \text{干扰} + \text{面积} + \text{年龄} + \text{景观异质性} - \text{隔离程度} - \text{边界不连续性}] \quad (9\text{–}21)$$

但这种增长不是线性相关，而是呈现曲线相关。开始时物种随斑块面积的增大增加很快，但这种增加会越来越慢。

斑块形状（Shape Index）：对物种丰度和种群数量有很大的影响。斑块形状（S）可以用斑块边界实际长度（L）与同面积（A）圆周的比值来表示：

$$S = \frac{L}{2\sqrt{2\pi A}} \quad (9\text{–}22)$$

S 值越高，斑块形状越复杂。在景观生态学研究中，斑块形状是常用的定量指标之一。除此之外，还有许多指标来描述斑块形状的不同方面，如拉伸度（Elongation），圆度（Circularity），紧密度（Conpactness）等（Forman 1995）：

$$\text{拉伸度} = \text{斑块宽度} / \text{斑块长度} \quad (9\text{–}23)$$

$$\text{圆度} = \frac{4 \times \text{斑块面积}}{\text{斑块周长}^2} \quad (9\text{–}24)$$

$$\text{紧密度} = \frac{2\sqrt{\pi \times \text{斑块面积}}}{\text{斑块周长}} \quad (9\text{–}25)$$

斑块的形状和走向对于穿越景观的动植物扩散和觅食具有很大的影响（Emlen，1981）。比如森林斑块和林窗的形状对野生动物的栖息和迁移往往具有重要作用（Marcot and Meretsky，1983），而动物栖息地本身也有近圆形、

椭圆形和长条形等各种形状（Smith，1983）。不同形状斑块的生态效应优缺点如图 9-3-2 所示。

内缘比：指斑块内部和外侧边缘带的面积之比。内缘比的生态学意义在于，斑块内部与边缘在生境条件上（如光照、湿度、食物、天敌等）有所区别，进而造成物种组成的差异。一般情况下，较高的内缘比可促进某些生态过程，而较低的内缘比则会增强另外的一些过程。

与内缘比相关的一个指标就是“核心区面积”（Core Area），有时也用核心区面积占总面积的百分比来表示，它既关系到景观的组成，也关系到景观的

	形状	优点	缺点	点评及出处
（a）	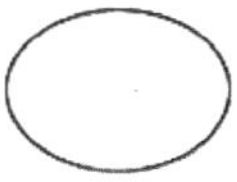	内部面积最大，物种丰富，种群也大	与相邻和远距离基质间的交流最少	（Diamond 1975，Wilcove et al. 1986，Temple 1986）
（b）	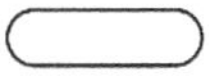	—	核心区小，与相邻和远距离基质间的交流少	（Came 1980）较（a）的内部面积稍小，略有扩散漏斗（Dispersal Funnel）和滤篱（Drift Fence）效应
（c）	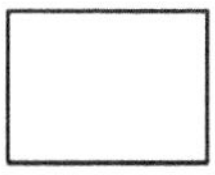	—	与相邻和远距离基质间的交流少。直线型边界增加了侵蚀的可能性	较（a）的内部面积稍小，与基质的交流比（a）大，但比（f）小
（d）		对边缘的种最好。最便于为基质内的动物所利用	—	较（a）的内部面积稍小，与相邻基质交流好（Forman and Moore 1992）
（e）		基因变异最大。最有利于干扰风险的分散	核心区面积最小，内部面积也最小	—
（f）		伸向远距离基质的扩散漏斗可促进其他斑块的重新定居。滤篱效应可使该板块局部物种灭绝后重新获得定居	—	较（a）的内部面积稍小，滤篱和扩散漏斗效应较（g）稍小。滤篱可以俘获过多的害虫或外来种。可以缩减成树枝状溪流系统。（Ambuel and Temple 1983，Peterken et al.1992）
（g）		有伸向远处基质的扩散漏斗；有滤篱效应；有部分基因变异和部分风险分散	核心区和内部面积小	滤篱可以俘获过多的害虫或外来种
（h）		有伸向远处机制的扩散漏斗；有滤篱效应；与相邻基质有一定的交流；自然的不规则形状类似于许多物种发生进化的斑块	—	较（a）的内部面积稍小，比（g）的滤篱效应稍小。滤篱可以俘获过多的害虫或外来种

图 9-3-2 不同形状斑块在生态效应上的优缺点（引自肖笃宁.《景观生态学》）

资料来源：肖笃宁等.景观生态学（第二版）[M].北京：科学出版社，2010.

总体结构，可以分为斑块水平、类型水平和景观水平。

（2）廊道

廊道宽度：有研究表明（Baudry 1984），树篱廊道与物种多样性之间在树篱宽度为 12m 时，存在一个明显的阈值，界于 3 ～ 12m 之间，廊道宽度与物种多样性之间的相关性接近于零，而宽度大于 12m 的树篱，森林草本植物物种多样性平均为狭窄树篱的两倍以上。边缘物种与廊道宽度无关。可以认为，就草本植物而言，树篱宽度小于 12m 的为线状廊道，大于 12m 的为带状廊道。

廊道曲度（Curvature）：即廊道的弯曲程度，对景观中的物流能起着重要作用。可用分维数来描述廊道的曲度（Milne 1990）：

$$Q(L)=L^{Dq} \tag{9-26}$$

式中：Q 可认为是廊道的实际长度；L 为一参照长度，如从初始位置到某一特定位置的直线距离；D_q 为廊道的分数维，变化范围在 1 ～ 2 之间；当 D_q 值接近 1 时，描述对象为一直线；当 D_q 值趋近于 2 时，弯曲程度相当复杂，几乎布满整个平面。

廊道间断：连续分布的廊道沿线往往有一些断开区，对沿廊道或横穿廊道的物种流和其他形式的流起着重要的作用。其度量通常用单位长度廊道上的间断数目来表示，具体单位取决于研究对象的尺度。

（3）网络

网络节点：绿地系统网络中的交叉点或终点又称为节点，节点通常可起到中继站的作用，不是迁移的目的地。由于网络节点上的小气候变化，如风速降低，树荫多，空气和土壤湿度加大，土壤有机质含量较高，温度变化小等，使得节点成为动物迁移的临时休息场所和食物提供场所。

网眼大小：绿地系统的网络内景观要素的大小、形状、环境条件、物种丰度和人类活动等因素对网络本身都有重要影响。由于物种在完成其功能（觅食、护巢、繁殖）时对网络线间的平均距离或面积相当敏感，因此网眼大小（Sieve Size）也就成了网络的一个重要特征。网眼大小可以用网络线间的平均距离或网线所环绕的面积来度量。

网络连接度：绿色廊道与系统内所有节点的连接程度称作网络连接度，是网络复杂性和简单程度的度量指标，其常见的计算方法有两种，即 γ 指数法和 α 指数法。

网络连接度的 γ 指数法为该网络的连接线数目与最大可能连接数之比。即：

$$\gamma=\frac{L}{L_{\max}}=\frac{L}{3(V-2)}\ (V\geqslant 3, V\in N) \tag{9-27}$$

式中：L 为连接线数；$L_{\max}$ 为最大可能连接数；V 为结点个数。γ 指数的取值范围为从 0（各结点之间互不连接）到 1（每个结点都与其他各点相连接）。

环度，网络连接度的 α 指数，即连接网络中现有结点的环路存在程度。环路是指能为物流提供可选择性路线的环线。环度指数 α 可以用网络中实际环路数与最大可能出现的环路数的比值来表示：

$$\alpha=\frac{\text{实际环路数}}{\text{最大可能环路数}}=\frac{L-V+1}{2V-5}\,(V\geqslant 3, V\in N) \tag{9—28}$$

式中：L 为连接线数；V 为结点个数。该指数可在 0（网络无环路）到 1（网络具有最大环路数）之间变化。

9.3.2.3 规划定量化指标

这类指标是确定的具体量化指标，便于控制和操作。绿地面积、人均绿地面积、公共绿地面积、人均公共绿地面积及绿地率是从城市绿地空间二维平面角度分析确定的指标项目；复层绿色量、人均复层绿色量、绿化三维量、人均绿化三维量是从立体空间角度分析绿地的指标项目。

绿地面积：城市绿地系统各类绿色用地面积总和，包括公园绿地面积、生产绿地面积、防护绿地面积、附属绿地面积等。

公共绿地面积：城市公共绿地面积包括公共人工绿地、天然绿地，以及机关、企事业单位绿地。

人均公共绿地面积：城市人均公共绿地面积指城市公共绿地面积的人均占有量，以平方米／人表示，生态市达标值为≥ 11 平方米／人。

人均公共绿地面积＝城市公共绿地面积／城市非农业人口 (9—29)

绿地率：城市各类绿地总面积占城市用地面积的比率。

$$\lambda_g=[(A_{g1}+A_{g2}+A_{g3}+A_{g4})/A_c]\times 100\% \tag{9—30}$$

式中：λ_g 为绿地率，%；A_{g1} 为公园绿地面积，m^2；A_{g2} 为生产绿地面积，m^2；A_{g3} 为防护绿地面积，m^2；A_{g4} 为附属绿地面积，m^2；A_c 为城市用地面积，m^2。

2001 年《国务院关于加强城市绿化建设的通知》（国发〔2001〕20 号）中要求：到 2005 年，全国城市规划建成区绿地率达到 30% 以上，绿化覆盖率达到 35%，人均公共绿地面积达到 $8m^2$ 以上，城市中心区人均公共绿地达到 $4m^2$ 以上；到 2010 年城市规划建成区绿地率达到 35% 以上，绿化覆盖率达到 40%，人均公共绿地面积达到 $10m^2$ 以上，城市中心区人均公共绿地达到 $6m^2$ 以上。

在 2004 年，建设部确定了首批国家生态园林城市创建示范城市，并制定颁布了《国家生态园林城市标准》，对城市绿化三项提出了更高的要求，建成区绿地率达到 38% 以上，绿化覆盖率达到 45%，人均公共绿地面积达到 $12m^2$ 以上。

复层绿色量：是指绿地各层面（乔、灌、草）绿化面积统计之和，是反映叶面总覆盖面积的一项指标。以平方米为计算单位。它更强调了绿地的生态功能和生态效益，同时，也弥补了现用平面绿量指标的不足。它针对不同植物种类、不同绿地结构间存在的功能差异，以绿地各层面（乔、灌、草）叶面所覆盖的总面积作为评价标准，来反映生态功能水平的高低。

人均复层绿色量：是复层绿色量与城市非农业人口之比值。

绿化三维量：指绿色植物茎叶所占据的空间体积，以立方米为计算单位。绿化三维量是 1998 年上海运用遥感技术对城市园林绿地进行调查研究和绿化与环境的相关分析时提出的。相对于平面量（如绿地率、绿化覆盖率）而言，三维量指标更好地反映城市绿化在空间结构方面的差异，因而可以更全面、准确地分析绿化的环境效益和城市绿化需求总量。

绿化结构指标：各类绿地的乔木量、灌木量、地被面积、常绿乔木量、落叶乔木量等，可以反映城市绿地绿化结构和特征以及构成绿地的植物材料的数量及特点。

9.3.3 国内外城市绿地系统生态规划、标准

9.3.3.1 国外城市绿地系统生态规划与标准

西方国家对城市生态环境的改善重视较早，城市绿化水平相对较高。从城市绿地指标来看，不仅数值较高，指标的涵盖范围也较广。所采用的城市绿地指标大致有：绿地率、人均公共绿地面积、绿被率、绿视率、城市拥有的公园数量、人均公园面积、人均绿地面积、人均设施拥有量等。

由于城市绿地类型的多样性、绿地功能的多重性和植物组成结构的不同，要确定合适的人均绿地面积、绿地率等，除了要考虑城市自身特点和环境质量外，还应考虑城市绿地的主要功能和其植物组成。有关人均城市绿地面积究竟多少合适，不同国家和地区都曾进行了探讨。1966 年，柏林一位博士提出每个城市居民应有 30 ~ 40m^2 的城市绿地指标；1970 年，日本有关方面提出现代工业大城市每人需要 140m^2 的城市绿地；日本环境厅曾建议，城市绿地面积应为城市的 40% ~ 50%（包括公共绿地和私人绿地）；从提供游憩娱乐功能上讲，为使游人在游览休息时能有一个安静舒适的环境，每个居民需要公园面积为 60m^2；从提供新鲜空气，使“二氧化碳和氧气达成平衡”理论来讲，人均城市绿地应该在 30 ~ 40m^2 之间；从改善城市气候、减弱城市热岛效应等理论方面来看，城市绿地率应该达到 50% 以上。

为了保障城市绿地建设水平，保证人们生活工作的质量，各国都提出了一定的城市绿地规划建设标准（表 9–3–1）。联合国生物圈与环境组织就首都城市提出了“城市绿地面积达到人均 60m^2、居民区达到人均 28m^2 为最佳居住环境”的标准；美国曾提出人均 40m^2 的城市绿地规划指标（表 9–3–2）；据世界 49 个城市的统计，瑞典斯德哥尔摩人均城市绿地为 80.3m^2，英国人均城市绿地为 42m^2。

德国城市绿地规划建设标准 **表 9–3–1**

年代（年）	颁布者	人均绿地面积（m^2/人）	备注
1915	Martin Wagner	26.9	包括森林
1929	Gurger Brandt	20.0	包括墓地、分区公园
1931	Gensen	30.0	包括墓地
1966	Gurger Brandt	20.5	包括森林
966	Alloys Bematzky	30 ~ 40	市内全绿地
1970	Rolf Ehlgotz	45.0	包括墓地、分区公园
1970	Reinhard Grebe	38.25	包括墓地、分区公园

资料来源：中国勘察设计协会园林设计分会. 风景园林设计资料集——园林绿地总体设计 [M]. 北京：中国建筑工业出版社，2006.

美国城市绿地规划建设标准 表 9–3–2

年代（年）	颁布者	人均绿地面积（m²/ 人）	备注
1925	辛辛那提（Cineinnati）	26.9	—
1928	纽约市规划局	40.4	—
1938	国立公园局	40.4	人口 8000 以上城市
1943	泛美规划官协会（ASPO）	40.4	人口 50 万以下城市
1947	George D.Butler	18.0	—
1949	北卡罗来纳	40.4	—
1959	达拉斯市规划局及公园局	74.0 ~ 76.0	包括保留地
1961	登巴大城市地区规划	42.5	地区公园在外
1962	泛美游憩协会	80.8	—
1964	明尼阿波利斯市公园局	74.8	地区公园在外

资料来源：中国勘察设计协会园林设计分会 . 风景园林设计资料集——园林绿地总体设计 [M]. 北京：中国建筑工业出版社，2006.

9.3.3.2 我国现有城市绿地系统生态规划标准

（1）我国城市绿地规划建设标准

1993 年，建设部正式下达了《城市绿化规划建设指标的规定》，从人均公共绿地面积、城市绿化覆盖率和城市绿地率三方面对城市绿地指标作出了规定。

1）人均公共绿地面积指标（表 9–3–3）。

城市绿化规划建设指标 表 9–3–3

城市类别	人均公共绿地 m²	
人均建设用地（m²/ 人）	2000 年	2010 年
<75	≥ 5	≥ 6
75 ~ 105	≥ 6	≥ 7
>105	≥ 7	≥ 8

2）城市绿化覆盖率的要求是到 2000 年应不少于 30%，到 2010 年应不少于 35%。

3）城市绿地率到 2000 年应不少于 25%，到 2010 年应不少于 30%。

4）为保证城市绿地率指标的实现，各类绿地单项指标应符合下列要求：新建居住区绿地占居住区总用地比率不低于 30%；城市主干道绿带面积占道路总用地比率不低于 20%，次干道绿带面积占比率不低于 15%；城市内河、海、湖等水体及铁路旁的防护林带宽度应不少于 30m；单位附属绿地面积占单位总用地面积比率不低于 30%，其中工业企业、交通枢纽、仓储、商业中心等绿地率不低于 20%；产生有害气体及污染工厂的绿地率不低于 30%，并根据国家标准设立不少于 50m 的防护林带；学校、医院、疗养院所、机关团体、公共文化设施、部队等单位的绿地率不低于 35%；生产绿地面积占城市建成区总面积比率不低于 2%。

（2）国家园林城市标准

为加快城市园林绿化事业的发展，推动城市生态环境建设，提高城市建设

和管理水平，促进城市经济发展和社会进步，建设部自 1992 年起在全国开展创建国家园林城市活动，制订了《创建国家园林城市实施方案》与《国家园林城市标准》，提出了国家园林城市基本指标。2005 年 3 月，建设部出台了新的《国家园林城市标准》（表 9–3–4）和《国家园林城市申报与评审办法》（建城〔2005〕43 号），作为今后园林城市的评审和复查的标准。

园林城市基本指标表 **表 9–3–4**

指标	地区	100 万以上人口城市	50 万 ~ 100 万人口城市	50 万以上人口城市
人均公共绿地	秦岭淮河以南	7.5	8	9
	秦岭淮河以北	7	7.5	8.5
绿地率（%）	秦岭淮河以南	31	33	35
	秦岭淮河以北	29	31	34
绿化覆盖率	秦岭淮河以南	36	38	40
	秦岭淮河以北	34	36	38

（3）生态园林城市标准

在创建园林城市的基础上，我国把创建“生态园林城市”作为建设生态城市的阶段性目标。2004 年 6 月，建设部印发了《关于创建“生态园林城市”的实施意见》（建城〔2004〕98 号），并颁布了《国家生态园林城市标准（暂行）》。国家生态园林城市标准中对城市绿地指标提出了更高的要求，即建成区绿化覆盖率不低于 45%，建成区人均公共绿地不低于 12m^2，建成区绿地率不低于 38%。

（4）地方城市绿地规划标准

由于我国幅员辽阔，发展极不平衡。为保证国家城市绿地建设与规划标准的可操作性，有些地方根据当地的实际情况，制定了相应的地方标准。以湖南省为例，相应的地方标准如下。

《湖南省城市建设“十一五”发展规划纲要》：全省各城市都要在今年（2006 年）年底以前完成新一轮城市绿地系统规划的修编工作，各项绿化用地指标不得低于国家标准和规范的规定。城市规划建成区人均公共绿地面积不低于 10m^2。城市新建区绿地率不低于总用地面积的 35%，城市内河、湖泊及铁路旁的防护林带宽度不少于 30m。

《湖南省园林城市标准》（湘建城〔2006〕309 号）：城市建成区绿地率、绿化覆盖率、人均公共绿地面积指标分别达到 31%、35% 和 7m^2 以上；城市中心区人均公共绿地面积达到 5m^2 以上；全市生产绿地总面积占城市建成区面积的 2% 以上。

9.3.4 城市绿地系统生态规划评价体系

9.3.4.1 基本原则

在实际的综合评价活动中，并非是评价指标越多越好，但是也不是越少越好。评价指标过多，存在重复性，会受干扰；评价指标过少，可能所选的指标

缺乏足够的代表性，会产生片面性。因此，在建立评价指标体系时应该遵循以下基本原则。

（1）系统性原则

城市绿地系统涉及内容繁多且具有多层次性、多目标性，系统的功能及其影响因素也丰富多样，所以必须用系统论的方法对其进行分析，描述系统整体特性和反映系统功能的指标体系也应是多层次结构的。指标间应相互补充，充分体现城市绿地系统的一体性和协调性。

（2）针对性原则

评价要有一定的目的性，根据评价的范围、目标，针对性地选取相关指标。

（3）可比性原则

指标必须是客观、可测和可比的，其名称、含义、计算范围和统计方法必须按统一的标准确定，必须满足纵向和横向的可比性。

（4）定量与定性相结合的原则

所建立的指标评价体系应该既有定性描述，又要有定量分析，尽可能使定性问题数量化，便于用数学模型处理，以保证综合评价的客观理性。

（5）可操作性原则

指标体系的确立应该对实际规划工作具有指导性意义，所以评价体系应具有一定的普遍性，简单明确、含义清楚，且评价的数据收集方便、计算简单、易于量化，以保证评价的可操作性。

9.3.4.2 确定方法

（1）城市绿地系统规划评价指标的来源——评价标准与规划内容

在城市绿地系统规划评价中，评价主体、评价体系、评价客体是矛盾统一体。毫无疑问，评价主体和客体是这一矛盾体的两极。那么，它们三者的关系只能是“评价主体——评价体系——评价客体”。可以看出，评价体系就是这一矛盾的中介，把评价主体和评价客体“贯通”起来。

从更广泛的意义上，城市绿地系统规划评价体系不仅联系了评价主体与客体，而且还联系了“现状”与“规划”、“规划”与“规划”，以及设计师、公众、专家、管理者和审批机关。

在评价活动的矛盾体中，“评价主体人是能动与受动的辩证统一”。一方面，评价主体人能动地去“创造”客体；另一方面，主体人又不能为所欲为地去“创造”，内在地受着客体的制约和规定，受动地去“创造”客体。在这种相互作用的过程中，处于中介地位的评价体系必然具有二重性。因此，从逻辑上说，评价体系是评价主体和客体互相作用的结果。

从认识模式上看，人的认识工具是认识结构。在城市绿地系统规划评价活动中，评价主体使用的评价工具是什么？这当然是反映在评价主体意识中的评价标准。而评价客体也以城市绿地系统规划的具体形态“规划内容”呈现。所以，城市绿地系统规划评价体系逻辑上是评价标准和规划内容相作用的结果。城市绿地系统规划评价指标是其评价体系的一部分，其来源只能是从城市绿地系统规划评价标准和规划内容中产生。

（2）城市绿地系统规划评价指标的产生——辩证的否定

唯物辩证法认为：辩证的否定是发展的环节，是实现新事物产生和促进旧事物灭亡的根本途径。辩证的否定是联系的环节，新事物产生于旧事物，它总是吸取、保留和改造旧事物中积极的因素作为自己存在和发展的基础。

（3）城市绿地系统规划评价指标确定的标准

能够比较同一城市绿地系统规划中各方案功能的大小；能够反映城市绿地系统规划的布局特征；能够判断城市绿地系统规划的方案是否符合国家行业技术规范的要求。

9.4 城市绿地系统生态规划结构构建

9.4.1 城市绿地系统的构成要素

自然界的大量事实证明，生态系统的结构愈多样、复杂，则其抗干扰的能力愈强，系统也就愈稳定。也就是说，生态系统的稳定性与其结构的多样性、复杂性呈正相关。这是因为在结构复杂的生态系统中，当食物链（网）上的某一环节发生异常变化，造成能量、物质流动的障碍时，可以由不同生物种群间的代偿作用加以克服。

多样性导致稳定性的原理在城市生态绿地系统中同样有效。

9.4.1.1 景观异质性与景观多样性

（1）景观异质性

异质性（Heterogeneity）是景观生态学的一个重要概念。对于异质性的一般定义是"由不相关或不相似的组分构成的"系统（Webster New Dictionary）。景观异质性程度高，有利于物种共生，则有利于提高景观的抗干扰能力、恢复能力、系统稳定和生物多样性。

异质性可分为类型异质性和空间异质性。类型异质性指景观类型空间分布的多样性，为维持景观较高的物种多样性，景观必须具有较高水平的类型多样性；空间异质性是指景观组分类型、组合及属性在空间上的变异程度。空间异质性强调景观特征在空间上的非均匀性——这是自然界最普遍的特征，也是景观生态学研究的核心。

城市绿地系统景观的异质性首先表现为二维的空间异质性，公园、绿地、水面、建筑物、街道性质各异，功能各异。公园等大型绿色斑块中存在着大面积的多以人工栽植的观赏植物为主的绿地，他们是城市的"绿肺"，起着制造氧气、净化空气等作用。而在同一个绿地斑块中，由于植物种类不同，也形成了各具相貌的绿地异质性。街道和道路网络绿地系统起着通道作用，它们增加了整个城市景观的破碎性及异质性。

空间异质性同时在垂直方向上也有所体现。植物群落中不同种类的植物高度不同，而表现出垂直方向上的参差不齐，表现出一定的异质性。

（2）景观多样性

景观多样性（Landscape Diversity）是指景观在结构、功能以及随时间变化方面（即动态）的多样性，它揭示了景观的复杂性，是对景观水平上生物

多样性显著程度的表征。景观多样性可包括斑块多样性、类型多样性和格局多样性。

斑块多样性是指景观中斑块的数量、大小、形状等方面特征的多样性和复杂性。斑块多样性首先要考虑景观中的斑块总数和单位面积上的斑块数目（斑块密度）；而斑块面积的大小影响物种的多样性和生物生产力水平及养分的分布；斑块形状对生物的扩散和动物的觅食及物质和能量的迁移也有重要的影响。

类型多样性是指景观类型中的丰富度和复杂性，常用多样性指数、丰富度、优势度等指标来测定。它与物种多样性的关系不是简单的正比关系，而往往呈现正态分布的规律。在景观类型少，大均质斑块、小边缘生境条件下，物种多样性低；随着类型（生境）多样性和边缘物种增加，物种多样性也增加。当景观类型、斑块数目与边缘生境达到最佳比率时，物种多样性最高。其后随着景观类型和斑块数目增多，景观破碎化，致使斑块内部物种向外迁移，物种多样性也随之降低；最后，残留的小斑块有重要的生境意义，维持着低的物种多样性。

格局多样性是指景观类型空间分布的多样性，即景观空间格局（如林地、草地、农田和裸地的不同配置）对径流、腐蚀和元素迁移的影响不同。格局多样性对物质迁移、能量交换和生物运动有重要的影响。

景观异质性与多样性有利于城市绿地系统物种的生存和延续及生态系统的稳定，如一些物种在幼体和成体不同生活阶段需要两种完全不同的栖息环境，还有不少物种随着季节变换或进行不同生命活动时（觅食、繁殖等）也需要不同类型的栖息环境，所以通过一定的人为措施，有意识地增加和维持景观异质性是必要的。

9.4.1.2 生物多样性

生物多样性一般接受的定义是：生命有机体及其赖以生存的生态综合体的多样化和变异性。按此定义，生物多样性是指生命形式的多样化（从类病毒、病毒、细菌、支原体、真菌到动物界与植物界），各种生命形式之间及其与环境之间的多种相互作用，以及各种生物群落、生态系统及其生境与生态过程的复杂性。一般来讲，生物多样性包括四个层次：遗传多样性，物种多样性，生态系统多样性，景观多样性。

(1) 遗传多样性保护

也称基因多样性保护，通过建立基因库、种子库、离体保存库等进行保护。

(2) 物种多样性保护

物种多样性的保护通过就地保护和迁地保护两种方式进行。在条件允许的情况下，在城市及其周围物种分布集中且有代表性的地区建立自然保护区进行就地保护，或充分依托动物园、植物园及其他绿地等进行迁地保护。

就地保护：保护生态系统和自然生境以及在物种的自然环境中维护和恢复其可存活种群，对于驯化和栽培的物种而言，是在发展它们独特形状的环境中维护和恢复其可存活种群。

就地保护最主要的方法就是在受保护物种分布的地区建设保护区，将有价

值的自然生态系统和野生生物及其生态环境保护起来，这样不仅可保护受保护物种，也可保护同域分布的其他物种，保证生态系统的完整，为物种间的协同进化提供空间。

迁地保护：是指将生物多样性的组成部分移到他们的自然环境之外进行保护。迁地保护主要包括以下几种形式：植物园，动物园，种子圃，植物种子库，动物细胞库等各种引种繁殖设施。

（3）生态系统多样性保护

规划自然保护区，重点保护和恢复本植被气候地带各种自然生态系统和群落类型，保护自然生境；采取模拟自然群落的设计手法，建设适合当地条件、良性循环的生态系统。

（4）景观多样性保护

保护和恢复城市各种生态系统的自然组合，如低山丘陵、溪谷、湿地以及水体等自然生态系统的自然组合体；在城市大中型绿地建设中，充分借鉴、利用当地自然景观特点，创建各种景观类型（水体景观、湿地景观、森林景观、疏林草地景观等及其综合体），使其在城市绿地中再现；建立景观生态廊道，增强不同景观斑块间的连通性，有利于物种扩散、基因交流，减少生境破碎化对生物多样性保护的不利影响，增加人工生态系统与自然生态系统间的生态联系；重视保护本地历史文化遗迹，把握当地特有的历史文化、民俗、城市结构布局、经济发展特点等核心内容，将城市绿地景观建设特色化，如建设历史文化型绿地、城市布局再现性绿地、民俗再现性绿地等。

9.4.1.3 景观多样性与生物多样性的关系

（1）景观异质性与遗传多样性

遗传多样性是生物多样性的基础，代表生物物种适应环境变化的能力。遗传变异与栖息地或生境多样性、面积、结构、动态等特征关系密切。各种干扰尤其是人类活动产生的生境孤立和破碎，不同程度地限制甚至阻断了种间的基因交流，同时增强了孤立种群内的遗传漂变效应，使遗传结构趋于简单，遗传多样性降低。一般情况下，当景观处于初始的均质化阶段时，生境连续、面积广大，种群数量大，种群大小对遗传多样性的影响不突出。随着景观破碎等作用导致的景观异质性的增加，生境多样性将提高，种群多样性将更丰富，物种基因的交流频繁，遗传多样性将增加。随着破碎化的进一步加剧，景观异质性有可能降低，生境孤立现象突出，遗传多样性降低，甚至随着生境的消失而消失。

（2）景观异质性与物种多样性

物种在异质性的景观中的定居可以是随机的，但通常是非随机的。因为不同的物种对生境的要求有其特殊性，是生物对环境长期适应以及自然选择的结果。因此，景观异质性与物种多样性的变化是一致的，即景观异质性愈高，物种多样性也愈高。

（3）景观异质性与生态系统多样性

生态系统多样性包括生境多样性、生物群落多样性和生态过程多样性等多方面的内容。生境多样性既是景观异质性的基础，也是生态系统多样性形成的基本条件。景观异质性增加，生境多样性也随之增加，生态系统多样性也增加。

当导致景观破碎化的生态过程丰富时，不会对生境多样性、生态系统多样性造成实质的影响。相反，如果导致景观破碎化的生态过程过于单纯，虽然对景观破碎化的影响可能比较复杂，但对于生态系统多样性维持与保护是不利的。

9.4.2 城市绿地系统的空间结构布局

9.4.2.1 "斑块—廊道—基质"模式

基于景观生态学原理，城市绿地系统生态规划考虑"斑块（Patch）—廊道（Corridor）—基质（Matrix）"模式来进行绿地系统布局。

（1）绿色斑块

斑块是指一个与周围环境不同的相对均质性（Homeganeity）非线性区域。绿色斑块就是由自然、稳定的植物群落组成的斑块区域。由于成因及所处环境不同，绿色斑块的大小、形状及外部特征都不同。可能是自然地，有可能是人工的，也可能是自然与人工相结合。绿色斑块的尺度可大可小，我们可以将整个城市建成区的绿地看成一个斑块，也可以将一片居住区的绿地看成一个斑块。

在生态规划中，绿色斑块的数量、大小、形状等方面特征是需要关注的方面。在同一区域内，绿色斑块总数和单位面积上的斑块数目（斑块密度）越大，容纳生物及其生产活动越多，越有利于生物的多样性及稳定性，其生态效益越好；而绿色斑块面积的大小影响物种的分布和生产力水平及能量和养分的分布。

绿色斑块形状对生物的扩散和动物的觅食及物质和能量的迁移也有重要的影响。景观生态学认为：圆形斑块在自然资源保护方面具有最高的效率，而卷曲斑块在强化斑块与基质之间的联系上具有最高的效力（图 9–4–1）。R.Forman 也强调：为完成斑块的几个关键功能，其生态学上的最佳形状应为一个大的核心区加上弯曲的边界和指状突起，其延伸方向与周围物质流的方向一致。因此，下面两个斑块形状，一种是指状斑块，另一种是圆形斑块。指状斑块极大地增加了斑块与周围环境的接触面，既集中又分散，它可以使周围环境渗透到斑块核心的可能性加大；而圆形斑块则没有这种优势。

绿色斑块的度量指标大致分为以下几类：斑块大小、斑块形状、内缘比、斑块数量、斑块密度等。

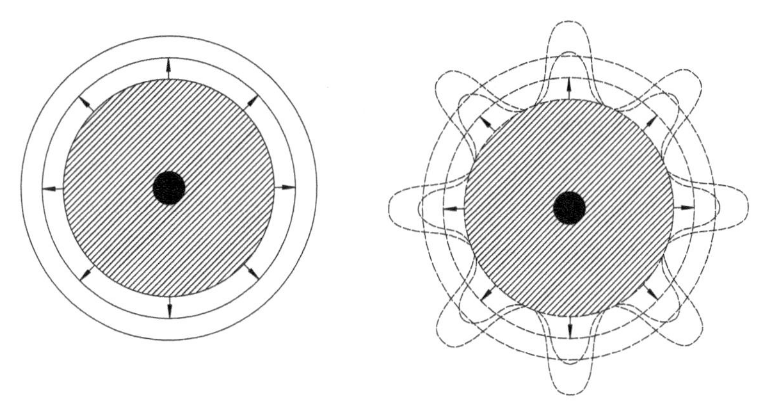

图 9–4–1 绿色斑块形状比较

(2) 绿色廊道

绿色廊道分为绿带廊道 (Green Belt)、绿色道路廊道 (Green Road-side Corridor) 两种。

绿带廊道：绿带廊道主要由较为自然、稳定的植物群落组成，生境类型多样，生物多样性高，其本底可能是自然区域，也可能是人工设计建造的，一般具有较好的自然属性，其位置多处于城市边缘，或城市各城区之间。它的直接功能大多是隔离作用，防止城市无节制蔓延，控制城市形态。同时它还有以下功能：改善生态环境，提高城市抵御自然灾害的能力；促进城乡一体化发展，保证城乡合理过渡，开辟大量绿色空间，丰富城市景观；创造优美的游憩场所。

绿色道路廊道：绿色道路廊道主要有两种形式。一种是与机动车道分离的林荫休闲道路，主要供散步、运动、自行车等休闲游憩之用。在世界许多城市中，这种道路廊道用来构成公园与公园之间的联结通道 (Paveways)。这种道路廊道的设计形式往往从游憩功能出发，高大的乔木和低矮的灌木、花草地被相结合，形成实现通透、赏心悦目的景观效果。其生物多样性保护和为野生生物提供栖息地的功能相对较弱。第二种是道路两旁的道路绿化。这是构成城市绿色廊道的重要组成部分。在一些水系不发达的城市，道路绿化带成为城市绿化廊道的主要组成部分。它最大的功能是为动植物迁移和传播提供有效的通道。使城市内廊道与廊道、廊道与斑块、斑块与斑块之间相互联系，成为一个整体。

1) 绿色廊道的生态规划设计：廊道的生态规划设计，要能满足生物多样性发展和提高环境质量的要求，这涉及廊道的规模、廊道的结构等。

绿色廊道的规模：廊道为线性结构，廊道的长度远远大于廊道的宽度。而实际上廊道的宽度与其中物种多样性关系较为密切。随着廊道宽度的增加，内部种逐渐增加，而边缘种在增加到一定数量后则趋于平稳。罗尔令 (Rohling) 在研究廊道宽度与生物多样性保护的关系中指出，廊道的宽度应在 46 ~ 152m 较为合适。福尔曼 (Forman) 和戈德恩 (Godron) 认为，线状和带状廊道的宽度对廊道的功能有着重要的制约作用，对于草本植物和鸟类来说，12m 是区别线状和带状廊道的标准；对于带状廊道而言，宽度在 12 ~ 30.5m 之间时，能够包含多数的边缘种，但多样性较低，在 61 ~ 91.5m 之间，则具有较大的多样性和较多的内部种。克萨提 (Csuti) 提出廊道宽度的重要性在于森林的边缘效应可以渗透到廊道内的一定距离，理想的廊道宽度依赖于边缘效应的宽度；通常情况下，森林边缘效应有 200 ~ 600m 宽，窄于 1200m 的廊道不会有真正的内部生境。胡安·安可尼奥·伯诺 (Juan Antontonio Bueno) 等人提出，廊道的宽度与物种之间的关系为：12m 为一显著阈值，在 3 ~ 12m 之间，廊道宽度与物种多样性之间相关性接近于零，而宽度大于 12m，草本植物多样性平均为狭窄地带的 2 倍以上。因此，在构成廊道的植物群落结构完整、体现当地地带性植被特征的情况下，当绿色廊道宽度达到 60m 时，才能够满足动植物迁移和传播以及生物多样性保护的功能，当绿色廊道宽度达到 600 ~ 1200m，能创造自然化的物种丰富的景观结构。

2）绿色廊道结构：是指绿色廊道的设计方式，主要是植物群落的配置方式和类型。在植物配置方面，考虑到环境保护，应以乡土树种为主，同时还要兼顾观赏性和城市景观，配置生态性强、群落稳定、形状优美的植被。在一些污染比较严重的城市或区域，先要甄别出污染源，再有针对性地配置相应的抗性强、具有净化功能的植物。

（3）绿色基质

基质，是指景观中分布最广、连续性也最大的背景结构。一般成面状，对景观功能起着重要作用。绿地系统中的景观基质则是指城市绿地之外的广大区域。从物质形态上来说，城市绿地景观基质主要是人工的元素，主要由建筑物、构筑物、道路铺装等部分组成。城市绿地景观基质按其用地性质可分为工业区、居住区、行政区、商业区等。

9.4.2.2　绿色网络

绿色网络是除了建设密集区或用于集约农业、工业或其他人类高频度活动以外，自然的或植被稳定的以及依照自然规律而连接的空间，主要以植被带和农地为主（包括人造自然景观），强调自然的过程和特点。它通过绿色廊道、楔形绿地和节点（Core Site）等，将城市的公园、街头绿地、庭园、苗圃、自然保护地、农地、河流、滨水绿带和山地等纳入绿色网络，构成一个自然、多样、高效、有一定自我维持能力的动态绿色景观结构体系，促进城市与自然的协调。也就是说，绿色斑块、绿色廊道以及城市中的其他绿地共同组成了城市绿色网络。

在城市绿色网络的构建中，需要考虑连接性。连接是自然的本质特征。通过连接，郊野植被、城区植被融合成为生境自然的连续体，促进绿色网络生境景观结构的多样性和稳定性。网络连接性的度量指标是网络连接度，是表示绿色廊道与系统内所有节点的连接程度，它能够表现网络复杂性和简单程度。绿色网络的连接不必是绝对的连续，而城市的特征也决定了绝对连续的不可能性。例如道路和铁路等城市构件会割断绿色网络的连接，这时可以采用绿色系统的通道，保证野生生物廊道的畅通。在绿色网络的连接上，打破城乡界限，保护、增加和提供廊道，保证某些物种的生存；增加物种迁移于景观地的选择性路线，缩小捕食动物的破坏、干扰和集聚的危害。

在城市空间扩展中，由于人为干预，绿色空间经常受到挤压和排挤而变窄、破损、断裂，甚至消失，绿色网络的连接性遭到挑战，完整性遭到破坏。然而，绿色功能和效应的发挥需要一定的面积，才能产生规模效应，这就需要在具体规划实施中，充分发挥公园、街头绿地和自然保护区等绿色网络节点的重要作用，在具体规划中要保证其一定的面积及多样性。这是绿色网络节点的规划建设的重要出路。此外，还要考虑优化绿色空间布局。

另外，在绿色网络中还分为缓冲区和核心区，这是根据城市野生生物生存和繁衍的环境敏感地区而划分的，核心区的范围和结构应由生态准则和标准决定。如有特殊科学意义的和有自然保护意义的区域应该成为核心区和潜在核心区。城市生物多样性行动计划也应趋向于这些核心区。通过生境创造和扩展，丰富节点的生境和扩大目标物种的范围，并通过生境廊道，连接于城区内外，让更多的动植物深入建成区，延伸到动植物适生的地域生境中，保护区域生物多样性和景观生态网络。

9.4.2.3 绿地系统通道设计

(1) 通道的概念

城市绿地系统不可避免会被道路、建筑等分割开来，而形成孤立的、相互不联系的零碎斑块，这种情况不利于绿地系统中生物物种的传播。为了保证城市绿地系统的生态连贯性，需要在被割裂的城市绿地系统的斑块间建立起通道联系，使得城市中孤立的、狭小的绿色生物生存空间连通成较大的、远远大于物种临界生存空间的地域，从而满足动物的基本生理需求，如寻找食物、寻求配偶、个体的移动和扩散，以利于生物的生长与传播得到连续与延续。

(2) 通道的类型

按生物通道所处的位置、材料、形状等可将城市绿地系统中的生物通道分为涵洞式通道、路下式通道以及路上式通道。

1) 涵洞式通道（图 9-4-2）：在被割裂开的绿地之间用涵洞连接，涵洞一般是用金属、塑料或是混凝土材料做成，尺寸较小。涵洞可以供一些中小型动物通过使用，一般可以与栅栏一起使用来引导动物到达通道入口，从而防止他们跑到道路上而造成致死事故。在荷兰，三百多个这种野生动物管道沿着高速公路分布，这对于恢复物种多样性有极大的好处。另外，那些并非专门为动物而设计的排水涵洞、管路也会被动物利用，成为地方野生动物的重要连接通道。

涵洞又分为管状涵洞和箱型涵洞。管状涵洞横截面为圆形或椭圆形，兼做过水功能，在雨水季节会影响动物的通行。通常给松鼠、老鼠、田鼠等小型动物使用；箱型涵洞在雨季也会兼做过水功能，但大部分时间是干燥的。箱型涵洞的底板上通常覆盖着泥沙或是有植被的，这样不仅能够使动物通过，而且也有利于植被物种的传播与联系。

2) 路下式通道：主要是为中型或大型哺乳动物的通过而设计的。路下式通道是山区、江河路段最好的通道形式。桥上保持车辆交通顺畅，路下则保证了桥梁两侧陆地空间的连通，生物可以利用连通空间进行交流。

3) 路上式通道：主要是为大型哺乳动物的通过而设计的。被道路切断的山体处，在道路上方设置桥梁而将两侧的山体连接为一体，桥面上则模仿自然

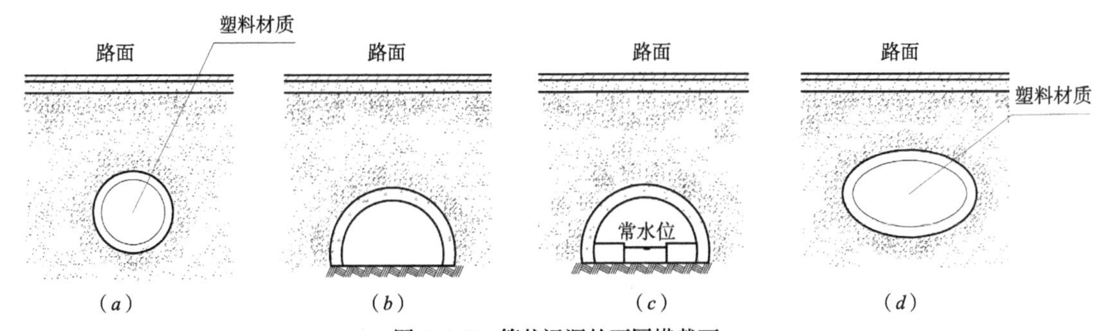

图 9-4-2 管状涵洞的不同横截面

(a) 圆形管状涵洞；(b) 椭圆形管状涵洞；(c) 半圆形管状涵洞；(d) 常年过水的管状涵洞

状态覆土种植，使得道路两侧的动物与植物能够通过通道连接。“绿桥”（Green Bridge）通常就是指野生动物上跨通道。如在加拿大班夫国家公园中就设置了两座这样的通道。我国新建成的奥林匹克国家公园中的生态桥，既能给动物创造通过和栖息的空间，还能够进行人行交通。

（3）通道设计

1）通道选址：为了让动物使用方便，通道位置的选择非常关键。

①在动物习惯的路径中：生物通道应在动物的传统游移、迁徙路径中设置，这是生物学家与工程师在众多观测与实践中得出的结果，也是生物通道选址布局的关键。

②邻近栖息地：通道最好设置在动物聚集的栖息地附近，以方便使用。另外由于不同动物喜欢不同类型的通道，因此在设置通道时，要根据附近所栖息的动物种类而设置通道类型。

③远离干扰：由于有些动物表现出了对人类活动区域的规避行为，靠近通道附近的人类活动会对动物使用通道产生不利影响。为了减少动物规避人类现象，应使通道远离人类的干扰，并限制人类使用生物通道，促进更多的动物互动，从而加强被分割的栖息地的连通性。

④合理的通道间隔：通道的间距和分布密度比通道设置构造更为重要。在道路沿线分布众多廉价的路下式生物通道可能比建设1～2座生物天桥更有效。有生物学家认为，生物通道应布置在每一种物种的活动领域中。一般认为对于小型哺乳动物和两栖类爬行类动物来讲，通道间隔距离为45～90m；对于中大型哺乳动物来说，通道间隔距离为150～300m。

2）管状涵洞的设计：管状涵洞通常是为小型哺乳动物和两栖类动物设计的通道。根据管状涵洞的功能和形状划分，主要有圆形管状涵洞、椭圆形管状涵洞、半圆形管状涵洞、长年过水的管状涵洞四种形式（图9-4-2）。

①设计要求。涵洞最低净高要达到0.3m，以保证小型哺乳动物通过；入口横截面小一点，建议控制在0.2～0.4m^2。涵洞低开放比率（开放比率＝通道入口横截面积／通道长度），保证内部光线阴暗。

②外部环境要求。首先，通道的入口区要有自然植被的覆盖。大量的实际调查证实，有自然植被的覆盖才会促进小型哺乳动物的使用。要求是低矮的自然植被，营造灌木丛生的自然环境。其次，在入口的附近要设置栅栏，用来引导小型动物进入通道。防止动物跳过或爬过栅栏，栅栏高度根据主要使用的小动物类型而定。对于小型哺乳动物来说，栅栏高度适宜在1～1.2m；对于河岸爬行动物或两栖动物来说，高度在0.5～0.8m；对陆地爬行动物来说，高度在0.45～0.75m；栅栏适合做成网状，网孔不能太大，防止动物钻过去；栅栏还要深埋，防止动物从栅栏下面挖洞。另外栅栏两侧不能有树木和大灌木等可以攀爬的植物。

③内部环境要求。一方面，要用土或细砂将涵洞底部覆盖，营造成自然的状态。另一方面，依据小型动物比较喜欢有遮挡物和靠着边缘走的行为特征，在通道内部放置一些树叶、树枝和石头等能提供遮挡保护的东西，来吸引动物使用通道。另外，专门供两栖类动物使用的通道，可以将涵洞底部多做坑洼状，

营造两栖类喜欢的潮湿环境。

3）箱型涵洞的设计：箱型涵洞可分为小体积的涵洞和大体积的涵洞两种。小体积涵洞的功能与具体设计要求类似于管状涵洞。大体积的箱型涵洞是为中大型哺乳动物设计的。一般有矩形横截面、不规则横截面以及长年过水箱型涵洞三类。

①设计要求：对于中型哺乳动物来说，涵洞最低净高要达到 1m；对于大型哺乳动物来说，涵洞最低净高要达到 1.8m。这样在保证动物能够通过的情况下，还能有足够的空余高度。涵洞的开放比率要高一些，对中型哺乳动物的涵洞为 0.4m；对大型哺乳动物的涵洞为 0.75m 以上，最好是 0.9m。

②外部环境要求：通道的入口区也要有自然植被的覆盖。不仅促进动物的使用，还能保持动物栖息地环境的连续性。其次，在入口的附近要设置栅栏，用来引导动物进入通道。栅栏高度根据主要使用的动物类型而定。对于中型哺乳动物来说，栅栏高度适宜在 1 ~ 2m；对于大型哺乳动物来说，高度在 2.4m；栅栏要深埋，防止动物从栅栏下面挖洞。

4）路下式通道的设计：一般为桥梁式的，包括跨水桥梁和无水桥梁两种。

①跨水桥梁（图 9–4–3）。当道路跨越河流时，而桥正好处在动物的栖息地附近，这时就要考虑到动物的穿越使用。一般来说，动物喜欢沿着河流移动而不是涉水。这样架桥的时候就要为动物预留出一定的通道。具体做法是：加宽河流上方的桥梁跨度，除了容纳河宽，还要留出至少 3m 的动物行走空间。

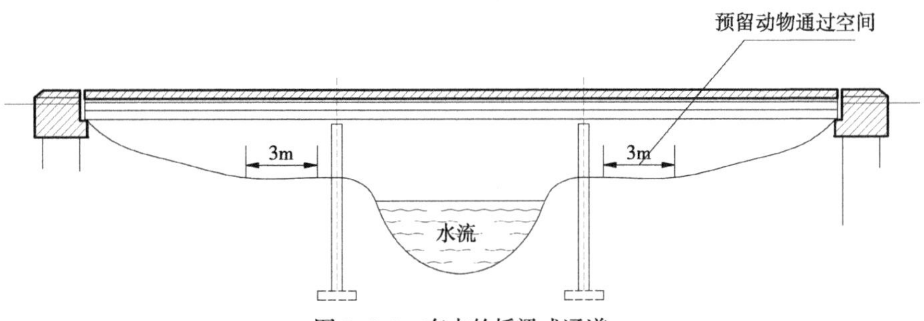

图 9–4–3　有水的桥梁式通道

②无水式桥梁（图 9–4–4）。这种桥梁是可以构建的桥梁，让动物可以在其下通过。桥梁的高度和跨度，要依据经常通过的动物体积大小而定。同时考虑到维修与人行通过，桥面高度最少高于地面 3m。如果只有爬虫类动物通过，这个高度还可以降低。地面要种植植被，最好是原生草种。通道不应让人类随意通行或穿越。

5）路上式通道的设计（图 9–4–5）：这种通道是可以供各类型动物使用的，是在道路上方架设桥梁，形成动物通道。

①设计要求。这类通道在入口处要做成喇叭状，从桥一直延伸到地面，逐渐放大，这样通道会与周围环境融为一体，吸引动物使用通道。通道桥梁要有一定厚度，具有一定的承载力；宽度为 30 ~ 50m 甚至更宽；桥通道两侧应设计防护板，一方面防止动物从侧边掉落，另一方面还能够降低噪声。防护板高度一般在 1m 以上。

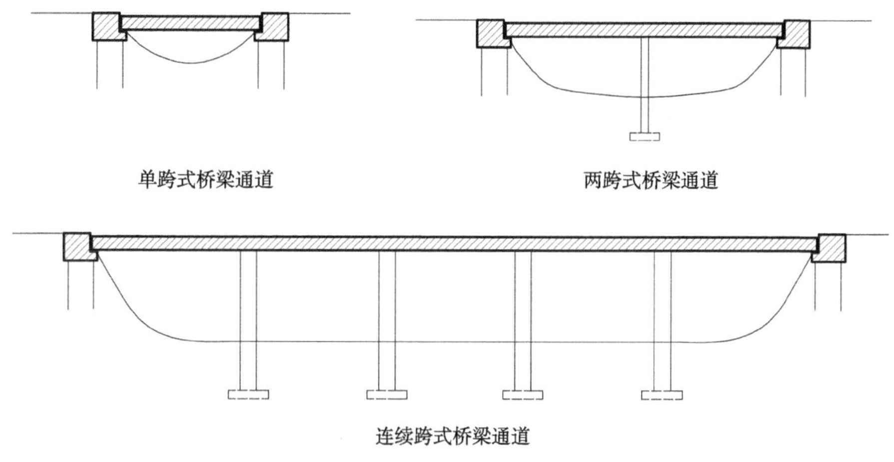

图 9-4-4　不同的桥梁式通道

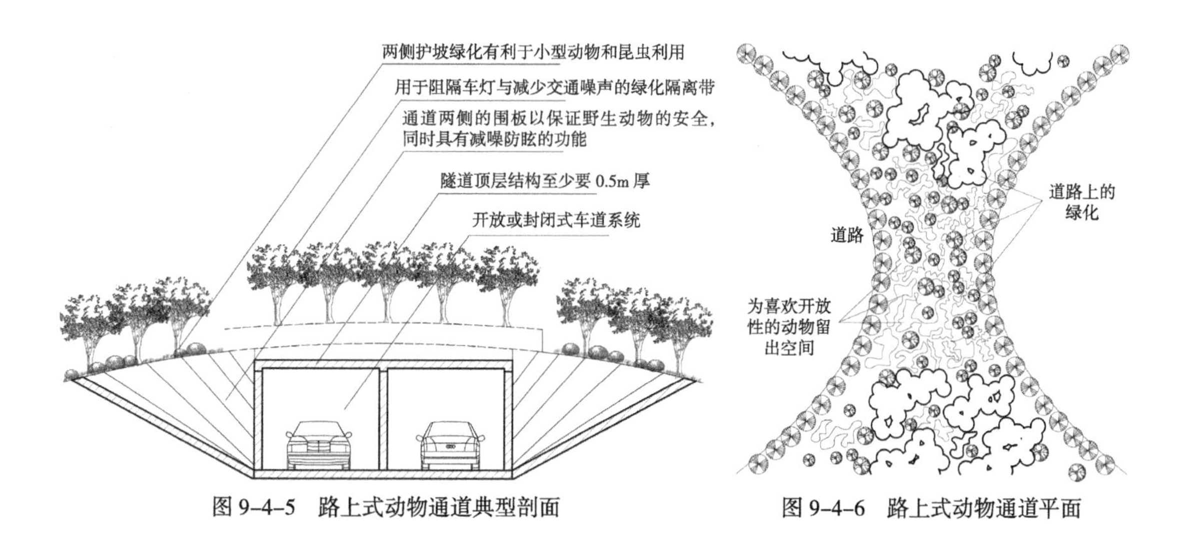

图 9-4-5　路上式动物通道典型剖面

图 9-4-6　路上式动物通道平面

②环境要求。桥上植物覆盖面积要达到 70%，营造自然状态；可选用灌木和乔木，为动物提供遮挡庇护。桥通道两侧密植灌木与乔木，还有降低噪声的作用。其余的地方可覆盖一些砾石或碎石，为喜欢开放环境的动物使用（图 9-4-6）。另外还可以撒放一些动物粪便，用气味吸引动物。

9.4.3　城市绿地系统的植物配置

树种规划是城市绿地系统生态规划的一项重要内容。在城市绿地系统中，各类乔木和灌木树种（包括木本花卉）是主要绿化材料，与草本植物相比，树木的绿化效果好、生态功能强，但其生长周期也比较长，需要多年培育才能达到最佳的绿化效果。因此树种规划的质量和水平非常重要。另外，植物种类选择与植栽中，可采用“近自然林法”进行，以保证绿植的成活率，使其不仅能够适应自然环境，降低种植与管理成本，并使绿植能够发挥最大的生态效益。

9.4.3.1　树种规划的原则

树种规划是一项技术性很强的工作，必须遵循一定的生态学与树木栽培学规律和要求，否则树木生长不良，或者不能正常完成其主要生长发育过程，则种植的目的也会落空。因此，在树种规划中应遵循以下基本生态学原则。

(1) 以乡土树种作为主体，同时积极引进树种

在选择城市绿化树种时，首先应重视当地分布的乡土树种，因为乡土树种往往是长期适应当地气候和土壤条件，能够正常生长发育的树种，而且在多数情况下也是当地的特色树种，或者能反映当地景观风貌的树种，可以保证树种的生态学适应性。这也是“近自然林法”所倡导的。

另外，也可以适当地引进外来新树种，特别是在类似自然地理条件下分布的树种和已经证明能适应当地条件的树种，以丰富绿化树种的组成。还可以利用局部小地形和小气候进行引种栽培。实践已经证明，很多外来树种能够适应城市局部环境条件，在城市绿化中发挥重大作用。

(2) 掌握立地条件，坚持适地适树

要全面掌握规划区自然地理条件，分析主导性立地条件因素和限制性立地条件因素。从气候、土壤、水文、地质、现有植被等方面，分析与树种的关系，确定树种最适条件和极限条件。因此，不仅要了解城市景观的整体自然地理条件，也要掌握局部小气候、地形、土壤、水文等条件，以便加以利用。由于城市建设对改变城市局部地形、土壤、水文等条件，特别是土壤属性会发生很大变化，要给予充分注意，必要时采取人工改造措施。还要特别重视城市景观中由大型建筑或建筑群形成的局部小气候环境，有些局部环境会更加恶化，有些地方能形成良好的局部环境，可以充分利用。

(3) 符合群落学要求，注重植物的多样性搭配

城市绿地系统树种规划要符合群落学的要求，在适应当地条件的基础上选择群落生态习性有所差异的树种，如阳性树种，耐阴树种和阴性树种，针叶树种和阔叶树种，高大乔木、中乔木、小乔木、灌木和藤本树种，都要有合理的搭配，以便为人工植物群落的科学配置提供多种选择，形成稳定和优美的群落结构和外貌，实现绿化建设的多重目标。

(4) 保护当地特有物种及其栖息地环境

在城市绿地系统规划中，要对当地特有的动植物的物种及其栖息地环境深入调查和研究，了解它们的生活习性以及对周围环境独特的要求。在进行树种规划中，不仅要保持和提高城市绿化树种的多样性，以保证绿化景观的异质性，还要注意对当地特有物种进行保护，对特有植物物种要进行针对性的种植，对特有动物等要刻意营造其栖息地环境，以保证它们在当地的繁衍生息。

9.4.3.2 树种规划的内容

(1) 现有树种的调查

调查当地乡土树种和已经栽培的外来树种，掌握它们的生态习性、对当地环境条件的适应性、抗污染性和生长表现。对外来树种，还要调查它对生态安全的影响和对当地树种的影响。

(2) 确定骨干树种

在广泛调查和查阅历史资料的基础上，针对立地条件选择骨干树种，如城市干道的行道树种类。骨干树种是城市绿化中应用最多、构成城市绿地景观基

本框架的树种。它必须是反映城市风貌、突出城市景观特色的树种，因此应该是适应性强、生长表现好、受市民欢迎的树种，可以根据需要确定若干个骨干树种，但也不宜过多。

（3）编制植物名录

将适合城市绿化建设栽培应用的绿化树种以表格或其他名录形式分门别类列出来，包括其通用名称、学名、类型、形态特点、适宜栽培条件、绿化用途等。

（4）制定植物比例

根据城市属性和总体规划的要求，制定城市绿化中需要控制的主要比例关系。

1）乔木树种与灌木树种的比例　乔木树种的绿量大、生态功能强、绿化效果好，但也要重视灌木美化和观赏功能强的特点以及其不可缺少的补充和辅助作用，在树种规划中以乔木为主，在占地面积上保证乔木有一定优势地位，并保证灌木也有相当的比例。

2）落叶树种与常绿树种的比例　对于温带地区的城市来说，常绿树种能保证城市四季常绿的绿化效果及防护作用，但落叶阔叶树种的吸尘、降噪、遮荫和增湿等生态功能更强，美化效果也有许多优势，因此在城市绿化树种中规划中，根据实际，从景观整体效果考虑，确定适当的比例。当前应纠正各地过分提高常绿树种比重的倾向。除此之外，还可以根据规划实际，确定其他树种类型的比例关系，以保证整体绿化效果。

（5）确定主要绿地类型人工群落树种配置模式

为此，要综合考虑以下方面的因素，分别提出若干个配置模式：①绿地类型及其生态功能、环境功能的要求；②立地条件的要求；③树种的生物学和生态学特性；④树种之间的生态协调性和生态位差异。

9.5 城市绿地系统生态功能规划

9.5.1 维持碳氧平衡的绿地规划

近代由于人口增长、大量化石燃料的燃烧，更由于大面积热带森林被砍伐破坏，导致全球性的二氧化碳含量增加，碳氧平衡正在受到威胁，这种矛盾在城市中表现尤甚。由于二氧化碳比重稍大于空气，多下沉于近地层。在有风的情况下，可以通过大气交换得到补偿和更新。但在无风或微风的情况下，如风速在 2 ～ 3m/s 以下时，大气交换很不充分，所以有时大城市空气中的二氧化碳浓度有时可达 0.05% ～ 0.07%，局部地区可高达 0.2%。二氧化碳浓度的不断增加，势必造成城市局部地区氧气供应不足。

在自然界中，唯有植物的光合作用才能够保持大气中的碳氧平衡。据统计，1hm^2 落叶阔叶林、常绿阔叶林和针叶林每年分别可以释放氧气 10t、22t 和 16t。北京城近郊建成区的绿地，每天可释放 2.3 万吨氧气，全年可释放氧气 295 万吨。这对于维持碳氧平衡具有重要作用。

不同的绿地植物类型，其固定二氧化碳、释放氧气的速率和能力不同。一般来说，乔木固碳释氧能力好于灌木，灌木优于草坪。而且固碳释氧能力也与植物的种类、植物生长状况、叶面积大小、地理纬度以及气象因素等相关。但在城市中碳氧平衡的好坏主要取决于绿色植物的总量，因此要解决城市的二氧化碳与氧气失衡的问题，必须增加绿地系统中植物的总量。

9.5.2 调节微气候绿地规划

9.5.2.1 绿地系统调节微气候原理

绿地系统对城市微气候具有调节温度湿度作用，主要基于以下两个方面。

1）绿地系统中的植物通过蒸腾作用，吸收环境中大量热量，降低环境温度，同时释放水分，增加空气湿度（18% ~ 25%），使之产生凉爽效应。对于夏季高温干燥的地区，植物的这种作用显得特别重要。

2）植物的遮荫作用也能够降低区域温度。植物通过冠层对太阳辐射的反射，使到达地面的热量有所减少。据测定植物叶片对太阳辐射的反射率约为 10% ~ 20% 左右。通过遮荫，会产生明显的降温效果。

9.5.2.2 种植规划设计

据测定，在干燥的季节里，每平方米树木的叶片面积，每天能向空气中散发约 6kg 的水分。不同的植物种类与种植方式，其影响城市微气候的能力不同。

（1）植物种植方式

不同种类的植物组合种植方式，其调节微气候的能力不一样，以上海市公园为例。乔木林的调节能力最强，其次是乔灌草组合，草坪种植方式能力是最弱的（表 9–5–1）。因此在绿地设计中，要以多种植物结构类型组合种植，才能达到最佳调节作用。

另外，植物群落层次越多，复杂程度越大，越能发挥植物的遮荫作用，遮挡的太阳辐射越多，越能起到调节气温的作用，因此在种植中，可以通过增加植物群落的层次，或扩大冠层的幅度等途径来实现。

（2）绿地系统的覆盖面积

这是城市环境改善与否的一个重要因素，能够直接影响着降温效果。一个良好的绿地系统，其覆盖面积对消除城市热岛效应有着重要意义。刘梦飞等人对植物覆盖率对降温效果进行了研究和分析，发现绿化覆盖率与气温之间具有负相关的关系。据此推算，北京市的绿化覆盖率达到 50% 时，北京市的城市热

上海市不同类型植物群落的降温增湿效果比较　　表 9–5–1

测点名称	降温幅度（%）					增湿幅度（%）				
	乔木林	乔灌草 1	乔灌草 2	灌木林	草坪	乔木林	乔灌草 1	乔灌草 2	灌木林	草坪
西郊公园	3.6 ~ 4.7	3.4 ~ 4.1	—	—	1.0 ~ 1.4	10.7 ~ 11.5	6.9 ~ 11.9	—	—	4.5 ~ 6.0
长风公园	—	0.3 ~ 0.4	0.7	—	0.3 ~ 0.4	—	3.5 ~ 4.6	4.8 ~ 5.4	—	1.5 ~ 3.0
中山公园	—	0.8 ~ 0.9	0.4 ~ 0.7	—	0.4 ~ 0.5	—	2.2 ~ 5.2	0.4 ~ 2.4	—	1.3 ~ 4.5
人民公园	—	1.5 ~ 1.9	—	1.0 ~ 2.2	0.4 ~ 0.5	—	3.5 ~ 4.4	—	4.2 ~ 6.0	1.2 ~ 0.5
光启公园	—	1.0 ~ 1.9	—	0.6 ~ 1.3	0 ~ 0.2	—	1.5 ~ 4.0	—	2.1 ~ 4.5	0.2 ~ 1.7
曹溪北路	—	1.4 ~ 2.8	—	0.9 ~ 2.0	0.7 ~ 1.4	—	3.4 ~ 4.1	—	3.2 ~ 3.8	2.0 ~ 2.5
康乐小区	—	1.0 ~ 2.2	—	0.8 ~ 2.2	0.6 ~ 1.5	—	3.4 ~ 9.5	—	1.3 ~ 7.0	0.5 ~ 5.1
杨高路	—	1.6 ~ 2.5	1.0 ~ 2.2	0.3 ~ 0.4	—	—	9.5 ~ 11.2	6.0 ~ 7.9	1.5 ~ 2.4	—

资料来源：中国园林，2000。

岛效应基本可以消除。这个推论也与国外研究成果基本一致。因此，如果有可能，应增加城市中的绿化面积，尤其是新建城市或新规划区尽量接近这个指标。

9.5.3 抗大气污染绿地规划

9.5.3.1 绿地系统吸收有害气体的机理及途径

绿地植物不仅对大气中的污染物有一定的抗性，而且还有一定的吸收力。主要表现在通过吸收大气中的有害气体，经过光合作用，形成有机物质，或者经过氧化还原过程，使其转变成为无毒物质，或经根系排出体外，或积累于植物的某一器官中，从而化害为利，使空气中的有害气体浓度降低。

绿地植物对空气中的污染物吸收效果非常显著。据统计，草坪植物能够吸收空气中的二氧化硫、二氧化氮、氟化氢以及某些重金属气体如汞蒸汽、铅蒸汽等，还能吸收一些重金属粉尘、致癌物质醛、醚、醇等。每公顷绿色草坪，每年能吸收二氧化硫 171kg，吸收氯气 34kg。同时，有些植物由于具有对污染物的特殊同化转移能力，对污染物的吸收能力也会较强。如北京园林局等单位试验指出，对硫的同化转移能力以国槐、银杏、臭椿等为最强，毛白杨、垂柳、油松、紫穗槐较弱，新疆杨、华山松和加拿大杨极弱。

绿地植物吸收大气污染物一般有两种途径：一种是气态的形式在植物本身的气体交换过程中，通过叶片上的气孔等进入植物体；另一种途径是以液态的形式进入，即大气中的污染物如二氧化碳、氯、氟化氢等以及颗粒污染物铅、镉等金属粉尘遇到水分或叶面上的湿气后溶解，再以渗透等形式被叶片枝条等吸收。

9.5.3.2 影响植物吸收污染物的因素

不同的植物对不同污染物具有不同的吸收性能，对于同种植物来讲，大气中的污染物浓度升高，植物体内对其的积累量也会相应增加。对于低浓度的慢性污染，植物的持久净化功能较显著，而对于严重的空气污染，则植物的吸收作用很有限。

植物对污染物的吸收能力除了与植物种类有关外，还与叶片年龄、生长季节以及外界环境因素的影响有关。结构复杂的植物群体对污染物的吸收要比单株植物强很多。表 9–5–2 为广州市某化工厂附近的一林带对氯气的净化效果。

不同植物种类对特定的污染物的吸收也不同。各种绿色植物对常见污染物的抗性效应与吸收有害气体能力关系见表 9–5–3 ～表 9–5–5。

林带对氯气的净化效应 **表 9–5–2**

位置	空气中平均含 Cl_2 量（mg/m^2）					全年 Cl_2 检出率（%）	经林带后 cl_2 含量降低率（%）
	春	夏	秋	冬	全年		
林带前（距污染源约 20m）	0.064	0.057	0.058	0.083	0.066	82.6	59.1
林带后（距污染源约 50m）	0.032	0	0.037	0.037	0.027	31.8	

注：林带由榕树、高山榕、黄槿、夹竹桃等组成，宽 15m，高 7m，郁闭度 0.7 ～ 0.8

资料来源：东北林学院，1981。

部分植物对 SO_2 的抗性及吸硫量关系　　表 9-5-3

吸量 \ 植物种类 \ 抗性	抗性强	抗性中等	抗性弱
吸硫量高	加杨、花曲柳、臭椿、刺槐、卫茅、丁香、旱柳、枣树、玫瑰	水曲柳、新疆杨	水榆、山楂
吸硫量中等	藕李、沙松	赤杨	白桦、枫杨、暴马丁香、连翘
吸硫量低	白皮松、银杏	樟子松	—

资料来源：黄会一等。

部分植物对 Cl_2 的抗性及吸氯量关系　　表 9-5-4

吸量 \ 植物种类 \ 抗性	抗性强	抗性中等	抗性弱
吸氯量高	京桃、山杏、糖槭	家榆	紫椴、暴马丁香、山梨、水榆、山楂、白桦
吸氯量中等	花曲柳、糖椴、桂香柳、皂角	枣树、枫杨、文冠果	连翘、落叶松
吸氯量低	桧柏、茶条槭、稠李、银杏、沙松、旱柳、云杉、辽东栎、麻栎	黄菠萝、丁香	赤杨、油松

资料来源：黄会一等。

部分植物对 HF 的抗性及吸氯量关系　　表 9-5-5

吸量 \ 植物种类 \ 抗性	抗性强	抗性中等	抗性弱
吸氯量高	枣树、榆树、桑树	—	山杏
吸氯量中等	臭椿、旱柳、茶条槭、桧柏、侧柏、紫丁香、卫茅、京桃	加杨、皂角、紫椴、雪柳、云杉、白皮松、沙松	毛樱桃、落叶松
吸氯量低	银杏	刺槐、稠李、樟子松	油松

资料来源：黄会一等。

抗大气污染绿地一般分布在有污染的工厂地区，另外在大气洁净度有较高要求的区域，如敬老院、幼儿园、高密度住宅区等区域，可考虑适当规划一些抗大气污染绿地斑块。

9.5.4 防风绿地规划

绿色植物在冬季能降低风速 20%，可减缓寒冷空气入侵。我国大部分地区冬季盛行偏北风，适当种植绿色植物，能够降低风速，减少建筑的热量损失。在经常受到台风袭击的沿海城市和内陆受风沙袭击的城市恰当地设计绿色系统，能够对城市起到一定的保护作用。

9.5.4.1 常见的防风林结构

(1) 紧密结构

这种结构的林带是由主要树种、辅佐树种和灌木树种组成的三层林冠，上

下结构紧密，林带比较宽。通常情况下风通过率为 5%，中等风力基本上不能通过，大部分空气由林带上空越过，而到了背风林缘则形成静风区或弱风区。但之后风速很快就恢复到旷野风速，防风距离较短。

（2）稀疏结构

由主要树种、辅佐树种和灌木树种组成三层或两层林冠。林带从上部到下部结构疏松，能够透风透光。风遇到林带后，一部分风会通过林带，风速会减慢，并在背风面林缘形成许多小旋涡；另一部分风则会从林带上部越过。因此背风林缘形成弱风区，随着远离林带，风速逐渐增加。

（3）透风结构

这种结构由主要树种、辅佐树种和灌木树种组成两层或一层林冠，上部为林冠，有较小而均匀的透光空隙，下层为树干层，呈现为均匀的栅栏状的大的透光空隙。风遇到林带，一部分从下层通过，一部分从林带上部绕过。下层穿过的风由于文丘里（Venturi）效应，风速有时会比旷野大，到了背风林缘开始减弱，到较远的地方才出现弱风区，之后风速才逐渐恢复。

一般来讲，林带的防风距离与林带树高呈正比例关系，因此乔木的防风效果要优于灌木与草本。林带的宽度也影响防风效果。根据玛利克（1963）的观测，紧密结构的林带防风效果随其宽度减少而增加，但防风距离相应减少。

9.5.4.2 抗风植物的类型

选择防风林带的植物，要求深根性、材质坚硬、叶面积小、抗风能力强的树种。根据 1956 年台风侵袭调查，对大风抗性有以下几种适应类型。

抗性较强的树种：马尾松、黑松、桧柏、榉树、核桃、白榆、乌桕、樱桃、蔓树、葡萄、臭椿、朴树、板栗、槐树、梅、樟树、麻栎、河柳、台湾相思、柠檬桉、木麻黄、假槟榔、南洋杉、竹类及柑橘类树种。

抗性中等的树种：侧柏、龙柏、旱柳、杉木、柳杉、檫木、楝树、苦槠、枫杨、银杏、广玉兰、重阳木、榔榆、枫香、凤凰木、桑、李、桃、杏、花红、合欢、紫薇、绣球、长山核桃等。

抗性弱的树种：大叶桉、榕树、雪松、木棉、悬铃木、梧桐、加杨、钻天杨、银白杨、泡桐、垂柳、刺槐、杨梅、枇杷、苹果等。

9.5.5 滞尘绿地规划

绿色植物对空气中的颗粒污染物有吸收、过滤的作用，使空气中的灰尘含量下降，从而净化空气。除了有毒气体外，尘土颗粒也是大气污染物，如在工业发达的城市，每年每平方公里的降尘量约为 5t。

9.5.5.1 绿地系统滞尘机理

绿色植物滞尘有四个机理。①植被覆盖自然地表，有固定沙土的作用，减少空气中灰尘的出现和移动。尤其是一些结构复杂的植物，对漂浮颗粒有很大的阻挡作用，使颗粒污染物不能够大面积传播。②绿色植物有降低风速的作用，尤其是枝叶繁茂的乔木。把风速降低，空气中携带的大颗粒灰尘便降下来，落到地面或其他物体表面。③很多植物叶子表面长有绒毛，有的植物叶片分泌黏性的树脂和汁液，能够吸附大量的降尘和飘尘等。④植物叶片在光合作用和呼吸作用的过程中，通过气孔、皮孔等吸收一部分粉尘等，包括一些重金属。

9.5.5.2 影响绿地系统滞尘的因素

影响绿地系统滞尘的因素有很多。首先，从植物本身来讲，不同的植物滞尘能力就有很大差别。植物的叶片形态结构、叶片表面的粗糙程度、叶片的生长角度以及树冠的大小、疏密程度等都能影响植物的滞尘能力。叶片宽大、平展、硬挺、不易被风抖动、叶面粗糙的植物滞尘能力较强，而叶片上的刺毛、绒毛，粗糙的树皮，分泌的树脂、黏液等更能增强植物的滞尘能力。

其次随着自然环境的变化，植物的滞尘能力也有所不同。如在夏季，叶量大、生长旺盛的植物滞尘能力强，而在冬季，由于落叶以及生长势骤减，甚至休眠，而导致滞尘能力下降。另外植物的滞尘能力随着所滞尘量的增加而有所下降，而在经过雨水的冲刷之后，又能恢复其原有的滞尘能力。

另外滞尘能力还取决于绿地系统的群落结构。据测定在南京一水泥厂附近的绿化片林比无树空旷地空气中的粉尘量减少 37.1% ～ 60%。成片的森林滞尘效果与其防风效果有关。透风的稀疏森林允许较多的灰尘进入，能够较好地吸收灰尘。而且随着尘缘距离加大，滞尘效果比较稳定的比率逐渐减少。而较密森林允许进入的灰尘较少，吸尘效果较差一些。

9.5.5.3 我国滞尘能力较强的树种

据统计，我国滞尘能力较强的树种，北方有刺槐、沙枣、槐树、家榆、核桃、构树、侧柏、圆柏、梧桐等；中部地区有家榆、朴树、木槿、梧桐、泡桐、悬铃木、女贞、荷花玉兰、臭椿、龙柏、圆柏、楸树、刺槐、构树、桑树、夹竹桃、丝绵木、紫薇、乌桕等；南方有构树、桑树、鸡蛋花、黄瑾、刺桐、羽叶垂花树、黄槐、夹竹桃、高山榕、银桦等。

9.5.6 减噪绿地规划

9.5.6.1 绿地系统减噪原理

噪声已被公认为是一种空气污染。所谓噪声，就是指不需要的，使人厌烦并对人们生活和生产有妨碍的声音。噪声引起健康障碍的强度一般认为在 90dB 以上。大多数国家认为将听力保护标准定为 90dB，能够保护 80% 的人免受噪声危害；有些国家定为 85dB，这使 90% 的人得到保护；只有在 80dB 时，才能保护 100% 的人不致耳聋。120dB 为听力的痛苦界限，180dB 则会致人死亡。通常居室内噪声应小于 50dB，夜间应小于 45dB，但城市生活中的空间噪声大都在 60 ～ 85dB 之间。因此，应采取各种措施消除噪声。

使用绿色植物是减弱噪声的一个良好的途径。植物降噪原理主要有两个。一方面，噪声遇到重叠的叶片，改变直射方向，形成乱反射，仅使一部分声音透过枝叶的孔隙，从而达到减弱噪声的目的；另一方面，噪声作为一种波在遇到植物的枝叶的时候，会引起振荡而消耗一部分能量，从而达到减弱噪声的目的。

9.5.6.2 影响绿地减噪的因素

绿地植物的外部形态各有所异，因此减噪效果也有所不同。具有重叠排列、

大而健壮的坚硬叶子的植物减噪效果最好，而分枝和树冠都低的树种比分枝和树冠高的减噪效果好。阔叶树的树冠能吸收其上面声能的 26%，反射和散射 74%。而且相关的研究指出，森林能更强烈地吸收和有限吸收对人体危害最大的高频噪声和低频噪声。

不同类型的植物群落减噪效果也有所不同：

1）片林　据测定，100m 的防护林常可降低汽车噪声的 30%，摩托车噪声的 25%。40m 宽的林带可以降低噪声 10 ~ 15dB，30m 林带可吸收 6 ~ 8dB 的噪声，城镇公园中的成片树木可以把噪声降低到 26 ~ 43dB，使噪声接近于无害的程度；

2）行道树　据北京测定，其减噪效果为 5.5dB；

3）攀缘植物　当攀缘植物覆盖房屋的时候，屋内的噪声强度可以减少 50%；

4）绿篱绿墙　据北京测定，两行绿篱总的减噪效果为 3.5dB；

5）草坪　噪声越过 50m 的草坪，附加衰减量为 11dB，越过 100m，附加衰减量为 17dB；有草坪绿化的街道，噪声可降低 8 ~ 10dB。

9.5.6.3 提高绿地减噪效果的途径

通常，适当的密植，特别是常绿树的密植能够有效地减弱噪声。在北方，常绿植物大部分是针叶树，如果多行密植，往往会导致景观郁闭，单调，占地较多，生长缓慢等特点，而且主干仍会透过声响。因此适当配置一些灌木来补充，更能取得较好的隔声效果，较好的配置方案为：针叶树之外还要配置落叶树，但以常绿树为主；乔木之外还要有灌木，但以乔木为主。

其次，人工整枝修建使枝叶茂盛部分形成绿色的墙，其减噪效果会更好一些。目前最常见、最有效的就是利用人工修建的高篱。对于一些比较安静的环境，如临近街道的学校、医院居住区、公园、疗养所等应在可能的条件下种植 5m 的高篱或密冠常绿乔灌木，使噪声降至 55dB。

9.5.7 减菌绿地规划

据有关报道，城市的大气通常有杆菌 37 种，球菌 26 种，丝状菌 20 种，芽生菌 7 种等近百种细菌。这时，绿地系统的灭菌效应对于城市来说，就显得很有益处。

9.5.7.1 绿地系统减菌原理

绿地系统的灭菌效应表现在两个方面：一方面，空气中的尘埃是细菌的生活载体，而绿色植物的滞尘行为可直接减少空气中细菌的总量；另一方面，许多植物会分泌杀菌素，如酒精、有机酸和萜类（有机化合物的一类，多为有香味的液体，松节油、薄荷油等都是含萜的化合物）等，能有效地杀灭细菌、真菌和原生动物等。如香樟、柏树、桉树、夹竹桃等可以释放丁香酚、松脂、核桃醌等具有杀菌作用的物质。所以绿地系统中空气中的细菌含量明显低于非绿地。据测定，北京的几家大型医院中，其医院绿地中空气的含菌量均低于门诊区的含菌量。也有测定在草坪上空每立方米含菌量仅 688 个，而百货商店里则高达 400 万个。绿地系统这种减菌效应，对于改善城市生态环境具有积极的意义。

9.5.7.2 减菌植物的分类

有关科研人员于1994年就66种植物对两种常见的病原细菌，即金黄色葡萄球菌和铜绿假单孢杆菌的杀菌力进行了测定分析，并将其分为4类。

1）对杆菌和球菌的杀菌力均极强的植物：包括油松、核桃和桑树。这类植物可以作为医院、居住区等绿化的首选植物材料。

2）对两个菌中的杀菌力均较强，或对其中一种菌种杀菌力强而对另一种菌种的杀菌能力中等的植物，这类均是北方城市常见的绿化植物，包括：

常绿树木：白皮松、桧柏、侧柏、洒金柏。

落叶乔木：紫叶李、栾树、泡桐、杜仲、槐树、臭椿、黄栌。

落叶灌木：紫穗槐、棣棠、金银木、紫丁香。

攀缘植物：中国地锦、美国地锦以及球根花卉美人蕉等。

3）对球菌和杆菌的杀菌力中等的植物：包括常绿乔木类的华山松，落叶乔木的构树、绒毛白蜡、银杏、绦柳、馒头柳、榆树、元宝枫、西府海棠；灌木类的北京丁香、丰华月季、海州常山、腊梅、石榴、紫薇、平枝栒子、紫荆、金叶女贞、黄刺玫、木槿、大叶黄杨、小叶黄杨以及草本植物鸢尾、地肤、山荞麦等。

4）对球菌和杆菌的杀伤力均弱的植物：包括加杨、杨柏拉、玫瑰、报春刺玫、太平花、萱草、毛白杨、樱花、玉兰、榆叶梅、鸡麻、野蔷薇、美蔷薇、山楂、迎春等。

9.6 案例分析——沈阳市绿地系统生态规划

9.6.1 概况及现状分析

9.6.1.1 沈阳市概况

沈阳市位于中国东北地区南部，辽宁省中北部，市域范围在东经122°25′9″～123°48′24″，北纬41°11′51″～43°2′13″之间，东与铁岭市、抚顺市为邻，南与本溪市、辽阳市和鞍山市相连，西与锦州市、阜新市毗邻，北与内蒙古自治区的科尔沁左翼后旗接壤，南北长约205km，东西宽约115km，总面积12881km^2。

9.6.1.2 沈阳市现状分析

（1）沈阳市热岛分析（图9–6–1）

近年来，随着城市建设的高速发展，城市热岛效应也变得越来越明显。通过对沈阳城市热岛影像的分析，可以得出以下结论：

1）沈阳市二环内中心城区，人口密度大，释放的二氧化碳量大，导致地表温度较高，热岛效应显著；沈阳市铁西区是老工业基地，工厂运行排放的大量的二氧化碳导致区域热岛效应显著。

2）城市绿地是建成市区中自然生态的关键要素，是城市绿色空间的重要组成部分。（图9–6–2）城市绿地总量，在很大程度上决定了市区内部的环境状况。为更好地缓解热岛效应，必须进一步加强城市绿化建设，提高绿地总量。在城市用地紧张的情况下，应因地制宜地采取多种形式的绿化建设措施，包括立体绿化、

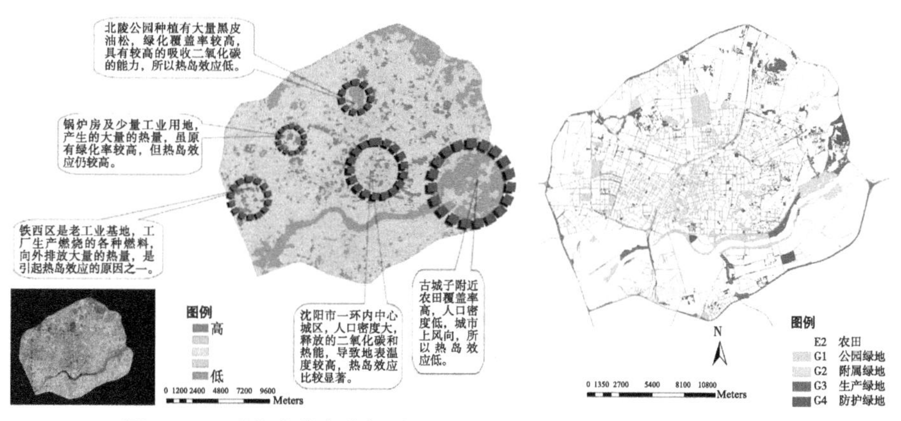

图 9-6-1 沈阳市热岛分析图

图 9-6-2 沈阳市绿地分布

屋顶绿化等，增加总体绿量，提高绿化生态效益。城市中心区绿化总量不足，是热岛效应强烈的重要原因之一，通过城市中心地区的规模化集中绿地建设，可以改变局部地区下垫面特性，有效地改善区域内的热环境状况，维持良好的生态环境，为当地居民提供良好的户外活动空间。随着集中绿地建设的推进，中心区缺绿少绿的现象逐步得到改善，必将使热岛效应强烈地区的环境质量得到优化。

采取的主要对策有（从绿化城市及周边环境方面）：

1）选择高效美观的绿化形式、包括街心公园、屋顶绿化和墙壁垂直绿化及水景设置，可有效地降低热岛效应，获得清新宜人的室内外环境。

2）居住区的绿化管理要建立绿化与环境相结合的管理机制并且建立相关的地方性行政法规，以保证绿化用地。

3）要统筹规划公路、高空走廊和街道这些温室气体排放较为密集的地区的绿化，营造绿色通风系统，把市外新鲜空气引进市内，以改善小气候。

4）应把消除裸地、消灭扬尘作为城市管理的重要内容。除建筑物、硬路面和林木之外，全部地表应为草坪所覆盖，甚至在树冠投影处草坪难以生长的地方，也应用碎玉米秸和锯木小块加以遮蔽，以提高地表的比热容。

5）建设若干条林荫大道，使其构成城区的带状绿色通道，逐步形成以绿为隔离带的城区组团布局，减弱热岛效应。

（2）基于 GIS 的绿地适宜性分析

在对城市绿地进行生态调研、收集相关图件以及文本资料的基础上，依据可计量、代表性、可操作性、主导性的原则，从地形地貌、水文、土地利用、交通、对城市绿地布局影响的显著性等诸多因素中，选取了对绿地建设影响显著的城市人口、水体、道路、公园、坡度、坡向、热岛等七个因子对城市绿地进行研究。

1）人口分布因子：从以人为本的角度讲，城市绿地服务的主体就是生活在城市中的人们，人口聚集的地方对城市绿地的需求较大，人口稀疏的地方就相对需求低一些，因此城市中人口的分布也是影响城市绿地分布的主要因素。根据沈阳市统计局的人口统计资料，以街道或乡镇为单位在 ArcGIS 中建立矢量空间数据，经过空间数据分析及栅格化后获取沈阳城市人口密度空间数据。将人口分布平均分为 5 个等级，就得到了沈阳市人口分布分级图（图 9-6-3）。

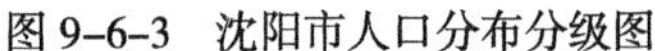
图 9-6-3　沈阳市人口分布分级图

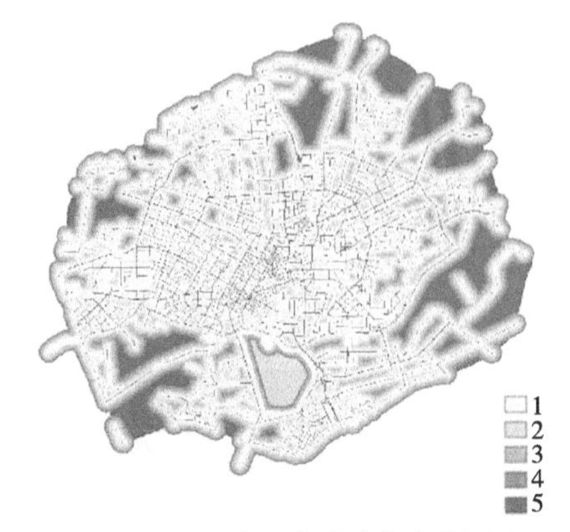

图 9-6-4　沈阳市道路分布分级图

2）道路系统因子：沈阳市拥有铁路、高速公路、国道、省道，并与城市道路一起组成了我国路网密度较大的地区之一。但就道路绿化而言，除了个别道路或个别路段绿化较好，道路绿地率整体偏低，垂直复合绿化少且量不足，地方特色不明显。通过对沈阳 QuickBird 高分辨率遥感影像的目视解译获取城市道路用地，利用 ArcGIS 软件的空间分析功能对道路作缓冲分析，可获取城市道路绿化分析图（图 9–6–4）。

3）水体分布因子：河流在改善城市环境质量、维持正常水循环等方面发挥着重要作用。河流廊道不仅能维持生态系统的平衡，还是城市生态格局安全的重要廊道。因此，水系网络绿地系统对提升沈阳市绿地系统布局质量至关重要。沈阳市三环内的主要水体为南北运河及浑河组成的水系。从遥感解译的土地利用现状图得到沈阳市主要水体分布图（图 9–6–5），沿主要水体分布建立一定范围缓冲区作为城市绿化用地，用以优化沈阳市绿地空间布局。

4）坡度、坡向因子：城市的地形要素，坡度、坡向，对于城市用地的建设是十分重要的，坡度和坡向不满足城市建设其他用地的标准时，用其建设绿地却是十分好的利用方式，因此城市的坡度、坡向也是制约城市绿地布局的因素之一（图 9–6–6、图 9–6–7）。

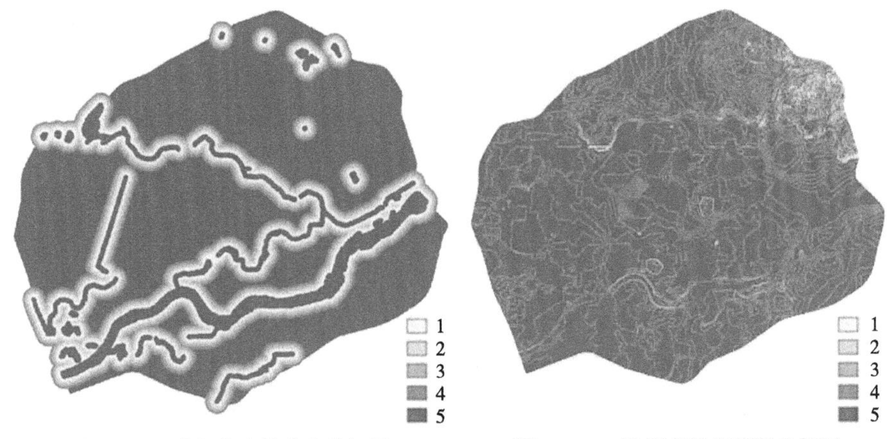

图 9-6-5　沈阳市水体分布分级图　　图 9-6-6　沈阳市坡度情况分级图

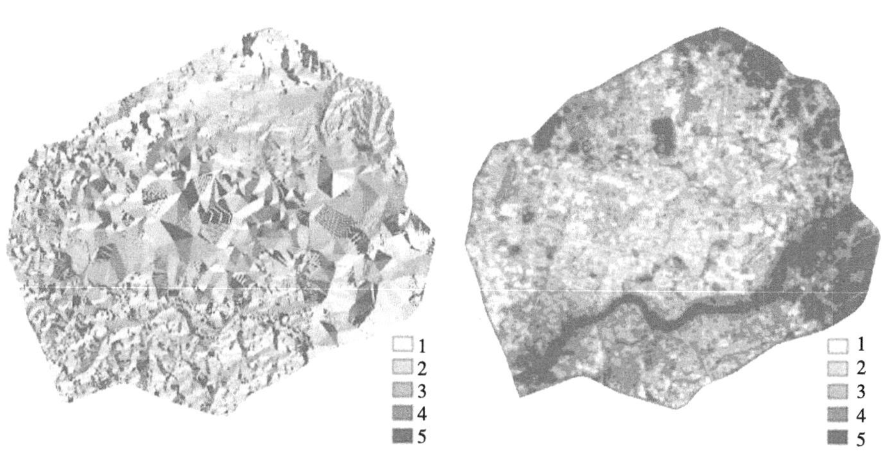

图 9-6-7 沈阳市坡向情况分级图

图 9-6-8 沈阳市热岛情况分级图

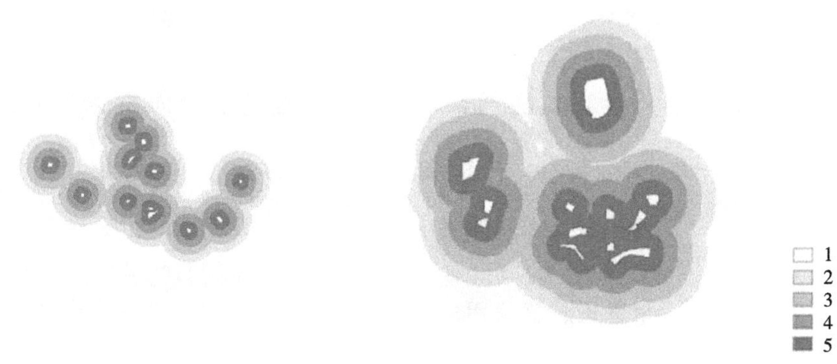

图 9-6-9 沈阳市区级公园可达性分级图

5）热岛效应因子：热岛效应是城市气候中典型的特征之一。沈阳市城市热岛高温区主要位于沈阳市二环以内的中心区域，低温区主要分布在二环到三环之间特别是浑河一带。研究表明，城市绿化覆盖率与热岛强度成反比，绿化覆盖率越高，热岛强度越低，因此在沈阳市热岛中心布局规模化的集中绿地是最能直接削弱热岛效应的措施，热岛效应成为影响城市绿地布局的一个重要因素（图 9-6-8）。

6）公园分布因子：根据公园的可达性标准，对沈阳市的市级公园及区级公园分别作了可达性的缓冲区分析（图 9-6-9），从分析图中则可找到没有被公园服务半径覆盖的区域，而这些地方则是需要重点建设公园绿地的地方，因此公园的分布是制约城市绿地布局的重要因素之一。

9.6.2 影响因子权重的计算及结果分析

9.6.2.1 影响因子权重计算

采用 AHP 法和成对明智比较法相结合来确定权重。通过对指标进行层次划分以及分层次叠加，在 12 个因子之间采取成对明智比较法得到相对客观的权重（表 9-6-1）。

影响因子权重分析　　表 9-6-1

因子	C1（人口）	C2（道路）	C3（水体）	C4（坡度）	C5（坡向）	C6（热岛）	C7（社区公园）	C8（市级公园）
权重	0.14759	0.03690	0.07380	0.05237	0.05237	0.35435	0.06204	0.20723

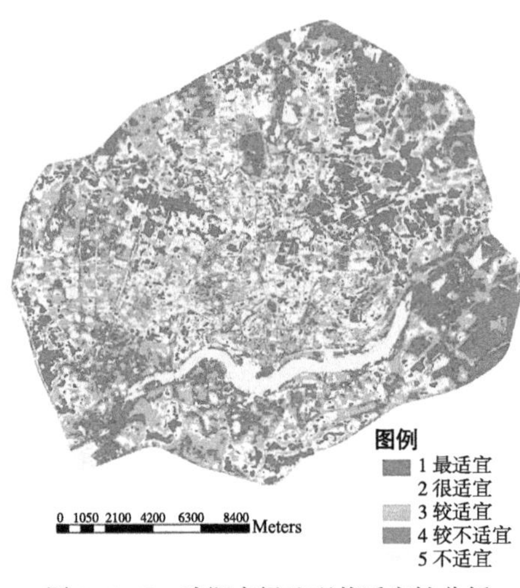

图 9-6-10　沈阳市绿地现状适宜性分析

9.6.2.2　分析结果

从图 9-6-10 的分析结果可得知，沈阳城市绿地适宜性等级总体分布规律为北高南低，中间低外围高，且城市生态环境敏感、脆弱地区整体上较多。表 9-6-2 中不适宜用地面积为 3128.55hm^2，占研究区的 12.10%，其中大部分是绿地覆盖率较高的河流湖泊、林地、耕地等用地。不太适宜用地面积为 11723.59hm^2，占研究区的 25.78%，属于城市中心区，建筑密度较高，已存在一定面积的城市绿地。基本适宜用地面积为 13468hm^2 占研究区的 29.61%，分布较为集中，多为城市建筑用地，建筑密度相对较低，可在一定区域内进行城市绿地建设。适宜用地面积为 11661.62hm^2，占研究区的 25.64%，可以划为适建区，主要分布着城市的工业用地，该区域的生态环境问题较为严重，需加强城市的绿地建设，同时也具有一定的建设优势。在进行绿化布局时，应该加强工业附属绿地的建设工作，工业区具有较大的空间进行绿地建设，绿地发展优势明显。最适宜用地面积为 5501.83hm^2，占研究区的 12.10%，在该区域内生态环境问题严重，人口密度集中，空气污染较为严重，为了形成良好的城市生态环境，应该利用一切可利用的空间进行城市绿化的建设，加强城市水平空间与垂直空间的绿化布局，采取“见缝插绿”的方法，以提高城市绿化覆盖率。因此，在城市绿地建设的空间组合上应该采取“集中与分散相结合”的空间组织模式，以实现绿地建设的优化布局。建设城市绿地最适宜地区就是城市生态环境最脆弱和最需要建设生态绿地的区域。根据沈阳市绿地现状适宜性分析可以看出，建设绿地最适宜地区主要分布皇

适应性等级面积　　表 9-6-2

适宜性等级	代表含义	面积（hm^2）
1	最适宜建绿地	5501.83
2	很适宜建绿地	11661.62
3	较适宜建绿地	13468.04
4	不太适宜建绿地	11723.59
5	不适宜建绿地	3128.55

姑区、大东区、于洪区以及铁西区。结合城市土地利用图可以看出，沈阳市的工业园区是绿化布局需强化的地区。同时村镇也是进行绿地建设的重点区域。为了实现城市绿地的合理布局，建议在城市绿地建设的过程中，结合新农村规划，对较为分散的村镇进行合理改造的基础上，进行绿地景观的合理布局；针对城市工业用地，应该加强工业用地内部附属绿地的建设，工业作为城市生态环境恶化的重要因素，加强工业附属绿地的建设工作刻不容缓。

9.6.3 基于绿地功能、空间分布格局的绿地生态规划

9.6.3.1 植物群落配置

(1) 公园绿地

公园绿地建设要求突出个性、有鲜明的特色，其绿化用地面积不低于70%。

在植物群落配置的过程中乔木、灌木、地被（草坪或草花）比例6 : 2 : 2，落叶树与常绿树比例4 : 6，建议采用的主要树种为红瑞木、京桃、紫薇、水蜡、国槐、大叶黄杨、铺地柏、紫荆、旱柳、杨树、刺槐、加杨、圆柏、国槐为主，垂柳、紫叶李、金叶女贞等为辅的植物群落，并且以乔灌和乔灌草植被类型为主，根据公园的性质选用不同的植物群落配置。

(2) 防护绿地

防护绿地建设要求连续、不间断。防护林主要是在城市及其周边范围内，将能产生粉尘、污染、噪声等对人类有负面影响的区域与居民的居住或工作区域进行隔离保护的森林类型。在沈阳防护林建设中，主要是考虑周边工厂对中心城区的污染，并对道路、铁路等交通进行隔离防护，根据沈阳城市建设的发展，在满足现状的条件下，最好能将防护林建设成多行疏林，乔木、灌木比例7 : 3，落叶树与常绿树比例2 : 8，以达到隔离的效果。

(3) 道路绿地

在道路绿地建设中既要加强景观功能，统一布局，合理分流交通，以有利观瞻、游憩，同时还应该结合沈阳的实际情况，注重防护、减噪、隔离等功能。对道路轴线尽端、中间节点、视线转折处的对景景观加强艺术处理，保护好重要观景点的视线走廊。在植物配置过程中，建议选择滞尘能力较强的树种，同时还要考虑其抗尘能力的大小，另外还要满足交通方面的需求。乔木、灌木、地被比例8 : 1 : 1，落叶树与常绿树比例，东西向8 : 2；南北向5 : 5。

(4) 附属绿地

附属绿地的绿化模式主要是考虑各类附属绿地与周围污染区的隔离，因此在满足生态效益的同时，也要兼顾树形优美、色彩丰富、观赏性强的树种。

(5) 城市广场绿地

城市广场绿地建设要加载文化内涵，建筑小品、城市雕塑要突出城市特色，与周围环境协调美观，充分展示城市历史文化风貌。建议乔木、灌木、地被比例3 : 4 : 3，落叶树与常绿树比例3 : 7。所建议采用的树种主要有：红瑞木、京桃、紫薇、水蜡、紫叶李、国槐、铺地柏、紫荆、旱柳、杨树、刺槐、加杨、

圆柏、垂柳、金叶女贞、小叶女贞、樟子松、榆树、皂荚等的植物群落，并且以乔灌和乔灌草植被类型为主，以提高绿地景观的质量。

（6）滨水绿地

滨水绿地要结合不同地段进行相应建设。注重自然生态保护，按照生态学原则进行驳岸和水底处理，丰富水体沿岸绿化景观，拓宽视廊，增强生态效益和景观效果，形成城市特有的滨水风光带。建议乔木、灌木、地被（草坪或草花）比例 5 ：2 ：3，落叶树与常绿树比例 4 ：6。所建议采用的树种主要有：国槐、紫薇、榆叶梅、臭椿、金银木、刺槐、连翘、樟子松、榆树、圆柏、侧柏、刺槐、皂荚、京桃、水蜡、紫荆、桧柏、松树、柳杉、旱柳、垂柳、杨树、梓树、锦带、紫叶李、槭树、五角槭等。

（7）湿地植物景观

沈阳湿地景观配置中，利用各种类型的湿地植物构建丰富的湿地景观植物群落，功能与美观相结合，以达到净化污水、美化景观环境的功能。所建议采用的植物树种为：香蒲、芦苇、水葱、荷花、睡莲、菖蒲、泽泻、菱等。

（8）山场林地

沈阳的植被因地貌成因、气候类型诸因素，形成东西不同的植被类型。根据其分布和种类组成，全区可分为三个植被类型。东部低山丘陵落叶阔叶林和针、阔混交林，主要树种为尖柞栎、蒙古栎、油松，此外，还有辽东栎、槲树、花曲柳、南蛇藤、红松、赤松等。平原地区人工林代表性树种有杨柳科的沙兰杨、加拿大杨、钻天杨（又名美国白杨）。平原河流两岸以旱柳、河移口、黄花柳、家榆、春榆、黄榆、刺槐（洋槐）、槐树等为主。山场林地的建设中，要求保护原有的丰富的植被，增加林相变化，划定重点地段禁止沿山脚建设，达到显山露水的目的。建议乔木、灌木、地被比例 7 ：2 ：1，落叶树与常绿树比例 6 ：4。所增加的树种主要有雪松、紫叶李、紫荆、梓树、圆柏、东北桧柏、樟子松等。

9.6.3.2　绿地系统生态规划

（1）公园绿地规划

通过沈阳市绿地格局分析，公园绿地斑块均匀度低，分布不均匀，多集中在沈阳市二环内，沈阳市二、三环之间缺少公园覆盖，通过公园绿地的服务半径缓冲分析也得出相同结论，通过适宜性分析及沈阳市土地利用现状综合分析，分别在沈阳市大东区二、三环之间增加两个公园，在于洪区二、三环内增加两个公园，在浑南新区增加三个公园。规划后的公园通过服务半径 1000m 的缓冲分析（图 9–6–11）可以看出公园绿地的服务半径基本覆盖了三环内大部分区域，能够较好地服务于人，发挥其生态效益。

（2）道路附属绿地规划

通过景观格局分析可以看出沈阳市道路附属绿地建设没有形成系统的网络绿地，城市中的道路绿地十分的分散、零散，使其生态功能不能够较好地发挥，因此对道路附属绿地进行了系统的网络规划（图 9–6–12），使其能够形成城市的绿地生态网络，连接城市其他绿地，使生态功能得到最

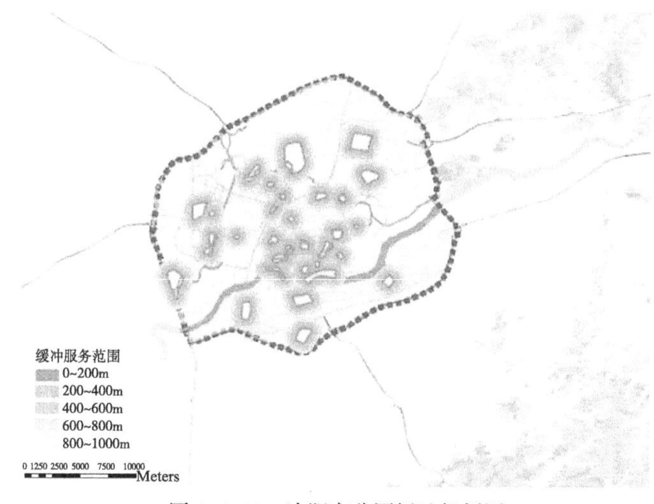

图 9-6-11　沈阳市公园绿地规划图

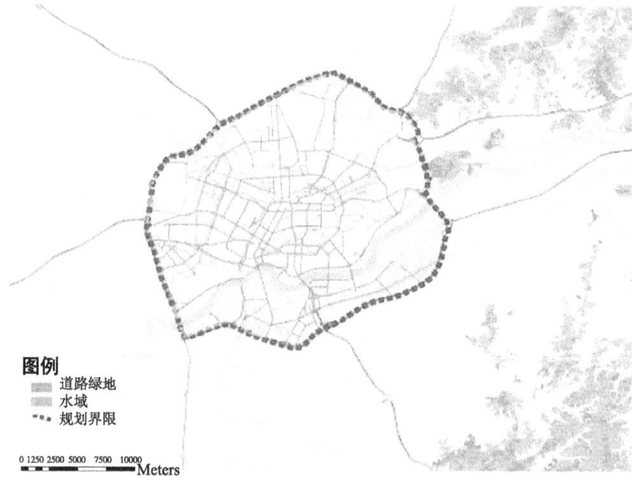

图 9-6-12　沈阳市道路附属绿地规划图

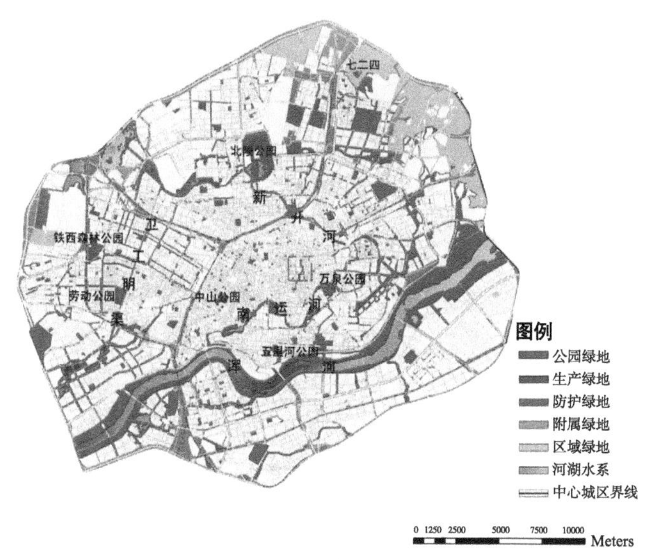

图 9-6-13　沈阳市绿地规划总图

大发挥。

(3) 沈阳市绿地规划总图（图 9-6-13）

1）加强城市外围生态屏障的保护与建设。城市外围原有的农业用地、生产绿地、滨河林带等形成了沈阳市外围生态屏障，对沈阳市三环内的生态环境保护与改善起到了至关重要的作用，因此在沈阳市绿地布局优化时，要注意加强对城市外围构成生态屏障的用地进行保护并应适当增加建设。

2）加强水系绿化廊道的建设。水系布局是和绿地布局相辅相成的，河道及河道周边的滨水地带的生态价值高，同时也具有能够深入城市建成区内部的有利条件。利用现有的河道系统，建立起水系绿化廊道，将城市中的公园绿地和道路绿地结合起来，充分发挥自然生态系统的服务功能。

3）加强道路网络绿地的建设。沈阳市已经形成了环状的交通体系，围绕内环线、外环线、高速公路、铁路形成网状的交通体系结构。而道路两旁的绿化有隔声降噪、抑制尘土、营建道路景观等重要作用，同时沿道路形成绿地网络系统，对其生态功能的发挥有促进作用，因此在沈阳市绿地布局优化时强调道路网路绿地的建设。

4）增加公园绿地的建设，形成连续性、可达性好的公园绿地布局。公园绿地在整个城市发挥着不可替代的生态作用，也为城市中的人们带来日常休闲、娱乐的空间，因此加强公园绿地的建设，形成连续性好、可达性好的公园绿地布局在沈阳市绿地布局优化中是十分重要的。

【本章小结】

本章主要从城市绿地系统的生态规划指标体系、结构构建以及功能规划等三方面讲述了城市绿地系统的生态规划。建立规划指标体系中，在绿地系统多样性、网络结构等方面筛选出一系列的指标；在绿地系统的结构构建方面，介绍了绿地系统生态规划的构成要素、空间布局以及植物配置等内容；在功能规划方面讲述不同生态功能的城市绿地生态规划。

【关键词】

城市绿地系统；生态功能；指标体系；结构构建；功能规划

【思考题】

1. 试理解城市绿地系统的基本概念。
2. 试理解城市绿地系统的生态功能。
3. 试分析城市绿地系统的生态规划指标体系。
4. 试思考城市绿地系统的空间结构布局。
5. 试思考城市绿地系统的生态功能规划包含的内容。

第十章　城市水系生态规划

【本章提要】

水是城市存在和发展的基本物质条件。水系是城市生态环境系统中的任何其他物质都不能替代的环境因子和宝贵资源。本章首先介绍了城市水系的概念内涵、生态类型、生态功能与特征，并简单分析了城市水系生态规划存在的问题及发展趋势；介绍了城市水系的生态技术发展；并从水系的结构构建与功能规划两方面讲述城市水系的生态规划，并形成完整的城市水系生态指标体系。

10.1　城市水系生态规划概述

20 世纪 70 年代以来，社会经济飞速发展、城市规模不断扩大、人工构筑物大量增加，使得城市水系不断萎缩、湖泊富营养化不断加重、水环境质量不断恶化，城市水生态系统遭到破坏，城市出现了能源危机、环境危机、生态危机，并相应地引起社会危机、精神危机和文化危机。城市水系是城市中有着巨大发展潜力的空间领域，由于其资源和功能优势，越来越受到普遍的关注。城市水系生态规划不仅作为城市发展的重要战略点，而且为城市更新和再生提供机会，对于优化城市空间、提高城市品味、增强城市竞争力起着非常重要的作用。

10.1.1 城市生态水系概念及内涵

水系是具有同一归宿的水体所构成的水网系统，是由流域内大大小小的河流、湖泊、沼泽构成的脉络相通的水流系统，它主要受地形和地质构造的控制。

城市水系指城市范围内河流、湖库、湿地及其他水体构成的脉络相通的水域系统。城市水系作为构成城市的自然要素之一，在很大程度上影响着城市的选址、总体布局、交通组织以及城市总体风貌特色，并对城市的未来规划发展起到了重要作用。

城市水生态系统是城市生态系统的一部分，是城市中的人类活动与自然水生态过程共同作用下的产物。城市水生态系统是指城市边界内的水域系统、供给城市用水的水源地以及相关的基础设施所组成的有机体。

城市水系生态规划是以城市水系为规划对象，综合考虑城市人口密度、经济发展水平、下垫面条件、土地资源和水资源等因素，对水系空间布局、水面面积、功能定位、水安全保障、水质目标、水系与城市建设关系以及水系规划用地等进行协调和具体安排，提出城市水系保护和整理方案。

城市水生态规划的目标是在满足城市对水的多目标需求的基础上，保证城市正常的水文循环、水体理化属性和水生生物状态，它是城市生态规划的一部分。其最终是要在人类水系统的双向交互作用下，识别出城市水生态系统各部分间的互动关系，通过对城市水生态系统的各组成部分的时空优化配置，使城市中各种人类活动能够向接近规划目标的方向发展。

对于城市水系生态规划如图 10–1–1 所示，它是城市总体规划和区域水系规划之下的一个城市的分项规划，它不等同于水系景观规划设计，应该说是水系景观规划设计的上一级规划，城市水系生态规划包括的内容有：城市水系环境整治、城市水系恢复等规划。

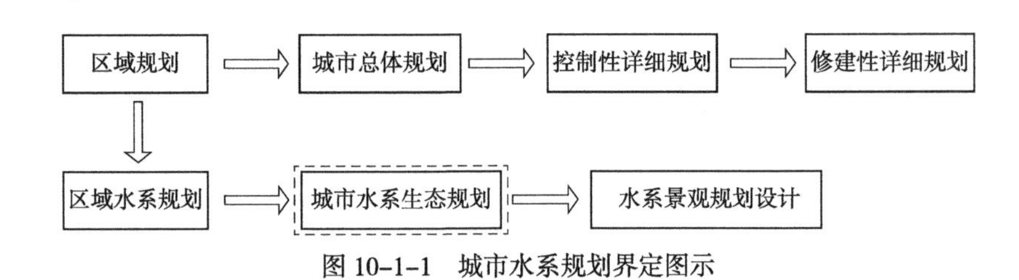

图 10–1–1　城市水系规划界定图示

10.1.2 城市水系的生态类型

水系的分类方式很多，如按照形状分类，可分为树枝状水系，扇形水系，羽状水系，平行状水系，格子状水系，梳状水系，放射状水系及向心状水系等。从生态角度进行分类，城市水生态系统包括三个组成部分。

一是城市边界内的水域系统，包括城市内的河流、运河、湖沼、水库、人

造水面、地下水。城市内部水域系统由城市这一人口密集、社会经济高度发展的空间相联系，不可避免地产生异化而区别于自然水生态系统。

二是供给城市水资源的水源地，随着人类技术的发展以及城市的扩张，人类已经不限于在城市附近取水，许多城市为了满足不断增长的水资源需求不得不选择从空间上较远的水源充沛地区调水（例如南水北调工程），这些水源地虽然在空间上可能不在城市范围之内，但却与城市的发展密切相关，所以应理解为城市水生态系统的一部分。

三是人类为了满足城市发展对水的各种需求而建设的各种人工设施，包括供排水系统、水库、防洪堤等，这些基础设施是城市基础设施的一部分，也是城市水生态系统的组成部分。

10.1.3 城市水系的生态功能与特征

多数城市的水系主要由水库、河流、湖泊等组成，在城市建设中承担了防洪排涝、供水、水体自净、生态走廊、文化承载、旅游景观、水产养殖、改善城市环境等综合性功能。而水系的生态功能有以下几方面。

1）城市水源：水是城市中人类与其他生物维持生存，以及城市环境长久存在的不可缺少的要素。在城市中，灌溉、防洪排涝以及日用饮水等方面，都需要引用大量的水。城市的生活与生产用水从就近河流中引取，具有投资少，稳定性高等诸多优势。尽管人类可以远距离调水，但是伴随而来的将是高的供水成本。可以预见，城市河流在未来仍是城市生产和生活用水的最佳水源。

2）通道功能：作为能量、物质和生物流动的通路，为收集、转运河水和沉积物服务，实现城市水循环及相关的物质能量流动。在城市中主要表现为运输功能、生物迁徙通道。

3）调蓄水量功能：城市河流及其两岸植被和土壤有调蓄作用，雨季涵养雨水（洪水），旱季逐步利用，可以缓解城市的旱涝灾害。受到人类活动的影响，以及地球环境问题的日趋严重，一些城市的洪水位记录屡次刷新，洪、涝、潮等灾害频繁发生。同时由于支流水系被大量填埋，或以涵管的形式埋入地下，河道水面积的减少，以及河道严重淤积，大大地削弱了河网的容蓄能力，致使一些城市频频发生城市内涝。以上海市老城区虹口港水系地区为例，1995 年 6 月 24 日，市区日降雨量仅 109mm，该地区已严重积水，俞径浦部分河段发生溢流，市政排水泵站被迫停机；1997 年 97 号台风期间，受外河高潮顶托，虽然雨量不大，但水位上升较快，为防止河道漫溢，沿河市政泵站停机 3h，区域内普遍积水，给市民的正常生活、生命财产带来严重影响。

4）调节气候功能：城市河流水的高热容性、流动性以及河道风的流畅性，对减弱城市热岛应具有明显的促进作用。但是随着城市中大量的自然河道尤其是中小河道的被填埋，河流水面的减少使城市水文循环中的降水、蒸发、径流等各个环节都发生显著改变，从而影响城市区域气候。

5）自净和屏蔽功能：河流水体具有净化环境或同化污染物质的功效，水生植物可对污染物质进行吸收或分解，最大程度地减少污物转移、减少水体污染。

6）城市物种多样性存在的基地：城市物种多样性的保护已成为全球生物多样性保护的组成部分之一。水系为植物和动物（包括人类）的正常生命活动提供空间及必需的要素，维持生命系统和生态结构的稳定与平衡。城市河流与城市常见景观有较大差异，形成城市中特殊的生物生境，也形成城市中物种多样性较高的区域。如对城市环境较为适宜的鸟类可在河心沙洲存在，较多种类的植物可以在城市河流两岸生存和繁衍。城市河流已经成为城市生物多样性存在的重要基地，为城市河流成为自然教育的标本提供了基本条件。

10.1.4 城市水系生态规划存在的问题

我国的城市水系规划在近几年已经取得了很大的进步，但仍然存在很多问题，主要体现在水安全、水资源、水环境等城市水系要素的多方面。

1）分部门管理导致了规划建设缺乏必要的协调与合作。目前我国多数城市水系规划与建设由水务部门、城建部门负责，绿化由园林部门负责，环境与生态由环保部门负责。这种分项管理体制不利于城市水系的合理布局、综合规划，不利于水资源的有效利用，不利于城市的生态建设。

2）缺乏整体的规划设计，多为零星开发，不能充分兼顾水系的开发与保护、水系的水中、水陆过渡区、滨水区景观的相互协调。

3）城市规划、景观规划、水系规划、防洪规划、水利规划等相互间缺乏联系，彼此间更多的是冲突和矛盾而不是协调和补充。

4）规划是单一目标的，不具有多目标性和系统性，也不是可持续的水系规划。传统的水系规划过程是不断地解决“瓶颈”问题：当洪水危害人类生命安全时，就解决防洪，如疏浚河道；当水资源短缺时，就解决水资源配置；当需要用水时，就解决供水，如灌溉；水污染严重时，就治理水环境；水环境污染得不到解决，就搞生态建设。

5）城市水系规划单纯地追求形式美，忽略了城市生态方面的要求。未能充分开发利用水的各种功能，没有体现共享性，致使城市水系在内容上单一化、在形式上模式化，环境生硬、冷漠，不能很好地对城市生态环境进行优化调节。

10.2 城市水系的生态技术发展

10.2.1 水系网络构建技术

10.2.1.1 生态景观水网的构建思路

以水系构建生态基础设施、形成安全生态的城市水系脉络。水系统是生态基础设施的重要组成部分。具有以下特征：水绿相依，绿中有水，水边有绿，形成生态系统良性循环。由河道水系网络构成城市基本的生态框架。①在连续和完整的区域水系网络中，建立防洪蓄涝分工的多层次的水系；②建立多个等级的放射状联系通道，保持合理的城区水网密度，增加城市河网的蓄调能力，建立在水系基础上的绿色网络。

10.2.1.2 绿色生态水网格局的创建方法

(1) 提升水系的景观生态效益

现在城市的高密度开发建设，影响生态景观水网的格局，因此，要针对城市的生态水资源环境特点，构建水系网络生态格局。首先是结合水资源结构所处位置的地理条件，譬如针对淤泥填塞的河道，进行现场的治理和保护，沟通断头的河道，形成水系的流动，并采用继承和再生的方法，调整水资源系统，重新设计结构清晰的水网架构。其次是恢复被填埋的河道，改善缺乏绿化的水系生态价值，譬如重新开挖直河，通过以河流水系为轴心的绿化建设，汇集规模比较小而且分散的公园、绿地和园林，使得景观水网形成系统的城市绿化开放空间。最后就是利用水网建立相互联系的敞开式绿化空间，发挥水系的综合效益，并发挥水系本身的水网特色。

(2) 治理水污染，恢复生态水景观的生机

水污染的治理和生态水景观的开发，两者之间存在相辅相成的关系，为了解决生活和生产污水污染河道的问题，一方面要改变传统的雨污合流排水方式，将雨水和污水分流处理，截留进入河道的污水，减少河道的污染。另一方面要减缓暴雨季节地表径流冲入河道的速度，通过在公园、广场、湿地、河岸等公共空间设置休闲绿地，发挥绿化植被存蓄雨水和减少径流的作用，发挥其自然排水和水域净化的自然能动性，使得污水处理方式趋向于简单性、高效性的自然需求。其次是合理开发土地，增强水空间再生能力。土地是宝贵的资源，与水资源同宗一脉，必须予以充分的尊重和保护，而生态景观水网的构建，必须以长远的眼光考虑，加强土地的有效监控和科学引导，一方面要加强水系区域生态环境的整治，以便对水系区域的开发内容和容量进行合理掌控，保证水系周边绿地和植被的连续性，同时保证水系的自然属性和周边土地的融合性，也便于为水系的生物提供栖息地，发挥水系的生态廊道功能。另一方面则是重新塑造水系自然的生态环境。

10.2.2 雨洪分析模拟技术

10.2.2.1 雨洪资源风险识别方法

雨洪资源风险识别方法指根据一般的风险分析方法对雨洪资源利用的风险进行识别，主要包括层次分析法、风险树法、专家调查法、幕景分析法、定性仿真法以及列举法、表上作业法等。

10.2.2.2 雨洪资源风险估计方法

常规的风险分析方法大致分为定性分析法和定量分析法。定性分析法主要用于风险可测度很小的风险主体，常用的方法有调查法、矩阵分析法和德尔菲法。定量风险分析方法是借助数学工具研究风险主体中的数量特征关系和变化，确定其风险率的方法。定量风险分析方法归纳起来可分为基于概率论与数理统计的分析法、蒙特卡洛随机模拟法（MC 法）、极限分析法、马尔柯夫过程方法、模糊数学方法、最大熵法等。

10.2.2.3 雨洪资源风险决策方法

单目标风险型决策方法主要有期望损益分析决策法、边际分析决策法、边

际分析决策法、贝叶斯风险决策法、期望—方差两目标法、极大化希望水平法等；常用的多目标风险型决策方法有多属性期望效用理论、概率均衡法、分区多目标风险决策方法。

多目标决策问题是在单目标决策问题的基础上发展起来的，单目标风险型决策方法与多目标决策方法互为联系，单目标决策方法主要是选择一个最佳均衡解，而多目标风险决策方法往往以多目标决策方法为基础，综合有关的不确定性分析，使得在冒最小风险的代价下，得到某种最佳效益。

10.2.3 海绵城市规划技术

海绵城市是指城市能够像海绵一样，在适应环境变化和应对自然灾害等方面具有良好的"弹性"，下雨时吸水、蓄水、渗水、净水，需要时将蓄存的水"释放"并加以利用。海绵城市建设是将自然途径与人工措施相结合，在确保城市排水防涝安全的前提下，最大限度地实现雨水在城市区域的积存、渗透和净化，促进雨水资源的利用和生态环境保护。

海绵城市的本质是改变传统城市建设理念，实现与资源环境的协调发展。遵循的是顺应自然、与自然和谐共处的低影响发展模式；实现人与自然、土地利用、水环境、水循环的和谐共处；保护原有的水生态；对周边水生态环境是低影响的；海绵城市建成后地表径流量能保持不变，因此，海绵城市建设又称为低影响设计和低影响开发。

10.2.3.1 海绵城市的建设途径

一是对城市原有生态系统的保护。最大限度地保护原有的河流、湖泊、湿地、坑塘、沟渠等水生态敏感区，留有足够涵养水源、应对较大强度降雨的林地、草地、湖泊、湿地，维持城市开发前的自然水文特征，这是海绵城市建设的基本要求。

二是生态恢复和修复。对传统粗放式城市建设模式下，已经受到破坏的水体和其他自然环境，运用生态的手段进行恢复和修复，并维持一定比例的生态空间。

三是低影响开发。按照对城市生态环境影响最低的开发建设理念，合理控制开发强度，在城市中保留足够的生态用地，控制城市不透水面积比例，最大限度地减少对城市原有水生态环境的破坏，同时，根据需求适当开挖河湖沟渠、增加水域面积，促进雨水的积存、渗透和净化。

海绵城市建设统筹低影响开发雨水系统、城市雨水管渠系统及超标雨水径流排放系统。低影响开发雨水系统可以通过对雨水的渗透、储存、调节、转输与截污净化等功能，有效控制径流总量、径流峰值和径流污染；城市雨水管渠系统即传统排水系统，应与低影响开发雨水系统共同组织径流雨水的收集、转输与排放。超标雨水径流排放系统，用来应对超过雨水管渠系统设计标准的雨水径流，一般通过综合选择自然水体、多功能调蓄水体、行泄通道、调蓄池、深层隧道等自然途径或人工设施构建。以上三个系统并不是孤立的，也没有严格的界限，三者相互补充、相互依存，是海绵城市建设的重要基础元素。

10.2.3.2 海绵城市——低影响开发雨水系统构建途径

海绵城市——低影响开发雨水系统构建需统筹协调城市开发建设各个环节。在城市各层级、各相关规划中均遵循低影响开发理念，明确低影响开发控制目标，结合城市开发区域或项目特点确定相应的规划控制指标，落实低影响开发设施建设的主要内容。设计阶段对不同低影响开发设施及其组合进行科学合理的平面与竖向设计，在建筑与小区、城市道路、绿地与广场、水系等规划建设中，应统筹考虑景观水体、滨水带等开放空间，建设低影响开发设施，构建低影响开发雨水系统。低影响开发雨水系统的构建与所在区域的规划控制目标、水文、气象、土地利用条件等关系密切，因此，选择低影响开发雨水系统的流程、单项设施或其组合系统时，需要进行技术经济分析和比较，优化设计方案。低影响开发设施建成后应明确维护管理责任单位，落实设施管理人员，细化日常维护管理内容，确保低影响开发设施运行正常。海绵城市——低影响开发雨水系统构建途径示意如图 10–2–1 所示。

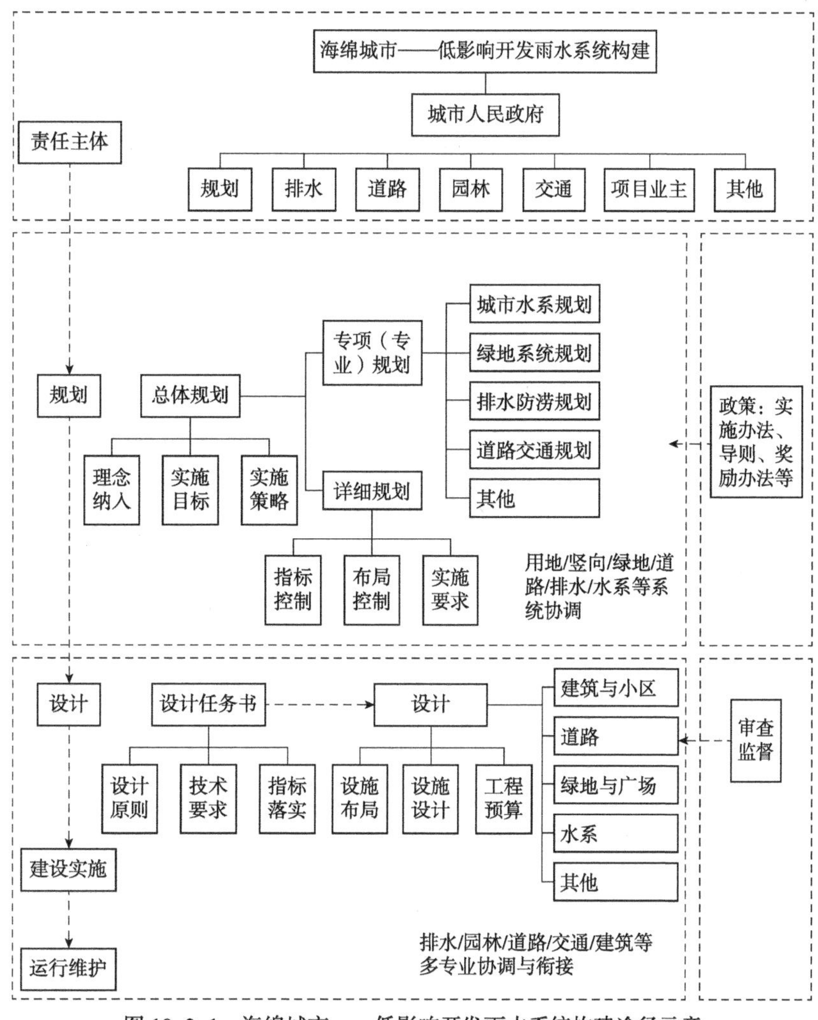

图 10–2–1 海绵城市——低影响开发雨水系统构建途径示意

10.2.4 生态湿地恢复技术

湿地兼具水陆两种生态系统的基本属性，其生境特殊，物种多样，是地球上最具生产力的生态系统之一，不但有生态环境调节功能，还具有很高的经济价值和社会价值。然而，随着人口的急剧增加，对湿地的不合理开发利用导致天然湿地日益减少，功能和效益下降；捕捞、狩猎、砍伐、采挖等过量获取湿地生物资源，造成了湿地生物多样性逐渐丧失；湿地水资源过度开采利用，导致湿地水质碱化，湖泊萎缩；长期承泄工农业废水、生活污水，导致湿地水污染，严重危及湿地生物的生存环境；森林资源的过度砍伐，植被破坏，导致水土流失加剧，江河湖泊泥沙淤积等，使中国湿地资源已经遭受了严重破坏，其生态功能也严重受损。

湿地生境恢复是通过生态学的技术方法，提高生境的异质性和稳定性。湿地生境恢复包括湿地基底恢复和水体恢复、重建。根据河流湿地退化成因分析可知，由于长期挖砂和生活垃圾侵占河道，造成湿地面积萎缩，水质污染严重。汛期高强度的洪水冲刷使河岸线失稳，滩地沙化，水土流失。

10.2.4.1 基底恢复

基底环境是湿地生物群落的栖息地，影响着湿地生物多样性和可持续发展。湿地区域往往地势较平坦，高差较小，低洼易积水。基底恢复是通过工程技术措施，对湿地的土壤结构和地形地貌进行改造，维护基底稳定性，稳定湿地面积，包括基底改造，水土保持、清淤等技术。

（1）土壤结构功能恢复

湿地土壤是许多物质转化和储存的媒介，其特性直接影响到后期景观和水处理的效果。王世岩通过研究认为土壤退化、土壤含水量持续减少，尤其土壤表层（0～20cm）水量减少迅速，认为扰动对湿地的蓄水功能破坏很大。湿地受到季节性洪水冲刷，滩地严重沙化。而砂质土壤营养含量低、水体下渗速度快，持水能力较弱，肥力差，不利于湿地植被的生长。此外湿地土壤受到周围污水排放和垃圾堆积影响，部分土壤中营养元素逐步丧失，污染物富集。针对以上问题，河流湿地遭受洪水冲击严重的岸线处采取石笼护岸，有效控制水土流失，湿地内部采用柳柱护岸稳定岸线。在此基础上去掉顶层退化土壤，移植客土，并引种乡土植被和湿生植物来稳定湿地土层结构，并起到吸收转化土壤有害物质，改善土壤环境的作用。

（2）基底形态恢复

对于河流湿地基底形态构建要采取多样化形态（图 10–2–3）代替单一的水下空间（图 10–2–2），从景观生态学角度看，多样形态基底环境增强了景观异质性，比较有利于水生植物的生长和动物栖息地的构筑。

此外，基底的设计要根据栽种植物类型和根系生长深度来确定。按照湿地降雨量不同，可将湿地划分为瞬时水淹区、季节性水淹区、半永久水淹区、一般暴露区、永久水淹区五级水位形态。基底设计中根据河流湿地现有基底状况和洪水淹没情况，合理设计软质基底河底和适宜湿生动植物生长的基底环境（图 10–2–4）。

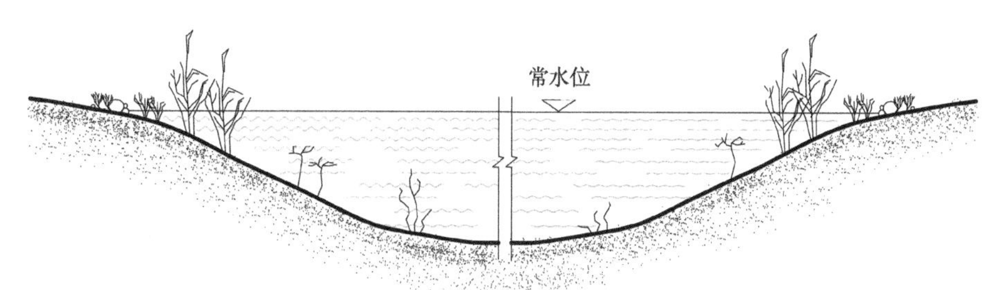

图 10-2-2 单一型湿地基底

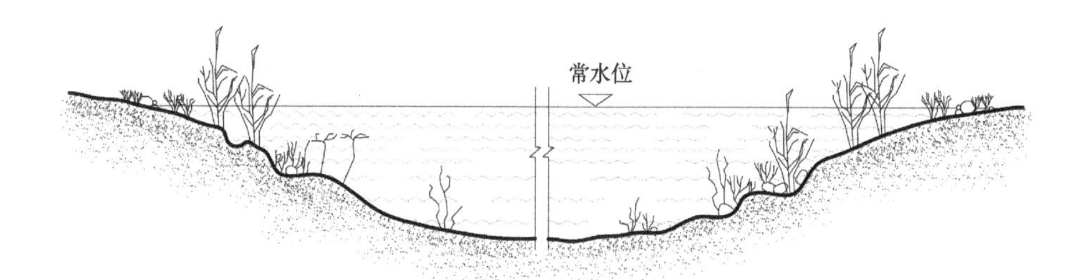

图 10-2-3 多样化形态湿地基底

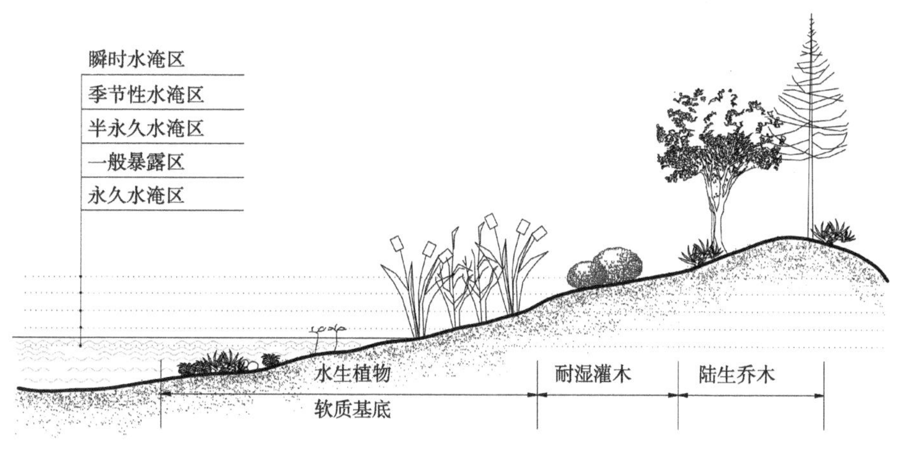

图 10-2-4 河流湿地基底恢复断面图

10.2.4.2 水体恢复

湿地水体恢复包括水文条件恢复和水环境质量改善，湿地水文功能包括调蓄洪水、补充地下水、净化、提供水源和调节气候等。水文条件恢复是湿地生态恢复的必备条件，水量增减、水位涨落、淹没时长等水文条件的改变都极大地影响着湿地系统的能量流动和循环。通过利用人工干预的手段恢复和保持湿地水体流通性和周期性高低水位的变化，保持水体原有的水文特征；通过建立湿地当中多种水生生物群落，形成与湿地水体生境适应、结构完整、功能健全的湿地生态系统，从而进一步恢复水体的生态属性。水环境恢复一般不可能完全达到原始状态的标准，只能在保证水环境结构健康的前提下，满足人类可持续发展对水环境功能的要求。河流湿地水环境生态恢复主要有生态拦截技术、湿地植物净化技术、水生动物净化技术等。河流湿地水体恢复的目标为：保障湿地水资源，恢复水体自净能力。

10.2.4.3 湿地生物群落恢复

湿地生物群落恢复主要包括湿地植被恢复和湿地动物恢复两大方面内容。由于湿地生物机构组成与一般风景环境区存在差异，在湿地恢复过程中要对湿地环境状况、生物特征以及生态系统功能和发育特征进行全面调查分析。

10.2.4.4 湿地景观恢复

水、土壤、生物是湿地的三大要素，也构成了完整的湿地景观结构。湿地景观功能与生态功能是密不可分的，其景观恢复也要综合考虑多种因素。结合景观生态学景观梯度、廊道、斑块等理论，设计中以维持湿地生态系统功能为核心，尊重湿地自然原始地形地貌。河流湿地景观设计要素主要有水面形态、驳岸、植物、建筑等。

10.3 城市水系生态规划指标体系

10.3.1 城市水系生态规划指标

10.3.1.1 城市水面面积率

城市水面面积率 S_{Δ} 指城市总体规划控制区内常水位下水面面积 S_{ω} 占城市总体规划控制区面积 S_t 的比率，即：

$$S_{\Delta}=S_{\omega}/S_t \tag{10-1}$$

同一水域其水面面积随水文年份、不同季节、水文气象条件等条件而动态变化，其相应的水面率也是一个动态变化的数值，因此，有学者认为水面率应当是多年的平均值。适宜的水面率不仅能够起到防洪排涝、纳污净污、改善小气候等功能，而且能够起到良好的景观效果。适宜水面面积率 S_{Δ} 应根据当地的自然环境条件、历史水面比例、经济社会状况和生态景观要求等实际情况确定，可参考表 10–3–1。

近些年来，城与水争地，随意填没水面、湿地，蚕食河道、滩地，明渠改为暗沟涵洞等情况司空见惯，致使城市的水面率不断下降。目前，我国在城市规划中一般不把水体占地计入城市建设用地，这不利于反映城市水面率的变化情况。在国外环境优美、生态发展均衡的国家，城市水面面积一般都较大，约

城市适宜水面面积率　　表 10–3–1

城市分区	适宜水面面积率（S'_{Δ}）	备注
Ⅰ	$S'_{\Delta} \geqslant 10\%$	现状水面面积比例很大的城市应保持现有水面，不应按此比例进行侵占和缩小
Ⅱ	$5\% \leqslant S'_{\Delta}<10\%$	
Ⅲ	$1\% \leqslant S'_{\Delta}<5\%$	
Ⅳ	$0.1\% \leqslant S'_{\Delta}<1\%$	可设计一些景观水域
Ⅴ	/	此汛期可不人为设计水面比例

资料来源：《城市水系规划导则》SL 431-2008

占城市面积的 20% ~ 30% 左右。一个城市的水面面积占总面积的比例，并没有规定一定要达到多少才合理。过分强调水面率并不一定符合科学协调的原则。北方和南方城市的水面率是无法比较的。但是一个特定地域的城市在其形成的过程中，区域内河流、湖泊、湿地等经过千百年的自然演化，必然是和本地的水文等生态资源协调一致的，任何人为的改变必然引起生态平衡的破坏。城市水面率的下降将直接导致调蓄容量的降低，造成暴雨径流量增加，进一步加剧了城市排水的严重性。水面率的下降也会加剧城市的热岛效应，同时使城市水生动植物失去栖息之地，破坏了城市的生物和景观的多样性。因此，蚕食城市水面是得不偿失的。

通过严格保护城市现存水体，积极恢复城市中原有的河流、湖泊，合理扩大城市水面，可以维持和增加城市水体水量。水量是影响城市水域景观的重要因素，只有保持一定的水量，才能保证水体的基本功能，才能营造生动的景观。例如，上海城市总体规划就提出要严格控制城市化地区的水面率，首先严格控制水面率减少的趋势，通过生态规划和城市湿地保护，至 2010 年水面率增加至 9% 左右，约需增加水面积 40km^2，远期 2020 年水面率增加至 10% 左右，再增加水面积约 60km^2。

10.3.1.2 城市河湖生态水量

城市河湖生态水量主要包括维持河湖生态系统的最小需水量、维持河湖水质的最小稀释净化水量、维持河湖景观功能要求适宜水深的需水量、维持适宜水面面积的需水量等。

河湖生态环境需水量具体包括水面蒸发需水、渗漏需水、基流需水、污染物稀释净化需水等。

（1）水面蒸发需水量

$$We=A_1Ee \tag{10-2}$$

式中：A_1 为河湖水面面积，hm^2；Ee 为河湖水面蒸发量，mm/a。

（2）河湖渗漏需水量是当河湖水位高于地下水位时，通过河湖底部渗漏和岸边侧渗将向地下水补充的水量，其计算公式为

$$Wl=KITW \tag{10-3}$$

式中：K 为含水层平均渗透系数，mm/d；I 为水力坡度；W 为过水断面面积，m^2；T 为补给时间，d。

水面蒸发需水量 We 和渗漏需水量 Wl 都是河湖耗费的水量，必须通过补水才能保证一定的水面面积、水深和流量。

（3）河道基流需水量是保持河流一定流速和流量所需的水量，计算公式为

$$WR=A_2v \tag{10-4}$$

式中：A_2 为河道平均断面面积，m^2；v 为流速，m/s。

（4）维持湖泊水面需水量是维持湖体正常存在及发挥功能的蓄水量，计算公式为

$$WL=A_1H \tag{10-5}$$

式中：H 为湖泊平均水深，m。

河道基流及维持湖泊水面需水量可满足景观、旅游、航运、水生生物生存所需的水量。

（5）污染物稀释净化需水量

$$Q=(C_i/Co_i)\ Q_i \tag{10-6}$$

式中：Q 为污染物稀释净化需水量，m^3/a；Co_i 为达到用水水质标准规定的第 i 种污染物浓度，mg/L；C_i 为实测河流第 i 种污染物浓度，mg/L；Q_i 为 90% 保证率最枯月平均流量，m^3/s；C_i/Co_i 为污染指数（计算 Q 时，取污染指数最高的污染物进行计算）。

由于目前城镇河湖污染严重，大多数情况下达不到景观用水的标准，因此，为提高河湖稀释净化污染物的能力，使水质达到用水的最高标准，需人工补充清洁水。将污染物稀释净化需水量计算在内，可显著增大城市生态环境需水量。

城市环境需水量

$$Wc=WE+Wp+Ws+We+Wl+WR+WL+Q \tag{10-7}$$

10.3.1.3 水环境容量

水环境容量的定义来源于环境容量，是指在特定条件以及水体功能目标约束下的水体的最大允许纳污量。水环境容量的大小与水体特征、水质目标和污染物特性有关。水环境容量是城市污染物总量控制的依据和城市水生态规划的基本约束条件。

水环境功能区是指依照《中华人民共和国水污染防治法》和我国《地表水环境质量标准》GB 3838—2002 划定的水域分类管理功能区。它包括自然保护区、饮用水源保护区、渔业用水区、工农业用水区、景观娱乐用水区五部分。水环境功能区划是水环境分级管理和落实环境管理目标的重要基础，是环境保护行政主管部门对各类环境要素实施统一监督管理的需要。

水环境容量的确定和水环境功能区是个不断循环往复的过程。水环境容量是根据水环境功能分区下的环境质量标准确定的，而反过来水环境功能区划又考虑水环境容量的限定而进行相应调整。由于水环境容量随着自然条件和人类活动的变化而不断变化，所以水环境功能区划也是不断变化的。例如某段水域初始确定的环境质量标准是Ⅲ类标准，但经计算其水质已经超过根据Ⅲ类标准所确定的环境容量，同时通过经济分析发现采用措施对这段水域进行修复是不经济的，这就需要对该水域的功能区划进行调整，适当调低标准。另外，初始的规划功能目标可能有多个，同时方案也可能有多个，所以水域环境功能的确定是一个反复论证和考核的过程。

10.3.1.4 水质指标

水质是衡量水体质量的定量指标，品质高的水体不仅景观效果好，而且具有较强的纳污、净污能力，还能够保持水生生物的多样性，增强滨水生态系统的承载力。通常水质达到Ⅴ类就能够满足一般景观水体的要求，而人体能直接接触的水体水质要求达到Ⅲ类以上，因此具有良好亲水性的水景观应满足该标准。

10.3.1.5 河网连接度

河网连接度是河流与水系内所有河流交叉点（结点）的连接程度，目前主要采用 γ 和 α 指数来计算。

γ 指数是网络的连接线数与最大可能连接线数之比，即

$$\gamma = L/L_{max}=L/3\ (V-2)\ (V \geqslant 3,\ V \in N) \tag{10-8}$$

式中：L 为连接线数；L_{max} 为最大可能连接线的数目；V 为结点个数；γ 指数的取值范围从 0 到 1，0 表示各结点之间互不连接，1 表示每个结点都与其他结点相联系，该指数越大表明网络的连接度越好。

α 指数是连接河网中现有结点的环路存在程度，它用河网中实际环路数与最大可能出现环路的比值来表示，即

$$\alpha = (L-V+1)\ /\ (2V-5)\ (V \geqslant 3,\ V \in N) \tag{10-9}$$

式中：L 为连接线数；V 为结点个数；α 指数的取值范围在 0 到 1.0 之间变化，0 表示网络无环路，1 表示网络具有最大环路。环路是指能为物流提供选择性路线的环线。

γ、α 越大，河网内部物质流、能量流的循环越畅通，对于维持河流生态系统越有利。

10.3.2 城市水系生态规划评价体系

水生态评价包括城市生态过程分析、城市生态潜力分析、城市生态格局分析以及城市水生态敏感性分析。目前关于城市水系生态方面的评价体系主要为城市水生态系统健康评价。

由于城市水生态系统健康的定义是概念性的，因此评价河流生态系统健康要通过一些指标来间接反映，评价指标的建立是为了进一步明确影响城市水生态系统健康状态的动力机制，通过对因子现状的评价和跟踪监测来反映未来城市水生态系统健康在人类胁迫下的走向。需要指出的是，城市水生态系统健康评价指标不是为了简单地给城市水体注上“健康”或“不健康”的标签，而是通过指标的变化程度来监控和改善具体的城市水生态问题。

10.3.2.1 具体指标的确定

确定指标体系时要根据所研究城市面临的具体水生态问题，寻找能够反映实际问题且能够长期进行监测的指标作为评价指标，即要选择具有独立性、针对性和可操作性的指标。由于城市水生态系统健康是对城市水生态系统本身而言的，因此将人类胁迫看做约束条件，从反映城市水生态系统功能和组织的水文循环、水体理化属性和水生生物状态等几个方面考虑，并结合以上各分项规划中发现的问题，就可以制定反映城市水生态系统健康的评价指标。

目前城市水生态规划没有固定、明确的指标体系，如前所述，城市水生态系统规划的程序属于“自下而上”的规划体系，类似于通过对人的全身各部位器官进行具体的检查来治疗疾病，因此指标的选择也应是“自下而上”的，即应选择那些可以反映水体本身属性如水文循环、水的理化属性、水生生物状况和反映相关基础设施情况的指标。

10.3.2.2 评价标准

评价标准直接影响评价结果的合理性。目前对城市河流生态系统的健康评价，尚无明确、统一的标准。综合来看，城市水生态系统健康指标的评价标准具有相对性与动态性。不同区域、不同规模、不同类型的城市水生态系统，在其生态演替的不同阶段，在气候变化与地质构造变迁背景下，在不同社会历史文化氛围中，面对不同人群的社会期望，其评价标准都会有所不同。但一些指标的标准，如水资源开发利用率、水质等，已有大量公认的研究结论可供借鉴，从这个角度讲，评价标准又具有相对稳定性的特征。不过评价标准的确定仍需要大量的工作。完善河流长期监控网络、利用 RS 等技术与 GIS 等技术手段、建立历史资料数据库与数据资源共享网络，有助于实现标准的规范化。

评价标准的确定方法包括：①历史资料法；②实地考察法；③城市间的对比分析法（或称参照对比法）；④借鉴国家标准与相关研究成果；⑤公众参与法；⑥专家评判法。以上方法各有优劣，适用于不同类型的指标对象。定性指标可用专家评判与公众参与确定，有关水质与底质的指标，可参考国家相关标准，水量及生物多样性等指标可参考国际上公认的研究成果。

10.3.2.3 评价方法

评价方法目前分为单因子指标评价方法和多属性评价方法两种，多属性评价方法虽然是对城市水生态系统健康状况的综合考虑，但由于涉及指标权重确定的问题，使综合评价的准确性大打折扣。实际上，单纯地评价一条河或一块湿地是健康还是不健康并没有太大的实际意义，多属性评价更应该应用于具有备选方案的具体项目规划。因此对于城市水生态系统来说，只要合理分区，针对评价标准，对每个分区的指标进行单因子评价、找出问题即可。

10.4 城市水系生态规划的结构构建

10.4.1 水系生态网络构成

10.4.1.1 生态水网的构建准则

（1）尊重自然规律

生态水网的构建应该充分遵循水文循环、水沙运动、河湖演变的自然规律。深入分析研究自然状态下的水网性能和演变特征，分析河湖水系的自然净化和更新能力，在充分节水、保护资源和减少负面影响的前提下，规划兴建水网，合理调控和配置水资源。在建设水网时，不仅要最大化减少工程建设对河湖水系及周边自然生态环境的影响，还要采取各种措施为水系的自然恢复创造条件。

（2）从整体上系统考虑

连通水网时要从整体和系统角度出发，统筹考虑水网的整个区域的资源环境条件和经济社会发展需求，系统分析河湖等水资源连通形成水网之后的特点和演变，全面评估建构水网之后的效益和影响，统筹各种利弊关系，科学确定水网构建方式，充分发挥其效果，有效规避风险。

(3) 尊重经济规律

水网的建设工程巨大，成本昂贵，而且还会面临工程规模超前、运行管理问题，需要根据时代发展要求，分阶段建设。要在政府主导下，统筹分步，运用经济杠杆，科学有效地形成以建立城市生态水网为目的的良性循环系统。

(4) 重视生态人文因素

水网建设必须重视生态平衡，全面评估水网构建可能造成的对生态环境的影响，并针对可能产生的负面影响和风险实施应对措施与对策，促进区域资源环境协调发展。

10.4.1.2 生态水网的构建要求

在生态水网构建过程中，要协调好水网区域的利益关系，以及区域产业结构、发展规模、用水效率。要充分考虑水网构建所带来的洪水、外来物种入侵、污染转移、有害病菌扩散等系统风险。同时要合理进行生态调度，建立生态保护与修复的长效机制，充分利用已有水利工程实施调度，从而降低水生态保护修复的社会公益性成本。南方丰水地区的水网建设，重点恢复重建和调整水系河湖关系，提高水网地区水环境承载能力和打通水系洪涝水通道，维护洪水蓄滞空间，提高蓄泄洪能力；北方缺水地区，重点修复受损严重的水生态系统，为水生态系统自我修复创造必要条件。城市的河湖水网构建，要全面考虑防洪除涝、供水及修复改善水生态环境和水景观的要求，结合城市功能定位和市政建设，统筹规划水网格局，合理布局。

10.4.1.3 生态水网的构建的几个重点

水网构建能够很好地发挥水资源调配、水质改善、水旱灾害防御等功效。根据以往的经验和今后水利发展需要，水网构建规划要统筹考虑，发挥其综合功能，重点注意以下几个方面。

(1) 在有效控污前提下，实施水网构建，改善水质。河湖水系的网络建设可以促进水循环，提高水体更新能力、自净能力，对改善水质和生态修复有一定的作用。但通过国外典型的水质改善型水系网络连通案例研究，"以清释污"不是长久之计，有效控制水体污染物排放量才是水环境治理的根本措施。因此生态水网的构建要以有效控污为前提。

(2) 建构不同层面的生态水网布局。从国家层面来看，以国家水战略全局为目标，架构起跨流域、跨省的长距离骨干水网体系；从流域层面来看，应以维护流域水循环和水系统完整性为目标，架构起上中下游之间、干支流之间、湖库与河流之间的流域水网体系；从区域层面上看，应以加强水权转让和资源调配补给为目标，架构起区域之间、城际之间水源互补、水系互济的城际水网体系；从城市层面来看，应以完善水功能为目的，构建融城市河流、湖泊、人工水域于一体的城市水网体系。

(3) 加强生态水网构建的配套保障措施建设。生态水网建设及运行离不开相应配套设施和管理机制的保障，如建立部门结合、政府监管的管理模式，发挥相关管理机构作用；生态水网建设相关法制与水权制度的建设；现代化管理等。

10.4.2 水系的总体空间布局规划

水系总体布局规划的目标是统筹利用城市水资源，构建一个健康协调，主次分明的水系统。

10.4.2.1 水系总体布局规划工作内容

1)首先要对城市区域内水系整体结构进行梳理。对水系进行调查和整理，包括水系的分布、流向、流量以及水资源总量等区域水系的水文信息，在此基础之上，整理出包括大型的水源地的范围、主干河流廊道、块状分布的湖泊斑块等信息的完整的城市水系资料，最终形成一个城市区域层面的水系布局结构。

在城市水系的完整布局结构资料中，需要重点反映出区域内主要的水源地，包括地下水源保护区和地上水源保护区的范围，还有大型的湖泊湿地以及河流廊道的范围，以便在后续规划改造工作中能够很好地保护水资源，建立健康的水生态系统。

2）根据城市水系的现状问题和生态规划的目标对现有的水系统进行生态改造。应根据区域水系分布特征及水系综合利用要求，充分研究水体现状及历史演变规律，结合城市总体规划布局和水体综合功能，考虑水动力学要求、污染物与致病生物的迁移、水体的权属、对城市地区的功能影响、建设成本、城市特色的组织等因素，合理调整城市水系布局和形态。要依据城市水文学的相关原理，谨慎地分析水系每一项改造。

一般来说，水系的总体布局是城市水系生态规划内容体系的核心和基础，因此需要在仔细的调查、研究和分析的基础上，针对当前城市水系的功能特征和存在的问题，以实现一个健康而富于活力，优美而富有特色的城市水系为目标，合理地对现状的城市水系进行整合改造。

10.4.2.2 水系总体布局规划思路

城市水系的总体布局改造思路主要有以下几点。

(1）水系网络的连通和衔接

尽可能实现城市中各主要水体间的相互连通，以形成一个联系紧密的水系网络，增强水系生态系统整体的稳定性。

(2）对于北方地表水体较少的城市，要尽可能提高水网密度

要提高水网密度，一种方法是恢复城市历史上原有的河道。很多城市在发展建设过程中，往往会把一些小的溪流填埋或覆盖在地下作为城市排水管道，地上便可作为城市建设用地。这些历史上自然形成的河道作为区域水系网络的组成部分，应尽可能地予以恢复。在改造恢复过程中，需要与城市给水排水管道网相互协调。还有一些老城区，很多河道已被用作城市居民建筑用地，改造难度很大，可以结合旧城改造，逐步恢复原有河流。

另一种方法就是增挖新的河道。新的河道的选线要满足城市建设用地和生态功能的要求，同时要有足够的水量保证。但是增挖的河道需要从其他河流和水渠引水，这样就会直接或间接地关系到各河流的维护和流量控制，所以增挖新的河道需要在不影响其他各河流基础之上进行。

(3) 对于水系形态较为单一的城市，尽可能丰富水系形态

在某些河段，扩大汇水面，营造一些形态多变的面状水体。诸如湖泊、池沼、湿地等，从而丰富城市整体水系形态，增强水系的生态功能和整体的景观价值。同时，大面积的面状水体可以起到蓄洪作用，减轻现有河渠的防洪压力，从而提升城市水系整体防洪能力。

10.4.3 河流廊道生态规划

河流廊道属于利用河流水系建设的城市绿色廊道。在横向上，大多数河流廊道由三部分组成，即河道、洪泛区、高地边缘过渡带。洪泛区是河道一侧或两侧受洪水影响、周期性淹没的高度变化的区域。洪泛区可拦蓄洪水及流域内产生的泥沙，这种特性可使洪水滞后。高地边缘过渡带是洪泛区和周围景观的过渡带，因此，其外边界也就是河流廊道本身的外边界。该区常受土地利用方式改变的影响。

10.4.3.1 河流廊道控制规划

由于城市水体的保护及其功能的实现绝不仅限于对河道本身的保护和治理，对其周边一定范围的陆域的状况也有一定的要求。因此，建立河流廊道，以河道本身及其周边一定范围的陆域为整体进行保护控制对水系功能的实现和拓展是必须的。一般来讲，河流廊道保护范围的划定遵从以下几个方面的依据：防洪需要、生物栖息地考虑、阻止农业养分流入河中的宽度以及游憩的需要。

水体、岸线和滨水区是水系功能体系中重要的物质基础，相互之间有极强的关联性。但各个部分又有其独立性，有不同的特征，因此也有不同的控制和保护要求，在平面上分成不同的区域代表水体、岸线和滨水区更有利于规划管理，城市水系生态规划可以借鉴目前规划过程中的常用方式，以蓝线、绿线和灰线分别代表不同的保护类别和措施。

(1) 蓝线控制规划

城市蓝线，是指城市规划确定的江、河、湖、库、渠和湿地等城市地表水体保护和控制的地域界线。蓝线范围包括了岸线区域，按照《中华人民共和国防洪法》和《中华人民共和国河道管理条例》的规定，水行政主管部门的管理范围为“两岸堤防之间的水域、沙洲、滩地行洪区和堤防及护堤地；无堤防的河道湖泊为历史最高洪水位或设计洪水位之间的水域、沙洲、滩地和行洪区”，因而蓝线范围宜与水行政主管部门的管理范围基本一致。

由于水位往往在一定的区间变化，有水的区域也相应变动，因此，地形图上的水边线不是蓝线，在规划中，常水位与最高水位之间的区域作为岸线区域，蓝线需要结合地形图中的等高线确定。蓝线的划定需要统筹考虑城市水系的整体性、协调性、安全性和功能性，改善城市生态和人居环境，保障城市水系安全，并且符合法律、法规的规定和国家有关技术标准、规范的要求。在实际操作中，划定水系蓝线一般要考虑以下几个方面的因素：

1）尽量保护现有河道，保证现有河道不再退化或被侵占；

2）尽量避免民房的拆迁，减少改造成本；

3）尽可能凸显明水，使河道贯通；

4）尽量保证河岸建筑与蓝线间留有空间，作为绿化或步行交通空间；

5）河道与道路交叉处，尽量保证水体的凸显和扩大水面。

（2）绿线控制规划

城市绿线，是指城市各类绿地范围的控制线。划定绿线的目的在于控制水体周边绿化用地的面积。因而绿线是蓝线外所控制绿化区域的控制线，是保证水系公共性和共享性的措施，是水系利用过程中公众活动的主要场所。绿线区域的存在也为水体的保护和水生态系统的稳定提供缓冲空间，因此，绿线的确定依赖于滨水功能区的定位。

由于城市道路对城市用地的分隔作用，以及道路红线管理比较成熟，有利于对绿化区域的保护，因此，规划可以用城市道路作为绿线区域的主要界限之一。目前在水生态系统方面的研究成果认为：如果滨水绿化区域面积大于水体面积，又没有集中的城市污水的影响，水生态系统将能够自身稳定并呈现多样化趋势，这一标准也可以作为滨水生态保护区的绿线确定原则。

对于自然河流而言，河岸足够宽度的绿化空间可保障河流廊道的畅通。河流廊道是重要的生态廊道之一，它不仅发挥着重要的生态功能，如栖息地、通道、过滤、屏障、源和汇的作用等，而且为城市提供水源保证和物资运输通道、生物保护与景观等多种生态服务功能，以其巨大的自然、社会、经济与环境价值推动了城市的发展，为城市的稳定性、舒适性、可持续性提供了一定的基础。有研究表明，当河岸植被宽度大于30m时，能够有效地降低温度、增加河流生物食物供应、有效过滤污染物。因而，在对城市自然河流划定绿线时，为保障其河流生态廊道的完整和连通，其两岸绿带宽度至少达到30m，并且可以用于建设滨河公园，发挥河流的景观与游憩价值，服务大众。

（3）保护措施

水系空间形态的保护应按照蓝线和绿线划定的不同区域，分层次进行保护，并符合如下规定。

1）蓝线区域内不得占用、填埋，必须保持水体的完整性；对水体的改造应进行充分论证，确有必要改造的应保证蓝线区域面积不减少。

2）位于城市中心区的无堤防的水体应以蓝线为依据进行界桩，界桩应能表示蓝线的主要形态特征，界桩点应在规划中用1：2000及更大比例地形图为基础确定其坐标。

3）自然保护区和水源保护区不得建设与水体保护无关的建构筑物，其他绿线区域必须保证其共享性和连续性，并按照不同的功能定位限制建设的性质和规模，不得建设与水体保护和滨水功能合理发挥无关的构筑物。

10.4.3.2 生态河床规划

（1）恢复河道的蜿蜒性

可依据已有的水文资料或参照河道的历史资料将河道恢复或部分恢复到未裁弯取直的蜿蜒性面貌。在河道恢复的弯曲段，水流交替地将凹岸的泥沙移到凸岸，形成自然河流的冲刷和沉积。这种变化为河流生态的生物多样性提供了条件，与直线河流相比，弯曲河流拥有更复杂的动植物群落。丰富的生态环境，也是构成水系自净能力的重要部分。

（2）设置浅滩和深沟，形成深度不一的河道

河道深度不一，也是构成水系环境的多样性的要素之一，满足不同生物种类对河道深度的不同要求。

浅滩和深沟的形成可以用过挖掘和垫高的方式来实现，也可以采用植石（埋石）和浮石的方式来形成。植石是将直径大小在0.8～1.0m的砾石经排列埋入河床，一般适用于比降大于1/500，水流湍急且河床基础坚固的地区。浮石带是将既能抵抗洪水袭击又可兼做鱼巢的钢筋混凝土框架与植石结合起来的一种方法。它适用于河床为厚砂砾层、平时水流平缓、洪水来势凶猛的地段。

（3）设置多级人工落差

人工设置落差能减缓坡降，降低洪水流速，起到保护河床的作用，而且能在河道水量较少时通过拦蓄水流维持枯水期河道所需生态水量和生态水位，保持一定的河道水面面积。但在设计落差的时候要考虑鱼类迁徙，最大设计落差不得超过1.5m。可以将坡降过大的河段设置成坡度为1/10的阶梯状，阶梯间的高差为30cm，在每节阶梯间设置约50cm深的池塘；横断面方向设1/30的倾斜坡度，以维持流量大小发生变化时，鱼类上溯的流速和水深。这样的人工落差易于鱼类迁徙，而且可以增强水体的复氧能力和自净能力，也有利于水流和河相形成多种变化，保持生物多样性。

10.4.3.3 河道断面形态规划

河流具有行洪、排涝、饮水、灌溉等生态功能，根据不同的功能要求，规划不同的河道断面形式。河道的断面形式很多，常见的主要有梯形断面、矩形断面、复式断面、U形断面、自然断面、双层河道等形式。

（1）复式断面

适用于河滩开阔的山溪性河道。枯水期流量小，水流在主河道；洪水期流量大，允许洪水漫滩，过水断面大，洪水位低，一般不用修建高大的防洪堤。枯水期还可以充分开发河滩的功能。可根据河滩的宽度、地形、地势等，结合当地实际，修建河滨公园、野外活动场地或辅助道路等。河滩的合理开发利用，能够充分发挥河滩的功能，又不会因为围滩而使洪水位抬高，加重两岸的防洪压力。

（2）梯形断面

占地较少，结构简单实用，是小河道常用的断面形式。一般以土坡为主，有利于两栖动物的生存繁衍。河道两岸保护范围用地，有条件的征用，无条件的可采用租用等方式，设置保护带，发展果树、花木等经济林带或绿化植树，便于河道管理，更能建造出休闲亲水等功能，营造人水和谐的人居环境，提升城市品位。

梯形断面河道通常洪水暴涨暴跌，高水位历时短，流量集中，流速大，对沿河堤坝冲刷严重，可采用矮胖型的断面，允许低频率洪水漫坝过水，确保堤坝冲而不垮。这类堤防可称之为“防冲不防淹堤防”。

（3）矩形断面

平原河网水位一般变幅不大，河道断面设计时，正常水位以下可以采用矩形干砌石断面，正常水位以上采用毛石堆砌斜坡，以增加水生动物生存空间，消减船行波等冲刷，有利于堤防保护和生态环境的改善。若河岸绿化带充足，采用缓于1：4的边坡，以确保人类活动安全。这种断面适用于人居密集地周边的河道或航道。

(4) 双层河道

双层河道是指上层为明河，下层为暗河。下层暗河的作用主要是泄洪、排涝；上层明河具有安全、休闲、亲水等功能。其断面通常适用于城市区域的内河，可提高河道两岸人居环境和街道的品位，是"人与自然和谐相处"治水理念的体现。

以上提到的河道断面形式中，梯形和矩形断面最常用。其中矩形断面占地面积小，有利于城市建设用地，因此在我国城市河流中，矩形断面使用最多。但是矩形断面为了满足行洪要求，河道堤岸修建较高，而在枯水期河道水位较低，造成洪水期高水位和枯水期低水位的落差很大，不仅形成严重的枯水期人水分离现象，而且高混凝土或浆砌石墙也严重地影响城市景观，梯形断面也有类似的缺点。因此综合考虑，复式断面是城市水系统生态建设中较为理想的断面形式，但这种断面形式占地面积较大，在很多城市中难以实现，尤其是老城区的河道建设。因此在城市水系统生态规划中，河道最终采用何种形式必须进行综合分析比较后确定。

10.4.4 城市水系滨岸缓冲带生态规划

10.4.4.1 滨岸缓冲带定义

滨岸缓冲带是一个位于水生与陆地之间的过渡地带，是一个长的、线状的、临近水体的植被带。它既受到陆地系统的影响，又受到水体的影响。由于它保存了大量的野生动物，拥有独特的生态功能，近年来在景观恢复和管理中成为新的焦点。

具体地讲，滨岸缓冲带指建立在河湖、溪流和沟谷沿岸的各类植被带，包括林带、草地或其他土地利用类型。

10.4.4.2 滨岸缓冲带的功能

(1) 是水系生态系统中陆生生物和水生生物的重要栖息地

由于缓冲带土壤—植物—水分的多边形，使其成为许多鱼类、爬虫类、两栖类以及一些哺乳动物的生活栖息地。缓冲带能够为各种生物提供释污、水分、隐蔽场所等所有生存所必需的条件。许多生物在水系附近的缓冲带度过他们的一生。

(2) 是水系生态系统中粗木质、养分和能量的主要来源

粗木质作为森林主要的一种代谢产物，对水系生态系统有着不可替代的作用。它可以为鱼类和两栖类提供生存场所，可以加强河道的稳定性，提高水系生态系统结构的多样性和复杂性以及整个生态系统的水分、养分的循环，而缓冲带植被死亡和倒塌是水系生态系统中粗木质唯一的来源。此外，河岸周围树木上脱落的树叶、树枝进入到河道中腐烂分解，对水中的氮、磷酸盐和有机物的含量有着重大的影响。

(3) 增强水系及岸线的稳定性

缓冲带一方面可以通过掉入河中的粗木质减小河岸两侧水流的流速，从而

降低河水的侵蚀速度；另一方面可以通过河岸植物根系来增强河岸亚表层的抗蚀性。植被的枝干和根系与土壤相互作用，增加根际土层的机械强度，甚至直接加固土壤，起到固土护坡的作用。

（4）改善水质

缓冲带能够降低直射到水面的太阳辐射，从而降低水温，使水中的溶解氧保持较高的水平，更有利于水生生物的生存。缓冲带还可以缓解水流的速度，使水中夹带的泥沙和污染物能够在缓冲带中沉淀、分解。同时缓冲带还可以过滤、调节由陆地生态系统流向河流的有机物和无机物，如地表水、泥石流、各种养分、枯木、落叶等，进而影响河流中泥沙、化学物质、营养元素等的含量及其在时空的分布。

（5）缓解人类活动对水系生态系统本身的影响

缓冲带正处于水域和其他土地利用方式之间，一个适当宽度的缓冲带能够最大限度地缓解农耕、放牧、交通运输、修建房屋等人类活动对水域造成的影响。缓冲带还可以调节水分循环，阻挡洪水、消减洪峰、净化空气、涵养水源。

10.4.4.3　滨岸缓冲带的类型

（1）城市滨岸缓冲带类型

城市滨岸缓冲带根据其功能类型可以分为：生态型、景观型、生活型（图10–4–1 ～图 10–4–3）。

生态型滨岸缓冲带主要是指城市外围及城市内部湿地等生态环境比较敏感地段的河道的滨岸缓冲带，主要强调其生态防护的功能。通过岸线植被绿化及周边环境控制，达到净化水体、保持水土的目的。

景观型滨岸缓冲带主要是指以体现城市形象，美化城市为主要目的的河道滨岸缓冲带。强调其视觉景观功能，同时综合考虑公共服务及游憩生活内容。

生活型滨岸缓冲带主要是指与城市生活密切相关，以满足市民游憩、购物、休闲等多种需求为主要目的的河道滨岸缓冲带。主要强调各条河道滨水活动空间的营造，满足市民多样的生活游憩需求。

（2）滨岸缓冲带控制规划

根据河道滨岸缓冲带功能类型的划分，在滨岸缓冲带规划中可以将河道滨岸缓冲带相应分成以下几个主要区段。

生态型岸线（图 10–4–1）：包括生态防护型岸线，湿地原生型岸线两类。生态防护型岸线通常可作为城市外围河流的主要岸线形式，以自然式缓坡护岸为主要形式；湿地原生型岸线主要是城市湿地生态区的岸线类型，护岸处理要体现自然式湿地植物种植的特色，主要有自然原生式、木栈道式等驳岸处理形式。生态性岸线应严格保护，并有与其他生态区直接联系的生态通廊，生态通廊的总宽度不宜小于 100m，且宜达到生态性岸线总长度的 10% 以上。

景观型岸线（图 10–4–2）：景观型岸线适用于城市中心区河段的岸线，以多层人工重力式护岸作为主要岸线形式；其他景观河道滨岸缓冲带主要是指沿城市主要道路营建的沟通各静态水体的景观河道的护岸，护岸以结合道路绿化的自然式护岸形式为主。缓冲带布局应布置滨水的、连续的步行系统和集中活动场地，并有利于突出滨水空间特色和塑造城市形象。

生态型岸线

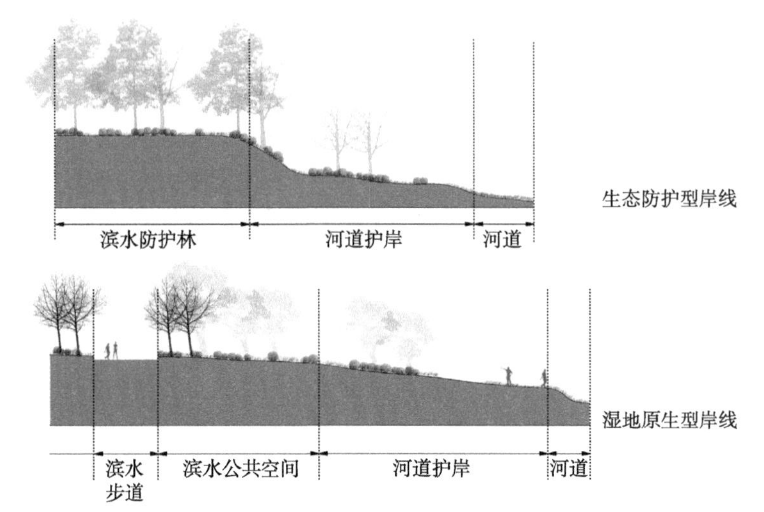

图 10-4-1　生态型岸线断面

景观型岸线

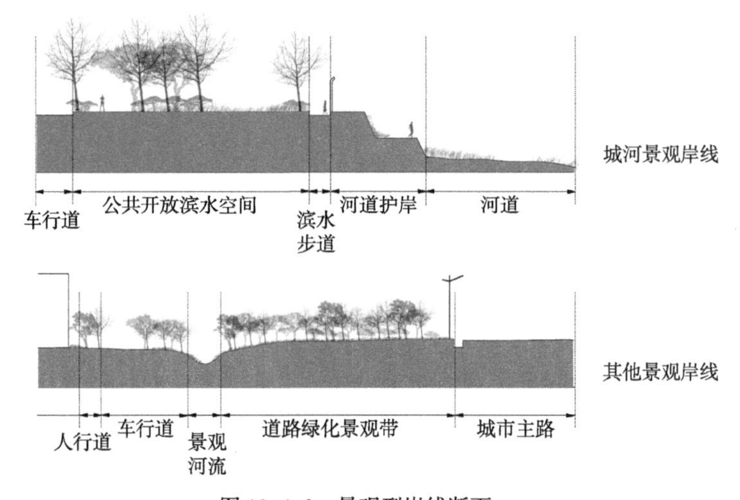

图 10-4-2　景观型岸线断面

生活型岸线（图 10–4–3）：岸线类型可以根据活动及场地情况灵活设置，要求体现公共性、亲水性、游憩性、安全性。主要类型有人工重力式护岸、台阶式护岸、低位混凝土式护岸、木桩式及沙石式等护岸类型。

各类滨岸缓冲带的布局应与相邻的城市建设区保持整体的空间关系、功能联系，应确保与其之间的空间延续性和交通可达性，一般应建设滨水道路使人群易于接近水体。同时，还应按一定的间距控制垂直通往岸线的交通通道和视线通廊。

10.4.4.4　滨岸缓冲带的生态设计

（1）生态设计原则

1）维持原生生态系统的完整性：人们对缓冲带的应用要辅助水系生态系统朝着有序、健康的方向发展，对已被破坏的水系及其缓冲带，要尽量采用原

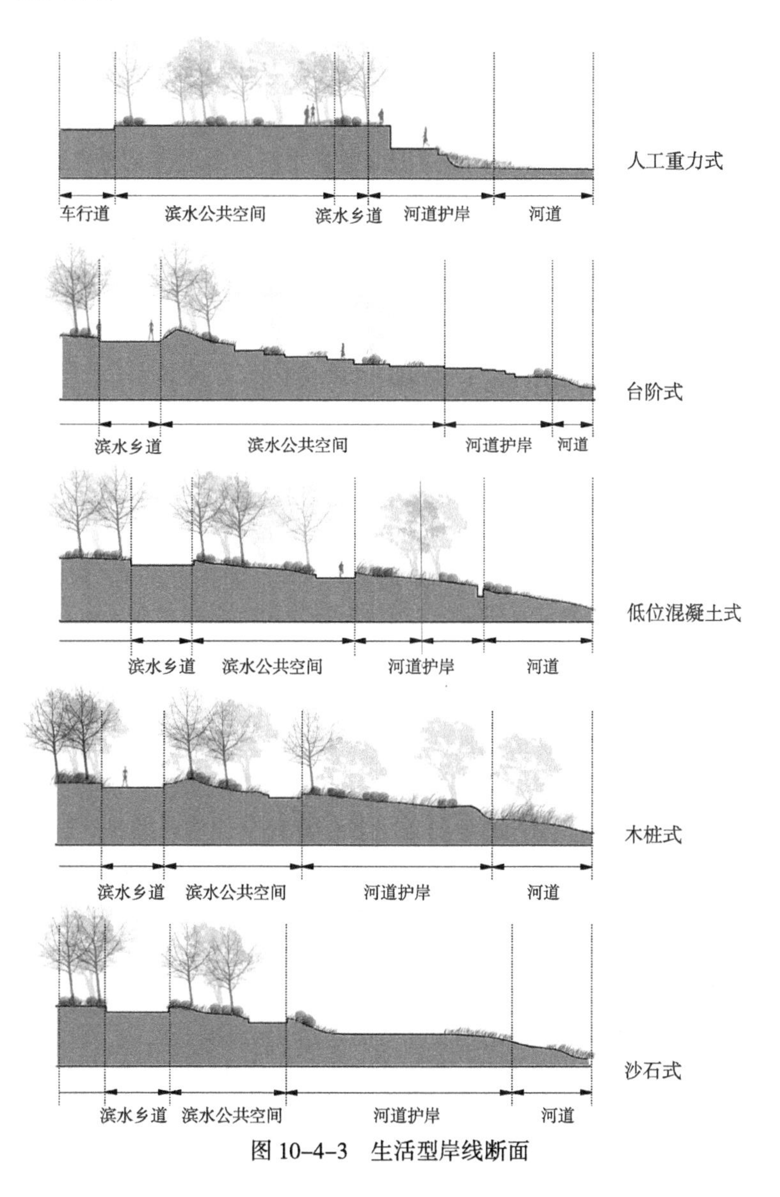

图 10-4-3 生活型岸线断面

生植物或本土植物，最大程度地恢复原生景观。

2）维持缓冲带适当的通达性：健康的缓冲带不是植被生长得密不透风，而是应该具有适当的通达性以方便水生及陆生动植物的迁移交流，以及满足人们亲近水系、亲近自然的要求。

（2）滨岸缓冲带景观控制的原则

1）城市公共交通要尽量减少对这些滨岸缓冲带的分割，可采用一些多层立体交通的模式。

2）既要强调滨岸缓冲带内部的生态性，同时还要注重河道整体的景观协调性与统一性。

3）对滨岸缓冲带内的各类污染排放要严格控制。

4）滨岸缓冲带的河岸设计要体现亲水性，符合人们亲水的要求。可考虑设不同标高的多级亲水平台，满足不同类型亲水活动使用。

5）滨岸缓冲带的绿化在体现不同功能分区特色的同时，还要注意绿化的层次性、乡土性。

6）在满足防洪要求的前提下，对滨岸缓冲带的护岸进行柔化处理。首先对一些已建成的重力式硬质人工护岸进行绿化处理，可采用堤顶绿化、垂直绿化等方式尽可能地弱化人工痕迹；同时其他一些有条件的河段可采用自然式驳岸的做法，柔化水绿边界。

10.5 城市水系生态功能规划

10.5.1 水环境功能区划

10.5.1.1 水环境功能区划定义

水功能区划，是根据流域或区域的水资源自然属性和社会属性，依据其水域定为具有某种应用功能和作用而划分的区域。水功能区划是水资源保护的基础工作，是水污染控制的依据。它是根据流域或区域的水资源状况，并考虑水资源开发利用现状和经济社会发展对水质的需求，在相应水域划定具有特定功能、有利于水资源的合理开发利用和保护，能够发挥最佳效益的区域。

水环境功能区划工作中要确定水系重点保护水域和保护目标，达到水域生态环境系统良性循环。按拟定的水域保护功能目标科学地确定水域允许纳污量；对入河排污口进行优化分配和综合整治；科学拟定水资源保护投资和分期实施计划。

10.5.1.2 水环境功能区划分级

水功能区划是通过对水资源和水生态环境现状的分析，根据国民经济发展规划与江河流域综合规划的要求，将江河湖库划分为不同使用目的的水功能区，并提出保护水功能区的水质目标。在整体功能布局确定的前提下，对重点开发利用水域详细划分多种用途的水域界限，以便为科学合理开发利用和保护水资源提供依据。

水功能区划采取两级体系，一级区划和二级区划。一级区划是宏观上解决水资源开发利用与保护的问题，主要协调地区间用水关系，长远上考虑可持续发展的需求；二级区划主要协调用水部门之间的关系。

（1）一级功能区分四类，包括保护区、保留区、开发利用区和缓冲区。

1）保护区（一级功能区）：指对水资源保护、自然生态及珍稀濒危物种的保护有重要意义的水域。该区内严格禁止进行其他开发活动。根据需要分别执行《地表水环境质量标准》GB 3838—2002 Ⅰ、Ⅱ类标准或维持水质现状。

2）保留区（一级功能区）：指目前开发利用程度不高，为今后开发利用和保护水资源而预留的水域。该区内水质应维持现状，未经有相应管理权限的水行政主管部门批准，不得在区内进行大规模的开发利用活动。按现状水质类别控制。

3）开发利用区（一级功能区）：指具有满足工农业生产、城镇生活、景观娱乐等需水要求的水域，如主要城镇河段、受工业废水污染明显的河段等。该

水域应根据开发利用要求进行二级功能区划。按二级区划分类分别执行相应的水质标准。

4）缓冲区（一级功能区）：指为协调省际间、矛盾突出的地区间用水关系，以及在保护区与开发利用区相接时，为满足保护区水质要求而划定的水域。未经有相应管理权限的水行政主管部门批准，不得在该区域进行对水质有影响的开发利用活动。按实际需要执行相关水质标准或按现状控制。

（2）二级功能区划分重点在一级所划的开发利用区内进行，分七类，包括饮用水源区、工业用水区、农业用水区、渔业用水区、景观娱乐用水区、过渡区和排污控制区。

1）饮用水源区（二级功能区）：指满足城镇生活用水需要的水域，如已有城镇生活用水取水口分布的水域，或在规划水平年内城镇发展需设置取水口，且具有取水条件的水域。根据需要分别执行《地表水环境质量标准》GB 3838—2002 Ⅱ、Ⅲ类标准。

2）工业用水区（二级功能区）：指满足工业用水需要的水域，如现有工业园区、工矿企业生产用水的集中取水水域；或根据工业布局，在规划水平年内需设置工业园区、工矿企业生产用水取水点，且具备取水条件的水域。执行《地表水环境质量标准》GB 3838—2002 Ⅲ、Ⅳ类标准，或不低于现状水质类别。

3）景观娱乐用水区（二级功能区）：指以满足景观、疗养、度假和娱乐需要为目的的江河湖库等水域。执行《地表水环境质量标准》GB 3838—2002 Ⅲ类标准，或不低于现状水质类别。

4）渔业用水区（二级功能区）：指具有鱼、虾、蟹、贝类产卵场、索饵场、越冬场及洄游通道功能的水域，养殖鱼、虾、蟹、贝、藻类等水生动植物的水域。根据需要分别执行《地表水环境质量标准》GB 3838—2002 Ⅱ、Ⅲ类标准。

5）农业用水区（二级功能区）：指满足农业灌溉用水需要的水域，如已有农业灌溉区用水集中取水水域；或根据规划水平年内农业灌溉的发展，需要设置农业灌溉集中取水点，且具备取水条件的水域。执行《地表水环境质量标准》GB 3838—2002 Ⅴ类标准，或不低于现状水质类别。

6）过渡区（二级功能区）：指为使水质要求有差异的相邻功能区顺利衔接而划定的区域，如下游用水水质要求高于上游的状况。以满足出流断面所邻功能区水质要求，选用相应控制标准。

7）排污控制区（二级功能区）：指接纳生活、生产污废水比较集中，接纳的污废水对水环境无重大不利影响的区域。暂不考虑水质控制标准。

10.5.1.3 水环境功能区划的方法

（1）系统分析法

主要是采用系统分析的理论和方法，把区划对象作为一个系统，分清水功能区划的层次。

（2）定性判断法

主要是在对河流、湖泊和水库的水文特征、水质现状、水资源开发利用现状及规划成果进行分析判断基础上，进行河流、湖泊及水库水功能区的划分，提出符合系统分析要求且具可操作性的水功能区划方案。

(3) 定量计算法

主要采用水质数学模型，以定性划分的初步方案为基础，对水功能区进行水质模拟计算。根据模拟计算成果确定各功能区水质标准，划定各功能区和水环境控制区的范围。

(4) 综合决策法

对水环境功能区划方案进行综合决策，提出水功能区化技术报告和水功能区划图及水质指标。

10.5.2 水量调控规划

10.5.2.1 城市水资源供需平衡分析

城市水生态系统的城市水资源供需平衡分析，要求综合考虑城市复合生态系统协调发展，将生态环境作为重要的需水部分。城市水生态规划中的供需平衡体系强调了水质与水量的统一性、人与自然的和谐性、生态环境需水的优先性。

水资源供需平衡分析与供水系统、用水系统、污水处理及资源化系统、排水系统密切相关，任何一个系统发生变化，都会对平衡状态产生影响。如污水处理能力不足，会影响水资源的使用价值，导致可供水源的缺乏，引起水质型缺水问题；过量分配社会经济用水，会导致河流生态基流得不到保证，河流生态系统健康状况下降，生态服务功能降低。因此，分析中必须把四个系统作为整体来考虑。水资源供需平衡分析程序如图 10–5–1 所示。

(1) 供水现状及预测

跨区域调水受成本、政治协调、水权、跨区管理等因素制约，且易引发生态问题，因此本地地表水与地下水是城市发展的基本供给源。与水工措施相比，资源化水稳定性强，不受降雨时空变异影响，并能增加资源供给，减小污染负荷，降低生态环境需水。

按人类系统对水资源控制程度，水资源可分为可控水资源与不可控水资源。水工设施的拦蓄水（含调水）及资源化水为可控水资源，主要用来满足生产、生活与环境美化需水。其他为不可控水资源，基本用于维持河流生态系统

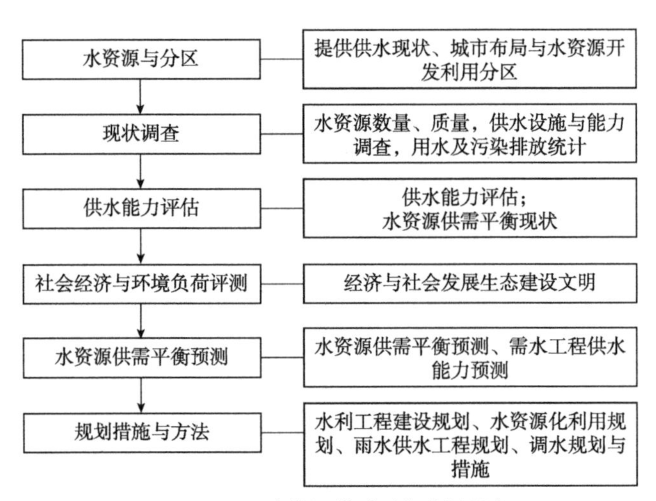

图 10–5–1 水资源供需平衡分析程序

的健康、生态平衡与净化水质，保证河流发挥生态功能，供给对象为河流生态系统，其也是供水的重要组成部分。可控水资源供水由社会经济系统完成，稳定性强；不可控水资源供水通过水体自然过程，如水动力学条件导致的稀释扩散、沿岸植被带的主动利用等完成，循自然规律而变，具明显的季节性、区域性、变异性特征。

（2）需水现状及预测

城市水生态系统的需水量是指为维持城市地表水体特定的生态环境功能，天然水体必须贮存和消耗的最小水量。城市生态需水一般包括水体净化用水、河湖基本用水、水面蒸发用水、换水用水、河道输水损失量、渗漏用水量与地下水回补用水。此外，还包括城市人工景观绿地、园林与防护林带等的用水。这个水量是水系统本身所固有的一个特征值。这个特征值由于水系统的空间结构、格局、配置等条件的不同，以及自然因子如气候、光照、降水、风等影响而在一定的范围内变化。

在城市水生态规划具体操作中，由于时间和数据的限制，一般只选择几种能够反映问题的生态用水进行计算。生态需水类型的计算公式可参见10.3.1.2 城市河湖生态水量一节。

（3）水资源供需平衡分析

水资源供需平衡分析就是综合考虑社会、经济、生态和水资源的相互关系，分析不同发展时期、各种规划方案的水资源供需状况。供需平衡分析就是采取各种措施使水资源供水量和需求量处于平衡状态，平衡状态下，优化供水与需水系统，进行技术经济分析，寻求经济有效的用水与供水方式；失衡需采取综合措施，增加供水，减少需求，合理配置水资源，并适当调整社会经济活动强度与方式。

10.5.2.2 水量调控

（1）控制原则

1）总量控制原则：通过深入调查分析和计算，统计城市水系总体水量，控制景观用水总量，保证城市生活生产用水。

2）主次分明原则：首先保证主干河道水量，以满足其景观、生态功能，同时协调支流的水量，并对新增河道引入的水量以及城市水系内部各水体的水量分配都严格地加以调控，使整个水系结构主次分明。利用筑坝、水闸控制等方式进行内部各条河渠的水量调节，严格控制水量。

3）可持续发展原则：景观水系的建设需要严格贯彻可持续发展的原则，坚持节约，合理有效利用水资源，杜绝挥霍浪费。同时应采取各种措施引水和循环用水，使得有限的水量能够得到最大限度的利用，产生出最好的景观效果，服务城市居民。

（2）主要调控措施

1）通过水闸，调蓄不同水体的水量供应，枯水期时应保证城市主要景观水体的水源供应，这些水体的景观价值较大，应该充分保障这些河流和渠道的景观用水需要，营造水体景观。

2）改善城市排水系统，收集利用雨水。

3）用泵、堰等设施引水，从贮水池、水库引水，这需要水利部门进行调节。

4）用公共设施贮存雨水，用泵引水。

5）补充地下水，用泵抽取地下水。

6）沿河配备集水管路，收集引导地下径流。

7）购买工业用水并引入，这需要较高的费用。

8）给水循环，把上水作为部分维持水，用循环方式引水，这种方法成本较高，而且需要调整水道。

9）中水回用，利用污水处理厂净化水作为城市水系重要的水量补充。

同时，为了保证表观水量，可采用：

1）缩小平时的流水面，通过控制适当的流速和水深，可组织成浅流、渊潭、河滩等景观，以保证凸现表观水量。

2）利用落差结构、河床加固结构和堰等营造出平静水面，可通过平静水面和跌落水流产生水流的对比和变化。

（3）调控规划

1）水闸布局：通常应布置在主干河道和支干河道之间，在暴雨季节，打开水闸，使城市空间中汇入支干河道中的暴雨水顺利排入城市主干河道中，疏导到城市外围的湿地和蓄水湖中，从而可以有效减轻城市雨洪排放压力。旱季，关闭水闸，保证城市主干河道的水量，使城市水系仍然可以形成大水面的景观效果，支干河道可以加以适当改造，营造诸如旱溪、旱喷的景观效果。

2）雨洪控制：在街道等开放空间中应用雨水花园技术，降低市政排水管道的雨洪压力，并实现水的循环利用。道路铺装应尽可能选择透水性材料如透水砖、透水混凝土、透水沥青等，同样可以达到较好的景观效果。

对于不方便进行雨水回收利用的城市空间，应尽可能采用雨水自然处理排放的方式，在公共空间中尽可能减少无渗透区域，雨水可以得到自然渗透和自然排放。通过优化雨水自然渗透，建设自然排放系统，可以有效减少地下水管铺设成本。

3）管道设计：设计与中水回用相配套的管道系统，突破集中建设大型污水处理厂的规划思路，从中水回用的角度考虑，若污水厂过于集中建设，势必加大管道投资，增加再生水的成本，因而在给水排水管道工程规划及扩建或新建工程时，应综合考虑再生水利用、减轻排水管网投资负担、易于分期建设等因素，优化城市排水系统及污水厂布局，保证小区域再生水利用管道系统的设计与实践。

10.5.3 水质保护规划

水质是水系功能发挥的重要保证，水质下降会影响水系资源的正常、持续利用，特别是饮用水源的污染形成的水质型缺水更是受到社会的广泛关注，城市水系生态规划必须把水质保护纳入规划编制的内容当中，通常应包括目标和措施两大部分内容。

10.5.3.1 城市水系水质保护规划目标

通过对城市各水体现状水质情况的调查，结合规划水体功能要求，规划各

主要水体最低水质类别。

城市重要水源地的水质状况直接决定城市水系的整体水质，在规划中，首先需要划定城市水系重要水源地的保护范围，加大水源涵养林建设，按照《地面水环境质量标准》GB 3838—2002 中水源地水质标准，保证其水质稳定在 I 类。同时，城市水系内部各水体水质目标的制定应根据水体的规划功能和现状水质的类别，满足对水质要求最高的规划功能需求，并且不低于水体的现状水质类别。城市内各水体功能主要包括景观游憩、排水调蓄和居民日常生活用水等。从这些规划水体功能出发，结合水体现状水质，依据《地表水环境质量标准》GB 3838—2002，制定出市内各主要水体水质控制目标。不同功能的水体最低水质要求按表 10—5—1 所列国家标准确定。

城市水体水质类型控制　　表 10—5—1

水体类别	国标名称	编号
水源地	《地表水环境质量标准》 《生活饮用水卫生标准》	GB 3838-2002 GB 5749-2006
排水调蓄	《污水排入城镇下水道水质标准》 《污水综合排放标准》	GB/T 31962-2015 GB 8978-1996
景观游憩	《地表水环境质量标准》 《再生水回用于景观水体的水质标准》	GB 3838-2002 GJ/T 95-2000

10.5.3.2 城市水系水质保护规划措施

保护流域整体生态环境，是保证城市水系水质的根本途径，只有从源头上杜绝污染，才有可能使下游水系水质得到提高，改善流域整体生态环境的措施包括：

1）实施新的建设项目特别是对水资源和生态环境产生影响的重大事项，应广泛征求意见，充分论证和咨询，必须依法进行环境影响评价、地质灾害评估和水资源论证，努力做到程序合法、决策科学。

2）加大流域森林资源保护和培育力度，强化水土保持生态修复理念。以保护天然林、水源涵养林、水土保持林、防护林等生态公益林为重点，积极实施封山育林、退耕还林，努力提高森林资源质量。严格控制以木材为原料的工业项目建设。

3）积极推进清洁生产，大力发展生态产业和循环经济，淘汰和关闭技术落后、浪费资源、污染严重的工业和矿山企业。

4）加强水污染防治工作，禁止在河流源头区排放污水，并严格控制河流中下游建设对水体造成污染的工业项目，应严禁向水体倾倒弃土、废渣、有毒有害物质和生活垃圾等，严禁工业废水和医疗废水未经处理或虽经处理但未达标就直接排放。

5）加快沿河生活污水集中处理设施和生活垃圾无害化处理设施建设，加强沿河集镇的建设规划和生活污水、生活垃圾的污染防治工作。

6）严禁生产、销售和使用高毒、高残留农药，合理施用化肥，改进农业作业方式，有效控制农业面源污染。

7）要依法管理水环境，禁止围垦河道、库区，禁止在湿地自然保护区内采砂作业。

8）积极发展生态农业、生态旅游业、生态型工业等生态产业，实现生态优势向经济优势转变。

10.5.3.3 城市水系安全纳污问题

在城市水系中，要保证污染物量不超过其允许的最大纳污容量，否则，水生态系统就会被破坏，从而丧失其基本的功能。

城市水系安全纳污能力是指水系在规定的环境目标下，能对排到其中的污染物质进行容纳、分解、稀释，保证水体实用功能不受破坏的能力。由于水有稀释和净化能力，所以水系统能容纳一定量的污染物。

通常将给定水域范围、水质标准和设计条件下，水域允许的最大纳污量称为该水域的最大纳污容量。在最大纳污容量内，污染物的排放不会对水系统的生态安全造成威胁，不会引起系统长期形成的生态链的破坏。一般来讲，水系统的安全纳污能力（最大纳污容量）与水量、水域的自然背景值等方面有关。水量越大，水的净化能力越强；水域的背景值指天然情况下造成水域污染物的浓度。自然背景值越高，纳污量就越少。所以说，水系统的纳污能力和最大纳污容量不是一成不变的，而是随着系统的外部条件的改变而改变。

在进行水生态系统最大安全纳污容量计算时，首先要考虑自然、社会环境和水生态系统特征，以及城市的社会、经济发展及水资源分布规律等因素，确定水体的水质目标。然后分析污染物进入水域的途径，特别是污染物排放口的位置、排放量、种类、浓度及排放规律等资料，最后选择适当的水质模型，进行分析。

10.5.3.4 城市水系污染治理规划

（1）雨污分流的排水体制

为确保城市水系水质，排水体制必须彻底实行雨污分流，并对原有合流排水体制采用截流式合流制排水体制进行改造。由于初期雨水污染物含量很高，也需对初期雨水进行收集处理。雨污分流整治工程是完善城市基础设施，从源头上治理水污染，提高城市防洪排涝能力的系统工程，需要各个相关部门通力合作，长期建设才能完成。

（2）污水的收集与处理

城市污水是水体污染最直接的因素，根据近年来各地对城市污染的研究，城市污水约占进入水体污染物产生量的80%，因此，首先要解决的依然是城市污水的收集与处理，将污水排放到河流之前进行排污处理，使污染物质不排放到河流中是最重要的问题。

向河流排放的污水有工业污水、生活污水、农业污水等。工业废水要按《中华人民共和国水污染防治法》达到排放标准。应建设完善的污水收集管道，实行雨污分流机制，雨水可直接排入排洪水渠或由雨水收集管道统一收集后排入城市下游河道。居民生活污水以及工业废水都应该排入污水管道，由污水处理厂统一净化处理后再排入城市水体中。大型污染企业应自建污水处理设施，使

处理后的工业污水的水质达标后才可排放。

(3) 污染源控制

河流本身有水体自净能力，随着河水的流动，依靠沉淀作用和生物活动使水质得到净化。但是，河流中流入的污染物质多半超过河流的水体自净能力。水质保护的措施除传统的城市污水收集与处理外，还应借鉴国外和国内各地近年的水污染治理经验，考虑面源和点源的治理，特别是对于水体现状水质不能满足规划功能需求的地区。

面源污染是指暴雨产生的径流冲刷地面的污染物，通过地表漫流而带入江河而造成的污染，面源污染包括化肥、农药的农田径流，未经处理随雨水进入河流的城市生活污水、生活垃圾、固体废弃物等。除工业废水和城市生活污水外，面源污染是造成水质不断恶化的另一个重要原因。尤其在实现了工业污染源排放总量控制和加快城市污水处理厂建设后，面源污染对水体的影响将会越来越突出。通常，点源污染主要包括工业废水和城市生活污水污染，这类污染一般有固定的排污口集中排放；相比之下，面源污染则起源于分散、多样的地区，地理边界和发生位置难以识别和确定，随机性强、成因复杂且潜伏周期长。

总之，城市污染的控制与处理应以源头治理为主，减少污染的产生量。

(4) 引调水稀释

引调水稀释能够增强市区水体自净能力。引水稀释的作用是以水治水，不仅增加了水量，稀释了污水，更重要的是能使水体自净系数加大，从而使水体的自净能力增强。引水稀释，能在一定程度上改变水体的污染现状，使水体逐渐恢复生态功能、景观功能和娱乐功能，达到人水相亲、和谐共处的状态。

引水稀释只适用于较小的河流、深度较浅的湖泊或湿地公园。

(5) 水系底泥清理

城市河流、湖泊不但水体污染严重，而且底泥也受到严重污染。底泥中沉积了大量重金属、有机质分解物和动植物腐烂物等，它们在一定条件下会从底泥中溶出，使水质恶化，同时散发出恶臭。因此即使其他水污染源等到控制，底泥仍会使河水受到二次污染，所以定期疏吸河床、去除底泥中污染物也是城市河流污染治理的重要手段。

(6) 生物净化

在河湖湿地水体中，存在着大量依靠有机物生活的微生物，它们具有氧化分解有机物并将其转化为无机物的能力。生物净化法就是利用微生物的这一功能，借助人工措施来创造有利于微生物生长和繁殖的环境，培育出大量净化能力强的微生物，以提高对污染水体中有机物氧化降解效率的一种净化方法。该方法具有处理效果好，投资省，不需耗能或低耗能等特点，最重要的是，该法能使污染水体的自净能力逐渐恢复。目前国内外使用最多的生物净化技术是投菌技术、生物膜技术、曝气技术、水生植物植栽技术等。

(7) 水生态系统修复

针对一些污染严重的城市自然河流，应采取水生态修复的手段遏制河道的退化、水体生态功能的萎缩以及自净能力的丧失，促使河流重新恢复生机和活

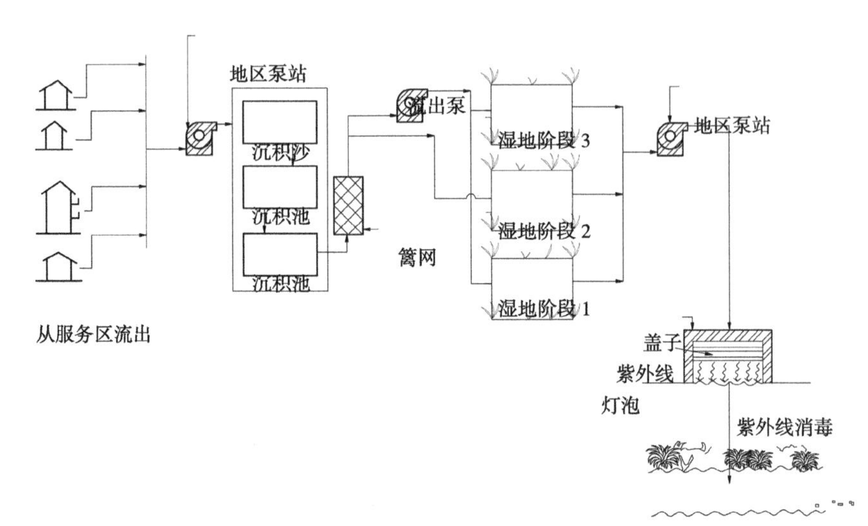

图 10-5-2　人造湿地处理系统示意

资料来源：（美）麦尔比，（美）开尔卡特．可持续性景观设计技术：景观设计实际运动 [M]. 北京：机械工业出版社，2008.

力。水生态修复的措施包括促进水体流动和水生植被恢复两个方面。

水生态修复方案应进行充分论证，必须处理好污染物、有害生物的迁移和扩散问题，并不得影响水体其他功能的发挥。引进外来物种进行水生态修复的必须经过相应的示范研究，在确定不对本地物种和生态构成威胁的前提下方可进行实际运用。

(8) 利用湿地净化水质

利用城市公园绿地建设人工湿地（图 10–5–2），可以起到蓄水，控制雨洪，净化处理污水的作用，实现城市生活污水生态净化处理。污水经过自然引流得到中水，通过中水回用，实现水资源的集约利用。

污水流过人工湿地，一般经过以下四个步骤得到净化处理。

1）污水进入沉积湖，有机固体得到沉积分解。

2）污水流入储存池，继续沉淀，等待进入湿地处理。

3）污水流入人造湿地，通过植物对污水进行处理。

4）处理后的水流进入一个充气池充氧，并进入一个紫外线消毒系统进行消毒。

10.6　城市水系工程体系规划

10.6.1　河道工程生态规划

在进行水系工程设施的规划时，应明确河流水系与其上下游、左右岸的生物群落处于一个完整的生态系统中，尊重“河流生态廊道”的范围，进行统一规划、设计和建设。

在规划之前，除进行常规的水文、地质的测量勘察外，还要补充相关范围内生态系统的调查，重点是生物群落（动物、植物）的历史与现状调查，对特定的生物群落与水体的相互依存的关系有明确的认识。水系形态的规则化、均一化会在不同程度上对生物多样性造成影响。因此，在规划中应尽可能保留江

河湖泊的自然形态，保留或恢复其蜿蜒性或分汊散乱状态，即保留或恢复湿地、河湾、急流和浅滩。

10.6.1.1 桥梁

桥梁在功能上是为了满足河流与城市道路交叉处的交通需要而设置，同时也可成为城市的水景，体现出城市的水韵风光。桥可以成为从上部眺望水面的视点场，另外桥本身可以成为地区标志，还可以起到分割河流空间的作用。作为城市空间应灵活运用桥上、桥下以及桥头空间的各自特点。从凸现城市水系景观的角度出发，桥梁的设计要点包括以下方面。

（1）桥梁与河流的整体改造

由于管理部门和规划年度的不同，在改造不同的相邻水工结构时，可能会产生相互制约，使得整体改造不容易，从美观和功能使用上，要对相关的水工结构认真进行研究和讨论。

（2）以长期使用为前提的景观

不但要考虑竣工后结构的外观形态，而且要研究经过一段时间的使用后外观会怎样，还要研究结构周围的环境会如何变化以及对结构本身是否构成明显污损。完工时即使做了鲜明的涂饰和彩色铺装，如果不跟进管理的话，污损也会出现。

（3）舒适的空间和交通功能的整治

虽然重视车辆交通功能可能会使桥的外形失去特点，但也不能轻视车辆、行人过桥的通行功能。如果从景观方面考虑，作为空间整治的一个方面对外形加以改造，也不能单纯为了美观什么都加，除了车辆和行人顺利通行外，也应满足视觉的需求，桥梁结构不可对视线有所妨碍。

10.6.1.2 涵洞

原则上，河流与城市道路交叉处都需要新建桥梁或涵洞满足交通需要。其中，选择在需要着重凸现城市水韵、营造水景处设置桥梁；在担负主要交通功能，并对景观要求不高的主干道路某些路段可设置涵洞过水。

10.6.1.3 水坝

在城市中一些流量较低的河道中设小水坝，可以蓄水以扩大水面，营造水景。水坝形成的流水落差、利于鱼类逆流而上的鱼道、防止水冲刷的河底加固结构等使水流形成各种姿态。

从景观的角度出发，水坝的设计要考虑到以下几个方面。

（1）营造秀美的水面景观

水坝所营造出的水面景观特点是上游平静水面和下游流动水面的对比。当设计水坝的景观时，最重要的是怎样来表现流水的秀丽景色，而将落差结构和河底加固结构的断面形状分段，可以使水流多姿多彩。鱼道是和水坝同时设置的结构，在水坝的总体景观中，必须照顾到不使鱼道显露出来破坏景观的完整性。还有，在河底加固结构中，若只靠简单排放异型块，绝不能产生秀美的水面景观。为了水流的秀美和防止冲刷，必须合理地确定所用的材料和施工方法。

（2）设置眺望空间

在水坝周围的堤防和桥头等部位设置能愉快地观赏到坝体和流水姿态的观赏点，对提高水坝本身的魅力很有效果。

(3) 活动场地的设计

水坝的秀美水景吸引着众多的人群，可以引发出各种游览活动。可在水坝上游的平静水面上开展如划船之类的水上活动，也可辟为天然泳场；而水坝的下游可作为钓鱼和戏水场所。

10.6.1.4 水闸

主要用于控制水量，在各水体间合理分配水流量，保证城市水系的景观需要，因而，在河道分流处和引水口处都应当设置水闸。闸门是在景观上很醒目的设施，需要控制其结构的设计，旧有的闸门多采用石结构和砖结构，造型很漂亮，可参照传统的施工方法，更好地烘托出当地的场景气氛。另外，平时把闸门从堤防上抬起来时，非常显眼。最好能使门板和门框的颜色有所变化。闸门的色彩要和周边的景观很好地搭配，选择同水滨风光协调的色彩。

10.6.2 护岸工程生态规划

用于保护河岸和堤防免受河水冲刷作用的建筑物叫护岸。

在水利工程设施当中，对生态系统冲击最大的是水陆交错带的护岸工程防护结构。水陆交错带是水域中植物繁茂发育地，为动物的觅食、栖息、产卵、避难所，也是陆生、水生动植物的生活迁移区，至关重要。因此，护岸工程的设计应从强调人与自然和谐的生态建设要求出发，采用与周围自然景观协调的结构形式，在满足工程安全的前提下，确保生态和景观的护岸形式多种多样。在典型的岸坡防护结构中，可尽量使用具有良好反滤和垫层结构的堆石，多孔混凝土构件和自然材质制成的柔性结构，尽可能避免使用硬质不透水材料，如混凝土、浆砌块石等，为植物生长，鱼类、两栖动物和昆虫的栖息与繁殖创造条件。

城市水系护岸的设计，应考虑以下几个方面。

10.6.2.1 丰富的平面形态

水系护岸的平面形态要基本上以徐缓曲折的形状为主，使景观显得自然生动。另外护岸的平面形状要以舒缓怡人的程度作为构思的出发点，不应使其产生小圆弧式的变化，以免破坏河流景观的怡人效果。护岸的横截面形状不要拘泥于左右对称的形态，使它们看起来更接近于天然河流。

10.6.2.2 提高亲水性

当考虑护岸的景观时，人们应该愉快安全地接触水，因此必须考虑水面和陆地的协调关系，尤其对安全性要特别注意，在流速快和水深的河段最好不设接触水的设施。和水接触是在水边的人们的基本愿望，为提高物理性的亲水性，使护岸阶梯化，使用缓坡构造等方法均有效。另外可以在护岸下面设置平台，用做钓鱼和休闲场所。此外，利用河滩的岩石做缓坡护岸，使之和高河滩成为整体，不仅容易美化河流风景，而且可以提高物理和心理方面的亲水性。

10.6.2.3 力求保护和促成丰富的生态体系

护岸是水中生态体系和陆上生态体系的接点，在形成鱼类、昆虫、鸟类等各种生物的生息环境方面，其设置是很重要的。在丰富水边景观更具亲切感方面，有多种生物生存是很有效的。护岸可以有适合各种生物生息的潜在环境，可以提供保护已有生态体系的场地和使生物繁衍的生存环境，包括繁殖、觅食

和休息等各种空间。

采用天然石材护岸的表面有凸凹起伏，使用抛石施工法（坡脚加固所使用的大石块）能使石与石之间产生缝隙，给鱼类等小动物以生息的场所。另外，在这些缝隙中栽植水生植物，为小动物栖息提供了更好的条件，也使水边的景色更容易和谐。

通常，护岸的质感和亮度与周围环境的差别很大，所以凸出的外形容易引起注意。为使护岸在河流风景中成为协调的部分，选择材料是重要的环节之一。在选择材料时，强度、耐久性、施工性能、经济性、对生态体系的影响、对景观魅力的影响等都应作为必要条件加以充分研究，最好根据地点和规模的不同来选择材料。护岸的材料要以护岸整体或河流空间整体的一贯设计思路为基准，包括形态和材质。不论使用多么漂亮的自然石材，如果材料的使用缺乏连贯性，也可能使景观的均衡遭到破坏。

护岸表面形态是决定护岸印象的重要条件之一，使其表面形态生动是景观设计的重点。一般来说，混凝土护岸表面形态呆板，容易产生锐利的线条，所以应慎用。在天然石材方面，花岗石和青石等石材有不同的性质，块石和卵石等石材有不同的形态，风格各不相同。即使同一种石材，每一块也都有不同的生动形态。因而用石材做护岸材料，可加强风景的可观赏性，应当在城市水系的护岸的设计和改造中，推广使用。

10.6.3 水系植被带生态规划

水系植被带地位于城市陆地与河流的过渡地带，因此，可将植物的种植区域分为陆域植物景观区、水域植物景观区和水陆交接带植物景观区。

10.6.3.1 陆域植物景观区

在陆域植物景观区进行植物配置时，应根据场地功能（如生态功能、观赏功能、使用功能等）进行相应设计。以生态功能为主，则选用乔、灌、草相结合的复层植物景观；这样，使得植物的生态功能能够发挥到最大程度。根据群落结构和绿地功能将陆域植物景观分为三种植物配置模式。

（1）生态密林区

由乔、灌、草组成的结构紧密的郁闭林，郁闭度为0.7～1.0，土壤湿度较大，地被植物含水量高，组织脆弱，不耐践踏，一般以林下小径联系各处，不适合大量人流活动，以滨河安静休息区和生态风景林、卫生防护林为主。植物配置应遵循以生态、防护、观赏功能为主，使用功能为辅的原则，注意植物群体间的生态位关系以及群体与外界环境间的关系。在景观上，以其曲折丰富的林冠线和季相景观的变化为主要观赏点，设计时要注意风景林的林冠线和季相植物的使用，形成优美的岸线景观。

（2）疏林草地区

以乔木、地被植物为主，郁闭度为0.4～0.6，形成半开敞的植物空间，是最适宜游人休憩的植物配置模式，同时也是园林中应用最广泛的一种植物配置模式。疏林草地具有一定的通透性，可以选择性地将优美景观地带呈现出来，形成半实半虚、似断似续的岸线景观。疏林草地主要展示植物的个体美，以草坪、地被为背景，突出高大的乔木景观，乔木应选择树姿优美、树干挺拔的观形、观花、观叶植物；林下层植物应选择体型较小的花灌木、地被，运用对比手法，突出乔木优美姿态、高大体量的主景效果。

(3) 开敞植被区

由矮生灌木、草坪草组成的缓坡地，孤植少量风景树，整体垂直高度以不遮挡人的视线为宜，通透感强，空间开阔明快，是欣赏河岸风景的最佳场所。

10.6.3.2 水陆交界带——驳岸植物景观区

目前河道驳岸多以水泥混凝土的硬质驳岸为主，应加强以植物为主的软式生态驳岸的应用。

生态驳岸是指恢复后的自然河岸或具有自然河岸"可渗透性"的人工驳岸，能保证河岸与河流水体之间的水分调节和交换，同时也具有一定的抗洪强度。生态驳岸有三种类型：自然原型驳岸、自然型驳岸和台阶式人工自然驳岸。

(1) 自然原型驳岸

分布在坡度缓、驳岸面积大的河段，如城郊沿河绿地宽阔处，保持驳岸的自然状态，通过种植深根性、耐水湿的乔木或草本植物固定河岸。可以应用的植物群落有湿生乔木型、湿生乔草型和湿生草本型。

(2) 自然型驳岸

对于较陡的坡岸，通过在天然石材、木材护底上砌筑一定坡度的土坡，将耐水湿的乔灌草相结合以固堤护岸。此类驳岸所选用的植物群落以草本耐水湿植物为主，在远离河岸地带增加较耐水湿的乔灌木种植，以保证河岸的通透性。

(3) 台阶式人工自然驳岸

对于防洪要求较高、驳岸宽度较窄的河段，在自然型驳岸基础上以台阶式加入 2 ～ 3 级由耐水原木和石块做成的"鱼巢"，在相邻"鱼巢"中间的箱状框架内，种植耐水湿的草本和水生植物，犹如在石缝中自然生长出的草木，郁郁葱葱。由于箱状框架的空间较小，在靠近水体部位以水生植物种植为主，远离水体部位种植耐水湿草本植物。

10.6.3.3 水域植物景观区

配置水生植物时以水缘植物群落处理为重点，不能超过水面的三分之一，避免植物过于拥挤，影响水面的倒影效果。

水生植物分为挺水植物、浮叶植物、沉水植物三种类型，组合成不同的层次立面。挺水植物位于水深 0 ～ 1.5m 的水域，分布于水生植被区和滨水驳岸植被区；浮水植物位于水深 0.3 ～ 2.0m 的水域，生长于水生植被区作为水体中心主景；沉水植物位于水深 0.5 ～ 3.0m 的水域，作为水下绿化观赏植物使用。

10.7 案例分析——天津市水系生态规划

10.7.1 规划概况

天津是我国北方地区水系较为丰富的城市之一。河道水系是天津市建设的基础和重要组成部分，既是城市防洪排涝的通道，又是建设生态宜居城市所必需的极为宝贵的自然资源。近年来，随着经济社会的快速发展，由于自然条件

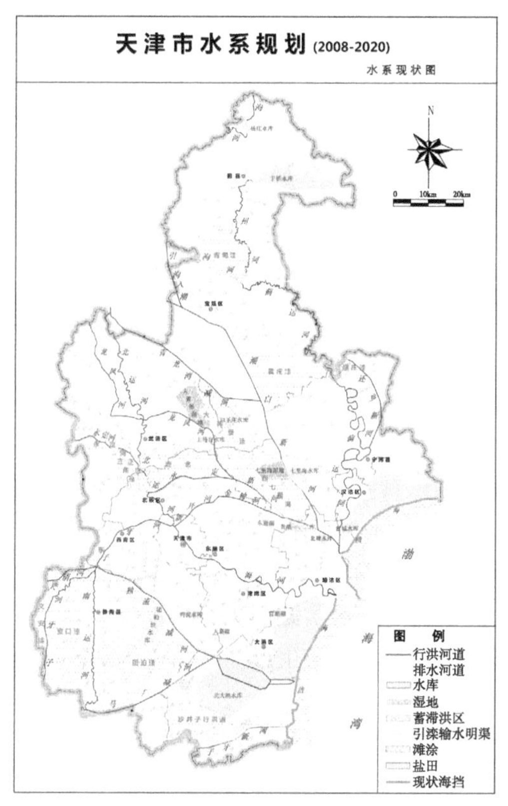

图 10-7-1 水系现状图

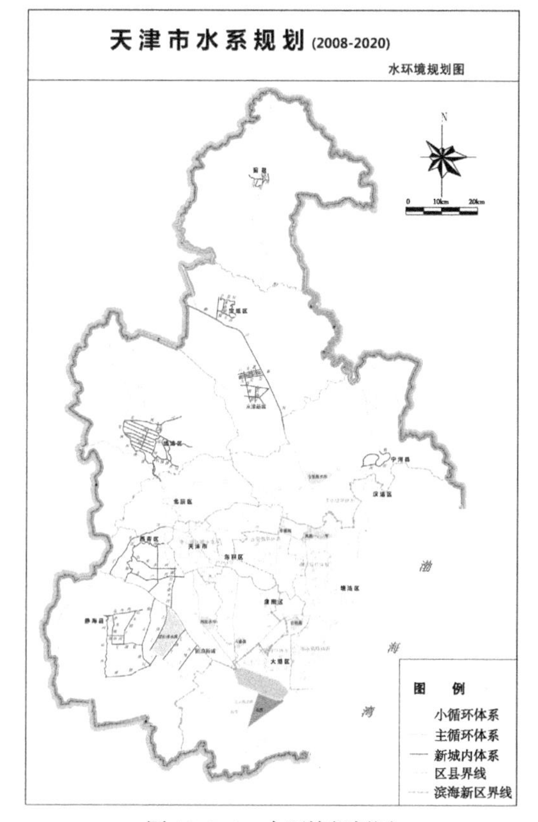

图 10-7-2 水环境规划图

的变化和人为因素的影响，河流的自然功能、社会服务功能退化严重，水系现状已不适应天津城市发展的需求。2009 年，天津水务局颁布通过《天津市水系规划》（图 10-7-1 ～图 10-7-3），用以协调城市与水系之间的关系，统一调配水系，达到防洪、排涝、供水、环境、景观、生态等各种功能协调。

水系规划的范围涵盖全市域；水环境规划重点为城区，水生态规划重点为大中型水库及湖泊、湿地和重要的生态廊道河流。水系规划与城市总体规划相协调，确定规划期限为 2008 ～ 2020 年。

10.7.2 城市水环境体系建设规划

水环境规划以天津市中心城区和滨海新区及新城为重点，中心城市包括中心城区和滨海新区核心区，是天津城市化程度最高、人口最为集中、经济最为发达的地区，该区域内水系密集，基础条件较好。

规划结合天津市河湖水系具体情况，一方面对河道本身进行治理，加强两岸的绿化；另一方面为了使城市内的水系保持良好状态，采取水系的联通循环来改善水系环境。把性质相同的水系连通起来，实现水源的补给；循环流动能够提高水体自净能力，在水质变差后能及时更换。由于特定的社会经济环境，重点对该区域进行水环境规划。

10.7.2.1 中心城市水系联通循环规划总体布局

在总体布局上，中心城市区的环境水系布局，是在全面截污、治污的基础上，通过实施一系列治理工程，构筑一个联通、六个循环体系，改善区域水环境。联通体系是指通过把水从北部的潮白新河调到南部地区，实现水资源的利用，为滨海新区、中心城区提供生态环境水源。水质较差时，可以返回到独流减河宽槽湿地进行净化，然后再循环利用。

六个循环体包括中心城区、塘沽区、东丽区水系、大港城区水系、汉沽水系以及海水景观水系等六个水系，规划范围为外环河以内的中心城区，包括市内六区和新四区的部分地区。中心城

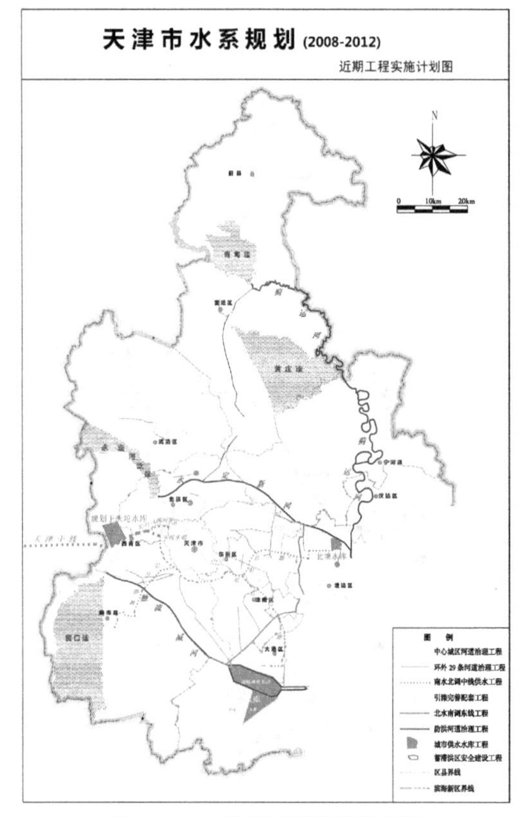

图 10-7-3　近期工程实施计划图

区依据天津市政府批复的《天津市中心城区河湖水系沟通与循环规划》要求，以海河为源，构筑“一轴”、“八射”、“十环”的中心城区水系循环体系。

10.7.2.2　水质保障措施

（1）加大污水处理力度

通过新增工业园区污水处理能力，控制重点企业达标排放，在外围区县增加污水处理能力，增加滨海新区核心区生活污水处理能力，对污水处理厂进行升级改造，加强再生水厂建设，处理污水能力达到总污水处理量的 30% 以上。大大降低了水中 COD 约 10 万吨，缓解水环境压力，大部分河道水体质量将有明显改善。设定目标，到 2020 年，天津市污水处理能力将达到 737 万吨／天，所有水体将达到水功能区要求。

（2）建立河道水质监测系统

（3）大力推行清洁生产，严格禁止点污染源直接排入河道

（4）加强面源污染管理

（5）提高生态系统的自我修复能力

（6）加强节水型社会建设

10.7.3　水系生态规划

10.7.3.1　河流生态修复

河流生态修复包括蓟运河、南北运河、海河以及中小河流、输水河道等部分的修复。

（1）蓟运河生态修复

目前，蓟运河上游基本处于原始状态，景观基质为农田，河道蜿蜒，漫滩较窄。满足生态需水和水质要求的基础上，恢复上游河流廊道生态功能，进行重点保护。

中游为蜿蜒型河道，景观基质为农田，主槽芦苇茂盛，具有宽阔的漫滩。中游在维持河流的蜿蜒性的基础上，退耕还滩，保障生态需水和改善水质，促进生物多样性。

下游为汉沽城区，岸线硬质化，城市化影响明显。下游改善水质和硬质化堤防对生态的影响。

蓟运河河口段分布有宽阔的漫滩和茂盛芦苇，属于较好的河流湿地。在维持河流的蜿蜒性基础上，进行改善水质，进行生态疏浚工程和堤防工程。尽量采用生态型护坡材料，保证形成河岸保护带和过渡带。

（2）南北运河生态修复

北运河和南运河是贯通天津西部的重要水系，作为京杭大运河的一部分，成为重要的历史文化遗产。

运河生态修复主要在人口稀疏地区，修复近岸水生植物带、建生态护坡，以改善生态环境为主，防止岸坡硬化。

(3) 海河生态修复

海河干流自西向东横贯天津市区，全长73km。现在海河的行洪任务不重，两侧的城市化快速发展，排水和水生态压力较大。

目前，海河干流上段（中心城区）已完成规划治理，下段（塘沽城区）也进行了规划治理，而中段基本处于待开发的原生态阶段。海河中段的绿色生态环境更完整；干流与支流联系更加紧密，生态骨架较完善，更加有利于建设整体水网生态环境，大力提升游憩环境质量，充分体现城市的滨水背景。规划致力于将其形成贯穿天津的重要生态景观廊道。

中段河道内水流与上下游衔接，满足通航要求；根据水系生态格局，以及城市规划用地布局，适当进行现状河道、水渠的沟通与连接。

(4) 中小河流修复

中小河流包括城市排沥河、排污河、输水河道等。中小河流是天津市河流生态廊道的延展，多为人工渠道，水位变幅小，水流缓慢，对全局水系生态系统具有辅助性作用。在各类河流的功能定位基础上，对中小河流河床、滩地、岸边空间进行生态保护和修复,形成多自然型河流。采取必要的防洪抗旱措施，同时将人类对河流环境的干扰降低到最小，达到与自然共存目的。

(5) 输水河道

输水河道以水质保护为主，重点对岸边绿化带进行修复，充分发挥岸边带的屏蔽及过滤作用。岸边带包括以下三部分。

岸边区：保护河流生态系统的物理和生态完整性，岸边为成熟森林，防止岸坡侵蚀。

中心区：从岸边区的边界向外延伸，其功能是在开发区和河流之间保持更大的距离。该区规划目标是建成成熟的森林。

外围区：是外围缓冲带，从中心区外边界再向外增加100m左右才能建设永久建筑物。

10.7.3.2 湿地生态修复

天津湿地资源丰富，是候鸟的旅店，重要的生物栖息地。同时还起到改善周边小气候，增加城市舒适度，美化景观，提高环境质量的功效。

(1) 湿地保护

保障湿地的生态需水量，防止湿地规模进一步萎缩退化。控制湿地补水质量，在实现持续的自净化能力的基础上，确保湿地核心区水质在地表水Ⅲ类以上。加强生物多样性，提高湿地核心区安全，加强对水生动物、各种留鸟、候鸟栖息环境的保护；改变芦苇为强势、单一水生植物的现状。

(2) 湿地利用

对一般性湿地保护区，强化人与湿地的互动。增加动植物多样性，改善生态质量。

10.7.3.3 地下水控制开采规划

为维系经济社会快速发展，天津市自20世纪60年代以来开始过量开采地下水，目前已形成了大面积的地下水超采区。随着南水北调工程的实施，将显著改善天津市水资源配置格局，提高供水保障程度，为缓解区内地下水超采创造了条件。

结合南水北调工程规划和地下水超采区内的社会经济发展，近期目标是在南水北调中线工程通水前，控制地下水开采量不增加，遏制生态环境恶化趋势。通过节水、污水处理回用、海（咸）水利用、水资源优化配置、加强水资源管理、调整产业结构等措施，逐步控制地下水开采量不再增加，基本维持在 2003 年的地下水的开采水平，控制不发生新的超采区，控制现有的超采范围与程度不再扩大。

远期目标为 2020 年，即南水北调工程通水后，随着南水北调配套工程逐步完善和供水量的增加、节水治污水平的提高和水资源的优化配置等，压缩地下水开采量，超采区地下水实现采补平衡，地下水资源储备和抗旱能力明显提高，逐步恢复生态环境的健康和地下水系统的良性循环。

考虑到农村经济结构的调整、城镇化建设进程，农村农业人口将进一步减少，农村生活用水量将在现在用水量水平的基础上进一步减少，经计算在远期保留 6000 万立方米的深层地下水开采量以保证农村基本生活用水。

10.7.4 岸线控制规划及水系功能定位

结合天津市城市发展规划水系功能定位，主要从水功能区划要求、水系基本功能（防洪、排水、供水等）要求、水质及水源控制要求、岸线空间控制要求等方面规划。

10.7.4.1 水功能区划

水功能区划采用两级体系，一级区划是宏观上解决水资源开发利用与保护的问题，主要协调区域间用水关系，长远上考虑可持续发展的需求，一级功能区分四类，包括保护区、保留区、开发利用区、缓冲区。二级区划主要协调用水部门之间的关系，二级功能区划分是在一级功能区所划的开发利用区内进行，分七类，包括饮用水源区、工业用水区、农业用水区、渔业用水区、景观娱乐用水区、过渡区、排污控制区。

10.7.4.2 水源控制规划

严格执行《海河流域天津市水功能区划》，要求再生水成独立循环系统，不能进入饮用水河道、水库。

水源河流的水质都是严格按照相关国家标准进行控制，分为三级。其中，永定新河、独流减河、北塘排污河、大沽排污河、纪庄子排水河等按照《城镇污水处理厂污染物排放标准》GB 18918—2002 的一级 A 或一级 B 标准控制。引滦及南水北调中线的输水河渠、调蓄水库、杨庄水库、海河、北大港水库、洪泥河、马厂减河等河道水库在引黄和南水北调东线供水期间按城市水源地控制，执行《地表水环境质量标准》GB 3838—2002 Ⅲ类标准。海河二道闸以下存蓄咸淡混合水；独流减河宽河槽以下现作为大港电厂的冷却水池，为海水；新开挖的连接海河、独流减河的河道在这一区域，也为海水，执行《海水水质标准》GB 3097—1997 第三类，适用于一般工业用水区、滨海风景旅

游景区。

其他河湖与水源地河道直接连通的，可接纳雨洪水，执行《地表水环境质量标准》GB 3838—2002 Ⅳ～Ⅴ类标准，与水源地河道不连通的，可接纳雨洪水和再生水，执行《地表水环境质量标准》GB 3838—2002 Ⅴ类标准。北大港水库东库调蓄雨洪水，做为城市河湖生态水源，执行《地表水环境质量标准》GB 3838—2002 Ⅳ～Ⅴ类标准。南水北调中线通水后，上述水源地功能可适当调整。

10.7.4.3 岸线控制规划

（1）蓝线控制要求

蓝线控制要求应符合《天津市规划控制线管理规定》（天津市人民政府令第 17 号）。

一级行洪河道主要用来通过洪水，根据相关防洪规划，其功能明确，河道蓝线按照河道设计洪水位对应堤防的外堤脚控制。

排水河道分有堤防和无堤防两种情况。有堤防的河道，河道蓝线按照河道设计洪水位对应堤防的外堤脚控制。无堤防的河道，河道蓝线按照河道设计洪水位加超高后对应的上口宽控制。

进行水体整治、修建控制引导水体流向的保护堤岸等工程，应当符合蓝线要求。

蓝线范围内禁止进行下列活动：①违反蓝线保护和控制要求进行建设；②擅自填埋、占用蓝线内水域；③影响水系安全的挖沙、取土；④擅自建设各类排污设施；⑤其他对水系保护构成破坏的活动。

（2）绿线控制要求

根据《天津市城市规划管理技术规定》，沿河道有现状或者规划道路的，从河堤外坡脚或者护岸或者天然河岸起到道路红线之间作为绿带；沿河道没有现状或者规划道路的，以河道控制线为基线参照滨河道路绿化控制线要求预留绿化宽度。一级河道绿带不小于 25m，二级河道绿带不小于 15m。

城市段堤岸在满足防洪要求下，降低堤顶高度，增强河道与城市的联系。

城郊过渡段堤岸河道护坡种类不一，刚性护岸与柔性界面混合设置，景观亲水性体现不仅有硬性界面的亲水设施布置，而且有软性草坡。堤岸设计要求：城区侧主要考虑景观功能，增强居民的进入性与参与性；郊区侧考虑防洪要求，增强功能性。

郊区原生段，大部分为原始河道，可采取刚性护坡与柔性护坡混合使用，满足防洪要求，增强安全性。

10.7.5 水系功能定位

水系功能定位，分为一级行洪河道、二级排水河道、大中型水库、蓄滞洪区、其他水面以及城市供水系统。

一级行洪河道除了行洪功能，还有排涝、景观、生态等多种功能，规划中对 19 条一级河道的功能逐条逐段进行了定位。二级排水河道主要确定其排水流量、河道宽度，主导功能、水质控制标准等。供水系统是独立的系统，其水质标准按照饮用水源标准确定。

【本章小结】

本章主要从城市水系的生态规划指标体系、结构构建以及功能规划等三方面讲述了城市水系的生态规划。构建了城市水系的规划指标体系，以及单项指标；在水系的结构构建方面，介绍了水系生态规划的水系生态网络构成、总体空间布局规划、河流廊道保护规划和滨水景观控制规划；在功能规划方面讲述城市水系的水环境功能区划、水量调控规划、水质保护规划等；在水系的工程系统中讲述了河道工程生态规划、护岸工程生态规划、水系植被带生态规划等。

【关键词】

城市水系；生态规划；指标体系；空间布局；河道保护；水质控制

【思考题】

1. 城市水系有哪些生态功能？
2. 试思考城市水系的空间结构布局。
3. 城市水系的生态功能规划包含哪些内容？
4. 试思考城市水系的水量控制方法。
5. 试思考城市水系的工程体系规划内容。

附录A 生态环境现状评价方法

A.1 土壤侵蚀现状评价

A.1.1 土壤侵蚀模数法

土壤侵蚀评价主要以年平均侵蚀模数为判别指标，评价标准与方法采用水利部发布的《土壤侵蚀分类分级标准》SL 190—2007（表 A—1a）。

土壤侵蚀强度分级标准 表 A—1a

级别	平均侵蚀模数 [t/（km^2·a）]			平均流失厚度（mm/a）		
	西北黄土高原区	东北黑土区 / 北方土石山区	南方红壤丘陵区 / 西南土石山区	西北黄土高原区	东北黑土区 / 北方土石山区	南方红壤丘陵区 / 西南土石山区
微度	<1000	<200	<500	<0.74	<0.15	<0.37
轻度	1000 ~ 2500	200 ~ 2500	500 ~ 2500	0.74 ~ 1.9	0.15 ~ 1.9	0.37 ~ 1.9
中度	2500 ~ 5000			1.9 ~ 3.7		
强度	5000 ~ 8000			3.7 ~ 5.9		
极强度	8000 ~ 15000			5.9 ~ 11.1		
剧烈	>15000			>11.1		

注：本表流失厚度系按土壤容重 1.35g/cm^3 折算，各地可按当地土壤容重计算之。

土壤侵蚀模数的估算可以采用以下方法：

（1）通用土壤流失方程（USLE）法

USLE 的形式为：

$$A = R \cdot K \cdot LS \cdot C \cdot P \qquad (A-1)$$

式中，A 为土壤侵蚀量（t/hm^2.a）；R 为降雨侵蚀力指标（Ft.T.In/A.h）；K 为土壤可蚀性因子；LS 为坡长坡度因子；C 为地表植被覆盖因子；P 为土壤保持措施因子。

但此法必须先经过当地校正方可应用。

（2）河流泥沙推算

根据流域的河流泥沙监测资料计算。

（3）径流场实验法

根据水土保护试验研究站（所）所代表的土壤侵蚀类型区取得的实测径流泥沙资料进行统计计算及分析。这类资料包括：A，标准径流场的资料，但它只反映坡面上的溅蚀量及细沟侵蚀量，不能反映浅沟（集流槽）侵蚀，故通常偏小；B，全坡面大型径流场资料，它能反映浅沟侵蚀，故比较接近实际；C，各类实验小流域的径流、输沙资料。上述资料为建立坡面或流域产沙数学模型提供最宝贵的基础数据。

（4）坡面细沟及浅沟侵蚀量的量算。

(5) 沟道断面(纵、横)冲淤变化的量算。

A.1.2 土壤水蚀调查法

土壤侵蚀的评价根据水蚀的严重程度。水蚀的严重程度也可分三级,具体指标见表 A—1b。

土壤侵蚀程度分级指标 * 表 A—1b

程度	劣地或石质坡地占该地面积 %	现代沟谷(细沟,切沟,冲沟)占该面积 %	植被覆盖度(%)	地表景观综合特征	土地生物生产量较侵蚀前下降 %
轻度	<10	<10	70 ~ 50	斑点状分布的劣地或石质坡地。沟谷切割深度在 1m 以下,片蚀及细沟发育。零星分布的裸露沙石地表	10 ~ 30
中度	10 ~ 30	10 ~ 30	50 ~ 30	有较大面积分布的劣地或石质坡地。沟谷切割深度在 1 ~ 3m。较广泛分布的裸露沙石地表	30 ~ 50
强度	≥ 30	≥ 30	≤ 30	密集分布的劣地或石质坡地。沟谷切割深度 3m 以上。地表切割破碎	≥ 50

* 注:在判别侵蚀程度时,根据风险最小原则,应将该评价单元判别为较高级别的侵蚀程度。

A.2 土地沙漠化现状评价

(1) 风蚀侵蚀模数法

根据风蚀侵蚀模数的大小来确定沙漠化程度,具体标准见表 A—2a。

风蚀强度分级 * 表 A—2a

级别	床面形态(地表形态)	植被覆盖度(%)(非流沙面积)	风蚀厚度(mm/a)	侵蚀模数 [t/(km²·a)]
微度	固定沙丘,沙地和滩地	>70	<2	<200
轻度	固定沙丘,半固定沙丘,沙地	70 ~ 50	2 ~ 10	200 ~ 2500
中度	半固定沙丘,沙地	50 ~ 30	10 ~ 25	2500 ~ 5000
强度	半固定沙丘,流动沙丘,沙地	30 ~ 10	25 ~ 50	5000 ~ 8000
极强度	流动沙丘,沙地	<10	20 ~ 100	8000 ~ 15000
剧烈	大片流动沙丘	<10	>100	>15000

* 注:在判别侵蚀程度时,根据风险最小原则,应将该评价单元判别为较高级别的侵蚀程度。

风蚀侵蚀模数的确定方法有:

1) 定点观测。风蚀采样器:根据埋设的标杆量测被风力吹失的表土层厚度;亦可用 He—Ne 激光计装置,测定不同高度飞沙量分布。

2) 野外调查。调查被吹蚀后裸露树根的深度。

3) 风洞模拟试验。如不同类型及大小的风洞,有室内的、也有安装在汽车上的野外流动风洞。

（2）土壤风蚀调查法

沙漠化的评价根据水蚀的严重程度。风蚀的严重程度也可分三级，具体指标见表 A–2b。

风蚀沙漠化程度分级指标 *　　表 A–2b

程度	风积地表形态占该地面积 %	风蚀地表形态占该地面积 %	植被覆盖度（%）	地表景观综合特征	土地生物生产量较沙漠化前下降 %
轻度	<10	<10	50 ~ 30	斑点状流沙或风蚀地。2m 以下低矮沙丘或吹扬的灌丛沙堆。固定沙丘群中有零星分布的流沙（风蚀窝）。旱作农地表面有风蚀痕迹和粗化地表，局部地段有积沙	10 ~ 30
中度	10 ~ 30	10 ~ 30	50 ~ 30	2 ~ 5m 高流动沙丘成片状分布。固定沙丘群中沙丘活化显著。旱作农地有明显风蚀洼地和风蚀残丘。广泛分布的粗化砂砾地表	30 ~ 50
强度	≥ 30	≥ 30	≤ 30	5m 高以上密集的流动沙丘或风蚀地	≥ 50

* 注：在判别侵蚀程度时，根据风险最小原则，应将该评价单元判别为较高级别的侵蚀程度。

A.3　土壤盐渍化程度评价方法

土壤盐渍化的程度共分四级，其分级标准见表 A–3。

土壤盐渍化分级指标　　表 A–3

类型		轻度	中度	强度	盐土
作物生长情况含盐量（%）		稍有抑制	中等抑制	严重抑制	死亡
东北	0 ~ 50cm（SO_4^{2-}）	0.3 ~ 0.5	0.5 ~ 0.7	0.7 ~ 1.2	
山东	表土层（全盐量）	<0.2	0.2 ~ 0.4	0.4 ~ 0.8	
	100cm 土体（全盐量）	<0.1	0.1 ~ 0.3	0.3 ~ 0.5	
华北	0 ~ 20cm（CL—SO_4^{2-}）	0.15 ~ 0.25	0.25 ~ 0.40	0.40 ~ 0.60	
西北	0 ~ 30cm（SO_4^{2-}）	0.4 ~ 0.8	0.8 ~ 1.2	1.2 ~ 2.0	>2.0
	0 ~ 100cm（SO_4^{2-}）	0.3 ~ 0.6	0.6 ~ 1.0	1.0 ~ 1.5	>1.5
新疆	0 ~ 30cm（全盐量）	0.554 ~ 0.727	0.727 ~ 0.866	0.866 ~ 1.345	>1.345
	0 ~ 100cm（全盐量）	0.391 ~ 0.491	0.491 ~ 0.597	0.597 ~ 0.895	>0.895

A.4　石漠化现状评价

石漠化的程度共分四级，主要根据其分级标准见表 A–4。

A.5　酸雨程度评价方法

酸雨是指酸性降水。酸雨危害是当代世界重大生态环境问题之一。酸雨对森林、农作物、蔬菜以及人体健康都有明显的不良影响。推荐使用降水酸度来评价酸雨的现状和程度。

石漠化程度评价表 表 A–4

等级	土壤侵蚀程度	基岩裸露（%）	植被覆盖度（%）	坡度（度）	土层厚度（cm）
无	不明显	<10	>75	<5	>25
潜在	不太明显	>50	50 ~ 70	坡耕地：5 ~ 8 植被覆盖度 60% ~ 70% 的坡地：5 ~ 25 植被覆盖度 45% ~ 60% 的坡地：8 ~ 15 植被覆盖度 30% ~ 50% 的坡地：5 ~ 8	<20
轻度	较明显	>35	35 ~ 50	>15	<15
中度	明显	>65	20 ~ 35	>20	<10
强度	强烈	>85	10 ~ 20	>25	<7
极强度	极强烈	>90	<10	>35	<3

降水酸度用降水 pH 值的年平均值表示。降水酸度的计算方法是，将一年中每次降水的 pH 值换算 H+ 浓度后，再以雨量加权求其平均值，得到 pH 年均值。以氢离子浓度来划分降水酸度等级。其分级标准见表 A–5。

降水酸度分级标准 表 A–5

pH	降水酸度
< 4.00	强酸性
4.00 ~ 4.49	较强酸性
4.50 ~ 5.59	弱酸性
5.60 ~ 7.0	中性
>7.0	碱性

附录B 生态系统服务功能评价方法

B.1 生物多样性维持功能的评价方法

主要是评价区域内各地区对生物多样性保护的重要性。重点评价生态系统与物种的保护重要性。

B.1.1 优先保护生态系统评价准则

1）优势生态系统类型：生态区的优势生态系统往往是该地区气候、地理与土壤特征的综合反映，体现了植被与动植物物种地带性分布特点。对能满足该准则的生态系统的保护能有效保护其生态过程与构成生态系统的物种组成。

2）反映了特殊的气候地理与土壤特征的特殊生态系统类型：一定地区生态系统类型是由该地区的气候、地理与土壤等多种自然条件的长期综合影响下形成的。相应地，特定生态系统类型通常能反映地区的非地带性气候地理特征。体现非地带性植被分布与动植物的分布，为动植物提供栖息地。

3）只在中国分布的特有生态系统类型：由于特殊的气候地理环境与地质过程，以及生态演替，中国发育与保存了一些特有的生态系统类型。而在全球生物多样性的保护中具有特殊的价值。

4）物种丰富度高的生态系统类型：指生态系统构成复杂，物种丰富度高的生态系统，这类生态系统在物种多样性的保护中具有特殊的意义。

5）特殊生境：为特殊物种，尤其珍稀濒危物种提供特定栖息地的生态系统，如湿地生态系统等，从而在生物多样性的保护中具有重要的价值。

B.1.2 生物多样性保护重要地区评价

地区生物多样性保护重要性评价可以参照表B—1a。

生物多样性保护重要地区评价　　表B—1a

生态系统或物种占全省物种数量比率	重要性
优先生态系统，或物种数量比率 > 30%	极重要
物种数量比率 15% ~ 30%	中等重要
物种数量比率 5% ~ 15%	比较重要
物种数量比率 < 5%	不重要

也可以根据重要保护物种地分布，即评价地区国家与省级保护对象的数量来评价生物多样性保护重要地区B—1b。

生物多样性保护重要地区评价　　表 B–1b

国家与省级保护物种	重要性
国家一级	极重要
国家二级	中等重要
其他国家与省级保护物种	比较重要
无保护物种	不重要

B.2 水源涵养重要性评价

区域生态系统水源涵养的生态重要性在于整个区域对评价地区水资源的依赖程度及洪水调节作用。因此，可以根据评价地区在对区域城市流域所处的地理位置，以及对整个流域水资源的贡献来评价。分级指标参见表 B–2。

生态系统水源涵养重要性分级表　　表 B–2

类型	干旱	半干旱	半湿润	湿润
城市水源地	极重要	极重要	极重要	极重要
农灌取水区	极重要	极重要	中等重要	不重要
洪水调蓄	不重要	不重要	中等重要	极重要

B.3 土壤保持重要性评价

土壤保持重要性的评价在考虑土壤侵蚀敏感性的基础上，分析其可能造成的对下游河流和水资源的危害程度，分级指标参见表 B–3。

土壤保持重要性分级指标　　表 B–3

土壤保持敏感性影响水体	不敏感	轻度敏感	中度敏感	高度敏感	极敏感
1 ~ 2 级河流及大中城市主要水源水体	不重要	中等重要	极重要	极重要	极重要
3 级河流及小城市水源水体	不重要	较重要	中等重要	中等重要	极重要
4 ~ 5 级河流	不重要	不重要	较重要	中等重要	中等重要

B.4 沙漠化控制作用评价分级方法

主要分析评价区沙漠化直接影响人口数量来评价该区沙漠化控制作用的重要性。评价指标与分级标准参见表 B–4。

在沙尘暴起沙区，其重要性评价可以根据其可能影响范围来判别：

若该区沙漠化将对多个省市的生态环境造成严重不利影响，则该区对沙漠化控制有极重要的作用；若该区沙漠化将对本省市的生态环境造成严重不利影响，则该区对沙漠化控制有重要的作用；若该区沙漠化不对其他地区的生态环境造成不利影响，则该区对沙漠化控制的作用不大。

沙漠化控制作用评价及分级指标 表 B-4

直接影响人口	重要性等级
>2000 人	极重要
500 ~ 2000 人	中等重要
100 ~ 500 人	比较重要
<100 人	不重要

B.5 营养物质保持

营养物质保持重要性主要根据评价地区 N、P 流失可能造成的富营养化后果与严重程度。如评价地区下游有重要的湖泊与水源地，该地区域的营养物质保持的重要性大。否则，重要性不大（表 B-5）。

营养物质保持重要性分级表 表 B-5

河流级别	位置	影响目标	重要性
1、2、3	河流上游	重要湖泊湿地 *	极重要
		一般湖泊湿地	中等重要
	河流中游	重要湖泊湿地	中等重要
		一般湖泊湿地	重要
	河流下游	重要湖泊湿地	重要
		一般湖泊湿地	不重要
4、5	河流上游	重要湖泊湿地	中等重要
		一般湖泊湿地	重要
	河流中游	重要湖泊湿地	重要
		一般湖泊湿地	不重要
	河流下游	重要湖泊湿地	不重要
		一般湖泊湿地	不重要
其他	河流上游	重要湖泊湿地	重要
		一般湖泊湿地	不重要
	河流中游	重要湖泊湿地	不重要
		一般湖泊湿地	不重要
	河流下游	重要湖泊湿地	不重要
		一般湖泊湿地	不重要

注：重要湖泊湿地包括重要水源地、自然保护区、保护物种栖息地。

B.6 海岸带防护功能

主要评价海岸带、滩涂与近海区域对台风、海洋风浪与风暴、海岸侵蚀等的防护作用；以及红树林、珊瑚礁和其他重要陆生与海洋生物分布与繁殖区等有关生物多样性保护作用。评价方法与指标可以参考国家海洋局的《中国海洋功能区划报告》。

（1）海岸防侵蚀区

易受海浪、海流侵蚀，已明显蚀退（蚀退速度>0.4m/a），并对沿岸居民生活、耕地、城镇工矿建设等带来严重影响必须采取措施防止蚀退的区域。

（2）防风暴潮区

台风、大风和持续风引起的风暴潮多发区，造成溃堤，海水入侵海岸并对岸上城镇、工业、港口、大片耕地、虾池、盐田及居民生命造成危害，需要保护的区域。根据需要可分为三级：

Ⅰ级——重要城镇、工矿附近岸段，应防千年一遇的最高潮位及抗12级风；

Ⅱ级——较重要的工、农业区，应防百年一遇的最高潮位及抗11级风；

Ⅲ级——般的工业区、养殖区、盐田区，应防20年一遇的最高潮位及抗9级风。

（3）海洋生物多样性保护重要区

1）红树林生态系统分布区；

2）珊瑚礁生态系统集中分布区；

3）重要迁徙物种的繁殖、越冬、越夏的沿海滩涂湿地；

4）国家与省级保护动植物物种分布区。

（4）重要自然遗迹与自然景观分布区

1）具有重大科学文化价值的海洋地质构造、化石分布区、火山、温泉等自然遗迹分布区；

2）具有自然地带性代表意义和科学价值的海岸区。

（5）海洋资源保护区

1）国家和地方政府规定的常年或某阶段不能使用渔具捕鱼的区域；

2）国际渔业协定规定的禁捕区；

3）需要保护的重要经济鱼、虾、贝类的产卵场、繁衍场和幼体集中分布水域。

（6）海岸防护林带区

海岸带地区已经营造的林带，以及为减少风暴潮危害、改善环境而必须营造的林带；林带宽度应大于30m，长度大于10km。

（7）地下水资源保护区

1）地面下沉明显；

2）水位下降已达2m以下；

3）海水倒灌已影响大片耕地和人民生活环境；

4）在沿岸已形成较大漏斗（1000km^2以上）底区域。

附录C　生态系统敏感性评价方法

C.1　土壤侵蚀敏感性评价方法

土壤侵蚀敏感性评价是为了识别容易形成土壤侵蚀的区域，评价土壤侵蚀对人类活动的敏感程度。可以运用通用土壤侵蚀方程进行评价，包括降水侵蚀力（R）、土壤质地因子（K）和坡度坡向因子（LS）与地表覆盖因子（C）5个方面的因素。也可以直接运用水利部发布的《土壤侵蚀分类分级标准》SL 190—2007 的附录 A：土壤侵蚀潜在危险分级中方法与标准。

（1）影响土壤侵蚀敏感性的因素分析

根据目前对中国土壤侵蚀和有关生态环境研究的资料，确定影响土壤侵蚀的各因素的敏感性等级（表 C—1a）。

降水侵蚀力（R）值：可以根据王万忠等（王万忠，焦菊英．中国的土壤侵蚀因子定量评价研究[J]. 水土保持通报，1996（5）：1—20）利用降水资料计算的中国 100 多个城市的 R 值，采用内插法，用地理信息系统绘制 R 值分布图。然后根据表 C—1a 中的分级标准，绘制土壤侵蚀对降水的敏感性分布图。

坡度坡长因子（LS）：对于大尺度的分析，坡度坡长因子 LS 是很难计算的。这里采用地形的起伏大小与土壤侵蚀敏感性的关系来估计（表 C—1a）。在评价中，可以应用地形起伏度，即地面一定距离范围内最大高差，作为区域土壤侵蚀评价的地形指标。推荐选用 1 ：1000000 的地形图，最小单元为 5km×5km 进行地形起伏度提取（刘新华，杨勤科，汤国安．中国地形起伏度的提取及在水土流失定量评价中的应用[J]. 水土保持通报，2001，21（1）：57—62）。然后用地理信息系统绘制区域土壤侵蚀对地形的敏感性分布图。

土壤质地因子（K）：土壤对土壤侵蚀的影响主要与土壤质地有关。土壤质地影响因子 K 可用雷诺图表示。通过比较土壤质地雷诺图和 K 因子雷诺图，将土壤质地对土壤侵蚀敏感性的影响分为 5 级（表 C—1a）。根据土壤质地图，绘制土壤侵蚀对土壤的敏感性分布图。

土壤侵蚀敏感性影响的分级　　　　表 C—1a

分级	不敏感	轻度敏感	中度敏感	高度敏感	极敏感
R 值	<25	25 ~ 100	100 ~ 400	400 ~ 600	>600
土壤质地	石砾、沙	粗砂土、细砂土、黏土	面砂土、壤土	砂壤土、粉黏土、壤黏土	砂粉土、粉土
地形起伏度（米）	0 ~ 20	20 ~ 50	51 ~ 100	101 ~ 300	>300
植被	水体、草本沼泽、稻田	阔叶林、针叶林、草甸、灌丛和萌生矮林	稀疏灌木草原、一年二熟粮作、一年水旱两熟	荒漠、一年一熟粮作	无植被
分级赋值（C）	1	3	5	7	9
分级标准（SS）	1.0 ~ 2.0	2.1 ~ 4.0	4.1 ~ 6.0	6.1 ~ 8.0	>8.0

覆盖因子（C）：地表覆盖因子与潜在植被的分布关系密切。根据植被分布图的较高级的分类系统，将覆盖因子对土壤侵蚀敏感性的影响分为 5 级（表 C-1a）。并利用植被图绘制土壤侵蚀对植被的敏感性分布图。

（2）土壤侵蚀敏感性综合评价

A. 土壤侵蚀敏感性指数计算方法

$$SS_j=\sqrt[4]{\prod_{i=1}^{4}C_i} \tag{C-1}$$

式中：SS_j 为 j 空间单元土壤侵蚀敏感性指数；C_i 为 i 因素敏感性等级值。

B. 土壤侵蚀敏感性加权指数计算方法

由于在不同省区降水、地貌、土壤质地与植被对土壤侵蚀的作用不同，可以运用加权方法来反映不同因素的作用差异。

$$SS_j=\sum_{i=1}^{4}C(i,\ j)W_{ij} \tag{C-2}$$

式中：SS_j 为 j 空间单元土壤侵蚀敏感性指数；C_i 为 i 因素敏感性等级值，W_{ij} 为影响土壤侵蚀性因子的权重。

Xi 为影响因子 i 对土壤侵蚀的相对重要性，可通过专家调查方法得到，建议使用表 C-1b 进行专家调查。M 为参加填表的专家和决策管理者的人数。

各因素权重确定专家调查表 **表 C-1b**

指标	对土壤侵蚀的相对重要性
降水	X1
地貌	X2
土壤质地	X3
植被	X4

其中，Xi 为因子 i 对土壤侵蚀的重要值

当因子 i 对土壤侵蚀重要性为比较重要时，Xi 为 1

当因子 i 对土壤侵蚀重要性为明显重要时，Xi 为 3

当因子 i 对土壤侵蚀重要性为绝对重要时，Xi 为 5

C.2 土地沙漠化敏感性评价方法

土地沙漠化可以用湿润指数、土壤质地及起沙风的天数等来评价区域沙漠化敏感性程度，具体指标与分级标准见表 C-2。

沙漠化敏感性指数计算方法

$$DS_j=\sqrt[4]{\prod_{i=1}^{4}D_i} \tag{C-3}$$

式中：DS_j 为 j 空间单元沙漠化敏感性指数；D_i 为 i 因素敏感性等级值。

沙漠化敏感性分级指标 表 C–2

敏感性指标	不敏感	轻度敏感	中度敏感	高度敏感	极敏感
湿润指数	>0.65	0.5 ~ 0.65	0.20 ~ 0.50	0.05 ~ 0.20	<0.05
冬春季大于 6m/s 大风的天数	<15	15 ~ 30	30 ~ 45	45 ~ 60	>60
土壤质地	基岩	粘质	砾质	壤质	沙质
植被覆盖（冬春）	茂密	适中	较少	稀疏	裸地
分级赋值（D）	1	3	5	7	9
分级标准（DS）	1.0 ~ 2.0	2.1 ~ 4.0	4.1 ~ 6.0	6.1 ~ 8.0	>8.0

C.3 土地盐渍化敏感性评价方法

土地盐渍化敏感性是指旱地灌溉土壤发生盐渍化的可能性。可根据地下水位来划分敏感区域，再采用蒸发量、降雨量、地下水矿化度与地形等因素划分敏感性等级。

在盐渍化敏感性评价中，首先应用地下水临界深度（即在一年中蒸发最强烈季节不致引起土壤表层开始积盐的最浅地下水埋藏深度），划分敏感与不敏感地区（表 C–3a）。再运用蒸发量、降雨量、地下水矿化度与地形指标划分等级。具体指标与分级标准参见表 C–3b。

临界水位深度 表 C–3a

地区	轻沙壤	轻沙壤夹粘质	粘质
黄淮海平原	1.8 ~ 2.4m	1.5 ~ 1.8m	1.0 ~ 1.5m
东北地区	2.0m		
陕晋黄土高原	2.5 ~ 3.0m		
河套地区	2.0 ~ 3.0m		
干旱荒漠区	4.0 ~ 4.5m		

盐渍化敏感性评价 表 C–3b

敏感性要素	不敏感	轻度敏感	中度敏感	高度敏感	极敏感
蒸发量 / 降雨量	<1	1 ~ 3	3 ~ 10	10 ~ 15	>15
地下水矿化度 g/l	<1	1 ~ 5	5 ~ 10	10 ~ 25	>25
地形	山区	洪积平原、三角洲	泛滥冲积平原	河谷平原	滨海低平原、闭流盆地
分级赋值（*S*）	1	3	5	7	9
分级标准（*YS*）	1.0 ~ 2.0	2.1 ~ 4.0	4.1 ~ 6.0	6.1 ~ 8.0	>8.0

盐渍化敏感性指数计算方法

$$YS_j=\sqrt[4]{\prod_{i=1}^{4}S_i} \quad \text{(C–4)}$$

式中：YS_j 为 j 空间单元土壤侵蚀敏感性指数；S_i 为 i 因素敏感性等级值。

C.4 石漠化敏感性评价

石漠化敏感性主要根据其是否为喀斯特地形及其坡度与植被覆盖度来确定的（表 C–4）。

石漠化敏感性评价指标 **表 C–4**

敏感性	不敏感	轻度敏感	中度敏感	高度敏感	极敏感
喀斯特地形	不是	是	是	是	是
坡度（O）		<15	15 ~ 25	25 ~ 35	>35
植被覆盖（%）		>70	50 ~ 70	20 ~ 30	<20

C.5 酸雨敏感性评价方法

生态系统对酸雨的敏感性，是整个生态系统对酸雨的反应程度，是指生态系统对酸雨间接影响的相对敏感性，即酸雨的间接影响使生态系统的结构和功能改变的相对难易程度，它主要依赖于与生态系统的结构和功能变化有关的土壤物理化学特性，与地区的气候、土壤、母质、植被及土地利用方式等自然条件都有关系。生态系统的敏感性特征可由生态系统的气候特性、土壤特性、地质特性以及植被与土地利用特性来综合描述。本标准选用周修萍建立的等权指标体系，该体系反映了亚热带生态系统的特点，对我国酸雨区基本适用（表 C–5a）。

生态系统对酸沉降的相对敏感性分级指标 **表 C–5a**

因子	贡献率	等级	权重
岩石类型	1	Ⅰ A 组岩石 Ⅱ B 组岩石	1 0
土壤类型	1	Ⅰ A 组土壤 Ⅱ B 组土壤	1 0
植被与土地利用	2	Ⅰ针叶林 Ⅱ灌丛、草地、阔叶林、山地植被 Ⅲ农耕地	1 0.5 0
水分盈亏量 （*P* ~ *PE*）	2	Ⅰ >600mm/a Ⅱ 300 ~ 600mm/a Ⅲ <300mm/a	1 0.5 0

注 1：*P* 为降水量，*PE* 为最大可蒸发量

注 2：A 组岩石为花岗岩、正长岩、花岗片麻岩（及其变质岩）和其他硅质岩、粗砂岩、正石英砾岩、去钙砂岩、某些第四纪砂 / 漂积物；B 组岩石为砂岩、页岩、碎屑岩、高度变质长英岩到中性火成岩、不含游离碳酸盐的钙硅片麻岩、含游离碳酸盐的沉积岩、煤系、弱钙质岩、轻度中性盐到超基性火山岩、玻璃体火山岩、基性和超基性岩石、石灰砂岩、多数湖相漂积沉积物、泥石岩、灰泥岩、含大量化石的沉积物（及其同质变质地层）、石灰岩、白云石。

注 3：A 组土壤为砖红壤、褐色砖红壤、黄棕壤（黄褐土）、暗棕壤、暗色草甸土、红壤、黄壤、黄红壤、褐红壤、棕红壤；B 组土壤为褐土、棕壤、草甸土、灰色草甸土、棕色针叶林土、沼泽土、白浆土、黑钙土、黑色土灰土、栗钙土、淡栗钙土、暗栗钙土、草甸碱土、棕钙土、灰钙土、淡棕钙土、灰漠土、灰棕漠土、棕漠土、草甸盐土、沼泽盐土、干旱盐土、砂姜黑土、草甸黑土。

根据等权体系进行评价，可得到极敏感、高度敏感、中度敏感、轻度敏感和不敏感 5 个等级（表 C–5b）。

敏感性等级分类（等权体系） 表 C–5b

敏感性指数	0 ~ 1	2 ~ 3	4	5	6
敏感性等级	不敏感	较不敏感	中等敏感	敏感	极敏感

参考文献

[1] 孙明 . 可拓城市生态规划理论与方法研究 [D]. 哈尔滨 ：哈尔滨工业大学，2010.

[2] 刘洁，吴仁海 . 城市生态规划的回顾与展望 [J]. 生态学杂志，2003，5 ：118-122.

[3] 张泉，叶兴平 . 城市生态规划研究动态与展望 [J]. 城市规划，2009，7 ：51-58.

[4] 李化 . 基于自然—经济—社会复合系统的城市生态规划 [D]. 成都 ：四川大学，2006.

[5] 傅博 . 城市生态规划的研究范围探讨 [J]. 城市规划汇刊，2002，1 ：49-52+80.

[6] 刘旭辉 . 城市生态规划综述及上海的实践 [J]. 上海城市规划，2012，3 ：64-69.

[7] 徐析，李倞 . 浅析城市生态规划理论的发展、实践与展望 [J]. 三峡环境与生态，2008，3 ：44-47.

[8] 李翔宇，张晓春 . 浅议城市生态规划及其在中国的发展方向 [J]. 城市研究，1999，2 ：11-13，21-63.

[9] 欧阳志云，王如松 . 生态规划的回顾与展望 [J]. 自然资源学报，1995，3 ：203-215.

[10] 曾凡慧 . 城市化的现状、问题与对策 [J]. 经济研究导刊，2007，4 ：50-52.

[11] 刘锋章，李东峰 . 浅论城市化带来的生态环境问题 [J]. 山东环境，1999，6 ：5-6.

[12] 黄肇义，杨东援 . 国内外生态城市理论研究综述 [J]. 城市规划，2001，25（1）：59-66.

[13] 黄光宇，陈勇 . 论生态城市化与生态城市 [J]. 城市环境与城市生态，1999，12（6）：28-31.

[14] Richard Register. Eco-city Berkeley ：Building Citiesfor a Healthy Future[M].Berkeley ：North Atlantic Books，1987 ：13-43.

[15] Yanitsky O. Social Problem of Man’s Environment[J]. The city and Ecology，1987（1）：174.

[16] 马世俊，王如松 . 社会—经济—自然复合生态系统 [J]. 生态学报，1984，4（1）：3-11.

[17] 宋永昌，戚仁海，由文辉等 . 生态城市的指标体系及评价方法 [J]. 城市环境与城市生态，1999，12（5）：16-19.

[18] 沈清基 . 城市生态与城市环境 [M] . 上海 ：同济大学出版社，1998.

[19] 宋永昌 . 城市生态学 [M]. 上海 ：华东师范大学出版社，2000.

[20] 刘贵利 . 城市生态规划理论与方法 [M]. 南京 ：东南大学出版社，2002.

[21] 赵维良 . 城市生态位评价及应用研究 [D]. 大连 ：大连理工大学，2008.

[22] 赵桢桢 . 武汉城市圈产业结构优化的生态学研究 [D]. 武汉 ：华中科技大学，2009.

[23] 苗蕾 . 城市总体规划的环境影响评价研究 [D]. 上海 ：同济大学，2006.

[24] 史宝娟，赵国杰 . 城市生态系统承载力理论及评价方法研究 [J]. 生态经济（学术版），2008，2 ：341-343，347.

[25] 陈述彭，鲁学军，周成虎 . 地理信息系统导论 [M]. 北京 ：科学出版社，2001.

[26] 史文中，吴立新，李清泉等 . 三维空间信息系统模型与算法 [M]. 北京 ：电子工业出版社，2007.

[27] 苏铭德，黄素逸 . 计算流体力学基础 [M]. 北京 ：清华大学出版社，1997.

[28] 肖笃宁，解伏菊，魏建兵．景观价值与景观保护评价 [J]. 地理科学，2006，26（4）.

[29] Chamberlain B C，Meitner M J.A route-based visibility analysis for landscape management[J].Landscape and Urban Planning 2013，（111）：13-24.

[30] 毕华兴，谭秀英，李笑吟．基于 DEM 的数字地形分析 [J]. 北京林业大学学报，2005.3.

[31] 安娟，路振广，路金镶．水资源优化配置研究进展 [J]. 人民黄河，2007，08：43-44，47.

[32] 王如松，杨建新．产业生态学和生态产业转型 [J]. 世界科技研究与发展，2000，05：24-32.

[33] 王兆华．生态工业园工业共生网络研究 [D]. 大连：大连理工大学，2002.

[34] 马俊杰．工业园生态化建设方法与应用研究 [D]. 西安：西安建筑科技大学，2007.

[35] 聂永有，张靖如．产业结构的“低碳”调整 [J]. 商周刊，2009，26：16-17.

[36] 尹琦，肖正扬．生态产业链的概念与应用 [J]. 环境科学，2002，6：114-118.

[37] 杜祥琬．低碳能源战略：中国能源的可持续发展之路 [J]. 中国科技财富，2010，1：24-27.

[38] 王雪松，周新东．关于应对能源危机相关策略的讨论 [J]. 科技资讯，2008，33：79.

[39] 傅裕寿，王继芳．城市废物的回收处理与利用 [J]. 中国人口·资源与环境，1994，02：24-29.

[40] 邓波，洪绂曾，龙瑞军．区域生态承载力量化方法研究述评 [J]. 甘肃农业大学学报，2003，38（3）：281-289.

[41] 石月珍，赵洪杰．生态承载力定量评价方法的研究进展 [J]. 人民黄河，2005，27（3）：6-8.

[42] 焦胜，曾光明，曹麻茹等．城市生态规划概论 [M]. 北京：化学工业出版社，2008.

[43] 王浩，王亚军．生态园林城市规划理论研究 [M]. 北京：中国林业出版社，2008.

[44] 姜允芳．城市绿地系统规划理论与方法 [M]. 北京：中国建筑工业出版社，2011.

[45] 肖笃宁，李秀珍，高峻，等．景观生态学 [M]. 北京：科学出版社，2003.

[46] 张庆费．城市绿色网络及其构建框架 [J]. 城市规划汇刊，2002（1）：75-76.

[47] 李超，朱玲，张年国，等．基于循环经济理念的沈阳现代建筑产业园区规划研究 [J]. 规划师，2011，S1：234-237.

[48] 宋永昌，戚仁海，由文辉，等．生态城市的指标体系及评价方法 [J]. 城市环境与城市生态，1999（5）：16-19.

[49] 贾丽．资源枯竭型城市城区生态功能区划研究:以抚顺市城区为例 [J]. 环境保护与循环经济,2012（8）：69-72.

[50] 李永洁．编制城市生态功能区划的相关思考 [J]. 人文地理，2003，18（4）：84-88.

[51] 杨丽雯．资源型城市 - 临汾市生态功能区划研究 [J]. 干旱区资源与环境，2011，25（7）：28-34.

[52] 黄宁，张珞平，刘启明，等．基于持续发展理念的城市功能区划方法及应用研究 [J]. 城市发展研究，2009，16（11）：63-70.

[53] 李雪飞，杨艳刚．城市生态功能区划及其在生态安全格局中的应用研究：以深圳市为例 [J]. 长春大学学报，2013，23（6）：701-704.

[54] 黄宁,张珞平,刘启明．基于持续发展理念的城市功能区划理论研究 [J]. 环境与可持续发展,2009,34(5)：62-65.

[55] 王炜，步伟娜，纪江海．资源型城市生态功能区划研究:以焦作市为例 [J]. 自然资源学报，2005，20（1）：78-84.

[56] 陈轶．城市生态功能区划原则与方法 [J]. 福建环境，2002（3）：31-33.

[57] 陶国平，王钺，阙怡，等．生态规划在冕宁县城市总体规划中的作用研究 [J]. 湖南生态科学学报，2014，1（1）：14-18.

[58] 王亚男，杨永春，齐君，等．资源型城市群生态规划框架探讨：以晋北中部城市群为例 [J]. 规划师，2013，29（4）：92-98.

[59] 闫水玉，杨会会，韩贵峰．重庆都市区生态功能区划研究 [J]. 重庆建筑，2011，10（1）：7-10.

[60] 唐圣钧，奉均衡，张海凤．基于生态环境约束条件下的永州市城市发展策略研究 [J]. 城市规划学刊，2010（s1）：180-184.

[61] 丁四保，中国主体功能区划面临的基础理论问题 [J]. 地理科学，2009，29（4）：587-592.

[62] 冯维波，于进勇，杨锐，等．山地城市滨水区旅游功能区划与开发探究：以重庆主城区为例 [J]. 重庆师范大学学报（自然科学版），2009，26（4）：110-115.

[63] 姚庆峰，海热提，王瑾．厦门生态功能区划及功能调控研究 [J]. 城市规划，2007（3）：58-63.

[64] 刘毅，李天威，陈吉宁，等．生态适宜的城市发展空间分析方法与案例研究 [J]. 中国环境科学，2007，27（1）：34-38.

[65] 孙伟，陈雯，段学军，等．基于生态 - 经济重要性的滨湖城市土地开发适宜性分区研究：以无锡市为例 [J]. 湖泊科学，2007，19（2）：190-196.

[66] 顾朝林，张晓明，刘晋媛，等．盐城开发空间区划及其思考 [J]. 地理学报，2007，62（8）：787-798.

[67] 李增加，杨永宏，罗上华，等．生态功能区划在城市总体规划战略环评中的应用研究 [J]. 环境科学导刊，2015（a01）：64-67.

[68] 张惠远，饶胜，万军．发挥生态功能区划的基础作用，促进区域生态恢复 [J]. 环境保护，2009（13）：23-26.

[69] 贾良清，欧阳志云，赵同谦，等．安徽省生态功能区划研究 [J]. 生态学报，2005，25（2）：254-260.

[70] 李卫国，赵彦伟，盛连喜．长春市生态功能区划及其调控对策研究 [J]. 中国人口 · 资源与环境，2008，18（1）：160-165.

[71] 高爱明．浅论城市生态区划的原则、方法及应用 [J]. 环境科学研究，1995，8（5）：29-32.

[72] 刘茜，曾维华，陈栋，等．基于景观生态学的生态功能区划研究：以重庆市长寿区为例 [J]. 环境科学与技术，2009，32（7）：170-174.

[73] 张伟东，王雪峰．辽宁省生态功能区划研究 [J]. 中国农业资源与区划，2007，28（2）：58-62.

[74] 张沛，杨欢，孙海军．生态功能区划视角下的西北地区城乡空间规划方法研究：以海东重点地带为例 [J]. 现代城市研究，2013（7）：30-36.

[75] 蔡佳亮，殷贺，黄艺．生态功能区划理论研究进展 [J]. 生态学报，2010（11）：3018-3027.

[76] 杨立强，钱金平，胡引翠．基于三维模型框架的承德市域生态功能区划研究 [J]. 地理空间信息，2014（3）：46-48.

[77] 刘征，郑艳侠，赵志勇．生态功能区划方法研究 [J]. 石家庄学院学报，2008，10（3）：54-59.

[78] 周颖，陈东升，程水源，等．基于生态健康评价的城市功能区划方法研究 [J]. Environmental Systems Science and Engineering（ICESSE 2011 V2），2011-08-06.

[79] 郑雄．南宁城市生态功能区划研究 [C]// 生态安全与可持续发展：广西生态学学会 2003 年学术年会论文集，2003-11-01.

[80] 韩贵峰，闫水玉．重庆都市区生态功能区划研究 [C]// 经济发展方式转变与自主创新：第十二届中国科学技术协会年会（第四卷），2010-11-01.

[81] 郑贵鸿．石家庄市生态功能区划研究 [C]// 中国环境科学学会 2009 年学术年会论文集（第三卷），2009-06-01.

[82] 周建飞．基于 RS 和 GIS 的红壤丘陵区城市生态功能区划研究 [D]. 长沙：湖南大学，2007.

[83] 马元波 . 晋城市生态功能区划研究 [D]. 太原 ：太原理工大学，2008.

[84] 黄宁 . 基于持续发展的城市功能区划理论及方法研究 [D]. 厦门 ：厦门大学，2006.

[85] 汤小华 . 福建省生态功能区划研究 [D]. 福州 ：福建师范大学，2005.

[86] 郜国玉 . 河南省生态功能区划研究 [D]. 郑州 ：河南农业大学，2010.

[87] 陶星名 . 生态功能区划方法学研究 ：以杭州市为例 [D]. 杭州 ：浙江大学，2005.

[88] 王小春 . 天津市生态功能区划研究 [D]. 天津 ：河北工业大学，2003.

[89] 高琼 . 沈阳市生态系统服务功能价值评估与生态功能区划 [D]. 重庆 ：西南大学，2006.

[90] 许心倩 . 泰安市生态功能区划研究 [D]. 北京 ：北京林业大学，2007.

[91] 李欢强 . 长沙市生态功能区划的思路及其调控机制研究 [D]. 长沙 ：湖南师范大学，2009.

[92] 刘伯阳 . 生态安全视角下的忠县空间格局构建及实施策略研究 [D]. 哈尔滨 ：哈尔滨工业大学，2012.

[93] 杨俊峰 . 黄土高原小流域人居生态单元平原型案例研究 [D]. 西安 ：西安建筑科技大学，2005.

[94] 乔龙飞 . 基于生态安全的城市滨水廊道景观规划设计探讨 [D]. 西安 ：西安建筑科技大学，2008.

[95] 雷忠兴 . 基于景观生态安全格局的空间管制规划 [D]. 长沙 ：中南大学，2008.

[96] 徐岩 . 江南地区城乡一体化的景观生态格局现状与优化研究 ：以无锡市锡山区为例 [D]. 南京 ：南京农业大学，2004 .

[97] 于群 . 基于生态安全的产业集聚区发展规划研究 [D]. 青岛 ：青岛理工大学，2010.

[98] 蔡茜 . 基于生态承载力的城乡空间管制区划方法研究 [D]. 合肥 ：安徽建筑大学，2013.

[99] 宋志生 . 城市空间增长过程中的生态安全问题初探 [D]. 重庆 ：重庆大学，2003.

[100] 李茉 . 城市生态承载力下的超高层住宅优化设计策略 [D]. 厦门 ：厦门大学，2009.

[101] 林扬 . 西北生态环境脆弱地区的中小城市规划设计研究 [D]. 西安 ：西安建筑科技大学，2005.

[102] 梁作臣 . 浅析我国生态城市建设的现状及发展对策研究 [J]. 天津科技，2010，37（2）：26-27.

[103] 钟庆才 . 湿地恢复 ：为生态建市铺路 [J]. 环境，2005（5）：10-13.

[104] 柏丽梅，徐凤菊，柏晓东 . 论森林生态型城市及其评价指标体系的构建 [J]. 中国林业经济，2009（3）：18-21.

[105] 杨民主 . 科学发展观践行活动中的生态型城市建设 [J]. 湖南文理学院学报（社会科学版）. 2009，34（4）：26-29.

[106] 伍思杨，赵纪军 . 生态城市的理念 [J]. 新建筑，2012（4）：7-10.

[107] 楚贝，胡世雄，蒋昌波 . 生态水文学近 10 年研究进展 [J]. 人民长江，2012（S1）：65-69.

[108] 崔宗昌，翟付顺，张秀省，等 . 浅谈城市河流生态修复理念与技术 [J]. 聊城大学学报（自然科学版），2011（3）：110-113.

[109] 宋庆铠，Bjrn von Randow. 生态型城市系统 [J]. 北京规划建设，2009（1）：114-119.

[110] 粟志远，马司平，王迎春，等 . 建设长株潭现代化生态型城市群 [J]. 中国城市经济，2009（1）：54-57.

[111] 黄爱群 . 论生态城市的规划与建设 [J]. 资治文摘（管理版），2009，27（2）：151-152.

[112] 唐燕秋，陈佳，颜文涛 . 基于空间途径的快速城市化区域生态安全战略研究 ：以重庆北部新区为例 [J]. 安徽农业科学，2012，40（3）：1702-1705.

[113] 李伟峰，欧阳志云 . 城市生态系统的格局和过程 [J]. 生态环境学报，2007，16（2）：672-679.

[114] 周忠学，仇立慧 . 城市化对生态系统服务功能影响的实证研究——以西安市南郊为例 [J]. 干旱区研究，2011，28（6）：974-979.

[115] 刘玥玮，秦华 . 城市生态廊道建设探讨 [J]. 南方农业，2010（2）.

[116] 刘宇，陈学华，罗勇 . 退耕还林中的生态安全问题 [J]. 水土保持研究，2007，14（3）：291-292.

[117] 王千，金晓斌，周寅康，等. 河北省耕地生态经济系统能值指标空间分布差异及其动因 [J]. 生态学报，2011，31（1）：247-256.
[118] 刘贵华，刘幼平，李伟. 淡水湿地种子库的小尺度空间格局 [J]. 生态学报，2006，26（8）：2739-2743.
[119] 王涛，温俊宝，骆有庆，等. 不同配置模式林分中光肩星天牛空间格局的地统计研究 [J]. 生态学报，2006，26（9）：3041-3048.
[120] 马斌，周志宇，张莉丽，等. 阿拉善左旗植物物种多样性空间分布特征 [J]. 生态学报，2008，28（12）：6099-6106.
[121] 张笑菁，赵秀海，康峰峰，等. 太岳山油松天然林林木的空间格局 [J]. 生态学报，2010，30（18）：4821-4827.
[122] 蔡瀛. 建设"理想城市"需要更科学更务实的城市规划 2007 版纽约城市规划的经验借鉴及其对我们的启示 [J]. 风景园林，2011（6）：31-34.
[123] 陈巧云. 生态城市规划要点 [J]. 山西建筑. 2009，35（28）：42-43.
[124] 赵发兰，杨红云. 浅谈生态理论在城市规划中的应用 [J]. 价值工程，2010，29（17）：128.
[125] 黄桂林，何平，侯盟. 中国河口湿地研究现状及展望 [J]. 应用生态学报，2006，17（9）：1751-1756.
[126] 周然，彭士涛，覃雪波，等. 港口建设对滨海湿地景观格局的影响及其生态效应 [J]. 水道港口，2012，33（3）：245-250.
[127] 董哲仁. 河流生态修复的尺度格局和模型 [J]. 水利学报，2006，37（12）：1476-1481.
[128] 彭冬梅，赵成义，孙栋元，等. 台兰河流域土地利用变化及其景观格局特征研究 [J]. 水土保持研究，2009，16（4）：275-279.
[129] 郭丽红，沙占江，马燕飞，等. 环青海湖区 20 年来沙漠化土地景观格局空间变化分析 [J]. 中国人口·资源与环境，2010（S1）：119-123.
[130] 赵伟，谢德体，刘洪斌. 重庆市景观格局动态变化分析 [J]. 长江流域资源与环境，2008，17（1）：47-50.
[131] 蒋依依，王仰麟，成升魁. 旅游景观生态系统格局：概念与空间单元 [J]. 生态学报，2009，29（2）：910-915.
[132] 徐延达，傅伯杰，吕一河. 基于模型的景观格局与生态过程研究 [J]. 生态学报，2010，30（1）：212-220.
[133] 谭志卫，朱翔，车勇. 滇池湖滨近 60a 景观格局动态变化研究 [J]. 环境科学导刊，2010，29（5）：40-45.
[134] 苗承玉，马晓男，曹光兰，等. 图们江下游敬信湿地生态安全评价研究 [J]. 延边大学学报(自然科学版)，2011，37（2）：184-188.
[135] 王洁. 城乡一体化生态安全格局构建方法与技术 [D]. 南京：南京师范大学，2012.
[136] 任慧君. 区域生态安全格局评价与构建研究 [D]. 北京：北京林业大学，2011 .
[137] 韩英，唐永忠，刘永军. 营造可持续发展的生态安全建筑 [J]. 中国安全科学学报，2003（12）.
[138] 李振福. 城市照明生态安全研究 [J]. 现代城市研究. 2002，17（6）：63-66.
[139] 城市可持续发展的生态设计理论与方法：青年科学家论坛举行第三十二次活动 [J]. 城市规划. 1998（6）：31-32.
[140] 赵克俭，韩丽蓉，宁黎平. 绿洲人居环境的评价 [J]. 青海大学学报（自然科学版）[J]. 2005，23（1）：26-29.
[141] 天津水务局. 天津水系规划（2008—2020），2009，5.
[142] 云南省环境保护厅. 云南省生态功能区划，2009，11.